国家出版基金项目
NATIONAL PUBLICATION FOUNDATION

"十二五"国家重点出版规划项目

雷达与探测前沿技术丛书

雷达图像解译技术

Interpreting Radar Images

焦李成　侯彪　王爽　刘芳　杨淑媛　白静　钟桦　著

国防工业出版社

·北京·

内 容 简 介

本书针对高分辨力合成孔径雷达(Synthetic Aperture Radar,SAR)图像和极化 SAR 图像解译与目标识别的国际前沿及热点领域,系统地介绍高分辨力 SAR 和极化 SAR 的成像机理及其在 SAR 图像处理领域的应用。首先,介绍 SAR 图像解译与目标识别的基本原理、研究方法及其发展与应用,重点介绍高分辨力 SAR 图像相干斑抑制的方法和极化 SAR 噪声抑制技术;其次,介绍基于结合统计信息、区域信息和上下文信息的高分辨力 SAR 图像地物分割与分类以及基于极化散射特征、极化统计特征和极化图像特征的极化 SAR 图像分类;最后,讨论不同高分辨力 SAR 图像(舰船、飞机等)目标检测、识别及分类的方法。

本书可作为高校电子工程、信号与信息处理、应用数学等专业的高年级本科生或研究生教材,也可供从事雷达图像解译方面研究工作的科技工作者参考。

图书在版编目(CIP)数据

雷达图像解译技术 / 焦李成等著. —北京 : 国防工业出版社,2017.12

(雷达与探测前沿技术丛书)

ISBN 978 - 7 - 118 - 11498 - 0

Ⅰ. ①雷… Ⅱ. ①焦… Ⅲ. ①雷达图象 - 遥感图象 - 数字图象处理 Ⅳ. ①TN957.52

中国版本图书馆 CIP 数据核字(2018)第 008284 号

※

国防工业出版社出版发行

(北京市海淀区紫竹院南路 23 号 邮政编码 100048)

天津嘉恒印务有限公司印刷

新华书店经售

*

开本 710×1000 1/16 印张 44 字数 818 千字

2017 年 12 月第 1 版第 1 次印刷 印数 1—3000 册 定价 188.00 元

(本书如有印装错误,我社负责调换)

国防书店:(010)88540777　　　发行邮购:(010)88540776

发行传真:(010)88540755　　　发行业务:(010)88540717

总　序

　　雷达在第二次世界大战中初露头角。战后，美国麻省理工学院辐射实验室集合各方面的专家，总结战争期间的经验，于1950年前后出版了一套雷达丛书，共28个分册，对雷达技术做了全面总结，几乎成为当时雷达设计者的必备读物。我国的雷达研制也从那时开始，经过几十年的发展，到21世纪初，我国雷达技术在很多方面已进入国际先进行列。为总结这一时期的经验，中国电子科技集团公司曾经组织老一代专家撰著了"雷达技术丛书"，全面总结他们的工作经验，给雷达领域的工程技术人员留下了宝贵的知识财富。

　　电子技术的迅猛发展，促使雷达在内涵、技术和形态上快速更新，应用不断扩展。为了探索雷达领域前沿技术，我们又组织编写了本套"雷达与探测前沿技术丛书"。与以往雷达相关丛书显著不同的是，本套丛书并不完全是作者成熟的经验总结，大部分是专家根据国内外技术发展，对雷达前沿技术的探索性研究。内容主要依托雷达与探测一线专业技术人员的最新研究成果、发明专利、学术论文等，对现代雷达与探测技术的国内外进展、相关理论、工程应用等进行了广泛深入研究和总结，展示近十年来我国在雷达前沿技术方面的研制成果。本套丛书的出版力求能促进从事雷达与探测相关领域研究的科研人员及相关产品的使用人员更好地进行学术探索和创新实践。

　　本套丛书保持了每一个分册的相对独立性和完整性，重点是对前沿技术的介绍，读者可选择感兴趣的分册阅读。丛书共41个分册，内容包括频率扩展、协同探测、新技术体制、合成孔径雷达、新雷达应用、目标与环境、数字技术、微电子技术八个方面。

　　（一）雷达频率迅速扩展是近年来表现出的明显趋势，新频段的开发、带宽的剧增使雷达的应用更加广泛。本套丛书遴选的频率扩展内容的著作共4个分册：

　　（1）《毫米波辐射无源探测技术》分册中没有讨论传统的毫米波雷达技术，而是着重介绍毫米波热辐射效应的无源成像技术。该书特别采用了平方千米阵的技术概念，这一概念在用干涉式阵列基线的测量结果来获得等效大口径阵列效果的孔径综合技术方面具有重要的意义。

（2）《太赫兹雷达》分册是一本较全面介绍太赫兹雷达的著作，主要包括太赫兹雷达系统的基本组成和技术特点、太赫兹雷达目标检测以及微动目标检测技术，同时也讨论了太赫兹雷达成像处理。

（3）《机载远程红外预警雷达系统》分册考虑到红外成像和告警是红外探测的传统应用，但是能否作为全空域远距离的搜索监视雷达，尚有诸多争议。该书主要讨论用监视雷达的概念如何解决红外极窄波束、全空域、远距离和数据率的矛盾，并介绍组成红外监视雷达的工程问题。

（4）《多脉冲激光雷达》分册从实际工程应用角度出发，较详细地阐述了多脉冲激光测距及单光子测距两种体制下的系统组成、工作原理、测距方程、激光目标信号模型、回波信号处理技术及目标探测算法等关键技术，通过对两种远程激光目标探测体制的探讨，力争让读者对基于脉冲测距的激光雷达探测有直观的认识和理解。

（二）传输带宽的急剧提高，赋予雷达协同探测新的使命。协同探测会导致雷达形态和应用发生巨大的变化，是当前雷达研究的热点。本套丛书遴选出协同探测内容的著作共 10 个分册：

（1）《雷达组网技术》分册从雷达组网使用的效能出发，重点讨论点迹融合、资源管控、预案设计、闭环控制、参数调整、建模仿真、试验评估等雷达组网新技术的工程化，是把多传感器统一为系统的开始。

（2）《多传感器分布式信号检测理论与方法》分册主要介绍检测级、位置级（点迹和航迹）、属性级、态势评估与威胁估计五个层次中的检测级融合技术，是雷达组网的基础。该书主要给出各类分布式信号检测的最优化理论和算法，介绍考虑到网络和通信质量时的联合分布式信号检测准则和方法，并研究多输入多输出雷达目标检测的若干优化问题。

（3）《分布孔径雷达》分册所描述的雷达实现了多个单元孔径的射频相参合成，获得等效于大孔径天线雷达的探测性能。该书在概述分布孔径雷达基本原理的基础上，分别从系统设计、波形设计与处理、合成参数估计与控制、稀疏孔径布阵与测角、时频相同步等方面做了较为系统和全面的论述。

（4）《MIMO 雷达》分册所介绍的雷达相对于相控阵雷达，可以同时获得波形分集和空域分集，有更加灵活的信号形式，单元间距不受 $\lambda/2$ 的限制，间距拉开后，可组成各类分布式雷达。该书比较系统地描述多输入多输出（MIMO）雷达。详细分析了波形设计、积累补偿、目标检测、参数估计等关键技术。

（5）《MIMO 雷达参数估计技术》分册更加侧重讨论各类 MIMO 雷达的算法。从 MIMO 雷达的基本知识出发，介绍均匀线阵，非圆信号，快速估计，相干目标，分布式目标，基于高阶累计量的、基于张量的、基于阵列误差的、特殊阵列结构的 MIMO 雷达目标参数估计的算法。

（6）《机载分布式相参射频探测系统》分册介绍的是 MIMO 技术的一种工程应用。该书针对分布式孔径采用正交信号接收相参的体制，分析和描述系统处理架构及性能、运动目标回波信号建模技术，并更加深入地分析和描述实现分布式相参雷达杂波抑制、能量积累、布阵等关键技术的解决方法。

（7）《机会阵雷达》分册介绍的是分布式雷达体制在移动平台上的典型应用。机会阵雷达强调根据平台的外形，天线单元共形随遇而布。该书详尽地描述系统设计、天线波束形成方法和算法、传输同步与单元定位等关键技术，分析了美国海军提出的用于弹道导弹防御和反隐身的机会阵雷达的工程应用问题。

（8）《无源探测定位技术》分册探讨的技术是基于现代雷达对抗的需求应运而生，并在实战应用需求越来越大的背景下快速拓展。随着知识层面上认知能力的提升以及技术层面上带宽和传输能力的增加，无源侦察已从单一的测向技术逐步转向多维定位。该书通过充分利用时间、空间、频移、相移等多维度信息，寻求无源定位的解，对雷达向无源发展有着重要的参考价值。

（9）《多波束凝视雷达》分册介绍的是通过多波束技术提高雷达发射信号能量利用效率以及在空、时、频域中减小处理损失，提高雷达探测性能；同时，运用相位中心凝视方法改进杂波中目标检测概率。分册还涉及短基线雷达如何利用多阵面提高发射信号能量利用效率的方法；针对长基线，阐述了多站雷达发射信号可形成凝视探测网格，提高雷达发射信号能量的使用效率；而合成孔径雷达（SAR）系统应用多波束凝视可降低发射功率，缓解宽幅成像与高分辨之间的矛盾。

（10）《外辐射源雷达》分册重点讨论以电视和广播信号为辐射源的无源雷达。详细描述调频广播模拟电视和各种数字电视的信号，减弱直达波的对消和滤波的技术；同时介绍了利用 GPS（全球定位系统）卫星信号和 GSM/CDMA（两种手机制式）移动电话作为辐射源的探测方法。各种外辐射源雷达，要得到定位参数和形成所需的空域，必须多站协同。

（三）以新技术为牵引,产生出新的雷达系统概念,这对雷达的发展具有里程碑的意义。本套丛书遴选了涉及新技术体制雷达内容的6个分册:

(1)《宽带雷达》分册介绍的雷达打破了经典雷达5MHz带宽的极限,同时雷达分辨力的提高带来了高识别率和低杂波的优点。该书详尽地讨论宽带信号的设计、产生和检测方法。特别是对极窄脉冲检测进行有益的探索,为雷达的进一步发展提供了良好的开端。

(2)《数字阵列雷达》分册介绍的雷达是用数字处理的方法来控制空间波束,并能形成同时多波束,比用移相器灵活多变,已得到了广泛应用。该书全面系统地描述数字阵列雷达的系统和各分系统的组成。对总体设计、波束校准和补偿、收/发模块、信号处理等关键技术都进行了详细描述,是一本工程性较强的著作。

(3)《雷达数字波束形成技术》分册更加深入地描述数字阵列雷达中的波束形成技术,给出数字波束形成的理论基础、方法和实现技术。对灵巧干扰抑制、非均匀杂波抑制、波束保形等进行了深入的讨论,是一本理论性较强的专著。

(4)《电磁矢量传感器阵列信号处理》分册讨论在同一空间位置具有三个磁场和三个电场分量的电磁矢量传感器,比传统只用一个分量的标量阵列处理能获得更多的信息,六分量可完备地表征电磁波的极化特性。该书从几何代数、张量等数学基础到阵列分析、综合、参数估计、波束形成、布阵和校正等问题进行详细讨论,为进一步应用奠定了基础。

(5)《认知雷达导论》分册介绍的雷达可根据环境、目标和任务的感知,选择最优化的参数和处理方法。它使得雷达数据处理及反馈从粗犷到精细,彰显了新体制雷达的智能化。

(6)《量子雷达》分册的作者团队搜集了大量的国外资料,经探索和研究,介绍从基本理论到传输、散射、检测、发射、接收的完整内容。量子雷达探测具有极高的灵敏度,更高的信息维度,在反隐身和抗干扰方面优势明显。经典和非经典的量子雷达,很可能走在各种量子技术应用的前列。

（四）合成孔径雷达(SAR)技术发展较快,已有大量的著作。本套丛书遴选了有一定特点和前景的5个分册:

(1)《数字阵列合成孔径雷达》分册系统阐述数字阵列技术在SAR中的应用,由于数字阵列天线具有灵活性并能在空间产生同时多波束,雷达采集的同一组回波数据,可处理出不同模式的成像结果,比常规SAR具备更多的新能力。该书着重研究基于数字阵列SAR的高分辨力宽测绘带SAR成像、极化层析 SAR 三维成像和前视 SAR 成像技术三种新能力。

（2）《双基合成孔径雷达》分册介绍的雷达配置灵活，具有隐蔽性好、抗干扰能力强、能够实现前视成像等优点，是 SAR 技术的热点之一。该书较为系统地描述了双基 SAR 理论方法、回波模型、成像算法、运动补偿、同步技术、试验验证等诸多方面，形成了实现技术和试验验证的研究成果。

（3）《三维合成孔径雷达》分册描述曲线合成孔径雷达、层析合成孔径雷达和线阵合成孔径雷达等三维成像技术。重点讨论各种三维成像处理算法，包括距离多普勒、变尺度、后向投影成像、线阵成像、自聚焦成像等算法。最后介绍三维 MIMO-SAR 系统。

（4）《雷达图像解译技术》分册介绍的技术是指从大量的 SAR 图像中提取与挖掘有用的目标信息，实现图像的自动解译。该书描述高分辨 SAR 和极化 SAR 的成像机理及相应的相干斑抑制、噪声抑制、地物分割与分类等技术，并介绍舰船、飞机等目标的 SAR 图像检测方法。

（5）《极化合成孔径雷达图像解译技术》分册对极化合成孔径雷达图像统计建模和参数估计方法及其在目标检测中的应用进行了深入研究。该书研究内容为统计建模和参数估计及其国防科技应用三大部分。

（五）雷达的应用也在扩展和变化，不同的领域对雷达有不同的要求，本套丛书在雷达前沿应用方面遴选了 6 个分册：

（1）《天基预警雷达》分册介绍的雷达不同于星载 SAR，它主要观测陆海空天中的各种运动目标，获取这些目标的位置信息和运动趋势，是难度更大、更为复杂的天基雷达。该书介绍天基预警雷达的星星、星空、MIMO、卫星编队等双/多基地体制。重点描述了轨道覆盖、杂波与目标特性、系统设计、天线设计、接收处理、信号处理技术。

（2）《战略预警雷达信号处理新技术》分册系统地阐述相关信号处理技术的理论和算法，并有仿真和试验数据验证。主要包括反导和飞机目标的分类识别、低截获波形、高速高机动和低速慢机动小目标检测、检测识别一体化、机动目标成像、反投影成像、分布式和多波段雷达的联合检测等新技术。

（3）《空间目标监视和测量雷达技术》分册论述雷达探测空间轨道目标的特色技术。首先涉及空间编目批量目标监视探测技术，包括空间目标监视相控阵雷达技术及空间目标监视伪码连续波雷达信号处理技术。其次涉及空间目标精密测量、增程信号处理和成像技术，包括空间目标雷达精密测量技术、中高轨目标雷达探测技术、空间目标雷达成像技术等。

（4）《平流层预警探测飞艇》分册讲述在海拔约 20km 的平流层，由于相对风速低、风向稳定，从而适合大型飞艇的长期驻空，定点飞行，并进行空中预警探测，可对半径 500km 区域内的地面目标进行长时间凝视观察。该书主要介绍预警飞艇的空间环境、总体设计、空气动力、飞行载荷、载荷强度、动力推进、能源与配电以及飞艇雷达等技术，特别介绍了几种飞艇结构载荷一体化的形式。

（5）《现代气象雷达》分册分析了非均匀大气对电磁波的折射、散射、吸收和衰减等气象雷达的基础，重点介绍了常规天气雷达、多普勒天气雷达、双偏振全相参多普勒天气雷达、高空气象探测雷达、风廓线雷达等现代气象雷达，同时还介绍了气象雷达新技术、相控阵天气雷达、双/多基地天气雷达、声波雷达、中频探测雷达、毫米波测云雷达、激光测风雷达。

（6）《空管监视技术》分册阐述了一次雷达、二次雷达、应答机编码分配、S 模式、多雷达监视的原理。重点讨论广播式自动相关监视（ADS-B）数据链技术、飞机通信寻址报告系统（ACARS）、多点定位技术（MLAT）、先进场面监视设备（A-SMGCS）、空管多源协同监视技术、低空空域监视技术、空管技术。介绍空管监视技术的发展趋势和民航大国的前瞻性规划。

（六）目标和环境特性，是雷达设计的基础。该方向的研究对雷达匹配目标和环境的智能设计有重要的参考价值。本套丛书对此专题遴选了 4 个分册：

（1）《雷达目标散射特性测量与处理新技术》分册全面介绍有关雷达散射截面积（RCS）测量的各个方面，包括 RCS 的基本概念、测试场地与雷达、低散射目标支架、目标 RCS 定标、背景提取与抵消、高分辨力 RCS 诊断成像与图像理解、极化测量与校准、RCS 数据的处理等技术，对其他微波测量也具有参考价值。

（2）《雷达地海杂波测量与建模》分册首先介绍国内外地海面环境的分类和特征，给出地海杂波的基本理论，然后介绍测量、定标和建库的方法。该书用较大的篇幅，重点阐述地海杂波特性与建模。杂波是雷达的重要环境，随着地形、地貌、海况、风力等条件而不同。雷达的杂波抑制，正根据实时的变化，从粗犷走向精细的匹配，该书是现代雷达设计师的重要参考文献。

（3）《雷达目标识别理论》分册是一本理论性较强的专著。以特征、规律及知识的识别认知为指引，奠定该书的知识体系。首先介绍雷达目标识别的物理与数学基础，较为详细地阐述雷达目标特征提取与分类识别、知识辅助的雷达目标识别、基于压缩感知的目标识别等技术。

（4）《雷达目标识别原理与实验技术》分册是一本工程性较强的专著。该书主要针对目标特征提取与分类识别的模式,从工程上阐述了目标识别的方法。重点讨论特征提取技术、空中目标识别技术、地面目标识别技术、舰船目标识别及弹道导弹识别技术。

（七）数字技术的发展,使雷达的设计和评估更加方便,该技术涉及雷达系统设计和使用等。本套丛书遴选了3个分册:

（1）《雷达系统建模与仿真》分册所介绍的是现代雷达设计不可缺少的工具和方法。随着雷达的复杂度增加,用数字仿真的方法来检验设计的效果,可收到事半功倍的效果。该书首先介绍最基本的随机数的产生、统计实验、抽样技术等与雷达仿真有关的基本概念和方法,然后给出雷达目标与杂波模型、雷达系统仿真模型和仿真对系统的性能评价。

（2）《雷达标校技术》分册所介绍的内容是实现雷达精度指标的基础。该书重点介绍常规标校、微光电视角度标校、球载 BD/GPS（ BD 为北斗导航简称)标校、射电星角度标校、基于民航机的雷达精度标校、卫星标校、三角交会标校、雷达自动化标校等技术。

（3）《雷达电子战系统建模与仿真》分册以工程实践为取材背景,介绍雷达电子战系统建模的主要方法、仿真模型设计、仿真系统设计和典型仿真应用实例。该书从雷达电子战系统数学建模和仿真系统设计的实用性出发,着重论述雷达电子战系统基于信号/数据流处理的细粒度建模仿真的核心思想和技术实现途径。

（八）微电子的发展使得现代雷达的接收、发射和处理都发生了巨大的变化。本套丛书遴选出涉及微电子技术与雷达关联最紧密的3个分册:

（1）《雷达信号处理芯片技术》分册主要讲述一款自主架构的数字信号处理（DSP）器件,详细介绍该款雷达信号处理器的架构、存储器、寄存器、指令系统、I/O 资源以及相应的开发工具、硬件设计,给雷达设计师使用该处理器提供有益的参考。

（2）《雷达收发组件芯片技术》分册以雷达收发组件用芯片套片的形式,系统介绍发射芯片、接收芯片、幅相控制芯片、波速控制驱动器芯片、电源管理芯片的设计和测试技术及与之相关的平台技术、实验技术和应用技术。

（3）《宽禁带半导体高频及微波功率器件与电路》分册的背景是,宽禁带材料可使微波毫米波功率器件的功率密度比 Si 和 GaAs 等同类产品高 10倍,可产生开关频率更高、关断电压更高的新一代电力电子器件,将对雷达产生更新换代的影响。分册首先介绍第三代半导体的应用和基本知识,然后详细介绍两大类各种器件的原理、类别特征、进展和应用：SiC 器件有功率二极管、MOSFET、JFET、BJT、IBJT、GTO 等；GaN 器件有 HEMT、MMIC、E 模 HEMT、N 极化 HEMT、功率开关器件与微功率变换等。最后展望固态太赫兹、金刚石等新兴材料器件。

　　本套丛书是国内众多相关研究领域的大专院校、科研院所专家集体智慧的结晶。具体参与单位包括中国电子科技集团公司、中国航天科工集团公司、中国电子科学研究院、南京电子技术研究所、华东电子工程研究所、北京无线电测量研究所、电子科技大学、西安电子科技大学、国防科技大学、北京理工大学、北京航空航天大学、哈尔滨工业大学、西北工业大学等近 30 家。在此对参与编写及审校工作的各单位专家和领导的大力支持表示衷心感谢。

2017 年 9 月

前　言

随着对地观测系统和遥感信息获取技术的迅速发展,人们已可用各种信息获取方法得到大量的遥感图像。因此,如何实现遥感图像的自动解译,从大量的遥感图像中提取与发掘目标信息成为遥感图像解译的关键,同时这是一个海量数据中的图像信息挖掘问题。它不仅是有噪的、不完全的、模糊的,也是非高斯非平稳的,已有的方法还不能解决这些问题。实现遥感图像的自动理解、感知、分析、处理和压缩,以提高遥感图像的综合利用能力已成为发展的必然趋势。

合成孔径雷达(SAR)是众多遥感设备中应用最为广泛的一种,它是一种主动式微波遥感器,SAR 可以提供全天候、全天时的成像,可以对植被覆盖的地面、沙漠或浅水覆盖的地区成像,具有很多优点。世界先进国家如美国、英国、日本、加拿大及西欧部分国家,都持续投入巨资开发更先进的 SAR 卫星,中国借由和俄罗斯、加拿大及以色列等国技术合作积极参与此领域。

多波段、多极化 SAR 是成像雷达的发展趋势。作为开拓性的SIR – C/X – SAR 则是新型的多波段、多极化和干涉 SAR 系统,其硬件是美国国家航空航天局、德国航天局和意大利太空局联合研制,全球包括中国在内的 13 个国家的科学家参与其合作计划。SIR – C/X – SAR 的技术特点是三个波段(C、L 和 X)同时成像,其中 L 和 C 波段能够同时进行多种极化组合,此外还有获得干涉雷达数据的能力。SIR – C/X – SAR 数据在全球范围陆地和海洋的研究结果指出了未来星载 SAR 的发展方向,正如 1998 年在丹麦召开的主题为"21 世纪 SAR 系统要解决的问题:现状及今后发展方向"研讨会上所确定的,星载 SAR 正在朝多波段、多极化、高分辨力、商业化和小型化方向发展。未来几年主要的星载 SAR 系统都是多模式的,具有代表性的系统有美国 NASA 的 LightSAR、欧洲空间局的 ENVISAT – ASAR、加拿大空间局的 Radarsat – 2 等。

图像处理在军事中日益得到广泛的应用,特别是在导弹跟踪目标方面,图像处理优于其他方法的是,不需要提供过多的先验知识,用户只需对所获得的图像应用各种有效的方法提取出自己感兴趣的目标并加以识别即可,而且图像处理发展日趋完善。对于高分辨力 SAR 图像,特征目标(如港口、桥梁、机场)通常是以点状、线状目标等形式存在,因而对于这些目标的识别最终转化为图像处理的问题。而且图像处理应用于军事目标定位方面是一种新的尝试,美国在制定导弹跟踪目标方案时,已经将图像处理纳入了目标定位的第二阶段。当前 SAR 图像的解译研究方兴未艾,挖掘 SAR 图像中的信息,可以为打击目标提供重要的参考。

值得注意的是,SAR 图像根据地面物体反射强度成像,仅使用 SAR 图像进行情报判断很容易产生不确定性及盲点,而极化 SAR 图像为雷达图像中的信息处理和获取提供了更为便捷的途径,因此在进行判别时应利用多种不同来源,对多时段、多波段、多极化的 SAR 图像进行判别以提高判断效度。尽管极化 SAR 所包含的信息量大大超过了传统的 SAR,目前利用极化 SAR 数据实现卫星电子侦察数据处理的新方法、新技术却很少涉及。极化 SAR 比单极化 SAR 包含了更丰富的目标信息,已成为国内外微波成像发展的热门方向之一。电磁波的极化对目标介电常数、物理特性、几何尺寸和取向等比较敏感,通过不同的收发天线组合测量可以得到反映目标散射特性的极化散射矩阵,这为图像理解和目标分析奠定了基础。

高分辨力 SAR 图像解译与目标识别是一个非常前沿的领域,理论和算法都还处于发展初期,我们从该理论提出初期就开始关注和跟踪最新的研究进展。在国家“九五”“十五”“十一五”国防预研项目、高分辨对地观测重大专项、国家“863”计划(863 – 306 – ZT06 – 1、863 – 317 – 03 – 99、2002AA135080、2006AA01Z107、2007AA12Z136、2007AA12Z223)、国家“973”子项(2001CB309403,2006CB705707、2013CB329402)、国家自然科学基金重点项目(60133010)、国家自然科学基金面上项目(60472084、60073053、60372045、60672126、60673097、60575037、60505010、60502043、60603019、60201029、60602064、60607010、60702062、60703109、61072106、61173092、61271302、61272282、61001206、61202176、61271298)、博士点基金(2000070108、20060701007、20050701013、20070701022、20070701016、20100203120005、20100203120008、20110203110006、20130203110009)、高等学校科技创新工程重大项目培育资金(706053)、教育部“长江学者”计划创新团队、国家“111”创新引智基地及国家“211”工程等项目的资助下,我们从 1997 年开始展开了相关课题的研究,在 SAR 图像去噪、SAR 图像融合、SAR 图像分割、SAR 特征提取、SAR 目标识别等问题中取得了一定的研究成果。作者撰写本书,无意过多纠缠于烦琐的数学推导过程,也不想仅对各种方法做简单的罗列,而希望通过我们的工作引起更多研究者对这一新兴领域的关注。由于高分辨力 SAR 图像解译与目标识别本身尚处于发展阶段,许多问题未及深究,书中许多观点是我们在进行高分辨力 SAR 图像解译与目标识别研究中的一己之见,难免有失偏颇,欢迎广大读者批评指正。

可以说,本书是我们在该领域工作的小结,也是智能感知与图像理解教育部重点实验室近 10 年来工作的集体结晶。特别感谢保铮院士多年来的悉心培养和教导;感谢国家自然科学基金委信息科学部的大力支持;感谢侯彪、王爽、刘芳、杨淑媛、白静、钟桦、缑水平、张向荣、刘若辰、公茂果、马文萍、马晶晶、刘红英、熊涛、凤宏晓等人所付出的辛勤劳动；同时感谢任仲乐、李悦、李慧艳、李娜、龚德钊、白雪、寇杏子、闻世保、李崇谦、郭卫英、裴静静、杨伟、陈星忠、凤宏哲、范丽彦、阳春、周斯斯、刘思静、袁月、崔妲坤、黄瑞瑞、张振鹏、赵鹏、王亚明、孟义鹏、李亚龙、宋淑、陈盼、寇宏达、罗小欢、杨群、张舒、罗磊、段培聪、刘剑英、胡葵、赵峰、张丹丹、赵菲妮、张妍妍、权豆、谢雯、梁苗苗、陈欢、孟哲、任博、杨晨等人的科研工作。本书的部分内容借鉴了国内外其他专家和作者的最新研究成果，同时该书也得到了国防工业出版社的关心和支持，在此深表谢意！

　　由于作者水平有限，书中不妥之处在所难免，恳请读者批评指正。

作　者

2017 年 6 月

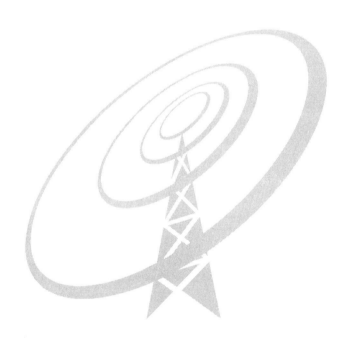

目　录

第 ❶ 章
绪 论

▌1.1 高分辨力 SAR 图像解译与目标识别研究意义

近年来,对地观测技术得到了长足发展,空间分辨力正在以每10年1个数量级的速度迅速提高,高分辨力、超高分辨力已经成为新一代遥感卫星的发展方向。随着对地观测技术的进步以及人们对地球资源和环境认识的不断深化,用户对高分辨力遥感数据数量和质量的要求也在不断提高。为了使得观测系统能够对多种目标进行探测(看得到),同时能够对不同类型的目标进行成像(看得清),提高观测分辨力是必须采取的手段。微波遥感的波长范围为1mm~100cm,差分干涉测量精度可达厘米至毫米级,实现了全天时、全天候的对地观测。

在高分辨力成像系统基础上,为了使观测系统能够准确地确定目标的形状和类别(分得清、辨得明),提高观测系统的目标识别能力成为必要的手段。自动目标识别与解译是对地观测中一个必须面对的重要课题,在高分辨力观测系统中具有非常重要的意义。例如高分辨力雷达系统需要能够看到目标详细的形状、结构和纹理信息。在未来5~10年与高分辨力成像系统相关的自动目标识别与解译将由理论研究迈向工程实践。以上目标能否顺利实现取决于可靠、高效、健壮、快速的自动目标识别理论和解译的发展。

合成孔径雷达(Synthetic Aperture Radar,SAR)技术已经从过去的单极化、单波段、单模式、固定入射角,迅速发展成高分辨、多极化、多波段、多模式、多平台的成像雷达,同时干涉 SAR、超宽带、多卫星群等技术也在不断涌现。这些大量新型 SAR 数据包含的信息越来越丰富,这些图像数据为目标检测和识别及各种地面活动的监测提供了直接的手段。如何更为有效、全面地分析和利用这些数据集,实现图像真正意义上的目标认知,从中发现规律,并寻找感兴趣的目标,是当前雷达领域研究的关键问题。然而,人们对这些新的 SAR 数据的认识和利用程度远远跟不上 SAR 设备收集信息的速度。SAR 在努力追求更高空间分辨力的同时,数据获取能力也逐步增强,这些都标志着人类即将迎来 SAR 数据"爆炸"的时代。因此,面对如何充分利用这些 SAR 数据解决目前国民生产和军事应用领域[1-3]的一些实际问题,现有方法已经逐渐显现出一些瓶颈。其主要体现在以下四个方面:

第一,SAR 图像模型还未能较完整反映雷达电磁回波散射特征与机理,给智能解译带来困难。

随着 SAR 数据获取和成像技术的不断突破,更多新型 SAR 图像(如高分辨力 SAR 和极化 SAR)的出现为人们提供了更多的信息。但是由于获取方式的不同,这些 SAR 图像包含不同的信息并具有不同的数据特性,以往对于单极化、中低分辨力 SAR 图像模型并不能直接应用于这些新的 SAR 数据中。由于自身成像机理的原因,SAR 图像总是受到相干斑噪声的影响。相干斑使图像的质量退化,影响 SAR 图像的理解与解译。可认为 SAR 图像由实际后向散射强度和相干斑两部分组成。SAR 图像抑斑就是要尽可能抑制相干斑,而最大限度地还原地物的实际后向散射强度。SAR 图像中这种特有的噪声特性使其定义为"乘性噪声"。尽管相关模型已经成功应用,但是其仍具有很大的局限性。一个很重要的局限是当分辨力提高时,该模型的一些基本假设可能并不能满足,尤其是对一些表面光滑的人造目标(如人工建筑)和军事中的孤立目标(车辆和桥梁)更明显地体现出来。这一点在过去中低分辨力 SAR 图像中一定程度上可以不予考虑,但是随着分辨力的不断提高,尤其是对分辨力 3m 以上的高分辨力 SAR 而言,噪声模型的实效会极大影响去噪效果和后续的解译算法。此外,从目标本身来说,尤其是军事中极为关注的点目标,在中低分辨力中由于目标尺寸小于甚至远小于分辨单元,一些形成角反射的人造目标会呈现为高亮的小目标,细节信息无法获取。但是随着分辨力的提高,例如 0.3m 分辨力的 SAR 图像中,地面车辆、导弹发射架等重要目标由点目标逐渐变为硬目标,需要重新对高分辨力 SAR 中的目标建模和分析。因此,如何结合高分辨力 SAR 的散射机理,建立高分辨力 SAR 图像地物散射模型与知识库,是 SAR 图像解译和目标识别首要解决的关键问题。

第二,SAR 数据获取能力越来越强、数据量越来越大,知识获取手段缺乏、效率低。

随着 SAR 对分辨力的要求不断提高,其中频采样后回波信号的数据量与信号处理后的二维雷达图像的数据量大大增加,因而所需存储的数据数量巨大,要求存储系统有足够的容量。不论是雷达目标检测,还是雷达成像,脉冲压缩方法在雷达信号处理时,都需要满足奈奎斯特采样定理。它对于带宽有限的信号是一种有效的方法;但是对于超宽带信号,由于脉冲压缩方法必须遵循奈奎斯特采样定理,这会给硬件设备带来很多的负担。例如,经过信号处理后的一帧图像为 4096×4096 像素。极限情况下,信号处理模块每秒会送出 3.5 帧匹配景象数据,则图像存储速率必须大于 448Mb/s。存储中频采样数据时,根据上述采样率以及转换为相应数据量电路的采样位宽,可估算每秒采集到的正交两路中频雷达信号数据量为 350MB,即中频采样数据的存储速率要求高于 2.8Gb/s。如果设定存储系统工作在最长时间 5min 时,可估算规定时间内系统需要存储 102.6GB 的中频采样数据和 16.5GB 的图像数据。这就要求设计系统板载总数据存储容量大于 118.1GB。如此大的数据集在通信、存储以及处理上对软、硬件都提出了新的要求。在处理这种具有更高分辨力的 SAR 图像数据时,海量高维 SAR 图像对传统的图像处理方法在维数上提出了新的要求。而且奈奎斯特采样的数据冗余度非常高,传统的方法都是对奈奎斯特采样后的数据进行目标信息提取,提取的结果难以反映 SAR 图像中目标潜在的知识。因此,如何结合 SAR 传感器空间与应用目标,结合启发式先验挖掘高维 SAR 图像的稀疏性,实现由传统的信息提取转换为知识获取,是实现 SAR 图像高效信息获取和目标认知于一体的关键问题。

第三,传统的 SAR 图像处理主要以变换为主,缺乏知识的有效表示方法,学习和推广能力差。

传统的信息处理通常采用"特征表示 + 学习算法"的浅层学习模式。"特征表示"通常采用变换的形式,通过合适的变换,如小波变换、多尺度几何变换等,描述出视觉系统在观察目标时提取到的用于区分目标的特征以及目标之间的连接关系。"学习算法"对于图像可用最直观的基于像素的描述方法,并监督学习的过程,即给定一组正样本和一组负样本,通过提取特征训练进行学习,并进行识别测试。由于地面环境背景与观测目标复杂多样,导致 SAR 图像的处理缺乏明确的数学模型,对不同目标提取特征的有效性难以保证,增加了 SAR 图像解译的难度。而且针对目标残缺、遮挡等引起的信息缺失和信息不可靠,特征表示将会非常复杂,这种人为设定的"变换"模式难以适应各种复杂的目标。此外,传统的学习算法需要训练样本,样本的选择直接影响识别结果,而且对特征太敏感。由于 SAR 的强散射变化,单个特征单一有效描述目标,特征组合的方法通常用来表示目标,因而会形成一个高维特征空间,对学习算法而言,即"维数灾难"问题。如何突破传统机器学习算法基于浅层特征表示的局限性,发现 SAR 图像复杂的、高级的特征表示,捕获数据中的潜在规律,成为 SAR 图像解译和目标高效认知的关键问题。

第四,SAR 图像模型和处理算法没有考虑图像结构的并行性和算法的并行性,因而费时费力,信息提取的时效性较差,难以满足实际应用需求。

目前,SAR 的数据获取能力不断增强,空间分辨力从 10m 级到米级甚至厘米级(如 PicoSAR)。相比于不断增强的 SAR 数据获取能力,数据自动化处理水平还相对较低,从数据获取到信息提取再到应用产品过程中人工干预较多,一些信息提取和目标识别等应用工作还主要以人工辅助和解译为主,信息服务难以保障时效性。SAR 图像的一个突出特点是海量的数据对象,其数据规模已经达到太字节甚至拍字节量级,相应的图像解译、目标检测与识别运行时间长,与军事领域的高速处理要求差距很大。目前,SAR 图像模型和处理算法并没有考虑图像结构的并行性,很多算法都是以整幅图像作为处理的对象,而且算法本身的并行性也很少考虑,因而信息提取的时效性较差,难以满足实际应用需求。随着并行计算体系和相关技术的不断成熟,并行计算相比串行计算在计算效率上的飞跃为解决上述问题提供了良好的平台。为了实现快捷的 SAR 图像目标识别信息和信息共享,需要有海量数据的存储和处理能力。因此,如何基于高性能计算平台,利用并行中的分布式计算功能降低算法的运行时间,成为 SAR 图像实用化的关键问题。

针对以上问题,很多学者在 SAR 图像解译和目标识别方面进行了深入的工作[4-11],其中高分辨力 SAR 图像[4-8]、极化 SAR 图像[9-11]解译和目标检测与识别方面成为广泛关注的难点和焦点。针对高分辨力 SAR 和极化 SAR 这类图像,建立新的低维信号描述和信息处理的理论框架,搭建能够实现自适应的 SAR 图像高效信息获取和目标认知于一体的新的解译框架,是当前智能感知领域研究的热点之一。

1.2 高分辨力 SAR 图像解译与目标识别研究现状

人们对 SAR 的研究已有较长的历史,但是这项技术的发展多年来一直局限于军事领域,处于高度保密状态。近年来,随着该技术逐渐向民用领域的扩展,其真实发展的神秘面纱逐渐被揭开,并逐渐成为对地观测领域关注的焦点。SAR 的概念于 20 世纪 50 年代初提出,作为主动式雷达,SAR 图像具有全天候、全天时、分辨力高、可侧视成像等优点,得到了广泛应用。美国是最早开始 SAR 相关技术研究的国家,20 世纪 70 年代末突破了星载 SAR 的关键技术,1978 年成功发射了载有 SAR 的"海洋卫星"。其后日本、加拿大、俄罗斯及欧洲一些国家均发射了 SAR 卫星,在世界上掀起了发展 SAR 技术的热潮,在短短的 50 年间 SAR 技术得到了迅猛发展。

近 20 年来,通过科研人员的努力,我国 SAR 技术的研究也取得了重大进展。"九五"以来,机载 SAR 技术取得了突破性进展,目前国内机载 SAR 正在向工程化、实用化方面发展。星载 SAR 也已开始研究,并取得了一定成果。近年来,对于 SAR 设备和成像技术的研究不断进入新的技术领域,获得了越来越多的图像,SAR 图像的自动理解和解译问题也越来越受到关注。由于 SAR 图像的信息表达方式与光学图像有很大的差异,并受到相干斑噪声及阴影、透视收缩、迎坡缩短、顶底倒置等几何特征的影响,使得 SAR 图像的自动处理比常规图像困难得多。如何利用计算机实现 SAR 图像的自动理解和解译,是当前迫切需要解决的难题,也是一个正在发展的研究方向。该课题的许多理论方法借用了计算机图像理解、人工智能、模式识别、机器视觉等相关研究领域的最新成果,其基本目标是将人工目视解译 SAR 图像发展为计算机支持下的图像理解。

SAR 图像的自动理解与解译,是模拟人类的视觉和分析过程,用计算机来完成 SAR 图像分析和理解的过程,最终实现相关信息的获取。早期的 SAR 影像处理和分析都是通过目视解译,依靠人工在相片上解译,后来发展成人机交互方式,并应用一系列图像处理方法进行影像的增强,提高影像的视觉效果,利用图像的影像特征(色调或色彩,即波谱特征)和空间特征(形状、大小、阴影、纹理、图形、位置和布局),与多种非遥感信息资料(如地形图、各种专题图)组合,运用相关规律,进行由此及彼、由表及里、去伪存真的综合分析和逻辑推理的思维过程。

随着计算机技术和超大规模集成电路(Very Large Scale Integration,VLSI)的发展,使人们有可能设计合适的算法通过计算机实现 SAR 图像的自动解译。自动解译比目视解译更复杂,自动解译的过程不但要模拟目视解译的机理,而且要结合计算机本身的特点。目前,对 SAR 理解和解译的研究都是以目标识别为目的,并利用特征提取过程模拟人感知目标的过程,用机器学习过程模拟人识别目标的过程。这些与真正意义上的 SAR 图像理解和解译,即信息的最终获得还相距甚远,但这些理论和方法为自动解译的有效实现奠定了基础。

与普通光学图像解译相比较,SAR 图像解译更为困难。之前能成功应用于光学图像的算法和技术对 SAR 图像都很难得到满意的效果。由于对雷达的辐射特性、SAR 的统计模型及 SAR 图像本身的特点认识不够,使得 SAR 图像特征提取的有效性降低,从而导致了分类和识别精度难以满足实际要求。当前,SAR 图像的理解和解译逐渐发展成一个独立的研究方向,引起了各个领域研究人员的浓厚兴趣。然而,由于问题本身的难度,这些研究还处于基础研究阶段,其范围也往往局限于一个比较狭窄的领域,而且其性能也不太理想。

美国在 SAR 图像解译领域处于国际领先水平。有关 SAR 图像解译技术的研究从 20 世纪 80 年代开始就得到了高度重视,投入数百亿美元进行 SAR 数据的获取以及后续处理研究。其中受人关注较多的有先进检测技术传感器(Advanced Detection Technology Sensor,ADTS)、移动与静止目标的获取与识别(Moving and Stationary Target Acquisition and Recognition,MSTAR)、半自动图像情报处理(Semi-automated IMINT Processing,SAIP)三个项目。

ADTS 系统由 Ka 波段 SAR 传感器、导航器和记录系统三部分组成,能提供全极化、分辨力为 0.3m 的 SAR 图像数据。项目开始于 1987 年,1993 年左右结束,共执行大约400次任务,收集了大量的地貌和目标的实测数据,由美国麻省理工学院林肯实验室建立了一个庞大的数据库并负责维护。日前,美国国防高级研究计划局已经选择了一部分数据,发布给指定的有关大学进行SAR图像目标识别算法研究。

MSTAR项目在1994年开始启动,由美国桑迪亚国家实验室提供X波段,0.3~1m分辨力的SAR原始数据,由Wright实验室建立用于模型研究的各类地貌散射杂波图和用于分类研究的18种各类地面车辆的数据库,每个车辆有72个包括不同视角和在360°范围内的不同方向的样本。由美国麻省理工学院林肯实验室等研究单位提供特征分析、特征抽取与分类算法。目前,MSTAR几乎已经成为考核SAR目标分类算法的数据库,大部分在权威杂志和国际会议上发表SAR图像目标识别和分类算法都采用MSTAR数据进行测试和评估。

1999年公布的SAIP项目是由数据链、图像形成系统、图像分析工作站和通信与信息控制四辆工作车辆组成的可移动的SAR解译系统,事实上相当于一个半自动图像智能处理系统,其目的是用少量的图像分析人员以接近实时的速度分析SAR数据流。针对的SAR传感器每分钟提供$100km^2$($1m \times 1m$分辨力)的图像,要求在接收后5min做出情报解译,据称已服役于战场监视。

除美国之外,其他国家也在自动目标识别方面投入了较多的人力、物力。其中,苏联/俄罗斯的研究较为出色,英国、日本、法国、以色列、印度等国也有一些成果。

一般以目标识别为最终目的的SAR图像解译系统通常由四个部分组成,主要包括预处理模块、特征提取模块、目标识别与分类模块、算法性能评估模块。预处理模块以相干斑抑制为主,还包括SAR图像的几何校正、辐射校正、增强、锐化等操作,由于SAR本身的成像特点,预处理操作必须结合雷达成像机理和数据的分布模型进行。特征提取模块在预处理模块的基础上进行SAR图像分析,分析的含义在于对图像中的目标进行检测和测量,从而建立对图像信息的描述,包括为实现特征提取而进行的图像分割、边缘检测和图像融合等,最终以能够区分和表征SAR图像内容的有效特征为表达方式。目标识别与分类模块完成SAR图像特征的分类,以分类的结果为基本依据进行目标的识别,识别算法一方面模拟目视解译的机理,一方面要适合计算机自动处理的特点。算法性能评估模块是采用测试数据库对目标识别与分类模块的结果进行判断,尽可能结合领域知识(专题数据库)和专家知识(先验知识库),进一步修正目标识别与分类模块中算法的有效性,才能得到较好的识别结果。

图像理解是研究图像中各目标的性质及其相互关系,理解图像的含义,这是一个从图像到高级描述、识别的过程。SAR图像理解与解译涉及的知识广泛,单一的技术很难获得好的解译结果,因此需要结合各个领域的专业知识,综合处理,并引入新的计算智能理论与方法,融合各种 SAR 图像的信息,有效地进行数据挖掘,并结合 SAR 专家领域知识和背景建立有效的 SAR 数据模型,从而为 SAR 图像的自动理解与解译奠定基础。

随着 SAR 技术的发展,越来越多的高分辨力 SAR 图像出现,场景图像的质量可与同类用途的光学图像相媲美,图像中目标的呈现特性也更为明显,再加上各种有效的相干斑抑制方法的出现,使得传统的方法也能用来对 SAR 图像进行特征提取、识别与分类,各种各样的学习算法应用在 SAR 图像的分类中。流行的方法包括小波变换、频谱分析、数学形态学、聚类、K - 近邻(K-nearest Neighbor,KNN)、决策树、贝叶斯分类器、神经网络(Neural Networks,NN)、支持矢量机(Support Vector Machine,SVM)、Boosting 和 Bagging 等,这些算法在 SAR 图像中得到了广泛应用。由于各个算法自身优缺点限制,SAR 图像复杂的内容(包括点、线、面,纹理、边缘、方向等),SAR 图像内容获取的不完备,以及 SAR 图像的多源、多视、多极化、多波段和多时段的影响,需要有针对性地研究更好的特征提取、识别与分类算法。

目前,SAR 图像中目标的检测与识别成为一个受到高度关注的领域。早期由于 SAR 图像分辨力不高,工作主要集中在目标检测方面。随着 SAR 图像分辨力不断提高,使得利用 SAR 图像实现目标识别成为可能。DARPA 提出 MSTAR 计划,目的是发展下一代 SAR 自动目标识别系统。该计划提供一些军事目标的高分辨力航空 SAR 图像作为研究对象,在分布合作的条件下进行,很多大学和研究机构参与研究工作,目前已经取得重要的研究成果。美国麻省理工学院的林肯实验室在 SAR 目标的检测与识别中占有重要的地位,其所提供的 ADTS 高分辨力机载 SAR 目标数据也用于自动目标检测和识别研究。利用这些数据,Quoc H. Pham 提出一种新的端到端的 SAR ATR 系统;Mahalanobis 利用最大平均相关(Maximum Average Correlation Height,MACH) 滤波器和距离分类相关滤波器(DCCF)来对 SAR 目标进行分类;Kottke 和 Chanin Nilubol 利用隐马尔可夫模型完成目标识别;Theera-Umpon 提出利用数学形态学权值共享神经网络来解决 SAR 图像中军用车辆的检测和识别问题。由此可以看出,在 SAR 图像的利用方面,国外已从特征结构提取向自动图像理解与目标识别方向发展。

十几年来,我国 SAR 探测技术沿着自主创新的道路,取得了长足进步,在 SAR 方面更是取得了可喜成绩。在机载 SAR 方面,我国于 1979 年 9 月获得了第一张机载 SAR 图像,该雷达系统工作在 X 波段,飞行高度为 6000 ~ 7000m,测绘带宽为 9km,最大作用距离为 24km,分辨力为 180m × 30m,没有采用脉冲压缩技术。1980 年 12 月,第二台改进 SAR 系统进行了实验,发射峰值功率提高到 10kW,采用了脉冲压缩技术,并增加了天线稳向伺候平台和运动补偿电路,分辨力提高到 15m × 15m。单测绘通道单侧视 SAR 系统于 1983 年研制成功,采用声表面波器件进行距离向脉冲展宽与压缩,并增加了地速补偿与惯性导航系统。1987 年,多测绘通道多极化侧视 SAR 研制成功。在星载 SAR 方面,1987 年我国"863"计划正式提出了星载 SAR 的研究任务,这标志着我国在空间成像领域迈出了重要一步。经过多年的努力,多个学校和研究所的雷达成像实验室在 SAR 成像算法、SAR 平台运动补偿、SAR 运动目标检测和 SAR 成像并行算法研究等方面取得了很大发展等。

在 SAR 图像自动理解与解译方面,中国科学院电子学研究所,中国船舶重工(集团)公司第 705 研究所、第 708 研究所,遥感应用研究所,清华大学、武汉大学、哈尔滨工业大学等单位均取得了很大进展。

■ 1.3　高分辨力 SAR 图像解译与目标识别的研究进展

SAR 图像的传统处理方法是提取数据的散射特征[4-11],这些特征并未体现目标的纹理、几何结构等空间特征。SAR 图像获得的是地物和目标的特性数据,通过散射特征能很好地区分地物和目标。但要识别目标的类别,则需要更多的先验知识。在高分辨力 SAR 图像中目标特性,尤其是一些原先以点目标呈现的尺寸较小的重要目标如车辆目标等发生了明显的变化,逐渐具有了形状、结构等细节信息。虽然也有将图像特征和散射特征联合在一起的特征表示方法[12-14],但这种传统的"特征表示 + 学习算法"的浅层学习模式难以充分利用目标的先验知识。

目标特征提取与选择的共同任务是找到一组对分类最有效的特征,有时需要一定的定量准则(或称为判据)来衡量特征对分类系统(分类器)分类的有效性。换言之,在从高维测量空间到低维特征空间的映射变换中存在多种可能性,哪一种映射变换对分类最有效需要一个比较标准。此外,选出低维特征后其组合的可能性也不是唯一的,故还需要一个比较准则来评定哪一种组合最有利于分类。这种不唯一性导致了对特定的目标,尤其当目标受到干扰时,特征有效性难以保证。

图像特征提取实际上是图像奇异性检测的问题,随着图像处理和调和分析的飞速发展产生了很多有用的工具。奇异性检测包含了点、线、面三种基本奇异性,点、线、面奇异性表现在图像上即为人们常用的灰度、边缘、纹理、区域、形状和方向等特征,更多的算法设计是从这些特征的检测和描述入手的。近年来,很多学者意识到提取图像特征实际上是对图像进行稀疏逼近的过程。研究表明,在高维情况下,小波分析并不能充分利用数据本身所特有的方向特征和几何特征,小波变换在高维情况下并不是最优的或者说"最稀疏"的函数表示方法。多尺度几何分析(Multiscale Geometric Analysis, MGA)[15-22]方法解决了小波变换所不能处理的高维奇异性问题,在稀疏逼近的框架下建立了图像方向特征提取的新方法。多尺度几何方法为图像,特别是背景复杂的图像提供了很好的方向信息特征抽取工具,尤其是在处理高维奇异性方面体现出了优点。但由于多尺度几何方法构造的基函数是模拟图像中的单一特征,而且是针对理想情况建立的模型,对于复杂特征、复杂环境中的目标,多尺度几何方法仍难以有效表示。

最近由 D. Donoho(美国科学院院士)、E. Candès(Ridgelet 和 Curvelet 的创始人)及华裔科学家 T. Tao(2006 年菲尔兹奖获得者,2008 年被评为世界上最聪明的科学家)提出了新颖的理论——压缩采样(Compressive Sampling,CS),又称为压缩感知(Compressed Sensing,CS)[23]。压缩感知理论指出了从低分辨力压缩观测中恢复出高分辨力信号的可能性,是关于信号获取、表示、存储和恢复的一种新观点[24-26],在低成本数码相机和音频采集设备、节电型音频和图像采集设备、高分辨力地理资源观测、分布式传感器网络、超宽带信号处理等领域均有广泛的应用前景。压缩感知理论被美国科技评论评为 2007 年度十大科技进展。DARPA 和美国国家地理空间情报局等政府部门成员,为了适应美国军事战略发展的需求,已经重点资助该领域的研究和探索。同时,压缩感知雷达的研究也得到了发展[27-29]。

压缩感知的前提是信号的稀疏性,如果高分辨力 SAR 图像在适当的基下展开时具有稀疏(或简洁)的表达式,就可以实现图像的压缩高分辨力感知:利用随机观测(投影)的采样方式以低分辨力传感器获取较少的 SAR 数据,然后利用这些少量的数据通过解一个优化问题就能重构高分辨力 SAR 图像。目前,雷达成像设备都是基于奈奎斯特采样定理进行信号获取和信息处理的,而且信号采样、信息处理和目标识别是分离的。压缩感知从概念上突破了传统的思想,根本上解决传统成像技术的应用瓶颈问题,采用压缩感知不但降低了成像系统的设计复杂度,而且压缩感知理论作为一种新的压缩采样理论框架,其目标是利用信号的可压缩性降低采样频率而又能完整描述信号。利用压缩感知理论框架对稀疏信号直接用观测矩阵观测的结果就是压缩采样得到最终结果,它省略了高速采样得到大量数据然后抛弃大部分数据实现信号中的有用"信息"(特征)提取的中间过程,从而减少了采样速率、传输成本和处理成本,使得可以采用低成本的传感器将"模拟信号"转化为"数字信息"成为可能。即在成像的同时,信号中的特征信息已经通过压缩感知提取出来,压缩感知的随机投影策略提供了目标信息稀疏表示的有效途径,可直接进行目标检测和识别[30-32]等操作。

另外,生物现象和自然科学理论有着千丝万缕的联系,几乎所有的生物现象均可以还原成化学、数学和力学的模型。小波早期工作的灵感就是受到生物学中视觉的主要现象的激发而产生的。如果可以认为具有时频局域化的小波函数很好地模拟了视网膜上的多分辨视觉神经元的特性,那么这种模拟还是不够的。

神经生理学家的研究表明,视觉神经元的接收场不仅具有局部和多分辨特性,而且具有方向性[33,34]。也就是说,在大脑的视觉皮层内有专门的神经元负责特定的方向,不但能通过尺度、位置信息辨认物体,而且对特定方向上的目标有最佳反应。换句话说,神经元是有方向特性的,这一生物学上的结论将有助于建立更完善的自然科学理论。随着生物科学的发展,诸多研究成果表明,人眼对于视觉图像各区域的关注程度是不均等的。对于刺激较强的图像区域,人眼总是投入更多的视觉注意[35-38],而对于平滑区域,人眼投入的视觉注意较少,这正是人类视觉拥有着高效的信息处理功能和目标捕获功能的主要原因。这一点引起了SAR图像解译和目标识别领域对于生物视觉的研究兴趣,如果目标识别系统能较精确地仿真生物视觉的注意机制,只对图像中可能存在感兴趣目标的显著区域进行关注,而对于平滑区域不予关注,图像中的冗余信息就可以提前舍弃,而可能的目标区域则能得到重点关注。许多学者就此展开了研究,并取得了一些初步的成果[39-41]。

基于变换的特征提取是采用固定基函数的方法,而稀疏编码[42-46]则是通过研究人眼视觉感知机理建立的一种特征提取方法。从数学的角度来说,稀疏编码是一种多维数据描述方法,数据经稀疏编码后仅有少数分量同时处于明显激活状态,这大致等价于编码后的分量呈现超高斯分布。稀疏编码具有的优点:编码方案存储能力大,具有联想记忆能力,并且计算简便;使自然信号的结构更加清晰;编码方案既符合生物进化普遍的能量最小经济策略,又满足电生理实验的结论。采用稀疏编码分类的基本思想:首先基于分块的思想从样本集中学习一个字典 D,有 k 个元素/组件;然后把这 k 个组件分为两类(组件贡献比较大和贡献比较小);最后确定投影矩阵,对测试样本进行投影,进行分类[47]。基于块学习的稀疏编码得到字典通常比较单一,且编码是冗余的,因而不利于刻画局部细节特征。而且已有的稀疏编码模型采用误差的平方和作为信息保持的客观评价标准。但最近的研究表明,人眼视觉系统的主要功能是从视觉区域提取图像和视频中的结构化信息,因而如何引入结构相似度来衡量信息保持的程度,通过对改进的目标函数进行优化,获得与初级视皮层中具有局部性、朝向性和带通性的感受野相类似的基函数集是目前稀疏编码研究的热点问题。根本原因在于神经生理学家对初级视皮层 V1 区信息加工机制的了解尚不全面,所以稀疏编码算法目前仍处于发展阶段,其在理论和应用方面的研究还有待于进一步的深化和完善。但这种"特征学习"的方法相比基于变换的特征提取方法更能够体现目标的本征特征,而且是自适应的。

对于学习算法,SVM 是最具代表性的分类器,在图像分类中得到广泛应用[48-50]。它在解决小样本、非线性及高维模式识别中表现出许多独特的优势。对于 SAR,虽然可获取的 SAR 图像是海量的,但是由于 SAR 对同一地区不具有重复成像的特殊性,目标样本通常非常少,这类目标识别是一个样本极少的问题。在军事领域,由于对方目标通常情况下是未知状态,因而目标识别又是一个无样本的问题。对于上述目标识别问题,传统的 SVM 也很难有效解决。由于 SAR 一次观测得到的图像对应的场景一般较大,场景中各种不同的目标聚集其中,要有效地对目标进行识别,必须充分利用目标的先验知识,不同的目标具有不同的先验知识,如何把这些先验知识转换为可利用的数学模型,目前还没有有效的方法,很多都是简单的模拟。而且 SAR 图像的海量、大规模导致为了能够区分各种不同的目标,必须采用很高的特征维数。大量的先验模型、高特征维数和种类繁多的目标信息给目标识别带来了困难。

以变换为代表的人工定制特征可以解决很多对象识别问题,但这些特征只能描述底层特征(关键点、边缘信息),难以描述高层特征(对象、场景)。近年来发展起来的"深度学习"方法[51-62],可以直接从数据中无监督地学习层次式的特征表示,用来描述底层特征及高层特征。深度学习的关键在于建立模型逐步学习,并确定低层次的分类(如关键点、边缘信息),然后尝试学习更高级别的分类(如对象、场景)。深度学习是学习多个表示和抽象层次,这些层次帮助解释数据,如图像。它是人工智能革命性的一种新技术,为更好地模拟人眼从看到目标到识别出目标提供了一种更智能的方法。

目标的检测和识别本质上与对图像信息的理解有关。目标分类通过如何分类以及所采用方法的概括归纳使得物理特性与图像性质之间的联系更加紧密,而 SAR 图像信息中最为典型的目标物理特性是电磁理论和散射场景提供的信息,但是从某种意义上讲,人对图像的判读和解译是基于知识和经验的,人们具备高层次的场景理解能力,这归功于视觉印象和相关的图像处理知识。因此,要实现真正意义上的 SAR 图像解译和目标识别,最为关键的是如何良好地运用人们可以获取的经验和 SAR 图像本身的一些启发式知识。然而,要做到这一点是很困难的,原因在于计算机对图像的理解是基于最简单的底层特征的,而这种图像底层的物理特征与人的高层认识之间存在难以跨越的"语义鸿沟",即单纯的图像数据是无法精确地表示图像高层语义信息的。如何从底层特征上升到对象层,结合经验和启发式知识,利用对象来实现对 SAR 图像的认知,从而建立适用的感知模型,是实现目标高可靠性检测和识别的关键问题。

参考文献

[1] LILLESAND M T, KIEFER W R. 遥感与图像解译[M]. 4 版. 彭望璟,等译. 北京:电子工业出版社,2003.

[2] HENRI M. 合成孔径雷达图像处理[M]. 孙洪,等译. 北京:电子工业出版社,2005.

[3] 保铮, 邢孟道, 王彤. 雷达成像技术[M]. 北京:电子工业出版社,2005.

[4] GAO G, LIU L, ZHAO L, et al. An Adaptive and Fast CFAR Algorithm Based on Automatic Censoring for Target Detection in High-resolution SAR Images[J]. IEEE Transactions on Geoscience and Remote Sensing, 2009, 47(6):1685 – 1697.

[5] HWANG I S, OUCHI K. On a Novel Approach Using MLCC and CFAR for the Improvement of Ship Detection by Synthetic Aperture Radar[J]. IEEE Geoscience and Remote Sensing Letters, 2010,7(2): 391 – 395.

[6] BRUSCH S, LEHNER S, FRITZ T, et al. Ship Surveillance with TerraSAR-X[J]. IEEE Transactions on Geoscience and Remote Sensing, 2011,49(3): 1092 – 1103.

[7] ZHU C, ZHOU H, WANG R, et al. A Novel Hierarchical Method of Ship Detection from Spaceborne Optical Image Based on Shape and Texture Features[J]. IEEE Transactions on Geoscience and Remote Sensing, 2010,48(9): 3446 – 3456.

[8] GAO G. An Improved Scheme for Target Discrimination in High-resolution SAR Images[J]. IEEE Transactions on Geoscience and Remote Sensing, 2011,49(1): 277 – 294.

[9] ZHOU Y G, CUI Y, CHEN L Y, et al. Linear Feature Detection in Polarimetric SAR Images [J]. IEEE Transactions on Geoscience and Remote Sensing, 2011,49(4): 1453 – 1463.

[10] AN T W, CUI Y, YANG J. Three-Component Model-Based Decomposition for Polarimetric SAR Data[J]. IEEE Transactions on Geoscience and Remote Sensing, 2010, 48(6): 2732 – 2739.

[11] MARGARIT G, MALLORQUÍ J J, PIPIA L. Polarimetric Characterization and Temporal Stability Analysis of Urban Target Scattering[J]. IEEE Transactions on Geoscience and Remote Sensing, 2010,48(4): 2039 – 2048.

[12] BIN L, WANG H, WANG K, et al. A Foreground/Background Separation Framework for Interpreting Polarimetric SAR Images[J]. IEEE Geoscience and Remote Sensing Letters, 2011, 8(2):288 – 292.

[13] BIN L, HU H, WANG H, et al. Superpixel-Based Classification of Polarimetric Synthetic Aperture Radar Images[C]. 2011 IEEE Radar Cconference , 2011:606 – 611.

[14] CHEN L, YANG W, LIU Y, et al. PolSAR scene classification based on fast approximate nearest neighbors search[C]. 2011 IEEE International Geoscience and Remote Sensing Symposium (IGARSS 2011), July 24 – 29, Vancouver, Canada, 2011.

[15] DONOHO L D. Orthonormal ridgelets and linear singularities[R]. Technical report, Stanford University, 1998.

[16] CANDES J E, DONOHO L D. Curvelets-A surprisingly Effective Nonadaptive Representation for Objects with Edges[R]. Technical report, Stanford University, 1999.

[17] PENNEC L E, MALLAT S. Sparse Geometric Image Representation with Bandelets[J]. IEEE Transactions on Image Processing, 2005, 14(4):423 – 438.

[18] 焦李成, 孙强. 多尺度变换域图像感知与识别:进展和展望[J]. 计算机学报,2006,2: 1 – 17.

[19] 焦李成, 谭山. 图像的多尺度几何分析:回顾和展望[J]. 电子学报, 2003, 12A:1975 –

1981.

[20] 侯彪. 脊波和方向信息检测方法及应用[D]. 西安. 西安电子科技大学, 2003.

[21] 侯彪, 刘芳, 等. 基函数网络逼近: 进展与展望[J]. 工程数学学报, 2002, 19(1): 21 - 36.

[22] SHAN T, JIAO L. Ridgelet bi-Frame[J]. Applied and Computational Harmonic Analysis. 2006, 20(3):391 - 402.

[23] DONOHO L D. Compressed sensing[R]. Technical Report. Stanford University, 2004.

[24] BOUFOUNOS T P, BARANIUK G R. 1-Bit Compressive Sensing[C]. CISS 2008. 42nd Annual Conference on Information Sciences and Systems, 2008, 16 - 21.

[25] JI S, XUE Y, CARIN L. Bayesian Compressive Sensing[J]. IEEE Transactions on Signal Processig, 2008, 56(6): 2346 - 2356.

[26] ELDAR C Y. Compressed Sensing of Analog Signals in Shift-Invariant Spaces[J]. IEEE Transactions on Signal Processing, 2009, 57(8):2986 - 2997.

[27] BARANIUK R, STEEGHS P. Compressive Radar Imaging[C]. 2007 IEEE Radar Conference, 2007.

[28] HERMAN A M, STROHMER T. High-Resolution Radar via Compressed Sensing[J]. IEEE Transactions on Signal Processing, 2009, 57(6):2275 - 2284.

[29] JUN L, XING M D, WU S J. Application of Compressed Sensing in Sparse Aperture Imaging of Radar [C]. APSAR 2009, 2nd Asian-Pacific Conference on Synthetic Aperture Radar, 2009.

[30] YANG S Y, XIE D M, JIAO L C. Compressive Feature and Kernel Sparse Coding based Radar Target Recognition[J]. IET Radar, Sonar and Navigation, 2012.

[31] DAVENPORT M, DUARTE M, WAKIN M, et al. The Smashed Filter for Compressive Classification and Target Recognition[C]. Computational Imaging V at SPIE Electronic Imaging, San Jose, California, 2007.

[32] KHWAJA S A, MA J. Applications of Compressed Sensing for SAR Moving-Target Velocity Estimation and Image Compression[J]. IEEE Transactions on Instrumentation and Measurement, 2011, 60(8):2848 - 2860.

[33] HUBEL H D, WIESEL N T. Receptive fields. Binocular Interaction and Functional Architecture in the Cat's Visual Cortex[J]. Journal of Physiology, 1962, 160:106 - 154.

[34] OLSHAUSEN A B, FIELD J D. Emergence of Simple Cell Receptive Field Properties by Learning a Sparse Code for Natural Images[J]. Nature, 1996, 381: 607 - 609.

[35] ITTI L. Visual Attention and Target Detection in Cluttered Natural Scenes[J]. Optical Engineering, 2001, 40(9):1784 - 1793.

[36] SILITO M A, GRIEVE L K, JONES E H. Visual Cortical Mechanisms Detecting Focal Orientation Discontinuities[J]. Nature, 1995, 378:492 - 496.

[37] ITTI L, KOCH C. Computational Modeling of Visual Attention[J]. Nature Reviews Neuroscience, 2001, 2(3):194 - 203.

[38] ITTI L, KOCH C, NIEBUR E. A Model of Saliency-based Visual Attention for Rapid Scene Analysis[J]. IEEE Transactions on Pattern Analysis and Machine Intelligence, 1998, 20 (11):1254 – 1259.

[39] RUTISHAUSER U, WALTHER D, KOCH C, et al. Is Bottom-up Attention Useful for Object Recognition[C]. Proceedings of the IEEE Computer Society Conference on Computer Vision and Pattern Recognition, 2004, 2:II37 – II44.

[40] ACHANTA R, HEMAMI S, ESTRADA F, et al. Frequency-tuned Salient Region Detection [C]. 2009 IEEE Computer Society Conference on Computer Vision and Pattern Recognition Workshops, CVPR Workshops 2009:1597 – 1604.

[41] ROSIN L P. A Simple Method for Detecting Salient Regions[J]. Pattern Recognition, 2009, 42(11):2363 – 2371.

[42] KARKLIN Y, LEWICKI S M. Emergence of Complex Cell Properties by Learning to Generalize in Natural Scenes[J]. Nature, 2009,457: 83 – 86.

[43] LEE H, BATTLE A, RAINA R, et al. Efficient Sparse Coding Algorithms[C]. Neural Information Processing Systems, 2007.

[44] OLSHAUSEN A B. Sparse Coding of Time-varying Natural Images[C]. International Communication Association, 2000.

[45] YANG J, YU K, GONG Y,et al. Linear Spatial Pyramid Matching Using Sparse Coding for Image Classification[C]. IEEE Conference on Computer Vision and Pattern Recognition, 2009:1794 – 1801.

[46] WANG S, ZHANG L, LIANG Y,et al. Semi-Coupled Dictionary Learning with Applications to Image Super-Resolution and Photo-Sketch Image Synthesis[C]. IEEE Conference on Computer Vision and Pattern Recognition 2012:2216 – 2223.

[47] ZHANG L, P ZHU, HU Q,et al. A Linear Subspace Learning Approach via Sparse Coding [C]. IEEE International Conference on Computer Vision 2011:755 – 761.

[48] BRUZZONE L, CHI MINGMIN, MARCONCINI M. A Novel Transductive SVM for Semisupervised Classification of Remote-Sensing Images[J]. IEEE Transactions on Geoscience and Remote Sensing , 2006,44(11):3363 – 3373.

[49] BAZI Y, MELGANI F. Toward an Optimal SVM Classification System for Hyperspectral Remote Sensing Images[J]. IEEE Transactions on Geoscience and Remote Sensing, 2006, 44 (11):3374 – 3385.

[50] MUNOZ-MARF J, BRUZZONE L, CAMPS-VAILS G. A Support Vector Domain Description Approach to Supervised Classification of Remote Sensing Images[J]. IEEE Transactions Geoscience and Remote Sensing, 2007,45(8):2683 – 2692.

[51] BENGIO Y, LAMBLIN P, POPOVICI D, et al. Greedy Layerwise Training of Deep Networks [C]. Neural Information Processing Systems, 2006.

[52] PLEBE A. A Model of the Response of Visual Area V2 to Combinations of Orientations[J]. Network: Computation in Neural Systems, 2012,23(3): 105 – 122.

[53] HINTON G, OSINDERO S, TEH Y. A Fast Learning Algorithm for Deep Belief Nets[J]. Network: Computation in Neural Systems, 2006,18(7):1527 − 1554.

[54] LEE H, GROSSE R, RANGANATH R,et al. Convolutional Deep Belief Networks for Scalable Unsupervised Learning of Hierarchical Representations[C]. International Conference on Machine Learning, 2009:609 − 616.

[55] SERMANET P, CHINTALA S, LECUN Y. Convolutional Neural Networks Applied to House Numbers Digit Classification[C]. Computer Vision and Pattern Recognition, 2012.

[56] LE V QUOC, MARC′AURELIO R, RAJAT M, et al. Building High-level Features Using Large Scale Unsupervised Learning[C]. the 29′th International Conference on Machine Learning, Edinburgh, Scotland, UK, 2012.

[57] HYVARINEN A, HOYER P. Topographic Independent Component Analysis as a Model of v1 Organization and Receptive Fields[J]. Network: Computation in Neural Systems, 2001, 38(40):1307 − 1315.

[58] BENGIO Y, LAMBLIN P, POPOVICI D,et al. Greedy Layerwise Training of Deep Networks [C]. Neural Information Processing Systems, 2007.

[59] LE V Q, NGIAM J, COATES A, et al. On Optimization Methods for Deep Learning[C]. International Conference on Machine Learning, 2011.

[60] LEE H, EKANADHAM C,NG Y A. Sparse Deep Belief Net Model for Visual Area V2[C]. Neural Information Processing Systems, 2008.

[61] NGIAM J Q, CHEN ZH, KOH P W, et al. Learning Deep Energy Models[C]. International Conference on Machine Learning 2011: 1105 − 1112.

[62] JARRETT K, KAVUKCUOGLU K, RANZATO M,et al. What is the Best Multistage Architecture for Object Recognition[C]. IEEE International Conference on Computer Vision, 2009:2146 − 2153.

第 ② 章
高分辨力 SAR 图像相干斑抑制

■ 2.1 SAR 的基本原理

雷达的出现无疑是 20 世纪无线电发展的重要里程碑。最初的雷达出现在第二次世界大战之前,并作为一种有效的监视手段在第二次世界大战中得到了充分应用。由于电磁波的优良传播特性,使得雷达几乎可以全天时、全天候工作,并且逐渐具备了探测与侦察能力。这些能力的发展需要以不断地提升雷达的分辨力为前提,合成孔径技术的出现为这种需求开拓了一条光明的道路,也催生了一种新的雷达系统——合成孔径雷达(SAR)。

为了形成一幅真实的图像,通常将雷达搭载于某个运动平台,同时对地表空间进行扫描并收集纵向(距离)、横向(方位)(如图 2.1 所示的 ERS – 1 星载 SAR)两个方向的回波信号,根据此二维回波信号便可形成一幅雷达图像[1]。由于早期的雷达分辨力很低,使得地面的许多目标,如飞机、坦克等在雷达图像中看作"点"目标。为了提高"分辨"目标的能力,需要同时提高雷达的纵向(距离)和横向(方位)分辨力。

雷达距离分辨力的提高主要依赖于增大雷达发射信号的带宽,这一点在技术上是比较容易实现的。例如,雷达信号的带宽为 300MHz,实际中形成的距离分辨力约为 0.6m[2]。方位分辨力的提高则依赖于波束宽度的减小,需要采用大孔径的天线。通常情况下雷达天线直径在几米的范围,若雷达处于数十千米高度的平台上,实际形成的 SAR 图像的方位分辨力一般在百米级。若将方位分辨力提高到米级,对应的天线孔径则需要加大至数百米,这样大的天线在实际中是很难做到的。

实际中,将小天线排成很长的线性阵列是可以做到的。将天线阵列安装于运动平台上,通过运动形成一个等效的大孔径天线,并不断地记录回波的相位和幅度。一段时间后,将这些回波进行合成处理,就可以实现很高的方位分辨力,这就是 SAR 的基本原理。实际中,SAR 通常装载于卫星或飞机上,依靠这些平台的运动,合成孔径技术就可以实现。

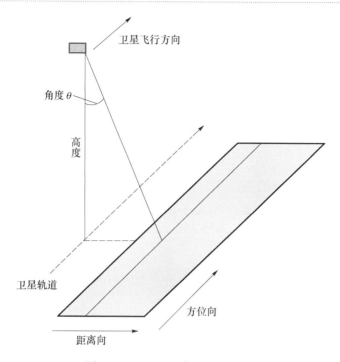

图 2.1　ERS – 1 星载 SAR 示意图

▉ 2.2　高分辨力 SAR 图像降斑方法研究现状

2.2.1　多视处理降斑

根据回波数据直接成像获得的 SAR 图像称为单视图像。通常,单视图像中的相干斑非常强烈,特别是对于早期的低分辨力 SAR 图像,相干斑可以淹没大多数地面场景。为了在成像阶段有效地抑制 SAR 图像相干斑的影响,通过一定的方法对同一个场景获得 L 个独立的测量,并将这些测量进行平均,以降低相干斑的方差,从而实现降斑的目的,这个过程称为 L 视处理。

多视处理的方法通常分为两种[1,3,4]。一是将同一场景回波信号的多普勒带宽进行划分,获得 L 个带宽,根据这些带宽分别成像获得 L 个成像结果。假设 L 个图像之间是相互独立的,将 L 个图像进行平均,此时相干斑的方差将为原来的 $1/L$,由此获得了一幅 L 视的图像。二是在空间上实现多视处理。假设单视 SAR 图像中各个像素在空间上是独立的,将 L 个像素进行平均就可以获得一幅 L 视图像。实际中,如果对图像的横向和纵向都进行 $\sqrt{L}$ 视平均,获得的 SAR 图像就是 L 视图像。

在上述的多视处理过程中都对平均结果进行了独立假设,实际中这种假设通常是很难满足的,特别是第二种多视处理方法,所获得的视数(衡量相干斑强度或方差的指标)实际只是名义值。视数的精确估计将在 2.3 节进行研究。分割带宽的多视处理方法,实际上使每幅 SAR 图像的成像带宽降为原来的 $1/L$,根据 2.1 节所给出的 SAR 成像原理可知,带宽降低为原来的 $1/L$,对应的 SAR 图像的距离分辨力也将下降为原来的 $1/L$。若按照第二种空间的多视处理方法,结合成像原理可知,SAR 图像的距离和方位分辨力都将下降。由此可见,虽然多视处理简单并且有效地抑制了相干斑,但这是以牺牲图像的分辨力为代价的。因此,研究不会显著降低图像分辨力的滤波方法是非常必要的。在实际中,所获得的数据通常是单视或者视数值较小的多视图像,本章所研究的对象也是这些数据。

2.2.2 空间域降斑

在空间域的 SAR 图像降斑方法中,均值和中值滤波是最为简单的两种滤波方法,它们的使用来源于最初的自然图像降噪。其中均值滤波方法在一定程度上也可以看作是一种近似的多视处理方法。这两种滤波方法都能在一定程度上抑制相干斑,却带来了严重的边缘平滑。20 世纪 80 年代,Lee 滤波[5]的提出在一定程度上避免了上述不足,假设真实场景是平稳的(实际上对应于地表的均匀区域),考虑乘性的相干斑模型并利用一阶泰勒级数展开获得了最终的抑斑的结果。相比之下,Kuan 滤波[6]直接应用了线性最小均方误差(Minimum Mean Square Error,MMSE)准则,获得了一个更一般的抑斑表达式,与 Lee 滤波相比只是在权重函数上略有差别。Frost 滤波[7]虽然也属于最小均方误差滤波器,但与 Lee 滤波和 Kuan 滤波完全不同,它考虑了场景的自相关函数与像素之间的空间距离呈负指数关系,并以此构建了自相关函数,最终将图像与该自相关函数进行卷积从而获得最终的滤波结果。实际上,Frost 滤波与均值滤波相比,均值滤波中各样本像素的权值相等,而 Frost 滤波中各样本像素的权值与空间距离呈现负指数衰减。前面的三种滤波器并未涉及相干斑或场景的具体统计特性,假设真实场景符合伽马分布以及相干斑符合高斯分布,A. Lopes 等[8]提出了 Gamma-MAP 滤波器,其利用所提出的假设模型以及最大后验概率(Maximum a Posteriori,MAP)准则求得抑斑结果。上述四种滤波器虽然都有相对较好的抑斑结果,但是其对图像中边缘或细节的平滑还是非常明显的。其原因在于它们都假设真实的 SAR 图像场景是平稳的,而这个假设在 SAR 图像的边缘或细节区域将不再成立。为了更好地满足平稳的假设,针对上面的算法,其改进主要包含两个方面。一是考虑 SAR 图像的真实场景分为均匀和非均匀两类,在不同的区域内采用不同的抑斑方法,这就是由 A. Lopes 等提出的增强系列滤波器[9],如增强 Lee、Gamma-MAP。此外,在假设 SAR 图像中均匀场景满足伽马分布的前提下,

C. Wang 等[10]使用 Chi - 均方准则将图像的场景分为均匀和非均匀两类。二是空域的滤波器通常选择正方形的滑动窗,对于边缘区域其窗口内的样本像素不能满足平稳的假设,因此需要使用自适应的滑动窗。J. S. Lee[11]提出的精致(Refined)滤波器将将图像的边缘划分为 8 个方向,在不同方向使用不同形状的窗,并依此构造了精致 Lee 等滤波器。此外,人们还提出了其他许多构造自适应滑动窗的方法[12 - 18]。J. S. Lee[19]提出的 Sigma 滤波器利用图像的概率统计分布划定一定的概率区间,并认为区间之外的像素为相干斑,这种方法可以看作从统计角度进行像素分类的一种方法。

近年来,空域的抑斑方法得到一定的发展。R. Touzi[20]在充分研究经典空间域抑斑方法不足的基础上,使用多分辨的方法最大化 SAR 图像中的局部平稳和非平稳区域,之后结合经典的滤波器进行抑斑。J. S. Lee 等[21]提出了改进的 Sigma 滤波,它克服了传统 Sigma 滤波器中概率区间的门限很难确定以及抑斑结果中的亮目标不能很好地保持等不足。

真实的 SAR 图像场景实际上是非平稳的[22],总结上述空域降斑方法可知,空域的降斑方法由最初的全局平稳假设已经发展为更加自适应的局部平稳假设。无论是分类的方法还是自适应窗的方法都使得 SAR 图像场景的模型假设向着真实的非平稳特性靠近。对于图像局部场景平稳特性的应用与研究也将贯穿于本章后面章节所提出的所有降斑方法中。

2.2.3　小波域降斑

自 20 世纪 80 年代开始,小波由于具有优良的多分辨分析以及对非平稳信号的处理能力在图像处理中得到了广泛应用。伴随着小波研究的发展,正交小波变换(Orthogonal Wavelet Transform,OWT)、非下采样小波变换(Undecimated Wavelet Transform,UWT)、双树复小波变换(Dual-tree Complex Wavelet,DT-CWT)和双密度小波变换(Double Density Wavelet Transform,DDWT)等也应用于 SAR 图像的降斑中。

在 OWT 域的降斑方法中:H. Guo 等[23]应用对数变换先将相干斑由乘性变为加性,再应用自然图像去噪中常用的软阈值收缩的方法获得降斑结果;与文献[23]不同的是,J. R. Sveinsson 等[24]提出在收缩小波系数时使用自适应的 Sigmoid 门限;H. Xie 等[25]通过采用对数变换以及 OWT 域贝叶斯的方法获得了降斑结果;H. Solbo 等[26]对同态变换后的"无噪"和噪声小波系数都使用逆高斯分布建模,再应用统计估计的方法获得"无噪"小波系数的估计值;相类似的是,M. I. H. Bhuiyan 等[27]使用柯西分布和高斯分布分别对"无噪"和噪声小波系数建模,并通过估计局部自适应的分布参数以求得自适应的降斑结果;王晓强等[28]先对 SAR 图像中的边缘分离,对边缘部分使用小波进行降斑处理;吴艳等[29]对同态变换后的小波系数采用隐马尔可夫树进行建模,利用贝叶斯估计的方法获得了真实图像的小波系数。可以看出,OWT 域的降斑方法中几乎都应用了对数变换,把乘性模型转换为加性模型,这样使得许多自然图像去噪中的方法可以迁移到 SAR 图像降斑中。OWT 域的抑斑方法已经从全局门限法发展为自适应门限法,近年来的研究热点又转向了对"无噪"和噪声小波系数的统计建模。

OWT 域的降斑虽然优于大部分空域的方法,但是由于 OWT 进行了下采样从而缺乏平移不变性,使得重构的图像中总是存在一定的"振铃效应"。为了克服这个不足,J. R. Sveinsson 等[30] 提出了一种近似平移不变小波域的抑斑方法,为了完全具备平移不变性,UWT 也应用于 SAR 图像降斑;F. Argenti 等[31,32] 在 UWT 域应用信号相关的加性噪声模型,对小波系数采用高斯以及广义高斯等分布进行建模,最后应用 MMSE 或 MAP 准则获得降斑结果;T. Bianchi 等[33] 在对小波系数预分割的基础上,再应用 F. Argenti 等提出的方法,有效地提高了分布参数的估计精度;M. Dai 等[34] 仍使用信号相关的加性噪声模型,在 UWT 域对真实场景的小波系数使用混合高斯模型建模,应用贝叶斯以及 MAP 准则获得了最终的降斑小波系数;S. Solbo 等[35] 在 UWT 域应用维纳滤波器估计真实信号的谱密度,需要注意的是该方法只能应用于单视复数据格式的 SAR 图像;D. Gnanadurai [36] 等在 UWT 域对小波系数应用基于均值的平滑算子收缩获得真实信号的小波系数;Q. W. Gao 等[37] 组合 UWT 和方向滤波器进行 SAR 图像降斑,使得降斑图像中的边缘细节得到很好的保留;胡正磊等[38] 在 UWT 域对小波系数应用重拖尾的 α 稳定分布建模,并使用 MAP 的方法估计降斑系数;吴艳等[39] 将 SAR 图像中的区域分为均匀和边缘区域,在此基础上在 UWT 域提出一种模糊阈值降斑方法;万晟聪等[40] 在 UWT 域根据小波系数的局部统计量选取收缩阈值以及分布模型的参数,将阈值的选取与小波系数的局部统计特性联系起来。与 OWT 域的抑斑方法相比较可以看出,UWT 域的抑斑研究也都是从阈值法转向小波系数的统计建模。不同的是,UWT 域的大部分方法都使用了信号相关的加性噪声模型,它有效地克服了由于对数变换所带来的 SAR 图像辐射特性损失。

UWT 域的降斑算法很好地抑制了应用 OWT 时出现的"振铃效应",但是由于非下采样方式的引入使得 UWT 的空间和时间复杂度比较高。DT-CWT[41] 的出现很好地解决了变换的平移不变性与时空复杂度之间的矛盾,在获得了近似平移不变特性的同时具有较低的时空复杂度,并且子带的方向数比原来小波变换增加了 1 倍。J. J. Ranjani 等[42] 利用 DT-CWT 域各尺度之间的相关性进行噪声系数恢复,并且将该方法应用到了 SAR 图像降斑中。与 DT-CWT 有着相近性质的 DDWT[43] 也在近年来应用于 SAR 图像降斑中[44,45]。

2.2.4　后小波域降斑

小波基函数具有很好的局部时频表示能力,对图像可以实现较好的稀疏表示。但是,小波的基函数对点状的奇异性可以很好地表示,当面对直线或曲线状的特征时则显得无能为力。另外,传统小波变换的子带方向数是十分有限的,当图像中边缘或纹理丰富时,其对图像方向的表示则显得不够精细。针对上述的不足,学者们经过不断的研究提出了 Curvelet[45]、Bandelet[46]、Contourlet[47]和 Directionlet[48]等众多后小波变换。

在 Curvelet 域的降斑方法中:M. O. Ulfarsson 等[49]首次使用软硬阈值收缩的方法对对数变换后的 SAR 图像降斑;B. B. Saevarsson 等[50]先利用方差图像将经对数变换后的 SAR 图像分为平滑与边缘区域,再以分类的结果作为指导融合 OWT 域隐马尔可夫树模型降斑结果与 Curvelet 域硬阈值降斑结果;在文献[49]的基础上,J. R. Sveinsson 等[51]提出使用全变差(Total Variation,TV)对图像进行预分类,并且使用了平移不变的小波与 Curvelet 变换,有效地抑制了原来方法中出现的伪吉布斯效应;A. Schmitt 等[52]应用门限法在 Curvelet 域对 SAR 图像降斑,并将 SAR 图像的特征增强、变化检测与降斑联系起来;M. Amirmazlaghani 等[53]提出一种条件的二维广义自回归异方差模型,并用该模型对同态变换后的真实 Curvelet 系数建模,使用贝叶斯准则获得了最终的抑斑结果;金海燕等[54]在 Curvelet 域构造了一种隐马尔可夫树模型,并将该模型用于 SAR 图像降斑。

在 Bandelet 域的降斑方法中:W. Zhang 等[55]提出一种特征聚类的方法,将 SAR 图像的 Bandelet 系数聚为真实图像与噪声两类,对噪声系数进行处理即可得到降斑结果;Q. Gao 等[56]在 Bandelet 域使用贝叶斯 MAP 估计进行降斑;杨晓慧等[57]提出了一种与 DT-CWT 类似的复 Bandelet,利用广义交叉验证的方法自适应地获得了复 Bandelet 域的收缩阈值,并将该方法应用到了 SAR 图像降斑中。

由于 Contourlet 和 OWT 类似,也不具备平移不变性,因此在与 Contourlet 相关的降斑方法中,绝大多数使用的都是非下采样的 Contourlet 变换。S. Foucher 等[57]研究了对 SAR 图像分别应用对数变换和信号相关的加性噪声模型,推导了这两种模型在非下采样 Contourlet 域内噪声方差的估计方法;F. Argenti 等[59,60]对 SAR 图像在非下采样 Contourlet 域应用局部平稳模型,通过局部化的参数估计方法,应用 MAP 或线性最小均方误差获得真实 Contourlet 系数的估计;Q. Sun 等[61]提出一种非下采样 Contourlet 域点态自适应收缩的降斑方法;练秋生等[62]提出使用高斯或拉普拉斯分布对非下采样 Contourlet 域的观测系数建模,应用 MAP 估计的方法获得真实信号系数;张绘等[63]将自适应方向树应用到 Contourlet 域,并自适应地选取收缩阈值;沙宇恒等[64]将隐马尔可夫树模型引入 Contourlet 域,并应用于 SAR 图像降斑中;孙强等[65]利用方向邻域模型,在非下采样 Contourlet 域给出了 SAR 图像降斑时点态缩减因子先验比的计算方法,获得了比较好的降斑结果;凤宏晓等[66]对 SAR 图像在非下采样 Contourlet 域采用信号相关的加性噪声模型,应用局部高斯模型对加性噪声建模,结合 MAP 准则获得了降斑结果。

在 Directionlet 域的降斑方法中,白静等[67]将高斯尺度混合模型引入到提升 Directionlet 域,并把该模型应用到 SAR 图像降斑中;N. Ma 等[68]借鉴文献 [67],将高斯尺度混合模型引入到原始的 Directionlet 中,并用于 SAR 图像降斑。

2.2.5 基于马尔可夫随机场模型的降斑

马尔可夫随机场(Markov Random Field,MRF)模型是 20 世纪末期发展起来的一种有效的图像先验模型,它已经成功地应用于人脸识别、图像分割、分类等众多图像处理领域。由于其优越的性能,MRF 也应用于 SAR 图像降斑,作为一种先验为真实的 SAR 图像场景建模。M. Walessa 等[69]使用高斯 MRF 对"无噪"的 SAR 图像建模,通过有效的参数估计获得了相当不错的降斑效果;M. Hebar 等[70]使用二项式模型改进 MRF,并将其成功地应用于 SAR 图像降斑中;M. Soccorsi 等[71]使用 Huber-MRF 为单视复数据格式的 SAR 图像建模,并将其作为非二次正则降斑目标函数的一部分;宋珺等[72]提出一种具有结构保持特性的 MRF 模型用于 SAR 图像降斑;H. Song 等[73]将 Membrane MRF 先验模型应用于 SAR 图像降斑,MRF 模型除在空域的应用外,也推广到变换域中;H. Xie 等[74]使用 MRF 与两状态高斯混合模型为 SAR 图像的小波域系数建模,在使用期望最大化(Expectation Maximum,EM)算法估计参数的基础上,使用贝叶斯估计获得降斑结果;D. Gleich 等[75,76]应用 MRF 模型为小波域、Bandelet 域和 Contourlet 域中的真实 SAR 图像系数建模,并应用贝叶斯估计获得降斑结果;D. E. Molina 等[77]比较了文献[70,71]使用的不同 MRF 模型的特点;王青等[78]使用小波域的隐 MRF 模型计算先验概率,并以此修改传统的 Gamma-MAP 滤波器。在其他与 MRF 相关的降斑研究中:陈俊杰等[79]将吉布斯 – MRF 模型与模拟退火算法相结合提出一种迭代的 SAR 图像降斑算法;G. R. K. S. Subrahmanyam 等[80]将非连续的自适应 MRF 先验加入到卡尔曼滤波器中,并将该方法应用于 SAR 图像降斑中,很好地保持了图像的特征;H. Li 等[81]先对 SAR 图像进行对数变换,使用高斯分布和高斯 – MRF 作为贝叶斯准则中的似然和先验项;D. Gleich 等[82]应用广义高斯分布和高斯 MRF 为 SAR 图像的小波域系数建模,在参数估计时引入了粒子滤波,获得了相当不错的降斑效果。

2.2.6 基于非局部滤波的降斑

非局部(Non-local,NL)均值滤波[83]方法在自然图像的去噪中获得了非常不错的结果,并且近年来在图像降噪、修补等处理领域得到了广泛应用。非局部滤波器主要的思想是开发图像的非局部自相似,为图像恢复提供尽可能多的候选样本。由于非局部系列滤波器具有简单的思想和卓越的性能,在近年来也推广到 SAR 图像降斑中。S. Parrilli 等[84]把 3D 块匹配(Block-matching and 3D, BM3D)滤波[85]推广到乘性的相干斑模型下,提出了一种非局部降斑滤波器;M. Mäkitalo 等[86]首先采用一种有效的同态变换方法将乘性的相干斑转化为独立的噪声分量,再结合多种现存的非局部滤波器进行降斑;C. Kervrann 等[87]提出一种贝叶斯框架下的非局部滤波方法,并且很好地应用于超声图像中的乘性相干斑抑制,H. Zhong 等[88]已将这种非局部滤波方法成功地应用于 SAR 图像降斑中;在最大似然估计的框架下,C. Deledalle 等[89]提出一种基于图像块的迭代版的非局部滤波器,该方法获得了非常好的降斑效果,是目前性能最好的 SAR 图像降斑方法之一。由于具有优良的性能,该方法也推广到极化[90]与干涉[91]SAR 图像的降斑中。H. Zhong 等[92]提出了一种 SAR 图像预分类与非局部滤波方法相结合的抑斑方法,也取得了不错的效果;杨学志等[93]先对 SAR 图像进行对数变换,再引入传统的非局部均值滤波器,在研究参数选取的基础上获得了比较好的降斑结果。

2.2.7　降斑方法研究总结

回顾降斑算法研究可以发现如下特点:①对 SAR 图像的模型假设由最开始的全局平稳向局部平稳假设演化;②降斑方法由最开始的空域方法向变换域发展;③基于概率统计的降斑方法近年来得到了广泛发展,无论是空域、变换域,还是 MRF 模型都涉及了统计学的内容;④由于理论上的完整性和很好的辐射特性保持能力,基于信号相关的加性噪声模型的降斑思路在近年来成为研究热点,将乘性相干斑转化为加性噪声模型的传统对数变换的思路逐渐淡化。从发展时间上看,20 世纪八九十年代降斑算法的研究主要集中在空间域,21 世纪初主要集中在小波以及后小波域,近年来的研究主要集中在 MRF 模型的应用以及非局部均值滤波的拓展。从总体思路上看,每个阶段的降斑算法开始都是针对全局的,接着是对 SAR 图像预分割为均匀和非均匀两个区域,然后向着更加精细的预分割发展。从发展方向上看,图像的统计先验越来越多地应用于各种类型的降斑算法中。

◨ 2.3　相干斑的统计模型与降斑效果评价

2.3.1　相干斑的统计分布与模型

2.3.1.1　相干斑的基本假设

当雷达照射地面时,电磁波与地表的某个散射体相互作用发生散射,散射体的物理特性使得后向散射元(电磁波与散射体作用后的回波)的相位 φ 和幅度 A 均发生变化[94]。通常情况下,可认为一个地表的分辨单元内包含大量的散射体 (图2.2(a)),在单个分辨单元内获得的雷达测量则为大量后向散射元的和 (图2.2(b)):

$$Ae^{j\varphi} = \sum_{k=1}^{N} a_k e^{j\varphi_k} \tag{2.1}$$

式中: a_k、φ_k 分别为第 k 个散射元的幅度和相位; N 为在一个分辨单元内所包含的散射元个数。

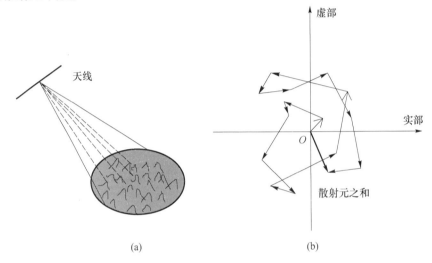

图 2.2   SAR 回波示意图

大量的实验证明,后向散射元在统计上可以看成一个随机游走过程。在一定条件下,随机游走过程是一个高斯随机过程。这里所说的条件实际上是完全发展相干斑的假设[1]:

(1) 地表相对于雷达的波长而言要足够粗糙,以便在一个分辨单元内包含的散射元数目 N 足够大。

(2) 同一个散射元的幅度 a_k 与相位 φ_k 在统计上是相互独立的,不同散射元之间的幅度与相位在统计上也是相互独立的。

(3) 所有散射元的幅度 a_k 满足同分布,并且有 $E[a_k] = E[a_k^2] = \sigma$($\sigma$ 为单个散射元的雷达横截面积(Radar Cross Section,RCS),实际上是真实的雷达测量)。

(4) 在某个分辨单元的所有散射元中不存在占主导作用的散射元,即所有散射元的幅度大致相同,不存在强度非常大的散射元。

完全发展的相干斑模型是目前所有相干斑统计建模的基础,本章对相干斑的统计假设仍然采用这一模型。在实际中,如果考虑真实的地表场景,完全发展的相干斑的假设将在同质表面上得到满足。

2.3.1.2　相干斑的统计分布

由于考虑的是单个分辨单元内的相干斑特性,所以将式(2.1)重新改写为

$$Ae^{j\varphi} = \sum_{k=1}^{N} a_k \cos(\varphi_k) + \mathrm{j} \cdot \sum_{k=1}^{N} a_k \sin(\varphi_k) = A_{\mathrm{R}} + jA_{\mathrm{I}} \tag{2.2}$$

式中:A_{R} 和 A_{I} 分别为回波的实部和虚部。

根据完全发展相干斑的假设,散射元的数目 N 足够大,而 A_{R} 和 A_{I} 都为 N 个随机变量的和,根据中心极限定理,它们都满足高斯分布。根据式(2.2)可知,A_{R} 和 A_{I} 之间是相互独立的,并且满足同参数的高斯分布。实际中,SAR 成像后的数据在没有转化为可视的图像之前,都是以式(2.2)中所示的复数形式存储的,这种数据格式在雷达界称为单视复(Single Look Complex,SLC)数据。

复数形式的 SAR 数据无法直接显示为图像,考虑到单幅 SAR 数据中的相位 φ 满足的是均匀分布并且不携带任何有用的信息,可以抛掉相位获得可视的 SAR 图像:

$$A = \sqrt{A_{\mathrm{R}}^2 + A_{\mathrm{I}}^2}$$

或

$$I = A^2 = A_{\mathrm{R}}^2 + A_{\mathrm{I}}^2 \tag{2.3}$$

式中:A 为幅度格式的 SAR 图像(实际上是单视的);I 为强度格式的 SAR 图像(实际上也是单视的)。

在实际中,幅度 SAR 图像具有较小的动态范围,更便于以图像的形式显示,因此大多数 SAR 系统供给用户的 SAR 图像都是幅度格式的。

根据统计学的相关知识可知,当 A_{R} 和 A_{I} 符合独立同分布的高斯分布时,单视幅度格式的 SAR 图像满足瑞利分布[1,4]

$$p_A(A \mid R) = \frac{2A}{R} \exp\left(-\frac{A^2}{R}\right) \tag{2.4}$$

式中:A 为雷达的观测信号;R 为未知的参数。

实际上 P_A 代表了等效的 RCS 或真实的雷达反射系数,对应于 SAR 图像降斑而言就是"无噪"的真实信号。同时容易知道,单视强度格式的 SAR 图像满足负指数分布[1,4]

$$p_I(I \mid R) = \frac{1}{R} \exp\left(-\frac{I}{R}\right) \tag{2.5}$$

当图像的分辨力不作为关键因素考虑时,SAR 系统供给用户的数据基本上

是经过多视处理的。对于多视处理降斑的情况,在 2.2 节中已介绍。下面阐述多视处理给 SAR 图像在统计特性上带来的变化。若在成像过程中对多普勒带宽分割后的每个带宽所成的是单视强度图像,那么多视处理表示为

$$I = \frac{1}{L}\sum_{k=1}^{L}I_k \tag{2.6}$$

式中:L 为视数。

由于单视强度 SAR 图像的统计分布满足自由度为 2 的 χ^2 分布,当进行多视平均时 L 视的强度图像满足伽马分布[4]:

$$p_I(I \mid R) = \frac{1}{\Gamma(L)}\left(\frac{L}{R}\right)^L \exp\left(-\frac{LI}{R}\right)I^{L-1} \tag{2.7}$$

当考虑多视幅度 SAR 图像时,多视处理的过程分为以下两种:

(1)先对单视强度图像进行多视处理,再按照关系 $A=\sqrt{I}$ 获得多视幅度 SAR 图像,通过统计学中的关系式

$$p_A(A \mid R) = 2A \cdot p_I(A^2 \mid R) \tag{2.8}$$

可以得到其统计分布为 Nakagami 分布[89],即

$$p_A(A \mid R) = \frac{2}{\Gamma(L)}\left(\frac{L}{R}\right)^L \exp\left(-\frac{LA^2}{R}\right)A^{2L-1} \tag{2.9}$$

(2)对多普勒带宽分割后所成的是单视幅度 SAR 图像,多视处理表示为

$$A = \frac{1}{L}\sum_{k=1}^{L}A_k \tag{2.10}$$

此时,L 视幅度 SAR 图像的统计分布是 L 个瑞利函数的卷积,无法获得显式表达。在实际中,当 $L>3$ 时,无论是哪种方式获得的多视幅度 SAR 图像,都可以应用式(2.9)的 Nakagami 分布建模[1]。根据式(2.7)和式(2.9)可知,当 $L=1$ 时,伽马分布和 Nakagami 分布分别等价于负指数分布和瑞利分布,因此对于所有的强度和幅度 SAR 图像都分别可用伽马分布和 Nakagami 分布建模。

通过前面分析可知,无论是单视 SAR 图像还是多视 SAR 图像,其观测图像的统计分布均是包含真实雷达反射系数 R 的条件概率分布。若认为观测 SAR 图像是由 R 与相干斑两部分组成的,那么在实际中相干斑具体的统计分布根据上面的公式是很容易得到的。从另一个角度分析,本小节关于 SAR 图像所有的统计模型都是在完全发展相干斑的假设下获得的,前面已经介绍过,实际中完全发展的相干斑对应于同质场景,A. Lopes 等[8]指出同质场景下的真实雷达反射系数 R 可认为是常数,那么观测图像的分布实际上是相干斑的统计分布。

2.3.1.3　乘性噪声模型

通过 2.3.1.2 节的分析可知,在完全发展相干斑的假设下,单视、多视的幅度和强度 SAR 图像分别可以用瑞利分布、Nakagami 分布、负指数分布和伽马分布建模。为后面问题阐述方便,先给出在 SAR 降斑领域广泛使用的方差系数的定义[95]

$$\gamma = \frac{\sigma_f}{m_f} \tag{2.11}$$

式中:f 代表某种信号。

在实际中,方差系数是相干斑强度的一个度量。

下面从不同形式 SAR 图像的统计分布入手来分析相干斑的模型。对于单视幅度 SAR 图像,由瑞利分布可知

$$E[A] = \sqrt{\frac{\pi R}{4}}$$

$$E[A^2] = R$$

$$\gamma_A = \sqrt{\frac{E[A^2] - (E[A])^2}{(E[A])^2}} = \sqrt{\frac{4}{\pi} - 1} \tag{2.12}$$

对于单视强度 SAR 图像,由负指数分布可知

$$\gamma_I = \sqrt{\frac{\sigma_I^2}{(E[I])^2}} = \sqrt{\frac{R^2}{R^2}} = 1 \tag{2.13}$$

对于多视幅度 SAR 图像,由 Nakagami 分布可知

$$E[A^m] = R^{m/2} \frac{\Gamma(L + m/2)}{L^{m/2} \Gamma(L)}$$

$$\gamma_A = \sqrt{\frac{E[A^2] - (E[A])^2}{(E[A])^2}} = \sqrt{\frac{L(\Gamma(L))^2}{(\Gamma(L + 0.5))^2} - 1} \tag{2.14}$$

对于多视强度 SAR 图像,由伽马分布可知

$$E[I^m] = R^m \frac{\Gamma(L + m)}{L^m \Gamma(L)}, \gamma_I = \sqrt{\frac{\sigma_I^2}{(E[I])^2}} = \frac{1}{\sqrt{L}} \tag{2.15}$$

由式(2.12)~式(2.15)可知,对于单视或多视强度格式的 SAR 图像,容易知道其均值都为真实雷达反射系数 R,而方差系数与 R 之间呈比例关系,说明相干斑是乘性的。对于幅度格式的 SAR 图像,虽然其均值中都包含某个常数,若把这个常数划归于相干斑中,也容易得到方差系数与 $\sqrt{R}$ 呈比例关系,这也说明

幅度格式的相干斑是乘性的[96,97]。因此,对于所有格式的 SAR 图像,都可以使用如下乘性模型:

$$Y = X \cdot Z \qquad (2.16)$$

式中:X 代表真实的"无噪"图像,强度图像 $X = R$,幅度图像 $X = \sqrt{R}$;Z 代表乘性的相干斑,其均值都为 1,并且在统计上独立于 X。

当 Z 看作噪声时,可以认为是一种白噪声[1]。对于强度格式的相干斑,其标准差 σ_Z 即为方差系数,可用统一的形式 $1/\sqrt{L}$ 表示。对于幅度图像,分为两种情况:第一种情况是先采用多视强度格式,再转化为幅度格式,即用 Nakagami 分布建模,此时 σ_Z 便是式(2.14)中的方差系数;第二种情况是,将多个单视幅度图像直接进行多视平均,此时相干斑的标准差 $\sigma_Z = \sqrt{(4/\pi - 1)/L}$。实际中,无论是哪种方式获得的多视结果,其标准差的值是非常接近的,都可以用 $\sqrt{(4/\pi - 1)/L}$ 计算。图 2.3 给出了两种情况下相干斑方差随着视数增长的变化情况。

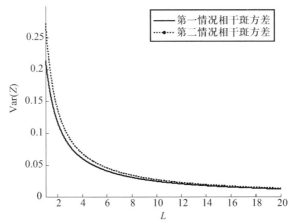

图 2.3　不同情况下获得的多视幅度 SAR 图像相干斑的方差变化

2.3.1.4　对数变换后的加性噪声模型

很多传统的降噪算法都是线性的,并且假设噪声是零均值、高斯、加性的。为了更容易地抑制相干斑或者将许多现有的降噪算法推广到降斑中,H. Arsenault 等[97,98]将对数变换应用到了乘性相干斑的抑制中:

$$y = \ln Y = \ln X + \ln Z = x + n \qquad (2.17)$$

式中:x 代表对数变换后的真实图像;n 代表对数变换后的加性噪声部分。

由于 X 与 Z 是相互独立的,因此 x 与 n 也是相互独立的。经过对数变换,原来不易处理的乘性模型就转化为容易处理的加性噪声模型。

根据乘性模型以及伽马分布与 Nakagami 分布可知,假设真实雷达发射系数 $R = 1$,可得到相应的相干斑统计分布:

$$强度格式相干斑\ p_{Z_I}(Z) = \frac{L^L}{\Gamma(L)}\exp(-LZ)Z^{L-1} \tag{2.18}$$

$$幅度格式相干斑\ p_{Z_A}(Z) = \frac{2L^L}{\Gamma(L)}\exp(-LZ^2)Z^{2L-1} \tag{2.19}$$

依据对数变换前后的统计分布关系[98] $p_n(n) = e^n p_Z(e^n)$,对于强度格式的相干斑,利用式(2.18)的伽马分布,可得到对数变换后的统计分布[98]:

$$p_{n_I}(n) = \frac{L^L}{\Gamma(L)}\exp(L(n - e^n)) \tag{2.20}$$

此时,n 的均值和方差分别为

$$E[n] = \psi L - \ln L = \sum_{m=1}^{L-1}\frac{1}{m} + C - \ln L \tag{2.21}$$

$$\mathrm{Var}(n) = \psi(1, L) = \psi(1, 1) - \sum_{m=1}^{L-1}\frac{1}{m^2} = \frac{\pi^2}{6} - \sum_{m=1}^{L-1}\frac{1}{m^2} \tag{2.22}$$

式中:C 为欧拉常量,$C = 0.577215$。

对于幅度格式的相干斑,若只考虑式(2.19)的 Nakagami 分布,则对数变换后的统计分布[98]:

$$p_{n_A}(n) = \frac{2L^L}{\Gamma(L)}\exp(L(2n - e^{2n})) \tag{2.23}$$

此时,n 的均值和方差分别为

$$E[n] = \frac{1}{2}(\psi(L) - \ln L) = \frac{1}{2}\left(\sum_{m=1}^{L-1}\frac{1}{m} + C - \ln L\right) \tag{2.24}$$

$$\mathrm{Var}(n) = \frac{1}{4}\psi(1, L) = \frac{1}{4}\left(\frac{\pi^2}{6} - \sum_{m=1}^{L-1}\frac{1}{m^2}\right) \tag{2.25}$$

已经证实,随着视数 L 的增加,相干斑 Z 接近于高斯分布[99],而经过对数变换后的强度格式的噪声 n 则比原始的相干斑 Z 更接近高斯分布[98];对于幅度格式的对数相干斑 n,其分布已经很接近高斯分布[98]。通常,为了直接应用自然图像中的去噪方法,对数相干斑 n 简化为零均值的高斯噪声。这样的简化在实际应用中存在两个方面的问题:一是各种格式下的对数相干斑 n 的均值都为非零的,若在去噪的过程中直接按零均值对待,则会使降斑后的图像产生较大的辐射特性偏差,因此最好能够在去噪后进行相应的均值补偿;二是高斯分布的假设

只有在视数 L 比较大(文献[1]认为 $L > 10$)时才比较精确。当视数比较小,特别是单视图像时,若用高斯分布近似对数相干斑 n 所产生的误差是非常大的。

2.3.1.5 信号相关的加性噪声模型

采用对数变换将乘性相干斑转化为加性噪声的方法使得降噪处理变得比较简单。但是,在对 SAR 图像进行对数变换后,若直接采用基于零均值加性高斯噪声模型的方法,则会导致较大的 SAR 图像辐射特性损失,且使用高斯分布建模在理论上存在缺陷。鉴于上述的不足,近年来,一种信号相关的加性噪声模型在 SAR 图像降斑中得到了广泛使用[22,75,100-103]

$$Y = X \cdot Z = X + X(Z - 1) = X + N \tag{2.26}$$

式中:N 代表与信号相关的加性噪声。

此时,SAR 图像的降斑就可以看作从加性噪声 N 中恢复真实图像 X。

目前,与上述模型有关的一些文献并未具体讨论噪声 N 的统计特性。本章在信号相关的加性噪声模型下,利用已知的相干斑统计特性,经过研究得到了噪声 N 的基本统计特性如下[66]

$$m_N = E\big[(Z-1)X\big] = E[Z-1]E[X] \overset{E[Z]=1}{=} 0 \tag{2.27}$$

此时

$$\sigma_N^2 = D\big[(Z-1)X\big] = E\big[X^2(Z-1)^2\big] - E^2[X]E^2[Z-1]$$

$$= \big[\sigma_X^2 + E^2[X]\big]\big[\sigma_{Z-1}^2 + E^2[Z-1]\big] - E^2[X]E^2[R-1]$$

考虑 $\sigma_{Z-1}^2 = \sigma_Z^2, E[Z-1] = 0, E[X] = E[Y]$ 以及

$$\sigma_X^2 = E[X^2] - E^2[X] = E[X^2] - E^2[Y] = \frac{E[Y^2]}{E[Z^2]} - E^2[Y]$$

$$= \frac{E[Y^2]}{\sigma_Z^2 + 1} - E^2[Y] = \frac{\sigma_Y^2 - \sigma_Z^2 m_Y^2}{\sigma_Z^2 + 1}$$

可得到 N 的方差,即

$$\sigma_N^2 = \sigma_Z^2(\sigma_X^2 + m_Y^2) = \frac{\sigma_Z^2}{\sigma_Z^2 + 1}(\sigma_Y^2 + m_Y^2) \tag{2.28}$$

由式(2.27)和式(2.28)可知,信号相关的加性模型下,噪声 N 均值为 0,方差随着图像局部场景特性的变化而变化。若考虑一种简单的情况,在同质的场景下,真实信号 X 为常数[9],噪声 N 的方差可以简化为

$$\sigma_N^2 = \sigma_Z^2 m_Y^2 \tag{2.29}$$

由于加性噪声 N 中包含了无确定统计分布的真实场景 X,因此,对于 N 的

统计分布并无具体的统计分布形式,也未在公开的文献中见过有关报道。

2.3.2　降斑效果评价

降斑效果评价一直是 SAR 图像降斑研究的一个重要方面。由于真实 SAR 图像是无法确知的,这使得降斑效果的评价一直是比较困难的问题,实际中无法用一种指标或从一个方面全面地评价降斑效果。C. Oliver 等[94] 指出,一个“好”的降斑算法应该做到以下四点:①有效地抑制均匀区域的相干斑;②有效地保持图像的边缘和纹理;③不在均匀区域产生伪吉布斯效应;④有效地保持 SAR 图像的辐射特性。依据这四个方面,可以从主观与客观两个角度评价降斑效果。在主观评价方面,均匀区域斑点噪声抑制是否完全、是否产生伪吉布斯效应以及边缘纹理是否保持完好都是作为评价者参考的重要方面。由于主观评价往往带有很大的随意性,所以客观评价指标是 SAR 图像降斑研究中一个非常重要的方面。

目前,已有的客观评价指标中主要包含三个方面:均匀区域降斑效果评价、边缘保持评价和辐射特性保持评价。在这三个方面中,均匀区域降斑与辐射特性保持的评价已经比较成熟,而边缘保持的评价则是比较困难的。本小节在介绍比较成熟的客观评价指标的基础上,提出了一种新的边缘保持评价指标——基于平均比率的边缘保持度量。

2.3.2.1　等效视数

在 2.3.1 节已经指出,使用图像的标准差与均值之比就可以获得相干斑强度的度量,其值越大,相干斑越强,其倒数值越大,说明相干斑越弱。根据此原则,定义等效视数(ENL)[25] 为

$$\mathrm{ENL} = F_{\mathrm{C}} \left(\frac{m_{\mathrm{H}}}{\sigma_{\mathrm{H}}} \right)^{2} \tag{2.30}$$

式中: m_{H} 、 σ_{H} 分别为一个选定的同质区域的均值和标准差; F_{C} 为与 SAR 图像格式相关的常量。对于强度图像, $F_{\mathrm{C}} = 1$;对于幅度图像, $F_{\mathrm{C}} = 4/\pi - 1$ 。

ENL 表示滤波后 SAR 图像同质区域的平滑程度或者斑点噪声残留程度,其值越大,平滑程度越高,相应的斑点噪声的抑制就越好。在计算 ENL 时,要选择尽可能大的同质区域作为测试数据。ENL 是在 SAR 图像降斑领域比较公认的降斑评价指标,它主要从算法在均匀区域的降斑能力这一角度评价滤波器的性能。

2.3.2.2　比值图像

由 SAR 图像的乘性斑点噪声模型可知,在理想情况下,原始图像 Y 与抑斑后图像 X 的比值图像即为斑点噪声图像 Z 。比值图像是 SAR 图像抑斑客观评

价中非常重要的方面。通常使用下面两个评价指标：

（1）比值图像的均值：衡量抑斑算法对图像辐射特性的保持程度[93]。由相干斑的统计特性可知，在理想情况下，比值图像的均值应为1。当比值图像的均值大于1时，说明抑斑后SAR图像的均值变小（损失了一部分辐射特性）；反之，抑斑后SAR图像均值变大（增加了虚假的辐射特性）。因此，若比值图像均值越接近1，则说明降斑算法对SAR图像辐射特性保持越好。

（2）比值图像的方差：若整幅SAR图像都满足完全发展相干斑的假设，由2.3.1节的论述可知，对于强度格式的SAR图像，比值图像的方差为$1/L_e$（L_e为图像的有效视数[4,104]，对其具体的说明在2.4节给出）；对于幅度格式的SAR图像，比值图像的方差为$(4/\pi - 1)/L_e$。由于真实SAR图像的内容非常复杂，包含了均匀区域、边缘和纹理区域，观测图像与真实SAR图像的比值图像的方差小于上述理论值，无法定量地说明算法的优劣。然而，当方差值大于该理论值时则可以定性地说明抑斑结果与真实图像存在较大误差，并且这种误差主要体现在图像的边缘、纹理等细节区域。

虽然指标不能定量地评价整幅图的降斑效果，但是当仅对某选定的同质区域（满足完全发展相干斑的假设）使用该指标时，则可以定量地评价该区域的抑斑效果。此时，所选区域的比值图像的方差反映了同质区域的相干斑的残留程度，其值与理论值（$1/L_e$ 或 $(4/\pi - 1)/L_e$）越接近，说明斑点噪声残留越少，抑斑效果越好。可以看出，SAR图像中同质区域的ENL与比值图像的方差都能反映该区域的相干斑残留程度，但是二者之间存在差别。当抑斑图像的均值m_H不能很好地保持时，ENL值就不够客观，而比值区域的方差则不会受到这样的影响。

2.3.2.3 基于平均比率的边缘保持度量

在对SAR图像边缘保持的度量中，边缘保持指数（EPI）是目前应用比较广泛的评价方法[105-108]，定义如下：

$$EPI = \frac{\sum_{i=1}^{m} |\hat{X}_{D_1}(i) - \hat{X}_{D_2}(i)|}{\sum_{i=1}^{m} |Y_{O_1}(i) - Y_{O_2}(i)|} \tag{2.31}$$

式中：m 为一个选定区域内的像素总数；$\hat{X}_{D_1}(i)$、$\hat{X}_{D_2}(i)$ 为降斑图像中沿着某个方向（通常是水平或垂直）的两个相邻像素；$Y_{O_1}(i)$、$Y_{O_2}(i)$ 为原始含噪图像中与$\hat{X}_{D_1}(i)$、$\hat{X}_{D_2}(i)$ 相对应的两个相邻像素。

EPI的分母表示真实的边缘总量，分子表示降斑后的边缘总量，其值与1越接近，表示边缘保持越好。

在 EPI 的计算公式中,其分母是两个观测图像的差,对于乘性的斑点噪声而言,这种计算方法是不健壮的。具体证明如下:

由乘性模型式(2.16)以及信号相关的加性噪声模型式(2.26)可得

$$E[\Delta Y] = \sum_{k=1}^{m} E(|Y_1(k) - Y_2(k)|^2) = \sum_{k=1}^{m} E(|(X_1(k) - X_2(k)) + (N_1(k) - N_2(k))|^2)$$

$$= \sum_{k=1}^{m} E(|\Delta X(k) + \Delta N(k)|^2) = \sum_{k=1}^{m} \{[\Delta X(k)]^2 + 2\Delta X(k)E[\Delta N(k)] + E|\Delta N(k)|^2\}$$

$$\overset{E[\Delta N(k)]=0}{=} \Delta X + \sum_{k=1}^{m} E|\Delta N(k)|^2$$

由式(2.27)及式(2.28),可得

$$E[\Delta Y] = \sum_{k=1}^{m} (X_1(k) - X_2(k))^2 + \sigma_Z^2 \sum_{k=1}^{m} [(X_1(k))^2 + (X_2(k))^2] \tag{2.32}$$

由式(2.32)可知,对于乘性噪声,含噪 SAR 图像差值的期望除与真实图像的差值相关外,还与各自的真实图像的性质相关。因此,$\sum_{i=1}^{m} |Y_{0_1}(i) - Y_{0_2}(i)|$ 中既包含真实图像的差值,又包含与图像局部真实场景相关的部分,用它表示两个真实图像之间的像素差的统计(真实的边缘总量)显然是不合理的。只有当式(2.32)中的后半项为零或者常数,$\sum_{i=1}^{m} |Y_{0_1}(i) - Y_{0_2}(i)|$ 才能健壮地反映真实图像的边缘总量。

受到平均比率(Ratio of Average, ROA)[56,109-111]边缘检测算子的启发,我们修改了 EPI 并提出一种新的边缘保持度量方法——基于平均比率的边缘保持度量(Edge-preservation Degree based on Ratio of Average, EPD-ROA):

$$\text{EPD-ROA} = \frac{\sum_{i=1}^{m} |\hat{X}_{D_1}(i)/\hat{X}_{D_2}(i)|}{\sum_{i=1}^{m} |Y_{0_1}(i)/Y_{0_2}(i)|} \tag{2.33}$$

EPD-ROA 边缘保持度量方法克服了 EPI 存在的问题,可通过如下推导证明:

$$E\left[\frac{Y_1}{Y_2}\right] = \sum_{k=1}^{m} E\left|\frac{Y_1(k)}{Y_2(k)}\right|^2 = \sum_{k=1}^{m} \left|\frac{X_1(k)}{X_2(k)}\right|^2 \frac{E|Z_1(k)|^2}{E|Z_2(k)|^2}$$

$$= \sum_{k=1}^{m} \left| \frac{X_1(k)}{X_2(k)} \right|^2 \frac{(\sigma_Z^2 + 1)}{(\sigma_Z^2 + 1)} = \sum_{k=1}^{m} \left| \frac{X_1(k)}{X_2(k)} \right|^2 \qquad (2.34)$$

与 EPI 相类似,EPD-ROA 的值越接近 1,表示降斑图像中的边缘保持越好。

为了具体比较 EPI 与 EPD-ROA 对边缘保持度量的性能,图 2.4 中给出了三幅人工边缘图像,并给这些图像添加不同等级的相干斑噪声。假设无噪的原始人工图像是降斑图像 $\hat{X}$,那么 Y 是添加模拟相干斑后的图像。对这些图像,分别计算其沿着水平(Horizontal Direction,HD)和垂直(Vertical Direction,VD)方向的 EPI 和 EPD-ROA 值,计算结果在表 2.1 中给出。

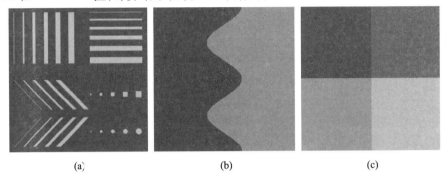

(a)   (b)   (c)

图 2.4　人工合成边缘图

表 2.1　EPI 与 EPD-ROA 测试比较

		$L=1$		$L=2$		$L=4$	
		HD	VD	HD	VD	HD	VD
图 2.4(a)	EPI	0.1290	0.1354	0.1603	0.1681	0.2181	0.2263
	EPD-ROA	0.6621	0.6681	0.8569	0.8586	0.9292	0.9286
图 2.4(b)	EPI	0.0152	0.0150	0.0195	0.0191	0.0272	0.0268
	EPD-ROA	0.6653	0.6674	0.8581	0.8596	0.9292	0.9290
图 2.4(c)	EPI	0.0020	0.0056	0.0025	0.0072	0.0036	0.0099
	EPD-ROA	0.6705	0.6683	0.8573	0.8588	0.9286	0.9277
		$L=6$		$L=8$		$L=16$	
图 2.4(a)	EPI	0.2557	0.2655	0.2765	0.2921	0.3637	0.3768
	EPD-ROA	0.9520	0.9525	0.9651	0.9654	0.9828	0.9829
图 2.4(b)	EPI	0.0332	0.0326	0.0373	0.0369	0.0519	0.0516
	EPD-ROA	0.9523	0.9528	0.9657	0.9658	0.9826	0.9829
图 2.4(c)	EPI	0.0043	0.0121	0.0050	0.0139	0.0070	0.0195
	EPD-ROA	0.9521	0.9520	0.9660	0.9662	0.9830	0.9828

由于在实验中使用的降斑图是理想真实图,因此理想的 EPI 和 EPD-ROA 的值都应该等于 1。可以看出,当视数值大于 2 时,EPD-ROA 已经非常接近真实值,而 EPI 则远远小于 1。此外,对于不同的边缘类型,在视数一定的情况下,EPD-ROA 是很稳定的,几乎不随图像的内容变化而变化。相比之下,EPI 则对图像的内容非常敏感,在同一视数下,其值对不同的边缘类型变化非常明显。

2.4　基于方差系数统计的相干斑强度估计

相干斑是 SAR 成像系统本身所固有的,在不同成像系统或参数下产生的相干斑的强度也是不同的。当相干斑看作噪声时,其强度的大小对后期抑斑滤波器的参数选择以及降斑效果的评价都是至关重要的。噪声强度通常用方差来衡量,在 SAR 图像处理领域有一个专用参数——视数。关于 SAR 图像视数与相干斑方差之间的关系已在 2.3.1 节介绍过,这里不再赘述。

理想情况下,直接成像获得的强度或者幅度 SAR 图像称为单视图像,其相干斑的强度是一个常数。当对同一场景的 L 幅单视图像进行平均时,就会获得 L 视的 SAR 图像,此时也将知道相应的相干斑的方差值。但是,由于在进行多视处理时需要假设各个单视图像之间是相互独立的,即假设对多普勒带宽分割得到的子带宽之间是相互独立的,而在实际中各个子带宽之间往往存在一定的相关性[1,4]。同时,若采用空间平均的多视处理方法,由于 SAR 图像内部的像素之间存在很明显的空间相关性,空间独立的假设也是不能很好满足的[94]。当子带宽或空间的独立性不能满足时,在完全发展相干斑的假设下,经过多视处理所获得名义上的视数要大于其有效的视数值[1]。此外,SAR 图像的灰度范围发生变化[100]、图像的尺寸调整与裁剪、不同图像格式之间转换以及图像经过信道编码传输等都会对相干斑的强度产生影响。因此,对 SAR 图像中相干斑的有效视数的估计显得非常重要。

最早研究视数估计的学者是华人科学家 J. S. Lee,他提出了一种有监督的视数估计方法[111]。该方法通过人工选择 SAR 图像中尽可能大的同质区域,来计算整体图像的有效视数值。但由于该方法涉及人工的操作,使得估计结果存在比较大的不确定性。为了克服这个不足,J. S. Lee 等[100]又提出了一种无监督的视数估计方法,该方法通过将图像划分为一个个小区域来估计相干斑强度。但是,该方法依然需要依靠经验,人工地选择较多个参数,如扇形的角度、小区域的大小,并且参数值对最终的估计结果很敏感。I. Sathit 等[108]也提出了一种无监督的视数估计方法,但是该方法只能用于强度 SAR 图像,并且对估计图像广义 Gamma 分布的假设使得估计非常复杂。基于 J. S. Lee 的思想[100],本节提出了一种新的无监督相干斑强度估计方法。首先把 SAR 图像划分为多个图像块，接着对每个图像块计算方差系数，最后统计已得到的方差系数的概率密度函数，并根据概率密度函数的最大值得到最终的相干斑强度估计。相比 J. S. Lee 的算法[103]，本节所提算法在参数选择上更加容易，估计思想及过程非常简便。通过大量模拟以及真实数据的测试证明了本节所提算法的有效性。

2.4.1 基于均值—标准差平面的相干斑强度估计

在已知 SAR 图像视数信息的情况下，相干斑名义上的强度值可使用下式计算获得：

$$(\sigma_Z)_{\text{nominal}} = \begin{cases} \dfrac{1}{\sqrt{L_n}} \, (\text{强度图像}) \\[4mm] \sqrt{\dfrac{4/\pi - 1}{L_n}} \, (\text{幅度图像}) \end{cases} \quad (2.35)$$

式中：L_n 为从数据源获得的名义上的视数值。

应用式(2.11)对方差系数的定义，假设信号 f 等于相干斑 Z，考虑到 Z 的均值为1，定义相干斑的方差系数为

$$\gamma_Z = \frac{\sigma_Z}{m_Z} = \sigma_Z \quad (2.36)$$

可以看出，相干斑的方差系数实际上是与其标准差相等的。在一个同质区域内，真实的 SAR 图像 X 是一个常数 X_0[7]，应用乘性模型式(2.16)可得

$$\gamma_Y = \frac{\sigma_Y}{m_Y} = \frac{X_0 \sigma_Z}{X_0 m_Z} = \frac{\sigma_Z}{m_Z} = \sigma_Z = \gamma_Z \quad (2.37)$$

式(2.37)式说明，在一个同质区域内，其观测图像的方差系数与相干斑的标准差是相等的。换句话说，相干斑强度的估计可以转化为同质区域内方差系数的估计。

为了计算 γ_Y，通常需要选择许多同质区域，接着计算每个区域的均值 m_Y 和标准差 σ_Y，并将每个区域的均值与标准差作为一个点 (m_Y, σ_Y) 加入到一个二维平面上。在实际中，这些点会聚成一类，找一条经过原点的直线，同时让该直线通过聚类中心，此时直线的斜率就是所要计算的 γ_Y，这就是 J. S. Lee 等[107]提到的估计方法。图 2.5 给出了这种方法的估计示例。由于需要人工选择同质区域，因此这是一种有监督的估计方法。为了改进人工选择的缺陷，J. S. Lee等[100]提出了一种估计方法，其基本思路是将图像划分为一个个互不重叠的小区域，然后采用两种方法自动地估计。这两种方法是：扇形区间法(Radial Sector, RS)与最小均方匹配划分法。扇形区间法通过选择一个固定角度的扇形区

间去扫描均值—标准差平面上的所有点,其中包含点数最多的那个扇形区间给出了相干斑强度的范围,通过此扇形中心线的直线的斜率就是所要估计的方差系数。最力均方匹配划分法将均值—标准差平面划分为一个个相等的区间,再采用最小均方匹配的方法估计结果。在这两种方法中都需要选择两个参数,即所划分的小区域的尺寸与扇形的角度或最力均方匹配划分中的区间长度。在这两种方法中,影响最终结果的主要是均值—标准差平面上扫描区间的选择,这里主要讨论扇形区间法。无论划分过大或过小都会显著影响结果,为了降低区间划分对精度的影响,J. S. Lee 等将平面上的扇形区间进行重叠,但是此时会产生一个新的参数即重叠角度,若重叠过多,则影响精度,若重叠过少,则起不到重叠的作用。通过前面的分析可知,无监督估计方法[103]实际上是需要人工设定多个选择参数的,并且每个参数都对估计结果敏感。

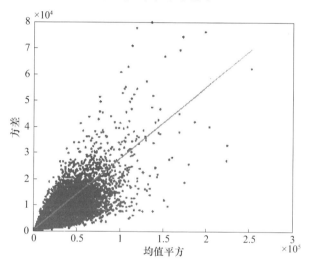

图 2.5　均值平方 - 方差平面估计相干斑强度示意图

2.4.2　基于方差系数统计的相干斑强度估计

本节将提出一种新的基于方差系数统计的相干斑强度估计算法。该算法仍然采用 J. S. Lee 等[100]给出的估计思路,即先将整个 SAR 图像划分为一个个互不重叠的正方形小区域(假设尺寸为 $W \times W$),再计算每个区域的均值和标准差并绘制均值平方—方差平面图,最后使用一个估计方法获得结果。这个思路的核心步骤是如何进行估计。通过分析文献[100]中的估计思想,可以得出结论:最优的方差系数估计值就是通过均值平方 - 方差平面中点数最多的直线的斜率。而文献[100]中采用各种策略的目地是精确地找到这条直线。根据这样的分析结果可知,在最优估计所对应的直线上的点是最多的,而这些点共同的特点是表示同一个方差系数,因此最优估计值转化为求出现频率最多的方差系数。换句话说,估计所有方差系数的概率密度函数(PDF),在 PDF 最大值出现的地方所对应的方差系数值就是所要求的最优估计:

$$\hat{\gamma}_Z = \gamma_Y = \mathrm{argmax}\left[f(\gamma_Y)\right] \qquad (2.38)$$

式中:$f(\gamma_Y)$ 为 γ_Y 的概率密度函数。

直方图是一种应用最为广泛,并且简单、有效的 PDF 估计方法[109]。假设 x_0 为起始点,h 为条形小区间的宽度,那么在这些小区间的直方图可以定义在一系列区间 $[x_0 + mh, x_0 + (m+1)h]$,对于 x 点处的 PDF 可以估计为

$$\hat{f}(x) = \frac{N_m}{n} \quad \left(x_0 + mh \leqslant x < x_0 + (m+1)h; m = 0, 1, \cdots, M-1\right) \quad (2.39)$$

式中:N_m 为区间 $[x_0 + mh, x_0 + (m+1)h]$ 内的样本个数,并假设条形小区间的总数为 M,样本总数为 n。

在方差系数的 PDF$f(\gamma_Y)$ 的估计中,起始点 γ_{Y_0} 等于 0(当小区域的方差为 0时),那么区间 $\gamma_{Y_0} + mh_{\gamma Y} \leqslant x < \gamma_{Y_0} + (m+1)h_{\gamma Y}$ 可以简化为 $mh_{\gamma Y} \leqslant \gamma_Y < (m+1)h_{\gamma Y}$,此时 $f(\gamma_Y)$ 的估计为

$$\hat{f}(\gamma_Y) = \frac{N_m}{n_r} \quad \left(mh_{\gamma Y} \leqslant \gamma_Y < (m+1)h_{\gamma Y}; m = 0, 1, \cdots, M-1\right) \quad (2.40)$$

式中:n_r 为整幅 SAR 图像划分的小区域的个数。

如果条形小区间 h 的长度不趋近于 0,$\hat{f}(\gamma_Y)$ 将是一个分段函数,因此,$\hat{f}(\gamma_Y)$ 的一阶导数也将无法计算,也就不能得到式(2.38)的解。然而,在一定的近似下,可以获得式(2.38)的近似解。实际上,本节所沿用的 J. S. Lee 的估计原理是一个根据图像属性获得的结果,那么从理论上不可能对相干斑的强度获得唯一的精确估计结果;但在一定情况下,获得的近似解是完全可以在实际中应用的。

假设当前指针指向条形小区间 $mh_{\gamma Y} \leqslant \gamma_Y < (m+1)h_{\gamma Y}$,$\hat{f}_m(\gamma_Y)$ 代表在该区间上的 PDF。可以扫描所有的条形小区间,并且很容易找到 $\hat{f}_m(\gamma_Y)$ 中的最大值,即 $\hat{f}_{\max}(\gamma_Y)$。对于具体的扫描方法,可以使用冒泡排序[110]法,即不断更新当前最大值的扫描方法。这个扫描方法非常简单,并且具有线性时间复杂度。图 2.6 给出了一幅真实 SAR 图像使用本节所提方法估计相干斑强度的示例。由图 2.6(b)可以看出,最优的方差系数估计值 $\hat{\gamma}_Z$ 可以通过扫描非常容易获得。

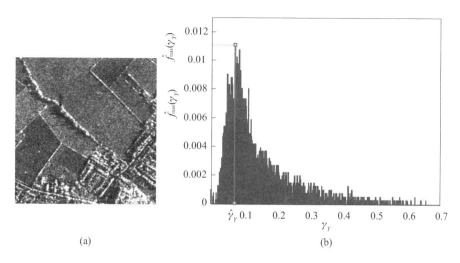

(a)　　　　　　　　　　　　　　(b)

图 2.6　基于方差系数统计的相干斑强度估计示例

2.4.3　实验结果与分析

2.4.3.1　参数讨论

　　所有的估计方法中参数选择都会对实验结果产生比较大的影响。为了展现本节算法在参数选择方面的优势,这里也将分析 J. S. Lee 等在文献[100]中提出的扇形区间(RRS)估计方法的参数选择,并将此与本节方法进行比较。在扇形区间估计方法中,有三个参数需要选择,即图像分块大小 W、扇形区间角度 $\Delta\theta$ 以及扇形区间重叠角度 O_d。由于小的 $\Delta\theta$ 可能会导致错误的结果,而大的 $\Delta\theta$ 则会使估计精度降低,因此 $\Delta\theta$ 的选择需要更多的人工经验。较小的重叠角度 O_d 可以避免聚类中心位于区间边界时产生的误差,但会带来相应的估计误差。较大的重叠角度 O_d 可以降低估计误差,但会使得实际的区间 $\Delta\theta$ 变性,从而产生较大的估计偏差。相比之下,本节所提算法只有两个参数,即图像分块大小 W 和条形小区域尺寸 h。为了分析参数 h 对本节算法性能的影响,这里选择 Cameraman(图 2.7(a))作为真实图像,对其添加不同级别的模拟相干斑。估计误差与参数 h 之间的关系如图 2.8 所示。图 2.8 中的曲线变化表明,所提算法中 h 值比较稳定,在不同的视数下,当 $h=0.001$ 时都能获得最小的估计误差。在实际中,建议取 $h=0.001$。通过这些实验可知,本节所提算法在一定程度下只需要人工地选择参数 W。

　　所有基于图像块划分的相干斑估计算法都要涉及参数 W 的选择。为了测

(a) Cameraman (b) Peppers (c) Howland Forest

图 2.7　Cameraman、Peppers 和 Howland Forest

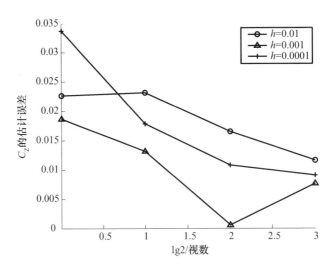

图 2.8　所提算法对 Cameraman 添加不同等级的模拟
相干斑的估计误差随参数 h 的变化情况

试本节算法的估计误差与参数 W 之间的关系,对 Peppers 和 Cameraman 分别添加单视和 4 视的幅度相干斑。对应的方差系数估计误差与 W 之间关系如图 2.9 所示。由图 2.9 中的曲线变化可知,参数 W 的变化会显著影响估计的精度。当相干斑强度比较大时,对于同质区域多的图像,W 应该取稍微大一些的值,如 6 或 7;对于异质区域较多的图像,W 应该取稍微小一些的值,如 4 或 5。当相干斑强度较小时,对于同质区域多的图像,W 取 4、5、6、7 都能获得较低的估计误差;对于异质区域较多的图像,W 应该取小一些的值,如 4。在实际中,建议参数 W 取 4~7。

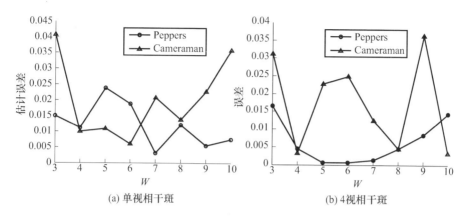

(a) 单视相干斑　　　　　　　　　(b) 4视相干斑

图 2.9　所提算法对方差系数的估计误差随参数 W 的变化情况

2.4.3.2　模拟与真实 SAR 图像相干斑强度估计实验

为测试本节所提算法的性能,首先选择两幅自然图像 Cameraman(256×256,图 2.7(a))和 Peppers(256×256,图 2.7(b)),并分别加不同视数的幅度模拟相干斑,模拟结果如图 2.10 所示。Peppers 和 Cameraman 分别代表包含较多同质场景与异质场景的两类图像。在实验中,所有图像划分为 4×4($W = 4$)的小块,在方差系数的 PDF 估计中,取条形小区域的宽度 $h = 0.001$。表 2.2 给出了在不同等级的模拟相干斑下,使用本节所提算法对相干斑强度的估计结果。作为比较算法,RS 方法的估计结果也在表 2.2 中给出,其参数设置与文献[100]中的设置完全相同。

(a) $L=1$　　　　　　　　　　　　(b) $L=2$

(c) $L=4$ (d) $L=8$

(e) $L=16$ (f) $L=1$

(g) $L=2$ (h) $L=4$

(i) L=8　　　　　　　　　　　　　　　(j) L=16

图 2.10　（a）~（e）Cameraman 添加不同强度的模拟相关斑；

（f）~（j）Peppers 添加不同强度的模拟相干斑

表 2.2　不同等级的模拟相干斑下的估计结果比较

	模拟视数		理论 γ_Z	估计 γ_Z	估计视数	估计偏差/%
Cameraman 幅度 相干斑	$L=1$	RS 方法[103]	0.5227	0.5355	0.9529	4.71
		本节方法	0.5227	0.5274	0.9825	**3.89**
	$L=2$	RS 方法[103]	0.3696	0.3749	1.9442	**2.79**
		本节方法	0.3696	0.3592	2.1181	5.9
	$L=4$	RS 方法[103]	0.2614	0.2644	3.9075	2.31
		本节方法	0.2614	0.2606	4.0241	**0.60**
	$L=8$	RS 方法[103]	0.1848	0.1869	7.8246	2.19
		本节方法	0.1848	0.1868	7.8292	**2.14**
	$L=16$	RS 方法[3]	0.1307	0.1869	7.8246	51.12
		本节方法	0.1307	0.1292	16.3616	**2.26**
Peppers 幅度 相干斑	$L=1$	RS 方法[103]	0.5227	0.5391	0.9401	5.99
		本节方法	0.5227	0.5324	0.9642	**3.58**
	$L=2$	RS 方法[103]	0.3696	0.3749	1.9442	2.79
		本节方法	0.3696	0.3691	2.0062	**0.31**
	$L=4$	RS 方法[103]	0.2614	0.2644	3.9075	2.31
		本节方法	0.2614	0.2590	4.0721	**1.80**
	$L=8$	RS 方法[103]	0.1848	0.1869	7.8246	2.19
		本节方法	0.1848	0.1844	8.0365	**0.46**
	$L=16$	RS 方法[103]	0.1307	0.1869	7.8246	51.12
		本节方法	0.1307	0.1304	16.0729	**0.46**

由表 2.2 可知,本节算法在绝大多数情况下可以得到偏差更小的估计结果。由于 RS 方法中的区间 $\Delta\theta$ 不容易选择,而文献[100]中建议的区间值在相干斑视数较大时就变得不太有效,如视数为 16 时。相比之下,本节算法在相干斑视数较大时可以获得非常精确的估计结果。在大多数情况下,本节算法的估计误差都低于 2% ,而扇形区间法的估计误差则高于 2% 。此外,随着相干斑强度的降低,本节所提算法的估计精度逐渐提高;在大多数情况下,所提算法对同质区域较多的 Peppers 图像的估计精度要高于异质区域较多的 Cameraman 图像。

一幅真实的单视幅度 SAR 图像 Howland Forest(401×386,图 2.7(c))用来测试本节所提算法,以及对比所提算法与 J. S. Lee 等[100]提出的扇形区间估计算法的性能。在这组实验中,选择 $W = 6$,仍然取条形小区域的宽度 $h = 0.001$。本节所提算法的估计结果 $\gamma_z = 0.508$,扇形区间法的估计结果为 0.509,其理论值为 0.5227。对于真实图像而言,本节算法的估计结果与扇形区间估计法的结果非常接近。但是相比较而言,本节所提算法在执行过程以及参数选择上都比扇形区间法简单。

2.4.3.3 高分辨力 SAR 图像相干斑强度估计实验

近年来,高分辨力 SAR 图像越来越多地出现在实际应用中。为了测试本算法对高分辨力 SAR 图像中相干斑的适用程度,这里选择了一组高分辨力 SAR 图像进行测试,如图 2.11 所示。所有的图像分为两类:同质区域类(Homo-Class)和异质区域类(Heter-Class)。在所有的实验中,取 $h = 0.001$,W 分别取 4、5、6、7。对于不同类图像在不同分辨力下使用本节算法估计的平均误差率与最优误差率如图 2.12 所示。其中,最优误差率是 W 取不同值时获得的最优估计值,而平均误差率则是这些值的平均值。需要说明的是,本实验中使用的理论相干斑值是根据式(2.35)计算得到的,而该值是要满足完全发展的相干斑。对于高分辨力 SAR 图像,完全发展的相干斑假设将不再满足[111]。因此,若实验中高分辨力的估计结果偏离该理论值很多,则可以定性的表明两个问题:一是本节算法不适合于高分辨力 SAR 图像的相干斑估计;二是从实验角度证实了高分辨力 SAR 图像中的相干斑不再完全发展。由图 2.11 可知,本节算法对 0.5m 与 1m 的高分辨力 SAR 图像不再有效,从而也证实前面的两个定性分析结果。而当分辨力为 3m 时,其估计误差是可以接受的。通过这样一组实验可知,本节算法适用于分辨力在 3m 以及以下的 SAR 图像相干斑强度估计。

(a) 0.5m (单视幅度)　　　(b) 1m (二视幅度)　　　(c) 3m (二视幅度)

(d) 0.5m (单视幅度)　　　(e) 1m (二视幅度)　　　(f) 3m (二视幅度)

图 2.11　高分辨力 SAR 图像

注:同质区域类,(a)0.5m(单视幅度),(b)1m(二视幅度),(c)3m(二视幅度);异质区域类,(d) 0.5m(单视幅度),(e)1m(二视幅度),(f)3m(二视幅度)。所有图像的尺寸为 512×512。

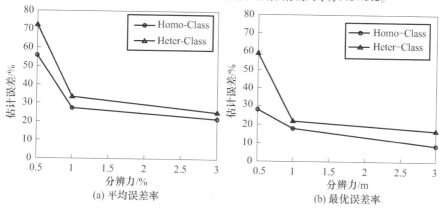

(a) 平均误差率　　　　　　　　　　(b) 最优误差率

图 2.12　高分辨力 SAR 图像分辨力与本节算法估计误差之间的关系

2.4.4　小结

本节提出一种基于方差系数统计的无监督相干斑强度估计算法,首先将整幅 SAR 图像划分为一个个互不重叠的小区域,接着计算每个小区域的方差系数。根据最优的相干斑方差系数估计就是出现频率最多的那个方差系数值这一基本思想,利用直方图估计方差系数的概率密度函数以及区间扫描的方法求得概率密度函数的最大值和相应的最优相干斑方差估计值。相比于传统估计方法,本节算法在实际中只需要人工选取单个参数、执行过程简单、算法复杂度低。模拟与真实的 SAR 图像测试表明,当图像的分辨力在 3m 以下时,本节算法可以获得非常不错的相干斑强度估计结果。

▌2.5 基于统计相似性度量与局部同质区域分割的 SAR 图像降斑

2.5.1 背景介绍

传统空域降斑方法的最大缺陷在于假设 SAR 图像的真实场景是平稳的,而实际 SAR 图像的真实场景在很多情况下是非平稳的,如边缘与纹理区域,这一点已经在 2.2 节做过介绍与分析。在一定条件下,非平稳问题可以转化为平稳问题。在一个局部同质区域内,真实的雷达后向散射值是一个常数[9],此时局部场景可看作是平稳的。类似于使用分段直线近似曲线的原理,一幅 SAR 图像可看作由一个个不同形状、尺寸的同质区域组成,单个像素是这些同质区域中的最小尺寸情况。如果可以成功地确定这些同质区域,SAR 图像中的非平稳问题就可以近似为平稳的问题处理。此时,SAR 图像的降斑就可看作在这些同质区域内简单的线性图像恢复问题。上述的方法可以总结为局部同质区域分割和在分割区域内的真实图像恢复两个步骤。

同质区域的分割一直是 SAR 图像降斑的关键问题之一。A. Lopes 等[9]指出,SAR 图像的场景可以根据其异质性分类,并建议使用方差系数(已在 2.3.1节中介绍过)将场景分为同质场景、异质场景和变化非常剧烈的场景(主要是孤立的点目标)三类。这个分类方法和经典的空域滤波器方法相结合产生了一些新的滤波器,如增强 Lee 和 Frost 滤波[9]。假设同质场景满足伽马分布,文献[10]提出了一种基于 Chi-square 测定的场景分类方法。F. Argenti 等[22]使用"无噪"小波系数在小波域对图像场景进行分类。作为文献[22]的改进方法,文献[33]将原来的方法推广到非下采样小波域并使用小波系数的纹理能量将系数划分为同质系数以及不同等级的异质系数。上述这些方法毫无例外的都是对场景进行全局分割,并且只是在较粗尺度上对同质区域分割。文献[112]提出了一种更加精细的同质区域划分方法,它使用区域方差为每个像素都确定了一个同质区域。在后来的改进中[113],等效视数(Equivalent Number of Look,ENL)用来代替原来在确定区域时使用的方差。文献[116,117]中为每个像素确定一个同质区域的思路和原来空域的经典滤波器是一致的,如 Lee 滤波[5],这种思路使用一个尺寸随场景局部特性变化的正方形滑动窗,而在经典滤波器中往往使用的是一个固定窗。尽管尺寸可变的正方形滑动窗比固定窗更能满足经典滤波器中对图像平稳的假设,但对图像进行正方形的同质区域划分往往是不太精确的,特别是对于纹理或边缘区域。

含噪图像中像素之间相似性的健壮度量对图像中同质区域的有效分割是非常重要的。A. Buades 等[83]提出一种使用两个含噪图像块的欧氏距离度量它们中心像素之间的相似性,并且基于这种健壮的度量方法设计了非局部(NL)均值滤波器。不幸的是,这种对含噪像素的相似性度量只对加性噪声是有效的,当面对乘性噪声时就无能为力了。为了解决这个问题,P. Coupé 等[114]假设图像中的噪声是包含加性和乘性的混合噪声,并且乘性噪声符合高斯分布。在这些基础之上提出一种用皮尔逊(Pearson)距离来描述两个含噪图像块之间距离的方法。文献[115]提出使用两个图像块的欧氏距离与图像块乘积之比来描述乘性模型下的含噪像素之间的相似性。C. Deledalle 等[116]设计了一种迭代的相似性度量方法,这种方法组合了两种距离:前一次去噪结果中的两个图像块之间的距离和原始含噪图像中两个图像块的距离。由于在相似性的度量过程中使用了先验知识,所以其相似性度量精度要好于文献[114,115]中的方法。

在文献[112,113]的启发之下,本节提出了一种基于局部同质区域分割的 SAR 图像降斑方法,并为两个含乘性相干斑的图像块开发出一种比值距离。通过推导比值距离的 PDF,将距离值映射为一个相似度值,并用其度量两个图像块的中心像素之间的相似性。基于提出的相似性度量方法,对每一个像素分割出一个形状自适应的同质区域。通过利用最大似然(Maximum Likelihood,ML)准则,在每一个同质区域内估计其中心像素的真实值。对模拟和真实 SAR 图像进行降斑测试表明,本节算法在非常好地抑制均匀区域的相干斑的同时,保留了图像的边缘。与其他算法结果的视觉对比和客观评价表明,本节算法的性能超过许多优秀的降斑算法。

2.5.2　传统的像素相似性度量方法及缺陷

在模式分类领域内,两个样本之间的相似性可以用许多种不同的距离来度量。在这些距离中,欧氏距离是一种最基本也是应用最为广泛的相似性度量方法。相似性通常可以用一个高斯核径向基函数将欧氏距离映射获得:

$$R_i = \exp(-\beta \parallel P_0 - P_i \parallel_2^2) \tag{2.41}$$

式中:P_0 为中心像素值;P_i 为在位置 i 处的像素值;R_i 代表这两个像素之间的相似性;β 为核函数的自由度,它控制了函数的衰减。

许多邻域平均滤波器都用到了式(2.41)中的定义,如 SUSAN 滤波器[117]和双边(Bilateral)滤波器[118]。

式(2.41)中可以有效地表示两个无噪像素之间的相似性。然而,当面对含噪声的像素时,这种度量方法就失效了。一种可能的解决方法是扩大计算样本的容量,尽可能减弱噪声的影响。在实际中,含噪像素 P_0 和 P_i 之间的相似性通常使用包含这两个像素的图像块 N_0 和 N_i 之间的欧氏距离计算,这就是 2.5.1 节中提到的非局部均值(NL-means)滤波器中定义的相似性度量方法(这里只考虑 NL-means 滤波器在 SAR 图像中的应用):

$$R_i = \exp(-\beta \parallel Y_{N_0} - Y_{N_i} \parallel^2_{2,G}) \tag{2.42}$$

式中:Y_{N_0}、Y_{N_i} 分别代表原始 SAR 图像 Y 中两个具有相同形状和尺寸的图像块;G 为标准的高斯核函数。

然而,式(2.42)中定义的相似性度量方法只对加性噪声是有效的,面对乘性噪声时就无能为力。文献[115]没有从理论上进行说明,本节将给出详细的证明。

为了方便表示起见,这里使用 2.3.1 节中介绍的信号相关的加性噪声模型:

$$Y = X \cdot Z = X + X(Z - 1) = X + S \tag{2.43}$$

定义

$$\Delta Y = \parallel Y_{N_0} - Y_{N_i} \parallel^2_2 = \sum_{k=1}^{M} \mid Y_{N_0}(k) - Y_{N_i}(k) \mid^2 \tag{2.44}$$

式中:M 为图像块 Y_{N_0} 和 Y_{N_i} 中像素的个数。

对于 ΔY 的期望,计算如下:

$$E[\Delta Y] = \sum_{k=1}^{M} E(\mid Y_{N_0}(k) - Y_{N_i}(k) \mid^2) = \sum_{k=1}^{M} E(\mid (X_{N_0}(k) - X_{N_i}(k))$$

$$+ (S_{N_0}(k) - S_{N_i}(k)) \mid^2) = \sum_{k=1}^{M} E(\mid \Delta X(k) + \Delta S(k) \mid^2) = \sum_{k=1}^{M} \{[\Delta X(k)]^2$$

$$+ 2\Delta X(k)E[\Delta S(k)] + E \mid \Delta S(k) \mid^2\} \overset{E[\Delta S(k)]=0}{=} \Delta X + \sum_{k=1}^{M} E \mid \Delta S(k) \mid^2$$

$$\tag{2.45}$$

式中

$$\sum_{k=1}^{M} E \mid \Delta S(k) \mid^2 = \sum_{k=1}^{M} E \mid S_{N_0}(k) - S_{N_i}(k) \mid^2$$

$$= \sum_{k=1}^{M} [E \mid S_{N_0}(k) \mid^2 - 2E[S_{N_0}(k) \cdot S_{N_i}(k)] + E \mid S_{N_i}(k) \mid^2]$$

$$\tag{2.46}$$

由于相干斑通常认为是白噪声(已在 2.3.1 节中做过介绍),那么 $Z_{N_0}(k)$ 独立于 $Z_{N_i}(k)(i \neq 0)$,即

$$E[S_{N_0}(k) \cdot S_{N_i}(k)] = E[X_{N_0}(k)(Z_{N_0}(k) - 1) \cdot X_{N_i}(k)(Z_{N_i}(k) - 1)]$$

$$= X_{N_0}(k) \cdot X_{N_i}(k) E[Z_{N_0}(k) - 1] E[Z_{N_i}(k) - 1] = 0$$

$$(2.47)$$

因此,有

$$\sum_{k=1}^{M} E |\Delta S(k)|^2 = \sum_{k=1}^{M} [E|S_{N_0}(k)|^2 + E|S_{N_i}(k)|^2]$$

$$= \sum_{k=1}^{M} \{[X_{N_0}(k)]^2 + [X_{N_i}(k)]^2\} E(Z-1)^2$$

$$= \sigma_Z^2 \sum_{k=1}^{M} \{[X_{N_0}(k)]^2 + [X_{N_i}(k)]^2\} \quad (2.48)$$

可得

$$E[\Delta Y] = \| X_{N_0} - X_{N_i} \|_2^2 + \sigma_Z^2 (\| X_{N_0} \|_2^2 + \| X_{N_i} \|_2^2) \quad (2.49)$$

式(2.49)表明,当真实信号 X 为常数时,欧氏距离是有效的,换句话说,对于满足完全发展相干斑的理想同质区域是有效的。然而,式(2.49)中的第二项将随着 SAR 图像局部的边缘和纹理场景而变化,因此它不能稳定地度量两个真实的 SAR 图像块之间的距离,式(2.42)应用到 SAR 图像时将不再有效。

2.5.3　乘性噪声模型下的比值距离

两个图像块之间的差别不但可以使用两个块之间的差来表示,也可以使用它们的商来表示。在平均比率 SAR 图像边缘检测算子[104]的启发下,本节提出了一种比值距离来度量 SAR 图像中两个图像块之间的距离。设 ./表示两个信号的点除,比值距离定义如下:

$$d_i = \| Y_{N_i} . / Y_{N_0} \|_{2,G}^2 = \sum_{k=1}^{M} G(k) \left| \frac{Y_{N_i}(k)}{Y_{N_0}(k)} \right|^2 \quad (Y_{N_0}(k) \neq 0) \quad (2.50)$$

尽管式(2.50)中的定义比较简单,但它对于乘性噪声来说是健壮的。下面的式子将从理论上证明这一点。考虑到相干斑认为是白噪声,可得

$$E[|Z_{N_i}(k)/Z_{N_0}(k)|^2] = E|Z_{N_i}(k)|^2 / E|Z_{N_0}(k)|^2 \quad (2.51)$$

因此,有

$$E[d_i] = \sum_{k=1}^{M} G(k) E \left| \frac{Y_{N_i}(k)}{Y_{N_0}(k)} \right|^2 = \sum_{k=1}^{M} G(k) \left| \frac{X_{N_i}(k)}{X_{N_0}(k)} \right|^2 \frac{E|Z_{N_i}(k)|^2}{E|Z_{N_0}(k)|^2}$$

$$= \sum_{k=1}^{M} G(k) \left| \frac{X_{N_i}(k)}{X_{N_0}(k)} \right|^2 \frac{(\sigma_Z^2 + 1)}{(\sigma_Z^2 + 1)} = \| X_{N_i} ./ X_{N_0} \|_{2,G}^2 \qquad (2.52)$$

上式表明,在乘性噪声模型下,两个含噪图像块的比值的期望收敛于其相应的无噪图像块的比值,因此它可以健壮地反映两个图像块的距离。

2.5.4 基于比值距离统计分布的相似性度量

由于比值距离越接近于 1,表示相似性越大;反之,则表示相似性越小。因此,不能直接使用高斯核将其映射为相似性,而是需要其他的映射函数将距离映射为相似性。N. Azzabou[119]使用欧氏距离的概率密度函数将距离映射为相似性,这给予我们解决上述问题的启示。设

$$r_{i,k} = \frac{Y_{N_i}(k)}{Y_{N_0}(k)} \qquad (2.53)$$

由于 $r_{i,k}$ 中包含真实信号,这使得问题比较难于处理。假设 $Y_{N_i}(k)$ 和 $Y_{N_0}(k)$ 是同一个真实信号 $X_{N_0}(k)$ 的两个不同的观测,也就是说,$Y_{N_i}(k)$ 和 $Y_{N_0}(k)$ 对应的是同一个真实信号,式(2.53)可转化为

$$r_{i,k} = \frac{Z_{N_i}(k)}{Z_{N_0}(k)} \qquad (2.54)$$

设 $p(r_{i,k})$ 表示 $r_{i,k}$ 的概率密度函数,在 2.3.1 节中已经介绍了幅度格式相干斑的统计分布(本节将只讨论幅度格式的 SAR 图像):

$$p_Z(Z) = \frac{2L^L}{\Gamma(L)} \exp(-LZ^2) Z^{(2L-1)} \quad (Z \geqslant 0) \qquad (2.55)$$

为了方便表示起见,设 $t = Z_{N_i}(k)$,$s = Z_{N_0}(k)$,使用式(2.55)所示的统计分布可得

$$p(r_{i,k}) = \int_0^{+\infty} s \cdot p_T(sr_{i,k}) \cdot p_S(s) \mathrm{d}s$$

$$= \int_0^{+\infty} s \frac{2L^L (sr_{i,k})^{2L-1}}{\Gamma(L)} \exp(-L(sr_{i,k})^2) \cdot \frac{2L^L (s)^{2L-1}}{\Gamma(L)} \exp(-Ls^2) \mathrm{d}s$$

$$= \underbrace{\frac{4L^{2L} (r_{i,k})^{2L-1}}{\Gamma^2(L)}}_{=\alpha} \int_0^{+\infty} s^{4L-1} \cdot \exp\left[-\underbrace{((r_{i,k})^2 + 1)}_{=\beta} s^2\right] \mathrm{d}s$$

$$= \alpha \frac{2L-1}{\beta} \int_0^{+\infty} s^{4L-3} \exp(-\beta s^2) \mathrm{d}s$$

$$= \cdots$$

$$= \alpha \frac{(2L-1)!}{\beta^{2L-1}} \int_0^{+\infty} s \exp(-\beta s^2) \, \mathrm{d}s = \alpha \frac{(2L-1)!}{2\beta^L}$$

$$= \frac{2(2L-1)!}{\Gamma^2(L)} \cdot \frac{(r_{i,k})^{2L-1}}{\left[(r_{i,k})^2 + 1\right]^{2L}} \tag{2.56}$$

$p(r_{i,k})$ 的显示表达式表明,其最大值出现在 $r^* = \sqrt{(2L-1)/(2L+1)}$,并且随着视数的逐渐增大 r^* 逐渐向 1 靠近。图 2.13 给出了 $p(r_{i,k})$ 随 SAR 图像视数的变化情况。

基于式(2.56)的推导结果,定义像素 P_0 和 P_i 之间的相似性度量如下:

$$R_i = \| p(r_{i,k}) \|_{2,G}^2 = \sum_{k=1}^M G(k) \left[p\left(\frac{Y_{N_i}(k)}{Y_{N_0}(k)} \right) \right]^2 \tag{2.57}$$

上述相似性度量定义的一个重要的进步是它不需要任何人工设置的参数,仅由乘性相干斑的统计分布所决定。

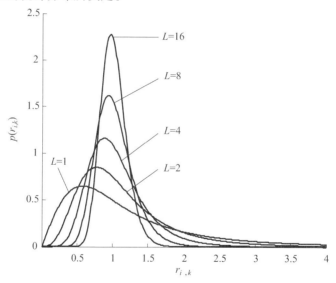

图 2.13　$p(r_{i,k})$ 随视数的变化情况

相似性度量的研究已经得到比较广泛的应用[114-116]。本节的主要贡献是:①提出一种广义上的、简单的针对乘性噪声模型的比值距离;②使用比值距离的统计分布作为映射函数,而传统的方法则是选择某个径向基函数;③提出一种无参的统计度量方式。文献[115]中所定义的距离只是本节所提出的比值距离的一种特殊情况;文献[114]需要假设乘性噪声满足高斯分布,而本节的方法则无需这个要求;从距离的定义角度看,文献[116]中所定义的距离与[115]中的定义是类似的,主要区别是,文献[116]将图像去噪的中间结果作为一种先验信息

加入到了相似性度量框架中。与本节算法相比，文献[116]提出了一种新的相似性度量框架，而本节关注的是针对乘性噪声模型的相似性度量方法。在一定程度下，本节所提出的相似性度量方法可以融合到文献[116]所提出的度量框架中。此外，在具体的相似性定义方面，文献[116]需要人工设置较多的参数，而本节所提出的方法则是无参的。

2.5.5 基于像素相似性度量的局部同质区域分割

在2.5.4节已经指出像素之间相似性的度量为图像分割提供了重要的工具。本节将给出使用2.5.4节提出的相似性度量方法实现同质区域分割的方法。

设 $X_0(n)$ 为图像的第 n 个真实像素值，$\Omega_H(n)$ 为围绕 $X_0(n)$ 的一个局部同质区域，N 为 $X_0(n)$ 的一个邻域，其包含了 $\Omega_H(n)$。$\Omega_H(n)$ 可以用下面集合表示：

$$\Omega_H(n) = \{X_0(i) \mid R_i > T_R, X_0(i) \subset N\} \tag{2.58}$$

式中：T_R 为相似性门限；R_i 为使用式(2.57)计算获得的相似度；N 可以是一个正方形的邻域，其类似于非局部均值算法[83]中的搜索窗。

一般情况下，通过完全遍历邻域 N 可以确定一个同质区域。然而，当对每个像素都确定一个同质区域时，这种完全遍历将是非常耗时的。本节使用一个连通的多边形区域来近似式(2.58)中定义的局部同质区域，并且给出了一种简化、快速确定该多边形的遍历方法。首先对第 n 个像素定义一个方向集合 $\{d_k(n) \mid d_k(n) = 2k\pi/D, k = 0, \cdots, D-1\}$。接着从中心像素 $Y_0(n)$ 开始，沿着某个方向 $d_k(n)$ 进行遍历，之后就可以在这个方向上确定一个最优尺度 $S_k^*(n)$，具体的最优尺度确定过程如下：

初始化1：使当前像素指针指向方向集合 $\{d_k(n)\}$ 的中心像素 $Y_0(n)$；

    初始化2：使方向下标 $k = 1$；

    while $k \leqslant D$

        $S_k(n) = 1, i = 1$，当前像素指针指向与 $Y_0(n)$ 相邻并且在方向 $d_k(n)$ 上的第一个像素；

        while $i \leqslant h_{\max}^k$ ★

            确定两个分别包含中心像素 $Y_0(n)$ 以及比较像素 $Y_i(n)$ 的图像块 Y_{N0} 和 Y_{Ni}；

            使用式(2.57)计算相似度 R_i；

            if $R_i > T_R$

                $S_k(n) = S_k(n) + 1, i = i + 1$。当前像素指针沿着方向 $d_k(n)$ 向后移动一个像素；

```
                else
                        break;
                end
        end
        S_k^*(n) = S_k(n)
    end
```

使当前像素指针指向与 $Y_0(n)$ 相邻的下一个像素,并转到初始化 2。

注:h_{max}^k 表示沿着方向 $d_k(n)$ 的最大搜索长度,与之相对应的正方形邻域 N 的尺寸是 $(2h_{max}^k - 1) \times (2h_{max}^k - 1)$。

当沿着每个方向都获得一个最优尺度后,可以得到一个最优尺度集合 $\{S_k^*(n), k = 0, \cdots, D-1\}$。从当前中心点开始,以每个方向的最优尺度作为内径,这样就能为当前像素点确定一个局部同质区域。图 2.14 给出了八方向集合确定的局部同质区域示例。

值得注意的是,当方向数 $D = 4$ 时,本节所构造的同质区域 $\Omega_H(n)$ 的形状和文献[107,108]中的一致,但是具体的构造方法存在不同。本节提出的同质区域主要创新:①所提方法使用精度很高的相似性度量确定局部同质区域,而文献[112,113]中则使用的是精度较低的方差或 ENL;②使用相似度所确定的局部同质区域是形状自适应的,而文献[112,113]中的形状则是固定的。

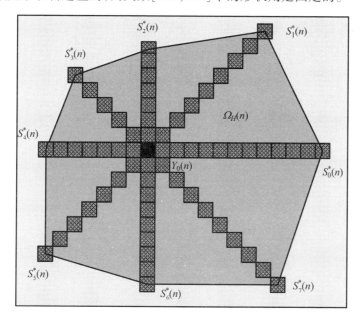

图 2.14　八方向集合确定的局部同质区域示例

参数 T_R 是影响分割结果最为重要的因素,它可以通过如下方式获得:

$$T_R = K_R T_{R-\max} \tag{2.59}$$

式中:K_R 为尺度因子(或称为归一化的相似性门限值);$T_{R-\max}$ 为 T_R 的最大值,即式(2.56)表示的 $p(r_{i,k})$ 的最大值。

将 $r^* = \sqrt{(2L-1)/(2L+1)}$ 代入式(2.56),可得

$$T_{R-\max} = \sum_{k=1}^{M} G(k) \frac{4\left[(2L-1)!\right]^2 (4L^2-1)(2L-1)^{2L-2}}{\Gamma^4(L)(4L)^{2L}} \tag{2.60}$$

2.5.6 基于 ML 准则的降斑图像估计

在一个同质区域 $\Omega_H(n)$ 内,2.3.1 节给出的乘性模型可以重写为

$$Y_{\Omega_H(n)}(k) = C_{\Omega_H(n)} \cdot Z_{\Omega_H(n)}(k) \, (1 \leqslant k \leqslant M_{\Omega_H(n)}) \tag{2.61}$$

式中:$M_{\Omega_H(n)}$ 为 $\Omega_H(n)$ 内的像素总数。

根据式(2.9),幅度观测 SAR 图像满足 Nakagami 分布,可以将 ML 准则应用于该分布的参数 R(真实雷达反射系数)的估计:

$$\hat{R}_{\Omega_H(n)} = \max L\left[Y_{\Omega_H(n)}(1), Y_{\Omega_H(n)}(2), \cdots, Y_{\Omega_H(n)}(M_{\Omega_H(n)}); R_{\Omega_H(n)}\right] \tag{2.62}$$

似然函数定义为

$$
\begin{aligned}
L(R_{\Omega_H(n)}) &= L\left[Y_{\Omega_H(n)}(1), Y_{\Omega_H(n)}(2), \cdots, Y_{\Omega_H(n)}(M_{\Omega_H(n)}); R_{\Omega_H(n)}\right] \\
&= \prod_{k=1}^{M_{\Omega_H(n)}} 2\left(\frac{L}{R_{\Omega_H(n)}}\right)^L \frac{1}{\Gamma(L)} \exp\left\{-\frac{L\left[Y_{\Omega_H(n)}(k)\right]^2}{R_{\Omega_H(n)}}\right\} \left[Y_{\Omega_H(n)}(k)\right]^{(2L-1)}
\end{aligned}
\tag{2.63}
$$

设 $f(R_{\Omega_H(n)}) = \ln L(R_{\Omega_H(n)})$,则可得

$$
\begin{aligned}
f(R_{\Omega_H(n)}) = \sum_{k=1}^{M_{\Omega_H(n)}} \Big\{ &-L\ln R_{\Omega_H(n)} - \frac{L\left[Y_{\Omega_H(n)}(k)\right]^2}{R_{\Omega_H(n)}} + \ln\frac{2}{\Gamma(L)} + L\ln L \\
&+ (2L-1)Y_{\Omega_H(n)}(k) \Big\}
\end{aligned}
$$

令 $\dfrac{\mathrm{d} f(R_{\Omega_H(n)})}{\mathrm{d} R_{\Omega_H(n)}} = 0$,则可得

$$\hat{R}_{\Omega_H(n)} = \frac{1}{M_{\Omega_H(n)}} \sum_{k=1}^{M_{\Omega_H(n)}} \left[Y_{\Omega_H(n)}(k)\right]^2 \tag{2.64}$$

式中:$\hat{R}_{\Omega_H(n)}$ 为 $R_{\Omega_H(n)}$ 的无偏估计。由于在同质区域内 $\Omega_H(n)$ 的真实雷达反射系数 R 是一个常数,所以可以得到 $Y(n)$ 的降斑结果为

$$\hat{X}(n) = \sqrt{\hat{R}_{\Omega_H(n)}} = \sqrt{\frac{1}{M_{\Omega_H(n)}} \sum_{k=1}^{M_{\Omega_H(n)}} \left[Y_{\Omega_H(n)}(k) \right]^2} \tag{2.65}$$

2.5.7　实验结果与分析

本节提出的算法需要设置一些参数,在这些参数中对算法性能影响最大的是式(2.59)中的尺度因子 K_R,它决定了相似性门限 T_R 的大小。其他参数有:在式(2.57)计算相似度时用到的图像块 N_0 和 N_i 的尺寸(设它们的尺寸为 $(2f+1) \times (2f+1)$);在 2.5.5 节中确定最优尺度时用到的最大尺度值 h_{max}^k。为了确定这些参数对算法性能的影响,本节选用了几组模拟 SAR 图像进行实验来获得这些参数与算法性能间的关系。为了获得具有较好的形状自适应特性的同质区域,这里选择最优尺度的方向数 $D = 8$,并且设每个方向尺度的最大值 h_{max}^k 都相同,最后选用峰值信噪比(Peak Signal to Noise Ratio, PSNR)作为评价模拟 SAR 图像降斑性能的指标。

首先,对参数 K_R 进行测试。选择 Peppers、Lena 和 Cameraman 三幅经典的无噪图像,并对其添加不同视数的模拟相干斑。在这组实验中,所添加的相干斑的视数 L 为 2、4、8,根据经验,图像块的尺寸 f 和每个方向尺度的最大值 h_{max} 分别选择为 3 和 7。实验结果如图 2.15 所示。通过分析图 2.16 中的曲线可知,当出现最优的降斑结果时 K_R 几乎都位于区间 $[0.35, 0.4]$ 内。这个结论表明,本节提出的算法具有很好的稳定性和实际可操作性。在实际中,较小的 K_R 会产生一个较平滑的降斑结果,而当相干斑较强时往往需要滤波器具有较好的平滑特性。因此,当相干斑的强度较低时,$K_R = 0.375$,如 $L > 2$;当相干斑强度较高时,$K_R = 0.35$,如 $L = 1$ 或 $L = 2$。

其次,对参数 h_{max} 进行了测试。考虑到 Lena 包含典型的均匀区域与边缘区域,因此它可以较全面地包含 SAR 图像中可能出现的场景特性。在这组实验中,设 $K_R = 0.375$ 以及 $f = 3$,对 Lena 分布添加等级 L 为 2、4、8 的相干斑,对 h_{max} 分别取 4,5,…,11。图 2.16 给出了降斑结果随着 h_{max} 的变化情况。可以看出,h_{max} 的值对所提算法的降斑性能影响较小,并且随着视数的增大其影响程度逐渐减弱。当 $h_{max} > 5$ 时,算法可以获得相对稳定的降斑结果。但是,当 $h_{max} > 8$ 时,算法的性能显著下降,这是因为较大的 h_{max} 会导致较为平滑的降斑结果。因此,这里建议在实际中 h_{max} 选择 6 或 7。

最后,对参数 f 进行测试。同样地,这里仍然选择 Lena 为测试图像,并添加 L 为 2、4、8 的模拟相干斑。在实验中,设 $K_R = 0.375$ 以及 $h_{max} = 7$,对 f 分别取 1,2,…,6。实验结果如图 2.17 所示。可以看出,f 对降斑性能的影响也很小,并且当 $f > 2$ 时总能获得比较稳定的降斑结果。需要注意的是,f 值会对算法的时间

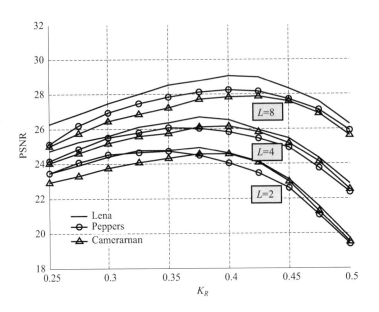

图 2.15 K_R 对降斑性能的影响情况

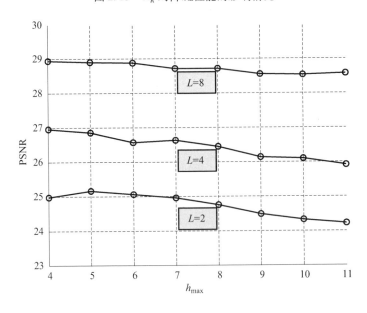

图 2.16 本节算法中 h_{max} 对加模拟相干斑的 Lena 降斑结果的影响

复杂度产生很大影响。考虑稳定性以及时间复杂度,建议在实际中取 $f=3$。

本节选择三幅模拟 SAR 图像与四幅真实 SAR 图像来测试算法的性能。模拟 SAR 图像包括:①规则边缘图(图 2.18(a))和弯曲边缘图(图 2.18(b)),并对这两幅图分别加 2 视的模拟相干斑,模拟结果分别如图 2.19(a)和图 2.20

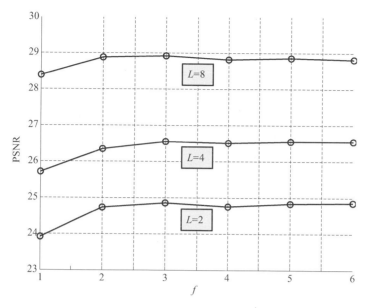

图 2.17　本节算法中 f 对加模拟相干斑的 Lena 降斑结果的影响

（a）所示；②4 视的全测试（Full Test，图 2.21（a））模拟 SAR 图像。将本节算法，即基于像素相关性度量的局部均匀区域分割（Local Homogeneous Region Scgmentation with Pixel Relativity Measurement，LHRS-PRM）的降斑结果分别与 Gamma-MAP 滤波器[8]、Frost 滤波器[7]、Wu-Maitre 滤波器[113]以及基于非下采样小波域分割的最大后验滤波器[112]（MAP-UWD-S）的结果进行了比较。在所有的实验中，对于本节所提算法，归一化相似性门限 $K_R = 0.375$，图像块的尺寸 $f = 3$，最大尺度 $h_{max} = 7$，总方向数目 $D = 8$；对于 Frost 和 Gamma-MAP 滤波器，滑动窗的大小取 5×5。这三幅模拟 SAR 图像使用不同算法的降斑结果分别如图 2.19 ~ 图 2.21 所示。

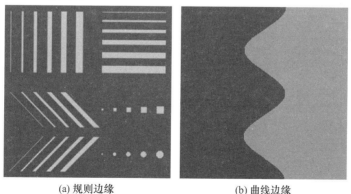

(a) 规则边缘　　　　　　　　　(b) 曲线边缘

图 2.18　合成边缘图

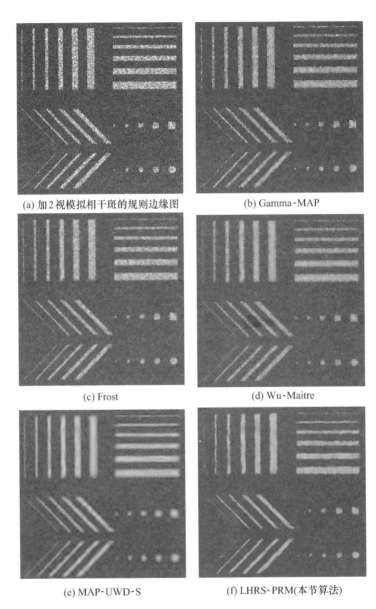

(a) 加2视模拟相干斑的规则边缘图　　　　　(b) Gamma-MAP

(c) Frost　　　　　　　　　　(d) Wu-Maitre

(e) MAP-UWD-S　　　　　　　(f) LHRS-PRM(本节算法)

图 2.19　规则边缘图加 2 视模拟相干斑降斑结果比较

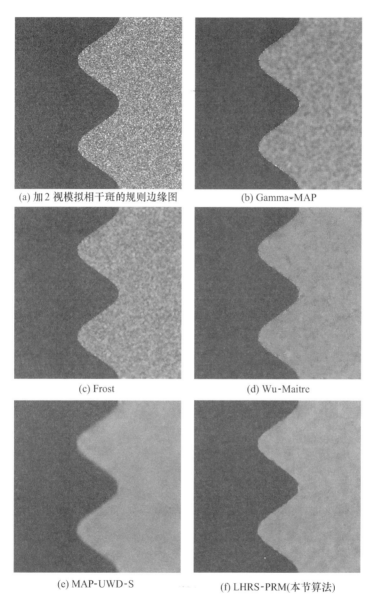

(a) 加 2 视模拟相干斑的规则边缘图　　　(b) Gamma-MAP

(c) Frost　　　　　　　　　(d) Wu-Maitre

(e) MAP-UWD-S　　　　　(f) LHRS-PRM(本节算法)

图 2.20　曲线边缘图加 2 视模拟相干斑降斑结果比较

(a)加2视模拟相干斑的规则边缘图

(b) Gamma-MAP

(c) Frost

(d) Wu-Maitre

(e) MAP-UWD-S

(f) LHRS-PRM(本节算法)

图 2.21　4 视全测试模拟 SAR 图像降斑结果比较

在所有算法的客观评价中,对规则边缘图(图2.19(a))和曲线边缘图(图2.20(a))选择 PSNR 和2.3.2 节提出的边缘保持度量指标 EPD-ROA 作为评价指标;对于全测试模拟 SAR 图像(图2.21(a)),选择2.3.2 节介绍的比值图像评价和 EPD-ROA 作为评价指标。所有的客观评价结果见表2.3。

表2.3　模拟 SAR 图像降斑结果评价

	规则边缘图(图2.19(a))			曲线边缘图(图2.20(a))		
	PSNR	EPD-ROA		PSNR	EPD-ROA	
		HD	VD		HD	VD
Gamma-MAP	21.7619	0.8877	0.8885	26.7340	0.8644	0.8635
Frost	24.2586	0.8627	0.8607	25.4747	0.8610	0.8617
Wu-Maitre	22.9986	0.8646	0.8625	28.9186	0.8589	0.8595
MAP-UWD-S	24.1788	0.8936	0.8917	31.7691	0.8857	0.8857
LHRS-PRM	24.5478	0.8550	0.8527	33.7941	0.8558	0.8565

	全测试图(图2.21(a))			
	比值图		EPD-ROA	
	均值	方差	HD	VD
Gamma-MAP	1.0155	0.0393	0.9591	0.9600
Frost	1.0047	0.0525	0.8966	0.8834
Wu-Maitre	1.0056	0.0415	0.8948	0.8840
MAP-UWD-S	0.9623	0.0782	0.8586	0.8504
LHRS-PRM	0.9879	0.0784	0.9078	0.9024

图2.19 和图2.20 的视觉比较表明,本节算法非常好地抑制了均匀区域的相干斑,并且没有产生伪吉布斯或"振铃效应",其在均匀区域的降斑能力显著超越了 Gamma-MAP 滤波器、Frost 滤波器和 Wu-Maitre 滤波器。本节算法可以获得非常"干净"的均匀区域,而噪声残留则出现在除 MAP-UWD-S 之外的其他滤波器的结果中。从边缘保持的角度来看,本节算法获得了清晰、明确的边缘,但是 Gamma-MAP、Frost 和 Wu-Maitre 会产生一定程度的模糊。尽管 MAP-UWD-S 滤波器可以在均匀区域获得非常好的抑斑结果,但它总是在边缘位置产生"振铃效应"并且模糊了边缘,尤其是图2.19(e)。图2.21 的结果以及表2.3 的数据表明,本节算法在边缘、纹理以及小目标保持方面的能力与 Gamma-MAP、Frost 和 Wu-Maitre 滤波器在大多数情况下是相当的。

在一组模拟相干斑的降斑实验之后,四幅真实的 SAR 图像用来比较不同算法的性能:①Ku 波段,1m 分辨力,Horse Track,在美国新墨西哥州的 Albuquerque 附近(Horsetrack,图2.22(a),有效视数大约为4);②英国国防研究局机载 SAR,

X 波段,3m 分辨力,英格兰 Bedfordshire 地区的农业场景(Field,图 2.23(a),有效视数为 3.2);③RadarSat-2,C 波段,8m 分辨力,中国山东黄河入海口附近(Yellow River,图 2.24(a),有效视数为 4);④X 波段,3m 分辨力,中国西安附近某城镇(Town,图 2.25(a),有效视数为 4)。需要说明的是,上述四幅图的有效视数都是采用 2.3 节中所提的相干斑强度估计算法获得的。本节算法的实验结果分别与 Gamma-MAP 滤波器[8]、Frost 滤波器[7]、Wu-Maitre 滤波器[113] 以及 MAP-UWD-S 滤波器[33] 的实验结果进行了比较。在这组实验中,所有算法的参数设置与前面的模拟 SAR 图像降斑实验完全一致。2.5.5 节采用了一种简化、快速的遍历方法用来确定同质区域。为了说明这种方法的有效性,本节在实验结果中也给出使用完全遍历的方法确定同质区域的降斑结果(记为 LHRS-PRM-C)。在实验中,LHRS-PRM-C 方法的参数设置与 LHRS-PRM(本节算法)的设置完全一致。

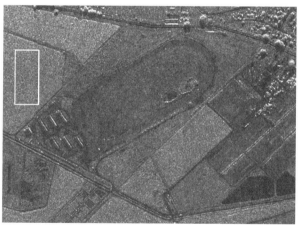

(a) Horsetrack原图(396×555)

(b) Frost

(c) Wu-Maitre

(d) MAP-UWD-S

(e) LHRS-PRM(本节算法)

(f) LHRS-PRM-C

图 2.22　Horsetrack 降斑结果比较

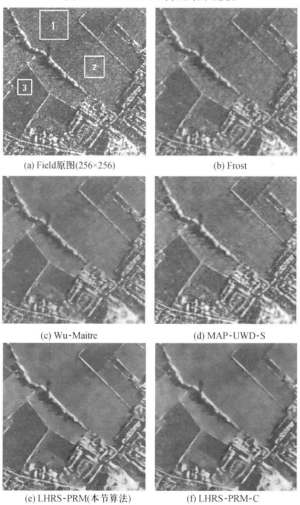

(a) Field原图(256×256)	(b) Frost
(c) Wu-Maitre	(d) MAP-UWD-S
(e) LHRS-PRM(本节算法)	(f) LHRS-PRM-C

图 2.23　Field 降斑结果比较

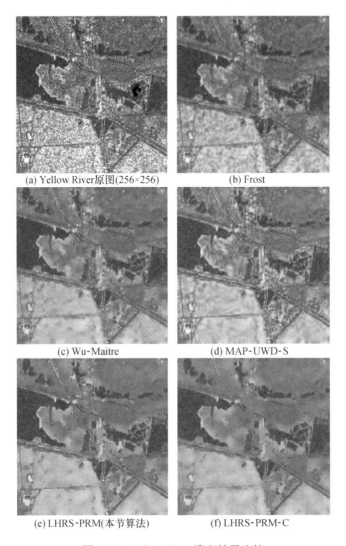

(a) Yellow River原图(256×256)　　　(b) Frost

(c) Wu-Maitre　　　(d) MAP-UWD-S

(e) LHRS-PRM(本节算法)　　　(f) LHRS-PRM-C

图 2.24　Yellow River 降斑结果比较

　　图 2.22 ~ 图 2.25 给出了所有真实 SAR 图像的降斑结果。这些结果的视觉对比表明,所提算法的降斑性能是非常出众的。Frost 滤波器在均匀区域产生了非常明显的噪声残留。水彩画状的小区域在 Wu-Maitre 滤波器的结果中非常明显。尽管 MAP-UWD-S 滤波器具有非常好的噪声抑制性能,但是"振铃效应"总是不可避免的,特别是 Field 的降斑结果。相比之下,LHRS-PRM 能有效地去除均匀区域的相干斑,如 Horsetrack 的左边区域(图 2.23(f))和 Field 的中部区域

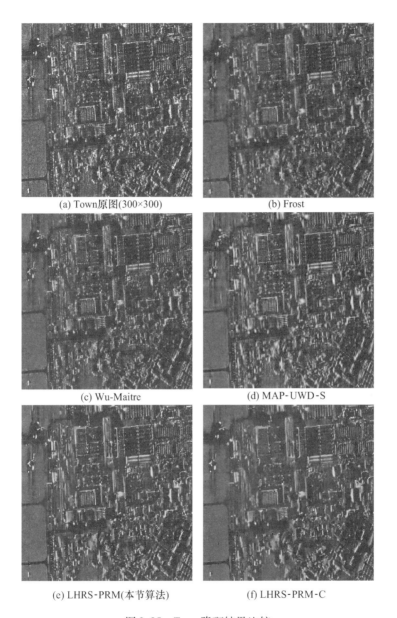

(a) Town原图(300×300)　　　　　　(b) Frost

(c) Wu-Maitre　　　　　　　　(d) MAP-UWD-S

(e) LHRS-PRM(本节算法)　　　　　(f) LHRS-PRM-C

图 2.25　Town 降斑结果比较

(图 2.24(f)),这一点也可以从表 2.4 的 ENL 对比中得到证实(选择了四个同质区域对比 ENL,一个在 Horsetrack 中,三个在 Field 中)。在边缘保持方面,Frost 滤波器能在一定程度上保持图像的纹理和边缘,但在均匀区域的降斑结果则不尽如人意。

表 2.4　ENL 评价结果比较

	原图	Frost	Wu-Maitre	MAP-UWD-S	本节算法	LHRS-PRM-C
Horsetrack	17.3732	129.1731	322.7205	357.2752	**422.8363**	**433.2317**
Field R-1	2.8941	14.2346	21.1381	23.6179	**50.7353**	**55.5542**
Field R-2	3.1279	20.3730	36.8999	35.3281	**151.3666**	**167.5840**
Field R-3	2.7441	20.7567	25.1491	16.1992	**151.9131**	**206.3300**

　　MAP-UWD-S 滤波器在保持图像纹理特性的同时带来了边缘模糊。Wu-Maitre 在一定程度上获得了同质区域平滑与边缘保持的折中。相比之下,本节算法很好地保持了图像的纹理,获得了清晰的边缘,并且没有产生伪吉布斯效应,尤其是 Horsetrack 的降斑结果。根据表 2.5 的比值图像的均值比较可知,Frost 和 Wu-Maitre 滤波器获得了非常不错的均值保持,本节算法在大部分情况下的均值保持能力与这两种滤波器接近,个别时甚至超越这两种方法。表 2.5 的 EPD-ROA 评价结果表明,本节算法在大多数情况下获得了最优的边缘保持结果,特别是对于边缘细节非常丰富的 TownSAR 图像,本节算法对其边缘保持的性能远远超过了其他算法。

表 2.5　真实 SAR 图像比值图像与 EPAD-ROA 评价

	Horsetrack				Field			
	比值图像		EPD-ROA		比值图像		EPD-ROA	
	Mean	Variance	HD	VD	Mean	Variance	HD	VD
Frost	1.0036	0.0613	0.8911	0.8528	1.0045	0.0489	0.9448	0.9068
Wu-Maitre	1.0035	0.0524	0.8992	0.8603	1.0056	0.0511	0.9485	0.9151
MAP-UWD-S	0.9875	0.0833	0.9170	0.9037	0.9639	0.0754	0.9581	0.9330
LHRS-PRM	0.9816	0.0697	0.9263	0.9157	0.9933	0.0862	0.9436	0.9054
LHRS-PRM-C	0.9781	0.0850	0.8971	0.8725	0.9971	0.0899	0.9399	0.9002
理论值	1.0000	0.0643	1.0000	1.0000	1.0000	0.0809	1.0000	1.0000
	Yellow River				Town			
Frost	1.0030	0.0506	0.9123	0.9157	1.0038	0.0762	0.6345	0.6927
Wu-Maitre	1.0032	0.0413	0.9238	0.9265	1.0017	0.0384	0.7046	0.7566
MAP-UWD-S	0.9643	0.0918	0.9192	0.9208	0.9573	0.0993	0.6526	0.6847
LHRS-PRM	0.9868	0.0754	0.9170	0.9191	0.9805	0.0637	0.8742	0.8841
LHRS-PRM-C	0.9842	0.0795	0.9093	0.9124	0.9818	0.1126	0.7201	0.7552
理论值	1.0000	0.0643	1.0000	1.0000	1.0000	0.0643	1.0000	1.0000

　　图 2.26 和图 2.27 还从视觉角度展示了 Town 和 Horsetrack 两幅 SAR 图像使用不同方法降斑后的比值图像。比值图中残留的边缘和目标越多,说明结果中对边缘及目标损失的越多。对比图 2.26 和图 2.27 中的结果可知,Frost 和 Wu-Maitre 所获得的比值图像中存在明显的边缘残留,MAP-UWD-S 所获得的比值图像中存在非常明显的亮目标(具有很强雷达反射系数的目标)残留。相比之下,本节算法所获得的比值图像中的边缘残留微乎其微,并且没有强目标点残留。

(a) LHRS-PRM(本节算法)

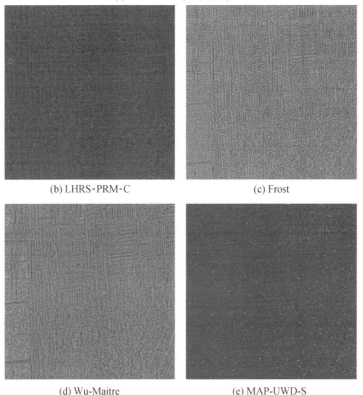

(b) LHRS-PRM-C　　　　　　　　　　(c) Frost

(d) Wu-Maitre　　　　　　　　　　(e) MAP-UWD-S

图 2.26　Town 原图与降斑后图像的比值图像比较

(a) LHRS-PRM(本节算法)

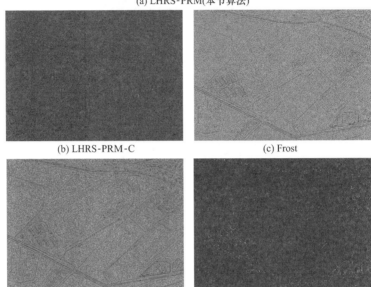

(b) LHRS-PRM-C   (c) Frost

(d) Wu-Maitre   (e) MAP-UWD-S

图 2.27　Horsetrack 原图与降斑后图像的比值图像比较

　　图 2.26 和图 2.27 的视觉对比表明，LHRS-PRM 的性能和 LHRS-PRM-C 非常接近，并且在边缘保持方面，LHRS-PRM 方法实际上获得了更加清晰的边缘，这一点从表 2.5 的 EPD-ROA 数据中也得到了证实。表 2.6 给出了快速遍历版 LHRS-PRM 与其完整遍历版 LHRS-PRM-C 的执行时间对比。可以看出，快速遍历版(本节算法)的执行时间大约只有完整遍历版的 1/5。

表 2.6　执行时间比较　　　　　　　　　　　　（单位:s）

	LHRS-PRM	LHRS-PRM-C
Horsetrack(396×555)	124	607
Field(256×256)	41	182
Yellow River(256×256)	39	181
Town(300×300)	25	247
注:实验结果是 C 语言编程,在 2.8Hz 双核 CPU,2GB 内存的计算机上获得的		

　　局部同质区域分割是本节算法的关键步骤,而 Wu-Maitre 滤波器同样也进行了局部同质区域分割。为了对比本节算法与 Wu-Maitre 滤波器的同质区域分割性能,设计了一组对比实验:设本节算法中的确定同质区域形状的方向数 $D = 4$(在2.5.5 节中定义过),这样同质区域的形状就是矩形的,也就与 Wu-Maitre 滤波器中的同质区域的形状相同。那么可以得到两种滤波器,即四方向的 LHRS-PRM 结合 ML 估计(LHRS-PRM + ML)与 Wu-Maitre 分割结合 ML 估计(Wu-Maitre + ML),图 2.28 中展示了这两种滤波器的降斑结果。Wu-Maitre + ML 滤波器对图像的模糊非常严重,而本节所提出的四方向 LHRS-PRM + ML 可以获得非常好的降斑结果。在都使用 ML 估计的情况下,通过上述性能对比表明,本节提的同质区域分割算法的性能远远优于 Wu-Maitre 滤波器中的分割方法。

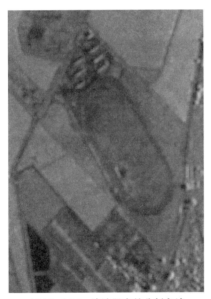
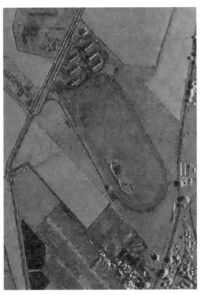

(a) Wu-Maitre滤波器中的分割方法　　　　　(b) 本节所提的分割方法

图 2.28　基于不同的同质区域分割方法并结合 ML 估计的降斑结果对比

　　在计算复杂度方面,假设局部同质区域的最大尺寸为 $(2S_{max} + 1) \times (2S_{max} + 1)$,图像块 N_0 的尺寸为 $M \times M$,图像的总像素数为 N,则本节算法的平均时间复杂度为 $[4(S_{max} + 1)M^2 + (1 + (2S_{max} + 1)^2)/2]N$。其中,$4(S_{max} + 1)M^2N$ 表示确定所有的局部同质区域的时间复杂度,而 $[1 + (2S_{max} + 1)^2]N/2$ 表示使用 ML 准则进行估计时的时间复杂度。由于 S_{max} 和 M 的值远远小于图像的像素数 N,所以本节算法的时间复杂度水平可认为是 $O(N)$。

2.5.8 小结

本节提出了一种基于局部同质区域分割的 SAR 图像降斑算法,利用同质区域简化的乘性模型使很难处理的乘性噪声模型转化为简单的线性模型。在乘性噪声模型下,本节所提出的像素之间的相似性度量方法只与噪声的统计分布有关,对 SAR 图像非常健壮,并且无须进行手动参数设置。基于此方法,对每一个像素分割出一个形状自适应的同质区域并利用 ML 准则得到最终降斑结果。最后,将本节算法的降斑结果与许多经典以及新近提出的滤波器的降斑结果比较表明,本节算法可以获得"干净"的均匀区域和清晰的边缘。客观评价表明,本节算法具有非常好的同质区域相干斑抑制能力和相当不错的边缘及辐射特性保持性能。值得注意的是,本节算法是一种"点态"的方法,因此很容易在软件或硬件中并行实现。

2.6 基于图像块的统计相似性度量的 SAR 图像降斑

2.6.1 背景介绍

SAR 图像降斑算法的研究先后主要经历了空域降斑算法[5-9]、变换域(小波或后小波域)降斑算法[25,26,55,56,67,68]以及基于马尔科夫随机场(Markov Random Field,MRF)的降斑算法[70-79]。详细的介绍与回顾已经在 2.2 节中给出。对于空域降斑算法存在的主要问题已经在 2.5.1 节中做过介绍,不再赘述。总结起来,变换域的降斑算法通常需要为变换域真实信号的系数假设某种先验分布,而这些分布大部分来自于研究者的经验或者自然图像的研究结果,并且 SAR 图像与这些先验之间的内在联系目前还不是很清楚;MRF 作为对真实信号的一种先验模型,在空域和变换域都有应用。基于 MRF 的降斑方法通常能够获得较好的纹理恢复,但是往往需要相对复杂和耗时的参数估计。

近年来,许多研究者将目光转向基于相似性度量的去噪方法,这些基于相似性度量的方法通常在局部或非局部寻找相似的像素或图像块,再通过加权相似的像素或图像块获得去噪结果。双边滤波器(Bilateral Filter,BF)[118]通常被认为是这些方法的起始,它将像素的空间距离与欧氏距离进行组合获得了相似性权值。由于只采用了两个像素点计算权值,当噪声等级较高时这种度量方法就不再健壮。NL-means 滤波器[83]提出使用两个图像块来计算相似性,有效地提高了 BF 的健壮性。此后,许多基于 NL-means 的改进方法相继提出。C. Kerran 等通过平衡估计的精确性和随机误差,自适应的确定了搜索窗的尺寸;J. Salmon 等根据经验给出了搜索窗的取值范围,并根据 Stein 无偏风险估计(SURE)原则提出一种对中心像素权值的改进方法。上述几种方法主要针对传统 NL-means

方法的参数的改进。此外,也有很多研究者针对相似性度量方法做了改进。N. Azzabou 等使用主成分分析(PCA)将图像块矢量映射到更低维的子空间,之后在子空间内计算相应的图像块之间的相似性。C. Kervrann 等[87]分析贝叶斯估计框架与传统的 NL-means 方法之间的关系,并根据噪声的先验分布提出了一种基于图像块统计特性的相似性度量方法,目前,这种度量方法已经推广到超声图像与 SAR 图像降斑[114]中。基于最大似然估计框架,文献[88]提出了另一个针对图像块的统计相似性度量方法,这种方法已经应用于自然图像去噪和 SAR 图像降斑中。针对加性高斯白噪声,文献[115]研究了两个图像块欧氏距离的统计分布,并提出一种基于图像块的统计权值。文献[85]、文献[88]和文献[115]之间的主要区别:文献[86]和文献[88]中的相似性度量都是基于贝叶斯框架的,但是分别使用了先验和似然分布;文献[115]中相似性度量是基于欧氏距离的统计分布的。此外,文献[86]和文献[115]是不需要设置平滑参数的,而在文献[88]中则需要人工设置。

受文献[115]的启发,本节研究了 SAR 图像块之间距离的统计分布。首先提出一种期望滤波器,并将其与 SAR 图像降斑联系起来。接着分析了同质区域内部两个像素之间的欧氏距离,并推导了该距离的统计分布。根据像素间距离的统计分布,又推导出了两个图像块之间的距离的统计分布,推导结果表明本节所提出的 SAR 图像块之间的统计相似性度量公式非常简单。之后,根据所获得的相似性权值改进了中心像素的权值。在加权获得每个图像块的降斑估计后,由于图像块相互重叠,对每个像素获得了多个估计结果,本节又提出一种基于贝叶斯风险的像素聚合方法,将多个估计聚合获得最终的降斑结果。实验结果表明,本节算法有着非常出众的降斑性能,很好地保持了图像的辐射特性、边缘和纹理,并且具有相对低的时间复杂度。

2.6.2　期望滤波器与 SAR 图像降斑

乘性噪声模型在实际中比较难处理,通过简单的形式转换可以得到在2.3.1.5 节中给出的信号相关的加性噪声模型:

$$Y = X \cdot Z = X + X(Z-1) = X + N \tag{2.66}$$

根据 2.3.1.5 节的分析可知,$E[N]=0$。降斑后的 SAR 图像通常可以看作真实"无噪"图像的一个近似,并包含一定的噪声残留。假设这些残留噪声在形式上是加性的(不用考虑这些残留噪声是否与真实图像独立):

$$\hat{T} = T + R_n \tag{2.67}$$

式中:T 为真实"无噪"的 SAR 图像;$\hat{T}$ 为实际的降斑结果;R_n 为形式上的加性残留噪声。

对式(2.67)两边取数学期望运算,可得

$$T = E[T] = E[\hat{T}] - E[R_n] = \int_{-\infty}^{+\infty} \hat{T} \cdot f(\hat{T}) \, d\hat{T} - E[R_n] \quad (2.68)$$

若考虑数字图像的情况,则式(2.68)可以写为

$$T = E[T] = E[\hat{T}] - E[R_n] = \sum_k p_k \hat{T}_k - E[R_n] \quad (2.69)$$

若考虑 $\hat{T}$ 表示最差的降斑结果,即没有经过任何降斑处理的原始观测 SAR 图像 Y。在只考虑数字图像时,式(2.69)可以表示为

$$X = E[X] = E[Y] - E[N] = \sum_k p_k Y_k - E[N] = \sum_k p_k Y_k = \sum_k w_k Y_k$$
$$(2.70)$$

式中:X 表示真实的"无噪"SAR 图像。

式(2.70)所表示的滤波器称为期望滤波器(Expectation Filter,EF)。若考虑单个 Y_k 的情况,那么权值 w_k 将表示该点的相干斑的倒数 $1/Z_k$。而在实际中,许多加权滤波器都会选择当前像素的某个邻域内的所有 Y_k。在本节中,Y_k 仍然限定在当前像素的某个邻域内。

所提出的期望滤波器在形式上非常简单,它却阐明了 SAR 图像降斑与加权滤波器之间的理论联系。式(2.70)最简单的形式是当所有权值都相等时的均值滤波器。此外,还有很多加权滤波器可以认为是在期望滤波器的框架之内的,如 Frost 滤波器。期望滤波器能够实现 SAR 图像降斑的理论根源:相干斑是独立的乘性噪声且均值为 1,无论是幅度格式的 SAR 图像还是强度格式的 SAR 图像都会满足这个条件。因此,所提出的期望滤波器可以用于所有格式的 SAR 图像降斑中。在本节中,只考虑幅度格式的 SAR 图像降斑。

2.6.3 基于图像块的统计相似性度量

SAR 回波信号的电压测量(幅度格式的 SAR 图像)按照灰度级被量化为数字图像。数字形式的 SAR 图像使得在整幅图像内计算两个像素之间的灰度差成为可能。图像的局部缓变特性使得中心像素或图像块与其邻域内的像素或图像块之间存在相似性[31]。从另一个角度讲,这些相似性反映了图像在灰度空间的冗余性。幸运的是,在期望滤波器中,利用这些冗余性可以在当前像素或图像块的邻域内选择加权样本 Y_k。显然,这些像素或图像块之间的相似性将作为期望滤波器的权值。

2.6.3.1 基于像素的统计相似性度量

在 2.5.2 节中已经指出,直接使用欧氏距离表示含乘性相干斑噪声的像素

之间的相似性是不健壮的。在文献[86,115]的启发下,本节将提出一种统计的相似性度量方法。

假设 Y_i 和 Y_j 是"无噪"SAR 图像 X_0 的两个不同的观测信号,定义一个相干斑差:

$$Z_\Delta = Z_i - Z_j = \frac{Y_i - Y_j}{X_0} \tag{2.71}$$

为了后面的推导方便,不妨假设 $Z_i \geq Z_j (Z_\Delta \geq 0)$。由于真实信号 X_0 是一个确定的值,因此相干斑差 Z_Δ 实际上也表示两个观测信号 Y_i 和 Y_j 之间的差别(或称为距离)。

设 $p(Z_\Delta)$ 表示 Z_Δ 的概率密度函数,考虑到幅度格式的相干斑 Z 满足 Nakagami 分布(参见式(2.19)),可得

$$
\begin{aligned}
p(Z_\Delta) &= \int_0^{+\infty} p_{Z_i}(Z_\Delta + Z_j) \cdot p_{Z_j}(Z_j) \mathrm{d}Z_j \\
&= \frac{4L^{2L}}{\Gamma^2(L)} \int_0^{+\infty} \left[(Z_\Delta + Z_j) Z_j \right]^{2L-1} \cdot \exp\left[-L(Z_\Delta + Z_j)^2 - LZ_j^2 \right] \mathrm{d}Z_j \\
&= \frac{4L^{2L}}{\Gamma^2(L)} \exp\left(-\frac{1}{2}LZ_\Delta^2 \right) \int_0^{+\infty} \left[\underbrace{\left(\frac{1}{2}Z_\Delta + Z_j \right)^2}_{t} - \frac{1}{4}Z_\Delta^2 \right]^{2L-1} \\
&\quad \cdot \exp\left[-2L \underbrace{\left(\frac{1}{2}Z_\Delta + Z_j \right)^2}_{t} \right] \mathrm{d}Z_j \\
&= \frac{4L^{2L}}{\Gamma^2(L)} \exp\left(-\frac{1}{2}LZ_\Delta^2 \right) \int_{\frac{1}{2}Z_\Delta}^{+\infty} \left(t^2 - \frac{1}{4}Z_\Delta^2 \right)^{2L-1} \cdot \exp(-2Lt^2) \mathrm{d}t \quad (Z_\Delta \geq 0)
\end{aligned}
\tag{2.72}
$$

利用二项式定理

$$\left(t^2 - \frac{1}{4}Z_\Delta^2 \right)^{2L-1} = \sum_{i=0}^{2L-1} C_{2L-1}^i \left(-\frac{1}{4}Z_\Delta^2 \right)^i \cdot (t^2)^{2L-1-i} \tag{2.73}$$

那么

$$
\begin{aligned}
&\int_{\frac{1}{2}Z_\Delta}^{+\infty} \left(t^2 - \frac{1}{4}Z_\Delta^2 \right)^{2L-1} \cdot \exp(-2Lt^2) \mathrm{d}t \\
&= \sum_{i=0}^{2L-1} C_{2L-1}^i \left(-\frac{1}{4}Z_\Delta^2 \right)^i \int_{\frac{1}{2}Z_\Delta}^{+\infty} (t^2)^{2L-1-i} \cdot \exp(-2Lt^2) \mathrm{d}t
\end{aligned}
\tag{2.74}
$$

为了表示方便起见,这里先计算式(2.74)的积分部分,详细推导过程如下:

$$\int_{\frac{1}{2}Z_\Delta}^{+\infty} (t^2)^{2L-1-i} \cdot \exp(-2Lt^2) \mathrm{d}t = \int_{\frac{1}{2}Z_\Delta}^{+\infty} (t^2)^{2L-1-i} \frac{1}{-4Lt} \mathrm{d}(\exp(-2Lt^2))$$

$$= \frac{\left(\frac{1}{2}Z_\Delta\right)^{4L-2i-3}}{4L} \cdot \exp\left(-\frac{1}{2}LZ_\Delta^2\right) + \frac{4L-2i-3}{4L}\cdots$$

$$\cdot \left[\frac{\left(\frac{1}{2}Z_\Delta\right)^{4L-2i-5}}{4L} \cdot \exp\left(-\frac{1}{2}LZ_\Delta^2\right) + \frac{(4L-2i-5)}{4L} \int_{\frac{1}{2}Z_\Delta}^{+\infty} (t^2)^{2L-i-3}\exp(-2Lt^2)\,\mathrm{d}t \right]$$

$$= \cdots$$

$$= \sum_{k=1}^{2L-2i-1} \frac{\left(-\frac{1}{2}Z_\Delta\right)^{4L-2i-2k-1}}{(4L)^k(4L-2i-2k+1)!}(4L-2i-1)!\exp\left(-\frac{1}{2}LZ_\Delta^2\right) +$$

$$\frac{(4L-2i-3)!}{(4L)^{2L-i}} \int_{\frac{1}{2}Z_\Delta}^{+\infty}\exp(-2Lt^2)\,\mathrm{d}t$$

设 $\Phi(x)$ 表示 $N\left(0,\frac{1}{4L}\right)$ 的累积分布函数,那么

$$Q\left(\frac{1}{2}Z_\Delta\right) = \int_{\frac{1}{2}Z_\Delta}^{+\infty}\exp(-2Lt^2)\,\mathrm{d}t = 1 - \Phi\left(\frac{1}{2}Z_\Delta\right)$$

由此可得

$$p(Z_\Delta) = \frac{4L^{2L}}{\Gamma^2(L)}\exp\left(-\frac{1}{2}LZ_\Delta^2\right)\sum_{i=0}^{2L-1}C_{2L-1}^i\left(-\frac{1}{4}Z_\Delta^2\right)^i \cdots$$

$$\left[\sum_{k=1}^{2L-2i-1} \frac{\left(-\frac{1}{2}Z_\Delta\right)^{4L-2i-2k-1}}{(4L)^k(4L-2i-2k+1)!}(4L-2i-1)!\exp\left(-\frac{1}{2}LZ_\Delta^2\right) \right.$$

$$\left. + \frac{(4L-2i-3)!}{(4L)^{2L-i}}Q\left(\frac{1}{2}Z_\Delta\right) \right] (Z_\Delta \geqslant 0) \tag{2.75}$$

式(2.75)给出了 $p(Z_\Delta)$ 的精确计算结果。然而,这个结果非常复杂使得它不能方便地应用于实际中。式 2.76 给出 $p(Z_\Delta)$ 的近似计算结果

$$A_1(Z_\Delta) = \sum_{i=0}^{2L-1}C_{2L-1}^i\left(-\frac{1}{4}Z_\Delta^2\right)^i\sum_{k=1}^{2L-2i-1} \frac{\left(-\frac{1}{2}Z_\Delta\right)^{4L-2i-2k-1}}{(4L)^k(4L-2i-2k+1)!}(4L$$

$$-2i-1)!\exp\left(-\frac{1}{2}LZ_\Delta^2\right)$$

$$= B_1(Z_\Delta)\exp\left(-\frac{1}{2}LZ_\Delta^2\right) \approx P(L)\exp\left[-\left(\frac{1}{2}L+\frac{1}{4}\right)Z_\Delta^2\right]$$

$$A_2(Z_\Delta) = \sum_{i=0}^{2L-1}C_{2L-1}^i\left(-\frac{1}{4}Z_\Delta^2\right)^i\frac{(4L-2i-3)!}{(4L)^{2L-i}}Q\left(\frac{1}{2}Z_\Delta\right)$$

$$\approx Q\left(\frac{1}{2}Z_\Delta\right)\cdot\exp\left(-\frac{1}{4}Z_\Delta^2\right)$$

式中

$$B_1(Z_\Delta) = \sum_{i=0}^{2L-1} C_{2L-1}^i \left(-\frac{1}{4}Z_\Delta^2\right)^i \sum_{k=1}^{2L-2i-1} \frac{(4L-2i-1)!}{(4L)^k} \frac{\left(-\frac{1}{2}Z_\Delta\right)^{4L-2i-2k-1}}{(4L-2i-2k+1)!}$$

$$= \sum_{i=0}^{2L-1} (-1)^i \frac{(4L-2i-1)!(2L-1)!}{(2L-1-i)!i!} \sum_{k=1}^{2L-2i} \frac{\left(\frac{1}{2}Z_\Delta\right)^{4L-2k-1}}{(4L-2i-2k+1)!}$$

$$\approx \sum_{i=0}^{2l-1} m(L,i) \cdot \exp\left(-\frac{1}{4}Z_\Delta^2\right)$$

$$\approx P(L) \exp\left(-\frac{1}{4}Z_\Delta^2\right)$$

其中：$m(L,i)$ 表示与 L 和 i 相关的函数；$P(L)$ 表示与 L 相关的函数。

$$p(Z_\Delta) = \frac{4L^{2L}}{\Gamma^2(L)} \exp\left(-\frac{1}{2}LZ_\Delta^2\right)[A_1(Z_\Delta)+A_2(Z_\Delta)] \quad (Z_\Delta \geqslant 0) \qquad (2.76)$$

由此可得式(2.75)的一个近似结果：

$$p(Z_\Delta) \approx \frac{4L^{2L}}{\Gamma^2(L)} \exp\left[-\left(L+\frac{1}{4}\right)Z_\Delta^2\right]P(L) + \cdots$$

$$+ \frac{4L^{2L}}{\Gamma^2(L)} \exp\left[-\left(\frac{1}{2}L+\frac{1}{4}\right)Z_\Delta^2\right]Q\left(\frac{1}{2}Z_\Delta\right)(Z_\Delta \geqslant 0) \qquad (2.77)$$

由于在式(2.77)中起主要作用的是第一项，因此不考虑第二项，这样就可得到式(2.75)的更简单的近似：

$$p(Z_\Delta) \approx \frac{4L^{2L}}{\Gamma^2(L)} \exp\left[-\left(L+\frac{1}{4}\right)Z_\Delta^2\right]P(L) \quad (Z_\Delta \geqslant 0) \qquad (2.78)$$

为了确定常数项 $P(L)$ 的具体形式，定义两个函数：

原始结果为

$$p_0(Z_\Delta) = \exp\left(-\frac{1}{2}LZ_\Delta^2\right)\int_{\frac{1}{2}Z_\Delta}^{+\infty}\left(t^2-\frac{1}{4}Z_\Delta^2\right)^{2L-1} \cdot \exp(-2Lt^2)\mathrm{d}t (Z_\Delta \geqslant 0)$$

$$(2.79)$$

近似结果为

$$p_A(Z_\Delta) = \exp\left[-\left(L+\frac{1}{4}\right)Z_\Delta^2\right]P(L) \quad (Z_\Delta \geqslant 0) \qquad (2.80)$$

根据 $p_0(Z_\Delta) \approx p_A(Z_\Delta)$，经验发现

$$P(L) \approx p_0(0) = \sqrt{\frac{\pi}{8L}}\frac{(4L-3)!!}{(4L)^{2L-1}} \qquad (2.81)$$

利用 $p_A(Z_\Delta)$ 近似 $p_0(Z_\Delta)$ 的结果如图 2.29 所示。为了定量地评估近似程度，使用均方误差(Mean Square Error, MSE)作为指标：

$$\mathrm{MSE} = \frac{1}{M}\sum_{i=1}^{M}|p_0(Z_\Delta)_i - p_A(Z_\Delta)_i|^2 \qquad (2.82)$$

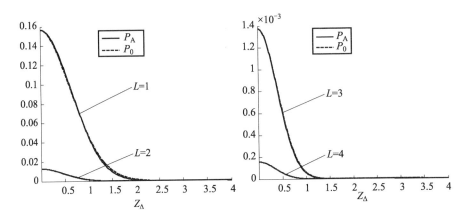

图 2.29 $p_A(Z_\Delta)$ 与 $p_0(Z_\Delta)$ 随视数的变化情况

图 2.30 给出了 MSE 随 SAR 图像的视数而变化的情况。这些结果表明,这里提出的近似计算方法式(2.80)非常接近真实的概率密度函数式(2.79),并且随着视数的增加 MSE 显著下降。

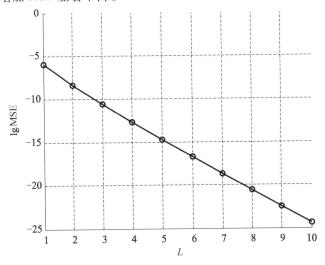

图 2.30　近似 MSE 随视数的变化情况

根据式(2.80)的结果,可以定义像素 i 和 j 之间的相似度或权值(实际上是将观测像素之间的距离值映射为相似度权值):

$$w_{i,j} = \frac{4L^{2L}}{\Gamma^2(L)} \exp\left[-\frac{\left(L+\frac{1}{4}\right)}{X_0^2}(Y_i - Y_j)^2 \right] P(L) \tag{2.83}$$

由于在最后阶段权值要被加权归一化,在归一化过程中将约掉常数项,不对最终的加权结果产生影响,因此可以略去这一项。将式(2.83)的权值重新定义为

$$w_{i,j} = \exp\left[-\frac{L+\frac{1}{4}}{X_0^2}(Y_i - Y_j)^2 \right] \qquad (2.84)$$

2.6.3.2　基于图像块的统计相似性度量

本节中将考虑把像素之间的相似性度量方法推广到 SAR 图像块之间的相似性度量。假设 N_{Y_i} 和 N_{Y_j} 是真实图像块 N_{X_0} 的两个不同的观测。类似地,定义一个基于图像块的相干斑差:

$$N_{Z_\Delta} = N_{Z_i} - N_{Z_j} = (N_{Y_i} - N_{Y_j}) \,./\, N_{X_0} \qquad (2.85)$$

式中:符号". /"代表两个矢量的点除。

根据式(2.84),像素 i 和 j 之间的距离 $|Z_i - Z_j|$ 满足高斯分布,这个高斯分布可以表示为 $N(0,(1/(2L+1/2)))$。根据此分布,这里定义一个归一化的矢量距离:

$$d(N_{Z_\Delta}) = \frac{\| N_{Z_\Delta} \|_2^2}{1/\left(2L+\frac{1}{2}\right)} = \frac{\| N_{Z_i} - N_{Z_j} \|_2^2}{1/\left(2L+\frac{1}{2}\right)} \qquad (2.86)$$

容易知道,矢量距离 $d(N_{Z_\Delta})$ 满足自由度为 n^2 的 Chi-square 分布 $\chi^2(n^2)$(假设图像块的尺寸为 $n \times n$)。对于比较大的 n^2(在显著性水平 $\alpha = 0.1$ 下,$n^2 \geqslant 25$ 可以认为是比较大的),$\sqrt{2d(N_{Z_\Delta})}$ 可以使用一个正态分布 $N(\sqrt{2n^2-1},1)$ 很好地逼近,则有

$$p\left(\sqrt{2d(N_{Z_\Delta})}\right) \propto \exp\left\{ -\frac{1}{2}\left[\sqrt{\frac{\| N_{Z_\Delta} \|_2^2}{1/(4L+1)}} - \sqrt{2n^2-1} \right]^2 \right\}$$
$$= \exp\left\{ -\frac{1}{2}\left[\sqrt{\frac{\| (N_{Y_i} - N_{Y_j}) \,./\, N_{X_0} \|_2^2}{1/(4L+1)}} - \sqrt{2n^2-1} \right]^2 \right\} \qquad (2.87)$$

由式(2.87)可得到 SAR 图像块 N_{Y_i} 和 N_{Y_j} 之间的统计相似性度量:

$$w_{i,j} = \exp\left\{ -\frac{1}{2}\left[\sqrt{\frac{\| (N_{Y_i} - N_{Y_j}) \,./\, N_{X_0} \|_2^2}{1/(4L+1)}} - \sqrt{2n^2-1} \right]^2 \right\} \qquad (2.88)$$

2.6.3.3　中心图像块的权值修正

在最终的加权滤波阶段,当前中心图像块会对最终的加权结果产生较大的影响。获取该权值的一种方法是将 N_{Y_i} 等于 N_{Y_j} 代入式(2.88)。此外,A. Buades 等[83]建议中心图像块的权值取邻域内其他权值的最大值。本节将此 SURE 准则推广到与 SAR 图像降斑相关的权值(式(2.88))。

首先定义距离：

$$S_Z = \| \boldsymbol{N}_{Z_\Delta} \|_2^2 = \| \boldsymbol{N}_{Z_i} - \boldsymbol{N}_{Z_j} \|_2^2 \tag{2.89}$$

接着计算距离 S_Z 的期望：

$$E[S_Z] = E[\| \boldsymbol{N}_{Z_i} - \boldsymbol{N}_{Z_j} \|_2^2] = 2n^2\sigma_Z^2 (i \neq j) \tag{2.90}$$

假设 i 表示中心图像块，并考虑 $i = j$ 的情况。由于距离 S_Z 是有偏的，当 $i = j$ 时，对其进行补偿，也就是令

$$S_Z = \| \boldsymbol{N}_{Z_i} - \boldsymbol{N}_{Z_j} \|_2^2 = 2n^2\sigma_Z^2 (i = j) \tag{2.91}$$

这里考虑了乘性噪声模型，并且利用的是本节提出的统计相似性度量方法，因此最终中心块的权值不相同。根据式（2.91），式（2.88）中的权值可以修正为

$$w_{i,j} = \begin{cases} \exp\left\{ -\dfrac{1}{2}\left[\sqrt{\dfrac{\| (\boldsymbol{N}_{Y_i} - \boldsymbol{N}_{Y_j}) . / \boldsymbol{N}_{X_0} \|_2^2}{1/(4L+1)}} - \sqrt{2n^2 - 1} \right]^2 \right\} (i \neq j) \\ \exp\left\{ -\dfrac{1}{2}\left[\sqrt{\dfrac{2n^2\sigma_Z^2}{1/(4L+1)}} - \sqrt{2n^2 - 1} \right]^2 \right\} (i = j) \end{cases} \tag{2.92}$$

到目前为止，式（2.92）中表示与观测 $\boldsymbol{N}_{Y_i}$ 对应的真实信号 $\boldsymbol{N}_{X_0}$ 还是未知的。在实际中，由于本节只考虑了相干斑对图像块的相似性的影响，$\boldsymbol{N}_{X_0}$ 在算法的执行过程中可以使用中心块 $\boldsymbol{N}_{Y_i}$ 的均值代替。

2.6.4　基于图像块加权的 SAR 图像降斑

2.6.4.1　基于图像块的期望滤波器与冗余字典

本节将利用 2.6.3 节提出的基于块的相似性度量，提出一种基于图像块的期望加权降斑方法。设 $\boldsymbol{N}_i$ 表示当前中心图像块，则可得

$$\hat{\boldsymbol{N}}_{X_i} = \frac{1}{C_i} \sum_{j \in \Delta_i} w_{i,j} \boldsymbol{N}_{Y_j} \tag{2.93}$$

式中：C_i 为权值的归一化常数，$C_i = \sum_{j \in \Delta_i} w_{i,j}$；$\Delta_i$ 为当前像素 i 的一个邻域。

通常，$\boldsymbol{N}_i$ 是中心图像块，像素 i 位于 $\boldsymbol{N}_i$ 的中心。像素 j 表示邻域 Δ_i 内的像素，而 $\boldsymbol{N}_j$ 表示包含像素 j 的图像块。此外，图像块 $\boldsymbol{N}_i$ 和 $\boldsymbol{N}_j$ 具有相同的尺寸，均为 $n \times n$。

式（2.93）能恢复一个图像块，但是不能恢复整幅图像。假设图像为 Ω，其尺寸为 $I_X \times I_Y$，对于每个像素 i 定义一个图像块 $\hat{\boldsymbol{N}}_{X_i}$（表示图像块 $\boldsymbol{N}_i$ 的估计结果）。那么对于整幅图像，可以得到一个图像块集合：

$$\boldsymbol{S}_N = \{ \hat{\boldsymbol{N}}_{X_i} \mid 1 \leq i \leq I_X \times I_Y \} \tag{2.94}$$

由于对每个像素都能获得一个相应的图像块恢复结果,因此集合 $\boldsymbol{S}_N$ 中的图像块与其相邻块实际上是相互交叠的。这种交叠意味着一个像素 i 可包含于(假设是)S 个已恢复的图像块中,或者对于同一个像素可以获得 S 个不同的估计结果。那么,可以对 X_i 定义一个字典 D_{X_i}:

$$D_{X_i} = \{\hat{N}_{X_i,1}, \hat{N}_{X_i,2}, \cdots, \hat{N}_{X_i,S}\} \tag{2.95}$$

式中:$\hat{N}_{X_i,k}$ 为包含像素 i 的第 k 个图像块中与 X_i 对应的估计结果。

根据前面分析可知,对于每个像素 i 都可获得一个冗余的字典 D_{X_i}。因此,最终的估计结果 $\hat{X}_i$ 需要对字典中所有的估计子进行聚合。实际上,当字典中不存在占支配地位的估计子时,从统计的角度看这些估计子的线性组合可以获得很好的聚合结果[85]:

$$\hat{X}_i = \frac{1}{U_i} \sum_{k=1}^{S} q_{i,k} \hat{N}_{X_i,k} \tag{2.96}$$

式中:$U_i = \sum_{k=1}^{S} q_{i,k}$,$q_{i,k}$ 为聚合权值。

2.6.4.2　基于贝叶斯风险的聚合估计

估计子平均是最简单的一种聚合估计方法。然而,由于来自于不同图像块的估计子 $\hat{N}_{X_i,k}$ 具有不同的估计误差,因此直接求平均的聚合方法是不太合理的。在实际中,聚合权值 $q_{i,k}$ 应该与估计子的估计误差联系起来。

J. Salmon 等利用贝叶斯 PCA 聚合方法改进了原始的 NL-means 加权估计方法。受到他们的启发,本小节提出一种基于贝叶斯风险的聚合方法。对于估计子 $\hat{N}_{X_i,k}$,其贝叶斯风险定义如下:

$$r_{i,k} = 1 - p(\hat{N}_{X_i,k} \mid Y_i) = 1 - \frac{p(\hat{N}_{X_i,k}) p(Y_i \mid \hat{N}_{X_i,k})}{p(Y_i)} \propto 1 - p(\hat{N}_{X_i,k}) p(Y_i \mid \hat{N}_{X_i,k}) \tag{2.97}$$

通常,估计子的统计分布 $p(\hat{N}_{X_i,k})$ 是未知的。尽管马尔可夫随机场可以用来对其建模,但是这种方法通常需要复杂的参数估计。考虑到 $\hat{N}_{X_i,k}$ 可能出现在一个很大的空间内,简单地假设其为均匀分布,此时贝叶斯风险可以重新写为

$$r_{i,k} \propto 1 - p(Y_i \mid \hat{N}_{X_i,k}) \approx 1 - p_Z\left(\frac{Y_i}{\hat{N}_{X_i,k}}\right)$$

$$= 1 - \frac{2L^L}{\Gamma(L)} \left(\frac{Y_i}{\hat{N}_{X_i,k}}\right)^{(2L-1)} \cdot \exp\left[-L\left(\frac{Y_i}{\hat{N}_{X_i,k}}\right)^2\right] \tag{2.98}$$

由于风险值最大的估计子应赋予最小的聚合权值,所以定义基于贝叶斯风险的聚合权值为

$$q_{i,k} = \left(\frac{Y_i}{\hat{N}_{X_i,k}} \right)^{(2L-1)} \cdot \exp\left[-L \left(\frac{Y_i}{\hat{N}_{X_i,k}} \right)^2 \right] \tag{2.99}$$

由于常数项 $2L^L/\Gamma(L)$ 会在最终的归一化中消去,所以在式(2.99)中已经将其直接去掉了。

2.6.4.3 降斑算法的执行过程

本节所提的算法主要由两部分组成:基于图像块统计相似性的"无噪"SAR图像块估计和基于贝叶斯风险的冗余字典聚合。为了更加清晰地展示本节算法,这里将其执行过程总结如下:

参数:L 为视数;$n \times n$ 为图像块尺寸;$m \times m$ 为搜索窗 Δ_i 的尺寸。

初始化:设当前像素是 i,图像的边界为 Ω

while $i \in \Omega$

    确定中心图像块 N_{Y_i},以及相应的搜索窗 Δ_i。初始化 j 指向 Δ_i 的首位置;

    for $j \in \Delta_i$

        确定一个图像块 N_{Y_j};

        计算 $N_{X_0} = E[N_{Y_i}]$,并根据式(2.92)求得 $w_{i,j}$;

        像素 j 移向下一个位置;

    end

    像素 i 移向下一个位置。

end

初始化 i 指向图像 Ω 的首位置

while $i \in \Omega$

    找到包含像素 i 的所有估计子 $\hat{N}_{X_i}$;

    根据式(2.99)计算所有估计子的聚合权值 $q_{i,k}$;

    根据式(2.96)估计 $\hat{X}_i$;

    像素 i 移向下一个位置。

end

2.6.5 实验结果与分析

2.6.5.1 参数分析

参数的选择不同会直接影响降斑结果。本节将讨论相关参数的设置问题。对于本节所提算法需要设置图像块尺寸 n 和搜索窗的尺寸 m 两个参数。这里

选择 Lena(256×256 像素)、Peppers(256×256 像素)和 Cameraman(256×256 像素)三幅具有代表性的自然图像,并对它们加不同的模拟相干斑以测试上述参数对降斑性能的影响程度。在所有的实验中,上述三幅自然图像都被添加服从 Nakagami 分布的模拟幅度相干斑,并设 $n=2f+1$,$m=2t+1$。在实验效果评价中,选用 PSNR 作为评价指标。

　　首先,对参数 f 进行测试。在这组实验中,无噪自然图像都被添加视数为 2、4、8 的模拟相干斑,参数 t 经验地选择为 7。在不同相干斑等级下,降斑后的 PSNR 值随参数 f 的变化情况如图 2.31 所示。由图可以看出,参数 f 对降斑结果的影响非常明显,大多数 PSNR 的峰值出现在 f 为 2 或 3。虽然这三幅自然图像分别具有不同的图像特征:Cameraman 小细节多,Peppers 包含大量的均匀区域,Lena 包含纹理、小边缘和均匀区域,但是与它们对应的 PSNR 变化趋势很类似,特别是 $f \geqslant 3$ 时。这表明,图像内容对参数 f 的选择影响很小。此外,在不同的相干斑等级下,不同图像的 PSNR 的变化趋势也很类似。因此,在实际中建议参数 f 为 2 或 3。

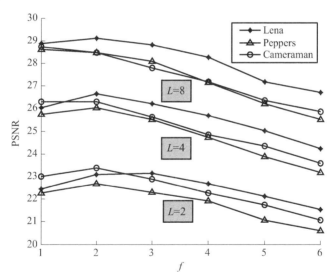

图 2.31　PSNR 随参数 f 的变化

　　其次,对参数 t 进行了测试。在这组实验中,选择参数 $f=3$,其他设置与上一组实验完全相同。实验结果以曲线的方式在图 2.32 中给出。相比较而言,参数 t 的变化对降斑结果影响较小。大部分 PSNR 峰值出现在 t 为 6 或 7。大部分 PSNR 值在 $t \leqslant 5$ 时会上升,而在 $t \geqslant 8$ 时则会下降。类似地,参数 t 对于图像内容和相干斑等级而言也是健壮的。在实际中,建议 t 取 6 或 7。

　　总结起来,本节算法中的参数几乎都不受图像内容以及相干斑等级的影响。

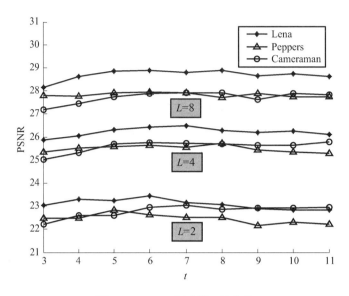

图 2.32　PSNR 随参数 t 的变化

图像块的尺寸对实验结果的影响要大于搜索窗的尺寸。随着图像块尺寸的增加,图像中细小边缘的保留程度增大;而随着搜索窗的尺寸增加,对图像的平滑程度增大。需要说明的是,对许多真实 SAR 图像的实验表明,当 $f=3$, $t=7$ 时,总是能够获得令人满意的降斑结果,这样的参数选择也是这里建议的。

2.6.5.2　模拟 SAR 图像降斑实验结果与分析

本节中有四幅"无噪"图像被添加不同级别的模拟 Nakagami 幅度相干斑来测试算法的性能。这四幅图像是曲线边缘图(Curved Edge,256×256,图 2.33(a),模拟相干斑 $L=2,4$)、Barbara(512×512,图 2.34(a),模拟相干斑 $L=2$, 4)、City Zone(512×512,图 2.35(a),PAN 数据,Quick-bird 卫星,0.61m,西安城区,模拟相干斑 $L=4,8$)和全测试模拟图(Full-test,512×768,图 2.36(a),模拟相干斑 $L=4$)。本节算法(PB-SSM-A、PB-SSM-B)所获得的降斑结果,分别与Frost 滤波器[5]、改进的 Sigma 滤波器(Im-Sigma)[19]以及 PPB 滤波器[87](非迭代版的简记为 PPB non-it;N 次迭代版的简记为 PPBN-it)的降斑结果进行了比较。在这组实验中,本节算法的图像块尺寸 $m=7$,搜索窗的尺寸 $n=15$;Frost 和 Im-Sigma 滤波器的滑动窗均为 5×5,Im-Sigma 的 Sigma 值取 0.9;PPBN-it 滤波器的迭代次数为 4(记为 PPB 4-it)。所有的降斑结果如图 2.33～图 2.36 所示。在对降斑结果的评价中,这里选择 PSNR 和 2.3.2 节的比值图像评价方法,具体的评价结果见表 2.7。

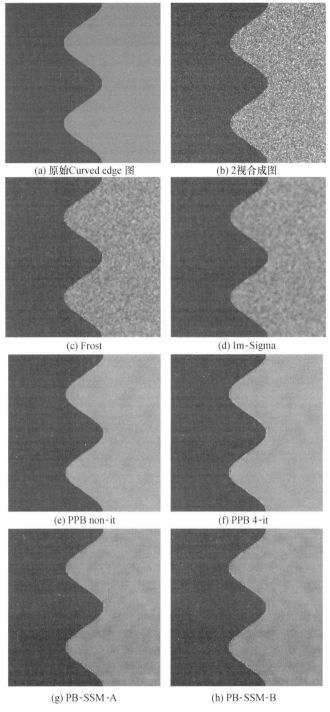

(a) 原始 Curved edge 图　　　　(b) 2 视合成图

(c) Frost　　　　(d) Im-Sigma

(e) PPB non-it　　　　(f) PPB 4-it

(g) PB-SSM-A　　　　(h) PB-SSM-B

图 2.33　2 视 Curved Edge 图降斑结果

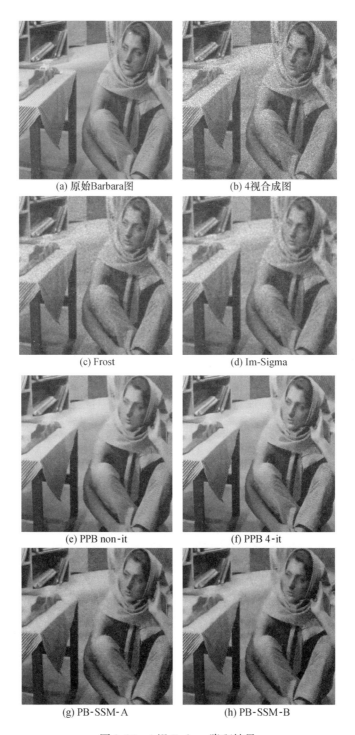

(a) 原始Barbara图　　　　　　　(b) 4视合成图

(c) Frost　　　　　　　　　　　(d) Im-Sigma

(e) PPB non-it　　　　　　　　　(f) PPB 4-it

(g) PB-SSM-A　　　　　　　　　(h) PB-SSM-B

图 2.34　4 视 Barbara 降斑结果

(a) 原始City Zone图

(b) 8视合成图

(c) Frost

(d) Im-Sigma

(e) PPB non-it

(f) PPB 4-it

(g) PB-SSM-A

(h) PB-SSM-B

图 2.35　4 视 Full-test 降斑结果

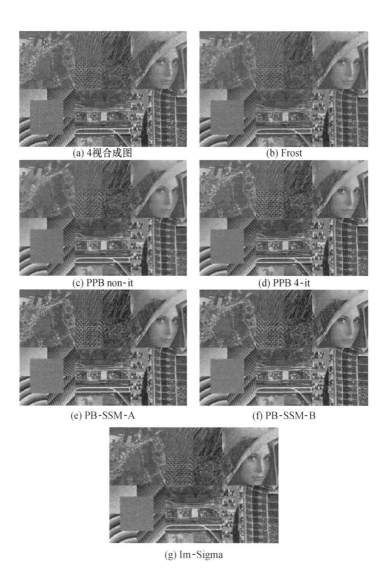

(a) 4视合成图 (b) Frost

(c) PPB non-it (d) PPB 4-it

(e) PB-SSM-A (f) PB-SSM-B

(g) Im-Sigma

图 2.36　4 视 Full-test 降斑结果

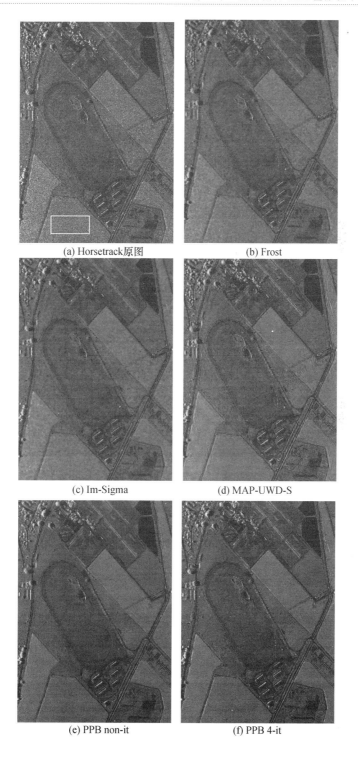

(a) Horsetrack原图

(b) Frost

(c) Im-Sigma

(d) MAP-UWD-S

(e) PPB non-it

(f) PPB 4-it

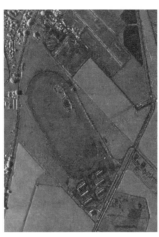

(g) PB-SSM-A   (h) PB-SSM-B

图 2.37   Horsetrack 降斑结果

表 2.7   模拟 SAR 图像降斑结果评价

		Curved Edge		Barbara		City Zone		Full_test
		$L=2$	$L=4$	$L=2$	$L=4$	$L=4$	$L=8$	$L=4$
Frost	均值	1.0003	1.0005	1.0005	1.0006	1.0008	1.0008	1.0047
	方差	0.0772	0.0473	0.0767	0.0523	0.0475	0.0278	0.0525
	PSNR	26.241	30.567	22.816	24.577	28.7578	30.135	—
Im-Sigma	均值	0.9876	0.9997	0.9914	1.0030	1.0003	1.0002	1.0102
	方差	0.1098	0.0597	0.1113	0.0697	0.0628	0.0343	0.0717
	PSNR	28.586	32.357	22.860	23.809	28.1200	29.075	—
PPB non-it	均值	0.9434	0.9703	0.9311	0.9613	0.9672	0.9832	0.9597
	方差	0.0976	0.0508	0.0973	0.0516	0.0552	0.0281	0.0606
	PSNR	30.639	34.273	24.047	26.871	27.4604	29.755	—
PPB 4-it	均值	0.9440	0.9705	0.9386	0.9676	0.9689	0.9848	0.9679
	方差	0.0989	0.0517	0.0948	0.0483	0.0528	0.0254	0.0514
	PSNR	30.523	33.703	24.798	27.101	28.1845	30.142	—
PB-SSM-A	均值	1.0036	1.0014	1.0255	1.0148	1.0257	1.0140	1.0168
	方差	0.1135	0.0584	0.1111	0.0536	0.0589	0.0272	0.0386
	PSNR	34.136	37.079	24.414	27.140	27.8266	30.160	—

（续）

		Curved Edge		Barbara		City Zone		Full_test
		$L=2$	$L=4$	$L=2$	$L=4$	$L=4$	$L=8$	$L=4$
PB-SSM-B	均值	1.0025	1.0009	1.0216	1.0123	1.0223	1.0114	1.0119
	方差	0.1111	0.0573	0.1041	0.0495	0.0548	0.0246	0.0315
	PSNR	33.555	36.305	24.387	26.9374	27.867	29.950	—

通过对比图 2.33～图 2.36 的降斑结果可以看出，本节所提算法（PB-SSM）能够有效地去除均匀区域的相干斑。相比之下，Frost 和 Im-Sigma 滤波器都存在一定的噪声残留。PPB non-it 方法虽然很有效地去除了相干斑，但有一定的过平滑，如 Full-test 图的左上区域。PPB 4-it 获得了非常好的纹理恢复结果，本节算法的纹理恢复结果与其他算法也是很接近的。但是，PPB 4-it 滤波容易丢失一些小目标，这种现象在 PPB non-it 方法的结果中更严重，如 City Zone 图中箭头所指的目标。表 2.7 的客观评价表明，所提算法的 PSNR 值超过了除 PPB 4-it 之外的其他方法的结果。除个别情况稍差于 PPB 4-it 之外，本节算法在大多数情况下超过了该方法的结果。Frost 和 Im-Sigma 滤波器具有非常好的辐射特性保持能力，本节所提方法在这一方面的性能与上述两种方法相当。相比之下，PPB 滤波器的辐射特性保持能力则要差很多。需要说明的是，由于无法获得 Full-test 的原始图像，所以在表 2.7 中对其 PSNR 评价为默认。

2.6.5.3　真实 SAR 图像降斑实验结果与分析

本节将选择四幅真实 SAR 图像进行降斑测试：Horsetrack，Ku 波段，1m 分辨力，美国新墨西哥州 Albuquerque 附近的 Horse Track（图 2.38（a），396×555，有效视数大约为 4）；Field，英国国家防务局 SAR，X 波段，3m 分辨力，英格兰 Bedfordshire 的一处农田（图 2.38（a），256×256，有效视数约为 3.25）；Town，X 波段，3m 分辨力，中国西安附近的某城镇（图 2.39（a），300×300，有效视数约为 4）；Xiamen Island，Radarsat-2，C 波段，8m 分辨力，中国厦门岛（图 2.40（a），515×489，有效视数为 4）。需要说明的是，这里有效视数都是根据 2.3 节所提算法估计得到的。本节算法分别与 2.6.5.2 小节中的算法，以及基于非下采样小波域分割的最大后验滤波器[31]（MAP-UWD-S）的结果进行了比较。降斑结果的视觉比较如图 2.39～图 2.40 所示。在客观评价方面，这里选择了 ENL、比值图像与局部比值图像方差评价（具体评价方法参见 2.3.2 节）。在评价 ENL 与局部方差时，从 Horsetrack 中选择一个同质区域，Field 中选择三个同质区域，具体位置在相应的图中标出。最终的 ENL 与局部比值图像方差评价结果见表2.8，比值图像评价结果见表 2.9。

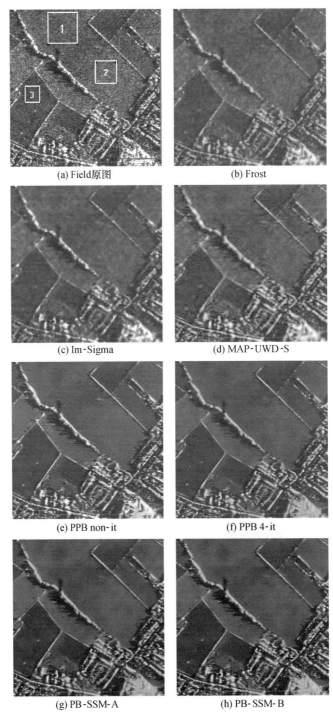

(a) Field原图

(b) Frost

(c) Im-Sigma

(d) MAP-UWD-S

(e) PPB non-it

(f) PPB 4-it

(g) PB-SSM-A

(h) PB-SSM-B

图 2.38 Field 降斑结果(见彩图)

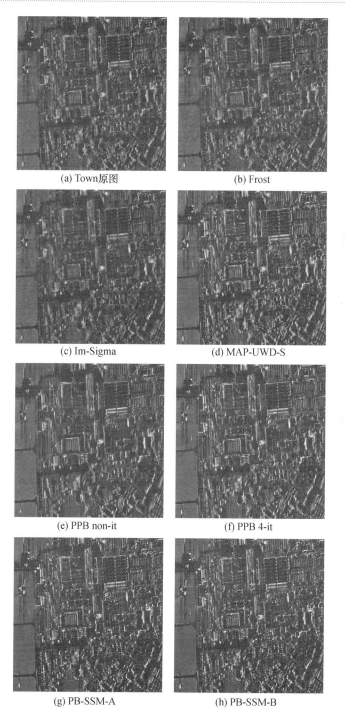

(a) Town原图

(b) Frost

(c) Im-Sigma

(d) MAP-UWD-S

(e) PPB non-it

(f) PPB 4-it

(g) PB-SSM-A

(h) PB-SSM-B

图 2.39　Town 降斑结果(见彩图)

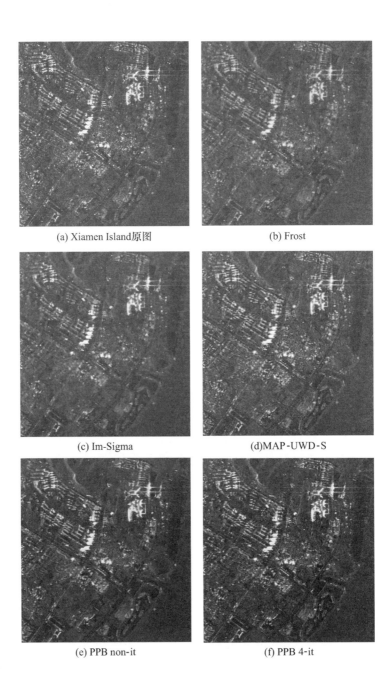

(a) Xiamen Island原图

(b) Frost

(c) Im-Sigma

(d)MAP-UWD-S

(e) PPB non-it

(f) PPB 4-it

| (g) PB-SSM-A | (h) PB-SSM-B |

图 2.40 Xiamen Island 降斑结果

表 2.8 ENL 与局部比值图像方差评价

	Field 区域 1		Field 区域 2		Field 区域 3		Horsetrack	
	ENL	方差	ENL	方差	ENL	方差	ENL	方差
Original	2.8941	—	3.1279	—	2.7441	—	4.4472	—
Frost	14.2346	0.0499	20.3730	0.0489	20.7567	0.0548	35.2952	0.0401
Im-Sigma	19.0216	0.0724	30.0945	0.0731	37.2786	0.0840	48.3657	0.0551
MAP-UDW-S	21.1381	0.0614	36.8999	0.0581	25.1491	0.0563	97.6217	0.0493
PPB non-it	48.6339	0.0627	129.298	0.0620	92.3662	0.0683	97.873	0.0460
PPB 4-it	41.286	0.0639	148.676	0.0637	82.9032	0.0686	102.920	0.0474
PB-SSM-A	50.0636	0.0747	137.967	0.0750	80.8639	0.07458	113.591	0.0575
PB-SSM-B	48.428	0.0729	125.776	0.0733	70.3596	0.0721	112.511	0.0569

表 2.9 比值图像评价

	Horsetrack		Field		Town		Xiamen Island	
	均值	方差	均值	方差	均值	方差	均值	方差
Frost	1.0036	0.0613	1.0045	0.0489	1.0038	0.0762	1.0049	0.0433
Im-Sigma	1.0069	0.0805	1.0094	0.0743	1.0369	0.0973	1.0214	0.0706
MAP-UWD-S	0.9875	0.0833	0.9639	0.0754	0.9573	0.0993	0.9751	0.0939
PPB non-it	0.9552	0.0719	0.9528	0.0610	0.9477	0.1002	0.9633	0.0485
PPB 4-it	0.9652	0.0644	0.9662	0.0483	0.9584	0.0884	0.9761	0.0331
PB-SSM-A	1.0092	0.0460	1.0195	0.0548	1.0026	0.0089	1.0174	0.0307
PB-SSM-B	1.0069	0.0387	1.0140	0.0486	1.0010	0.0060	1.0112	0.0246
理论值	1.0000	0.0604	1.0000	0.0738	1.0000	0.0604	1.0000	0.0604

　　真实 SAR 图像降斑结果的视觉比较表明,本节所提算法的降斑性能非常出众,显著超过了 Frost 和 Im-Sigma 滤波,并且在同质区域内没有产生伪吉布斯效应;MAP-UWD-S 滤波器具有非常好的平滑降斑能力,但总是在图像边缘附近产生"振铃效应";PPB 滤波器也具有非常好的降斑能力。上述结果也可以从表 2.8 的 ENL 对比中得到证实。表 2.8 中的局部比值图像方差对比表明,本节算法均能获得最优的结果。在纹理保持方面,Frost 和 Im-Sigma 滤波器均对纹理有一定程度的模糊;MAP-UWD-S 可以获得较好的纹理保持,但总是产生伪吉布斯效应。相比之下,PPB 4-it 获得了非常好的纹理恢复结果。Horsetrack 和 Field 的降斑视觉对比表明,本节算法的纹理恢复能力与 PPB 4-it 相当,这一点也从 Field 的比值图像视觉展示(图 2.41)中得到证实,可以看出本节算法与 PPB 迭代版的比值图像中都几乎不包含纹理残留。根据表 2.9 可知,本节算法的辐射特性保持能力与 Frost、Im-Sigma 滤波的保持能力接近,甚至在有时候会超越这两种滤波器,而这两种方法在 SAR 图像降斑领域是公认的辐射特性损失很小的方法。相比之下,MAP-UWD-S 和 PPB 则产生了非常明显的辐射特性损失。Frost、Im-Sigma、MAP-UWD-S 和 PPB non-it 降斑结果的比值图像方差有时会超过其理论值。在 2.3.2 节已经指出,整幅比值图像的方差若小于理论值不能定性说明算法的优劣,但当方差超过理论值时,则可以定性地表明该结果与真实结果存在较大的误差。

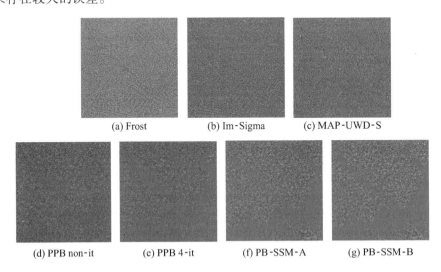

(a) Frost　　　　　　(b) Im-Sigma　　　　　(c) MAP-UWD-S

(d) PPB non-it　　(e) PPB 4-it　　(f) PB-SSM-A　　(g) PB-SSM-B

图 2.41　不同算法 Field 降斑结果的比值图像比较

　　在所比较的方法中,PPB 迭代版滤波器的性能是最优的。总结起来,这种方法大部分性能与本节算法接近,但是其会产生很大的辐射特性损失,并且会丢失一些弱小目标。在执行时间方面,本节算法是一种非迭代的方法,并且其运算代价低于 PPB 的单次迭代(由于 PPB 滤波器每次都需要计算原始图像的相似性与中间估计结果的相似性,而本节算法只涉及原始图像的相似性计算)。该滤波器通常推荐进行 25 次迭代,以此可知这种算法通常的运算时间是本节算法的几十倍。

2.6.5.4　其他比较实验

本节给出对中心图像块使用不同权值、在聚合阶段使用不同的聚合方法的降斑结果比较,以及本节算法的一种快速执行方法的降斑结果。设对中心图像块赋予权值最大值的方法为 Maximum 方法,使用本节所提的方法为 SURE 方法。在 Field(图 2.38(a))中,选择右边的一个 200 × 77 的区域进行实验,PB-SSM-A 分别使用 Maximum 中心权值与 SURE 中心权值的降斑结果在图 2.42(a) 和(b)中给出。视觉对比表明,本节的 SURE 方法比 Maximum 方法可以获得更加清晰和锋利的图像边缘,这从图 2.42(a) 和(b)的差值图(图 2.42(d))中得到证实。

对于不同的聚合方法,通过对比表 2.7 和表 2.9 可知,本节所提的贝叶斯风险聚合方法(PB-SSM-B)比均值聚合(PB-SSM-B)方法具有更好的辐射特性保持性能。图 2.42(b)与(c)的视觉对比说明,本节所提的聚合方法在小目标与精细边缘保持方面的性能要稍好一些,这一点从图 2.42(b)与(c)的差值图(图 2.42(e))中得到了证实。

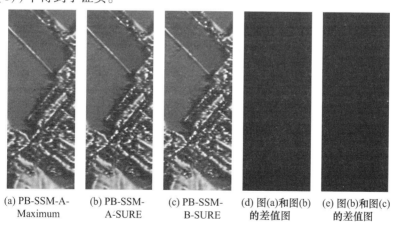

(a) PB-SSM-A-Maximum　　(b) PB-SSM-A-SURE　　(c) PB-SSM-B-SURE　　(d) 图(a)和图(b)的差值图　　(e) 图(b)和图(c)的差值图

图 2.42　Field 选择区域使用不同方法的降斑结果比较(3 倍放大)

本节所提出的是一种基于图像块的降斑算法,由于对每个像素点都恢复出一个相应的图像块,因此它是一种完全交叠的方法。为了提高算法的执行速度,这里给出一种简化的快速执行方法,即只恢复原始图像中 1/2 像素对应的图像块,或者说隔点恢复一个图像块,这样数据量就减少为原来的 1/2,这种方法可看成一种非完全的交叠方法。图2.43和图2.44给出 Field 与 Horsetrack 在简化后的降斑效果比较。可以看出,从视觉角度看简化后算法的降斑性能几乎没有降低。简化前后具体的执行时间比较见表2.10。可以看出,简化后的执行时间大约只有原始算法的1/3。从降斑效果和执行时间两个角度看,这种简化方法可以有效提高本节算法的实际应用价值。

(a) PB-SSM-A-Fast　　　　　　　(b) PB-SSM-B-Fast

图2.43　本节算法简化后的 Field 降斑结果

(a) PB-SSM-A-Fast　　　　　　　(b) PB-SSM-B-Fast

图2.44　本节算法简化后的 Horsetrack 降斑结果

表 2.10　执行时间比较　　　　　　　　　(单位:s)

	PB-SSM-A		PB-SSM-B	
	原始	简化后	原始	简化后
Horsetrack(396×555)	43	14	47	17
Field(256×256)	12	4	14	5
Town(300×300)	15	5	20	7
Xiamen Island(515×489)	42	13	54	20
注:实验结果是 C 语言编程,在 1.8G 双核 CPU,2G 内存的计算机上获得的				

2.6.6　小结

本节提出了一种基于图像块的统计相似性度量的 SAR 图像降斑方法。首先从理论角度说明加权滤波器可以用于 SAR 图像降斑的原理;其次提出一种无参的像素间统计相似性度量方法,并根据其结果最终得到一种基于图像块的相似性度量方法;接着提出一种基于 SURE 准则的中心图像块权值修正方法,并利用加权恢复后的图像块构造基于像素的冗余字典;最后提出一种基于贝叶斯风险的冗余字典聚合估计方法,聚合获得了最终的估计结果。通过与几种经典的以及新近提出的优秀降斑方法比较表明,本节算法在均匀区域相干斑去除、图像纹理边缘恢复、小目标与辐射特性保持等方面的性能非常优良,大部分都超越了所比较的算法,并且执行时间只有同类型算法的数十分之一。本节算法是一种"块态"的方法,其也可在软件或硬件中并行实现。

2.7　基于统计模拟门限的自适应非局部均值降斑滤波器

2.7.1　背景介绍

从含噪的观测量中恢复出真实的信号,关键因素在于获取有关真实信号的相关信息与知识。从统计学的角度讲,观察到的观测量越多,获得真实信号相关信息的可能性越大。也就是说,要得到越好的噪声抑制,就需要知道越多的观测信号。在图像处理中,当考虑对某个含噪像素点的恢复时,对于单个像素通常只能获得一次测量,因此无法直接按前述的思想进行健壮的降噪。最初的想法是假设当前像素局部邻域内的像素即为其观测样本,许多经典的滤波器,如均值滤波器、Lee 滤波器[5]、Frost 滤波器[7]等都是采取这样的方法。基于局部邻域的方法对于平稳区域的图像可以获得较好的结果,但是其问题在于,处理非平稳区域时,邻域内与当前像素非常相似的样本往往很少,将导致对非平稳区域恢复失真,如过平滑。

图像中存在很强的自相似性是近年来人们对图像认识的一个重要进步,这种自相似性表明与当前像素相似的点存在于整幅图像中。基于这种自相似性,出现了一类重要滤波方法——非局部滤波方法,即抛弃原来的局部邻域而在一个更大的范围内寻找更多与当前像素相似的样本,从而更精确地恢复当前真实图像信号。非局部滤波方法的重要代表是 NL-means 滤波器[83]以及它的很多改进和推广[88,90],并且有一些是关于 SAR 图像降斑的[87,91-93],这方面已经在2.6.1 节介绍,不再赘述。此外,也有一些是直接基于非局部思想的去噪[84]和降斑方法[85]。本节只讨论与非局部均值系列滤波方法相关的一些问题。

所有的非局部平均的方法都希望在非局部邻域(NL-means 系列方法中称为搜索窗,具体描述参见 2.7.2 节)内包含尽可能多的相似像素。最理想的情况是取整幅图像为搜索窗,当为每个像素都考虑这样一个搜索窗时算法的复杂度会呈几何增长。在非局部平均的方法中通常选择一个正方形并且相对较大的搜索窗,这样使得算法的时间复杂度的是可以接受的。然而,为了找到更多的相似样本,需要尽可能地扩大方形搜索窗的尺寸。一个大的搜索窗对于恢复同质区域来说是非常有益的,但对于非平稳(如边缘、纹理)区域是不利的。这是由于在非平稳区域内,一个大的搜索窗内通常包含许多与当前像素不相似的样本,使得非局部平均滤波器倾向于均值滤波器,从而模糊图像边缘与细小目标,例如性能优良的基于概率块(PPB)非局部均值滤波器[89]同样也会出现这样的问题(图2.45 给出了一个示例)。显然,构建一个自适应的搜索窗,排除那些不相似的样本是解决该问题的很好方法。C. Kerrann 等通过平衡估计的精确度与随机误差,在加性高斯白噪声的假设下提出一种尺寸可变的自适应方形搜索窗。由于该方法需要使用高斯噪声的方差确定最优尺寸,所以无法直接应用于 SAR 图像降斑中。

针对上述问题,本节提出了一种基于自动相似性门限和最优方向尺度集合的自适应搜索窗确定方法。为了形成自适应的搜索窗,本节利用了最优方向尺度集合的构建方法,其思路与 2.5 节自适应同质区域的构建思路类似。在一定的相似性度量框架下,本节提出一种基于蒙特卡罗模拟的相似性门限自动确定方法。基于所提出的相似性门限,就可以确定出一组最优方向尺度集合。本节所提出的自适应搜索窗确定方法独立于具体的噪声模型,并且能获得形状自适应的搜索窗。在实际应用中,本节将所提算法嵌入到 PPB 非局部均值 SAR 图像降斑滤波器中。实验结果表明,本节所提算法可以很好地恢复出图像的边缘、纹理和细小目标,并且可以有效地降低原始算法的时间复杂度,特别是细节丰富的图像。

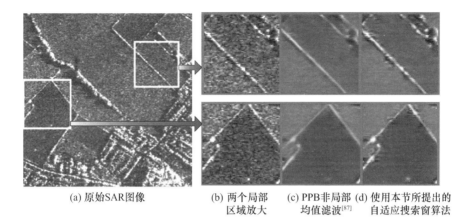

(a) 原始SAR图像　　(b) 两个局部　　(c) PPB非局部 (d) 使用本节所提出的
　　　　　　　　　　　区域放大　　　 均值滤波[87]　　自适应搜索窗算法

图 2.45　固定方形搜索窗导致 SAR 图像边缘平滑示例

2.7.2　自适应搜索窗

非局部平均系列滤波器中的搜索窗确定了"非局部"的范围。在前面已经提到,在实际中非局部平均滤波器都选择一个方形的搜索窗,如 PPB 非局部平均滤波器[89]。通常,搜索窗太小,包含的相似样本就太少,不能起到"非局部"的作用;搜索窗太大,则有可能包含太多的不相似像素,并且会显著增加算法的时间复杂度。本节将给出一种基于最优方向尺度集合的自适应搜索窗确定方法,它的尺寸和形状都会随着图像局部特性变化,并且可以有效地降低原来算法运算时间。由于其基本思路等同于 2.5 节的局部同质区域确定方法,本节将简略地描述构造过程。

非局部平均系列滤波器可以用下式表示:

$$\hat{T}_Y(i) = \frac{1}{C(i)} \sum_{j \in \Omega_i^S} w_{i,j} Y(j) \qquad (2.100)$$

式中:Y、$\hat{T}_Y$ 分别表示含噪图像和无噪图像;Ω_i^S 表示像素 i 的一个方形邻域,即搜索窗[80],尺寸为 $S \times S$;$C(i) = \sum\limits_{j \in \Omega_i^S} w_{i,j}$。

假设 Ω_i 表示当前中心像素 i 的一个同质区域,那么在该区域内的像素将和中心像素是非常相似的。令 $X_{\Omega_i}(j)$ 为区域 Ω_i 第 j 个像素的真实灰度值,$R_{\Omega_i}(j)$ 为与该灰度值对应的真实雷达反射系数,Ω_i^0 表示一个比 Ω_i 大的方形窗(可认为是非局部平均系列方法中的原始方形搜索窗),则

$$\Omega_i = \{j \mid S(R(i), R_{\Omega_i}(j)) > T_S, j \in \Omega_i^0\} \qquad (2.101)$$

式中:T_S 表示相似性门限;$S(R(i), R_{\Omega_i}(j))$ 表示真实雷达反射系数 $R(i)$ 和 $R_{\Omega_i}(j)$ 之间的相似性。

类似于 2.5.3 节的方法,设 $\{d_i(k)|d_i(k)=2k\pi/D, k=0,\cdots,D-1\}$ 表示与像素点 i 有关的一组方向集合,$\{S_i(k), k=0,\cdots,D-1\}$ 表示与 i 有关的一组尺度集合。利用式(2.101)为每个方向确定一个最优尺度,根据这些最优尺度从而获得一个最优方向尺度集合 $\{S_i^*(k), k=0,\cdots,D-1\}$。根据这组尺度为内径可以确定一个尺寸与形状都自适应的搜索窗。图 2.46 给出了四方向最优尺度集合确定搜索窗的示例。

(a) House图   (b) 示例

图 2.46　添加四视 Nakagami 模拟相干斑的 House 图和四方向自适应搜索窗 Ω_i 确定示例

注:这里选择更大的方形窗 Ω_i^0 为 21×21,沿着每个方向确定一个最优尺度 $S_i^*(k)$,四方向的最优尺度可以构造一个矩形尺寸可变的矩形搜索窗。

需要说明的是,本节的思想虽然同于 2.5.3 节,但是在具体实现时有着不同之处。2.5.3 节的方法是基于相似性度量方法的,并且在确定最优尺度时使用的相似性门限是人工选择的;本节所涉及的自适应搜索窗可以应用到任何一种非局部平均滤波方法,而确定最优尺度所需的门限是利用统计模拟的方法自动确定的,无须限制于某种或某些固定的相似性度量方法。从这个意义上讲,本节方法实际上是 2.5.3 节方法的一种推广与发展。

2.7.3　基于统计模拟的自动相似性门限

2.7.3.1　基于蒙特卡曼模拟的相似性门限

相似性门限 T_S 决定了本节算法的性能,它是自适应搜索窗确定中最为关键的一个因素。一个较大的 T_S 值可确定一个较小的搜索窗,反之则可以确定一个较大的。通常情况下,经过高斯函数映射后的相似性值非常小,不利于精确把握其值的大小。方便起见,引入归一化的相似性门限:

$$T_{\mathrm{r}} = T_{\mathrm{S}} / T_{\mathrm{S-max}} \tag{2.102}$$

式中：$T_{\mathrm{S-max}}$ 为相似性门限的最大值。

相似性 $S(R(i), R_{\Omega_i}(j))$ 与相似性门限 T_{S} 之间是一种不等式的关系，通常是无法找到一个显式的函数表达式，因此无法直接获得二者之间的关系。为了自动的确定归一化门限 T_{r}，这里考虑一种统计框架下的关系：

$$p[\,T_{\mathrm{r}} \cdot T_{\mathrm{S-max}} \leqslant S(R(i), R_{\Omega_i}(j))\,] = 1 - \alpha \tag{2.103}$$

式中：α 为显著性水平。

同样地，利用式（2.103）找到显著性水平 α、归一化门限 T_{r} 以及相似性 $S(R(i), R_{\Omega_i}(j))$ 之间的显式关系式是非常困难的。然而，在统计框架下，本节提出一种蒙特卡曼统计模拟的方法则可以获得归一化门限 T_{r} 在一定显著性水平 α 下的具体数值解。由于蒙特卡曼方法的基本思想是建立一个概率模型，观察并实验计算所求参数的统计特征，最后给出所求解的值，那么平均多次重复蒙特卡曼方法可以有效地提高获得解的可靠性。

由于使用蒙特卡曼方法确定相似性门限时，需要知道相似性 $S(R(i), R_{\Omega_i}(j))$ 的确切表达式，即必须和一定的方法相结合才能使用。PPB 非局部均值滤波器[87]是降斑性能优良的非局部方法。这里将本节算法融入原始的 PPB 方法中，获得了一种性能更加优良的自适应非局部均值滤波方法，关于所提算法的具体执行过程也将在实现该自适应方法时给出。

2.7.3.2　基于 PPB 相似度量框架[89]的相似性门限自动确定

假设幅度 SAR 图像的观测值为 A，X 表示真实图像（真实雷达反射系数 R 与 X 是开方关系），Z 表示相干斑，2.3.1 节的乘性模型可表示为

$$A = X \cdot Z \tag{2.104}$$

在最大似然估计的框架下，文献[88]中得到的基于非局部平均的雷达发射系数估计滤波器可以表示为

$$\hat{R}(i) = \underset{R(i)}{\mathrm{argmax}} \sum_{j \in \Omega_i^S} w_{i,j} \lg[\,p_A(A(j) \mid R(i))\,] = \frac{1}{C(i)} \sum_{j \in \Omega_i^S} w_{i,j} [A(j)]^2 \tag{2.105}$$

文献[86]提出了一种基于 PPB 的相似性度量方法，并使用该相似性作为式（2.105）中的权值 $w_{i,j}$。设 $\boldsymbol{A}_N(i)$ 表示包含像素 i 的一个尺寸为 $M \times M$ 的正方形图像块，$\boldsymbol{R}_N(i)$ 表示与 $\boldsymbol{A}_N(i)$ 相对应的真实雷达反射系数，$\boldsymbol{A}_N^k(i)$ 表示图像块的第 k 个像素，则基于 PPB 的相似性度量计算表达式为

$$
\begin{aligned}
w_{i,j}^{\mathrm{PPB}} &= \{p[\,\boldsymbol{R}_N(i) = \boldsymbol{R}_N(j) \mid \boldsymbol{A}_N(i), \boldsymbol{A}_N(j)\,]\}^{1/h} \\
&= \Big[\prod_{k=1}^{M \times M} p[\,\boldsymbol{R}_N^k(i) = \boldsymbol{R}_N^k(j) \mid \boldsymbol{A}_N^k(i), \boldsymbol{A}_N^k(j)\,]\Big]^{1/h}
\end{aligned}
$$

$$\propto \left\{ \prod_{k=1}^{M \times M} p\big[\boldsymbol{A}_N^k(i), \boldsymbol{A}_N^k(j) \mid \boldsymbol{R}_N^k(i) = \boldsymbol{R}_N^k(j)\big] \right\}^{1/h} \propto$$

$$\exp\left\{ -\sum_{k=1}^{M \times M} \frac{1}{\tilde{h}} \lg\left[\frac{\boldsymbol{A}_N^k(i)}{\boldsymbol{A}_N^k(j)} + \frac{\boldsymbol{A}_N^k(j)}{\boldsymbol{A}_N^k(i)}\right] \right\} \tag{2.106}$$

式中:$\tilde{h}$ 为归一化常数,$\tilde{h} = h/(2L-1)$。

当考虑图像的降斑结果作为 R 的一种先验时,文献[88]将式(2.106)推广得到了一种迭代版的相似性度量方法:

$$w_{i,j}^{r,(\text{PPB-it})} = \big[p(\boldsymbol{R}_N(i) = \boldsymbol{R}_N(j) \mid \boldsymbol{A}_N(i), \boldsymbol{A}_N(j), \hat{\boldsymbol{R}}_N^{r-1}(i))\big]^{1/h}$$

$$\propto \exp\left\{ -\sum_{k=1}^{M \times M} \left[\frac{1}{\tilde{h}} \lg\left(\frac{\boldsymbol{A}_N^k(i)}{\boldsymbol{A}_N^k(j)} + \frac{\boldsymbol{A}_N^k(j)}{\boldsymbol{A}_N^k(i)}\right) + \frac{L}{\beta}\left(\frac{|\hat{\boldsymbol{R}}_N^{r-1,k}(i) - \hat{\boldsymbol{R}}_N^{r-1,k}(j)|^2}{\hat{\boldsymbol{R}}_N^{r-1,k}(i) \cdot \hat{\boldsymbol{R}}_N^{r-1,k}(j)}\right) \right] \right\} \tag{2.107}$$

式中:r 为第 r 次迭代时获得的中间降斑估计结果;β 为人工设定的参数,表示中间降斑结果对相似性计算的影响程度。

由于中间估计结果无法使用蒙特卡曼方法模拟,本节在自适应搜索窗的确定中只考虑使用非迭代版的 PPB 相似性度量方法。基于式(2.106)的结果,这里将式(2.101)中的相似性度量 $S(R(i), R_{\Omega_i}(j))$ 定义为归一化的非迭代 PPB 权值(采用归一化的方法可以减少像素间相似性剧变对最优尺度确定的影响,从而提高估计的稳定性):

$$S(R(i), R_{\Omega_i}(j)) = \exp\left[-\frac{1}{M^2} \cdot \frac{1}{\tilde{h}} \sum_{k=1}^{M \times M} \lg\left(\frac{\boldsymbol{A}_N^k(i)}{\boldsymbol{A}_N^k(j)} + \frac{\boldsymbol{A}_N^k(j)}{\boldsymbol{A}_N^k(i)}\right) \right] \tag{2.108}$$

根据式(2.108),可以获得相似性门限的最大值:

$$T_{S-\max} = \exp\left[\frac{1}{\tilde{h}} \lg\left(\frac{1}{2}\right)\right] = \exp\left[\frac{1}{M^2} \cdot \frac{1}{\tilde{h}} \sum_{k=1}^{M \times M} \lg\left(\frac{1}{2}\right)\right]$$

$$\geqslant \exp\left[\frac{1}{M^2} \cdot \frac{1}{\tilde{h}} \sum_{k=1}^{M \times M} \lg\left(1 \Big/ \left(\frac{\boldsymbol{A}_N^k(i)}{\boldsymbol{A}_N^k(j)} + \frac{\boldsymbol{A}_N^k(j)}{\boldsymbol{A}_N^k(i)}\right)\right)\right] \tag{2.109}$$

根据得到的 $S(R(i), R_{\Omega_i}(j))$ 与 $T_{S-\max}$,就可以使用蒙特卡曼模拟方法自动求得相似性门限的值。具体步骤如下:

(1)假设 $\boldsymbol{A}_N^k(i)$ 和 $\boldsymbol{A}_N^k(j)$ 是真实信号 $\boldsymbol{X}_N^k(i)$ 的两个不同观测,即只考虑相干斑对相似性度量的影响,利用乘性模型以及式(2.108)可得相似性为

$$S(R(i), R_{\Omega_i}(j)) = \exp\left[-\frac{1}{M^2} \cdot \frac{1}{\tilde{h}} \sum_{k=1}^{M \times M} \lg\left(\frac{\boldsymbol{Z}_N^k(i)}{\boldsymbol{Z}_N^k(j)} + \frac{\boldsymbol{Z}_N^k(j)}{\boldsymbol{Z}_N^k(i)}\right) \right] \tag{2.110}$$

式中:$\boldsymbol{Z}_N(i)$ 为与 $\boldsymbol{A}_N(i)$ 相对应的相干斑部分。

（2）选择一个显著性水平 α。

（3）利用计算机产生两幅模拟相干斑图像，假设其中分别包含 K（要取较大的数）个相干斑图像块 $\mathbf{Z}_N(1)$ 和 $\mathbf{Z}_N(2)$（图像块的大小也是 $M \times M$）。对每一对图像块 $\mathbf{Z}_N(1)$ 和 $\mathbf{Z}_N(2)$ 利用式（2.110）计算相应的相似性 $S(1,2)$，总共得到 K 个 $S(1,2)$。

（4）对步骤（3）中获得的 K 个相似性值按照由小到大的次序排序。令 $m = K \times \alpha$，并找到这组排序中的第 m 个相似性值 $S_{1,2}^{m-\text{th}}$。计算 $T_r = S_{1,2}^{m-\text{th}}/T_{S-\max}$，从而获得一个归一化相似性门限的解。

（5）将步骤（3）和（4）重复 T 次，获得 T 个归一化相似性门限，对这 T 个值求平均就得到了显著性水平为 α 时的归一化相似性门限的最终解 T_r。

在将本节算法应用到 PPB 非局部降斑滤波器[87]时，建议取参数 $K = 1000$，$T = 10$。

2.7.3.3　自适应非局部平均降斑滤波器

根据所获得的自动相似性门限，利用 2.7.2 节中的方法可以为每个像素点获得一个自适应的搜索窗。将该搜索窗引入 PPB 非局部降斑滤波器[89]，则可以得到一种新的自适应非局部平均降斑方法。结合非迭代版（PPB-non-it）和迭代版（PPB-it）的 PPB 降斑滤波器，这里将给出两种自适应 PPB 滤波器，即非迭代版（Adaptive PPB-non-it）和迭代版（Adaptive PPB-it）的自适应 PPB 降斑滤波器滤波，具体的结合过程分别如图 2.47(a) 和 (b) 所示。

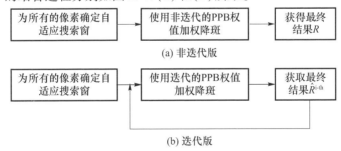

图 2.47　自适应 PPB 降斑滤波器执行框架图

2.7.4　实验结果与分析

2.7.4.1　归一化门限确定实验

本节将给出不同强度的相干斑与显著性水平 α 下相应的归一化门限值。在确定归一化的门限时，有关 PPB 相似性度量的参数主要是式（2.110）中的归

一化常数 $\tilde{h}$。在利用文献[88]中提供的方法确定 h 时,这里取图像块的大小 $M=7,\alpha=0.88$,这两个值也是该文献中推荐的参数值。在采用蒙特卡罗方法自动估计归一化相似性门限时,参数值与 2.7.3.2 节中给出的完全一致。最终的归一化相似性门限值见表 2.11。

表 2.11 不同相干斑等级与显著性水平下的归一化相似性门限值

	$\alpha=0.005$	$\alpha=0.01$	$\alpha=0.05$	$\alpha=0.1$
$L=1$	0.86979	0.87773	0.89011	0.89668
$L=2$	0.87196	0.87897	0.89237	0.89682
$L=3$	0.87245	0.87757	0.89026	0.89635
$L=4$	0.87240	0.87961	0.89121	0.89918
$L=5$	0.87325	0.87868	0.89148	0.89816
$L=6$	0.87444	0.87946	0.89337	0.89988
$L=7$	0.87322	0.87847	0.89098	0.89885
$L=8$	0.87327	0.88007	0.89143	0.89853
$L=9$	0.87351	0.87862	0.89190	0.89795
$L=10$	0.87092	0.87915	0.89270	0.89740

2.7.4.2 模拟 SAR 图像降斑实验与分析

本节中有两幅模拟 SAR 图像用来测试本节算法的性能,分别为 House 加 4 视幅度模拟相干斑(记为 House,图 2.48(a))和全测试四视幅度模拟 SAR 图像(记为 Full-Test,图 2.49(a))。本节所提出的邻域自适应 PPB 非局部平均降斑滤波器(邻域自适应非迭代版 NA-non-it PPB,迭代版 NA-it PPB)的实验结果,分别与 Frost 滤波器[7]、改进的 Sigma 滤波器[21](Im-Sigma)、非迭代版的 PPB 非局部平均滤波器[89](non-it PPB)以及迭代版的 PPB 非局部平均滤波器[89](it PPB)的实验结果进行了比较。在实验中,本节所提算法(自适应 PPB 方法)中的图像块大小 $M=7$,式(2.101)中方形窗 Ω_i^0 的尺寸为 21×21(单个方向尺度的最大值为 11),显著性水平 $\alpha=0.01$;原始 PPB 算法的图像块大小 $M=7$,搜索窗尺寸为 21×21,其他设置与文献[86]相同;Im-Sigma 滤波器的滑动窗均为 5×5,Sigma 的值取 0.9。需要说明的是,根据文献[87]的建议,所有迭代版的 PPB 滤波器,迭代次数均为 25(记为 PPB 25-it)。所有的降斑结果如图 2.48 和图 2.49 所示。在对降斑效果评价时,选择比值图像均值和 EPD-ROA(该指标的定义在 2.3.2 节中已经给出),具体的评价结果见表 2.12。

(a) 四视House原图

(b) Im-Sigma

(c) non-it PPB

(d) NA-non-it PPB

(e) 25-it PPB

(f) NA-25-it PPB

图 2.48　四视 House 降斑结果

(a) 四视Full-Test原图

(b) Im-Sigma

(c) non-it PPB

(d) NA-non-it PPB

(e) 25-it PPB

(f) NA-25-it PPB

图 2.49 四视 Full-Test 降斑结果

表 2.12　模拟 SAR 图像比值图像评价结果

	House			Full-Test		
	均值	EPD-ROA		均值	EPD-ROA	
		HD	VD		HD	VD
Im-Sigma	1.0004	0.9333	0.9315	1.0102	0.8971	0.8867
non-it PPB	0.9652	0.9329	0.9315	0.9590	0.9014	0.9011
NA-non-it PPB	0.9660	0.9344	0.9334	0.9688	0.9455	0.9436
25-it PPB	0.9667	0.9339	0.9335	0.9678	0.9252	0.9233
NA-25-it PPB	0.9675	0.9357	0.9355	0.9766	0.9548	0.9511
理想值	1.0000	1.0000	1.0000	1.0000	1.0000	1.0000

对比图 2.48 和图 2.49 的降斑结果可知,自适应 PPB 非局部均值滤波器在均匀区域获得了非常好的相干斑抑制结果。在视觉上,这些结果与原始的 PPB 非局部滤波器几乎是相同的。相比之下,Im-Sigma 滤波器则在均匀区域存在一定的噪声残留。

虽然原始 PPB 非局部滤波器获得了非常好的相干斑平滑结果,但存在一定的过平滑,尤其是 non-it PPB,如图 2.48(c)所示。从视觉上对比可知,本节所提出的自适应 PPB 方法获得了更加清晰的边缘和细节,对比图 2.49(b)和(c)的左上区域可以明显地看出细节得到了很好的保留。这些说明本节所提出的自适应邻域有效地提高了原始 PPB 非局部降斑方法的边缘、微小细节保持能力,也证明了本节所提算法的有效性。图 2.50 给出了 Full-Test 分别使用原始 PPB 和自适应 PPB 非局部滤波方法降斑结果的比值图像。可以非常明显地发现,自适应 PPB 方法所获得的比值图像中具有更少的边缘和亮目标残留,尤其是非迭代版的 PPB 方法结合本节所提出的自适应邻域之后性能提升非常明显(对比图 2.50(a)和(b))。对比表 2.12 中的结果可知,虽然本节算法的辐射特性保持能力弱于 Im-Sigma 滤波器,但是采取自适应邻域后的 PPB 方法的辐射特性保持能力均有一定的提升。在边缘保持方面,本节所提算法的 EPD-ROA 指数均超越了 Im-Sigma 滤波器和原始的 PPB 滤波方法。特别是边缘较多的 Full-Test 图,本节算法所获得的 EPD-ROA 指数明显优于其他降斑算法。

2.7.4.3　真实 SAR 图像降斑实验与分析

本节将进行两组真实 SAR 图像实验对比。首先,第一组是选择两幅真实 SAR 图像进行降斑实验,这两幅图是:Field,256 × 256,3.25 视幅度 SAR 图像(图 2.51(a),详细参数可参见图 2.39 的介绍);Town,X 波段,3m 分辨力,中国

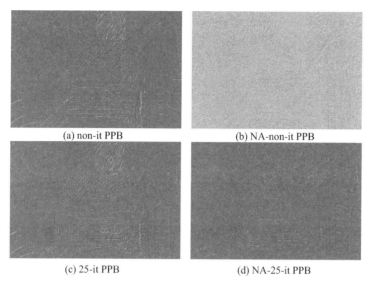

(a) non-it PPB　　　　　　　　　(b) NA-non-it PPB

(c) 25-it PPB　　　　　　　　　(d) NA-25-it PPB

图 2.50　Full-Test 原图与降斑后图像的比值图像比较

西安附近的某城镇(图 2.40,400×400,有效视数约为 4)。本节所提出的邻域自适应 PPB 非局部平均降斑滤波器(邻域自适应非迭代版 NA-non-it PPB,迭代版 NA-it PPB)的实验结果,分别与 Frost 滤波器[5]、基于非下采样小波域分割的最大后验滤波器[31](MAP-UWD-S)、非迭代版的 PPB 非局部平均滤波器[87](non-it PPB)、迭代版的 PPB 非局部平均滤波器[87](it PPB)以及改进的 BM3D 非局部降斑滤波器[82](Modified BM3D)的实验结果进行了比较。在实验中,本节所提算法(自适应 PPB 方法)中的图像块大小 $M = 7$,式(2.101)中方形窗 Ω_i^p 的尺寸为 21×21(单个方向尺度的最大值为 11),显著性水平 $\alpha = 0.01$;原始 PPB 算法的图像块大小 $M = 7$,搜索窗尺寸为 21×21,其他设置与文献[86]相同;Frost 滤波器滑动窗的尺寸为 5×5。需要说明的是,根据文献[87]的建议,所有迭代版的 PPB 滤波器,其迭代次数均为 25(记为 25-it PPB)。

这两幅图的降斑结果如图 2.51～图 2.53 所示。在客观评价时,这里选择 2.3.2 节给出的比值图像均值、边缘保持度量 EPD-ROA 与 ENL(在 Field 中选择三个区域)计算评价降斑结果。ENL 的评价结果见表 2.13,均值与 EPD-ROA 的评价结果见表 2.14。为了详细对比本节提出的自适应方法在边缘、纹理保持方面的性能,分别选择 Field(图 2.51(a))的右下区域以及与 Town(2.53(a))左下区域,放大比较的结果分别展示在图 2.52 和 2.54 中。

对比图 2.51～图 2.54 可知,本节所提的自适应方法对原始算法在平滑区域的降斑性能几乎没有影响。只是表 2.13 中的数据表明,自适应 PPB 非局部均值滤波器的平滑降斑能力稍微弱于原始的 PPB 非局部均值滤波器,但远优于

雷达图像解译技术

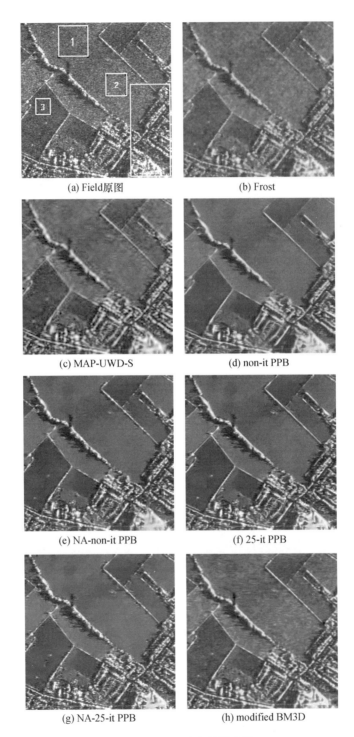

(a) Field原图　　　　　　　　(b) Frost

(c) MAP-UWD-S　　　　　　　(d) non-it PPB

(e) NA-non-it PPB　　　　　　(f) 25-it PPB

(g) NA-25-it PPB　　　　　　(h) modified BM3D

图 2.51　Field 降斑结果比较

Frost、MAP-UWD-S 以及改进的 BM3D。从图像整体对比来看,非迭代版的 PPB non-it 的降斑结果中出现了明显的过平滑,迭代版的 PPB-it 也有一定的过平滑。相比之下,本节所提出的自适应 PPB 非局部均值滤波器则获得了非常清晰的图像边缘,很多细小边缘也得到了恢复,特别是非迭代版的自适应 PPB 方法与原始 PPB 方法(图 2.51(b) 和(d))的对比更为明显。图 2.54 的放大对比可以很好地说明这一点,特别是图 2.54 中(b)和(c)的中间部分对比表明,本节所提出的自适应搜索窗能有效地将不相似的像素排除到其范围之外,可以很好地恢复出图像的局部细小目标,而原始的非迭代 PPB 方法则明显将目标过平滑。

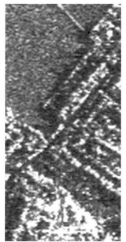

(a) Field右下区域(图2.49(a)　　　(b)使用25-it PPB对　　　(c) 使用本节所提出的自
中已标记)3倍放大结果　　　　　　(a)的降斑结果　　　　　　适应NA-25-it PPB对
　　　　　　　　　　　　　　　　　　　　　　　　　　　　　　(a)的降斑结果

图 2.52　Field 右下区域降斑放大比较

表 2.13　ENL 评价结果

	ENL – 1	ENL – 2	ENL – 3
Frost	14.2346	20.3730	20.7567
MAP-UWD-S	21.1381	36.8999	25.1491
non-it PPB	48.4975	131.2569	94.0228
NA-non-it PPB	45.9662	129.1577	71.5723
25-it PPB	45.5164	123.6163	111.7115
NA-25-it PPB	44.2193	123.5188	82.0095
modified BM3D	11.4256	14.18380	12.98370

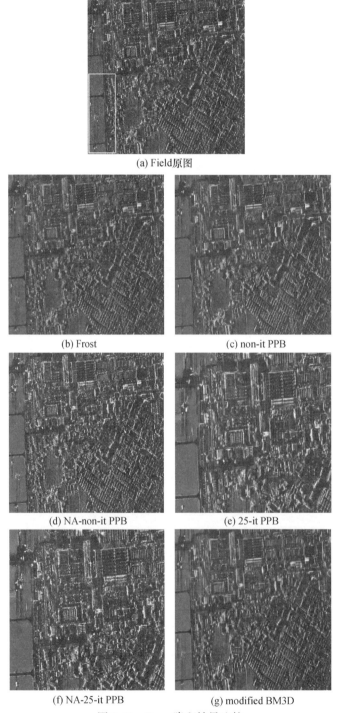

(a) Field原图

(b) Frost　　　　　　　　　　(c) non-it PPB

(d) NA-non-it PPB　　　　　　(e) 25-it PPB

(f) NA-25-it PPB　　　　　　(g) modified BM3D

图 2.53　Town 降斑结果比较

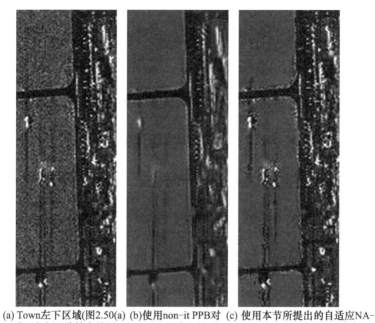

(a) Town左下区域(图2.50(a)　(b)使用non-it PPB对　(c) 使用本节所提出的自适应NA-
　　中已标记)3倍放大结果　　　图(a)的降斑结果　　　　non-it PPB对图(a)的降斑结果

图 2.54　Town 左下区域降斑放大比较

表 2.14　真实 SAR 图像降斑比值图像评价结果

	Field			Town		
	均值	EPD-ROA		均值	EPD-ROA	
		HD	VD		HD	VD
Frost	1.0045	0.9448	0.9068	1.0046	0.5905	0.6621
MAP-UWD-S	0.9639	0.9581	0.9330	—	—	—
non-it PPB	0.9525	0.9415	0.9074	0.9363	0.6276	0.6644
NA-non-it PPB	0.9633	0.9522	0.9276	0.9956	0.9940	0.9957
25-it PPB	0.9673	0.9528	0.9297	0.9528	0.7144	0.7258
NA-25-it PPB	0.9723	0.9573	0.9392	0.9961	0.9942	0.9961
modified BM3D	0.9558	0.9486	0.9201	1.0740	0.6060	0.6294
理想值	1.0000	1.0000	1.0000	1.0000	1.0000	1.0000

　　虽然多次迭代的 PPB 非局部均值滤波器可以有效地保护图像的边缘,但是对比图 2.52(b)和(c)可看出,原始的迭代 PPB 方法获得的结果在局部微小细

节上已经失真(图2.52(b)左边中部),而所提算法的恢复结果则几乎没有微小细节失真。与本节所提的自适应 PPB 非局部均值滤波方法相比,Frost 和 MAP-UWD-S 方法所获得的结果中边缘和纹理损失很多,很多细节被平滑掉。改进的 BM3D 方法虽然获得了较好的图像纹理,但是在图像的均匀区域产生了非常明显的噪声残留。在边缘保持方面,自适应 PPB 方法的边缘保持性能非常优良,特别是对细小边缘较多的图像,其性能要远远优于其他算法,这一点可以从表2.14 中 Town 图像的 EPD-ROA 指标中得到证实。在辐射特性保持方面,通过对比表2.14 中的均值评价指标可知,虽然自适应的 PPB 方法与 Frost 滤波有一定的差距,但是其优于 MAP-UWD-S 和改进的 BM3D 方法,并且本节所提出的自适应 PPB 非局部均值方法的辐射特性保持性能都优于原始的 PPB 方法,特别是细节多的 SAR 图像,如 Town 图像。

为了更加全面、公正地表明本节所提出的自适应搜索窗对原始非局部算法在图像边缘、细小目标保持等方面的性能提升,这里给出第二组真实 SAR 图像实验。选取三幅在文献[88]中使用的 SAR 图像:Bayard,法国 RAMSES 雷达单视图像(图2.55(a),256×256);Cheminot,法国 RAMSES 雷达单视图像(图2.55(b),256×256);Toulouse,法国 RAMSES 雷达单视图像(图2.56(a),512×512),分别使用原始的 PPB 非局部平均降斑方法以及本节所提出的自适应 PPB 方法进行降斑实验。这三幅图像的降斑结果如图2.55 和图2.56 所示。此外,对 Toulouse(图2.56(a))的局部放大对比结果也在图2.56 中给出。通过比对图2.55 中的结果可知,在非迭代的 PPB 非局部均值滤波器中,融入本节所提的自适应搜索窗可以有效地保护图像中的细小边缘、纹理和目标。对比图2.56(d)和(e)的右下区域可知,原始 PPB 算法的结果中,这部分细小目标已经被平滑,而本节提出的自适应搜索窗则能有效地保护这些细小目标。

从运算复杂度的角度看,假设图像中的像素总数为 P_N,则非迭代版的 PPB 非局部均值滤波器的时间复杂度为 $O(P_N \cdot M^2 \cdot S^2)$,其中,图像块的大小为 $M \times M$,搜索窗的大小为 $S \times S$(式(2.101)中,也有 $|\Omega_i^0| = S^2$)。因此,本节所提出的自适应 PPB 算法的时间复杂度可以表示为 $O[P_N \cdot M^2 \cdot (S_n + |\Omega_i^{NA}|)]$,其中 $|\Omega_i^{NA}|$ 为所确定的自适应邻域集合的势。很显然,$|\Omega_i^{NA}|$ 的值小于或等于 S^2,那么本节所提的自适应 PPB 算法的时间复杂度为

$$O\left\{P_N \cdot M^2 \cdot \left[S + \left(\frac{1}{2}S\right)^2\right]\right\} \approx O\left(P_N \cdot M^2 \cdot \frac{1}{4}S^2\right)$$

表2.15 列出了在融入自适应搜索窗前后的运算时间比较。可以看出,Field 的降斑时间减少了1/2,而细节较多的 Town 则减少了大约1/30。

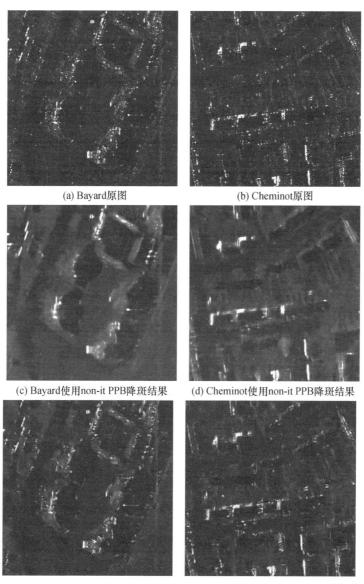

(a) Bayard原图　　　　　　　　　(b) Cheminot原图

(c) Bayard使用non-it PPB降斑结果　　(d) Cheminot使用non-it PPB降斑结果

(e) Bayard使用NA-non-it PPB降斑结果　　(f) Cheminot使用NA-non-it PPB降斑结果

图 2.55　非迭代版的 PPB 方法降斑结果

(a) Toulouse原图

(b) Toulouse左下局部区域3倍放大图

(c) Toulouse使用25-it PPB降斑结果

(d) 图(b)使用25-it PPB降斑结果

(e) Toulouse 使用 NA-25-it PPB 降斑结果 (f) 图 (b) 使用 NA-25-it PPB 降斑结果

图 2.56 25 次迭代 PPB 方法降斑结果

表 2.15 运行时间比较

（单位:s）

	非迭代		25 次迭代	
	PPB	NA-PPB	PPB	NA-PPB
Field(256 ×256)	99	53	2619	1215
Town(400×400)	242	15	6443	213
注:实验结果是 C 语言编程,在 2.8G 双核 CPU,2G 内存的计算机上获得的				

2.7.5　小结

本节提出了一种基于统计模拟门限的自适应邻域确定方法,以及基于该自适应邻域的一种新的自适应非局部均值降斑滤波器。在确定自适应搜索窗时,本节先分析了概率框架下的相似性门限与显著性水平之间的关系;接着给出采用蒙特卡罗模拟求得相似性门限数值解的方法。基于所获得的相似性门限,本节利用提出的最优方向尺度集合为每个像素点确定了一个非局部的自适应搜索窗。最后,将设计的自适应搜索窗融入基于概率块的非局部均值降斑算法[87]中,从而获得了一种新的自适应非局部均值降斑滤波器。实验结果表明,本节所提出的自适应搜索窗可以明显地提高原始算法的边缘、纹理和细小目标的保持性能,在几乎不损失原始非局部算法在平滑区域降斑能力的情况下可以提高其辐射特性保持能力,并且可以有效地降低原始算法的时间复杂度,特别是细节较多的图像。由于本节所提出的自适应邻域构建方法独立于具体的相似性度量方法与噪声模型,因此,它还可以很容易地推广到其他非局部均值滤波器中,以及其他形式噪声模型中。此外,本节所提出的自适应邻域确定算法是一种"点态"的方法,因此它可以很容易在软件或硬件中并行实现。

参考文献

[1] HENRI M. 合成孔径雷达图像处理[M]. 孙洪,等译. 北京:电子工业出版社,2005.

[2] 保铮,邢孟道,王彤. 雷达成像技术[M]. 北京:电子工业出版社,2005.

[3] XIE H, PIERCE L E, ULABY F T. SAR Speckle Reduction Using Wavelet Denoising and Markov Random Field Modeling[J]. IEEE Transactions on Geoscience and Remote Sensing, 2002, 40(10): 2196 – 2212.

[4] OLIVER C, QUEGAN S. Understanding Synthetic Aperture Radar Images[M]. Boston, MA: Artech House, 1998.

[5] LEE J S. Digital Image Enhancement and Noise Filtering by Use of Local Statistics[J]. IEEE Transactions on Pattern Analysis and Machine Intelligence, 1980,PAMI – 2(2):165 – 168.

[6] KUAN D T, SAWCHUK A A, STRAND T C, et al. Adaptive Noise Smoothing Filter for Images with Signal-dependent Noise[J]. IEEE Transactions on Pattern Analysis and Machine Intelligence, 1985,PAMI-7(2):165 – 177.

[7] FROST V S, STILES J A. A Model for Radar Images and its Application to Adaptive Digital Filtering of Multiplicative Noise[J]. IEEE Transactions on Pattern Analysis and Machine Intelligence, 1982,PAMI-4(2): 157 – 166.

[8] LOPES A, NEZRY E, TOUZI R, et al. Maximum a Posteriori Filtering and First Order Texture Models in SAR Images[C]. International Geoscience and Remote Sensing Symposium ,

Washington, DC, 1990: 2409 – 2412.

[9] LOPES A, TOUZI R, NEZRY E. Adaptive Speckle Filters and Scene Heterogeneity[J]. IEEE Transactions on Geoscience and Remote Sensing,1990, 28(6): 992 – 1000.

[10] WANG C, WANG R. Multi-model SAR Image Despeckling[J]. Electronics Letters, 2002, 38(23):1425 – 1426.

[11] LEE J S. Refined Filtering of Image Noise Using Local Statistics[J]. Computer Graphics and Image Processing, 1981,15(4): 380 – 389.

[12] PARK J M, SONG W J, PEARLMAN W A. Speckle Filtering of SAR Images Based on Adaptive Windowing[C]. IEE Proceedings-Visions, Image and Signal Processing, August, 1999,146(4) :191 – 197.

[13] 何剑峰,田国良. 全方向增强局部统计自适应滤波器在平滑雷达图像斑点噪声中的应用[J]. 中国图像图形学报,1996,1(2):115 – 122.

[14] 徐新,廖明生,朱攀,等. 单视数 SAR 图像 Speckle 滤波方法的研究[J]. 武汉测绘科技大学学报,1999,24(4): 312 – 316.

[15] 郑宗贵,毛士艺. SAR 图像降斑算法研究[J]. 电子学报,2001, 29(3):318 – 322.

[16] 刘振华,于文震,毛士艺. SAR 图像组合降斑算法[J]. 电子学报, 2004, 32(3): 363 – 367.

[17] 徐才军,王华,王江林,等. 基于有向窗的自适应 Sigma 中值滤波器[J]. 武汉大学学报(信息科学版), 2005, 30(10): 873 – 876.

[18] 凤宏晓,侯彪,王爽,等. 基于自适应窗和形状自适应小波变换的 SAR 图像相干斑抑制[J]. 红外与毫米波学报,2009,28(3): 212 – 217.

[19] Lee J S. Digital Image Smoothing and the Sigma Filter[J]. Computer Vision, Graphics, and Image Processing, 1983,24: 255 – 269.

[20] TOUZI R. A Review of Speckle Filtering in the Context of Estimation Theory[J]. IEEE Transactions on Geoscience and Remote Sensing,2002, 40(11): 2392 – 2404.

[21] LEE J S, WEN J H, AINSWORTH T L, et al. Improved Sigma Filter for speckleFiltering of SAR imagery[J]. IEEE Transactions on Geoscience and Remote Sensing, 2009, 47(1): 202 – 213.

[22] ARGENTI F, BIANCHI T, ALPARONE L. Multiresolution MAP Despeckling of SAR Images Based on Locally Adaptive Generalized Gaussian PDF Modeling[J]. IEEE Transactions on Geoscience and Remote Sensing, 2006, 15(11): 3385 – 3399.

[23] GUO H, ODEGARD J E, LANG M, et al. Wavelet Based Speckle Reduction with Applications to SAR Based ATD/R[C]. IEEE Conference on Image Processing, 1994: 75 – 79.

[24] SVEINSSON J R, BENEDIKTSSON J A. Speckle Reduction and Enhancement of SAR Images in the Wavelet Domain[C]. International Geoscience and Remote Sensing Symposium , 1996: 63 – 66.

[25] XIE H, PIERCE L E,ULABY F T. SAR Speckle Reduction Using Wavelet Denoising and Markov Random Field Modeling[J]. IEEE Transactions on Geoscience and Remote Sensing,

2002, 40(10): 2196 – 2212.

［26］SOLBØ S, ELTOFT T. Homomorphic Wavelet-based statistical despeckling of SAR images ［J］. IEEE Transactions on Geoscience and Remote Sensing, 2004, 42(4): 711 – 721.

［27］BHUIYAN M I H, AHMAD M, SWAMY M N S. Spatially Adaptive Wavelet-based Method Using the Cauchy Prior for Denoising the SAR Images［J］. IEEE Transactions On Circuits and Systems for Video Technology, 2007, 17(4): 500 – 507.

［28］王晓强, 陈国忠, 刘兴钊. 一种基于小波 SAR 图像斑噪声抑制的改进算法［J］. 信号处理, 2005, 21(4): 535 – 537.

［29］吴艳, 王霞, 廖桂生. 基于小波域隐马尔科夫混合模型的 SAR 图像降斑算法［J］. 电波科学学报, 2007, 22(2): 244 – 250.

［30］SVEINSSON J R, BENEDIKTSSON J A. Almost Translation Invariant Wavelet Transformations for Speckle Reduction of SAR Images［J］. IEEE Transactions on Geoscience and Remote Sensing, 2003, 41 (10): 2404 – 2408.

［31］ARGENTI F, ALPARONE L. Speckle Removal from SAR Images in the Undecimated Wavelet Domain［J］. IEEE Transactions on Geoscience and Remote Sensing, 2002, 40 (11): 2363 – 2374.

［32］ARGENTI F, BIANCHI T, ALPARONE L. Multiresolution MAP Despeckling of SAR Images Based on Locally Adaptive Generalized Gaussian PDF Modeling［J］. IEEE Transactions on Image Processing, 2006, 15(11): 3385 – 3399.

［33］BIANCHI T, ARGENTI F, ALPARONE L. Segmentation-based MAP Despeckling of SAR Images in the Undecimated Wavelet Domain［J］. IEEE Transactions on Geoscience and Remote Sensing, 2008, 46(9): 2728 – 2742.

［34］DAI M, PENG C, CHAN A K, et al. Bayesian Wavelet Shrinkage with Edge Detection for SAR Image Despeckling［J］. IEEE Transactions on Geoscience and Remote Sensing, 2004, 42(8): 1642 – 1648.

［35］SOLBØ S, ELTOFT T. A Stationary Wavelet-domain Wiener Filter for Correlated Speckle ［J］. IEEE Transactions on Geoscience and Remote Sensing, 2008, 46(4): 1219 – 1230.

［36］GNANADURAI D, SADASIVAM V. Undecimated Wavelet Based Speckle Reduction for SAR Images［J］. Pattern Recognition Letters, 2005, 26 (6): 793 – 800.

［37］GAO QINGWEI, ZHAO YANFEI, LU YIXIANG. Despeckling SAR Images Using Stationary Wavelet Transform Combining with Directional Filter Banks［J］. Applied Mathematics and Computation, 2008, 146(4): 517 – 24.

［38］胡正磊, 孙进平, 袁运能, 等. 利用 α 稳定分布的小波域 SAR 图像降斑算法［J］. 航空学报, 2006, 27(5): 928 – 933.

［39］吴艳, 王霞, 廖桂生. 基于 SWT 的自适应模糊萎缩的 SAR 图像降斑算法［J］. 电波科学学报, 2007, 21(6): 944 – 949.

［40］万晟聪, 杨新. 基于自适应小波阈值的 SAR 图像降噪［J］. 信号处理, 2009, 25(6): 874 – 881.

[41] 郭巍,张平,陈曦,等. 基于双密度双树复数小波变换的合成孔径雷达图像降噪研究 [J]. 电子学报,2009, 37(12): 2747 – 2752.

[42] RANJANI J J, THIRUVENGADAM S J. Dual-Tree Complex Wavelet Transform Based SAR Despeckling Using Interscale Dependence[J]. IEEE Transactions on Geoscience and Remote Sensing,2010, 48 (6): 2723 – 2731.

[43] SELESNICK I W. The double density DWT. Wavelets in Signal and Image Analysis: From Theory to Practice[M]. Kluwer, 2001.

[44] GNANADURAI D, SADASIVAM, V, NISHANDH J P T, et al. Undecimated Double Density Wavelet Transform Based Speckle Reduction in SAR Images[J]. Computers & Electrical Engineering, 2009, 35(1): 209 – 217.

[45] STRACK J, CANDBS E J, DONOHO D L. The Curvelet Transform for Image Denoising[J]. IEEE Transactions on Image Processing, 2002, 11(6): 670 – 684.

[46] PENNEC E L, MALLAT S. Sparse Geometric Image Representations with Bandelets[J]. IEEE Transactions on Image Processing, 2005, 14(4): 423 – 438.

[47] DO M N, VETTERLI M. The Contourlet Transform: an Efficient Directional Multiresolution Image Representation [J]. IEEE Transactions on Image Processing, 2005, 14 (12): 2091 – 2106.

[48] VELISAVLJEVIE V, BEFERULL-LOZANO B,VETTERLI M, et al. Directionlets:Anisotropic Multi-directional Representation with Separable Filtering[J]. IEEE Transactions on Image Processing, 2006, 15(7): 1916 – 1933.

[49] ULFARSSON M O, SVEINSSON J R, BENEDIKTSSON J A. Speckle Reduction of SAR Images in the Curvelet domain[C]. International Geoscience and Remote Sensing Symposium, 2002, 1: 315 – 317.

[50] SAEVARSSON B B, SVEINSSON J R, BENEDIKTSSON J A. Speckle Reduction of SAR Images Using Adaptive Curvelet Domain[C]. International Geoscience and Remote Sensing Symposium, 2003, 6: 4083 – 4085.

[51] SVEINSSON J R, BENEDIKTSSON J A. Combined Wavelet and Curvelet denoising of SAR images using TV segmentation[C]. International Geoscience and Remote Sensing Symposium, 2007: 503 – 506.

[52] SCHMITF A, WESSEL B, ROTH A. Curvelet Approach for SAR Image Denoising, Structure Enhancement, and Change Detection[J]. The International Archives of the Photogrammetry, Remote Sensing and Spatial Information Sciences, 2009, XXXVIII(3/W4): 151 – 156.

[53] AMIRMAZLAGHANI M, AMINDAVAR H. Twonovel Bayesian Multiscale Approaches for Speckle Suppression in SAR Images[J]. IEEE Transactions on Geoscience and Remote Sensing, 2010, 48(7): 2980 – 2993.

[54] 金海燕,焦李成,刘芳. 基于 Curvelet 域隐马尔科夫树模型的 SAR 图像去噪[J]. 计算机学报, 2007, 30(3): 491 – 497.

[55] ZHANG W, LIU F, JIAO L, et al. SAR Image Despeckling Using Edge Detection and Fea-

ture Clustering in Bandelet Domain[J]. IEEE Transactions on Geoscience and Remote Sensing Letters, 2010, 7(1): 131 – 135.

[56] GAO Q, XU Y, LU Y, et al. Despeckling SAR Images Using Adaptive Bandelet Transform and Bayesian Maximum a Posteriori Estimation[J]. Image Processing and Photonics for Agricultural Engineering, 2009, 7489: 748906.

[57] 杨晓慧, 焦李成, 李登峰. 基于复 Bandelets 的自适应 SAR 图像相干斑抑制[J]. 电子学报, 2009, 37(9): 1880 – 1884.

[58] FOUCHER S, FARAGE G, BENIE G B. SAR Image Filtering Based on the Stationary Contourlet Transform[C]. International Geoscience and Remote Sensing Symposium, 2006: 4021:4024.

[59] ARGENTI F, BIANCHI T, SCARFIZZI G M D, et al. SAR Image Despeckling in the Undecimated Contourlet Domain: a Comparison of LMMSE and MAP Approaches[J]. International Geoscience and Remote Sensing Symposium, 2008: 225 – 228.

[60] ARGENTI F, BIANCHI T, SCARFIZZI G M D, et al. LMMSE and MAP Estimators for Reduction of Multiplicative Noise in the Non-subsampled Contourlet Domain[J]. Signal Processing, 2009, 89: 1891 – 1901.

[61] SUN Q, JIAO L C, HOU B. Synthetic Aperture Radar Image Despeckling Via Spatially Adaptive Shrinkage in Thenonsubsampled Contourlet Transform Domain[J]. Journal of Electronic Imaging, 2008, 17(1): 013013.

[62] 练秋生, 孔令富. 冗余轮廓波变换的构造及其在 SAR 图像降斑中的应用[J]. 电子与信息学报, 2006, 28(7): 1215 – 1218.

[63] 张绘, 张弓, 郭琦南. 基于 Contourlet 域 SOT 结构的 SAR 图像相干斑抑制算法[J]. 南京航空航天大学学报, 2006, 38(6): 743 – 748.

[64] 沙宇恒, 丛琳, 孙强, 等. 基于 Contourlet 域 HMT 模型的 SAR 图像相干斑抑制[J]. 红外与毫米波学报, 2009, 28(1): 66 – 71.

[65] 孙强, 焦李成, 侯彪. 统计先验指导的非下采样 Contourlet 变换域 SAR 图像降斑[J]. 西安电子科技大学学报(自然科学版), 2008, 35(1): 14 – 21.

[66] 凤宏晓, 侯彪, 焦李成, 等. 基于非下采样 Contourlet 域局部高斯模型和 MAP 的 SAR 图像相干斑抑制[J]. 电子学报, 2010, 38(4): 811 – 816.

[67] 白静, 侯彪, 王爽, 等. 基于提升 Directionlet 域高斯混合尺度模型 d 的 SAR 图像噪声抑制[J]. 计算机学报, 2008, 31(7): 1234 – 1241.

[68] MA N, ZHOU Z, ZHANG P, et al. SAR Image Despeckling Using Directionlet Transform and Gaussian Scale Mixtures Model[C]. 2nd International Conference on Future Computer and Communication, 2010, 2: 636 – 640.

[69] WALESSA M, DATCU M. Model-based Despeckling and Information Extraction from SAR Images[J]. IEEE Transactions on Geoscience and Remote Sensing, 2000, 38(5): 2258 – 2269.

[70] HEBAR M, GLEICH D, CUCEJ Z. Autobinomialmodel for SAR Image Despeckling and In-

formation Extraction[J]. IEEE Transactions on Geoscience and Remote Sensing, 2009, 47 (8): 2818 – 2835.

[71] SOCCORSI M, GLEICH D, DATCU M. Huber-Markov Model for Complex SAR Image Restoration[J]. IEEE Transactions on Geoscience and Remote Sensing Letters, 2010, 7(1): 63 – 67.

[72] 宋珺, 王世晞, 计科峰, 等. 基于结构保持 MRF 模型的 SAR 图像去斑[J]. 电子与信息学报 2009, 31(3): 745 – 748.

[73] SONG H, WANG S, JI K, et al. Bayesian Despeckling of SAR Images Based on the Membrane MRF Prior Model[J]. Journal of Remote Sensing, 2009: 202 – 207.

[74] XIE H, PIERCE L E, ULABY F T. SAR Speckle Reduction Using Wavelet Denoising and Markov Random Field Modeling[J]. IEEE Transactions on Geoscience and Remote Sensing, 2002, 40(11): 2196 – 2212.

[75] GLEICH D, DATCU M. Gauss-Markov Model for Wavelet-based SAR Image Despeckling [J]. IEEE Signal Processing Letters, 2006, 13(6): 365 – 368.

[76] GLEICH D, KSENEMAN M, DATCU M. Despeckling of TerraSAR-X Data Using Second-generation Wavelets[J]. IEEE Transactions on Geoscience and Remote Sensing Letters, 2010, 7(1): 68 – 72.

[77] MOLINA D E, GLEICH D, DATCU M. Gibbs Random Field Models for Model-based Despeckling of SAR Images[J]. IEEE Transactions on Geoscience and Remote Sensing Letters. , 2010, 7(1): 73 – 77.

[78] 王青, 徐新, 管鲍, 等. 一种基于 Bayesian 准则和 MRF 模型的 SAR 图像滤波方法[J]. 武汉大学学报(信息科学版), 2005, 30(5): 464 – 467.

[79] 陈俊杰, 谢明, 李文博, 等. 马尔可夫随机场和模拟退火算法的 SAR 图像相干斑抑制方法[J]. 四川大学学报(自然科学版), 2008, 45(1): 105 – 109.

[80] SUBRAHMANYAM G R K S, RAJAGOPALAN A N, ARAVIND R. A Recursive Filter for Despeckling SAR Images[J]. IEEE Transactions on Image Processing, 2008, 17(10): 1969 – 1974.

[81] LI H, HONG W, WU Y, et al. Texture-preserving Despeckling of SAR Images Using Evidence Framework[J]. IEEE Transactions on Geoscience and Remote Sensing Letters, 2007, 4(4): 537 – 541.

[82] GLEICH D, DATCU M. Wavelet-based SAR Image Despeckling and Information Extraction, using Particle Filter [J]. IEEE Transactions on Image Processing, 2009, 18(10): 2167 – 2184.

[83] BUADESA, COLL B, MOREL J M. A Non-local Algorithm for Image Denoising[C]. IEEE Conference on Computer Vision and Pattern Recognition 2005, 2: 60 – 65.

[84] PARRILLI S, PODERICO M, ANGELINO C V, et al. A Nonlocal Approach for SAR Image Denoising[C]. International Geoscience and Remote Sensing Symposium, 2010: 726 – 729.

[85] DABOV K, FOI A, KATKOVNIK V, et al. Image Denoising by Sparse 3D Transform-domain

Collaborative Filtering ［J］. IEEE Transactions on Image Processing, 2007, 16（8）: 2080 – 2095.

［86］ MÄKITALO M, FOI A, FEVRALEV D, et al. Denoising of Single-look SAR Images Based on Variance Stabilization and Nonlocal Filters［C］. International Conference on Mathematical Methods in Electromagnetic Theory , 2010.

［87］ KERVRANN C, BOULANGER J, COUPÉP. Bayesian Non-local Means Filter, Image Redundancy and Adaptive Dictionaries for Noise Removal［J］. The International Archives of the Photogrammetry, Remote Sensing and Spatial Information Sciences, 2007: 520 – 532.

［88］ ZHONG H, LI Y, JIAO L C. Bayesian Nonlocal Means Filter for SAR Image Despeckling ［C］. 2nd AsianPacific Conference on Synthetic Aperture Radar （APSAR）, 2009: 1096 – 1099.

［89］ DELEDALLE C, DENIS L, TUPIN F. Iterative Weighted Maximum Likelihood Denoising with Probabilistic Patch-based Weights［J］. IEEE Transactions on Image Processing, 2009, 18(12): 2661 – 2672.

［90］ DELEDALLE C, TUPIN F, DENIS L. Polarimetric SAR Estimation Based on Non-local Means［C］. International Geoscience and Remote Sensing Symposium , 2010: 2515 – 2518.

［91］ DELEDALLE C A, DENIS L, TUPIN F. NL-InSAR: Nonlocal Interferogram Estimation ［J］. IEEE Transactions on Geoscience and Remote Sensing,2011,49（4）:1441 – 1452.

［92］ ZHONG H, XU J, JIAO L C. Classification Based Nonlocal Means Despeckling for SAR Image［J］. SAR and Multispectral Image Processing, 2009: 74950V – 74950V – 8.

［93］ 杨学志, 沈晶, 范良欢. 基于非局部均值滤波的结构保持相干斑噪声抑制方法［J］. 中国图像图形学报, 2009, 14(12): 2443 – 24450.

［94］ XIE H, PIERCE L E, ULABY F T. SAR Speckle Reduction Using Wavelet Denoising and Markov Random Field Modeling［J］. Transactions on Geoscience and Remote Sensing, 2002, 40(11): 2196 – 2212.

［95］ LEE J S. Specklesuppression and Analysis for Synthetic Aperture Radar Images［J］. Optical Engineering, 1986: 636 – 643.

［96］ LEE J S , HOPPEL K. Noise Modeling and Estimation of Remotely Sensed Images［C］. International Geoscience and Remote Sensing Symposium , 1989, 2: 1005 – 1008.

［97］ GOODMAN J W. Statistical Properties of Laser Speckle Patterns［M］. Laser Speckle and Related Phenomena, New York: Springer-Verlag, 1984.

［98］ ARSENAULT H H , APRIL G. Properties of Speckle Integrated with a Finite Aperture and Logarithmically Transformed［J］. Journal of the Optical Society of Amercia, 1976, 66(11): 1160 – 1163.

［99］ ARSENAULT H H, LEVESQUE M. Combined Homomorphic and Local-statistics Processing for Restoration of Images Degraded by Signal-dependent Noise［J］. Applied Optics, 1984, 23 (6): 845 – 850.

［100］ LEE J S, HOPPEL K, MANGO S A. Unsupervised Estimation of Speckle Noise In Radar

Images[J]. International Journal of Imaging Systems and Technology ,1992, 4:298 – 305.

[101] LEE J S, JURKEVICH I, DEWAELE P, et al. Speckle Filtering of Synthetic Aperture Radar Images[J]. The International Archives of the Photogrammetry, Remote Sensing and Spatial Information Sciences,1994, 8: 313 – 340.

[102] TANG L, JIANG P, DAI C, et al. Evaluation of Smoothing Filters Suppressing Speckle Noise on SAR Images [J]. Remote Sensing of Environment, China. 1996, 11 (3): 206 – 211.

[103] CIUC M, BOLON P, E TROUVÉ, et al. Adaptive-neighborhood Speckle Removal in Multitemporal Aperture Radar Images[J]. Applied Optics, 2001, 40(32): 5954 – 5966.

[104] TOUZI R, LOPES A, BOUSQUET P. Statistical and Geometrical Edge Detector for SAR Images[J]. IEEE Transactions on Geoscience and Remote Sensing 1988, 26 (6): 764 – 773.

[105] ADAIR M, GUINDON B. Statistical Edge Detection Operator for Linear Feature Extraction in SAR Images[J]. Canadian Journal of Remote Sensing, 1990, 16:10 – 19.

[106] 赵凌君,贾承丽,匡纲要. SAR 图像边缘检测算法综述[J]. 中国图像图形学报, 2007, 12(2): 2042 – 2049.

[107] LEE J S, HOPPEL K. Noise Modeling and Estimation of Remotely-sensed Images [C]. Intelligence, International Geoscience and Remote Sensing Symposium , 1989, 2: 1005 – 1008.

[108] SATHIT I. Speckle Noise Estimation with Generalized Gamma Distribution[C]. In Proceedings SICE-ICASE International Joint Conference, 2006: 1164 – 1167.

[109] SILVERMAN B W. Monographs on Statistics and Applied Probability: Density Estimation for Statistics and Data Analysis[M]. London: Chapman & Hall/CRC Press, 1986.

[110] KNUTH D. The Art of Computer Programming, Volume 3: Sorting and Searching[M]. 3rd ed. New Jersey: Addison-Wesley Publishing Company, 1997.

[111] TISON C, NICOLAS J M, TUPIN F, et al. Anew Statistical Model for Markovian Classification of Urban Areas in High-Resolution SAR Images[J]. IEEE Transactions on Geoscience and Remote Sensing, 2004, 42(10): 2046 – 2057.

[112] WU Y, MAÎTRE H. Smoothing Speckled SAR Images by Using Maximumhomogeneous Region Filters[J]. Optical Engineering. , 1992, 31(8):1785 – 1792.

[113] NICOALS J M, TUPIN F, MAÎTRE H. Smoothing Speckled SAR Images by Using Maximum Homogenous Filters: An Improved Approach[C]. International Geoscience and Remote Sensing Symposium , 2001, 3: 1503 – 1505.

[114] COUPÉ P, HELLIER P, KERVRANN C, et al. Bayesian Non-local Means-based Speckle Filtering[J]. IEEE Symposium On Biomedical Imaging: From Nano to Macro, 2008.

[115] AZZABOU N. Variable Bandwidth Image Models for Texture-preserving Enhancement of Natural Images[D]. PH. D Thesis of MAS Research group (Ecole Centrale de Paris) and DxOLabs, 2008: 95 – 96.

[116] DELEDALLE C, DENIS L, TUPIN F. Iterative Weighted Maximum Likelihood Denoising With Probabilistic Patch-based Weights[J]. IEEE Transactions on Image Processing, 2009, 18(12): 2661 – 2672.

[117] SMITH S, BRADY J. Susan-a New Approach to Low Level Image Processing[J]. International Journal of Computer Vision, 1995, 23(1): 45 – 78.

[118] TOMASI C, MANDUCHI R. Bilateral Filtering for Gray and Color Images[C]. In Proceedings of the Sixth Internatinal Conference on Computer Vision, 1998: 839 – 846.

第❸章

极化 SAR 相干斑噪声抑制

◥ 3.1　雷达极化的基本理论

3.1.1　散射过程的描述

电磁物理早已对电磁传播的矢量过程及电磁散射的极化特性有详细的说明,对电磁波而言,极化描述了电磁矢量端点作为时间的函数所形成的空间轨迹的形状和旋向[1]。

雷达发射的电磁波到达特定的目标,接着与目标相互作用,此时目标本身会吸收入射波的部分能量,而入射波的剩余能量则作为新的电磁波重新发射,如图 3.1 所示。描述或识别目标的依据是反射波的属性相对于入射波的属性变化的情况。因此,有必要进一步了解电磁波散射过程中特定目标与波的极化状态之间的相互作用[2]。

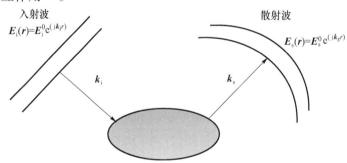

图 3.1　电磁波的极化状态与目标相互作用

单一目标可看作独立的散射体,从能量交换的角度分析,目标的特性可以用雷达散射系数来描述,特定目标与电磁波之间的相互关系[3]则用雷达方程进行描述,其表达式为

$$P_R = \frac{P_T G_T(\theta, \varphi)}{4\pi r_T^2} \sigma \frac{A_{ER}(\theta, \varphi)}{A\pi r_R^2} \tag{3.1}$$

式中:P_R、P_T 分别为接收功率与发送功率;A_{ER} 为接收天线的有效孔径;G_T 为发射天线的增益;r_R、r_T 分别为接收系统和发射系统与目标之间的距离;θ、φ 分别为入射波相对于天线的方位角和仰角;σ 为雷达的散射截面。

式(3.1)描述了特定目标的散射波 E_s 与入射波 E_i 之间的功率关系。

σ 是一个颇为复杂的函数,包含的参数也较多,其模型取决于入射波的频率和极化状态,决定了雷达方程对平衡目标功率的影响,其表达式为

$$\sigma = 4\pi r^2 \frac{|E_s|^2}{|E_t|^2} \tag{3.2}$$

雷达方程式(3.1)不具有普遍适用性,需要采用不同的模型描述比雷达孔径还要大的目标,即雷达方程只能用来描述比雷达孔径小的目标,这一类目标通常称为点目标。在非点目标的情况下,用一个有限的集合描述这些目标,如图 3.2 所示。

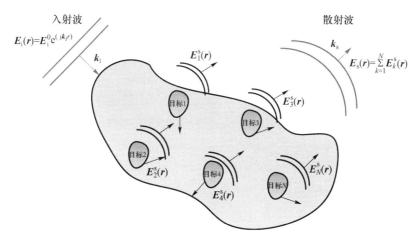

图 3.2 电磁波的极化状态与多目标相互作用

散射场 E_s 表示独立的不同方向的散射波的相干叠加,散射体描述这些独立散射目标的扩散。由各个入射面功率的积分可以得到散射体上的总功率,即

$$P_R = \iint\limits_{A_0} \frac{P_T G_T(\theta,\varphi)}{4\pi r_T^2} \sigma^0 \frac{A_{ER}(\theta,\varphi)}{4\pi r_R^2} ds \tag{3.3}$$

式中:σ^0 为散射系数,表示单位面积上的雷达散射截面。

在半径为 r 球面上,可用接收波的能流密度与入射波的能流密度的比值来描述,其表达式为

$$\sigma^0 = \frac{\langle \sigma \rangle}{A_0} = \frac{4\pi r^2 \langle |E_s|^2 \rangle}{A_0} \frac{1}{|E_t|^2} \tag{3.4}$$

σ^0 是一个无量纲的参数。雷达散射系数衡量了雷达成像时的散射程度,取决于入射波的频率、极化状态、方位角及散射波的极化状态、方位角。

3.1.2 散射矩阵的描述

虽然极化与空间坐标系无关,但是为了研究电磁波的极化状态,仍需要建立散射空间坐标系并确定对应的极化基。大多数的极化 SAR 系统都采用两副正交的线性极化天线,因此不仅雷达发射的电磁波存在线性关系,而且特定目标的散射电磁波各自的极化分量存在线性关系。为了方便,以 $+z$ 为传播方向,沿 $+z$ 方向传播的单色电磁波的电场位于 $x\text{-}y$ 平面内,建立一个如图 3.3 所示的三维空间笛卡儿坐标系 $O\text{-}x'y'z'$。为了描述散射体极化状态,需要建立多个散射空间坐标系。此时,特定目标的 Sinclair 散射矩阵 $\boldsymbol{S}$[3] 可以很好地描述入射电磁波 E_t 和散射电磁波 E_s 之间的关系,即

$$E_s = SE_t = \begin{bmatrix} S_{hh} & S_{hv} \\ S_{vh} & S_{vv} \end{bmatrix} E_t \tag{3.5}$$

散射矩阵包含了特定目标一定姿态与频率的全极化信息。

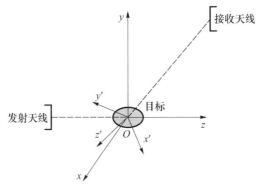

图 3.3 三维空间直角坐标系

依据相应的极化基及上述的散射空间坐标系,可以用下列形式描述散射波的横向电场分量:

$$\begin{pmatrix} E_h \\ E_v \end{pmatrix}_s = \frac{e^{jkr}}{kr} \begin{pmatrix} S_{hh} & S_{hv} \\ S_{vh} & S_{vv} \end{pmatrix} \begin{pmatrix} E_h \\ E_v \end{pmatrix}_t \tag{3.6}$$

或

$$E_s = \frac{e^{jkr}}{kr} \boldsymbol{S} \cdot E_t \tag{3.7}$$

式中:E_t、E_s 分别为相应的入射波和散射波;r 为散射体与接收天线之间的距离。

如式(3.7),散射波 Jones 矢量和入射波 Jones 矢量之间的关系可以用散射矩阵来表示。

目标对极化波的散射特性可以通过极化散射矩阵来表征。散射矩阵与目标的物理性质因素相关,也与雷达发射的频率相关。极化散射矩阵包含丰富的地物信息,称为极化雷达最基本的记录单元。与极化散射矩阵对应的四个元素值 S_{hh}、S_{hv}、S_{vh}、S_{vv} 是由 HH、HV、VH、VV 四个极化雷达记录通道经过定标处理和数据压缩能够产生的。对互易介质,满足 $S_{hv} = S_{vh}$,此时的极化散射矩阵为对称矩阵(本书若不作特别说明,都默认满足互易定理)。

3.1.3　极化 SAR 数据的形式

极化 SAR 不同于单极化 SAR,其数据形式有多种表示形式,除了上述的 S 矩阵外,经常应用于研究处理的还有极化协方差矩阵 C,极化相干矩阵 T 以及 span 矩阵,它们都是由最基本的极化散射矩阵推导得到[4-6]。

3.1.3.1　极化散射矩阵

极化散射矩阵由 G. Sinclair 等[7]在 1948 年最早提出的。为了描述和使用方便,通常情况下会将极化散射矩阵矢量化。

在直序基下,散射矩阵的等效矢量可表示为

$$k_{4L} = \text{vector}(S) = \begin{bmatrix} S_{hh} & S_{hv} & S_{vh} & S_{vv} \end{bmatrix}^T \tag{3.8}$$

进一步简化为

$$k_{3L} = \begin{bmatrix} S_{hh} & \sqrt{2S_{hv}} & S_{hh} \end{bmatrix}^T \tag{3.9}$$

在 Pauli 基下,散射矩阵的等效矢量可表示为

$$k_{4P} = \frac{1}{\sqrt{2}} \begin{bmatrix} S_{hh} + S_{vv} & S_{hh} - S_{vv} & S_{hv} + S_{vh} & i(S_{hv} - S_{vh}) \end{bmatrix} \tag{3.10}$$

进一步简化为

$$k_{3P} = \frac{1}{\sqrt{2}} \begin{bmatrix} S_{hh} + S_{vv} & S_{hh} - S_{vv} & 2S_{hv} \end{bmatrix}^T \tag{3.11}$$

3.1.3.2　极化协方差矩阵或极化相干矩阵

当以全极化波的单色电磁波照射某一确定的特性目标时,该目标对极化单色电磁波的散射称为相干散射。但在实际的雷达遥感领域中,理想的确定性散射体是不存在的。为了更好地分析局部散射体,引入极化协方差矩阵或极化相干矩阵[8],这两个矩阵均包含了全部目标极化信息。目前,大多数极化 SAR 数

据的相干斑抑制、地物分类、目标识别都是在极化协方差矩阵或极化相干矩阵的基础上进行处理的。极化协方差矩阵或极化相干矩阵可以由散射矢量矩阵与其复共轭转置矩阵进行外积得到[8]。

目标的极化协方差矩阵定义为

$$C = k_{3L} k_{3L}^{H} = \begin{bmatrix} |S_{hh}|^2 & \sqrt{2} S_{hh} S_{hv}^* & S_{hh} S_{hv}^* \\ \sqrt{2} S_{hv} S_{hh}^* & \sqrt{2} |S_{hv}|^2 & \sqrt{2} S_{hv} S_{vv}^* \\ S_{vv} S_{hh}^* & \sqrt{2} S_{vv} S_{hv}^* & |S_{vv}|^2 \end{bmatrix} \quad (3.12)$$

式中:H 表示共轭转置。

目标的极化相干矩阵定义为

$$T = k_{3P} \cdot k_{3P}^{H} \quad (3.13)$$

若

$$k_{3P} = \begin{bmatrix} S_{hh} + S_{vv} & S_{hh} - S_{vv} & 2S_{hv} \end{bmatrix} = \frac{1}{2} \begin{bmatrix} A & B & C \end{bmatrix}$$

则极化相干矩阵可表示为

$$T = \begin{bmatrix} AA^* & AB^* & AC^* \\ BA^* & BB^* & BC^* \\ CA^* & CB^* & CC^* \end{bmatrix} \quad (3.14)$$

C 与 T 是可以相互转化,其转化公式为

$$T = QC Q^{T}, Q = \begin{bmatrix} \dfrac{1}{\sqrt{2}} & \dfrac{1}{\sqrt{2}} & 0 \\ 0 & 0 & 1 \\ \dfrac{1}{\sqrt{2}} & -\dfrac{1}{\sqrt{2}} & 0 \end{bmatrix} \quad (3.15)$$

3.1.3.3 span 矩阵

不同于单极化 SAR 图像,由于极化 SAR 数据的形式多为矩阵形式,因此其有一个特殊的合成数据,称为 **span** 矩阵或 **span** 数据,该数据可以用来描述极化 SAR 数据的能量信息,其表达式为

$$\mathbf{span} = |S_{hh}|^2 + 2 |S_{hv}|^2 + |S_{vv}|^2 \quad (3.16)$$

可以看到,**span** 数据几乎包含了散射矩阵的所有极化数据信息,它表示极化 SAR 数据的能量信息。另外,在对极化 SAR 数据图像进行相干斑抑制时,通

常会用 **span** 数据来保持其极化信息。

▪ 3.2 相干斑统计模型及去斑效果评价

3.2.1 相干斑统计分布

3.2.1.1 单视 SAR 统计分布

SAR 的回波包含幅度信息与强度信息,是一个复变量。单极化 SAR 回波在同质区域服从复多元高斯分布,即实部和虚部的幅值均服从均值为零的高斯分布[9]。一般情况下,可以将同质区域的纹理因子视为常数,因此,它的回波统计特性可以用相干斑的统计特性来描述。

SAR 系统接收到的回波信号通常表示为 I、Q 两路信号,它们分别为 $x_1 = A\cos\varphi$, $x_Q = A\sin\varphi$。由中心极限定理可知,它们是服从均值 0、方差 $\sigma/2$ 的高斯分布。其联合概率密度函数为

$$P_{x_1,x_Q}(x_1,x_Q) = \frac{1}{\pi\sigma}\exp\left(-\frac{x_1^2 + x_Q^2}{\sigma}\right) \tag{3.17}$$

相位 φ 在 $[-\pi \quad \pi]$ 之间服从均匀分布。

幅度 A 服从瑞利分布:

$$p_A(A) = \begin{cases} \dfrac{A}{\sigma^2}\exp\left(-\dfrac{A^2}{2\sigma^2}\right) & (A \geq 0) \\ 0 & (其他) \end{cases} \tag{3.18}$$

其数字特征为

$$E(A) = \frac{\sqrt{\pi\sigma}}{2}, \mathrm{var}(A) = \left(1 - \frac{\pi}{4}\sigma\right) \tag{3.19}$$

强度或功率 $I = A^2$,服从指数分布:

$$p_I(I) = \begin{cases} \dfrac{1}{\sigma}\exp\left(-\dfrac{I}{\sigma}\right) & (I \geq 0) \\ 0 & (其他) \end{cases} \tag{3.20}$$

其数字特征为

$$E(I) = \sigma, \mathrm{var}(I) = \sigma^2 \tag{3.21}$$

对数强度 $D = \log I$ 是服从 Fischer-Tippett 分布:

$$P(D) = \frac{\mathrm{e}^D}{\sigma}\exp\left(-\frac{\mathrm{e}^D}{\sigma}\right) \tag{3.22}$$

其数字特征为

$$E(D) = \ln\sigma - \gamma_E, \mathrm{var}(D) = \frac{\pi^2}{6} \tag{3.23}$$

式中：γ_E 为欧拉常数，$\gamma_E \approx 0.57722$。

以上介绍的单视 SAR 图像的相干斑噪声模型均是基于完全"发育"的噪声模型，即其统计特性分析都是基于分布目标提出的。但是，在高分辨力的 SAR 图像中，城市区域常常会出现非完全发育的斑点噪声情况。

3.2.1.2 多视 SAR 统计分布

在 SAR 实际应用中，常采用多视处理来减少受污染强度 I 的方差，进而提高其均值估计，即对目标的多个独立样本采取平均叠加的策略。由于叠加时没有考虑其相位信息，因此该叠加方式也称为非相干叠加[10]。L 个独立样本 Y 进行非相干叠加可以得到 L 视图像：

$$\langle Y \rangle = \frac{1}{L}\sum_{i=1}^{L} Y_i \tag{3.24}$$

多视处理后相干斑强度为

$$I = \frac{1}{N}\sum_{i=1}^{N} I_i \tag{3.25}$$

此时，强度 I 的联合概率密度函数服从 $\Gamma(\cdot)$ 分布，可表示为

$$P_I(I) = \frac{1}{\Gamma(L)}\left(\frac{L}{\sigma}\right)I^{L-1}\mathrm{e}^{-LI/\sigma}\ (I \geqslant 0) \tag{3.26}$$

其数字特征为

$$E(I) = \sigma, \mathrm{var}(I) = \sigma^2/L \tag{3.27}$$

多视处理后的相干斑幅度 $A = \sqrt{I}$，可以推导出 A 的 PDF 服从 Chi 分布，即

$$P_A(A) = \frac{2L^L \cdot A^{2L-1} \cdot \mathrm{e}^{-LA^2}}{\Gamma(L)}\ (A \geqslant 0) \tag{3.28}$$

其数字特征为

$$E(A) = \frac{\Gamma\left(L+\dfrac{1}{2}\right)}{\Gamma(L)\cdot\sqrt{L}}, \mathrm{var}(A) = 1 - \frac{\Gamma^2\left(L+\dfrac{1}{2}\right)}{L\cdot\Gamma^2(L)} \tag{3.29}$$

在多视 SAR 图像的有关表达式中，令 $L=1$ 可得到单视 SAR 图像的有关表达式。图 3.4 显示了在匀质区域中样本强度的标准差与均值之间的线性关系，该线性关系的斜率为 $1/\sqrt{L}$。因此，当斜率为 1 时，即对应单视 SAR 图像情况。

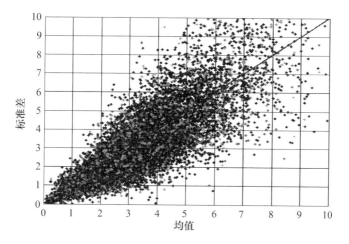

图 3.4　匀质区域的均值和标准差

3.2.1.3　多极化 SAR 统计分布

单视的多极化 SAR 数据幅度统计特性服从瑞利分布,功率统计特性服从指数分布,多视极化协方差矩阵或极化相干斑矩阵服从复 Wishart 分布,极化测量矢量的统计分布可采用多元复高斯分布来描述。

极化测量矢量 $\boldsymbol{k}_{3L} = \begin{bmatrix} S_{hh} & \sqrt{2}S_{hv} & S_{hh} \end{bmatrix}^{T}$ 的概率密度函数为

$$p(k) = \frac{1}{\pi^3 |\boldsymbol{C}|} \exp(-k^T \boldsymbol{C}^{-1} k) \tag{3.30}$$

式中:$|\boldsymbol{C}|$ 为极化协方差矩阵的行列式,$\boldsymbol{C} = \boldsymbol{k}_{3L}\boldsymbol{k}_{3L}^{H}$。

将 L 个单视协方差矩阵非相干叠加取平均,可得 L 视协方差矩阵:

$$\boldsymbol{Z} = \frac{1}{L}\sum_{i=1}^{L}(\boldsymbol{k}_{3L}\boldsymbol{k}_{3L}^{H})_i = \frac{1}{L}\sum_{i=1}^{L}\begin{bmatrix} |S_{hh}|^2 & \sqrt{2}S_{hh}S_{hv}^* & S_{hh}S_{hv}^* \\ \sqrt{2}S_{hv}S_{hh}^* & \sqrt{2}|S_{hv}|^2 & \sqrt{2}S_{hv}S_{vv}^* \\ S_{vv}S_{hh}^* & \sqrt{2}S_{vv}S_{hv}^* & |S_{vv}|^2 \end{bmatrix}_i \tag{3.31}$$

多视协的方差矩阵 $\boldsymbol{Z}$ 统计特性服从复 Wishart 分布,概率密度函数为

$$p(\boldsymbol{Z}) = \frac{L^{qn}|\boldsymbol{Z}|^{n-q}\exp[-L\mathrm{tr}(\boldsymbol{C}^{-1}\boldsymbol{Z})]}{K(L,q)|\boldsymbol{C}|^L} \tag{3.32}$$

式中:$\mathrm{tr}(\cdot)$ 为矩阵的迹;$K(L,q) = \pi^{q(q-1)/2}\Gamma(n)\cdots\Gamma(L-q+1)$,$q=3$。

3.2.2　相干斑模型

3.2.2.1　单极化 SAR 的相干斑模型

在单极化 SAR 中,其相干斑噪声模型为乘性模型[11]:

$$Y = XV \tag{3.33}$$

式中：Y 为观测到的成像图像；X 为理想干净的图像；V 为乘性相干斑噪声，$E(V)=1$，假设 V 与 X 相互独立。

强度图像 $X = R$，幅度图像 $X = \sqrt{R}$。此外，相干斑的标准差与视数有关，强度 SAR 的相干斑 $\sigma_V = 1/\sqrt{L}$，幅度 SAR 的相干斑 $\sigma_V = \sqrt{(4/\pi - 1)/L}$。该乘性模型对单视极化 SAR 图像和多视极化 SAR 图像都适用。

3.2.2.2　多极化 SAR 相干斑模型

众所周知，单极化 SAR 的噪声模型为乘性模型，将单极化 SAR 的噪声模型直接推广到多极化 SAR 中会存在很多问题，但目前基于乘性模型的极化 SAR 相干斑研究较多并得到了广泛应用。

对于单视极化 SAR，雷达在非匀质区域所接收到的电磁波中包含着非匀质区域的空间波动所引起的纹理特性和相干斑噪声。因此，极化域的乘性相干斑模型可表示为

$$\boldsymbol{y} = \sqrt{t} \cdot \boldsymbol{v} \tag{3.34}$$

式中：$\boldsymbol{y}$ 为雷达所接收到的回波矢量；$\boldsymbol{v}$ 为相干斑噪声矢量；t 为标量纹理变量。

一般认为 $\boldsymbol{y}$ 服从均值为 1 的 Γ 分布，联合概率密度函数为

$$p(\boldsymbol{y}|t) = \frac{1}{\pi^q t^q |\boldsymbol{C}|} \exp\left(-\frac{\boldsymbol{y}^{\mathrm{H}} \boldsymbol{C}^{-1} \boldsymbol{y}}{t} \right) \tag{3.35}$$

对于多视极化 SAR，则有

$$\boldsymbol{Y} = \frac{1}{L} \sum_{i=1}^{L} \boldsymbol{y}_i \boldsymbol{y}_i^{\mathrm{H}}$$
$$\boldsymbol{Y} = \frac{1}{L} \sum_{i=1}^{L} \sqrt{t_i} \boldsymbol{v}_i \boldsymbol{v}_i^{\mathrm{H}} \sqrt{t_i} \tag{3.36}$$

相对极化相干斑噪声的变化，通常认为纹理变量的变化较慢，即极化相干斑噪声特征矢量的空间相关性较低，因此可认为用于多视平均的像元的纹理变量是相等的，从而有

$$\boldsymbol{Y} = \sqrt{t_i} \left(\frac{1}{L} \sum_{i=1}^{L} \boldsymbol{v}_i \boldsymbol{v}_i^{\mathrm{H}} \right) \sqrt{t_i} = t\boldsymbol{V} \tag{3.37}$$

式中：$\boldsymbol{V}$ 为相干斑的多视协方差矩阵。

式(3.37)是多视情况下极化乘性相干斑噪声模型，此时，$\boldsymbol{Y}$ 服从一定条件的 Wishart 分布。

3.2.3　相干斑抑制评价指标

极化 SAR 相干斑抑制研究的另一个重要方面是对降斑效果的评价。评价和衡量去噪算法的好坏,除主观视觉效果外,还需要借助一些客观的评价指标来定量分析和比较各种相干斑抑制算法的优劣:①无参考图像空域质量评价(Blind/Reference less Image Spatial Quality Evaluator,BRISQUE),在空域上,计算图像局部正规化亮度系数测评图像的失真度;②等效视数,评价滤波效果分析同质区域的一致性;③散射保持率,分析极化信息的保持特性;④极化特征图,分析数据的极化信息及其保持特性;⑤相干斑抑制后的图像能否便于解译。

3.2.3.1　无参考图像空域质量评价

对图像的整体质量测量用客观指标无参考图像空域质量评价(BRIS-QUE)[12,13]。BRISQUE 的优势是无需参考比对图像,无需采用变换域,不需要计算图像的振铃、扭曲、模糊,通过计算图像局部正规化亮度系数统计信息来评价图像潜在的失真度,从而在空域上评价整幅图像的质量。BRISQUE 的评价值在[0,100]区间内,数值越小,图像质量越好,整体失真度越小。

3.2.3.2　等效视数

降斑的直接目标是消除图像中相干斑噪声,在同质区域中,理想的状态是整个区域平滑一致。等效视数(ENL)[14]表示滤波后极化 SAR 同质区域的平滑度,等效视数越大,表示同质区域平滑程度越高,相干斑噪声越弱,降斑效果越理想。其定义为

$$\text{ENL} = K_c \left(\frac{m_H}{\sigma_H}\right)^2 \tag{3.38}$$

式中:σ_H、m_H 分别为匀质区域的标准差和均值;K_c 为与 SAR 图像格式相关的常量,幅度 SAR 图像 $K_c = 4/\pi - 1$,强度 SAR 图像 $K_c = 1$。

3.2.3.3　散射保持率

依据地物的散特性对极化数据进行 Yamaguchi 四分量分解[15],可获得二面散射功率、表面散射功率、体散射功率、螺旋散射功率。用红色、蓝色、绿色三种颜色通道分别显示前三个功率合成 RGB 彩色图像。因此,合成图像的颜色可以很好地反映被分解数据中不同区域的极化散射信息。如果相干斑抑制后其极化信息能够很好的保持,那么与未处理的极化 SAR 数据相比,它们的 Yamaguchi

四分量分解图颜色应该更接近。为了定量地分析不同相干斑算法对极化信息的保持性,在面散射功率、表面散射功率、体散射功率占主导的区域选取 100 个有代表性的像素点,分别计算这些像素在降斑前后散射功率与原始功率的差值率。散射保持率为

$$r_m = \frac{P_m^0 - P_m^1}{P_m^0} \tag{3.39}$$

式中:P_m^1、P_m^1 分别为相干斑抑制前后的 m 种类型的散射功率。

r_m 越小,说明降斑后散射功率越接近原始的散射功率,极化散射信息保持越好。

3.2.3.4　极化特征图

极化特征图[16]描述了目标散射的共极化特性和交叉极化特性。已知目标的极化散射特性,雷达天线在任意极化组合下的接收功率为

$$P(\delta_r, \varphi_r, \delta_t, \varphi_t) = k(\lambda, \theta, \varphi) \boldsymbol{J}_r^{\mathrm{T}} \boldsymbol{K} \boldsymbol{J}_t \tag{3.40}$$

式中:(δ_t, φ_t)、(δ_r, φ_r) 分别为发射波与接收波的极化椭圆参数;δ 为椭圆率角;φ 为极化仰角;$k(\lambda, \theta, \varphi)$ 为常数,取决于天线的有效面积和波导抗;$\boldsymbol{J}_r$ 为天线在 (δ_r, φ_r) 状态下的极化矢量;$\boldsymbol{J}_t$ 为天线在 (δ_t, φ_t) 状态下的极化矢量;$\boldsymbol{K}$ 为散射目标的 Kennaugh 矩阵。

在实际应用中,通常只考虑接收功率的相对值,进而可将 $k(\lambda, \theta, \varphi)$ 省略简化计算。当 $\delta_r = \delta_t, \varphi_r = \varphi_t$ 时,两者的极化状态一致,称为共极化或同极化。当 $\delta_r = -\delta_t, \varphi_r = \pi - \varphi_t$ 时,两者的极化状态正交,称为交叉极化。在这两种极化状态下,建立一个以 δ 为 x 轴、φ 为 y 轴、$P(\delta, \varphi)$ 为 z 轴的三维坐标系,同时将两个极化状态与回波接收功率关系用三维形式表示出来,该三维图像就是极化特征图。同极化或共极化状态对应的极化特征图称为同极化或共极化特征图。交叉极化对应的极化特征图称为交叉极化特征图。若相干斑抑制后的极化特征图与初始数据的极化特征图一致,则说明极化信息保持良好。

相干斑抑制的目的是为了更好地对极化信息进行解译。因此,可以通过相干斑抑制后极化 SAR 数据的分类结果,特定目标的检测及识别率等来判断降斑效果是否理想。

3.3　极化 SAR 处理平台

为了满足广大遥感用户对极化 SAR 数据的处理需求,一些知名遥感商业软件和科研机构也开始逐步在已有的软件中加入对极化 SAR 数据的处理和分析。

但是由于极化 SAR 数据比较复杂,对其处理也比 SAR 要复杂得多,专门处理极化 SAR 数据的平台[17]比较少。下面简单介绍目前主要的 SAR 和极化 SAR 处理平台。

3.3.1 ENVI

ENVI(The Environment for Visualizing Images)是一套功能强大的遥感图像处理软件,是读取分析显示及处理高光谱数据、多光谱数据及雷达数据的高级工具。

ENVI 提供完整的雷达处理功能,包括一系列 SAR 数据处理的基本功能:数据导入、多视处理、各种降斑算法、几何及辐射校正、特征提取等;提供基于伽马/高斯分布模型的滤波核,该处理功能不仅能最大程度地去除相干斑噪声,而且能够很好地保留雷达图像的空间分辨力信息和纹理属性;提供极化 SAR 和极化干涉 SAR 数据的读取和合成处理。

但是,ENVI 的极化功能相对比较少,目前只停留在部分极化数据的读取和合成上,进一步的分析处理功能也显得非常薄弱。

3.3.2 PCI Geomatica

PCI Geomatica 是加拿大 PCI 公司旗下一系列产品的集成软件,它的极化 SAR 工作站是一个先进的综合工具包,主要作用是将极化 SAR 数据用于地球检测和资源管理中。

PCI Geomatica 工具包提供了一套完整的工具和方案来处理分析极化 SAR 数据,包括:识别多种原始格式的 Pol-SAR 数据;能够输出散射矩阵 S、极化相干矩阵 T、极化协方差矩阵 C,Kennaugh 矩阵;计算相关系数 ρ,Pauli 分解、Freeman-Durden 参数;手动目标选择分析操作。

PCI Geomatica 10 的极化功能比 ENVI 稍微丰富,缺点是用户操作界面不容易上手,对极化矩阵及其相关分解参数结果没有提供图像化显示功能,没有相关的相干斑抑制和极化定标操作,其他极化分析处理解译功能也还有待进一步丰富。

3.3.3 RAT

RAT(Radar Tools)是一个专业 SAR 图像处理的小工具集合,具有跨系统平台工作的能力,是一个可以从网站 http://www. cv. tu-berlin. de. rat 免费下载使用的开源软件。RAT 采用交互式数据语言(IDL)开发,目前支持的极化数据存储形式为散射矩阵 S、极化协方差矩阵 C 或极化相干矩阵 T,支持极化 SAR 和极化干涉 SAR 处理。

RAT 提供了较全面的极化工具,包括:极化点目标的分析,简单的极化相干斑抑制,极化 CFAR 边缘检测,极化协方差矩阵 **C**、极化相干矩阵 **T**、总功率图 **span** 的计算及生成,各极化基之间的相互转换;多种极化分解和无监督极化分类,通道之间的强度比、相关性以及相位差的计算等。

3.3.4 PolSARpro

PolSARpro 研究的重点是极化 SAR 和干涉 SAR 在陆地和海冰观测上的应用。PolSARpro 软件的开发方便了极化 SAR 数据集的获取和应用,并提供了软件使用手册和大量的极化教学 PPT。PolSARpro 是一种支持多种机载极化 SAR 和星载极化 SAR 数据的开源软件,采用 C 语言编写,可以从网站 http://earth.esa.int/polsarpro/index.html 免费下载使用最新版本。

相比较其他软件,PolSARpro 的极化处理分析工具要丰富得多,包括全极化数据格式的转换、全极化数据到部分极化 SAR 数据的转换、极化基变换、相干斑抑制、最优极化对比度增强、极化合成、极化响应图、极化分解、极化监督和非监督分类、极化定标以及极化干涉等处理功能。

3.3.5 CAESAR-POLSAR

CAESAR-POLSAR 是我国在吸收国内外大量开发经验的基础上,成功研制的极化 SAR 处理平台。CAESAR-POLSAR 支持大部分的机载极化 SAR 与星载极化 SAR 的读取,主要采用 C++语言以及 Microsoft 基础类(MFC)库开发。

CAESAR-POLSAR 的主要极化功能包括从极化基本的处理分析到极化定标、极化滤波、极化分解、极化监督和极化非监督分类以及极化干涉等。

CAESAR-POLSAR 在很大程度上借鉴了开源软件 PolSARpro 提供的机载数据和解压算法,还吸收了其他专业软件的开发经验,并结合极化 SAR 的最新发展状况和技术,力图提供一个功能全面且操作便捷的可视化专业软件。

3.4 基于核回归的极化 SAR 相干斑抑制

核回归方法属于非参数估计理论基础[18,19],随着数字图像技术的快速发展,该方法也得到了快速发展,并且已经渗透到多个领域,在图像去噪中取得了一定的成效。从本质上来说,核回归方法属于一种空域局部平均的去噪方法,它依赖于处理数据指定模型的泰勒局部展开式。

Lee 滤波是 SAR 图像空域降斑算法中最为经典的,是基于完全发育的乘性斑点噪声模型,利用一阶泰勒级数展开获得 SAR 图像的相干斑抑制结果。精致极化 Lee 滤波是在 Lee 滤波的基础上发展而来,采用 **span** 数据保持数据的极化信息,对每一元素均等滤波避免了极化通道间的串扰。以上三种去噪降斑算法的模型都是基于泰勒局部展开,为核回归框架应用于 SAR 或极化 SAR 数据图像提供了理论基础。

本节首先借鉴 Lee 滤波的模型,将核回归应用于 SAR 图像相干斑抑制;其次,采用 Sobel 算子估计图像梯度,降低操作的难度;最后,在基于精致极化 Lee 的思想上,将核回归框架扩展到极化 SAR 图像的降斑。对于极化 SAR 图像,采用 **span** 数据来计算权值系数,并且用 Sobel 算子在 **span** 数据上估计初始梯度,从而保持图像的极化信息,对极化协方差矩阵的所有元素进行均等独立滤波,从而可以避免极化通道之间的串扰。实验表明,基于核回归的 SAR 图像降斑能够有效地抑制 SAR 图像的相干斑噪声,基于核回归的极化 SAR 相干斑抑制能有效地抑制极化 SAR 图像的相干斑噪声。

3.4.1　核回归理论

将核回归分析应用于图像去噪最早是由 H. Takeda 等[20]于 2005 年提出的,随后又得到了进一步发展[21,22]。

3.4.1.1　一维信号的核回归

非参数核回归模型依赖于数据本身的结构特性,为了更好地理解核回归思想,首先假设数据是一维的,其表示形式为

$$y_i = z(x_i) + n_i \tag{3.41}$$

式中:$z(x_i)$ 为回归函数,即通常所说的理想不含噪图像;n_i 为普通自然图像的噪声,独立并且服从均值为 0 的高斯分布;y_i 为观测到的含噪图像。

$z(x_i)$ 的数据特性在处理时是未确定的。假设该回归函数满足 N 阶局部平滑,将这个点在 x 附近进行泰勒序列展开,便可求得回归函数在 x 点处的像素值。其泰勒展开公式为

$$z(x_i) \approx z(x) + z(x)(x_i - x) + \frac{1}{2!}z''(x)(x_i - x)^2 + \cdots + \frac{1}{N!}z^{(N)}(x)(x_i - x)^N$$

$$= \beta_0 + {}_1(x_i - x) + \beta_2(x_i - x)^2 + \cdots + \beta_N(x_i - x)^N \tag{3.42}$$

为了获得采样点的待估计像素值,只要求得式(3.42)中的 β_0 即可,核函数的 N 阶局部信息则由 $\{\beta_n\}_{n=1,2,\cdots,N}$ 提供。

核回归算法的基本思想是依据像素之间的局部相关性,未知像素的局部特性求解需要通过已得到的像素值进行估计,也就是估计 $\{\beta_n\}_{n=1,2,\cdots,N}$,未知像素可以通过最小化已知像素点的误差来求解。在对局部邻域进行计算求解待估计

的参数 $\{\beta_n\}_{n=1,2,\cdots,N}$ 时,应该遵循的原则是对近采样点的权重值相对较高,而对远采样点应该降低其权重值。此时,相当于解决最优化问题:

$$\min\sum_{i=1}^{P}\left[\,y_i - \beta_0 - \beta_1(x_i - x) - \beta_2(x_i - x)^2 - \cdots\beta_N(x_i - x)^N\,\right]^2 \frac{1}{h}K\left(\frac{x_i - x}{h}\right)$$

$$(3.43)$$

式中:$K(\,\cdot\,)$ 为核函数,用来描述空间距离;h 为平滑参数,用来调节核函数的平滑度。

若令式(3.43)中 $N=0$,则对应的模型为常数模型,此时只要求得 β_0 便可以估计出 x 处的灰度值,$z(x_i) \approx z(x) = \beta_0$。

为了求得式(3.43)的最小值,对其求导可得

$$-2\sum_{i=1}^{P}(y_i - \beta_0)\frac{1}{h}K\left(\frac{x_i - x}{h}\right) = 0 \tag{3.44}$$

即

$$\hat{z}(x) \approx \beta_0 = \frac{\displaystyle\sum_{i=1}^{p}K_h(x_i,x)y_i}{\displaystyle\sum_{i=1}^{p}K_h(x_i,x)},K_h(t) = \frac{1}{h}K\left(\frac{1}{t}\right) \tag{3.45}$$

上式称为 NWE(Nadaraya-watson Estimator)公式。估计结果是其周边像素的核函数在该位置的叠加,然后采取归一化处理。显然,离估计点越近的像素对其影响越大,权重值越大;相反,离估计点越远的像素对其影响越小,权重值越小。

3.4.1.2 二维信号的核回归

从本质上来说,二维信号的核回归与一维信号的核回归是一样的。相比较一维信号的核回归,二维信号的核回归形式较为繁琐,涉及的矩阵、矢量运算,计算复杂度较大。假设式(3.41)为二维信号的数据模型,其二阶泰勒局部展开式为

$$z(\boldsymbol{x}_i) = z(\boldsymbol{x}) + \{\nabla z(\boldsymbol{x})\}^T(\boldsymbol{x}_i - \boldsymbol{x}) + \frac{1}{2}(\boldsymbol{x}_i - \boldsymbol{x})^T\{\boldsymbol{H}z(\boldsymbol{x})\}(\boldsymbol{x}_i - \boldsymbol{x}) + \cdots$$

$$= z(\boldsymbol{x}) + \{\nabla z(\boldsymbol{x})\}^T(\boldsymbol{x}_i - \boldsymbol{x}) + \frac{1}{2}\mathrm{vec}^T\{\boldsymbol{H}z(\boldsymbol{x})\}\mathrm{vec}\{(\boldsymbol{x}_i - \boldsymbol{x})(\boldsymbol{x}_i - \boldsymbol{x})^T\} + \cdots$$

$$(3.46)$$

式中:∇ 为 2×1 的梯度算子;$\boldsymbol{H}$ 表示 2×2 的 Hessian 算子;$\mathrm{vec}(\,\cdot\,)$ 为矢量化算子,vec 是按一定的顺序将一个对称矩阵的下三角进行矢量化。

由于海赛(Hessian)矩阵是对称的,同样如一维信号核回归,β_n 可以用以下最优化问题求解[23]:

$$\min \sum_{i=1}^{P} \left[y_i - \boldsymbol{\beta}_0 - \boldsymbol{\beta}_1^{\mathrm{T}}(\boldsymbol{x}_i - \boldsymbol{x}) - \boldsymbol{\beta}_2^{\mathrm{T}} vec\{(\boldsymbol{x}_i - \boldsymbol{x})(\boldsymbol{x}_i - \boldsymbol{x})^{\mathrm{T}}\} - \cdots \right]^2 K_H(\boldsymbol{x}_i, \boldsymbol{x})$$

$$(3.47)$$

式中

$$K_H(t) = \frac{1}{\det(\boldsymbol{H})} K(\boldsymbol{H}^{-1} t) \tag{3.48}$$

式中:K 为二维形式的核函数;H 为 2×2 的对称的平滑矩阵。

将上式表示成矩阵权值形式的最优化问题,其形式为

$$\hat{\boldsymbol{b}} = \arg \min_{\boldsymbol{b}} \|\boldsymbol{y} - \boldsymbol{X}_x \boldsymbol{b}\|_{W_x}^2$$

$$= \arg \min_{\boldsymbol{b}} (\boldsymbol{y} - \boldsymbol{X}_x \boldsymbol{b})^{\mathrm{T}} \boldsymbol{W}_x (\boldsymbol{y} - \boldsymbol{X}_x \boldsymbol{b}) \tag{3.49}$$

式中

$$\boldsymbol{y} = [\boldsymbol{y}_1 \quad \boldsymbol{y}_2 \quad \cdots \quad \boldsymbol{y}_p]^{\mathrm{T}}, \boldsymbol{b} = [\boldsymbol{\beta}_0 \quad \boldsymbol{\beta}_1^{\mathrm{T}} \quad \cdots \quad \boldsymbol{\beta}_N^{\mathrm{T}}]^{\mathrm{T}} \tag{3.50}$$

$$\boldsymbol{W}_x = \mathrm{diag}\lfloor K_H(\boldsymbol{x}_1, \boldsymbol{x}), K_H(\boldsymbol{x}_2, \boldsymbol{x}), \cdots, K_H(\boldsymbol{x}_p, \boldsymbol{x}) \rfloor \tag{3.51}$$

$$\boldsymbol{X}_x = \begin{bmatrix} 1 & (\boldsymbol{x}_1 - \boldsymbol{x})^{\mathrm{T}} & \boldsymbol{vec}^{\mathrm{T}}\{(\boldsymbol{x}_1 - \boldsymbol{x})(\boldsymbol{x}_1 - \boldsymbol{x}^{\mathrm{T}})\} & \cdots \\ 1 & (\boldsymbol{x}_2 - \boldsymbol{x})^{\mathrm{T}} & \boldsymbol{vec}^{\mathrm{T}}\{(\boldsymbol{x}_2 - \boldsymbol{x})(\boldsymbol{x}_2 - \boldsymbol{x}^{\mathrm{T}})\} & \cdots \\ \vdots & \vdots & \vdots & \vdots \\ 1 & (\boldsymbol{x}_p - \boldsymbol{x})^{\mathrm{T}} & \boldsymbol{vec}^{\mathrm{T}}\{(\boldsymbol{x}_p - \boldsymbol{x})(\boldsymbol{x}_p - \boldsymbol{x}^{\mathrm{T}})\} & \cdots \end{bmatrix} \tag{3.52}$$

采用最小平方误差估计,则结果最后可化简为

$$\hat{z}(\boldsymbol{x}) = \hat{\boldsymbol{\beta}}_0 = \boldsymbol{e}_1^{\mathrm{T}} (\boldsymbol{X}_x^{\mathrm{T}} \boldsymbol{W}_x \boldsymbol{X}_x)^{-1} \boldsymbol{X}_x^{\mathrm{T}} \boldsymbol{W}_x \boldsymbol{y} \tag{3.53}$$

式中:e_1 为单位列矢量,它的首元素为 1,其他值为 0。

当 $N = 0$ 时,可以得到 NWE 公式为

$$\hat{z}(\boldsymbol{x}) = \frac{\sum_{i=1}^{P} K_H(\boldsymbol{x}_i, \boldsymbol{x}) \boldsymbol{y}_i}{\sum_{i=1}^{P} K_H(\boldsymbol{x}_i, \boldsymbol{x})} \tag{3.54}$$

3.4.1.3　自适应控制核回归

自适应控制核回归的基本思想是位置属性与仿射属性同时影响采样点,图像的局部特性会影响核回归的有效尺寸和形状。

在原有核函数中添加一个距离因子,这样同时考虑了数据的空间信息和结

构信息,此时的最优问题变为

$$\min \sum_{i=1}^{P} \left[\boldsymbol{y}_i - \boldsymbol{\beta}_0 - \boldsymbol{\beta}_1^{\mathrm{T}} (\boldsymbol{x}_i - \boldsymbol{x}) - \boldsymbol{\beta}_2^{\mathrm{T}} \mathbf{vec} \{ (\boldsymbol{x}_i - \boldsymbol{x})(\boldsymbol{x}_i - \boldsymbol{x})^{\mathrm{T}} \} \right.$$
$$\left. - \cdots \right]^2 K_{H_{\mathrm{s}}}(\boldsymbol{x}_i, \boldsymbol{x}) K_{h_{\mathrm{r}}}(\boldsymbol{y}_i, \boldsymbol{y}) \tag{3.55}$$

此时,NWE 公式为

$$\hat{z}(x) = \frac{\displaystyle\sum_{i=1}^{P} K_{H_{\mathrm{s}}}(\boldsymbol{x}_i, \boldsymbol{x}) K_{h_{\mathrm{r}}}(\boldsymbol{y}_i, \boldsymbol{y}) \boldsymbol{y}_i}{\displaystyle\sum_{i=1}^{P} K_{H_{\mathrm{s}}}(\boldsymbol{x}_i, \boldsymbol{x}) K_{h_{\mathrm{r}}}(\boldsymbol{y}_i, \boldsymbol{y})} \tag{3.56}$$

式中:$K_{h_{\mathrm{r}}}(\boldsymbol{y}_i, \boldsymbol{y})$ 为一个像素在邻域内的水平或垂直梯度估计。

当对图像进行滤波去噪时,边缘同侧的像素对待估计点有较大的影响,相反,异侧的像素对待估计点影响较小。因此,对图像的去噪包含两个步骤:一是采用某一梯度估计算法对图像局部结构信息的水平或垂直梯度进行初始估计;二是依据初始的水平或垂直梯度估计自适应的"控制"局部核,使得核的运动都在局部边缘结构方向进行。这些局部自适应控制核,在图像恢复与重建过程中对边缘的影响重大,使得处理后的图像边缘纹理细节保留完好。具体而言,它研究了一个既具有空间核函数特性又具有仿射性核函数特性的平滑矩阵。其形式为

$$K_{H_{\mathrm{s}}}(\boldsymbol{x}_i, \boldsymbol{x}) K_{h_{\mathrm{r}}}(\boldsymbol{y}_i, \boldsymbol{y}) = K_{H_i^{\mathrm{s}}}(\boldsymbol{x}_i, \boldsymbol{x}) \tag{3.57}$$

$$K_{H_i^{\mathrm{s}}}(\boldsymbol{x}_i, \boldsymbol{x}) = \frac{\sqrt{\det(\boldsymbol{C}_i)}}{2\pi h^2} \exp\left\{ -\frac{(\boldsymbol{x}_i - \boldsymbol{x}) \boldsymbol{C}_i (\boldsymbol{x}_i, \boldsymbol{x})}{2h^2} \right\} \tag{3.58}$$

式中:$\boldsymbol{C}_i$ 为自适应协方差矩阵,是一个与梯度特征矢量相关的且能够联系局部边缘结构和梯度的协方差矩阵(此处所提到的自适应协方差矩阵与极化 SAR 中的极化协方差矩阵是两个不同的概念)。其具体表达式为

$$\boldsymbol{C}_i \approx \begin{bmatrix} \displaystyle\sum_{x_j \in w_i} z_{x_1}(x_j) z_{x_1}(x_j) & \displaystyle\sum_{x_j \in w_i} z_{x_1}(x_j) z_{x_2}(x_j) \\ \displaystyle\sum_{x_j \in w_i} z_{x_1}(x_j) z_{x_2}(x_j) & \displaystyle\sum_{x_j \in w_i} z_{x_2}(x_j) z_{x_2}(x_j) \end{bmatrix} \tag{3.59}$$

式中:$z_{x_1}(\cdot)$ 为沿水平方向的梯度;$z_{x_2}(\cdot)$ 为沿垂直方向的梯度;w_i 为邻域窗的大小。将得到的平滑矩阵 $\boldsymbol{K}_{H_i^{\mathrm{s}}}$ 代入式(3.57)中,最后的 NWE 的表达式为

$$\hat{z}(x) = \frac{\displaystyle\sum_{i=1}^{P} \boldsymbol{K}_{H_i^{\mathrm{s}}}(\boldsymbol{x}_i, \boldsymbol{x}) \boldsymbol{y}_i}{\displaystyle\sum_{i=1}^{P} \boldsymbol{K}_{H_i^{\mathrm{s}}}(\boldsymbol{x}_i, \boldsymbol{x})} \tag{3.60}$$

通过分析可知,平滑矩阵的数据是独立的,去噪效果对输入图像所含的噪声较敏感。通过引入了自适应控制核的迭代过程来解决这一问题,即每次迭代的输出图像用来估计下一次迭代的平滑矩阵。图 3.5(a)是对输入的原始图像进行初始梯度估计,然后输出迭代一次的数据结果;在下次迭代过程中,含噪较少的重构图像用来进行更为可靠的梯度估计,如图 3.5(b)所示,n 是所要迭代的次数。在 Lena 自然图像中添加 sigma = 25 的高斯白噪声,不同迭代次数下图像峰值信噪比 PSNR 的一个变化曲线图如图 3.6 所示。起初随着迭代次数的增加,输出图像的 PSNR 逐渐增加,去噪效果越来越理想,迭代次数继续增加,PSNR 逐渐减少,而偏差越来越大,最终导致图像模糊,即过滤波。因此 n 取值不宜过大。

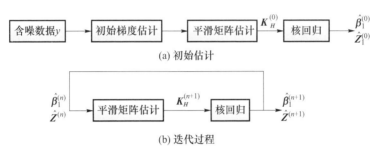

(a) 初始估计

(b) 迭代过程

图 3.5　迭代过程

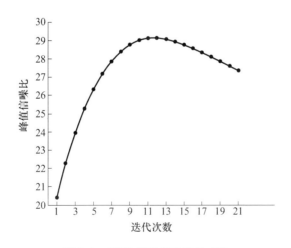

图 3.6　PSNR 随迭代次数的变化

基于以上理论阐述,核回归的优点可概括为:①能够自适应地通过泰勒级数展开序列估计图像的局部数据特征;②引入自适应控制核很好地保持边缘信息及纹理特征;③具有很强的灵活性和延展性。

通过上述分析可知,核回归算法具有一定的优势,将其扩展应用于 SAR 或极化 SAR 图像的降斑中是值得研究的。将核回归应用于 SAR 或极化 SAR 图像中,实际上就是建立符合 SAR 或极化 SAR 数据及噪声模型的 NWE 公式。

3.4.2　基于核回归的 SAR 图像相干斑抑制

在 SAR 图像的空域相干斑抑制中,利用局部泰勒展开模型获得降斑结果已经出现了很多研究成果,其中 Lee 滤波[11]是最为经典的算法,并且该算法是基于完全发育的乘性斑点噪声模型,对后续的 SAR 图像降斑研究产生了很大的影响。类似的泰勒展开模型还有 Kuan 滤波[24]、Frost 滤波[25]、增强 Lee 滤波[26]等,这些算法只考虑了像素的邻域信息,忽略了空间的邻近度,同时存在边缘模糊的问题,滤波后的图像存在明显的区域块,视觉效果不是很理想。本节的重点是借鉴 Lee 滤波的泰勒展开思想,将核回归的模型结合扩展应用到 SAR 图像的降斑,推导出适用于 SAR 图像数据形式及斑点模型的 NWE 公式,即 SAR 图像的核回归降斑模型。

3.4.2.1　核回归的 SAR 图像降斑

假设 SAR 图像的相干斑模型表示为

$$y = xv \tag{3.61}$$

式中:y 表示含噪的 SAR 图像;x 表示理想无噪的 SAR 图像;v 表示乘性相干斑噪声,其均值为 1,方差是一个与图像的格式及视数相关的常数。

为了估计 x 的值,对这个点在 $\bar{x}$ 处进行一阶泰勒序列展开,其展开式为

$$y = x + \bar{x}(v - 1) \tag{3.62}$$

运用最小均方误差(MMSE)准则[27]对散射系数进行线性估计,即假设

$$\hat{x} = k_1 y + k_2 \bar{x} \tag{3.63}$$

式中:$\bar{x} = E(x) = E(y) = \bar{y}$ 为滑动窗口中像素的均值;k_1、k_2 为待定系数。

使均方误差 $J = E\left[(x - \hat{x})^2\right]$ 最小,可求得 $k_2 = 1 - k_1$、式(3.63)可变为

$$\hat{x} = k_1 y + (1 - k_1) \bar{y} \tag{3.64}$$

式中

$$k_1 = \frac{\sigma_x^2(1 + \sigma_v^2)}{\sigma_y^2}$$

其中

$$\sigma_x^2 = \frac{\sigma_y^2 - \sigma_v^2 \mu_y^2}{1 + \sigma_y^2}$$

这里:σ_y^2 为邻域窗内像素的方差,μ_y 为邻域窗内像素的均值,σ_v^2 为 SAR 图像的相

干斑噪声的方差,强度 SAR 图像 $\sigma_v^2 = \dfrac{1}{L}$,幅度 SAR 图像 $\sigma_v^2 = \left(\dfrac{4}{\pi}-1\right)\Big/L$。

将式(3.64)转换成

$$y = k\hat{x} + (1 - k)\overline{y} \tag{3.65}$$

式中:$k = 1/k_1$。

式(3.65)等价于本节一开始描述的非参数核回归模型,即式(3.61)。将该模型应用于核回归的框架下,仍然采用自适应控制核回归方法,则最后得到的 NWE 公式为

$$\hat{x} = \frac{\displaystyle\sum_{i=1}^{P}\left[y_i - (1 - k)\overline{y}\right]K_{H_i^s}(x_i, x)}{\displaystyle\sum_{i=1}^{P} k K_{H_i^s}(x_i, x)} \tag{3.66}$$

式(3.66)是基于核回归的 SAR 图像相干斑抑制的模型。

3.4.2.2　Sobel 算子的梯度估计

在自然图像的核回归去噪的过程中为了得到更好的效果采用了迭代过程,而自适应迭代控制核回归(Iteration Steering Kernel Regression,ISKR)是需要计算大量的图像梯度。H. Takeda 等采用等效核的方式进行梯度估计,平滑参数 h 用来控制核函数的趋势,进而调节核窗口的大小。h 值越小,获得的核函数越陡峭,对应的核窗口就会越小;h 值越大,获得的核函数越平坦,对应的核窗口就会越大,如图 3.7 所示。这样对非专业人士就有一定难度,也使实验结果存在一定的不确定性。

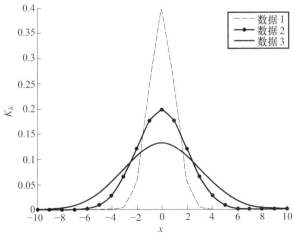

图 3.7　不同 h 的核分布水平截面

为了使操作更加简单,减少计算 $N+1$ 阶的信息,引入梯度算子 Sobel[28]。Sobel 算子是边缘检测中最常用的一种模板,可以降低边缘模糊程度,因此效果更好。其思想是基于像素的位置的影响进行邻域加权,再进行一阶微分处理,检测出图像的边缘。设置水平梯度算子模板与垂直梯度算子模板分别用来检测图像的垂直边缘及水平边缘:

水平梯度算子模板:

$$\frac{1}{4}\begin{bmatrix} -1 & -2 & -1 \\ 0 & 0 & 0 \\ 1 & 2 & 1 \end{bmatrix}$$

垂直梯度算子模板:

$$\frac{1}{4}\begin{bmatrix} -1 & 0 & 1 \\ -2 & 0 & 2 \\ -1 & 0 & 1 \end{bmatrix}$$

模板内的数字为模板系数,水平梯度算子模板的方向与垂直边缘的方向相垂直,垂直梯度算子模板的方向与水平边缘的方向相垂直。将水平梯度算子模板与垂直梯度算子模板表示为

$$[M]^i = \begin{bmatrix} M^i_{-1,-1} & M^i_{-1,0} & M^i_{-1,1} \\ M^i_{0,-1} & M^i_{0,0} & M^i_{0,1} \\ M^i_{1,-1} & M^i_{1,0} & M^i_{1,1} \end{bmatrix} \tag{3.67}$$

式中:$i=1,2$ 分别代表水平梯度算子模板、垂直梯度算子模板。

设窗口内像素的灰度为

$$Y = \begin{bmatrix} y(j-1,k-1) & y(j-1,k) & y(j-1,k+1) \\ y(j,k-1) & y(j,k) & y(j,k+1) \\ y(j+1,k-1) & y(j+1,k) & y(j+1,k+1) \end{bmatrix} \tag{3.68}$$

模板卷积过程为

$$g_i = \sum_{m=-1}^{1}\sum_{n=-1}^{1} y(j+m,k+n)M^i_{m,n} \tag{3.69}$$

式中:g_1、g_2 分别为水平梯度和垂直梯度。

Sobel 算子不仅减少了矩阵的计算量,节省了运算时间,而且可以简化操作的复杂度,在处理大幅面的极化 SAR 数据时,更能突显 Sobel 算子的优势。此外,由于 Sobel 算子采用了高斯平滑和微分,其边缘检测结果具有一定的健

壮性。

依据 SAR 图像的相干斑统计分布及模型,本节基于核回归的 SAR 图像相干斑抑制的方法,主要考虑四点:①核回归是基于局部泰勒展开来实现图像的去噪,考虑到 SAR 图像的 Lee 滤波是基于完全"发育"的乘性斑点噪声模型通过泰勒序列展开从而获得降斑结果,将核回归框架应用到 SAR 图像的去噪,建立了符合 SAR 图像特性的 NWE 公式;②引入了自适应控制核,不仅考虑到了像素的亮度信息,而且考虑到了其空间信息,当两个像素距离较近或其灰度信息相差较小,得到的权重系数比较大;③采用 Sobel 算子估计初始梯度,操作简单;④构造的 NWE 公式具有仿射不变性,对噪声具有一定的健壮性,同时该算法具有很强的灵活性和延展性。

3.4.2.3　算法的整体框架及具体步骤

基于核回归的 SAR 图像相干斑抑制的整体框架与核回归的迭代过程图相类似,其流程图如图 3.8 所示。

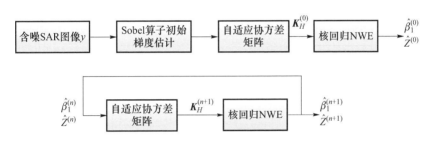

图 3.8　基于核回归的 SAR 图像降斑流程图

具体算法步骤如下:

(1) 读入一幅 SAR 图像 y,并进行边界镜像对称扩展,扩展半径为 N,取图像中的一个像素点 x,以该像素点为中心取 $(2 \times N + 1)$ 大小的邻域窗 w,$N = 3$。

(2) 用 Sobel 算子计算邻域窗内每一个像素点的水平梯度与垂直梯度。

(3) 通过得到的水平梯度与垂直梯度,计算以像素点 x 为中心的邻域窗的局部自适应协方差矩阵 C_i。

(4) 通过局部自适应协方差矩阵 C_i,计算邻域窗的平滑矩阵 K_{H_i}。

(5) 依据估计的平滑矩阵和式(3.60)求得该点的噪声抑制结果。

(6) 对每一个像素点按步骤(1)~(5)进行处理,得到初步的相干斑抑制结果。

(7) 将步骤(6)得到的初步结果迭代处理,得到最终的相干斑抑制结果。

3.4.3 基于核回归的极化 SAR 相干斑抑制

3.4.3.1 核回归的极化 SAR 降斑

精致极化 Lee 滤波[29]从 Lee 滤波的思想发展而来,其模型也是基于泰勒展开的,是极化 SAR 经典的空域降斑算法。该算法最大的优势在于简单、快速、有效;但是降斑图像的边缘纹理会变得模糊,存在明显的区域块。

总功率图像 $\text{span} = S_{\text{hh}} + 2S_{\text{hv}} + S_{\text{vv}}$ 是 HH、HV 和 VV 三个通道的强度图像的加权和,所含的噪声相对较低,并且 **span** 数据也可以包含所有通道的极化信息。因此利用 **span** 图像计算权重系数 k,在一定程度上也能很好地保持极化信息。

按照类似于 SAR 图像 Lee 滤波的思想,可以得到降斑后的极化协方差矩阵为

$$\hat{C} = kC + (1-k)\overline{C} \tag{3.70}$$

式中

$$k = \frac{\text{var}(y) - \overline{y}\sigma^2}{\text{var}(y)(1+\sigma^2)}$$

其中:y 为 **span** 数据;$\text{var}(y)$ 为 y 内像素的方差;$\overline{y}$ 为 y 内像素的均值;σ^2 为 **span** 数据相干斑方差,$\sigma^2 = 1/L$(L 为极化 SAR 的视数)。

对于式(3.70),并不表示对极化协方差矩阵 C 整体进行处理,而是对极化协方差矩阵 C 中的每一个元素进行均等滤波,通过 **span** 计算权重数值将各个极化信息联系起来,即

$$\begin{cases} \hat{C}_{11} = kC_{11} + (1-k)\overline{C}_{11} \\ \quad\vdots \\ \hat{C}_{33} = kC_{33} + (1-k)\overline{C}_{33} \end{cases} \tag{3.71}$$

基于以上思想,首先将式(3.71)转换为

$$C = b\hat{C} + (1-b)\overline{C} \tag{3.72}$$

式中:$b = 1/k$。

抛开极化 SAR 数据本身为 3×3 极化协方差矩阵,从本质上来说式(3.72)等价于非参数核回归模型,即式(3.41)。然后将该模型应用于核回归的框架下,仍然采用自适应控制核回归方法,则最后可得 NWE 公式为

$$\hat{C} = \frac{\sum\limits_{i=1}^{p} [C_i - (1-b)\overline{C}]K_{H_i^s}(x_i, x)}{\sum\limits_{i=1}^{p} bK_{H_i^s}(x_i, x)} \tag{3.73}$$

式(3.73)为基于核回归的极化 SAR 相干斑抑制模型。

另外,由于采用自适应控制核回归,需要计算图像的水平梯度估计与垂直梯度估计。为了更好地保持极化 SAR 的极化信息,在 **span** 数据上用 Sobel 算子进行初始的梯度估计,该梯度值用来衡量各极化数据元素的主要方向。滤波时,各极化元素均在此梯度上自适应地引导各自的局部核,最后得到各极化元素的滤波数据。

极化 SAR 的 NWE 公式是对极化协方差矩阵 C 的每一个元素均等滤波,通过 **span** 数据保持其极化信息,即在 **span** 数据上计算权重数值及用 Sobel 算子在该数据上估计初始的水平梯度与垂直梯度,极化 SAR 数据的其他元素均以此初始估计依次计算各自的自适应协方差矩阵及平滑矩阵,输出降斑后的极化 SAR 数据的各个元素,即

$$\hat{C}_{mn} = \frac{\sum\limits_{i=1}^{P} \left[C_{mni} - (1 - b)\,\overline{C}_{mn} \right] K_{H_i^s}(x_i, x)}{\sum\limits_{i=1}^{P} b K_{H_i^s}(x_i, x)} \tag{3.74}$$

式中:$m = 1, 2, 3$,$n = 1, 2, 3$,代表极化协方差矩阵 C 的各个元素。

依据极化 SAR 图像数据的相干斑统计分布及噪声模型,本节提出了基于核回归的极化 SAR 相干斑抑制算法,主要考虑四点:①基于精致极化 Lee 滤波的泰勒展开思想,将回归框架扩展到极化 SAR 图像的去噪中,建立了符合极化 SAR 图像特性的 NWE 公式;②采用 **span** 数据来计算系数,在 **span** 数据上用 Sobel算子估计初始梯度,保持图像数据的极化信息,简化操作的复杂度;③该算法是对极化协方差矩阵 C 的所有元素进行均等滤波,可以避免极化通道之间的串扰;④构造的公式具有仿射不变性,对噪声具有一定的健壮性。

3.4.3.2　基于本章回归的极化 SAR 相干斑抑制流程及算法步骤

基于本章回归的极化 SAR 相干斑抑制流程如图 3.9 所示。

算法具体步骤如下:

(1)读取极化 SAR 数据,获得 **span** 数据。

(2)在 **span** 数据上用 Sobel 算子进行初始的水平梯度估计和垂直梯度估计,并计算权重系数 b。

(3)取极化协方差矩阵 C 的 C_{11} 元素,通过得到的梯度计算 C_{11} 的局部协方差矩阵 C_i。

(4)根据得到的 C_i,计算处理 C_{11} 时的平滑矩阵 $K_{H_i^s}$。

(5)根据平滑矩阵 $K_{H_i^s}$,依据式(3.74)求得 C_{11} 噪声抑制结果。

(6)对极化协方差矩阵 C 的其余元素依次进行步骤(3)~(5)的处理,得到

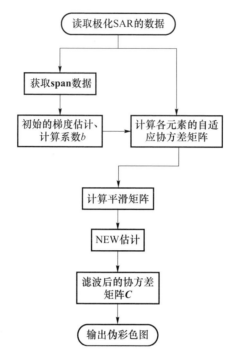

图3.9　基于核回归的极化 SAR 相干斑抑制流程

相干斑抑制后的协方差矩阵 $\hat{\boldsymbol{C}}$。

（7）使用 Pauli 矢量法对相干斑抑制后极化协方差矩阵 $\hat{\boldsymbol{C}}$ 生成伪彩色图。

3.4.4　实验结果及分析

为了检验本节所提出的基于核回归的极化 SAR 相干斑抑制算法的有效性，选用两幅真实的极化 SAR 数据图像对该算法来进行仿真。两幅真实极化 SAR 数据中，一幅为多视极化数据，是美国旧金山（San Francisco）金门大桥区域，利用 Pauli 分解合成的 RGB 图像，如图 3.10(a) 所示；另一幅为单极化数据，是中国西安地区，利用 Pauli 分解合成的 RGB 图像，如图 3.11(a) 所示。

选用精致极化 Lee 滤波、基于强度的自适应领域（Intensity-Driven Adaptive-Neighborhood, IDAN）作为对比算法，这两种算法都是通过 **span** 数据来保持其极化信息的局部降斑方法。降斑评价指标采用主观视觉判断和客观评价指标，客观评价标准主要用同质区域的等效视数和无参考图像空域质量评价。极化信息的保持是采用极化特征图来进行评价的。

图 3.10 是实测数据 San Francisco 的相干斑抑制结果，表 3.1 是手动所选择的匀质区域计算的等效视数及 BRISQUE 值。本节所提的算法能够很好保持匀

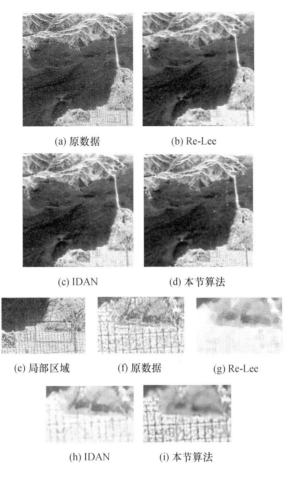

(a) 原数据 (b) Re-Lee

(c) IDAN (d) 本节算法

(e) 局部区域 (f) 原数据 (g) Re-Lee

(h) IDAN (i) 本节算法

图 3.10 San Francisco 地区噪声抑制结果及局部放大图(见彩图)

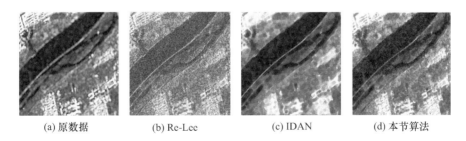

(a) 原数据 (b) Re-Lee (c) IDAN (d) 本节算法

图 3.11 中国西安地区噪声抑制结果(见彩图)

质区域的均值,相比较精致极化 Lee 滤波与 IDAN 滤波,该算法对于海洋、森林区域的等效视数相差无几,都会使区域显得更加平滑,但对城区的降斑效果还有欠缺。另外,从 BRISQUE 角度来评价,该算法还有一定的不足,需要继续改进。

表 3.1　San Francisco 等效视数与 BRISQUE 统计($h = 1.8$)

图像区域	区域1			区域2			区域3			BRISQUE
	Mean	Std	ENL	Mean	Std	ENL	Mean	Std	ENL	
原数据	46.86	23.88	3.85	54.02	23.62	5.23	220.31	31.39	49.27	47.67
Re-Lee	32.31	10.57	9.33	41.74	10.78	15.01	245.60	9.16	719.67	17.21
IDAN	33.77	11.90	8.05	43.98	11.56	14.48	239.01	13.56	310.58	30.60
本节算法	25.03	7.85	10.13	40.23	10.96	13.47	235.18	16.15	212.61	34.03

图 3.11 为中国西安地区的噪声抑制结果,表 3.2 是各种算法对应的 BRIS-QUE 值。从 BRISQUE 值上来分析,本节所提出的算法其对图像的失真度最小,得到的图像质量最优。从降斑抑制结果图上可以看出,本节算法的结果图明显比精致极化 Lee 和 IDAN 的降斑结果图视觉效果好得多。因此可以看出,本节算法对单视极化 SAR 的降斑具有一定的优势。

表 3.2　中国西安地区 BRISQUE 统计($h = 0.6$)

原数据	Re-Lee	IDAN	本节算法
56.73	27.39	38.41	22.91

对于极化 SAR 极化信息保持的评价采用极化特征图,给出了原图像、精致 Lee 滤波、IDAN 滤波以及本节算法 San Francisco 数据中选择森林区域中 100 个点的平均极化特征信息做出共极化特征图与交叉极化特征图。三种算法均是通过 **span** 数据来保持其极化信息的局部滤波,理论上相干斑抑制后数据的极化特征图相差不大。图 3.12 和图 3.13 分别是森林区域的共极化特征图和交叉极化特征图。从三维形状图和等高线可以看出,经过降斑处理后的共极化与交叉极化的三维曲线基本上与原始数据的曲线相吻合。精致极化 Lee 滤波与 IDAN 降斑算法只是通过 **span** 数据计算了权重系数,而本节算法不仅计算了权重系数,还估计初始的水平梯度与垂直梯度。本节所提出的算法从曲线的拟合度及数据显示上可以看出极化信息的最大值、最小值更加接近原始数据。因此,对极化信息的保持要比以上两种算法更理想,从三维形状图和等高线及数据的分析中可以看出,本节提出的算法对极化信息的保持具有一定的优势。

图 3.14 给出了 Flevoland 原始数据及各滤波后数据的 $H/\alpha/A$-Wishart 的分类结果。从分类结果可以看出,本节所提出的算法使图像分类后的区域块更加平滑,受杂点的影响较小,更有利数据的后续解译。

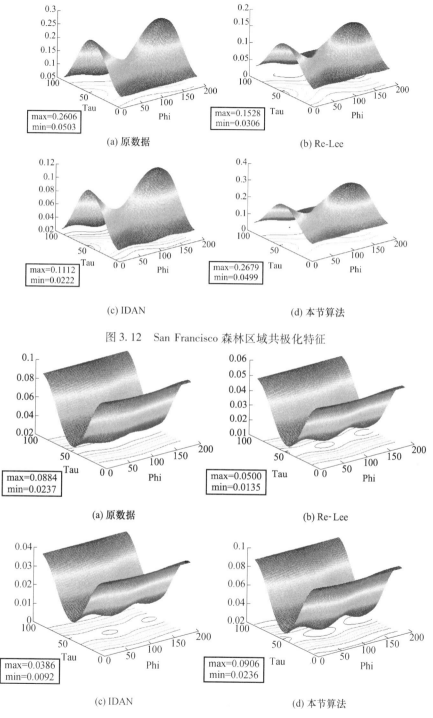

图 3.12　San Francisco 森林区域共极化特征

图 3.13　San Francisco 森林区域交叉极化特征

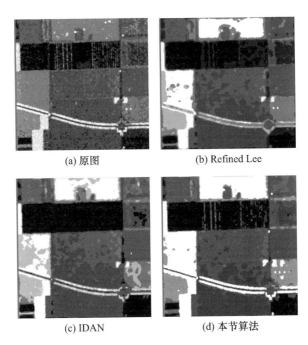

(a) 原图　　　　　　　　　　(b) Refined Lee

(c) IDAN　　　　　　　　　　(d) 本节算法

图 3.14　Flevoland 地区滤波后 $H/a/A$-Wishart 分类(见彩图)

◼ 3.5　非局部均值思想用于极化 SAR 噪声的抑制

3.5.1　非局部均值算法简介

传统的空域去噪方法最大的问题是如何在滤除噪声的情况下保持边缘纹理等信息,一般空域滤波是通过使用邻域像素加权平均完成的,而通过加权平均滤波后对于均匀同质区域的滤波效果会很好,然而对边缘纹理这些细节信息则会弱化模糊。一般滤波中都会选取一个兼顾两者的平衡点,滤波时既不过于平滑,对于细节信息也不过于模糊,因此同质区域的平滑和保持细节信息是一对矛盾的关系。近年来,在自然图像噪声抑制的领域中,一种新的空域去噪算法——非局部均值滤波方法[30-34]迅速发展起来,这种算法对于自然图像的去噪结果十分理想,尤其是在边缘纹理等细节信息的保持方面明显优于其他现有的方法。非局部均值滤波方法利用图像区域之间的相似特性,并且区域的范围不局限于局部,进行加权滤波,有效地解决了对于同质区域平滑和边缘纹理细节保持之间的矛盾。

非局部均值滤波算法的表达式为

$$\mathrm{ML}\hat{z}(x) = \frac{1}{C(x,y)} \sum_{y \in \Omega} w(x,y)z(y) \tag{3.75}$$

式中:$\mathrm{NL}\hat{z}(x)$ 为 x 像素的滤波结果;$w(x,y)$ 为权值函数,$w(x,y) = \exp\left[-\dfrac{d(x,y)}{h^2}\right]$,其中 $d(x,y)$ 为像素 x 和 y 的相似度函数,h 为滤波参数;$z(y)$ 为像素 y 的值;$C(x,y)$ 为归一化函数,$C(x,y) = \displaystyle\sum_{y \in \Omega} w(x,y)$,其中 Ω 为像素 y 的采样区间,称为搜索窗。

　　非局部均值滤波的表达式说明,对于像素 x 的滤波结果,若像素 y 与 x 的相似度越高,则像素 y 所占的权值越大;若像素 y 与 x 的相似度越低,则像素 y 所占的权值越小。如图 3.15 所示,待滤波像素为 p,另外有三个像素 q_1、q_2 和 q_3,从图中看到,q_1 和 q_2 区域与 p 区域的相似度要高于 q_3 区域与 p 区域的相似度,因此,在对像素 p 的滤波过程中,q_1 和 q_2 的滤波权值 $w(p,q_1)$ 和 $w(p,q_2)$ 要大于 q_3 的滤波权值 $w(p,q_3)$。通过此图很好地说明了非局部均值滤波的思想,像素之间的相似度越大,它参与滤波的贡献就越大。

图 3.15　Lena 图区域相似度解释

　　对于自然图像的高斯加性噪声,非局部均值滤波计算像素间相似度函数为

$$d(x,y) = \| z(x) - z(y) \|_{2,\alpha}^2 \tag{3.76}$$

式中:$\| z(x) - z(y) \|_2^2$ 为区域 $z(x)$ 和 $\dot{z}(y)$ 之间的欧氏距离;α 为标准差为 α 的高斯核,且 $\alpha > 0$。

因为非局部均值算法主要是针对高斯加性噪声的自然图像去噪的,后面将介绍针对乘性噪声的贝叶斯非局部均值滤波算法。

3.5.2　贝叶斯非局部均值算法用于极化 SAR 噪声的抑制

3.5.1 节简要介绍了非局部均值滤波算法,而针对极化 SAR 的乘性噪声模型,一种基于乘性噪声的贝叶斯非局部均值[35-38]滤波算法能够有效地抑制相干斑噪声。

3.5.2.1　贝叶斯非局部均值滤波算法

C. Kervrann 等[35]根据贝叶斯概率公式以及非局部均值的思想提出了贝叶斯形式的非局部均值模型,这里简要列出推导步骤。首先,由贝叶斯估计公式可得

$$\hat{z}(x) = \sum_{u(x) \in \Delta} p[u(x) \mid z(x)] u(x) \tag{3.77}$$

式中:$p(u(x) \mid z(x))$表示 $u(x) \mid z(x)$ 的分布;Δ 代表采样区间。

由贝叶斯准则可得

$$\hat{z}(x) = \frac{\sum\limits_{u(x)} p[z(x) \mid u(x)] p[u(x)] u(x)}{\sum\limits_{u(x)} p[z(x) \mid u(x)] p[u(x)]} \tag{3.78}$$

$u(x)$ 为理想无噪声的值,是不可得到的,用 $z(y)$ 来代替它,可得

$$\hat{z}(x) = \frac{\sum\limits_{y \in \Omega} p[z(x) \mid z(y)] p[z(y)] z(y)}{\sum\limits_{y \in \Omega} p[z(x) \mid z(y)] p[z(y)]} \tag{3.79}$$

令

$$w(x,y) = \sum_{y \in \Omega} p[z(x) \mid z(y)] p[z(y)]$$ 则(3.79)变为非局部均值的形式,即

$$\hat{z}(x) = \frac{1}{C(x,y)} \sum_{y \in \Omega} w(x,y) z(y)$$

式中

$$C(x,y) = \sum_{y \in \Omega} w(x,y)$$

因此式(3.79)称为贝叶斯非局部均值形式。

Hua zhang 等[36]基于贝叶斯非局部均值模型,通过融入相干斑噪声的特点及分布特性,在贝叶斯非局部均值方法上提出了新的相似度测量函数,从而使其能够针对 SAR 图像相干斑的乘性噪声模型:首先假设 $z(y)$ 的分布具有一致性,

则有 $p(z(y)) = \dfrac{1}{|\Omega|}$，$|\Omega|$ 表示区间 Ω 内的像素数。为了求出 $w(x,y)$，只需求出 $p(z(x)|z(y))$ 即可。

对于乘性的相干斑噪声模型 $z = u \cdot n$，z、u 分别为实际回波值（含噪）和理想回波值（无噪），n 为相干斑噪声，假设其为完全相干斑噪声，z 就服从负指数概率分布[38]，有

$$p(z|u) = \frac{1}{u}\exp\left(\frac{z}{u}\right) \tag{3.80}$$

因此，有

$$p[z(x)|u(y)] \approx p[z(x)|z(y)]\frac{1}{z(x)}\exp\left[\frac{z(x)}{z(y)}\right] \tag{3.81}$$

则

$$p(z(x)|z(y)) = \prod_{m=1}^{M} p[z_m(x)|z_m(y)] \propto \exp\left[-\sum_{m=1}^{M}\frac{z_m(x)}{z_m(y)}\right]\prod_{m=1}^{M}\frac{1}{z_m(y)} \tag{3.82}$$

式中：$z_m(x)$、$z_m(y)$ 为 $z(x)$、$z(y)$ 区域中的第 m 个像素；M 为像素总的个数。

又因为

$$\exp\left[-\sum_{m=1}^{M}\frac{z_m(x)}{z_m(y)}\right]\prod_{m=1}^{M}\frac{1}{z_m(y)} = \exp\left\{-\sum_{m=1}^{M}\left[\frac{z_m(x)}{z_m(y)} + \ln z_m(y)\right]\right\} \tag{3.83}$$

因此，令 x 和 y 的相似度函数为

$$d(x,y) = \left\{\sum_{m=1}^{M}\left[\frac{z_m(x)}{z_m(y)} + \ln z_m(y)\right]\right\} \tag{3.84}$$

$d(x,y)$ 是针对乘性噪声模型的新的相似度函数，按照非局部均值的形式，权值函数为

$$w(x,y) = \exp\left[-\frac{d(x,y)}{h^2}\right] \tag{3.85}$$

针对乘性噪声的贝叶斯非局部均值的数学表达式为

$$\hat{z}(x) = \frac{1}{C(x,y)}\sum_{y\in\Omega} w(x,y)\cdot z(y) = \frac{\displaystyle\sum_{y\in\Omega}\exp\left\{-\sum_{m=1}^{M}\left[\frac{z_m(x)}{z_m(y)} + \ln z_m(y)\right]\Big/h^2\right\}\cdot z(y)}{\displaystyle\sum_{y\in\Omega}\exp\left\{-\sum_{m=1}^{M}\left[\frac{z_m(x)}{z_m(y)} + \ln z_m(y)\right]\Big/h^2\right\}} \tag{3.86}$$

式中：h 为可调节滤波参数。

将针对乘性噪声的贝叶斯非局部均值滤波方法推广至极化 SAR 数据,由于极化 SAR 数据格式与 SAR 图像有区别,因此应用此滤波时注意极化 SAR 的特性,极化 SAR 数据就是一个矩阵,里面包含各通道的数据,而不像 SAR 图像那样,所以在对各通道数据进行滤波时应注意它们之间的极化特性保持,并且在此算法中加入点目标的保持过程。

3.5.2.2 极化特性的保持

极化 SAR 数据结构比 SAR 数据复杂得多。SAR 数据的一个像素点可以仅用一个回波系数表示,可是对于极化 SAR 数据来说,一个像素对应的则是一个矩阵。极化 SAR 数据的相干矩阵 $\boldsymbol{T}$ 包含了 9 个元素,数据量是 SAR 数据的 9 倍,每个元素都可以单独作为一个 SAR 数据来处理,然而矩阵 $\boldsymbol{T}$ 的 9 个元素之间具有极化相关性,并非独立的。因此,在对极化 SAR 数据的矩阵 $\boldsymbol{T}$ 进行去噪时,不能单独对矩阵 $\boldsymbol{T}$ 的 9 个元素分开进行处理,需要考虑它们之间的极化相关性。如果单独的 SAR 数据是灰度图像,极化 SAR 数据就好比是彩色图像。彩色图像由 R、G、B 三个分量构成,对彩色图像处理时,不应该将 R、G、B 三个分量分开处理,而是应该考虑它们之间的相关性;否则,处理完的三个分量合成的彩色图像有可能出现失真和不协调的结果。由此可知,如果对极化 SAR 数据矩阵 $\boldsymbol{T}$ 的 9 个元素分开处理,可能会破坏极化 SAR 数据的极化相关性,从而导致滤波结果不理想。

为了保持极化 SAR 数据的极化相关性,用 **span** 数据计算矩阵 $\boldsymbol{T}$ 每个元素的滤波过程中的滤波权值。因为 $\textbf{span} = \left| S_{hh} \right|^2 + 2 \left| S_{hv} \right|^2 + \left| S_{vv} \right|^2$,可以看到 **span** 数据基本包含了极化 SAR 数据的所有极化特性,因此选它来计算滤波权值。利用 **span** 数据特性,以及精致极化 Lee 滤波和改进的 Sigma 滤波使用 **span** 数据来计算滤波权值,保持了极化相关性。

在滤波过用 **span** 数据计算滤波权值的具体做法是:由于滤波权值 $w(x, y)$(式(3.85))主要由相似度函数 $d(x, y)$ 决定,因此对于极化 SAR 数据矩阵 $\boldsymbol{T}$ 中的某个具体元素如 T_{11} 滤波时,T_{11} 中 $z(x)$ 区域与 $z(y)$ 区域的相似度函数 $d(x, y)$ 是由 **span** 数据中对应于 x 区域位置和 y 区域位置的两个区域 $z'(x)$ 和 $z'(y)$ 得到的,具体表示为

$$d(x,y) = \sum_{m=1}^{M} \left[\frac{z'_m(x)}{z'_m(y)} + \ln z'_m(y) \right] \tag{3.87}$$

式中:M 为区域的大小,本方法取 7×7;$z'_m(x)$ 为 **span** 数据中 $z'(x)$ 区域的第 m 个像素;$z'_m(y)$ 为 **span** 数据中 $z'(y)$ 区域的第 m 个像素。

在使用 **span** 数据计算出矩阵 $\boldsymbol{T}$ 中具体元素的像素 y 对像素 x 的滤波权值

后,根据式(3.86)就可以完成对矩阵 T 每个元素所有像素的非局部均值滤波过程。

3.5.2.3 点目标的保持

无论是 SAR 数据还是极化 SAR,点目标是目标检测中的重要信息,因此对于点目标的保持也具有很重要的意义。通常,具有较高回波值的亮目标在滤波过程中会被周围的像素弱化,因此,在极化 SAR 数据中于滤波前添加亮点目标检测的步骤来保留这些点目标不被弱化。因为

$$T = \begin{bmatrix} AA^* & AB^* & AC^* \\ BA^* & BB^* & BC^* \\ CA^* & CB^* & CC^* \end{bmatrix} \tag{3.88}$$

式中:

$$\begin{bmatrix} A & B & C \end{bmatrix} = \begin{bmatrix} S_{hh} + S_{vv} & S_{hh} - S_{vv} & 2S_{hv} \end{bmatrix}$$

由 $T_{11} = AA^* = |S_{hh} + S_{vv}|^2$,$T_{22} = BB^* = |S_{hh} - S_{vv}|^2$ 可知,它们有着较强的回波值,而 $T_{33} = |S_{hv}|^2$,它的回波值通常很小,因此只用 T_{11} 和 T_{22} 来检测点目标。最终将 T_{11} 和 T_{22} 检测出的点目标位置合并起来作为极化 SAR 数据的点目标位置。这些点目标位置在后续滤波过程中保持不受滤波影响。

在具体滤波过程中,点目标保持的做法是:首先将 T_{11} 的所有像素由小到大排列,取出第 t 个像素,得到该像素值 k_1,$t = \lfloor 0.98 \cdot n \rceil$,$n$ 为 T_{11} 像素总数;其次使用 3×3 滑窗对 T_{11} 的逐个像素进行扫描,当滑窗中 9 个像素中大于 k_1 的个数超过 T_k 时,将此 3×3 区域视为亮目标区域,T_k 通常取 5 或 6。同理,得到 T_{22} 的亮目标区域。将 T_{11} 和 T_{22} 得到的亮目标区域的位置一起作为整个极化 SAR 数据矩阵 T 的亮目标,并保留这些亮目标不被滤除。

3.5.2.4 算法具体实施步骤

图 3.16 为算法流程。

算法具体实现步骤如下:

(1) 对极化 SAR 数据相干矩阵 T 的亮目标进行检测并保留。

(2) 对相干矩阵 T 元素进行滤波。

① 取相干矩阵 T 的 T_{11} 元素,在 T_{11} 中取一个非亮目标像素 x,以 x 为中心扩展出 7×7 的局部区域 $z(x)$ 和 21×21 的搜索窗 Ω。

② 在 T_{11} 搜索窗内取一个以像素 y 为中心的 7×7 区域 $z(y)$,使用 **span** 数据通过式(3.87)计算 $z(y)$ 和 $z(x)$ 之间的相似度函数 $d(x,y)$。

③ 由相似度函数 $d(x,y)$ 通过式(3.85)计算得到滤波权值 $w(x,y)$,其中参数 h 取 0.3 倍的噪声标准差。

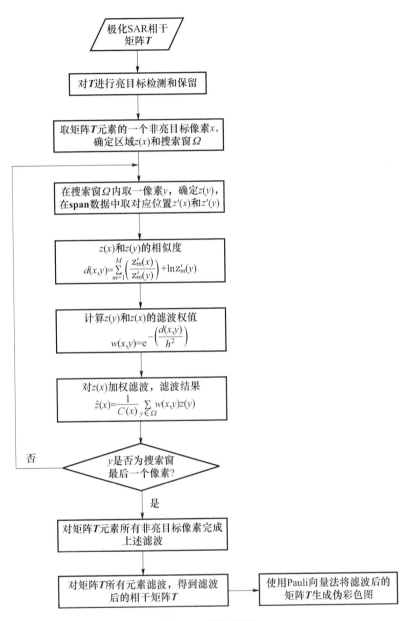

图 3.16　算法流程

④ 用搜索窗 Ω 内每个像素对应的 7×7 区域对 $z(x)$ 进行加权滤波,得到像素 x 的滤波结果,滤波式为

$$\hat{z}(x) = \frac{1}{C(x)} \sum_{y \in \Omega} w(x, y) z(y) \qquad (3.89)$$

式中:$\hat{z}(x)$ 为 $z(x)$ 的滤波结果;$C(x)$ 为归一化函数,$C(x) = \sum\limits_{y \in \Omega} w(x,y)$。

⑤ 对 T_{11} 的逐个像素进行步骤①~④的处理,得到滤波后的 T_{11} 数据。

⑥ 对矩阵 $\boldsymbol{T}$ 的其余元素 $T_{12} \sim T_{33}$ 进行与上述 T_{11} 滤波步骤①~⑤同样处理,得到整个滤波后的相干矩阵 $\boldsymbol{T}$。

（3）使用 Pauli 矢量法对滤波后的整个相干矩阵 $\boldsymbol{T}$ 合成伪彩色图,以观察滤波的效果。Pauli 矢量法主要是使用相干矩阵 $\boldsymbol{T}$ 中的 T_{11}、T_{22} 和 T_{33} 三个元素来合成伪彩色图。

3.5.3　实验结果与分析

分别使用三组极化 SAR 数据进行测试实验:第一组数据是加拿大 Ottawa 区域,4 视,来源于 CONVAIR;第二组极化 SAR 数据是荷兰 Flevoland 省区域,4 视,来源于 AIRSAR;第三组极化 SAR 数据是 San Francisco 区域,4 视,来源于 AIR-SAR。对比算法分别为精致极化 Lee 滤波与改进 Sigma 滤波,这两种方法是极化 SAR 数据空域滤波中效果最显著的。评价结果分别用其细节纹理边缘信息的保持以及同质区域的等效视数大小来衡量滤波结果的好坏。

三组极化 SAR 数据如图 3.17 所示,其中图 3.17(a)所示的第一组极化数据为加拿大 Ottawa 区域,图 3.17(b)所示的第二组极化 SAR 数据为荷兰 Flevoland 省区域,图 3.17(c)所示的第三组极化 SAR 数据为 San Francisco 区域。图 3.17(d)、(e)和(f)分别为本节方法对三幅数据的滤波结果。

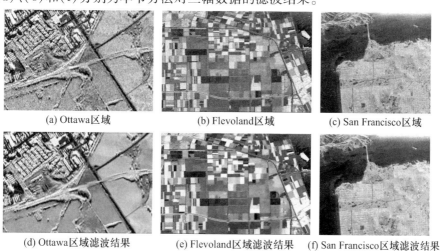

(a) Ottawa区域　　　　(b) Flevoland区域　　　　(c) San Francisco区域

(d) Ottawa区域滤波结果　　(e) Flevoland区域滤波结果　　(f) San Francisco区域滤波结果

图 3.17　三组极化 SAR 原始数据伪彩图及滤波结果(见彩图)

图 3.18 是用本节算法与现有精致极化 Lee 滤波和改进的 Sigma 滤波对第一组极化 SAR 数据的滤波结果。其中,图 3.18(a)为原始极化 SAR 数据合成的

伪彩色图,图3.18(b)为精致极化 Lee 滤波结果,图3.18(c)是改进的 sigma 滤波结果,图3.18(d)为本节算法滤波结果。由图3.18(b)可见,精致极化 Lee 滤波在边缘的滤波效果上不理想,边缘十分模糊,同质区域平滑效果也不好。由图3.18(c)可见,改进的 Sigma 滤波在同质区域和边缘处的滤波效果都要明显优于精致极化 Lee 滤波,可是边缘处仍然不流畅,有些边缘仍是断断续续的并不连贯。由图3.18(d)可见,本节算法在同质区域滤波效果明显优于前两种滤波方法,并且在边缘纹理细节信息的保持方面有非常显著的效果。

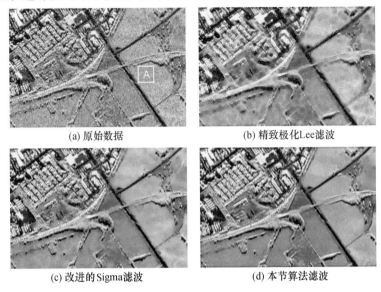

(a) 原始数据   (b) 精致极化Lee滤波

(c) 改进的Sigma滤波   (d) 本节算法滤波

图3.18　Ottawa 区域滤波结果

图3.19 是用本节算法与现有精致极化 Lee 滤波和改进的 Sigma 滤波对第二组极化 SAR 数据的滤波结果,由于第二组极化 SAR 数据生成图像太大,为便于观察,截取其中一个局部区域进行对比。其中,图3.19(a)为原始极化 SAR 数据合成的伪彩图,图3.19(b)是精致极化 Lee 滤波结果,图3.19(c)是改进 Sigma 滤波结果,图3.19(d)是本节算法滤波结果。由图3.19(d)可见,在区域1中,比起图3.19(b)中的精致极化 Lee 滤波结果和图3.19(c)中改进的 Sigma 滤波结果,本节算法的滤波结果在每条边缘处都很清晰,并且边缘之间没有黏连;在区域2中,有一条不明显的一个横边缘,在图3.19(b)和(c)中的滤波结果中几乎看不到这条边缘,而在图3.19(d)中可以明显地看到这条边缘,并且图3.19(d)在其余边缘处也比前面两幅更加平滑和清晰。

图3.20 是用本节算法与现有精致极化 Lee 滤波和改进的 Sigma 滤波对第三组极化 SAR 数据的滤波结果。同样,为了便于观察,截取一个局部区域进

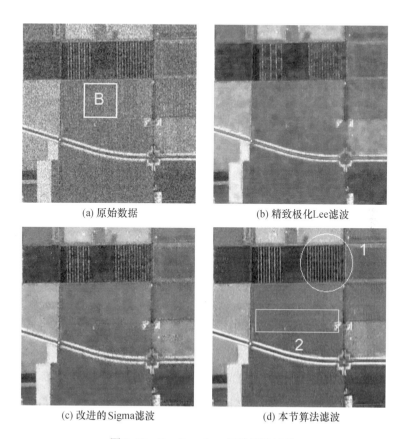

(a) 原始数据 　　　　　　　　　　 (b) 精致极化Lee滤波

(c) 改进的Sigma滤波 　　　　　　　 (d) 本节算法滤波

图 3.19　San Francisco 区域滤波结果

行对比。其中,图3.20(a)为原始极化 SAR 数据合成的伪彩色图,图3.20(b)
是精致极化 Lee 滤波结果,图3.20(c)是改进 Sigma 滤波结果,图3.20(d)是
本节算法滤波结果。由图3.20(d)可见,在区域 3 中,比起图3.20(b)中的精
致极化 Lee 滤波结果和图3.20(c)中改进的 Sigma 滤波结果,本节算法的滤波
结果在边缘处都很清晰,并且在其余边缘处也比前面两幅更加平滑和清晰。
然而在海平面区域,本节算法的平滑效果弱于改进的 Sigma 滤波与精致极化
Lee 滤波,其原因是注重了对边缘细节信息的保持,那么在同质区域的平滑效
果上必然有所减弱。

　　计算图3.18~图3.20 中 A、B、C 同质区域的等效视数 ENL 极化 SAR 合成
的伪彩图为强度图像,其等效视数的计算公式为

$$ENL = (mean/std)^2$$

式中:mean 和 std 分别为区域的均值和标准差。

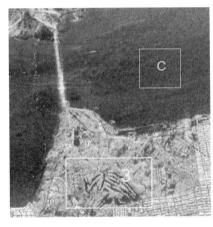

(a) 原始数据

(b) 精致极化Lee滤波

(c) 改进的Sigma滤波

(d) 本节算法滤波

图3.20　Flevoland区域滤波结果

表3.3　各滤波结果的等效视数值

		原始数据	精致极化 Lee 滤波	改进的 Sigma 滤波	本节算法滤波
区域 A	均值	176. 5963	184. 1259	185. 1165	175. 9240
	标准差	21. 8238	8. 3949	5. 5435	4. 2288
	等效视数	65. 4790	481. 0567	1115. 1	1730. 7
区域 B	均值	111. 0542	111. 0254	110. 0888	107. 9435
	标准差	27. 4423	10. 9033	10. 0693	9. 4709
	等效视数	16. 3769	103. 6889	119. 5328	129. 9003
区域 C	均值	56. 5312	51. 8583	51. 6276	50. 3422
	标准差	23. 3898	10. 6921	10. 2187	12. 3471
	等效视数	5. 8415	23. 5241	25. 5285	16. 6240

表 3.3 给出了各滤波算法的等效视数值。由表 3.3 可见,本节算法滤波后同质区域的等效视数在区域 A 与区域 B 比精致极化 Lee 滤波和改进的 Sigma 滤波的结果好,而在区域 C 稍弱于前两种方法。从实验结果可以看出,本节算法对极化 SAR 数据同质区域的平滑有着很好的效果。

3.6 基于非局部双边滤波的极化 SAR 相干斑抑制

3.6.1 极化 SAR 数据的相似性度量

将非局部均值滤波应用于极化 SAR 数据的降斑中,由于所处理数据的特殊性,需要考虑如何衡量数据的相似性,这是极化 SAR 降斑中的一个核心方面。这里简要介绍一种在极化 SAR 降斑中常用的相似度衡量技术。本节所提的算法也会用到这种相似度衡量方法。

考虑到统计检验,J. Chen 等[40] 将一种新的相似性度量方法应用到极化 SAR 数据的非局部降斑中[39]。假设有两个相互独立大小为 $q \times q$ 的 Hermitian 正定矩阵 X 和 Y,服从复 Wishart 分布:

$$X \in W(q, n, V_x), \hat{V}_x = 1/nX$$

$$\hat{Y} \in (q, m, V_y), \hat{V}_y = 1/mY$$

考虑零假设 H_0: $V_x = V_y$,备择假设 H_1: $V_x \neq V_y$。

如果 H_0 正确,则

$$X + Y \in W(q, n+m, V), \hat{V} = 1/(n+m)(X+Y)$$

统计检验似然比为

$$Q = \frac{P_C^{(q,n\hat{V})}(X+Y)}{P_C^{(q,n,\hat{V}_x)}(X) P_C^{(q,n,\hat{V}_y)}(Y)} \tag{3.90}$$

由式(3.90)可得

$$Q = \frac{(n+m)^{q(n+m)}}{n^{qn} m^{qm}} \frac{|X|^n |Y|^m}{|X+Y|^{n+m}} \tag{3.91}$$

比较两个极化协方差数据,典型情况为 $n = m$,对式(3.91)取对数变换,可得

$$\ln Q = n(2q\ln 2 + \ln|X| + \ln|Y| - 2\ln|X+Y|) \tag{3.92}$$

可以推出当两个复 Wishart 分布相等时,$\ln Q = 0$;否则,$\ln Q < 0$。

对图像块,假设其协方差矩阵独立满足复 Wishart 分布,因此联合分布为每个协方差分布之和。通过比较对应像素,两个图像块的统计检验似然比为

$$H = \frac{\prod\limits_{i=1}^{k} P_C^{(q,n,\hat{V}_i)}(X_i + Y_i)}{\prod\limits_{i=1}^{k} P^{(q,n,\hat{V}_{xi})}(X_i) \prod\limits_{i=1}^{k} P^{(q,n,\hat{V}_{yi})}(Y_i)} = \prod_{i=1}^{k} Q_i \qquad (3.93)$$

对式(3.93)取对数变换,可得

$$\ln H = \prod_{i=1}^{k} \ln Q_i = n \left[2qk\ln2 + \prod_{i=1}^{k}(\ln|X_i| + \ln|X_i| - 2\ln|X_i + Y_i|) \right]$$

$$(3.94)$$

式中:k 为图像块的大小。

对 4 视协方差数据 $q=3$,$m=n=4$,由于 $\ln H$ 是图像块中对应像素的 $\ln Q$ 之和,所以当图像块与自身比较时,$\ln H = 0$。

3.6.2　极化 SAR 非局部双边的相干斑抑制

双边滤波不仅在匀质区域的降斑中存在块效应,而且其边缘纹理细节信息丢失严重,产生这种结果的原因是双边滤波在选择相似像素点方面考虑不够周全,尽管双边滤波的权重综合考虑了图像的空间邻近关系和像素值的相似性,可以比较好地找到相似样本点,但双边滤波是基于局部窗口的,因此在选取相似像素点时不够好,选取的样本点依赖于邻域窗口的尺寸。窗口不能取太大,否则可能会丢失点目标和边缘细节特性。窗口也不能取太小,否则选取的样本点极其有限,且依赖于局部窗口降斑结果,会存在块效应。以上因素导致了双边滤波的性能不是非常令人满意的。

非局部均值滤波中,在滤波像素的非局部区域依据图像块的结构相似性,选择要滤波像素的相似样本点,相对双边滤波,其找到的相似样本点更多、更好。虽然 J. Chen 等的极化 SAR 的非局部均值滤波效果不错,但是存在邻域窗口参数选择方面的缺陷,如果取较大的邻域窗口可能会丢失点目标,而取较小的邻域窗口可能会模糊边缘纹理细节信息。

图 3.21 给出了 3×3 和 7×7 邻域窗下的降斑效果。由图可以看出,7×7 邻域窗图像块在保持边缘方面相对较好,因此对边缘区域应选择较大的邻域窗。

图 3.22 给出了 3×3、5×5、7×7、9×9 邻域窗降斑效果。可以看出,3×3 邻域窗图像块对点目标的的保持很好,而随着邻域窗的增大,点目标的保持越来越差。当 7×7、9×9 邻域窗时,可以看出已经丢失了点目标。所以在保持点目标方面应选择较小的邻域窗。

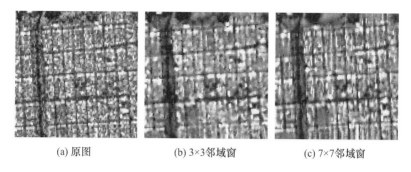

(a) 原图　　　　(b) 3×3邻域窗　　　　(c) 7×7邻域窗

图 3.21　不同邻域窗下非局部均值滤波对保持边缘信息的比较

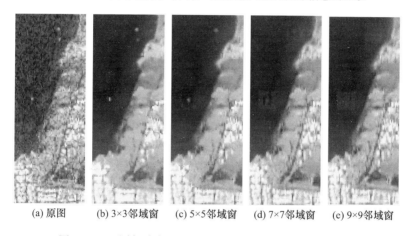

(a) 原图　(b) 3×3邻域窗　(c) 5×5邻域窗　(d) 7×7邻域窗　(e) 9×9邻域窗

图 3.22　不同邻域窗下非局部均值滤波对保持点目标比较

　　考虑这两种算法的优缺点,提出一种基于双边滤波和非局部均值滤波的降斑技术。应用非局部思想,采用邻域图像块的结构相似性寻找相似样本点,但由于没有过多的考虑单像素的相似性,有可能引入非相似样本点。基于双边滤波的优势,对邻域图像块采用双边滤波,将结构信息和单像素信息结合起来,不仅可以去除非相似像素点,而且基于不同角度多次考虑了邻域图像块内的像素对要滤波像素的影响,以便得到更好的相似样本点。选择出样本点后,使用非局部权重进行最终滤波,依赖选择出的相似像素点的非局部权重得到更好的降斑效果。

　　由上面分析可以看出,为了实现本节所提算法,需要考虑相似像素的选取和基于权重的滤波两个方面,下面对这两个方面分别进行说明。

3.6.2.1　相似像素的选取

　　所提算法首先是要寻找相似样本点,为了选择出更好的相似像素点,考虑非局部滤波是基于结构信息选择相似像素的,双边滤波是基于单像素信息选择相似像素的,本小节对非局部选择的图像块进行双边滤波。这样,既考虑了结构信息又考虑了单像素信息。在搜索窗 Ω 内,设 x 是待滤波像素,以 x 为中心取 5×5 邻域窗图像块 X,以搜索窗 Ω 内的各像素点为中心取 5×5 邻域窗图像块 Y^1,$Y^2, \cdots, Y^N$,N 是搜索窗 Ω 内总的像素点的数目,计算图像块 X 和各图像块 Y^1,$Y^2, \cdots, Y^N$ 的相似距离。其计算公式如下:

$$d_{X,Y^n} = \sum_{i=1}^{k} d_{X_i,X_i^n} (1 \leqslant n \leqslant N) \tag{3.95}$$

式中:k 为图像块内像素点的总数目,取值为 25;d_{X_i,Y_i^n} 为两个像素点的相似距离,且有

$$d_{X_i,Y_i^n} = 6\ln 2 + \ln|X_i| + \ln|Y_i^n| - 2\ln|X_i + Y_i^n| (1 \leqslant n \leqslant N)$$

其中:$|X_i|$ 为邻域窗 X 的第 i 个像素点的矩阵行列式;$|Y_i^n|$ 为邻域窗 Y^n 的第 i 个像素点的矩阵行列式。

将 d_{X,Y^n} 与一个确定的阈值 T 进行比较,若 $d_{X,Y^n} > T$,则认为 Y^n 块的中心像素为待滤波像素 x 的相似像素。由在搜索窗 Ω 内选择的所有相似像素组成相似样本集合 S,记录所有相似像素的位置,并得到其相似性权重 w_{nol}。阈值为

$$T = -\sqrt{K/l \times k} \tag{3.96}$$

$$w_{\text{nol}} = \exp\left(-\frac{d_{X,Y^n}}{T}\right) \tag{3.97}$$

式中:K 为降斑的效果调节参数,经实验分析设定 $K = 20$;l 为所处理的极化 SAR 数据的视数;k 为以上定义的邻域窗内像素点的总数。

此处采用基于统计检验的相似性衡量方法,阈值参数 T 采用 J. Chen 等[40] 提出的计算方法。

基于非局部的结构信息选出相似图像块后,借鉴双边滤波的思想,以像素点 x 为参考相素,对邻域窗 Y^n 进行双边滤波。对邻域窗 Y^n,根据下式 $f_s = \exp\left(-\frac{\|y - y_i\|^2}{2\sigma_d^2}\right)$ 求解空间距离度量的权重值:

式中:y 为邻域窗 Y 的中心像素点;y_i 为邻域窗 Y 中的任意点;$\|\cdot\|$ 为 2 范数;$\exp(\cdot)$ 为指数函数;σ_d 为平滑参数。

以像素点 x 为参考相素点,得到图像块 Y 内的像素相似性度量的权重值 f_r:

$$f_r = \exp\left(-\frac{d[\boldsymbol{\Sigma}(x), \boldsymbol{\Sigma}(y_i)]^2}{2\sigma_h^2}\right)$$

式中：$\boldsymbol{\Sigma}(x)$ 为像素点 x 处的协方差矩阵；σ_h 为平滑参数；$d[\boldsymbol{\Sigma}(x),\boldsymbol{\Sigma}(y_i)]$ 为距离度量，用来度量极化 SAR 数据中两像素点矩阵的相似性，且有

$$d[\boldsymbol{\Sigma}(x),\boldsymbol{\Sigma}(y_i)] = \frac{\det[\boldsymbol{\Sigma}(x)]}{\det[\boldsymbol{\Sigma}(y_i)]} + \frac{\det[\boldsymbol{\Sigma}(y_i)]}{\det[\boldsymbol{\Sigma}(x)]}$$

其中：$\det(\cdot)$ 为协方差矩阵 $\boldsymbol{\Sigma}$ 行列式。可得到最终双边滤波的权重为

$$w_{\mathrm{bj}}(i) = \frac{f_s(\parallel y - y_i \parallel_\alpha)f_r[d(\boldsymbol{\Sigma}(x),\boldsymbol{\Sigma}(y_i))]}{\displaystyle\sum_{y_i \in Y} f_s(\parallel y - y_i \parallel_\alpha)f_r[d(\boldsymbol{\Sigma}(x),\boldsymbol{\Sigma}(y_i))]} \tag{3.98}$$

则滤波结果为

$$\hat{\boldsymbol{\Sigma}}(\hat{y}) = \sum_{y_i \in Y} w_{\mathrm{bf}}(i)\boldsymbol{\Sigma}(y_i)$$

通过双边滤波剔除了非局部选取的相似像素点中的异质样本点，可以利用更好的相似像素点估计待滤波像素。

3.6.2.2　基于权重的降斑

基于上面的处理，得到了待滤波像素 x 的相似像素点的相似性权重 w_{nol} 及相似像素点的邻域窗 Y 的滤波结果 $\hat{y}$，对相似像素点集进行非局部均值滤波：

$$\hat{\boldsymbol{\Sigma}}(\hat{x}) = \sum_{\hat{y}_j \in S} \mathrm{norw}_{\mathrm{nol}}(j)\hat{\boldsymbol{\Sigma}}(\hat{y}_j) \tag{3.99}$$

式中：$\mathrm{norw}_{\mathrm{nol}}(j)$ 是非局部归一化滤波权重，且有

$$\mathrm{norw}_{\mathrm{nol}}(j) = \frac{w_{\mathrm{nol}}(j)}{\displaystyle\sum_{\hat{y}_j \in S} w_{\mathrm{nol}}(j)}$$

其中：$1 \leqslant j \leqslant J$，$J$ 为相似样本集 S 中像素点的数目。

本节所提算法的具体实现步骤如下：

（1）采用边界扩展处理极化 SAR 数据的极化矩阵 $\boldsymbol{\Sigma}$。

（2）基于非局部均值滤波的思想，在非局部区域寻找每个像素点 x 的相似样本点组成相似样本集 S，记录每个相似样本点的位置，并得到其相似性权重 w_{nol}。

（3）以每一个相似样本点为中心取 5×5 大小的图像块 Y，并以像素点 x 为参考相素，对图像块 Y 进行双边滤波，得到滤波结果 $\hat{y}$。

（4）对像素点 x 的所有初始滤波结果 $\hat{y}$ 采用权重 w_{nol} 平均的方法，取得滤波结果 $\hat{x}$。

（5）利用步骤（3）和步骤（4）处理每一个待滤波像素点，获得所有像素的初

始滤波结果 $\hat{\boldsymbol{\Sigma}}$。

（6）在初步的降斑结果上，再次执行步骤（5），得到最后的降斑结果 $\hat{\boldsymbol{\Sigma}}$。

（7）基于 Pauli 分解将最后的降斑结果 $\hat{\boldsymbol{\Sigma}}$ 合成为伪彩色图。

基于非局部双边滤波的算法流程如图 3.23 所示。

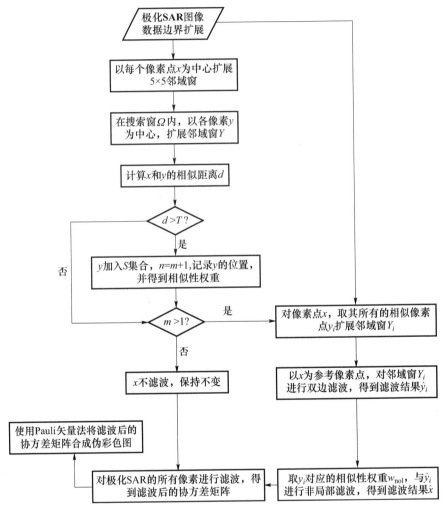

图 3.23　基于非局部双边滤波的算法流程

3.6.3　实验结果与分析

采用一幅模拟的极化 SAR 数据图像以及两幅真实的极化 SAR 数据图像作

为实验数据来评价本节所提算法的性能。在选取对比算法方面,考虑精致极化 Lee 滤波[40]、J. Chen 提出的非局部均值滤波[39] 和基于局部策略的算法和 O. D'Hondt[41] 提出的双边滤波算法。在分析和评价所提算法的有效性方面,除了从主观视觉方面判断相干斑抑制的性能,客观评价指标如等效视数、边缘保持指数、极化特征图也用来衡量降斑结果。

第一幅为模拟极化 SAR 数据,在 256×256 大小的 house 数据上添加了 4 视斑点噪声。图 3.24 为对模拟产生的数据进行降斑后生成的 Pauli 合成图。从图可以发现,基于双边思想和非局部思想的降斑算法对匀质区域的处理性能明显好于精致极化 Lee 滤波和双边滤波,房屋顶上的凸起和右下角点目标的保持也说明在点目标、边缘细节信息的保持方面所提算法好于精致极化 Lee 滤波、双边滤波和非局部均值滤波。相比基于局部策略的算法可以看出,本节算法在考虑了非局部策略后其在匀质区域的降斑效果明显要好,在点目标和边缘区域的保持性方面也相对较好。

(a) 原始含噪图　　　　(b) 精致Lee滤波　　　　(c) 双边滤波

(d) 非局部均值滤波　　(e) 基于局部策略的算法　　(f) 本节算法

图 3.24　基于非局部双边滤波与其他方法对比的 house 降斑结果

第二幅极化 SAR 图像由美国旧金山 San Francisco 地区的数据合成,其等效视数是 4,为了分析不同地区相干斑抑制的效果,选取 256×256 大小的子图像块,其中包含明显的森林区域、城市区域和海洋区域,及点目标、边缘纹理等非匀质区域。图 3.25(a)为其原始伪彩色图。图 3.25(b)为精致 Lee 滤波结果。邻域窗大小为 7×7。图 3.25(c)是双边滤波的结果,邻域窗大小为 11×11,进行了 4 次迭代。图 3.25(d)为非局部滤波结果,搜索窗大小为 15×15,邻域窗大小为 3×3。图 3.25(e)为基于局部策略的算法降斑结果。图 3.25(f)为本节滤波结果,非局部搜索窗为 15×15,邻域窗大小为 7×7,双边滤波邻域窗为 11×11,进行了 2 次迭代。由图 3.25 可以看出,在同质区域中比精致极化 Lee 滤波所提算法的降斑性能在平衡程度方面要好一些,在边缘纹理细节信息的保持方面本节算法的降斑结果比双边滤波和非局部均值滤波结果有优势,这两种滤波算法的结果边缘纹理细节有所丢失。相比基于局部策略的算法,本节算法的性能也相对较好。为了客观评价所提算法在匀质区域对相干斑抑制的能力,表 3.4 列出了所选取的匀质区域 A 的等效视数,可以看出,在非局部均值滤波方面,本节算法还不是特别有效。此外,为了客观评价所提算法在非匀质区域对边缘的保持能力,计算所选取区域 D 的 EPD-ROA 评价指标。由于采用三个通道生成 Pauli 伪彩色图,因此需要获取每个通道在水平方向和垂直方向的 EPD-ROA。表 3.5 中的数据显示了在保持边缘细节信息方面,所提方法具有相对较大的优势。降斑后合成的伪彩色图也显示出在保持城市区域的边缘纹理方面,精致极化 Lee 和双边滤波丢失了部分细节信息,非局部滤波和基于局部策略的算法相对较好,本节算法效果最好。这里体现出了对选择的非局部相似块应用双边滤波的优势,它能够在非局部考虑结构信息的同时加强单像素信息,更好地选择相似样本点。

表 3.4 基于非局部双边滤波在所选取区域上的等效视数

		原图	精致 Lee	双边	非局部	局部策略	本节算法
区域 A (38×52)	均值	0.0320	0.0291	0.0329	0.0323	0.0329	0.0312
	标准差	0.0186	0.0064	0.0039	0.0026	0.0035	0.0034
	ENL	2.9491	20.5272	70.9800	149.0301	86.5943	83.4124
区域 B (34×44)	均值	0.1669	0.1586	0.1790	0.1669	0.1780	0.1660
	标准差	0.0560	0.0216	0.0182	0.0155	0.0177	0.0141
	ENL	8.8850	53.8095	96.5731	116.1311	101.6685	138.8614
区域 C (20×54)	均值	0.1424	0.1336	0.1507	0.1413	0.1509	0.1409
	标准差	0.0453	0.0139	0.0079	0.0048	0.0078	0.0036
	ENL	9.8564	92.3422	363.6841	860.5964	376.4137	1495.2

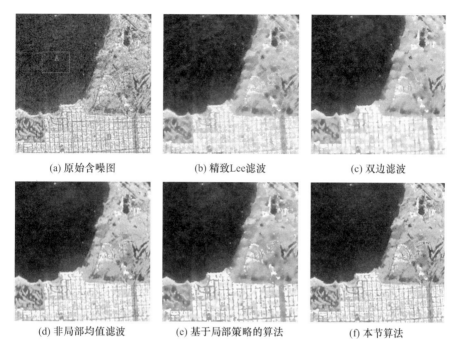

(a) 原始含噪图　　　　　(b) 精致Lee滤波　　　　　(c) 双边滤波

(d) 非局部均值滤波　　　(e) 基于局部策略的算法　　　(f) 本节算法

图 3.25　基于非局部双边滤波与其他方法对比的 San Francisco 降斑结果

表 3.5　基于非局部双边滤波在所选取区域 D 上的 EPD-ROA

EPD-ROA	R		G		B	
	HD	VD	HD	VD	HD	VD
精致极化 Lee 滤波	0.9617	0.9789	0.9625	0.9803	0.9015	0.9285
双边滤波	0.9624	0.9788	0.9633	0.9801	0.8811	0.9151
非局部均值滤波	0.9710	0.9829	0.9690	0.9830	0.9194	0.9287
基于局部策略的算法	0.9853	0.9930	0.9730	0.9868	0.9265	0.9399
本节算法	0.9752	0.9856	0.9696	0.9845	0.9239	0.9412

　　第三幅为 SAR580-Convair 雷达 C 波段成像的 Ottawa 地区, 数据的等效视数为 10, 大小为 222×342。图 3.26(a) 为其原始伪彩色图。图 3.26(b) 为精致 Lee 滤波结果, 邻域窗大小为 7×7。图 3.26(c) 为双边滤波的结果图, 邻域窗大小为 11×11, 进行了 2 次迭代。图 3.26(d) 为非局部均值滤波的结果, 搜索窗大

小为 15×15，邻域窗大小为 3×3。图 3.26(e)为基于局部策略的算法降斑结果。图 3.26(f)为本节算法滤波结果，非局部搜索窗为 15×15，邻域窗大小为 7×7，双边滤波邻域窗为 11×11，迭代次数为 2。图 3.26 显示出精致极化 Lee 滤波对同质区域的平滑效果不好，在边缘处丢失了部分细节信息，效果不理想。在边缘区域，双边滤波降斑后也丢失了部分细节信息。非局部均值滤波在同质区域和边缘处的滤波效果都好于精致极化 Lee 滤波和双边滤波，可是边缘处仍然不够清晰流畅，有些细节仍然比较模糊。基于局部策略的算法在边缘信息的保持方面依然不够令人满意。本节所提算法在同质区域的降斑性能比精致极化 Lee 滤波和双边滤波的降斑性能好，在边缘纹理细节信息的保持和点目标的保持上明显优于前四种方法。为了评价所提算法在匀质区域的降斑性能，选取区域 B 和 C，计算其等效视数，表 3.4 列出了计算结果，可以看出所提算法在这方面具有一定的优势。

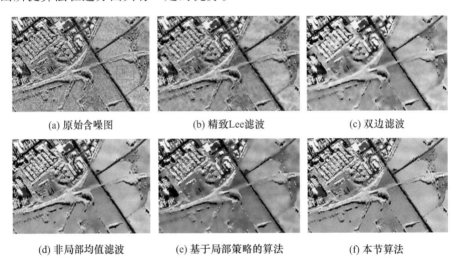

(a) 原始含噪图　　　　(b) 精致Lee滤波　　　　(c) 双边滤波

(d) 非局部均值滤波　　(e) 基于局部策略的算法　　(f) 本节算法

图 3.26　基于非局部双边滤波与其他方法对比的 Ottawa 降斑结果

从原始 San Francisco 数据图像和五种降斑算法降斑后的图像中截取一小部分海洋区域(红色方框内的区域)、城市区域(蓝色方框内的区域)和森林区域(黑色方框内的区域)来验证所提方法对极化信息的保持，并分别做出极化特征图。图 3.27 和图 3.28 为城市区域的极化特征，图 3.29 和图 3.30 为海洋区域的极化特征，图 3.31 和图 3.32 为森林区域的极化特征，无论是在匀质区域还是在非匀质区域，相比采用的四种对比算法，本节所提算法都可以很好地保持极化特性。

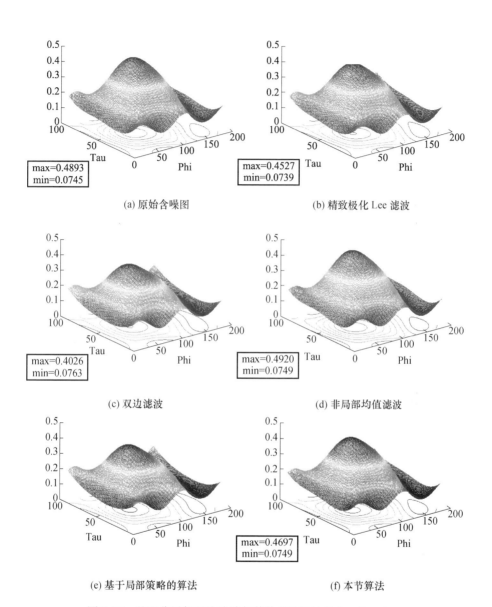

(a) 原始含噪图

(b) 精致极化 Lee 滤波

(c) 双边滤波

(d) 非局部均值滤波

(e) 基于局部策略的算法

(f) 本节算法

图 3.27　基于非局部双边滤波与其他方法对比的 San Francisco
城市区域的共极化特征

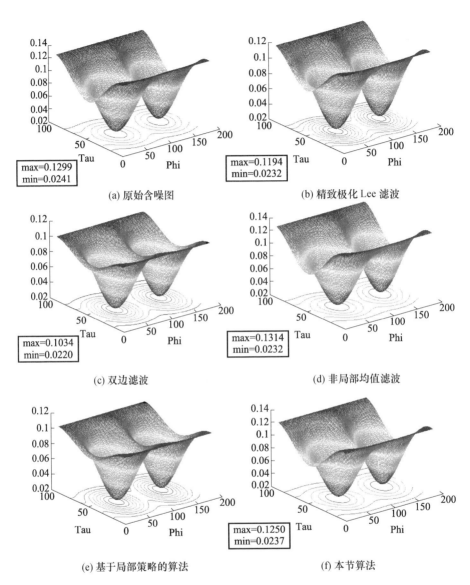

(a) 原始含噪图　　　　　　　　　　(b) 精致极化 Lee 滤波

(c) 双边滤波　　　　　　　　　　　(d) 非局部均值滤波

(e) 基于局部策略的算法　　　　　　(f) 本节算法

图 3.28　基于非局部双边滤波与其他方法对比的 San Francisco
城市区域的交叉极化特征

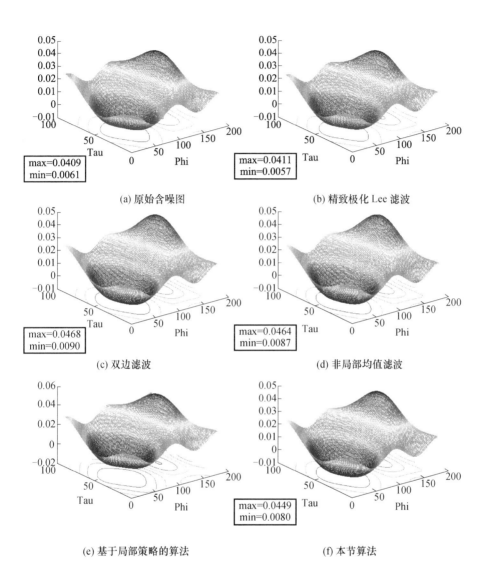

(a) 原始含噪图

(b) 精致极化 Lee 滤波

(c) 双边滤波

(d) 非局部均值滤波

(e) 基于局部策略的算法

(f) 本节算法

图 3.29　基于非局部双边滤波与其他方法对比的 San Francisco
海洋区域的共极化特征(见彩图)

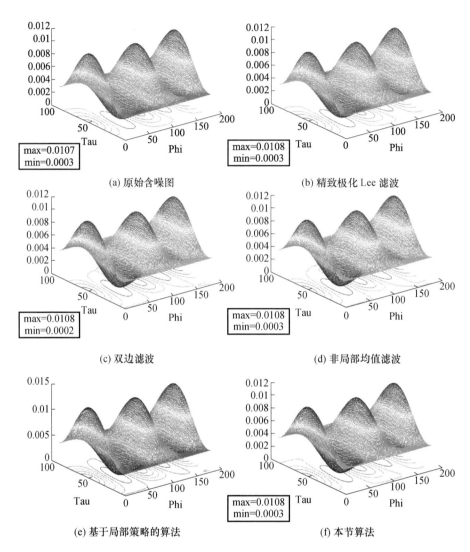

(a) 原始含噪图

(b) 精致极化 Lee 滤波

(c) 双边滤波

(d) 非局部均值滤波

(e) 基于局部策略的算法

(f) 本节算法

图 3.30　基于非局部双边滤波与其他方法对比的 San Francisco
海洋区域的交叉极化特征(见彩图)

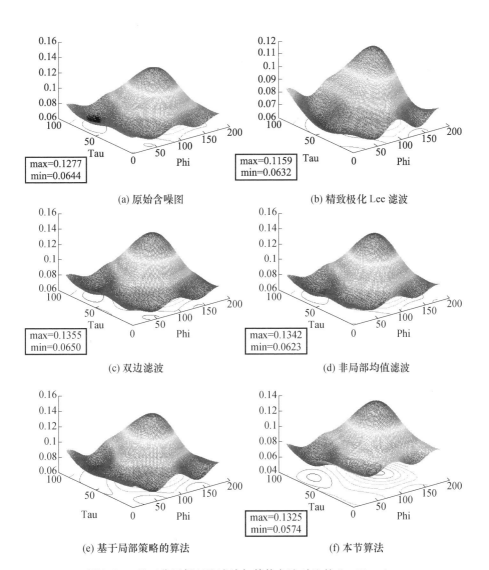

(a) 原始含噪图

(b) 精致极化 Lee 滤波

(c) 双边滤波

(d) 非局部均值滤波

(e) 基于局部策略的算法

(f) 本节算法

图 3.31 基于非局部双边滤波与其他方法对比的 San Francisco
森林区域的共极化特征

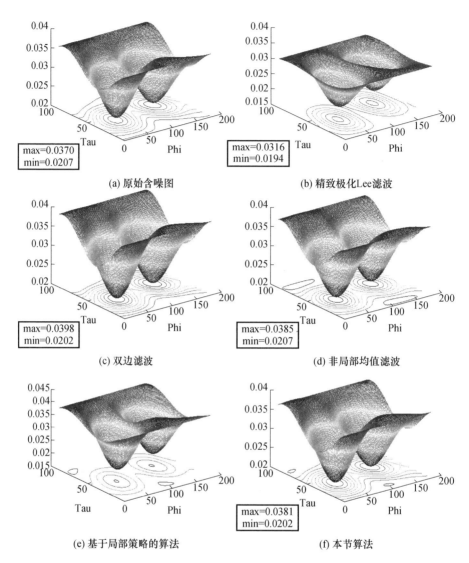

图 3.32　基于非局部双边滤波与其他方法对比的 San Francisco
森林区域的交叉极化特征(见彩图)

参考文献

[1] BALANIS C A. Antenna Theory: A Review[J]. Proceedings of the IEEE, 1992, 80(1): 7 –
23.

[2] OLIVER C, QUEGAN S. Understanding Synthetic Aperture Radar Images[M]. Boston, London: Artechouse, 1998:157 – 170.

[3] 皮亦鸣. 合成孔径雷达成像原理[M]. 成都:电子科技大学出版社,2007.

［4］曾清平，闫世强．雷达极化技术与极化信息应用［M］．北京:国防工业出版社，2006.

［5］陈艳红．极化 SAR 图像相干斑抑制研究［D］．成都:电子科技大学，2006.

［6］汪洋．极化合成孔径雷达图像处理及其研究［D］．合肥:安徽大学，2007.

［7］SINCLAIR G. Theory of Models of Electromagnetic Systems［J］. Proceedings of the Ire. , 1948:1364 – 1370.

［8］GUISSARD A. Mueller and Kennaugh Matrices in Radar Polarimetry［J］. IEEE Transactions on Geoscience and Remote Sensing, 1994, 32(3):590 – 597.

［9］HENRI M. 合成孔径雷达图像处理［M］. 孙洪,等译. 北京:电子工业出版社，2005.

［10］JOUGHIN I R, WINEBRENNER D P, PERCIVAL D B. Probability Density Functions for Multilook Polarimetric Signatures［J］. IEEE Transactions on Geoscience and Remote Sensing, 1994, 32(3):562 – 574.

［11］ARSENAULT H H. Speckle Suppression and Analysis for Synthetic Aperture Radar Images ［J］. Optical Engineering, 1985, 25(5):636 – 643.

［12］MITTAL A, MOORTHY A K, BOVIK A C. No-reference Image Quality Assessment in the Spatial Domain［J］. IEEE Transactions on Image Processing A Publication of the IEEE Signal Processing Society, 2012, 21(12):4695 – 4708.

［13］TORRES L, SANT'ANNA S J S, FREITAS C D C, et al. Speckle Reduction in Polarimetric SAR Imagery with Stochastic Distances and Nonlocal Means ［J］. Pattern Recognition, 2014, 47(1):141 – 157.

［14］凤宏晓．基于统计建模的 SAR 图像降斑研究［D］．西安:西安电子科技大学，2011.

［15］YAMAGUCHI Y, SATO A, BOERNER W M, et al. Four-component Scattering Power Decomposition with Rotation of Coherency Matrix［J］. IEEE Transactions on Geoscience and Remote Sensing, 2011, 49(6):2251 – 2258.

［16］ZEBKER H A, ZYL J J, HELD D N. Imaging Radar Polarimetry from Wave Synthesis［J］. Journal of Geophysical Research Solid Earth, 1987, 92(B1):683 – 701.

［17］EVANS D L, FARR T G, VAN ZYL J J, et al. Radar Polarimetry: Analysis Tools and Applicatons［J］. IEEE Transactions on Geoscience and Remote Sensing, 1988, 6(26):774 – 789, 1988.

［18］EUBANK R L. Applied Nonparametric Regression［M］. Cambridge University Press, 1991: 225 – 226.

［19］TILLER W. The NURBS Book［M］. Springer-Verlag, 1995.

［20］TAKEDA H, FARSIU S, MILANFAR P. Image Denoising by Adaptive Kernel Regression ［C］. Conference Record of the Thirty-Ninth Asilomar Conference Onsignals, Systems and Computers. IEEE, 2005:1660 – 1665.

［21］TAKEDA H, FARSIU S, MILANFAR P. Kernel Regression for Image Processing and Reconstruction［J］. IEEE Transactions on Image Processing, 2007, 16(2):349 – 366.

［22］TAKEDA H, FARSIU S, MILANFAR P. Robust Kernel Regression for Restoration and Reconstruction of Images from Sparse Noisy Data［C］. IEEE International Conference on Image

Processing. IEEE, 2007:1257 – 1260.

[23] KAY S M, Fundamentals of Statistical Signal Processing-Estimation Theory[M]. Blind Equalization and System Identification. Springer London, 2006.

[24] LEE J S. Digital Image Enhancement and Noise Filtering by Use of Local Statistics[J]. IEEE Transactions on Pattern Analysis and Machine Intelligence, 1980, PAMI – 2(2):165 – 168.

[25] KUAN D T, SAWCHUK A A, STRAND T C, et al. Adaptive Noise Smoothing Filter for Images with Signal-dependent Noise[J]. IEEE Transactions on Pattern Analysis and Machine Intelligence, 1985, 7(2):165 – 177.

[26] FRONT V S, STILES J A. A Model for Radar Images and Its Application to Adaptive Digital Filtering of Multiplicative Noise[J]. IEEE Transactions on Pattern Analysis and Machine Intelligence, 1982, PAMI – 4(2):157 – 166.

[27] POOR H V, VERDU S. Probability of Error in MMSE Multiuser Detection[J]. IEEE Transactions on Information Theory, 1997, 43(3):858 – 871.

[28] KANOPOULOS N, VASANTHAVADA N, BAKER R L. Design of an Image Edge Detection Filter Using The Sobel Operator[J]. Solid-State Circuits, IEEE Journal of, 1988, 23(2): 358 – 367.

[29] LEE J S. Refined Filtering of Image Noise Using Local Statistics[J]. Computer Graphics and Image Processing, 1981, 15(4):380 – 389.

[30] BUADES A, COLL B , MOREL J M. A Review of Image Denoising Algorithms, with a New One[J]. Multiscale Modeling and Simulation, 2005, 4(2):490 – 530.

[31] BUADES A, COLL B, MOREL J M. A Non-local Algorithm for Image Denoising[C]. IEEE Computer Society Conference on Computer Vision and Pattern Recognition. 2005:60 – 65.

[32] COUPÉ P, YGER P, BARILLOT C. Fast Non Local Means Denoising for 3D MR Images [C]. International Conference on Medical Image Computing and Computer-assisted Intervention. 2006:33 – 40

[33] BUADES A, COLL B, MOREL J M. Nonlocal Image and Movie Denoising[M]. International Journal of Computer Vision, 2008,76:123 – 139.

[34] DELEDALLE C A, DENIS L, TUPIN F. Iterative Weighted Maximum Likelihood Denoising with Probabilistic Patch-based Weights[J]. IEEE Transactions on Image Processing, 2009, 18(12):2661 – 2672.

[35] KERVRANN C, BOULANGER J, COUPE P. Bayesian Non-local Means Filter, Image Redundancy and Adaptive Dictionaries for Noise Removal [M]. Scale Space and Variational Methods in Computer Vision, Springer Berlin Heidelberg, 2007.

[36] ZHONG H, LI Y W, JIAO L C. Bayesian Nonlocal Means Filter for SAR Image Despeckling [C]. Synthetic Aperture Radar, 2009. Apsar 2009. Asian Pacific Conference on IEEE, 2009:1096 – 1099.

[37] COUPE P, HELLIER P, KERVRANN C, et al. Nonlocal Means-based Speckle Filtering for Ultrasound Images [J]. IEEE Transactions on Image Processing, 2009, 18 (10):

2221 - 2229.

[38] COUPE P, HELLIER P, KERVRANN C, et al. Baysian Nonlocal Means-Based Speckle Fil-tering[C]. IEEE International Symposium on Biomedical Imaging: From Macro to Nano, 2008:1291 - 1294.

[39] CHEN J, CHEN Y, AN W, et al. Nonlocal Filtering for Polarimetric SAR Data: A Pretest Approach[J]. IEEE Transactions on Geoscience and Remote Sensing, 2011, 49(5):1744 - 1754.

[40] LEE J S, GRUNES M R, GRANDI G D. Polarimetric SAR Speckle Filtering and Its Implica-tion for Classification[J]. IEEE Transactions on Geoscience and Remote Sensing, 1999, 37(5):2363 - 2373.

[41] D'HONDT O, GUILLASO S, HELLWICH O. Iterative Bilateral Filtering of Polarimetric SAR Data[J]. IEEE Journal of Selected Topics in Applied Earth Observations and Remote Sens-ing, 2013, 6(3):1628 - 1639.

第 4 章

高分辨力 SAR 图像地物分割与分类

4.1 基于三马尔可夫随机场的 SAR 图像分割

4.1.1 基于模糊的三马尔可夫场 SAR 图像分割

4.1.1.1 简介

模糊随机变量的概念最早由 H. kwakernaak 在 1978 年提出。模糊马尔可夫随机场(MRF)是马尔可夫随机场理论与模糊集理论的结合,它能同时处理图像分割时的模糊性及随机性,而又不会失去图像的空间信息。经典的模糊分割把精力放在图像的灰度特征上,没有考虑图像的空间信息,马尔可夫随机场可以弥补这一缺陷;而单纯的马尔可夫随机场做分割又不能很好地消除分割时的不确定性,所以它又要借助模糊集来弥补这一不足。鉴于此,结合马尔可夫随机场理论与模糊集理论可以提高图像分割的精度[1]。在相干斑噪声较严重的 SAR 图像中,虽然区域一致性得到了明显提高,但是边缘分割结果较差,仍然存在一些问题。为解决以上区域一致性不满足的问题,将模糊马尔可夫场与三马尔可夫场相结合进行图像分割,改进了能量函数的形式。实验结果显示,本方法具有一定的优越性。

4.1.1.2 模糊 MRF 模型

1) 模糊集和模糊随机事件

基于模糊集的软分割算法已经广泛应用于图像分割中[2]。模糊 C - 均值(Fuzzy C-mean, FCM)是一种应用广泛又十分有效的聚类算法,也是最早的软分割算法。软分割是使同一像素不同程度地归属于两个或以上的分割区域,即在每一步迭代过程中没有确定地将像素归到某一类,而是将像素以不同程度归到每一个类别,在算法迭代停止后以一定规则消除模糊,也就是通过将模糊集转化为经典集合实现原图像的分割。此后所提出的各种软分割算法大多是在模糊 C - 均值的基础上发展起来的,它改变了常规的分割算法中经典的二值逻辑。

首先将模糊集引入到算法中,这样由于每一个分类在模糊集意义下都是模糊类,因此可以有效提高图像分割的精确性。这种基于灰度的聚类算法,未考虑相邻像素之间的影响,未能利用图像的空间信息,在分割过程中叠加了噪声的低信噪比,会产生较大的偏差。

经典的随机变量将样本空间里的一个灰度值映射为一个标记,而模糊随机变量将样本空间里的一个灰度值映射为标记集上的一个模糊集。另外,从势函数的表达形式可以看到,模糊马尔可夫随机场的二元势函数不仅考虑邻域间像素值的异同,而且用模糊集的汉明(Hamming)距离来度量像素值间的差异程度,而经典的马尔可夫随机场只考虑像素值间的异同,它所描述的图像空间约束信息不如模糊马尔可夫随机场精确[3]。

记 $F(R) = \{A | A : R \to [0,1]\}$,即 $F(R)$ 是论域 R 上的所有模糊集,给定概率测度空间 (Ω, F, P),称映射 $X : \Omega \to F(R) \omega \mapsto X(\omega)$ 为模糊随机变量,如果满足:

(1) 对于 $\forall \alpha \in (0,1]$,$X_\alpha^-(\omega), X_\alpha^+(\omega) \in X(\omega)$,其中

$$X_\alpha^-(\omega) = \inf X(\omega) = \inf\{x \in R | X(\omega)(x) \geqslant \alpha\} \tag{4.1}$$

$$X_\alpha^+(\omega) = \sup X(\omega) = \sup\{x \in R | X(\omega)(x) \geqslant \alpha\} \tag{4.2}$$

(2) 对于 $\forall \alpha \in (0,1]$,$X_\alpha^-(\omega), X_\alpha^+(\omega)$ 均为 (Ω, F, P) 上随机变量,其中,$X(\omega)(x)$ 是 $X(\omega)$ 的隶属函数。

这里,α 为模糊集的置信水平,$X_\alpha^-(\omega)$、$X_\alpha^+(\omega)$ 为迭代过程中以置信水平消除模糊性后返回模糊集的下限和上限。按照最大隶属度消除模糊性就是以某个置信水平上的上限为判据来实现的。

在吉布斯随机场理论中,用随机变量族 $X = (X_s)_{s \in S}$ 模拟一幅图像,用马尔可夫性描述图像各像素间的空间约束性。样本空间为 D 个灰度级,即 $\Omega = \{1, 2, \cdots, D\}$,标号集 $L = \{1, 2, \cdots, k\}$。因此,对于任意的 s,马尔可夫随机场定义如下。

概率空间 (Ω, F, P) 上随机变量 X 称为关于邻域系统的马尔可夫随机场,如果它满足:

① 正定性:$P(x) > 0, \forall x \in \Omega$。

② 马尔可夫性:$P(x_i | x_{S/i}) = P(x_i | x_{N_i})$。

其中:S/i 表示网格 S 中位置 i 以外的所有位置;x_{N_i} 为与 i 相邻的所有邻域位置的标记集合,$x_{N_i} = \{x_j | j \in N_i\}$。

鉴于图像处理中的很多问题都是随机性和模糊性共存的,所以用一组模糊随机变量模拟图像。下面给出模糊事件的概率。

概率空间 (Ω, F, P) 上的模糊事件 $A : \Omega \to L \omega \mapsto l = A(\omega)$,对于离散集 $\Omega = \{1, 2, \cdots, n\}$ 样本空间,有

$$P(A) = \sum_{i=1}^{n} A(\omega) p_i \tag{4.3}$$

式中:p_i 为自然状态概率,$p_i = P(\omega_j)$。对应于图像分割问题时,p_i 称为确定类的概率。

2) 模糊马尔可夫随机场

在模糊马尔可夫随机场中用模糊随机变量描述一个像素点,而在经典的马尔可夫随机场中用经典的随机变量描述一个像素点。有了模糊随机事件的概率,对应于经典的马尔可夫随机场,接下来定义模糊马尔可夫随机场。概率空间(Ω, F, P)上的模糊随机变量族 $X = (X_s)_{s \in S}$ 称为关于邻域系统的模糊马尔可夫随机场,它满足马尔可夫场的正定性和马尔可夫性,其中 i 满足:$X_i : \Omega \to F(L)$ $\omega \mapsto X_i(\omega)$($F(L)$ 为标记集 L 上的所有模糊集的一个实现,为标记集 L 上的一个模糊集)。

记 $C_i(l) = \begin{cases} 1 (l = i) \\ 0 (l \neq i) \end{cases}$,即 $C_i(l)$ 为标记 i 的特征函数。当 $F(L) = \{C_i(L) \mid i \in L\}$ 时,从代数的观点来看,$F(L) \approx L$,即 $F(L)$ 和 L 是同构的。模糊随机变量退化为经典的随机变量,可以认为经典的马尔可夫随机场是模糊马尔可夫随机场的特殊情况。

模糊马尔可夫随机场的势函数依然以吉布斯场的形式给出,这里只用到了二元势函数,所以仅给出二元势函数的定义:

$$V_2(x_i, x_j) = \frac{\beta}{2}(\parallel x_i - x_j \parallel) \tag{4.4}$$

式中:$\parallel \cdot \parallel$ 为距离范数;$\parallel x_i - x_j \parallel = \sum_{k=1}^{m} |\mu_{ik} - \mu_{jk}|$,为两个模糊集的汉明距离,距离越大,产生的势能越大;反之越小。因此有和吉布斯随机场中相同的势函数:

$$P(x) = Z^{-1} \times e^{-\frac{1}{T}U(x)} \tag{4.5}$$

由于标记的 X_s 是模糊随机变量,也就是它的每一个现实都是标记集上的模糊集,因此后验分布应该取决于 X_s 的取值。经典后验概率为

$$P(x_s | y) = \frac{p(y | x_s) p(x_s)}{p(y)} \tag{4.6}$$

4.1.1.3 基于模糊的三马尔可夫场 SAR 图像分割

通过前面的介绍,了解到经典马尔可夫随机场与模糊马尔可夫随机场结合起来处理图像的合理性和必要性,而且在经典马尔可夫场模型中的分割方法同样适用于模糊马尔可夫场,所以很容易想到让更具有普遍适用性的三马尔可夫随机场(Triple Markov Random Field,TMRF)引入模糊随机变量的概念进行 SAR

图像的分割,这样既充分地利用了图像信息,又很好地利用了像素点标号的不确定性即模糊性。从 4.1.1.4 节仿真的 SAR 图像分割结果中可以看出这种结合方法的有效性和准确性。

具体地说,当给定待分割图像时,依然对图像进行初始分割建立初始标号场,然后对标号场利用隶属度模糊化使标号变为模糊随机变量。建立附加场后,建立联合先验模型,用模糊标号场、附加场、观测场三个随机场的联合三马尔可夫场建立图像分割模型。

首先应用均值漂移算法初始化图像标号场,得到 $X = (X_s)_{s \in S}$(S 为图像的像素集),在经典的马尔可夫模型中取值 $X_s \in \{\omega_1, \omega_2, \cdots, \omega_k\}$($k$ 为分割的类别数),在模糊马尔可夫场中,考虑将每一个样本点映射到标记空间的模糊集上,定义像素点 s 为一个矢量:$i = \{\mu_{s1}, \mu_{s2}, \cdots, \mu_{sm}\}$,每一个 μ_{sm} 代表像素点 s 属于 m 类的隶属度,这就是模糊随机变量。当每一个 X_s 为模糊随机变量时,随机场 $X = (X_s)_{s \in S}$ 就称为模糊随机场,在马尔可夫制约下的模糊随机场就称为模糊马尔可夫随机场。

考虑像素 X_s,记 N_j 为 X_s 所在邻域的像素属于第 j 类的个数,隶属度函数定义为

$$\widetilde{A}_s : L \to [0, 1] j \mapsto \widetilde{A}_s(j) = \frac{N_j}{\sum\limits_j N_j} \tag{4.7}$$

式中:$\widetilde{A}_s(j)$ 为像素 X_s 属于第 j 类的隶属度。

如果 X_s 领域中属于第 j 类的个数多,它属于第 j 类的隶属度就应该大。如果它的邻域全部落入同一个区域,相应的隶属度就为 1。

$$\| x_s - x_t \| = \sum_{m=1}^{k} |\mu_{sm} - \mu_{tm}| \tag{4.8}$$

对于三马尔可夫场中附加场的建立,依然可以采用提取 Gabor 特征的方法,也可以采用传统的聚类方法。为证明模糊方法的有效性,对于分割两类的图像采用传统的 k 均值聚类方法来建立附加场,即对待分割图像进行 k 均值聚类,而分割为三类的图像用 Gabor 方法,提取图像纹理特征建立附加场 $U = (U_s)_{s \in S}$。假定图像附加场代表图像中不同均匀程度的纹理区域,对于不太复杂的图像,U 场的取值 $\Lambda \in \{a, b\}$,即假定只包含两种不同的同质纹理区域,因为本节所处理的图像从主观判断可以简单看成主要包含分布均匀的纹理和分布不均匀的纹理。对于分割为三类的 SAR 图像也是同样,因为只有城市区域和森林区域的纹理分布不均匀,是分割的难点。从能量函数的形式可以看出,附加场辅助标号场分割图像对分割结果起了约束作用,这样处理不会影响分割结果的准确性,且会提高结

果的区域一致性。

TMRF 中的能量函数依然采用马尔可夫模型中经典 Potts 能量函数计算联合场 $Z = (X, U)$，先验概率 $p(z) = p(x, u)$，联合先验概率 $p(z) = p(x, u) = \gamma \exp[-W(x, u)]$，其中，$\gamma$ 是归一化常数。但是能量函数的形式不同于三马尔可夫场的能量函数，而是将模糊马尔可夫场和三马尔可夫场的能量函数进行结合，推导出新的能量函数。其形式如下：

$$W(x, u) = \sum_{(s,t) \in C} \alpha^1 (2 \| x_s - x_t \| - 1) - \alpha_a^2 \delta^*(u_s, u_t, a)$$
$$+ \alpha_b^2 \delta^*(u_s, u_t, b)(\| x_s - x_t \|) \tag{4.9}$$

此能量函数是由下式三马尔可夫场模型的能量函数改进形式：

$$W(x, u) = \sum_{(s,t) \in C_H} \alpha_H^1 [1 - 2\delta(x_s, x_t)] - \alpha_{aH}^2 \delta^*(u_s, u_t, a)$$
$$+ \alpha_{bH}^2 \delta^*(u_s, u_t, b)[1 - \delta(x_s, x_t)]$$
$$+ \sum_{(s,t) \in C_V} \alpha_V^1 [1 - 2\delta(x_s, x_t)] - [\alpha_{aV}^2 \delta^*(u_s, u_t, a)$$
$$+ \alpha_{bV}^2 \delta^*(u_s, u_t, b)[1 - \delta(x_s, x_t)] \tag{4.10}$$

新的能量函数(4.9)是由联合马尔可夫场模型的能量函数经过模糊化处理变形得到。式中，$\| x_s - x_t \| = \sum_{m=1}^{k} |\mu_{sm} - \mu_{tm}|$。当 $u_s = u_t = a$ 时，$\delta^*(u_s, u_t, a) = 1$；否则，为 0。当 $u_s = u_t = b$ 时，$\delta^*(u_s, u_t, b) = 1$，否则，为 0。这里采用 8 邻域系统，估计能量函数中的参数 $\alpha = \{\alpha^1, \alpha_a^2, \alpha_b^2\}$ 依然用经典的最小二乘法估计，$\| x_s - x_t \|$ 如前面所定义，为当前像素点和邻域像素点的距离范数。这就是区别于传统三马尔可夫场能量函数之处，如此定义用模糊随机变量代替了经典的随机变量，距离范数的范围为 $[0, 1]$，而不是经典能量函数中 $\delta(x_s, x_t)$ 只取确定的 0 或 1，从而减少了对初始标号场的依赖性，使分割结果更为精确。

在 TMRF 分割问题中，联合分布中的条件概率依然采用伽马分布。具体仿真实验步骤如下：

(1) 输入待分割的 SAR 图像，初始化标号场。

(2) 利用 k 均值聚类建立附加场。

(3) 利用隶属度函数模糊化标号场。

(4) 计算联合模糊先验概率。

(5) 构建三马尔可夫场贝叶斯后验边缘概率的分割模型：

① 利用伽马分布的概率密度函数计算图像中各像素点的似然概率；

② 计算三马尔可夫场联合概率分布；

③ 利用吉布斯采样计算各像素点的后验边缘概率。

(6) 根据贝叶斯最大后验边缘概率准则确定每个像素点新的标号，逐点更新标号场中各像素点的标号,分割图像。

(7) 将更新前后标号场中变化的像素点个数和标号场像素点总数的比率作为终止条件,如果比率大于输入阈值,返回步骤(3);否则,执行下一步。

(8) 输出最终分割结果。

4.1.1.4　实验结果及分析

1) 仿真结果比较

实验采用的是基于模糊的三马尔可夫随机场 SAR 图像分割方法,充分利用了 SAR 的纹理特征和杂波分布特征,在保证分割结果区域一致性的同时,提高了分割结果区域边缘的准确性。下面分别对具有两类纹理、三类纹理的真实 SAR 图像进行了分割,并将分割结果与文献[4]中经典的模糊马尔可夫场模型方法进行了比较。实验结果如图 4.1 和图 4.2 所示。

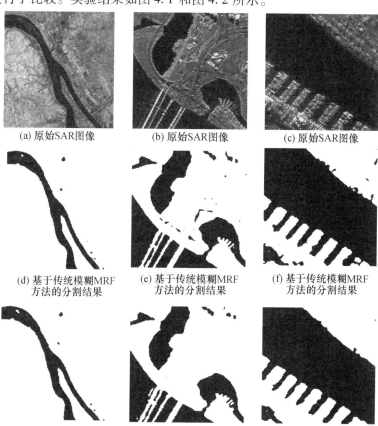

(a) 原始SAR图像　　　(b) 原始SAR图像　　　(c) 原始SAR图像

(d) 基于传统模糊MRF　　(e) 基于传统模糊MRF　　(f) 基于传统模糊MRF
　　方法的分割结果　　　　方法的分割结果　　　　方法的分割结果

(g) 基于本节方法的　　　(h) 基于本节方法的　　　(i) 基于本节方法的
　　分割结果　　　　　　　分割结果　　　　　　　分割结果

图 4.1　实验结果对比

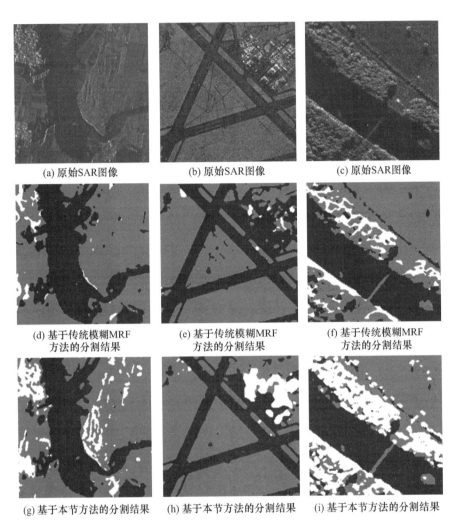

(a) 原始SAR图像　　　　(b) 原始SAR图像　　　　(c) 原始SAR图像

(d) 基于传统模糊MRF　　(e) 基于传统模糊MRF　　(f) 基于传统模糊MRF
　　方法的分割结果　　　　　方法的分割结果　　　　　方法的分割结果

(g) 基于本节方法的分割结果　(h) 基于本节方法的分割结果　(i) 基于本节方法的分割结果

图 4.2　实验结果对比

2) 仿真结果分析

　　通过上述两类和三类目标的原始测试 SAR 图像的仿真实验及分割结果对
比结果可以看出,本节方法对不同 SAR 图像都可以进行准确的分割。图 4.1 是
三幅对水域和陆地两类目标 SAR 图像的分割。图 4.1(a)纹理较简单,边缘较
清晰;图 4.1(b)和(c)陆地纹理复杂,水陆交接处边缘复杂。由图 4.1(g)、
(h)、(i)可以看到,由于本节采用模糊随机场的方法建模能量函数使得图像分
割精度得到了明显提高。在图 4.1(g)中,水域从图像中清晰的分割出来,边缘
完整准确,区域一致性好。在图 4.1(h)中,在准确保持区域边缘的同时,提高了

陆地区域的区域一致性。在图 4.1(i)中,延伸至水域中的港口部分的边缘和区域一致比图 4.1(f)结果中保持得好。本方法的三个结果:图 4.1(g)、(h)、(i)消除了区域中的杂点;图 4.1(d)、(e)、(f)中传统 MRF 方法的结果中同质区域还存在错分割的杂点。

图 4.2 是对三类目标 SAR 图像的分割。图 4.2(a)是对水域、农田、城区的分割,图 4.2(b)是对机场跑道与草地、建筑物的分割。图 4.2(c)是对水域、草地和灌木丛的分割。由图 4.2(g)、(h)、(i)仿真结果可以看到,虽然对纹理复杂的城市区域很难分割出来,但是由于本发明采用模糊随机场的方法建模能量函数的同时,采用伽马统计分布的概率密度计算三马尔可夫场中的似然概率,提高了分割结果的区域一致性和抗噪性。在图 4.2(g)和(h)中,白色代表的城市区域可以从图像中清晰的分割出来,并且区域一致性很高;在图 4.2(d)和(e)中城市区域并没有完整地分割出来。在图 4.2(i)中,对具有复杂纹理的灌木丛也可以保持边缘的准确性和区域一致性,比图 4.2(f)分割结果中的区域一致性好很多。从本小节的仿真实验可以看出,区域的分割结果有所提高,达到了提高分割精度的目的。

4.1.2　基于三马尔可夫场的 SAR 图像融合分割

由前面介绍可以看出,目前基于三马尔可夫随机场模型的图像分割都是基于像素的分割,虽然结合不同的理论和方法可以进行有效的改进,提高了分割精度,但是没能够充分利用 SAR 图像的信息(如 SAR 图像的多分辨信息),因此,可考虑结合三马尔可夫场的分割方法与多尺度变换方法。本节基于三马尔可夫场的 SAR 图像融合分割的思想就是结合了多尺度分割的方法。如何合理且有效的结合将成为本节主要的研究方向。首先对图像进行基于小波变换的隐马尔可夫树(Hidden Markor Tree,HMT)模型的分割;然后与基于像素的初分割结果相结合,利用三马尔可夫场分割模型的框架进行类似融合的分割处理。这样既可以保持多尺度分割的优点,又保证了像素分割的准确性。从实验结果可以看出,本方法可以提高图像分割的准确性。

4.1.2.1　基于小波变换的 HMT 模型

近年来发展起来的多尺度变换有很多,但小波变换仍然是最常用的多尺度工具。小波系数在一定程度上可以描述图像的非平稳性,所以基于小波域的图像建模方法一直受到关注。建模所有小波系数的联合概率密度函数虽然可以准确地刻画系数之间的统计相关性,但计算复杂度相当高,小波系数之间相互独立且又难以描述它们之间的相互关联关系。所以,小波域的建模方法中,马尔可夫树(Hidden Markor Tree,HMT)模型及其分割算法受到广泛关注。

1) 小波系数分布建模

对于大多数实际信号来说,其小波变换系数往往是稀疏的,小波变换的能量具有紧支撑性,即大部分较小的小波系数和少部分较大的小波系数,而只有少部分大的系数值包含了信号的主要能量。反映在小波系数的统计分布上就是"高尖峰,长拖尾"的非高斯性。可以为每个小波系数建立一个状态变量,其有"高"(对应包含信号主要能量的小波系数)或"低"(对应包含小部分信号能量的小波系数)两种取值。如果给每个状态一个概率分布,即给"高"状态一个零均值,大方差的高斯分布,给"低"状态一个零均值,小方差的高斯分布,则可用一个两状态的高斯混合模型(GMM)来逼近单个小波系数的概率分布[5]。高斯混合模型中的高斯分布如下:

$$g(x;\mu,\sigma^2) = \frac{1}{\sqrt{2\pi}\sigma}\exp\left\{-\frac{(x-\mu)^2}{2\sigma^2}\right\} \tag{4.11}$$

两个状态的高斯概率密度函数分别为

$$\begin{cases} f(\omega_i|S_i=0) = g(\omega_i;0,\sigma_{0,i}^2) \\ f(\omega_i|S_i=1) = g(\omega_i;0,\sigma_{1,i}^2) \end{cases} \tag{4.12}$$

式中:$\sigma_1^2 > \sigma_0^2$。

则 GMM 的概率密度函数为

$$f(x_n) = \sum_{m=1}^{M} \varepsilon_m \cdot f_m(x_n) \tag{4.13}$$

式中:M 为模型的阶数;ε_m 为混合参数(也称加权系数),它满足

$$\sum_{m=1}^{M} \varepsilon_m = 1 \tag{4.14}$$

2) 尺度间持续性的建模

小波变换的特性是尺度间有持续性。这个性质是指小波系数的相对幅值与它的父节点的幅值密切相关。这种相关性表现为尺度间小波系数隐状态之间的马尔可夫关系,即小波系数"大"或"小"的概率仅由它的父节点是"大"或"小"的概率决定。又因为小波变换的近似去相关性,尺度间最重要的持续性表现为父子之间幅值的相互关系,因此 HMT 模型假设尺度间的状态依赖关系具有一阶马尔可夫性:给定小波系数的状态的条件下,该小波系数的祖先节点和子孙节点相互独立,且该状态只由它的父节点状态决定[6]。HMT 模型将每一小波系数隐状态和它对应的四个子节点的隐状态连接起来,形成一个概率树,从而捕获不同尺度状态之间的依赖关系,如图 4.3(b)所示,小波变换的一个子带的隐马尔可夫树模型,其中黑色点指小波系数,白色圆圈点指小波系数的状态。每一个子带

采用各自的 HMT 模型分别建模,并假设子带间相互独立。

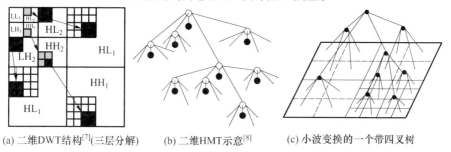

(a) 二维DWT结构[7](三层分解)　　(b) 二维HMT示意[8]　　(c) 小波变换的一个带四叉树

图 4.3　二维 DWT 分解示意图和 HMT 模型示意图

图像的小波变换包含三个波段相互并行的四叉树结构,如图 4.3(c)所示。三个波段高频子带分别为 HH、HL、LH,三个四叉树结构中相同位置的节点对应于原始图像中的相同子块。图 4.3(a)为二维小波变换三个子带父子关系:每一个箭头从父小波指向其对应的四个子节点。虽然三个高频子带的系数之间相互关联,但是为了方便计算,假设子带之间满足独立性,即假设小波变换的三个子带统计独立。假设三个子带模型中的参数矢量分别为 $\boldsymbol{\Theta}^{LH}$、$\boldsymbol{\Theta}^{HL}$、$\boldsymbol{\Theta}^{HH}$、则 HMT 模型可以表示为

$$M:\{\boldsymbol{\Theta}^{LH},\boldsymbol{\Theta}^{HL},\boldsymbol{\Theta}^{HH}\} \tag{4.15}$$

该模型是用以建模小波系数联合概率密度的多维高斯混合的参数化统计模型。在子带独立性假设下,小波系数的联合概率密度可以表示为

$$f(\omega|M) = f(\omega^{LH}|\boldsymbol{\Theta}^{LH})f(\omega^{HL}|\boldsymbol{\Theta}^{HL})f(\omega^{HH}|\boldsymbol{\Theta}^{HH}) \tag{4.16}$$

这就是 HMT 模型建模二维图像小波变换的所有小波系数的联合概率密度。基于似然值的计算,模型可以应用图像分割或去噪。

由于 HMT 模型充分利用了小波系数的聚集性和持续性,因此采用 HMT 方法得到的各个尺度的初始分割结果。较粗尺度的分割结果有效地获取了图像不同纹理区域的主体轮廓,但丢弃了图像不同纹理区域之间的局部边缘细节,而较细尺度的分割结果在很大程度上弥补了这一损失。由于基于 HMT 的分割方法直接融合各个尺度上的初始分割结果,所以其融合结果具有很大的依赖性,不能有效地保留图像的局部边缘细节。

4.1.2.2　基于三马尔可夫场的 SAR 图像融合分割

本方法结合小波变换 HMT 模型的分割方法将高频子带最精细尺度的分割结果作为附加标号场,也就是三马尔可夫场中的附加场,结合基于像素的初始分割结果和图像的灰度场建立三马尔可夫场分割模型。这样既可以弥补多尺度

HMT 模型利用图像空间像素相互关系补充不足,又可以在马尔可夫场中引入多尺度多分辨信息来补充三马尔可夫场分割模型。也就是将小波变换最精细尺度的分割结果同区域分割结果用三马尔可夫场的分割方法融合在一起,两种模型相互补充。融合的目的是,在保留分割区域主题轮廓的同时更好地捕获到图像分割区域的局部边缘细节。

基于小波变换的 HMT 分割的思想是,利用 HMT 模型得到与图像各个尺度上数据块相对应的不同纹理的相似度,然后通过比较相似度大小的方法获得图像各个尺度上的初始分割,再逐步从粗尺度到细尺度利用背景信息融合相邻两尺度初始分割结果得到最终分割结果。针对小波系数分布的持续性,D. Florestapia 等[9]利用 HMT 模型描述尺度为小波系数的传递关系,同时假设小波系数所对应的状态变量组成的四叉树结构满足一阶马尔可夫树模型,如图 4.3(c)所示,每个子节点的状态都由其父节点确定。

本节方法建立 HMT 分割模型时,依然采用经典的小波变换系数进行建模。可以通过以下来描述式(4.13)所表示的 GMM 参数估计问题:当样本数据 $x = \{x_1, x_2, \cdots, x_N\}$ 和模型阶数 M 给定时,如何确定其概率密度分布的一组参数矢量 $\boldsymbol{\theta} = \{\varepsilon_1, \cdots, \varepsilon_M; \mu_1, \cdots, \mu_M; \sigma_1^2, \cdots, \sigma_M^2\}$ 的值。由于最大期望(EM)迭代算法作为一种局部最大似然估计的等效算法,可以广泛用于对各种参量组的似然估计,完全能够胜任普通的 GMM 参数估计问题,因此,本章采用 EM 算法进行二阶 GMM 参数估计。EM 算法对于许多混合密度问题的最大相似估计来说是很常用的。

EM 算法具有一个基本的结构,且它的实现步骤是依赖于问题的。因为主要讨论 HMT 模型,所以主要介绍 HMT 模型训练的 EM 算法。对于 HMT 模型的训练来说,需要确定 M 个状态的 HMT 模型的参数,HMT 的 EM 算法迭代收敛于一个不完全对数相似度函数的局部极点。EM 迭代算法的具体过程如下:

首先初始化:

$\mu_1 = \mu_2 = 0$

$\varepsilon_1 = \varepsilon_2 = 1/2$

$\sigma_1^2 = (y_{\max} - y_{\min})/3, \sigma_2^2 = 1 - \sigma_1^2$

设初始计数 $l = 0$。

(1)求期望,即求取条件似然函数 $f(x_n | m, \theta)$,表达式为

$$f(x_n | m, \theta) = \frac{f(x_n | m, \theta) f(m)}{\sum_{j=1}^{M} f(x_n | j, \theta) f(j)} = \frac{f(x_n | m, \theta) \varepsilon_m}{\sum_{j=1}^{M} f(x_n | j, \theta) \varepsilon_j} \tag{4.17}$$

(2)求极值,即求取式(4.17)关于 θ 的极值,得到 θ 的一个估计值 $\hat{\theta} = \{\hat{\varepsilon}_m, \hat{\mu}_m, \hat{\sigma}_m^2\}$。

（3）迭代：令 $l = l + 1$，直到算法满足设定的精度要求或者达到设定的最大上限，算法停止；否则，重复步骤（1）、（2）。

以上算法中，m 为 0,1。

建立完基于小波域的 HMT 分割模型后，对图像进行多尺度分割，得到的结果作为下一步三马尔可夫场分割时的附加标号场来指导像素级的分割。而基于像素的初始分割结果依然可以采用均值漂移算法，使用这种方法不但较为准确，而且可以提高运算效率。在三马尔可夫场中，联合分布和条件分布依然服从马尔可夫性，能量函数采用传统方法中的形式，具体的分割算法与前面介绍的一致，此处不再重复说明。

本节方法把多尺度分割的结果作为附加场，与传统方法中用代表图像不平稳性的分割结果作为附加场相比有所不同。传统方法中，附加场不仅需要初始化，而且在每次迭代的过程中要像标号场一样迭代更新，然后代入到能量函数中；而本节方法则是在初始化阶段更新完毕，在之后的迭代过程中只更新标号场而无须再对附加场做任何变动，提高了迭代过程中分割结果的稳定性。

实验的具体过程如下：

（1）提取图像中不同同质区域的小块进行小波变换，并对小波子带系数进行参数训练。

（2）对待分割图像进行小波变换，从最粗尺度开始由训练的参数结合贝叶斯概率进行初始分割，得到的分割结果作为附加标记场。

（3）对待分割图像进行 mean-shift 变换，得到的像素级分割结果作为初始标号场，设置最大迭代次数。

（4）利用吉布斯随机场的概率公式获得联合先验概率。

（5）构建三马尔可夫场的贝叶斯后验边缘概率的分割模型。

（6）利用贝叶斯最大后验边缘概率准则确定每个像素点新的标号，分割图像。

（7）逐点更新标号场中各像素点的标号。

（8）若没有达到最大迭次数，返回步骤（4）；否则，执行下一步骤。

（9）输出最终分割结果。

4.1.2.3　实验结果及分析

1）仿真结果比较

通过对真实 SAR 图像的分割结果可以看出，本方法可以有效地提高分割精度。采用本节方法，即基于聚类和 TMRF 的方法，对实际的 SAR 图像进行分割实验，并将分割结果分别与基于普通马尔可夫随机场的分割方法[10]得到的分割结果和基于小波域隐马尔可夫树模型分割方法（WHMTseg）[9]得到的分割结果进行比较。WHMTseg 中采用二维离散小波变换(2 - DWT),分解四层,实验结果如图 4.4 所示。基于小波变换的 HMT 模型的图像分割中,对于纹理简单的两类目标 SAR 图像的分割结果还比较满意;但是分割三类目标的图像时,由于纹理训练的参数增加,所以结果不是很理想。

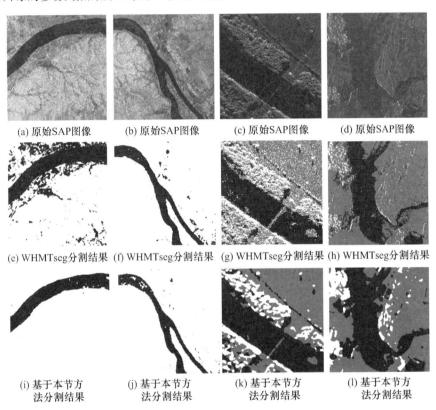

(a) 原始SAP图像　　(b) 原始SAP图像　　(c) 原始SAP图像　　(d) 原始SAP图像

(e) WHMTseg分割结果 (f) WHMTseg分割结果 (g) WHMTseg分割结果 (h) WHMTseg分割结果

(i) 基于本节方　　　(j) 基于本节方　　　(k) 基于本节方　　　(l) 基于本节方
法分割结果　　　　 法分割结果　　　　 法分割结果　　　　 法分割结果

图 4.4　实验结果对比

　　下面再对本节提出的三种方法的分割结果进行对比,依然采用真实的 SAR 图像,将其分为三类的实验结果如图(4.5)所示。

　　2) 仿真结果分析

　　由图 4.4 所示的实验结果可以看出,对于图 4.4(a)和(b)所示的具有两类纹理的 SAR 图像,基于 WHMTseg 得到的结果虽然含有的杂点减少,区域一致性有所提高,但边缘准确性变差且边缘模糊;而本节提出的分割方法的分割结果具有很少量的杂点,不仅分割得到的区域一致性较好,而且边缘较准确、清晰。对于图 4.4(c)和(d)所示的三类纹理的 SAR 图像,基于 WHMTseg 的分割结果含有较多杂点,使得分割得到的区域一致性较差;而本节提出的分割方法得到的分割结果则同时具有较准确、连续和清晰的边缘以及更好的区域一致性。

 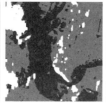 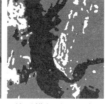 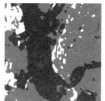

(a) 原始 SAP 图像　(b) 基于 Gabor 特征　(c) 基于模糊的三马尔可　(d) 基于三马尔可夫场
　　　　　　　　　的三马尔可夫场　　　夫场 SAR 图像分割　　　SAR 图像融合分割
　　　　　　　　　SAR 图像分割

图 4.5　实验结果对比

　　本节提出的基于三马尔可夫场的融合分割方法之所以能得到较准确、清晰的边缘和较好的区域一致性,主要原因是:TMRF 引入附加随机场来表示 SAR 图像的不同场景,比传统的 MRF 更准确地描述了 SAR 图像,而且将多尺度分割结果与基于像素的分割结果进行了融合,通过两种方法的相互补充,可以提高分割结果的精度。

　　由图 4.5 可以看出,与传统的三马尔可夫场分割方法相比,本节提出的三种方法在区域一致性和分割结果的边缘准确性上都有所提高。由图 4.5(b)可以看出,基于 Gabor 特征的三马尔可夫场 SAR 图像分割的分割结果在某些区域上还存在杂点,区域一致性上还有待提高,所以在此基础上提出了基于模糊的方法。由图 4.5(c)可以看出,农田(灰色)的区域一致性较基于 Gabor 特征的三马尔可夫场 SAR 图像分割好很多,但边缘存在过于平滑的现象。因此,引入多尺度分割的方法,提出基于三马尔可夫场的 SAR 图像融合分割方法,图 4.5(d)提高了分割结果边缘的精度,但此方法不够完善,可以结合多尺度知识进一步提高改进。

4.1.3　小结

　　4.1.1 节针对传统基于模糊马尔可夫随机场图像分割方法中边缘过度模糊和区域一致性较差的问题,提出了一种基于模糊的三马尔可夫随机场 SAR 图像分割方法,充分利用了 SAR 的纹理特征和杂波分布特征,而且结合了模糊理论对标号场进行模糊化,提高了分割结果的区域一致性,同时保证了结果的边缘准确性,对 SAR 图像分割取得了满意结果。4.1.2 节针对传统的基于三马尔可夫随机场的 SAR 图像分割方法中没有利用多尺度信息的不足,提出一种基于三马尔可夫场的 SAR 图像融合分割方法。在仿真实验中,将本节方法得到的分割结果分别与基于 WHMTseg 的分割结果进行了比较,本节方法无论是在边缘准确性还是区域一致性上都有一定提升。但是也存在一定的缺陷,HMT 模型的训练非常复杂,对训练样本的要求也比较高,所以结果还不是非常满意,有待改进。但是,从实验结果可以看出,本节方法对分割结果的精度有所提高。

4.2 多尺度和多层稀疏表示的 SAR 图像分类

4.2.1 基于稀疏表示的 SAR 地物分类

自 J. Wwight 等[11]用稀疏表示的方法进行人脸识别后,由于其简便易行及其较好的识别效果,稀疏表示迅速被很多学者应用于图像识别如医学图像中的肿瘤识别方法[12]、MSTAR 识别[13]、数字识别等各个方面。下面首先介绍稀疏表示方法在人脸识别中的应用及其用于图像分类的一般框架模型中。

4.2.1.1 稀疏表示分类算法

Y. Ma 等提出一种想法:人脸识别方法种类繁多,如何更好地选取特征就是能否达到更好的识别效果的基础和关键所在。目前已知的方法有 Eigen face、Fisher face、Laplacian face 等,但是对于这么多的特征,却对哪种特征更好或更坏的问题缺乏共同的认识。人们花费了很大力气寻找最优特征,但这种探寻可能掩盖了其他的重要因素,而这些因素可以帮助人们看清特征选择在整个识别过程中的作用。其实,这些传统特征对于准确识别来说已经包含了足够的信息,而人们可能只是没有简单地使用恰当工具来利用它们而已。

为了充分利用分类目标的结构信息,Y. Ma 等使用这样的思路:把所有类的训练图像拉成列矢量,组成全局字典,将目标识别看作寻找一个测试图像的一个稀疏表示,该测试图像与多个种类的训练图像有关,并将此测试图像表示为尽可能少的训练图像的一个线性组合,这些训练图像来自整个训练集,即全局字典中。如果该测试图像是属于训练数据库中某一类的图像,那么这个线性组合将仅仅包含这一类中的训练图像。这种表示肯定是稀疏的,即仅有系数的一小部分是非零项。在此基础上,再用一种极为简单的分类算法即可求得该测试图像所属的类别。具体实现过程如下。

假设要对 K 类人脸图像进行分类,方法要求这些图像都是经过适当的裁切和校正,是严格对准的图像,每幅图像大小为 $w \times h$,假设同一类人脸图像在不同的光照条件和表情变换下涵盖了一个低维线性子空间,成为人脸子空间,则每幅人脸图像可以看成这个子空间的一个点。

在所有的人脸图像中,方法在每类中选择若干个人脸图像作为训练样本,将属于第 i 类的 n_i 幅训练图像的像素值拉成列矢量组 $v_{i,1}, v_{i,2}, \cdots, v_{i,n_i} \in \mathbf{R}^m$,假设这些矢量能够涵盖第 i 类人脸子空间,则同一类的任意新图像 y 可以表示为这些训练样本的一个线性叠加：

$$\boldsymbol{y} = a_{i,1} \boldsymbol{v}_{i,1} + a_{i,2} \boldsymbol{v}_{i,2} + \cdots + a_{i,n_i} \boldsymbol{v}_{i,n_i} \tag{4.18}$$

对任意标量 $a_{i,j} \in R(j = 1, \cdots, n_i)$。将所有的 $n = n_1 + n_2 + \cdots + n_k$ 幅训练图像按列排列成一个大矩阵：

$$\boldsymbol{A} = \begin{bmatrix} \boldsymbol{v}_{1,1} & \boldsymbol{v}_{1,2} & \cdots & \boldsymbol{v}_{1,n_1} & \cdots & \boldsymbol{v}_{K,n_K} \end{bmatrix} = \begin{bmatrix} \boldsymbol{A}_1 & \boldsymbol{A}_2 & \cdots & \boldsymbol{A}_k \end{bmatrix} \in \mathbf{R}^{m \times n} \tag{4.19}$$

则第 i 类的测试图像 y 可以用上述字典表示如下：

$$\boldsymbol{y} = \boldsymbol{A} \boldsymbol{\partial} \in \mathbf{R}^m \tag{4.20}$$

在理想状况下，$\boldsymbol{\partial} = \begin{bmatrix} 0 & \cdots & 0 & \partial_{i,1} & \partial_{i,2} & \cdots & \partial_{i,n} & \cdots & 0 & \cdots & 0 \end{bmatrix}^{\mathrm{T}} \in \mathbf{R}^2$ 是一个系数矢量，除了那些与第 i 类相关的项，其他项几乎都是 0。

加入稀疏限制，$\boldsymbol{\partial}$ 的求解可以写成 0 范数或者 1 范数的求解，如下面两个式子所示：

$$\min \| \boldsymbol{\partial} \|_0$$
$$\text{s. t.} \quad \boldsymbol{y} = \boldsymbol{A} \boldsymbol{\partial} \tag{4.21}$$

或

$$\min \| \boldsymbol{\partial} \|_1$$
$$\text{s. t.} \quad \boldsymbol{y} = \boldsymbol{A} \boldsymbol{\partial} \tag{4.22}$$

在考虑误差的情况下，式(4.21)和式(4.22)也可以记为

$$\min \| \boldsymbol{\partial} \|_0$$
$$\text{s. t.} \quad \| \boldsymbol{Y} - \boldsymbol{A} \boldsymbol{\partial} \| \leq \xi \tag{4.23}$$

或

$$\min \| \boldsymbol{\partial} \|_1$$
$$\text{s. t.} \quad \| \boldsymbol{Y} - \boldsymbol{A} \boldsymbol{\partial} \| \leq \xi \tag{4.24}$$

求得稀疏系数 ∂ 后，可以根据稀疏系数目标进行分类：

$$\text{identity}(\boldsymbol{y}) = \underset{i}{\text{argmin}} \, e_i(\boldsymbol{y})$$

式中

$$e_i(\boldsymbol{y}) = \| \boldsymbol{y} - \boldsymbol{A} \boldsymbol{\delta}_i(\boldsymbol{\partial}) \|_2 \tag{4.25}$$

其中：$\boldsymbol{\delta}_i(\partial) = \begin{bmatrix} 0 & \cdots & 0 & \cdots & \boldsymbol{\partial}_{i,1} & \cdots & 0 \end{bmatrix}$，它只包含与第 i 类对应的系数，故 $r_i(y)$ 表示第 i 类训练样本的重构误差。

式(4.25)说明，分类方法选择重构误差最小的类作为待测目标的类，即选择能最精确重构目标的类作为待测目标的标记类。

4.2.1.2 基于稀疏表示分类算法分析

4.2.1.1 节介绍的方法提出了稀疏表示一种新的用法,直接将人脸的像素值拉成列作为训练字典的方法简单有效,同时提到,基于稀疏表示分类的方法避免了特征选择的难题,而且对噪声和遮挡有很好的健壮性。而且在之后的很多文章中也证明了这种方法的优越性,但也有其局限性,即实验中所有的分类都是基于对准的整幅图像的分类,而且必须有足够的样本图像;而 SAR 地物分类是基于像素的分类,所以,直接将稀疏表示照搬到 SAR 图像地物分类是不可能的。为了将稀疏表示推广到 SAR 地物分类的方法中,每一类选取 N 个像素点作为训练样本来构造字典。

将稀疏表示用于 SAR 地物分类的另一个问题是,在人脸识别中,同类的人脸在结构和像素分布上有高度的相似性,所以这样的识别基本上每一点都是对应的。但是,对于 SAR 地物分类,即使两个像素点属于同一类,它们的灰度信息和纹理分布相似,也不能做到点对点的对应。直接使用像素点的像素值构造字典会降低同类样本间的相似性,不能得到满意的结果。但是,SAR 地物中同类的像素点的特征相似度是很高的,所以选用 SAR 地物像素点及其邻域的特征作为构造字典的原子。

4.2.1.3 特征提取

不同地物的散射特性不同,因此不同地物表现在 SAR 图像上将会有不同的亮度和不同的纹理。当图像的局部有较小的方差时,灰度值占有支配地位。当图像的局部有较大的方差时,纹理占有支配地位。因此,使用最常用且较简单的灰度直方图特征和纹理共生矩阵计算的纹理特征描述一个像素点。

1)灰度直方图

将统计学中直方图的概念引入数字图像处理中,用来表示图像的灰度分布,称为灰度直方图。不同的灰度分布对应不同的图像特征。因此,灰度直方图能反映图像的概貌和质量。

(1)灰度直方图的定义。灰度直方图定义为数字图像在各灰度级与其出现频数间的统计关系。其可表示为

$$P(k) = \frac{n_k}{n}(k = 0, 1, \cdots, L-1) \tag{4.26}$$

且

$$\sum_{k=0}^{L-1} P(k) = 1 \tag{4.27}$$

式中:k 为图像的第 k 级灰度值;n_k 为图像中级数为 k 的像素个数;n 为图像的总像素个数;L 为灰度级数。

2）灰度直方图的性质

由灰度直方图的定义可知,数字图像的灰度直方图具有如下三个重要性质:

① 图的位置缺失性。灰度直方图仅反映了数字图像中各灰度级出现频数的分布,即取某灰度值的像素个数占总像素个数的比例,但对那些具有同一灰度值的像素在空间位置一无所知,即其具有位置缺失性。

② 直方图与图像的一对多特性。任一幅图像都能唯一地确定与其对应的一个直方图,但由于直方图的位置缺失性,对于不同的多幅图像来说,只要其灰度级出现频数的分布相同,则都具有相同的直方图,即直方图与图像是一对多的关系。

③ 直方图的可叠加性。由于灰度直方图是各灰度级出现频数的统计值,若一图像分成几个子图,则该图像的直方图等于各子图直方图的叠加。

正是由于灰度直方图(1)和(2)的两个性质,使得灰度直方图比像素值更适合用于稀疏表示方法中,这样就不会要求两个同类的像素点需有基本完全相同的结构特征才能相互表示。特征的抽象性使同类像素点的相似性凸显出来。

2）灰度共生矩阵

SAR 图像反映地物对雷达波的后向散射特性,不同地物如果具有相同或相近的后向散射系数,它们在 SAR 图像中就表现为相同或相近的灰度值,从而发生混淆。相干斑噪声的影响更加剧了混淆现象,使得仅利用灰度特征进行分类的结果在实际应用中根本无法接受。近年来,利用纹理特征参与 SAR 图像分类成为提高分类精度的重要手段。纹理描述了地物的结构信息,是与局部灰度及其空间组织相联系的,因而满足人们一直寻求的基于结构特征的图像分类和信息提取,是当前特征提取的研究热点。灰度共生矩阵是提取纹理的重要方法之一,灰度直方图是对图像上单个像素具有某个灰度进行统计的结果,而灰度共生矩阵是对图像上保持某距离的两像素分别具有某灰度的状况进行统计得到。下面主要介绍灰度共生矩阵的计算方法。

(1) 灰度共生矩阵的计算方法。取图像($N \times N$)中任意一点(x,y)及偏离它的另一点($x+a,y+b$),设该点对的灰度值为(g_1,g_2)。令点(x,y)在整个画面上移动,则会得到各种(g_1,g_2)值,设灰度值的级数为 k,则(g_1,g_2)的组合共有 k 的平方种。对于整个画面,统计出每一种(g_1,g_2)值出现的次数,然后排列成一个方阵,再用(g_1,g_2)出现的总次数将它们归一化为出现的概率 $P(g_1,g_2)$,这样的方阵称为灰度共生矩阵。距离差分值(a,b)取不同的数值组合,可以得到不同情况下的联合概率矩阵。(a,b)取值要根据纹理周期分布的特性来选择,对于较细的纹理,选取(1,0),(1,1),(2,0)等小的差分值。

当 $a=1, b=0$ 时,像素对是水平的,即 0°扫描。当 $a=0, b=1$ 时,像素对是垂直的,即 90°扫描。当 $a=1, b=1$ 时,像素对是右对角线的,即 45°扫描。当 $a=-1, b=1$ 时,像素对是左对角线,即 135°扫描。

这样,两个像素灰度级同时发生的概率,就将 (x,y) 的空间坐标转化为灰度对 (g_1, g_2) 的描述,形成了灰度共生矩阵。

(2) 灰度共生矩阵的特征。在计算得到共生矩阵之后,往往不是直接应用计算的灰度共生矩阵,而是在此基础上计算纹理特征量,通常,反差、能量、熵、相关性等特征量用来表示纹理特征。下面介绍几种灰度共生矩阵特征统计量。设灰度级为 L,$p_{i,j}$ 为灰度共生矩阵中位置 (i,j) 处元素的值,则统计量的参数定义及计算公式如下:

① 角二阶矩

$$\text{ASM} = \sum_{i=0}^{L-1} \sum_{j=0}^{L-1} p_{i,j}^{2} \tag{4.28}$$

角二阶矩灰度共生矩阵元素值的平方和,所以也称能量,反映了图像灰度分布均匀度和纹理粗细度。如果共生矩阵的所有值均相等,则 ASM 值小。如果其中一些值大而其他值小,则 ASM 值大。当共生矩阵中元素集中分布时,此时 ASM 值大。ASM 值大表明一种较均一和规则变化的纹理模式。

② 熵

$$\text{ENT} = -\sum_{i=0}^{L-1} \sum_{j=0}^{L-1} \{p_{i,j} \log p_{i,j}\} \tag{4.29}$$

熵是图像所具有的信息量的度量,纹理信息也属于图像的信息,是一个随机性的度量,当共生矩阵中所有元素有最大的随机性、空间共生矩阵中所有值几乎相等时,共生矩阵中元素分散分布时,熵较大。它表示了图像中纹理的非均匀程度或复杂程度。

③ 差距

$$\text{IDM} = \sum_{i=0}^{L-1} \sum_{j=0}^{L-1} \frac{p_{i,j}}{1 + |i-j|^2} \tag{4.30}$$

差距反映图像纹理的同质性,度量图像纹理局部变化的多少。其值大,则说明图像纹理的不同区域间缺少变化,局部非常均匀。

④ 方差

$$\text{INE} = \sum_{i=0}^{L-1} \sum_{j=0}^{L-1} |i-j|^2 p_{i,j} \tag{4.31}$$

方差又称为主对角线的惯性矩。对于粗纹理,$p_{i,j}$ 的值较集中于主对角线附近,此时 $|i-j|$ 值较小,所以反差也较小。对于细纹理,$p_{i,j}$ 的值分布比较均匀,因此,

反差较大。

⑤ 对比度

$$COR = \frac{1}{\sigma_x \sigma_y} \sum_{i=0}^{L-1} \sum_{j=0}^{L-1} (i - u_x)(j - u_y) p_{i,j} \tag{4.32}$$

式中

$$\begin{cases} u_x = \sum_{i=0}^{L-1} \sum_{j=0}^{L-1} p_{i,j}, u_y = \sum_{i=0}^{L-1} \sum_{j=0}^{L-1} p_{i,j} \\ \sigma_x^2 = \sum_{j=0}^{L-1} (i - u_x)^2 \sum_{j=0}^{L-1} p_{i,j}, \sigma_x^2 = \sum_{j=0}^{L-1} (j - u_y)^2 \sum_{j=0}^{L-1} p_{i,j} \end{cases} \tag{4.33}$$

它度量空间灰度共生矩阵元素在行或列方向上的相似程度,因此,相关值大小反映了图像中局部灰度相关性。当矩阵元素值均匀相等时,相关值就大。当矩阵像元值相差很大时,相关值就小。如果图像中有水平方向纹理,则水平方向矩阵的 COR 大于其余矩阵的 COR。

⑥ 方差

$$VAR = \sum_{i=0}^{L-1} \sum_{j=0}^{L-1} (i - m)^2 p_{i,j} \tag{4.34}$$

式中:m 为 $p_{i,j}$ 的均值。

⑦ 共生和均值

$$SM = \sum_{n=0}^{2L-2} n p_{i+j} \tag{4.35}$$

式中

$$p_{i+j} = \sum_{\substack{i=0 \\ i+j=n}}^{L-1} \sum_{j=0}^{L-1} p_{i,j} (n = 0,1,\cdots,2L-2) \tag{4.36}$$

⑧ 共生和方差

$$SV = \sum_{n=0}^{2L-2} (n - SM) p_{i+j} \tag{4.37}$$

⑨ 共生和熵

$$SE = \sum_{n=0}^{2L-2} p_{i+j} \lg[p_{i+j}] \tag{4.38}$$

⑩ 共生差均值

$$SA = \sum_{n=0}^{2L-2} n p_{i-j} \tag{4.39}$$

式中

$$p_{i-j} = \sum_{i=0}^{L-1} \sum_{\substack{j=0 \\ |i-j|=n}}^{L-1} p_{i,j} \quad (n = 0, 1, \cdots, L-2) \tag{4.40}$$

⑪ 共生差方差

$$DV = \sum_{n=0}^{L-2} (n - SA)^2 p_{i-j} \tag{4.41}$$

⑫ 共生差熵

$$DE = \sum_{n=0}^{L-2} p_{i-j} \lg[p_{i-j}] \tag{4.42}$$

⑬ 最大概率

$$MP = \max_{i,j} p_{i,j} \tag{4.43}$$

Baraldi 通过大量实验证明,对于 SAR 图像来说,效果最好的四个统计量,即角二阶距、熵、逆差距、反差,为了降低特征维度,可以不用计算全部 13 个统计量,选择这四个统计量就可以达到效果。

(3) 影响灰度共生矩阵的因素。距离差分 (a,b) 取不同的数值组合,可以沿一定方向 θ(如 $0°$、$45°$、$90°$、$135°$),相隔一定距离 $d = \sqrt{a^2 + b^2}$ 的像元之间的灰度共生矩阵。a 和 b 的取值要根据纹理周期分布的特性确定,对于较细的纹理,选取 $(1,0)$、$(0,1)$、$(1,1)$,$(-1,1)$ 等这样较小的差分值是很有必要的。当 a 和 b 取值较小时,对应于变化缓慢的纹理图像(粗纹理),其灰度共生矩阵对角线上的数值较大,倾向于对角线分布;若纹理变化越快(细纹理),则对角线上的数值越小,而对角线两侧的元素值增大,倾向于均匀分布。

对于一系列不同的 d、θ,就有一系列不同的灰度共生矩阵。设计一个灰度共生矩阵时,需要考虑以下因素:

① 窗口的大小。窗口的大小决定了计算的复杂度,窗口既保证足够大,以提取时宜的纹理特征,也应足够小,至少小于观测目标中最小的对象。对于不同的 SAR 图像,需要采用不同的窗口大小,本节实验时将根据待分类的图像的目标纹理粗细选择合适的窗口大小。

② 像素的量化阶数。一般来说灰度图像的灰度级为 256,在计算由灰度共生矩阵推导出的纹理特征时,要求图像的灰度级远小于 256,主要是因为矩阵维数较大,而窗口的尺寸较小,则灰度共生矩阵不能很好地表示纹理。如果能够很好地表示,则要求窗口尺寸较大,这样使计算量大大增加,而且当窗口尺寸较大时对于每类的边界区域误识率较大。所以一般规定量化后的图像灰度级为 8 或 16。实验中像素的量化阶数取 8 个等级,这样可以降低计算量。

③ 距离 d 和方向角 θ 的选择。不同的图像有不同的选择。

3）方法中的特征提取

我们使用了 16 维的直方图特征和 4 维的灰度共生矩阵提取的纹理特征拼接起来,共 20 维特征作为特征来描述每个像素点。

选用 16 级的灰度直方图以及角二阶矩、熵、对比度、方差四个纹理统计量来描述 SAR 图像中像素的特征。另外,在用灰度共生矩阵提取纹理特征时,将像素量化为 8 级,即先计算 8 级的灰度共生矩阵,再计算统计量;(a,b) 分别为 $(0,1)$,即距离为 1,方向为垂直方向。在实验中,根据图像的实际情况选取合适的窗口提取特征,后面还提出基于多尺度的特征提取和稀疏表示方法。

4.2.1.4　基于稀疏表示的 SAR 地物分类

基于稀疏表示的 SAR 地物分类主要包含字典构造和稀疏表示及分类。

稀疏表示的分类是一种监督分类,需要由训练样本构造字典来进行分类。在待分类图像中的每类中标记一个块,然后在这些块中随机选择 N 个像素点作为训练样本,分别对每个像素点提取直方图特征和纹理特征,共 20 维,标记第 i 类的第 j 个样本所提取的特征为 $a_{i,j}$,则第 i 类的字典为 $\boldsymbol{A}_i = \begin{bmatrix} a_{i,1} & a_{i,2} & \cdots \\ a_{i,N} \end{bmatrix}$。假定图像中包含 M 类地物,则全部 N 类字典构成一个大字典:

$$\boldsymbol{A} = \begin{bmatrix} A^1 & A^2 & \cdots & A^M \end{bmatrix} \qquad (4.44)$$

对待分类图像的每一个像素如上提取特征。若待分类像素点的特征矢量为 $\boldsymbol{Y}$,则根据稀疏表示的基本框架可得

$$\boldsymbol{Y} = \boldsymbol{A}\partial \qquad (4.45)$$

在实验中,使用正交匹配追踪(Orthogonal Matching Purswit,OMP)对式

$$\min_{\partial} \frac{1}{2} \parallel \boldsymbol{Y} - \boldsymbol{A}\partial \parallel_2^2 + \tau \parallel \partial \parallel_1 \qquad (4.46)$$

进行求解,得到稀疏系数 ∂ 的解。然后计算每类样本的重构误差并对该像素点分类:

$$\text{identity}(\boldsymbol{y}) = \arg \min_i r_i(\boldsymbol{y})$$

式中

$$r_i(\boldsymbol{y}) = \parallel \boldsymbol{y} - \boldsymbol{A}\boldsymbol{\delta}_j(\partial) \parallel_2 \qquad (4.47)$$

如上方法遍历整个图像所有的像素点,就可以得到整幅图像的分类。4.2.2 节将展示并分析我们的分类结果,并与基于像素值的稀疏表示分类进行比较来证明用特征构造字典的合理性。

4.2.2 基于稀疏表示的多层 SAR 地物分类

在 4.2.1 节中,将稀疏表示的应用推广到 SAR 地物分类中,虽然稀疏表示分类的结果优于 SVM 的分类结果,但在某些区域还是有很多的错分点。一方面是由于 SAR 地物纹理的复杂性造成的;另一方面是选择的样本代表性不够,不能覆盖整个类的空间,导致有些像素点不能很好地表示。针对这个问题,本节提出基于稀疏表示的多层 SAR 地物分类,使用多个不断更新的字典对图像进行重复分类,保证每个像素点都尽可能得到最优的稀疏表示。

4.2.2.1 基于稀疏表示的多层分类

上节介绍的稀疏表示分类的基本框架是单次分类方法,由于 SAR 地物纹理的复杂性,而且随机产生的训练字典可能并不是完备的字典,导致这样的分类结果并不是很好。本节提出一种基于稀疏表示的多层分类方法来弥补这样的不足。为了区别这两种方法,稀疏表示分类的方法称为单层稀疏表示分类方法,基于稀疏表示分类的多层分类方法称为多层稀疏表示分类方法。

1) 单层稀疏表示分类方法存在的不足

以往稀疏表示的分类应用中,都是根据最小欧氏距离直接决定待分类样本的所属类别,即使用稀疏表示所得到的与每类训练样本相关的系数解重构待分类样本,具有最小重构误差的类是待分类样本的类。这样的算法在简单、极度相似、可分性高且具有完备字典的分类中显得简单有效,如对准的人脸图像识别、数字识别等;但是对于复杂的、字典不完备的分类,当由于字典不完备,待分类样本实际所属的类别没有能力很好地表示待分类样本时,直接采用单层稀疏表示方法可能会导致样本错分。

SAR 地物分类属于后面介绍的情况,由于 SAR 地物中挑选训练样本并不像人脸识别类分类一样,在人脸识别中实验往往采用标准数据库,因此可以人为地挑选训练样本。这个过程是可控的,可以保证训练样本足够覆盖这类的子空间,即足够表示其他任意一个样本;但是 SAR 图像纹理复杂,而且在实验中是随机选取样本点,在这种条件下,很难保证每类训练样本都覆盖其所属的子空间,进而能很好地表示其他同类样本。这种情况下,可能得到的所有类的重构误差都很大,而有最小重构误差的类也不是待分类点实际所属的类。可以说,在这次分类过程中,待分类点并没有得到足够稀疏的表示,从而导致分类错误。

2) 多层稀疏表示分类方法

针对单层稀疏分类方法的不足,提出多层稀疏表示分类,对重构误差进行判断,当每类的重构误差都不满足一定准则时,认为此次的分类结果不可靠,此时的待分类样本标记为不确定样本,在下一次的分类中重新进行分类。

在多层稀疏表示分类中,对要分类的样本进行 K 次分类,K 根据需要由实验者确定。在第 k 次分类中,假设不确定点为 Y、字典为 A^k,字典构造和更新方法根据不同应用有不同的方式,在 SAR 地物分类中字典构造和更新方法中,使用 OMP 对下式求解:

$$Y = A^k \partial^k$$

$$\text{s. t.} \quad \min \| \partial \|_0 \tag{4.48}$$

得到第 k 次稀疏表示的稀疏系数 ∂^k,设 ∂_k^m 表示与第 m 类相对应的稀疏系数,则有

$$e_k^m = \| x - A_k^m \partial_k^m \| \tag{4.49}$$

$$e_k^{\min} = \min(e_k^1, e_k^2, \cdots, e_k^M) \tag{4.50}$$

式中:$e_k^{\min}$ 为第 k 次分类得到的所有 M 类中的最小误差;A_k^m 表示第 k 次分类所有的对应于第 m 类的字典。

然后,使用下式对图像进行多级分类:

$$\text{class}_k(x) = \begin{cases} \arg \min\limits_{m=1,2,\cdots,M} e_k^m(x) & (e_k^{\min} \leqslant \text{thresh1}, \; |e_k^m - e_k^{\min}|_{m \neq j} \leqslant \text{thresh2}) \\ M+1 & (\text{其他}) \end{cases}$$

$$\tag{4.51}$$

式中:$M+1$ 表示不确定类,意味着本次的分类结果不可靠,此像素点还需要在接下来的分类中再次分类;thresh1 和 thresh2 是根据经验确定的(建议 thresh1 的范围为 0.1 ~ 0.15,thresh2 的范围为 0.1 ~ 0.2),thresh1 表示允许误差范围,thresh2 表示最小误差与其他类误差的最小标记。

由式(4.51)可以看出,不同于传统的稀疏表示方法,本节方法并不是只用一次的分类就确定了所有像素的分类结果,而是对每次分类的结果进行可靠度判定。如果待分类样本通过稀疏表示的框架表示后得到的所有 M 类中的最小重构误差 $e_k^{\min}$ 小于给定的经验值 thresh1,并且最小重构误差与其他类的重构误差的距离不小于阈值 thresh2,则按照稀疏表示中的分类方法将具有最小重构误差的类别标记为待分类样本的类别;反之,这个像素点的类别标记为 $M+1$,即不确定类别,认为本次的稀疏表示结果不能很好地对此样本进行分类,此次分类结果不可靠。

4.2.2.2　多层稀疏表示 SAR 地物分类

1) 字典的构造和更新

在构造字典之前,需要先选定适合待分类图像的用于提取特征的窗口大小

S。初始字典的构造与 4.2.1 节提到的构建字典的方法相同,为更方便地选取训练样本,首先人为地在每类地物目标中标记一块区域(这块区域要求只含有单目标),然后在这块区域中随机挑选 N 个像素值作为训练样本。使用大小为 S 的窗口对训练样本提取特征,将所得到的特征拉成列,所有的训练样本特征按列排列得到初始字典 A^1。

方法中的字典是不断根据上次的分类结果更新的,假设得到了第 k 次的分类结果,则在第 k 次的分类结果中标记为 $1 \sim M$ 的每一类中,随机选择 N 个训练样本,对其提取灰度直方图和纹理特征,每个样本点的特征值拉成一列,组成 $M \times N$ 列的字典 A^{k+1}。与初始字典中在某个区域中选取训练样本的方法相比,在整幅图中随机选择样本的方法使得字典中包含的训练样本分布在整幅图的各个区域,相似度更低,可表示的样本种类更多,这样构造的字典更有利于对整幅图像的分类。

2)基于多层稀疏表示的 SAR 地物分类

本节将多层稀疏表示的分类方法应用于 SAR 地物分类中。首先在待分类的图像中的每类中标记一个块;然后在这些块中随机选择 N 个像素点作为训练样本,分别对每个训练样本提取直方图特征和纹理特征(如上节所述),共 20 维,将这些训练样本的特征值按列排列,得到初始字典 A^1,使用 A^1 依次对图中的每个像素点进行稀疏表示:

$$Y_{i,j} = A^1 \partial^1_{i,j} \tag{4.52}$$

式中: $Y_{i,j}$ 为第 i 行第 j 列的像素点的特征矢量; $\partial^1_{i,j}$ 为该点在初次分类过程中得到的稀疏系数。

使用 OMP 得到该稀疏解。根据下式计算每个点关于每类的重构误差和初始分类的最小重构误差:

$$e^{k,m}_{i,j} = \| x - A^m_k \partial^{k,m}_{i,j} \| \tag{4.53}$$

$$e^{\min}_{k,i,j} = \min(e^{1,1}_{i,j}, e^{1,2}_{i,j}, \cdots, e^{1,M}_{i,j}) \tag{4.54}$$

式中: $e^{k,m}_{i,j}$ 为第 i 行第 j 列的像素点在第 k 次分类中第 m 类地物的重构误差; $e^{\min}_{k,i,j}$ 为第 k 次分类中该点的最小重构误差。

然后,根据下式对该点进行分类:

$$\text{class}^K_{i,j}(x) = \begin{cases} \arg \min\limits_{m=1,2,\cdots,M} e^{k,m}_{i,j}(x) & (e^{\min}_{k,i,j} \leqslant \text{thresh1}, \left| e^{k,m}_{i,j} - e^{\min}_{k,i,j} \right|_{m \neq j} \leqslant \text{thresh2}) \\ M+1 & (\text{其他}) \end{cases}$$

$$\tag{4.55}$$

根据式(4.55)所示的判断准则,对于满足条件的像素点将其分类为具有最小重构误差的类别;对于不满足条件的像素点,将其标记为 $M+1$,即不确定类,在后面的分类中继续对其分类。对于上式(4.55),在初始分类中,k 均等于 1。

遍历所有的 i 和 j 值,就得到了整幅图像的初始分类,接着根据 4.2.2.2 节所述的字典更新的方法更新字典得到字典 A^2,对上次标记为不确定点的像素点再次分类。依次类推,在第 k 次分类中,会对第 $k-1$ 次分类标记为不确定点的像素值重新分类。基于稀疏表示的多层 SAR 地物分类方法的主要步骤如下:

(1)在待分类图像中,为每一类地物选择一个只包含此类地物的区域,在该区域内随机选择 N 个像素点作为训练样本。

(2)根据图像中地物目标纹理的粗糙变化程度选择分类使用的合适的窗口大小 S,并使用该窗口大小对训练样本提取灰度直方图和纹理信息,将所得到的特征拉成列,将所有训练样本的特征按列排列,得到初始字典 A^1。

(3)在第 k 次分类中,对整幅图像中每一个像素点使用窗口大小 S 提取灰度直方图特征和纹理特征。设待分类像素点的特征矢量为 Y,则对 $\min_{\partial} \frac{1}{2} \| Y - A^k \partial^k \|_2^2 + \tau \| \partial^2 \|_1$ 求解,得到稀疏系数 ∂^k,然后根据 $e_k^m = \| x - A_k^m \partial_k^m \|$ 计算第 k 次分类中每类的重构误差,计算本次分类中的最小重构误差 $e_k^{\min} = \min(e_k^1, e_k^2, \cdots, e_k^M)$,根据式(4.55)对像素点分类,将像素点标记为其所属的类别或者不确定类。

(4)若 $k < K$,则根据上次的分类结果,在整幅图像上为每一类地物随机选取 N 个像素点作为第 $k+1$ 次分类的训练样本,对训练样本提取灰度直方图和纹理特征,将特征按列排列得到第 $k+1$ 次分类所需要的字典 A^k。

(5)重复步骤(4)和(5),直到 $k = K$,停止分类,则上次得到的分类结果为最后的分类结果。

基于多层稀疏表示的 SAR 地物分类方法针对单层稀疏表示的问题做了改进,其分类原理主要体现在式(4.55)。利用式(4.55)对每次的分类结果进行判断,如果该次分类得到的最小重构误差过大或相同两类间的重构误差过于接近,则认为这次分类结果无效。对于这样的像素点,将在接下来的分类中重新进行分类。这样,多层分类相当于有了筛选的功能,它将不能很好地稀疏表示待分类像素点的分类结果剔除,使这些点可以重新分类。

另外,通过不断地选择新的训练样本、不断地更新字典,解决了随机抽取训练样本导致字典不全备的问题,在多次字典的迭代更新中,待分类样本找到其最适合的线性表示的概率大大提高了,从而提高整幅图像的分类效果。

4.2.3　基于稀疏表示和不同尺度的 SAR 地物分类

4.2.3.1　不同尺度的 SAR 地物分类必要性

在 SAR 图像所包含的多类地物中,经常会出现一种情况,有的地物的纹理粗糙,一个纹理单元所占的像素点很多,这就要求在提取特征时保证提取特征的窗口足够大,至少可以包含一个完整的纹理单元。但是,有些地物的纹理很细,有些地物的分布是细条形的,还有两类地物的临界线也是很细的,这些像素点都要求提取特征的窗口是比较小的,这样提取的特征比较精准,可以更好地表示这个像素点。由上所述,在提取特征构造字典时面临一个矛盾,只有多尺度的思想可以解决这个矛盾。下面使用一定的准则选择一组尺度,即特征提取窗口构建字典,并用这些字典分别对图像进行多级分类。

4.2.3.2 多窗口尺度的选择及字典更新

为了满足各类地物的像素点更好表示的需要,应选择多个尺度对图像提取特征,选择一系列递减的窗口尺度分别构造字典,所以应根据图像中地物种类的实际情况设置一个窗口尺度的初始值 S_1。这个初始值要求是包含最粗糙纹理类的一个纹理单元,且不会远大于这类目标的纹理单元大小。在实验中规定最小的窗口尺度为 3,因为窗口尺度小于 3 将不能再表示像素点的空间信息。然后根据最大窗口和最小窗口的间距及需要的窗口个数 N 计算步长 T。要求窗口边长为奇数值,这样有利于实际中的操作,有了上面的信息就可以确定一系列递减的窗口矢量,它们的边长矢量为 $[S_1 \quad S_1 - T \quad \cdots \quad 3]$,可以将这个窗口矢量记为 $[S_1 \quad S_2 \quad \cdots \quad S_K]$,其中 K 为分类次数。

需要说明的是,在多级分类中的尺度字典更换中,先选择大尺度字典对图像进行分类,再使用小尺度字典分类,即尺度矢量的排列方法是由大到小的。这样可以先将大块的匀质区域划分出来,再对细节信息进行细分。这就像观察物体一样,总是先用大视野来观察物体的全貌,再仔细地去看它的每一个细节。

基于多窗口尺度的稀疏表示分类算法中,初始字典和字典更新的方法与稀疏表示分类介绍的方法相似,只是在获取第 k 个字典的更新时,要使用对应的窗口尺度 S^K 对训练样本和待分类像素点进行特征提取。

4.2.3.3 方法的主要思想

基于稀疏表示和多尺度字典的多层 SAR 地物分类将多层稀疏表示 SAR 地物分类与多尺度字典相结合,使用不同的字典对图像重复进行分类。基于稀疏表示和多尺度的多级 SAR 地物分类的主要步骤如下:

(1) 在待分类图像中,为每一类地物选择一个只包含此类地物的区域,随机选择 N 个像素点作为训练样本。

(2) 根据图像中地物目标纹理的粗糙变化程度选择分类使用的最大窗口尺度,并根据计算出所有需用的尺度,以及目标地物的复杂度,确定每个尺度重复使用次数,得到尺度矢量。

（3）使用最大的窗口尺度对训练样本提取灰度直方图和纹理信息，将所得到的特征拉成列，将所有训练样本的特征按列排列，得到初始字典 A^1。

（4）对整幅图像中每一个像素点使用尺度 S^k 提取灰度直方图特征和纹理特征，其中 k 为已经进行的分类次数（包含本次分类）。

（5）设待分类像素点的特征矢量为 Y，则对 $\min\limits_{\partial} \frac{1}{2} \parallel Y - A^k \boldsymbol{\partial}^k \parallel^2_2 + \tau \parallel \boldsymbol{\partial}^k \parallel_1$ 求解，得到稀疏系数 $\boldsymbol{\partial}^k$，然后根据 $e^m_k = \parallel x - A^m_k \partial^m_k \parallel$ 计算第 k 次分类中每类的重构误差，计算本次分类中的最小重构误差 $e^{min}_k = \min (e^1_k, e^2_k, \cdots, e^M_k)$，根据式（4.55）对像素点分类，将像素点标记为其所属的类别或者不确定类。

（6）若 $k < K$，则根据上次的分类结果，在整幅图像上为每一类地物随机选取 N 个像素点作为第 $k+1$ 次分类的训练样本，使用尺度矢量中第 $k+1$ 次所对应的尺度 S^k，对训练样本提取灰度直方图和纹理特征，将特征按列排列得到第 $k+1$ 次分类所需要的字典 A^k。

（7）重复步骤（4）～（6），直到 $k = K$，停止分类，则上次得到的分类结果作为最后的分类结果。

4.2.4　实验结果及分析

4.2.4.1　基于稀疏表示的 SAR 地物分类实验

我们对基于稀疏表示的 SAR 地物分类进行了实验验证，在实验中对三幅图像进行了分类，并且分别使用以像素值直接为特征构造字典的稀疏表示分类和以特征构造字典的稀疏表示分类。为了验证稀疏表示作为分类器用于 SAR 地物分类的有效性，在同样的特征条件下使用 SVM 对图像进行分类，其中 SVM 使用的是线性核。

在待分类图像中每类的大块区域中选择一个矩形块，并在其中随机选择 N 点作为训练样本。图 4.6 为一幅飞机场图像的分类结果。可以看出，图中包含很多细的飞机道，且这幅图的边缘部分特别明显，易于观察算法对细节和边缘部分的分类效果。如图 4.6（a）是待分类图像及字典的选择区域，图 4.6（b）为使用像素值直接构造字典的稀疏表示分类的结果，图 4.6（c）为基于特征构造的字。典的稀疏表示分类结果，图 4.6（d）是基于 SVM 的分类结果。这三个分类结果都是在窗口大小 7×7 下进行的。比较图 4.6（b）和（c）可以发现，直接使用像素值构造的字典的稀疏表示的分类结果除了可以看出部分轮廓，其他部分看起来都是杂乱的。而基于特征的稀疏表示的结果能够将三类地物清楚的区分出来，由图 4.6（d）看出，基于 SVM 分类的结果丢失了细节信息（如图 4.6（d）的红色椭圆区域），且边缘部分全部错分。与 SVM 所得结果相比，基于稀疏表示和特征提取的 SAR 地物分类细节信息保存更加完整,且边缘处的分类更好。由此可见,稀疏表示应用与 SAR 地物分类是有效的。

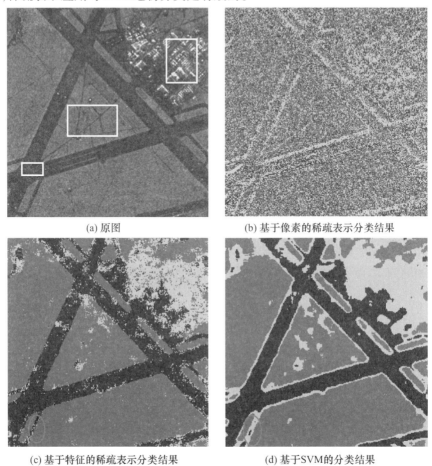

(a) 原图 (b) 基于像素的稀疏表示分类结果

(c) 基于特征的稀疏表示分类结果 (d) 基于SVM的分类结果

图 4.6 包含较多细节信息 SAR 图像分类结果

图 4.7 为包含有大片不规则区域的 SAR 图像分类结果。图 4.7(a) 为原图及字典选择区域,这幅分类图的右上角部分包含有大块不规则的地物(对应于图 4.7(c)红色椭圆标记的部分),图 4.7(b) 为使用像素值直接构造字典的稀疏表示分类的结果,图 4.7(c) 为使用特征构造字典的稀疏表示分类结果,图 4.7(d) 为基于稀疏表示的分类结果。同样可发现,使用像素值构造字典的稀疏表示分类结果显得杂乱无章,而基于 SVM 的方法在图中红色椭圆标注的区域错分了大块面积的像素点。这可能是因为这块区域地物的纹理结构规律性不强,地物纹理比较复杂造成的,且选择的特征信息比较简单,是最常用的灰度直方图特征值和基于灰度共生矩阵的纹理信息。相比来说,使用特征的稀疏表示分类方

法将三类地物正确地区分了出来,且分类效果是三个结果中最好的。这再一次说明,稀疏表示在处理较复杂地物纹理和简单的特征提取条件下具有很大的优势。

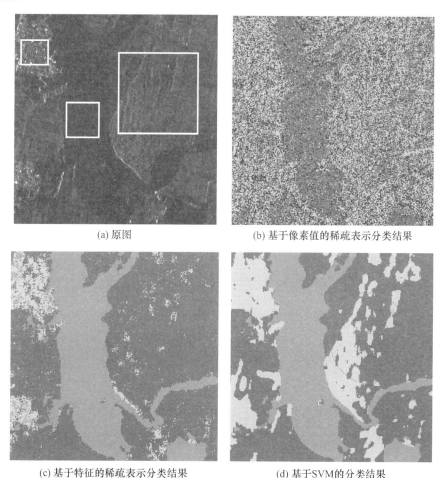

(a) 原图　　　　　　　　　　(b) 基于像素值的稀疏表示分类结果

(c) 基于特征的稀疏表示分类结果　　　(d) 基于SVM的分类结果

图 4.7　包含有大片不规则区域的 SAR 图像分类结果

　　图 4.8 为包含复杂地物的 SAR 图像分类结果。图 4.8(a) 为原图及字典选择区域(此图右上角包含有复杂地物),图 4.8(b) 为使用像素值直接构造字典的稀疏表示分类的结果,图 4.8(c) 为使用特征构造字典的稀疏表示分类结果,图 4.8(d) 为基于稀疏表示的分类结果。同样发现,使用像素值构造字典的稀疏表示分类结果显得杂乱无章,而基于 SVM 的结果在左上方的匀质区域分类结果由于基于稀疏表示的分类方法,右边上方的地物块的分类严重错分,而基于稀疏表示的分类方法在这块区域的分类结果较好。

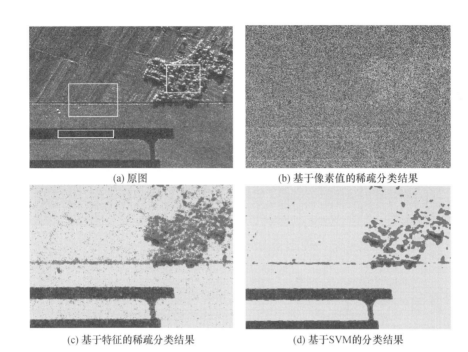

(a) 原图   (b) 基于像素值的稀疏分类结果

(c) 基于特征的稀疏分类结果   (d) 基于SVM的分类结果

图 4.8 包含复杂地物的 SAR 图像分类结果

4.2.4.2 多层稀疏表示 SAR 地物分类实验

为了证明基于稀疏表示的多级分类的有效性,并且更好地说明随着分类次数的增加分类结果的变化,下面将列出在分类过程中分类结果变化的一系列中间结果(图 4.13)。第一行结果是按照本节算法步骤得到的,其中白色像素点为不确定点。第二行结果是假设本次分类为最后一次分类所得到的结果。这样的结果里面没有不确定点,因为在最后一次的分类中,所有的点都强制标记为按照传统稀疏表示的方法得到的结果。其中实验的原图为一个飞机场的 SAR 图像,其原图其初始字典的区域标注如图 4.10(a) 所示,选择 7×7 的窗口尺度对像素点提取特征,并且对图像进行了 4 级分类。

从图 4.9 第一行的三幅图分类结果可以看出,对图像进行分类时,随着分类次数的增加,图中的不确定点(白色点)越来越少,到最后的分类结束时,大部分的地物都很好地划分出来。从第二行的分类结果也可以看出,随着分类次数的增加,分类结果越来越好,直到几乎所有的点都被很好地表示后,分类结果的效果图不再发生变化。

下面的实验对多级 SAR 地物分类的方法与目前 SAR 地物最常见且最有效的分类器 SVM 分类得到的结果,以及传统稀疏表示得到的结果进行了比较。在这三种不同分类器的分类过程中使用相同的特征,即灰度直方图特征和纹理特

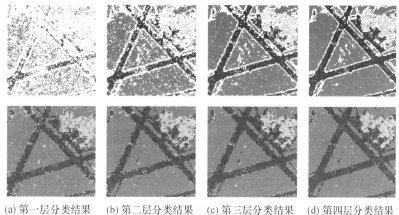

(a) 第一层分类结果　　(b) 第二层分类结果　　(c) 第三层分类结果　　(d) 第四层分类结果

图 4.9　基于稀疏表示的多级 SAR 地物分类过程

征来证明本节方法的有效性。其中,基于 SVM 的分类和传统稀疏表示的分类,使用单窗口分类的方法。在下面实验图中,列出了本节算法方法中使用的所有窗口的基于 SVM 和传统稀疏表示的结果。

图 4.10(a) 为待分类 SAR 图像,该图包含了较多的细节信息,还有大块的平滑区域。图中标注的白色区域为构造初始字典时选取的每一类的区域块。图 4.10(b) 为基于稀疏表示的分级分类算法得到的结果。图 4.10(d) 为 SVM 得到的分类结果。SVM 的结果已经与稀疏表示分类的结果进行了比较,但是为了更好地展示稀疏表示的优势,再次将 SVM 的结果列出,比较图 4.10(b) 和 (c) 发现,直接将稀疏表示用于分类的结果虽然已经有了很好的分类性能,但还是有很多的错分点;而基于稀疏表示的多级分类可以看出,分类结果更整齐,分类效果有了明显提高。

图 4.11(a) 为待分类 SAR 图像,图中标注的白色区域为构造初始字典时选取的每一类的区域块。图 4.11(b) 为基于稀疏表示的分级分类算法得到的结果。图 4.11(d) 为 SVM 得到的分类结果。同样可以发现,基于稀疏表示的多级分类方法得到的结果相较单次稀疏表示的结果,错分点减少很多,尤其是红色圆形标注区域,分类结果改善明显。

图 4.12(a) 为待分类 SAR 图像,图中标注的白色区域为在构造初始字典时选取的每一类的区域块。图 4.12(b) 是基于稀疏表示的分级分类算法得到的结果。图 4.12(d) 为 SVM 得到的分类结果。观察图 4.12(c) 左上方的匀质区域分类效果并没有很好地提高,但是在阴影区域和红色椭圆标注区域,分类效果明显提高,这在多级分类中也得到了改善;SVM 的分类中左上方匀质区域比较光滑,但是其右边上方的区域错分严重。综合来说,这三种方法中基于稀疏表示的多级分类方法得到的结果最优。

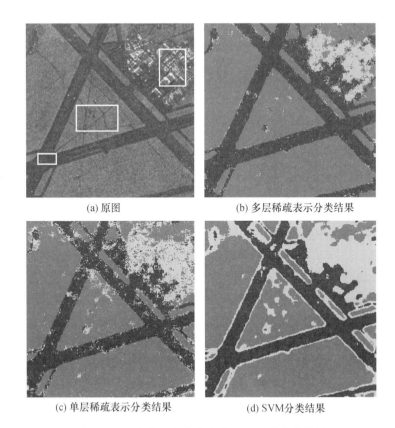

(a) 原图　　　　　　　　　(b) 多层稀疏表示分类结果

(c) 单层稀疏表示分类结果　　　　　(d) SVM 分类结果

图 4.10　包含较多细节信息的 SAR 图像分类结果

4.2.4.3　基于稀疏表示和不同尺度的 SAR 地物分类

在我们所有的实验中,选择用三个不同尺度来对图像进行特征提取并分类,即最大窗口 S_1、最小窗口 3×3、中间的窗口 $S_2 = (3 + \lceil \frac{s_1 - 3 + 1}{2} \rceil)^2$,其中 $+1$ 是确保最后计算出的窗口为奇数值。这样可以得到字典 A^1、A^2 和 A^3。

1) 不同尺度的分类

为了证明多尺度的必要性,先使用每个尺度对图像进行稀疏表示分类,观察各个尺度的优势与劣势。

实验结果如图 4.13 所示。由图 4.13 可以看出,上面二个尺度的字典都不能单独将每一类的地物分好,如用最大的尺度得到的结果如图 4.13(b)所示由图 4.13(b)可以看出,大尺度构建的字典在匀质区域分类很光滑,但是细节部分(如红色椭圆标注的区域块)—较细形状的飞机场丢失了部分信息。而最小尺度得到的字典的分类,虽然细节部分(红色椭圆标注区)很清晰,很锐利,但在同

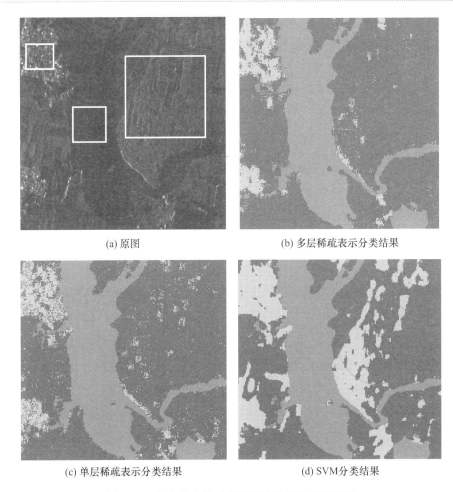

(a) 原图

(b) 多层稀疏表示分类结果

(c) 单层稀疏表示分类结果

(d) SVM分类结果

图4.11　包含有大块不规则区域的 SAR 图像分类

质区域出现特别多的杂点,也就是在匀质区域有很多的错分点。而用中间的尺度的分类在细节区域比大尺度的字典的分类好,但是比小尺度的字典的分类差,与匀质区域的分类情况相反。总之,中间尺度的分类结果也不能令人满意,它更像是两个尺度结果的折中。

图 4.14 同样证明了在 SAR 地物分类中不同尺度对不同地物分类性能的影响,图中黄色区域为同质区域,但这个同质区域块的纹理分布不是均匀规则的,所以小尺度构造的特征提取很难很好地描述这类地物的特征,这也是导致图 4.14(d) 黄色区域内错分点较多的原因;而大尺度提取的特征所得到的字典在这一块的分类结果明显比小尺度提取的特征所得到的字典好。而在细节部分(红色椭圆标注区域),由于大尺度的窗口在提取河流信息时,窗口区域过大,包含了其他地物的像素点,所以致使细节部分信息丢失;但是图 4.14(d)中在此区

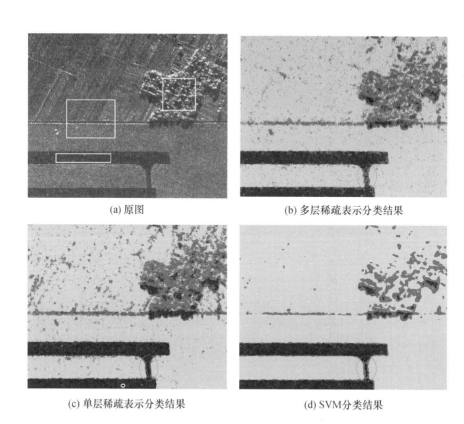

(a) 原图　　　　　　　　　　　(b) 多层稀疏表示分类结果

(c) 单层稀疏表示分类结果　　　　　　(d) SVM分类结果

图 4.12　包含有复杂地物的 SAR 图像分类

域的分类明显要好。图 4.14(c)中尺度的窗口构造的字典显然也没有达到稀疏表示所能达到的最后效果。

　　图 4.15(a)所示的大尺度分类结果在匀质区域表现良好,图 4.15(d)所示的小尺度分类结果在细节部分表现良好。由图 4.15(d)可以看出,小尺度的特征构造的字典分类,可以将极小的阴影部分完整地检测出来,这充分说明了稀疏表示用于 SAR 地物分类的良好性能。

　　由上面的实验结果可得出结论:所选择的三个尺度足够很好地表示上面三幅 SAR 图像中的所有地物类,即大尺度可以很好地描述同质区域,

　　小尺度可以很好地表示细节信息,而中间尺度可以是对大尺度和小尺度的一个补充,以保证小于最大纹理单元,但又不是像图中所标注的细节信息那么细的纹理像素点可以很好地分类。可以看出,如果结合三个尺度分类的优点,用稀疏表示进行分类,即用大尺度对同质区域分类,小尺度对细节信息分类,那样得到的结果将是很好的。

　　2) 基于稀疏表示和多窗口尺度的多级分类结果及分析

　　为了证明基于稀疏表示和多窗口尺度的多级分类的有效性,并且更好地说

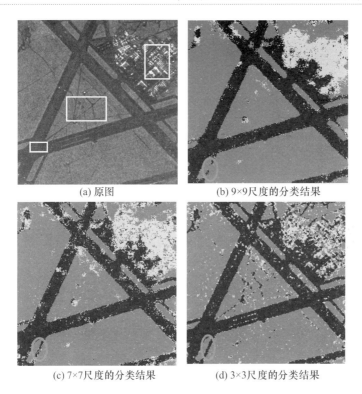

(a) 原图　　　　　　　　　　(b) 9×9尺度的分类结果

(c) 7×7尺度的分类结果　　　　　　(d) 3×3尺度的分类结果

图 4.13　包含较多细节信息的 SAR 地物在不同尺度下的分类结果

明随着分类次数的增加,分类结果的变化,在这里列出分类过程中分类结果变化的一系列中间结果。第一行结果是按照我们的方法步骤得到的,其中白色像素点为不确定点。第二行结果是假设本次分类为最后一次分类所得到的结果。这样的结果里面没有不确定点,因为在最后一次的分类中,所有的点都强制标记为按照传统稀疏表示的方法得到的结果。实验的原图仍然为飞机场的 SAR 图像,且在实验中选择 9×9 为窗口的最大尺度,3×3 为其最小尺度,中间尺度计算出来为 7×7,根据其复杂度,使用尺度 9×9 对图像进行 3 次分类,其他两个尺度依次递减,所以得到的尺度矢量为 $[9^2,9^2,9^2,7^2,7^2,3^2]$。

　　由图 4.16(a)、(b)、(c)第一行的三幅图分类结果可以看出,当使用最大的窗口尺度 9×9 对图像进行分类时,随着分类次数的增加,匀质区域的不确定点越来越少,到第三次的分类结束时,大部分的匀质区域都很好地划分出来,而细节部分基本上标记为白色点。由图 4.16(a)、(b)、(c)第二行三幅图可以看出,大部分的匀质区域都正确分类,而细节部分和边界很多点都错分为其他类。虽然是同样的尺度,但是随着分类次数增加,不确定点越来越少,这也说明使用重复使用相同样本点的重要性。由图 4.16(d)、(e)、(f)三幅图发现,不确定点越来越少,细节部分也开始被正确地划分出来。由图 4.16(f)第二行图可以看出,

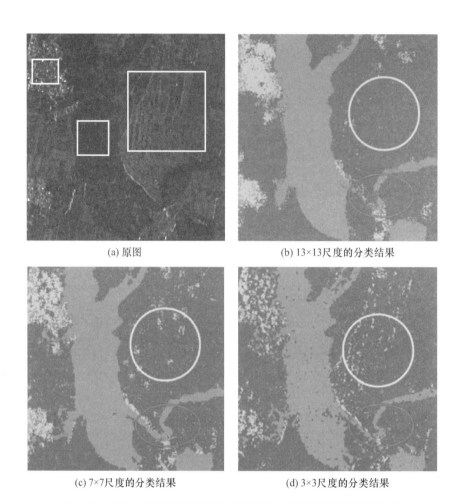

(a) 原图   (b) 13×13尺度的分类结果

(c) 7×7尺度的分类结果   (d) 3×3尺度的分类结果

图4.14　包含大块不规则区域的SAR图像在不同尺度下的分类结果

在最终的分类结果中,匀质区域、细节部分及边界线都很好地划分出来。这组实验充分说明基于稀疏表示和多尺度的多级分类方法可以为每一类像素点选择最合适的尺度,使其得到最精确的表示,它可以成功地发挥所有尺度的优势,将每个尺度的优势集合在一起得到最优的分类效果。

　　在下面的实验中,将多级 SAR 地物分类的方法与目前 SAR 地物最常见也最有效的分类器 SVM 分类得到的结果,以及单次单尺度稀疏表示得到的结果进行比较。在这三种不同分类器的分类过程中使用相同的特征,即灰度直方图特征和纹理特征来证明本节算法效性。其中,基于 SVM 的分类和传统稀疏表示的分类使用的是单窗口分类的方法。在下面实验图中,列出了本节算法中使用的所有窗口的基于 SVM 和传统稀疏表示的结果。

　　图 4.17 尺度选择信息在上面的实验中已经介绍。图 4.17(a) 为待分类

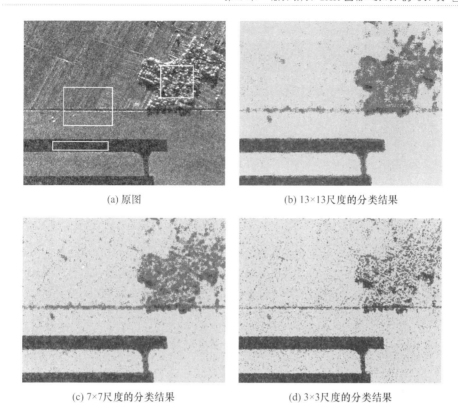

(a) 原图　　　　　　　　　(b) 13×13尺度的分类结果

(c) 7×7尺度的分类结果　　　　　(d) 3×3尺度的分类结果

图 4.15　包含复杂地物的 SAR 图像在不同尺度下的分类结果

SAR 图像,图中标注的白色区域为在构造初始字典时选取的每一类的区域块。图 4.17(b) 为基于稀疏表示和多尺度的分级分类算法得到的结果。图 4.17 (d)~(f) 为传统稀疏表示分别在尺度 9×9、7×7、3×3 上得到的分类结果。图 4.17(g)~(i) 分别为 SVM 在尺度 9×9、7×7、3×3 上得到的分类结果。比较图 4.17(d)~(f) 和图 4.17(g)~(i) 可以看出,在边缘处的分类 SVM 全划分为其他类,细节部分也丢失了很多。总的来说,在相同的尺度下不如稀疏表示得到的分类结果。由此可以看出,基于稀疏表示的 SAR 地物分类的有效性及将稀疏表示应用到 SAR 地物分类是有很大的空间和潜力的。再比较图 4.17(b)图与其他的分类结果,可以看出:在图 4.17(c) 和(f) 的分类,即基于大尺度的分类结果中,匀质区域基本是光滑的,但是细节部分丢失;在图 4.17(e) 和(i) 的分类,即基于小尺度的分类结果中,细节信息可以较好地保存,但匀质区域有很多的杂点,而基于稀疏表示和多尺度的多级分类的结果(图 4.17(b))不论是在匀质区域、细节信息、边界区域的分类效果与其他的分类结果相比都是最优的。

待分类 SAR 图像如图 4.18(a)所示,同样,白色框内为初始字典构造所标注的区域块。在本图的分类中,选择的最大窗口尺度为 13,最小窗口尺度为 3,

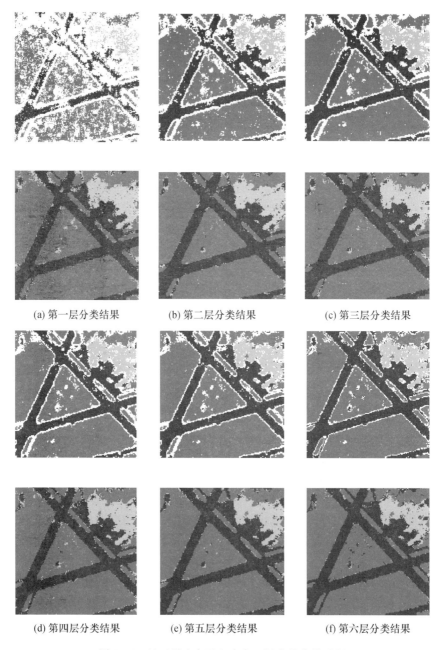

(a) 第一层分类结果　　　　(b) 第二层分类结果　　　　(c) 第三层分类结果

(d) 第四层分类结果　　　　(e) 第五层分类结果　　　　(f) 第六层分类结果

图 4.16　基于稀疏表示和多窗口尺度的分类过程

则中间窗口尺度为 7,所以设置该图所使用的窗口矢量为 $[13,13,13,7,7,3]$。
图 4.18(d)～(f) 为传统稀疏表示分别在 $13×13$、$7×7$、$3×3$ 尺度下得到的结
果。图 4.18(g)～(i) 为 SVM 在 $13×13$、$7×7$、$3×3$ 尺度下得到的结果。比较

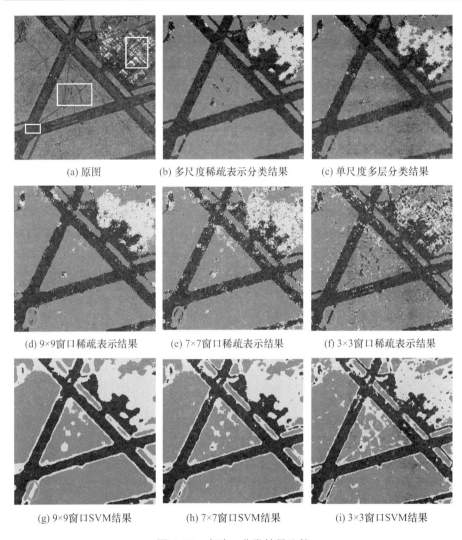

(a) 原图　　　　　(b) 多尺度稀疏表示分类结果　　　　(c) 单尺度多层分类结果

(d) 9×9窗口稀疏表示结果　　(e) 7×7窗口稀疏表示结果　　(f) 3×3窗口稀疏表示结果

(g) 9×9窗口SVM结果　　　(h) 7×7窗口SVM结果　　　(i) 3×3窗口SVM结果

图 4.17　实验一分类结果比较

这六组图的结果可以看出,SVM 在黄色圆标注的区域有大面积的错分。这是由于那块区域地物虽然属于同一类,但是分布并不均匀,有很大的变化,而且在实验中使用的是最简单的特征提取方法。虽然稀疏表示所得的结果也不是最优的,但是在这块的错分点明显优于 SVM 得到的结果。可见,与 SVM 相比,稀疏表示是更加健壮的,而且对于特征并没有 SVM 的要求高。图 4.18(b)为基于稀疏表示和多尺度的多级分类算法得到的结果。比较所有的结果可以发现,图4.18(b)的结果不论在匀质区域、细节部分还是边界点,依然是所有分类结果中最优的。

同样,图4.19(a)白色框内为初始字典构造所标注的区域块。对本图的分

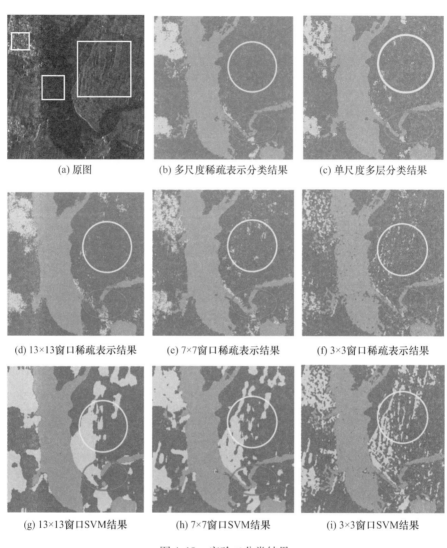

(a) 原图　　　　　(b) 多尺度稀疏表示分类结果　　　　　(c) 单尺度多层分类结果

(d) 13×13窗口稀疏表示结果　　(e) 7×7窗口稀疏表示结果　　(f) 3×3窗口稀疏表示结果

(g) 13×13窗口SVM结果　　　(h) 7×7窗口SVM结果　　　(i) 3×3窗口SVM结果

图 4.18　实验二分类结果

类中,选择的最大窗口尺度为 11,最小窗口尺度为 3,则中间窗口尺度为 7,所以设置该图使用的窗口矢量为 $[11,11,11,7,7,3]$。图 4.19(d) ~ (f) 为传统稀疏表示分别在 11×11、7×7、3×3 尺度下得到的结果。图 4.19(g) ~ (i) 为 SVM在 11×11、7×7、3×3 尺度下得到的结果。可以发现,这个实验中稀疏表示在各个尺度下的分类结果和简单的区域部分的分类效果不如 SVM 的分类结果,但是在复杂区域地物如绿色框标注的区域分类中,效果优于 SVM 的分类效果。图4.19(b) 为基于稀疏表示和多尺度多级分类算法的结果,它的匀质区域不是所有结果中最优的,如在图左上角的大块平滑区。显然,SVM 在尺度 11 下得到的结果图 4.19(g))是最优的,但是它的绿标注区域的分类不如图 4.19(b),甚至可以说是有点差。综合所有的区域,图 4.19(c)是基于单尺度的稀疏表示分类结果。很明显,不论在匀质区域还是细节信息处,图 4.19(b)所示的分类结果都优于图 4.19(c)。图 4.19(b)在这些结果中依然具有最好的分类效果。

(a) 原图   (b) 多尺度多层稀疏表示分类   (c) 单尺度多层稀疏表示分类

(d) 11×11尺度下单层分类   (e) 7×7尺度下单层分类   (f) 3×3尺度下单层分类

(g) 11×11尺度下SVM分类   (h) 7×7尺度下SVM分类   (i) 3×3尺度下SVM分类

图 4.19 实验三分类结果

4.2.5 小结

本节以稀疏表示在人脸识别中的应用为基础,将稀疏表示的方法扩展到 SAR 地物分类中,4.2.1 节主要是介绍了 SAR 地物分类现有的主要方法、发展现状及稀疏表示在模式识别中的应用等基础知识。4.2.2 节和 4.2.3 节分别从 SAR 地物分类与人脸识别分类的异同出发,在稀疏表示基本框架的基础上,分析了基于特征构建字典的必要性,多尺度、多字典在 SAR 地物分类中的重要性,并提出相应的尺度选择方法及改进的分类方法。在 4.2.3 节的基础上,4.2.4 节提出了基于稀疏表示和多尺度 SAR 地物多级分类方法,将第 4 章中得到的尺度联系在一起,使得所有尺度在分类过程中更多地发挥其优势。本节内容主要包括以下三点:

（1）由于人脸识别是多幅对准图像的识别，而 SAR 地物分类是基于像素点的识别，而且 SAR 地物相对于人脸图像来说，纹理复杂，即使属于同类地物的像素点，其像素值的分布也是千变万化的，而人脸图像基本是点与点对应的，所以，在基于稀疏表示的 SAR 地物分类中，直接使用像素点分类是不合理的，这样会降低同类目标间的相似度。因此，本节对像素点及其邻域提取灰度直方图特征和基于灰度共生矩阵的纹理特征，采用每个像素点的特征值进行稀疏表示。

（2）原稀疏模型使用重构误差对待测样本进行分类，即将重构误差最小的一类作为待测样本的所属类别。本节提出多层分类策略，对重构误差过大的点使用不同的字典重复进行分类，并对每个字典得到的分类结果进行筛选，提高每个像素在合适字典下精确表示的概率。

（3）由于地物纹理的复杂性，单一尺度和单一的字典不能满足所有类表示的需求。例如，在实验中发现，当一幅图像同时包括城市和农田，纹理较粗的同质区域，如城市需要较大尺度来确保其包含完整的纹理，而农田以及图中的细节信息则需要较小的尺度进行表示。针对上述问题，构造一系列不同或相同尺度的不同字典，并将这些字典应用于上面基于稀疏表示多层分类模型中，通过多级分类的筛选功能，使得每个像素点可以在最合适的尺度下精确表示。

当然，该方法也有不足的地方。从第三个实验中可以看出，所得到的分类结果的左上角的匀质区域出现一些杂点，而且在这个地方的分类没有 SVM 的分类结果好。这可能是由于特征选择比较简单的原因造成。在今后的研究中，可以选择更有效的特征提取方法来描述图像，如尝试用字典学习的方法来训练字典，使得表示更准确。

◼ 4.3　基于签名框架的 SAR 图像分类与分割

4.3.1　背景介绍

基于"词袋"模型[14,15]的图像描述本质上是将一幅图像向它的"视觉词汇表"上投影，通过统计的词汇表频率来得到直方图的过程。基于方法的简单及高效性，"词袋"模型已得到了广泛应用。然而，对于类间相似的图像，形成直方图过程中大量使用的几何距离计算导致两个具有相同的词汇频率而特征矢量不同的图像混淆，造成描述失真。因此，需要寻找一种适合类间判别性较低的图像分类与分割的方法。

根据对"词袋"模型[14]缺陷的分析，在本节提出了基于 Signature 框架的 SAR 图像纹理分类与分割算法。在 Signature 框架中，Signature（簇集，或者称为签名）[16,17]的图像描述方式针对"词袋"模型的不足，把词汇表的频次信息和词汇表本身的信息结合在一起来实现对图像的描述,该过程增加了图像本身的"视觉词汇"这一个重要的判定信息,弥补了"词袋"模型的缺陷。另外,将地球移动距离(Mover's Distance,EMD)[18,19]作为近似判断增加到图"视觉词汇"之间的异同判断中,以增强距离计算的精度。实验结果表明,本节提出的算法框架较 L. Liu 等提出的[20,21]框架有明显的优势。

　　本节内容安排:4.3.2 节主要介绍基于随机投影的 Signature 的图像分布描述[16,17];4.3.3 节介绍 EMD 距离;4.3.4 节介绍基于 Signature 框架的 SAR 图像地物分类的方法以及实验结果;4.3.5 节介绍基于 Signature 框架的 SAR 图像分割的具体算法流程和实验结果;4.3.6 节提出一种基于 ZigZag 扫描方式和签名框架的 SAR 图像分割方法;4.3.7 节总结 4.3 节的所有工作。

4.3.2　基于随机投影的 Signature 局部特征分布描述

4.3.2.1　Signature 的概念和特点

　　图像的局部特征描述方式主要有三种,分别为 Histogram[22](直方图)、Signature[16,17](签名,也称为"簇集")和概率密度函数(Probability Density Function,PDF)[23]。其中,直方图和签名为相对简单的描述形式,而由于概率密度函数[23]复杂性较高,所以没有得到广泛应用。下面主要介绍直方图[22]和签名[16,17]两种图像的描述方式。

　　最简单的一种基于分布的图像分类是基于局部不变特征的方法,即通过直方图[22]进行特征描述,首先训练图像的特征并将其聚类,然后获得统计每个局部特征到图像上投影的频次,最后通过直方图匹配算法、最近邻分类器或者支持矢量机分类器[24]实现分类。然而,由于 Histogram[23]的规模是固定的,一方面,当处理复杂图像时,维数较少将无法正确地捕获各种图像的视觉感知相似性;另一方面,当处理简单图像时,维数较多又会造成特征空间冗余。也就是说,维数的大小不会随着图像复杂度的变化而变化,不能实现更好的平衡。另一种描述分布的方式是 Signature[16,17],该方法对图像的特征矢量进行 k 均值聚类,得到每个图像的 Signature,该签名由聚类中心以及每个聚类中心的加权因子组成,签名特征[16,17]明显能够比直方图保留更多的信息。同时,特征简单的图像使用较短的签名,特征复杂的图像可以使用较长的签名,所以,签名是一种灵活的分布描述形式[20]。

　　Histogram[22]类似于"词袋"模型[14],而 Signature[16,17]是一个基于局部特征尺度密度谱的模式集合,其表达式为

$$S = \{(p_1, w_1), \cdots, (p_n, w_n)\} \tag{4.56}$$

该尺度密度谱集合中的每个元素为 (p_i, w_i) $(1 \leqslant i \leqslant n)$,其中,$p_i$ 表示该图像的局

部特征分布的聚类中心;w_i 表示对于第 p_i 个聚类中心的权重(频率)。前面提到,签名是一种灵活的局部特征分布的描述方式,所以这里 n 可根据图像的复杂度来取值。对于相对复杂的图像,n 可取较大值;而对于简单的图像,类别较少的图像,n 可取较小值。换句话说,复杂的图像用较长的签名来描述,而简单的图像用较短的签名进行局部特征分布的描述。

由式(4.56)看出,Signature[16,17] 的定义是开放的聚类簇集的形式。可将 Histogram[23] 看作 Signature[16,17] 的变形。比如一个直方图 $\{h_i\}$ 和签名 $\{s_j = (p_j, w_j)\}$,如果矢量 i 映射到簇集 S 上,p_j 就是直方图上矢量 i 对应的值,w_j 就是该值对应的权重 h_i。此时,可以认为 Signature 是一个直方图描述。

4.3.2.2　基于随机投影的 Signature 描述方式

由 4.3.2.1 节可知,Histogram[23] 描述方式首先对所有的训练图像或者训练图像块的局部特征进行聚类(通常使用 k 均值聚类),然后将每一幅训练图像或是测试图像的局部特征向聚类得到的纹元字典上投影,分别进行统计得到直方图。该直方图可看作图像在所有聚类中心上的一种表达方式。Signature 描述方式[16,17] 不受训练集聚类的束缚,针对每一幅特定的图像形成自己的签名集合。将随机投影作为特征矢量提取的 Signature 形成的流程如下:

算法 4.1　基于 Signature 框架的图像局部分布描述方式的算法流程(SAR 图像地物分类)

输入:一幅图像 I。

输出:签名集合 S。

步骤 1:图像分块处理。对图像 I 以每一个像素为中心,有重叠的切割为大小为 $n \times n$ 的图像块,然后逐个移动像素点,最后得到图像块集合 P。

步骤 2:特征矢量提取。由 L. LIU 的特征矢量提取的方法对步骤 1 中的集合 P 的每一个图像块进行特征矢量的抽取,组成特征矢量的集合 F。

步骤 3:聚类。对集合 F 进行无监督聚类,聚成 n 类。然后记下聚类中心 p_i,以及属于该聚类中心的图像块的权值,即百分比 w_i。

步骤 4:Signature 形成。将步骤 3 中的 p_i 以及相应 w_i,组合得到该图像 I 的签名,表示为 $S = \{(p_1, w_1), \cdots, (p_n, w_n)\}$。

算法 4.2　基于 Signature 框架的图像局部分布描述方式的算法流程(SAR 图像地物分割)

输入:一幅图像的训练块(在 SAR 图像中能够代表每一类地物的训练块)Patch。

输出:签名集合 S。

步骤 1:训练图像块再分块处理。以训练块的每一个像素点为中心取大小为 spatch × spatch 的块,逐个移动像素点,得到图像小块集合 Patches。

步骤 2:特征矢量提取。对步骤 1 中集合 Patches 的每一个块图像进行随机观测来提取特征矢量,组成特征矢量集合 F。

步骤 3:聚类。对步骤 2 中得到的集合 F 进行无监督聚类,假设聚成 n 类。最后记下聚类中心 p_i,以及属于该聚类中心的块图像权重 w_i。

步骤 4:Signature 形成:将步骤 3 中的 p_i 以及相应的 w_i,组合为该图像块 Patch 的签名,表示为 $S = \{(p_1, w_1), \cdots, (p_n, w_n)\}$。

由上面这两个分别基于 Signature[16,17] 框架的 SAR 图像局部分布描述的流程可以看出,使用 Signature 无需通过建立"纹元字典"这个参照标准来生成训练集合模板和测试集合模板,而是直接依据各个特定图像自身的复杂程度,生成自己的签名集合,而且各个图像的签名是独立的。

由于在直方图描述形式中特征空间的维数是相同的,所以可以使用欧氏距离或 χ^2 距离来进行相似性的衡量。而 Signature[16,17] 是灵活的局部分布的描述方式,不同长度的签名应该用什么距离作为相似度测量将在 4.3.3 节介绍。

4.3.3　地球移动距离的计算

4.3.3.1　地球移动距离

地球移动距离(Earth Mover's Distance,EMD)最先由 Rubner 等[18] 在基于颜色和纹理的图像修复技术中提出。EMD 其实是指从一个分布向另一个分布转换时所耗费的最小代价。Rubner 等[18] 指出,EMD 在捕捉图像的感知相似性时要比其他距离表现得好。

早期的地球移动距离源于经典的运输问题[26]:假设 A_1、A_2、A_3 三地为零售店,它们所需货品数量各不相同;B_1、B_2 两地则是两个供货区,它们的最大供货量是一样的。从供货区发往零售地的运输代价是不相同的,问怎样设计运输方案才能使总的代价最小。

反映到图像处理上,当给定了两个特征分布时,把其中一个看作供货区,另一个看作零售店,此时,EMD[18] 就是计算这两个分布之间相互转换所需的最小代价,也就是说,EMD 的值能够反映两个特征分布之间的相似性。从这里看出,EMD 确实是一种实用而且灵活的距离度量方式。EMD[18] 很重要的一个优势是,它可以计算长度不相等签名的距离,打破了直方图分布的相似性度量要求维数相同这一局限。因此,在基于 Signature[16,17] 的局部特征分的描述形式中,复杂图像拥有较长的签名而简单的图像拥有较短的签名,这两个不同长度的签名之间的相似性度量便可以通过计算 EMD 来完美解决[19]。

4.3.3.2 地球移动距离的计算

首先,假设两幅图像的签名分别为

$$P = \{(p_1, w_{p_1}), \cdots, (p_m, w_{p_m})\}, Q = \{(q_1, w_{q_1}), \cdots, (q_m, w_{q_m})\}$$

则两幅图像签名之间的 EMD[18] 为

$$d_{\text{EMD}}(P, Q) = \frac{\min\limits_{f_{ij}} \left(\sum\limits_{i=1}^{m} \sum\limits_{j=1}^{n} d_{ij} f_{ij} \right)}{\min \left(\sum\limits_{i=1}^{m} w_{p_i}, \sum\limits_{j=1}^{n} w_{q_j} \right)} \tag{4.57}$$

其中,必须满足以下四个约束条件:

(1) $f_{ij} \geq 0 (1 \leq i \leq m, 1 \leq j \leq n)$。

(2) $\sum\limits_{j=1}^{n} f_{ij} \leq w_{p_i} (1 \leq i \leq m)$。

(3) $\sum\limits_{i=1}^{m} f_{ij} \leq w_{q_j} (1 \leq j \leq n)$。

(4) $\sum\limits_{i=1}^{m} \sum\limits_{j=1}^{n} f_{ij} = \min \left(\sum\limits_{i=1}^{m} w_{p_i}, \sum\limits_{j=1}^{n} w_{q_j} \right)$。

该距离的求解即确定一种"供应"关系使得 $F = \{f_{ij}\}$ 分子最小,也就是使得签名集合之间转换所需代价最小。式(4.57)中,分母为归一化的因子,即"供应商"与"零售店"之间供需关系的最小值。其中,约束(1)说明供应关系只允许从 P 到 Q,反之则不可以,换句话说,运输的货物不能为负值;约束(2)说明"供货商"p_i 所能够提供的"供货量"需大于它所持有的货物总量 w_{p_i};约束(3)说明"零售店"q_j 所能接收的供应量不能大于自己的所需量 w_{q_j};约束(4)说明货物总量需等于"供货商"提供的总量和"零售商"接收的总量的最小值。

EMD 越小,表明两幅图像的相似性越大,即属于同一类别的概率越大。因此,用地球移动距离作为对 Signature[16,17] 描述方式的相似性度量的衡量标准是很好的选择。

EMD 是一种交叉匹配的算法[18],下面用一个简单的例子来证明,地球移动距离在捕获图像感知上的相似性时比其他距离(这里欧氏距离)具有更大优势。如图 4.20(a)根据欧氏距离计算,$d_e(h_1, k_1) = 2$,$d_e(h_2, k_2) = \sqrt{2}$,计算数值表明后两者相类似,但这个结果很显然与我们视觉感知不相符;而图 4.20(b)是根据地球移动距离进行度量,假设交叉移动单位距离为 1,计算出 $d_{\text{EMD}}(h_1, k_1) = 2$,$d_{\text{EMD}}(h_2, k_2) = 5$,发现前两个更为相似,这个结果与我们视觉感知相一致。

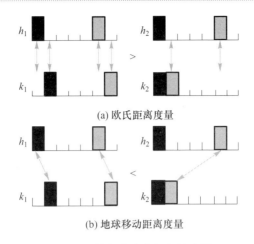

(a) 欧氏距离度量

(b) 地球移动距离度量

图 4.20　特征分布的相似性度量

4.3.4　基于 Signature 框架的 SAR 图像地物分类算法

基于 Signature 框架的 SAR 图像地物分类算法流程如图 4.21 所示。

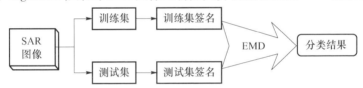

图 4.21　基于 Signature 框架的 SAR 图像地物分类算法流程

具体实施步骤如下：

（1）Signature 的生成。对训练集和测试集中的每一幅 SAR 图像按照算法 4.1 生成各自的签名表示。全部训练图像的签名组成训练集的 Signature 集合，同样的全部测试图像的签名组成测试集的 Signature 集合。

（2）EMD 分类。①从测试集的 Signature 集合中任选出一幅测试图像的签名并根据式（4.57）计算其与每一个训练图像签名的 EMD，从中选出 EMD 值最小的训练图像的签名，它所属的纹理图像的类别就是这幅测试图像所属的图像类别。

② 对全部的测试图像签名按①进行重复的计算，最后得到分类结果。对比实验得到的分类结果同测试集图像的真正所属类别，计算出分类的正确率。

本节提出的基于签名框架的算法与基于 L. Liu[20,25] 框架的纹理分类方法相比有以下三个优点：

（1）从整个分类流程来说，本节提出的签名框架比较简单，避免了复杂的"纹元字典"生成这个中间过程，通过直接对每一幅图像进行签名的生成，减少了整个过程的计算量。

（2）相比"词袋"模型[14]，Signature局部特征分布的表示方式能够更多地保持原始图像的判定信息。

（3）引入EMD，在方便计算Signature之间距离的同时，相比欧氏距离等其他距离，能够更好地捕捉图像视觉感的相似性，有利于提高分类的正确率[19]。

4.3.4.1　SAR地物分类设置

由于SAR图像来源较少且不系统，本节实验采用的数据库为自己整理后得到的SAR图像数据库B（图4.22）。该数据库中共有三类纹理，分别是城镇、农田和山脉，其中每类含150幅图像，共450幅图像。随机抽取其中的50幅作为训练样本，剩下的100幅图像用来测试。将L. Liu[20,25]的框架作为对比算法。为了体现对比的公平性，将Signature的长度固定，采用和L. Liu框架同样个数的聚类中心。

(a) 城镇

(b) 农田

(c) 山脉

图4.22　数据库B

4.3.4.2　SAR地物分类实验结果分析

本节主要针对SAR图像地物分类做了两个实验。

1）采样率因子变化对比实验

实验具体参数设置：分块大小patch Size为11×11，聚类中心的个数k为

10,随机观测矩阵固定。实验结果对比如图 4.23 所示。

图 4.23 展示以上两种方法在采样率变化时的分类正确率结果,采样率从 0.1 ~ 1.0 间隔 0.1 变化。从图看出,这两种方法均保持较高的分类正确率。

针对 L. Liu 的框架,当采样率小于 0.4 时,分类正确率随着采样率的增长而增长;大于 0.4 时,正确率随着采样率的增长而有微小的下降,但是依然维持较高的分类正确率。对于本节基于 Signature 框架的算法,当采样率小于 0.4 时,分类正确率反而随着采样率的增长而有所下降。这是由于本节的算法基于 Signature 框架,即针对每一幅图像建立它的签名描述,数据量比较少,在采样率很小的情况下也能够表示出原图像的纹理信息。L. Liu 的框架基于"纹元字典",在训练建立"纹元字典"时需要大部分图像的特征矢量,数据量过大,计算复杂度很高,这就意味着需要特征能够提供足够丰富的信息,否则,随着聚类的进行,某些重要观测矢量的影响因子会变得越来越弱。通过对比发现,在较低的采样率下,本节算法能够达到更好的效果,在降低时间复杂度和计算量的同时也能保持较高的分类正确率。缺点是没有 L. Liu 框架下的方法稳定[19]。

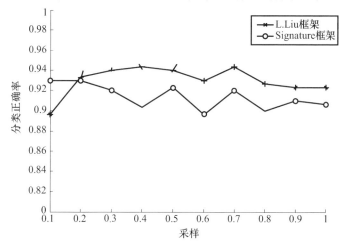

图 4.23　采样率 – 分类正确率对比实验结果

2) 聚类中心个数变化的对比试验

实验具体参数设置:分块大小 patchSize 为 7×7,采样率为 0.1,将观测矩阵固定。对比结果如图 4.24 和图 4.25 所示。

图 4.24 体现了两种方法在聚类个数变化条件下分类正确率的实验结果。从图 4.24 看出,基于 L. Liu 框架的分类方法,随着聚类中心个数的增多分类正确率也有所提高。而本节基于 Signature 框架的算法,当聚类中心个数在 5 ~ 15 之间时,随着聚类中心个数的增多,分类正确率有一定的提高。但当聚类中心从 15 开始继续增长时,分类正确率反而有所下降。通过上面采样率变化对这两种

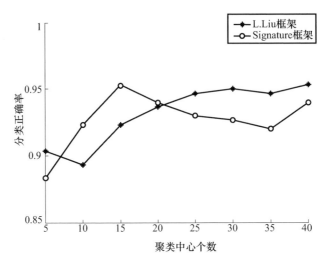

图 4. 24　聚类中心个数—分类正确率实验结果

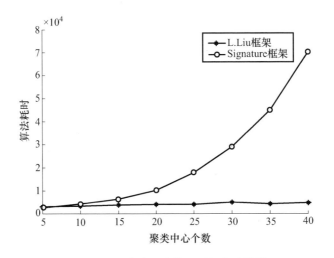

图 4. 25　聚类中心个数—时间实验结果

方法的影响来分析,由于本节算法基于 Signature 框架,对数据量相对较小的每幅图像建立签名,当聚类中心数量过大时,冗余信息也会大量增加,反而不利用提高分类正确率。而基于 L. Liu 框架生成"纹元字典"是对大量数据进行聚类的过程,当聚类中心的个数增加时,对纹理信息的表达会更加充分和细致,故造成这两种实验对比的结果。

　　图 4. 25 展示了这两种方法在聚类中心个数变化下的时间变化。从图中可以看出,本节提出的基于 Signature 框架的分类算法在聚类中心个数变化的条件下,耗时要高于 L. Liu 框架。由于随着聚类中心个数的增加,EMD 计算变得缓

慢,增加了时间复杂度。但从图 4.25 中看到,当聚类中心个数相对较少时,这两种框架下的分类过程耗时接近,而且基于本节的框架能得到更高的分类正确率[19]。

4.3.5　基于 Signature 框架的 SAR 图像分割算法

基于 Signature 框架的 SAR 图像分割算法流程如图 4.26 所示。

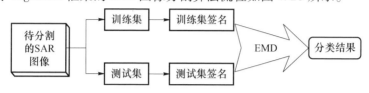

图 4.26　基于 Signature 框架的 SAR 图像分割算法流程

实际上,基于 Signature 框架的 SAR 图像地物分类与分割的整体框架基本相同。本节中的 SAR 图像分割需要对图像块进行再分块,分为大尺度图像块和小尺度图像块。其中,每一个大尺度图像块相当于地物分类中每一幅完整的 SAR 图像。

具体实施步骤如下:

(1) 对待分割图像 Im 中的每一类手动取矩形小块作为训练块,得到训练块集合 Patch。

(2) 对 Patch 集合中的每一个训练块再进行分块处理。以训练块的每一个像素点为中心取大小为 spatch × spatch 的块,得到集合 Patches,将 Patches 向大小为 m 行 spatch × spatch 列的随机高斯观测矩阵 Phi 上投影,得到训练块的观测矢量集合 projMat,并将观测矢量集合 projMat 进行 k 均值聚类,类别数为图像 Im 的类别数 K。记下聚类中心 p_i,及属于该聚类中心的块图像百分比 w_{p_i}。p_i 和相应 w_{p_i} 组合形成训练图像块 Patches 的签名。

(3) 对待分割图像 Im 进行镜像扩展,再以每个像素点为中心取大小为 patchSize × patchSize 块,得到测试块集合 imgPatches。对测试块集合 imgPatches 进行步骤(2)得到聚类中心 q_j,以及属于该聚类中心的块图像百分比 w_{q_j}。q_j 和相应的 w_{q_j} 组合形成测试块集合 imgPatches 的签名。

(4) 将每一个测试块的签名同所有训练块的签名进行 EMD 计算,选出 EMD 值最小的训练块签名,它所属的图像类别便是该测试块所属的类别。

本节算法和基于 L. Liu 框架的 SAR 图像分割方法相比的三个优点在上一节中已经介绍过,这里不再赘述。

4.3.5.1　SAR 图像地物分割实验设置

针对基于 Signature 框架的 SAR 图像地物分割,使用了 5 组 SAR 图像(图

4.27）。这5组SAR图像均为大图上截取的一部分。

前四幅SAR图像的大小均为256×256,最后一幅SAR图像的大小为300×300。图4.27(a)为1m分辨力TerraSAR-X的子图,为斯瓦比亚的侏罗山脉。图4.27(b)为3m分辨力的Ku-波段的UAVSAR子图像,是加利福尼亚州的中国湖机场。图4.27(c)为5m分辨力的机载X波段SAR图像,图中为中国西安附近。图4.27(d)为分辨力为1m的Ku-波段SAR图像的一部分,区域为里奥格兰德河附近的阿尔伯克基。

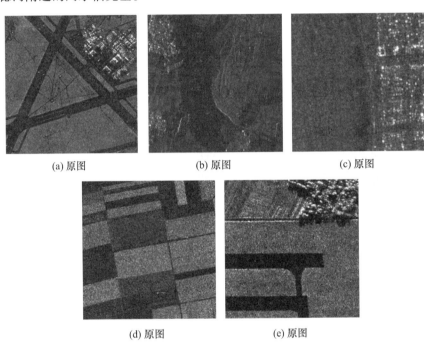

(a) 原图   (b) 原图   (c) 原图

(d) 原图   (e) 原图

图4.27　SAR图像分割数据库

4.3.5.2　SAR图像地物分割实验结果分析

本节主要针对基于Signature[16,17]框架的SAR图像地物分割做了两个对比实验,一个是基于定长签名的SAR图像地物分割,另一个是基于变长度签名的SAR图像地物分割。

1) 基于定长签名的SAR图像地物分割

实验具体参数设置:大尺度图像块的大小patchSize均为13×13,图4.27(a)的小尺度图像块(将大尺度的图像块再进行同样的分块处理)的大小为5×5,其他四幅SAR图像的小尺度图像块大小均为7×7。聚类中心的个数k固定为10,即每一类地物的签名长度均为10。随机观测矩阵固定,随机观测的采样率均为小尺度图像块大小的 1/3(经验值)。实验结果对比如图 4.28 所示。

　　为了计算本节提出的算法框架的分割精度,在实验中增加了一幅标准图。如图 4.29 所示,取大尺度图像块的大小 patchSize 均为 11×11,小尺度块大小为 5×5。标准图中有六类不同的灰度值。实验中,模拟 SAR 图像的特点,给该标

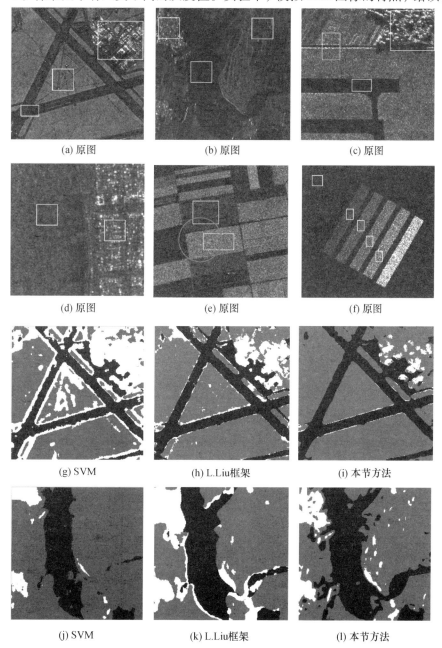

(a) 原图　　　　　　　　(b) 原图　　　　　　　　(c) 原图

(d) 原图　　　　　　　　(e) 原图　　　　　　　　(f) 原图

(g) SVM　　　　　　　(h) L.Liu框架　　　　　　(i) 本节方法

(j) SVM　　　　　　　(k) L.Liu框架　　　　　　(l) 本节方法

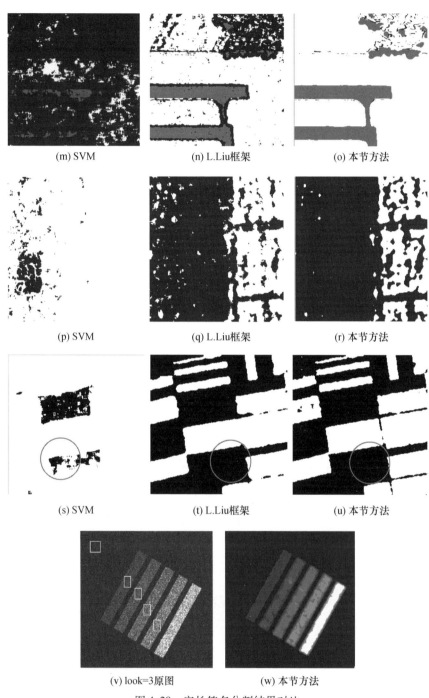

(m) SVM　　　　　　　(n) L.Liu框架　　　　　　(o) 本节方法

(p) SVM　　　　　　　(q) L.Liu框架　　　　　　(r) 本节方法

(s) SVM　　　　　　　(t) L.Liu框架　　　　　　(u) 本节方法

(v) look=3原图　　　　　　　　(w) 本节方法

图4.28　定长签名分割结果对比

准图加上不同程度的伽马乘性噪声,并用其计算基于 Signature 框架的 SAR 图像分割精度。由于该标准图中灰度值不同的五类目标块的尺度较小,从中提取训练块的大小有限,故将其签名长度固定,使其不参与第二个基于变长的 Signature 框架分割实验。同样,由于可训练的图像块较小,训练样本不足,SVM 不适于对该人工标准图进行分割。又因为基于 L. Liu 框架需要对特征矢量进行直方图描述,过程中需生成图像块的“纹元字典”,而当数据量较少时,块取值不能足够大,由此会影响分割结果。因此,仅利用图 4.29 对基于 Signature 框架的分割方法进行分割精度评估。

图 4.29　SAR 图像分割数据库

　　图 4.28(a)、(b)、(c)、(d)和(e)分别为待分割的五幅 SAR 图像,图 4.28(f)是为了计算基于签名框架的 SAR 图像分割的分割精度引入的一幅人工分割标准图,实验中为了模拟 SAR 图像成像原理,将其加上了 look=3 的伽马乘性噪声(图 4.28(v))。图 4.28(g)、(j)、(m)、(p)和(s)分别是对这几幅 SAR 图像通过 SVM 分类器得到的分割效果;图 4.28(h)、(k)、(n)、(q)、(t)是基于 L. Liu 的框架的 SAR 图像分割结果;图 4.28(i)、(l)、(o)、(r)、(u)和(w)为本节基于 Signature[16,17] 框架的 SAR 图像分割算法得到的分割结果。

　　从图 4.28 整体上看,本节提出的算法得到了较前两种方法更好的效果。从第一幅图来看,图 4.28(g)是将观测矢量直接作为 SVM 分类器的样本输入得到的分割结果。可以发现,该方法较为清晰地分割出机场跑道,但在两类地物目标交界的地方出现明显的边界效应,对机场跑道勾出了“白边”,这里的“白边”是被错分为机场控制塔。图 4.28(h)相对于图(g)有很大的改善,但仔细观察,在机场跑道中间的农田区域中出现一些杂点影响了分割效果。图 4.28(i)是本节算法的分割结果,显然要优于前面两种方法的结果。缺点是在机场控制塔的分割上相对于原始图像上的区域有所缩小。导致该现象的原因是,控制塔部分的地物特征较为复杂,需要对两种尺度的块大小做调整。图 4.28(l)是本节算法对第二组数据的分割结果,不论是在边缘还是整体效果都优于前面两种方法。第三组实验中,图 4.28(n)中有大量的边缘出现错分,且在农田和灌木这两类地物上错分严重;而本节算法的结果(图 4.28(o))对此有了很好的改善,能够较好地区分出三类地物,但缺陷是灌木这一类地物的分割不够好,且灌木中存在着阴影,对于没有利用 SAR 图像统计特征的本节方法来说是不能够区分阴影和灌木的。第四组实验中,基于 L. Liu[20,25] 框架的结果显示在水域类别中出现很多错分的杂点,而杂点在本节方法中大大减少,得到了更好的效果。从第五组实验看出,图 4.28(s)所示的结果明显最差,而基于 L. Liu 框架的方法得到的结果(图

4.28(t))较好,但从红色圆圈圈出的部分看出,本节方法在边缘带分割地更加细致。最后,本节方法对人工构造 SAR 图像的分割结果如图 4.28(w)所示,分割精度达到 91.78%。

2）基于变长签名的 SAR 图像地物分割

本实验具体参数设置(不包括人工构造的 SAR 图像):图 4.29 大尺度图像块的大小 patchSize 均为 13×13,图 4.28(a)的小尺度图像块(将大尺度的图像块再进行同样的分块处理)的大小为 5×5,其他四幅 SAR 图像的小尺度图像块的大小均为 7×7。将测试阶段聚类中心的个数 k 固定为 10。随机观测矩阵固定,随机观测的采样率均为小尺度图像块大小的 1/3(经验值)。实验对比结果如图 4.30 所示。

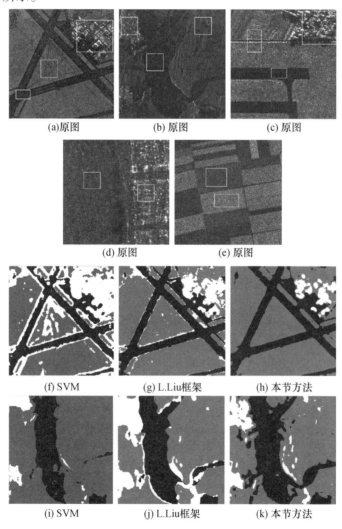

(a)原图   (b)原图   (c)原图

(d)原图   (e)原图

(f)SVM   (g)L.Liu框架   (h)本节方法

(i)SVM   (j)L.Liu框架   (k)本节方法

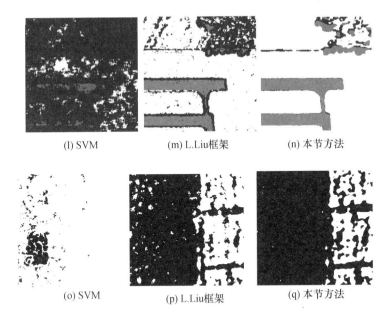

(l) SVM	(m) L.Liu框架	(n) 本节方法
(o) SVM	(p) L.Liu框架	(q) 本节方法

图 4.30　变长签名分割结果对比

图 4.30 是基于签名框架中变长签名的 SAR 图像分割,在 4.3.2 节介绍过签名相对直方图特征描述的优势,即特征简单的图像使用较短的签名,特征复杂的图像则可以使用较长的签名,所以签名是一种灵活的特征描述形式。类似于实验一,基于变长签名的分割方法远优于前两种方法,同时,由于采用了变长的签名,意味着将用较长的签名来表示特征复杂的类别,同时用较短签名来描述特征简单的类别。由此对特征复杂类别增加更多有效信息的同时,也减少了对简单图像信息的冗余。

由于签名由聚类中心及每个聚类中心对应的权重组成,故变长签名意味着存在不一样个数的聚类中心。对图 4.30(a)所示的数据,k_1(airport runway) = 12,k_2(land) = 10,k_3(airport control tower) = 15;对图 4.30 所示的数据,k_1(river) = 7,k_2(village) = 15,k_3(crop) = 10;对图 4.30(c)所示的数据,k_1(shrub) = 15,k_2(crop) = 10,k_3(airport runway) = 7;对图 4.30(d)所示的数据,k_1(sea) = 7,k_2(villages) = 15。最后一组实验的 SAR 图像如图 4.30(e)所示,该数据中虽有两类不一样的地物,但其本质都属于农田作物,只是作物的种类不一样。因此认为这两类的特征复杂度相似,对其不采用变长的签名进行分割。

将此次变长签名的实验结果(图 4.30(h)、(k)、(n)、(q))分别与实验一中定长签名的结果(图 4.28(i)、(l)、(o)、(r))进行横向对比,为便于观察,如图 4.31 所示。

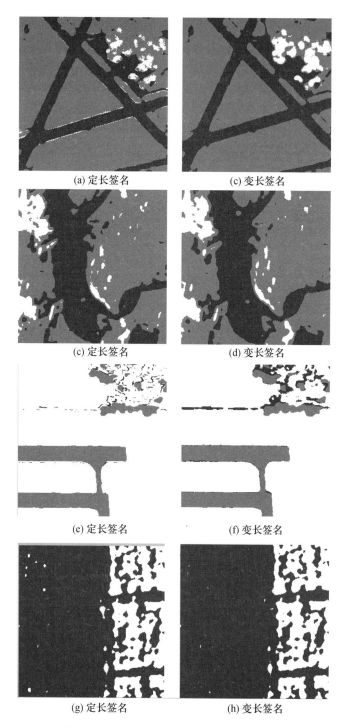

(a) 定长签名　　　　　　　(c) 变长签名

(c) 定长签名　　　　　　　(d) 变长签名

(e) 定长签名　　　　　　　(f) 变长签名

(g) 定长签名　　　　　　　(h) 变长签名

图 4.31　定长签名与变长签名分割结果对比

图 4.31(a)、(c)、(e)和(g)均为定长签名框架的分割结果,图 4.31(b)、(d)、(f)和(h)均为变长签名的图像分割结果。可以明显看出,基于变长签名的分割结果一定程度上较定长签名的结果好。对于第一组实验,图 4.31(b)在边缘分割上要比图(a)更为精确,该结论同样可从后面四组实验的结果中得出。而且杂点现象也无定长签名得出的结果明显。由此进一步说明,边长签名的特征描述方式能够更好地捕捉图像在感知上的相似性,达到更好的分割结果。

4.3.6　基于 ZigZag 扫描和签名框架的 SAR 图像分割算法

在将图像转换成矢量的传统技术中,通常采用简单地直接把图像矩阵中相邻矢量的首尾相接,拉成一个长矢量的方式来处理。但这样打乱了原图像中邻域块的位置信息。因此,我们对图像扫描方式进行了改进与尝试。

本节提出用 ZigZag[27,28] 扫描的方式,同时将 Signature 框架应用在 SAR 图像的纹理分类上。实验结果表明,这种新的图像扫描方式相对首尾相接的图像矢量化方式来说更有优势。

4.3.6 节内容安排:4.3.6.1 节对 ZigZag[27,28] 扫描方式进行简单介绍;4.3.6.2 节将 ZigZag 扫描方式应用于特征矢量提取;4.3.6.3 节介绍 SAR 图像分割的实验设置;4.3.6.4 节对实验结果进行分析。

4.3.6.1　ZigZag 扫描方式

在压缩感知理论中,处理对象为一维的矢量信号,故本节方法能够应用压缩感知理论技术的前提是将图像块转换成一个一维矢量。这是本节所有方法对图像处理的第一步,因此转换效果在一定程度上会影响图像分割的结果。

本节开始的方法均使用的是一种最简单直接的方式,即针对一幅图像或图像块,将其相邻的列矢量依次进行首尾相接得到一个一维矢量,这样便把原来是矩阵的图像或者图像块拉成列矢量。

图 4.32(a)展示了传统最简单的扫描方法,图中的数字代表该位置的索引,应用于图像上代表像素点的位置。从图中看出,首尾相接的扫描方式得到的图像列矢量顺序为 1,2,3,4,5,6,7,8,9,10,…。而实际上,图中数字 1 和数字 7 代表两个相邻的像素点,而传统扫描方式却使 1 和 7 之间隔了 5 个像素点的距离,明显打乱了像素之间的位置关系。因此,为了保留图像中像素间的位置信息,引入了 ZigZag[28,29] 扫描方式。ZigZag[28,29] 扫描方式是对一个矩阵中的元素从左上角开始按照"之"字形的轨迹进行依次扫描,以此生成一维数组,如图 4.32(b)所示。ZigZag[28,29] 扫描方式得到的一维矢量的排序为 1,7,2,3,8,13,19,14,9,…。可以看出,数字 1 与数字 7 代表的像素点仍为相邻点,减小了相邻像素间的距离,整体的平均距离也较传统扫描方式的距离小,更好地保持了像素间的位

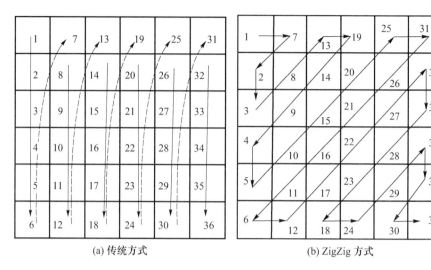

<table>
<tr><td>(a) 传统方式</td><td>(b) ZigZig 方式</td></tr>
</table>

图 4.32　两种扫描方式

置信息。

　　ZigZag 扫描方式在图像压缩（JPEG）、视频压缩（MPEG）以及数字图像置乱[28]中已得到广泛应用。ZigZag 扫描可以更"紧凑"地将图像块像素转化成一维矢量信号。这样,通过随机观测矩阵得到的观测矢量能够更大限度地保持像素点的空间位置信息,理论上更有利于提高纹理分类正确率。

4.3.6.2　ZigZag 扫描方式应用于特征矢量提取

　　利用 ZigZag 扫描方式,将原图像块转换成一维矢量信号,将得到的一维矢量乘以一个随机观测矩阵最终得到观测矢量,即为该图像块的特征矢量,过程如图 4.33 所示。

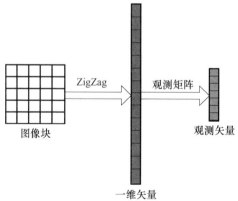

图 4.33　图像块处理流程

4.3.6.3　SAR 图像分割实验设置

将 ZigZag 扫描方式应用于基于 Signature 框架的 SAR 图像分割中。实验采用的数据库如图 4.34 所示。本节方法与基于 L. Liu 的框架、4.3.4 节中提出的基于 Signature 框架的 SAR 图像纹理分类方法进行对比。

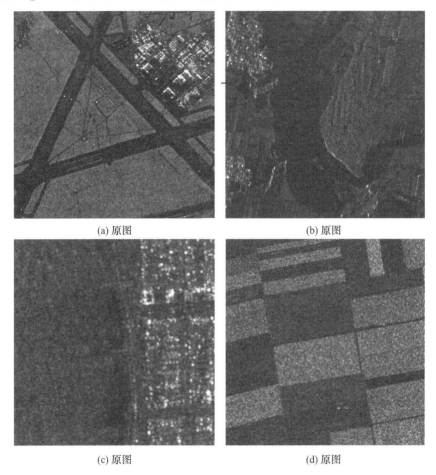

(a) 原图　　　　　　　　　　　　　(b) 原图

(c) 原图　　　　　　　　　　　　　(d) 原图

图 4.34　SAR 图像分割数据库

具体实施步骤如下：

（1）对待分割图像 Im 中的每一类手动取矩形小块作为训练块，得到训练块集合 Patch。

（2）对 Patch 集合中的每一个训练块再进行分块处理。以训练块的每一个像素点为中心重叠地选取大小为 spatch × spatch 的块，此过程中将采用 ZigZag 的扫描方式把图像块矩阵拉成矢量，从而得到集合 Patches，再将 Patches 向一个

大小为 m 行 spatch × spatch 列的随机高斯观测矩阵 Phi 上投影,得到训练块的观测矢量集合 projMat,并将观测矢量集合 projMat 进行 k 均值聚类,聚类个数为图像 Im 的类别数 K。记下聚类中心 p_i,及属于该聚类中心的块图像百分比 w_{p_i}。p_i 和相应 w_{p_i} 组合形成训练图像块 Patches 的签名。

（3）对待分割图像 Im 进行镜像扩展后以每一个像素点为中心取大小为 patchSize × patchSize 块,此时同训练过程中一样,采用 ZigZag 的扫描方式把图像块矩阵拉成矢量,然后得到测试块集合 imgPatches。对测试块集合 imgPatches 进行步骤(1)得到聚类中心 q_j,以及属于该聚类中心的块图像百分比 w_{q_j}。q_j 和相应的 w_{q_j} 组合形成测试块集合 imgPatches 的签名。

（4）将每一个测试块的签名同所有训练块的签名进行 EMD 计算,EMD 值最小的训练块的签名便为测试块所属的图像类别。

4.3.6.4 实验结果分析

实验具体参数设置:大尺度图像的图像块大小 patchSize 均为 13 × 13,图 4.34(a)小尺度图像的图像块(将大尺度的图像块再进行同样的分块处理)的大小为 5 × 5,其他三幅 SAR 图像的小尺度图像块的大小均为 7 × 7。测试阶段聚类中心的个数 k 固定为 10。随机观测矩阵固定,随机观测的采样率均为小尺度图像块大小的1/3(经验值)。实验结果如图 4.35 所示。

对图 4.34(a)所示的数据,k_1(airport runway) = 12,k_2(land) = 10,k_3(airport control tower) = 15;对图 4.30(b)所示的数据,k_1(river) = 7,k_2(village) = 15,k_3(crop) = 10;对图 4.30(c)所示的数据,k_1(sea) = 7,k_2(villages) = 15。由于最后一组实验 SAR 图像(图 4.34(d))虽说有两类不一样的地物,但其本质都属于农田作物,只是作物种类不同。对此,暂且认为它们具有相似的特征复杂度,因此不采用变长的签名来对其进行分割。

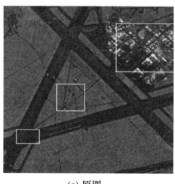 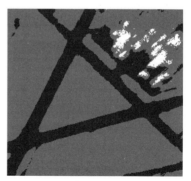

(a) 原图   (b) ZigZag

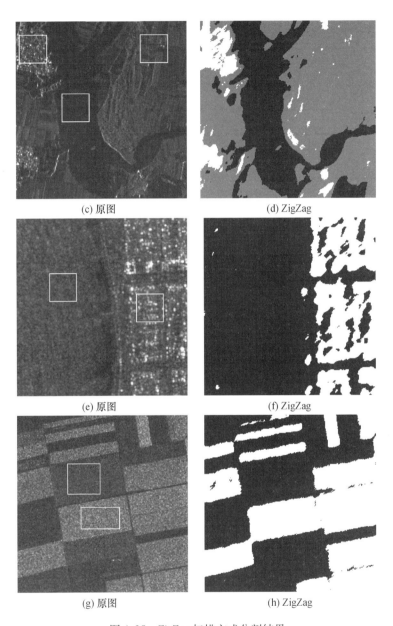

(c) 原图   (d) ZigZag

(e) 原图   (f) ZigZag

(g) 原图   (h) ZigZag

图 4.35　ZigZag 扫描方式分割结果

　　图 4.35(a)、(c)、(e) 和(g) 分别为待分割的四幅 SAR 图像。图 4.35(b)、(d)、(f) 和(h) 分别是对这四幅 SAR 图像使用基于 ZigZag 扫描方式和签名框架的分割效果(采用变长的签名)。从分割结果来看,图 4.35(b) 中的城镇部分错分为农田,原因是城镇部分信息变化较为剧烈,只有纹理信息(直接将图像块信

息随机观测得到)可能会导致特征较为简单。由图 4.35(d)、(f)和(h)三个分割结果看出,ZigZag 扫描方式对 SAR 图像中匀质区域有更好的分割结果,至于非匀质的区域分割产生的问题,需进一步探索与研究。

4.3.6.5　小结

本节主要提出了一种基于 Signature 框架的 SAR 图像地物分类与分割算法。在本算法中提出了一个新的纹理分类和地物分割框架,主要包括以下改进:

(1) 针对当前三种基于局部特征的分布表示方式进行了简单的描述,并对其中的 Signature 分布表示进行了深入的介绍。然后将 Signature 分布表示方法引入 SAR 图像纹理分类中。在对图像描述的过程中,Signature 方式在保留了权重信息的同时增加了"视觉词汇表"中图像本身的信息。在分类中,由于 Signature 框架避免了生成"纹元字典",也就是生成"词汇视觉表"这个过程,因此降低了整个算法的计算量,使得分类框架更为简单。

(2) 利用 EMD 判定两个签名之间的相似性距离。相比较于欧氏距离等传统距离,EMD 能够综合同一个"视觉词汇"中大小不同的权重和"视觉词汇"之间的差异判定两个签名之间相似性的,更精准地对不同模板之间的视觉感知相似性进行统计。

(3) 本节算法将每一幅图像通过转换为一个签名集合进行表示,再利用 EMD 来对两个签名之间的相似度进行度量,最后实现 SAR 图像的地物分类。此分类算法的框架较为简单,分类的正确率也较高。

(4) 本节算法也成功地将基于 Signature 框架的 SAR 图像纹理分类应用于 SAR 图像的地物分割上,并很好地利用了签名这种灵活而又简单的局部特征描述方式,用较长的签名表示特征复杂的类别,同时用较短的签名描述特征简单的类别。这种变长的签名比固定长度的签名得到更好的分割结果。

(5) 在 4.3.6 节主要介绍了一种新的扫描方式——ZigZag 扫描方式,这种扫描方式按照"之"字形的轨迹对图像块矩阵依次进行扫描得到一维矢量,此方式已经广泛应用于图像以及视频的压缩等领域中。不同于传统的相邻列矢量依次首尾相接的扫描方式,ZigZag 扫描方式能够更好地保留像素之间的邻域位置关系,有效地缩短了图像中像素的平均间隔距离,这样便能保留图像更多的原始信息,更利于图像的后续处理。在将 ZigZag 扫描方式应用于观测矢量的同时,继续发挥 Signature 框架的优势,舍弃在"词袋"模型的架中对所有或大部分训练图像块的特征矢量进行聚类,最后得到"视觉词汇"这一中间过程。并且针对每一个图像块建立 Signature 签名集合来表示每个图像块。ZigZag 扫描方式极大地保持了原图像块像素邻域间的间距信息,使观测矢量携带了更多的纹理判定区别信息。通过对基于 ZigZag 扫描方式和签名框架的 SAR 图像分割进行实验分析,说明引入 ZigZag 能在一定程度上提高分割效果。

4.4　基于图模型的 SAR 图像分割

4.4.1　基于图模型的 SAR 图像分割方法

4.4.1.1　图模型的基本概念

图是一种较线性表及树更为复杂的数据结构,它由顶点集 V 和顶点之间的关系集合 E(边的集合)组成,用二元组定义为 $G = (V,E)$。在图中,节点间的关系可以是任意的,任意两个数据元素之间都有可能相关。图的应用极为广泛,已渗透到语言学、逻辑学、物理、化学、计算机科学等学科中。

图分为无向图和有向图,若用箭头表明边的方向,则称为有向图;否则,称为无向图。图 4.36(a)为无向图 G_1,图 4.36(b)为有向图 G_2,其数据结构可分别表述如下:

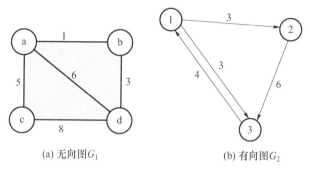

(a) 无向图 G_1　　　　　(b) 有向图 G_2

图 4.36　有向图和无向图

(1) 无向图 $G_1 = (V_1,E_1)$。式中:$V_1 = (a,b,c,d)$,$E_1 = [(a,b),(a,c),(a,d),(b,d),(c,d)]$。

(2) 有向图 $G_2 = (V_2,E_2)$。式中:$V_2 = (1,2,3)$,$E_2 = (<1,3>,<1,2>,<2,3>,<3,1>)$。

无向图中,边 (x,y) 与 (y,x) 表示结果相同,用圆括号来表示。图中边上给出的相关数值,称为权值。权值可以代表两个顶点之间的距离、耗费等。

这种带权无向图很适合于表示一些事物之间相互关系,因此基于图模型的方法广泛应用于图像处理领域。根据像素点之间的关系及像素点本身便可建立起以无向图为基础的图模型,通过分析无向图特征就可以达到图像处理的目的。

4.4.1.2　基于图模型的 SAR 图像分割方法

1）图模型的建立

图像由一个个像素点构成,每一个像素点都有自身的特点,像素点之间潜在的流形关系表达着图像的各种信息。建立图模型的目的是将图像分割的要素用图模型的形式高效地表示出来。本节主要介绍如何将图像用图模型的形式表示出来。

基于图模型的图像分割方法通常将分割问题以无向图 $G=(V,E)$ 的形式表示出来,V 为无向图中节点的集合,E 为无向图中边的集合。其中每一个节点 $v_i \in V$ 对应图像中的每个像素点,边 $(v_i, v_j) \in E$ 则连接图像中的相邻像素点 v_i 和 v_j。每条边所关联的权值由相连接像素点之间的特征相关性决定,如强度相似性。对于图像分割来说,无向图中边的权重值通常是通过像素点之间的强度、纹理或其他特征的差异定义[29]。传统基于图模型的图像分割一般是运用 8 邻域中像素点之间的强度差异定义边的权重。

如上所述,图像分割问题就可以转化为一个无向图分割问题。无向图通过一定的策略进行分割可以得到若干个相连的子无向图,而这些子无向图便表示图像中不同的目标区域。对于每一个子无向图,由于其中每一对节点之间都有相互联系的边,因此可以用生成树表示子无向图。又因为子无向图中的每一条边都有权重值,所以可运用最小生成树的方法表示子无向图。

2）图模型中分割策略的建立

在图模型建立之后,即将图像用无向图表示之后,如何有效地对无向图进行分割成为基于图模型的图像分割方法的关键。下面具体介绍图模型中对无向图分割的策略。

（1）边权重的计算。

边的权重计算方式很简单。对于整幅图像,需要计算当前像素点与它 8 邻域像素点之间边的权重。如图 4.37 所示,将节点 v_i 和 v_j 之间的权重定义为 $w_{i,j}$,$w_{i,j} = |I(v_i) - I(v_j)|$,$I(v_i)$ 为 v_i 节点所对应的像素点强度。为了避免计算的重复性及降低计算量,采取如图 4.37(b) 的邻域点边权计算方式。

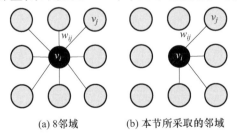

(a) 8邻域　　　　(b) 本节所采取的邻域

图 4.37　像素点 v_i 的邻域权重图

（2）分割策略的建立。

得到无向图中所有边的权重后,无向图中的每个子无向图都代表了一个像素点。因此,需要用来决定相邻子无向图是否应该合并的策略来完成整个无向图的分割。我们设计了一种基于类间差异与类内差异比较的策略。

① 类内差异 $\text{Int}(C)$:将子集 $C \subset V$ 的类内差异表示为由 C 组成的子无向图 $G_{\text{sub}}(C)$ 中的最大权值,即

$$\text{Int}(C) = \max_{e \in G_{\text{sub}}(C)} w(e) \tag{4.58}$$

② 类间差异 $\text{Dif}(C_1, C_2)$:$C_1, C_2 \subseteq V$ 间的类间差异定义为这两部分相连边上的最小权值,即

$$\text{Dif}(C_1, C_2) = \min_{v_i \in C_1, v_j \in C_2, (v_i, v_j) \in E} w_{i,j} \tag{4.59}$$

如果 C_1、C_2 之间没有相连的边,则令 $\text{Dif}(C_1, C_2) = \infty$。

③ 最小类内差异 $\text{MInt}(C_1, C_2)$:最小类内差异包含两部分类内信息,用如下公式定义子集 C_1 和 C_2 之间的最小类内差异,即

$$\text{MInt}(C_1, C_2) = \min(\text{Int}(C_1) + T(C_1), \text{Int}(C_2) + T(C_2)) \tag{4.60}$$

$$T(C) = k/\text{size}(C) \tag{4.61}$$

式中:$\text{size}(C)$ 为子集 C 所包含像素点个数;k 为正参数变量。

④ 策略 D 定义为

$$D(C_1, C_2) = \begin{cases} \text{true} \, (\text{Dif}(C_1, C_2) > \text{MInt}(C_1, C_2)) \\ \text{false} \qquad\qquad (\text{其他}) \end{cases} \tag{4.62}$$

也就是说,当两个子集 $C_1, C_2 \subset V$ 的类间差异小于它们中任意一个的类内差异时,这两个子集则应该合并。

3）基于图模型的图像分割的基本步骤

基于图模型的图像分割方法的基本步骤如下[30]:

① 针对图像建立无向图 $G = (V, E)$,这时所有的边都为无效的(所有的像素点都代表着不同的子图)。

② 对集合 E 中的每一条边,按照其权重进行不减的顺序排序,并将第一条边的标号设为 $q = 1$。

③ 按照排序过后的顺序,首先对于第 q 条边进行判断;如果这条边是无效边,则应该通过策略 D 来判断是否应该将这条边所连接的两个子无向图进行合并,合并后将连接它们的边设置为有效,并且将子无向图 $T(C)$ 进行更新。

④ $q = q + 1$。重复步骤(3),直到所有边均为有效边。

当所有的边都处理完毕后,图中的每个子无向图便对应图像中不同的目标

区域,即完成了图像的分割。

4.4.1.3 基于图模型的 SAR 图像分割中存在的问题

前两节介绍了基于图模型的图像分割方法的基本原理与步骤,本节将针对基于图模型的分割方法应用于 SAR 图像存在的一些问题进行分析。

1) SAR 图像的特性

电磁波在空间传播过程中由于矢量原理会产生干涉现象。具体来说,就是当两个或者两个以上回波的频率、振动方向、相位(或相位差恒定)相同时,它们在空间叠加会得到合成波,合成波的振幅在某些地方可能会出现加强或减弱甚至完全抵消的现象,这种现象在 SAR 图像上直观体现为 SAR 图像中严重的相干斑噪声。目标的后向散射系数并不能完整地确定图像的灰度强度,灰度强度由于干涉现象的影响在后向散射系数值附近存在较大起伏,而这些起伏体现在图像中就形成相干斑噪声。因此,SAR 图像本身不可避免地包含着极为严重的相干斑噪声。这也是 SAR 图像处理最棘手的问题之一。

另外,SAR 图像通常是对一个非常大的区域进行成像的遥感图像,它对应的真实地面情况十分复杂。而且随着合成孔径雷达的发展,可以得到越来越高分辨力的 SAR 图像。这就意味着,同样大小的地面区域所得到的 SAR 图像的尺寸会更大,这对于 SAR 图像处理方法的有效性和高效性都是十分大的挑战。

2) 基于图模型的图像分割在处理 SAR 图像时存在的问题

SAR 图像处理往往存在着严重的相干斑,且 SAR 图像尺寸过大导致计算的效率问题。而将基于图模型的图像分割应用于 SAR 图像时也不可避免地遇到这两个问题。

首先,对于相干斑的严重影响,基于图模型的图像分割方法并没有设计出相应的抗噪措施,而是仍然利用 SAR 图像中每一个像素点作为无向图的节点集,然后直接计算相邻节点之间的强度差异。这是一种利用了 SAR 图像局部信息的方法,会不可避免地将 SAR 图像严重的相干斑噪声带入后续的判断步骤中。而分割策略 D 的设计中也只是基于最小生成树的算法优先合并最小权重的子无向图,并没有相应的抗噪策略。抗噪策略的缺失使得基于图模型的分割方法在 SAR 图像分割的应用中往往会出现过分割和欠分割的问题。图 4.38(a) 为待处理的原始 SAR 图像;图 4.38(b) 为基于图模型的分割方法所得到的分割结果。其中红色圆圈所标记的区域为过分割区域,蓝色圆圈标记的区域为欠分割区域。从原图像上可以明显看出,这两个区域都存在相对严重的相干斑噪声,缺失抗噪策略的传统基于图模型的分割方法出现了过分割及欠分割现象。

其次,对于较大篇幅的 SAR 图像,基于图模型的图像分割方法利用图像中的每一个像素点作为无向图的节点集合,导致生成无向图边的集合需要计算图

(a) 原始SAR图像　　　　　　　(b) 分割结果

图 4.38　基于图模型的 SAR 图像分割结果

像中所有相邻像素点之间的强度差异。对于一幅大小为 $m \times n$ 的图像,不仅存储 $m \times n$ 个节点信息,而且存储大约 $m \times n \times 4$ 个边信息。在后续的基于最小生成树的处理过程中需要对所有的边按照权重进行排序,然后对所有的边进行遍历。毫无疑问,在处理较大尺寸的 SAR 图像时,这个过程对处理系统的存储和计算性能都有很高的要求。对于一台内存为 8GB,CPU 为至强 E3 – 1230v2,主频为 3.3GHz 的计算机,在处理长 10000×15000 的 SAR 图像时会出现内存溢出问题。而随着图像尺寸的增大,且需要对所有的边进行排序,使得整体分割的耗时非线性快速增加。

4.4.1.4　小结

本节详细介绍了传统的基于图模型的 SAR 图像分割方法理论基础、实现步骤以及 SAR 图像分割中存在的问题。可以看出,基于图模型的 SAR 图像分割方法虽然在分割效果上相对于其他方法有一定优势,但是仍然存在着去除相干斑噪声影响以及计算复杂度较高这两个问题。

4.4.2　基于超像素和图模型的快速并行 SAR 图像分割

4.4.2.1　基于超像素理论的图模型

1) 超像素理论概述

利用超像素生成方法进行预分割是图像处理领域的一个热点问题。超像素分割是将原始图像分割为许多个特征一致性较高的区域,然后将这些区域看作一个像素点来描述整幅图像,这些区域称为超像素[30]。文献[30]指出,使用超像素表示整幅图像能够摒弃图像的冗余信息,从而降低后续处理中的计算量,具有广阔的利用空间。同样,图像分割问题也可以利用超像素对图像进行预分割来提高分割效率。从复杂场景中检测出目标物体是进行目标识别等图像分析、处理的基础。以超像素为单位可以提高后续图像分割等处理的效率，某些情况下还可以提高处理效果。通常要求超像素分割算法快速、易于使用，并且能够产生规则、均匀的分割效果。

值得注意的是，超像素对原始图像提供一种紧凑的表示方式，摒弃掉图像的冗余信息，计算效率有很大提高，节约大量的处理时间和系统开销。因此，可以利用超像素的方法对图模型进行改进。一方面，利用超像素作为初始节点建立无向图，这样相对于利用单个像素点作为节点建立无向图的传统图模型，超像素在一定程度上可以避免引入过多的局部信息，即一定程度上摒弃掉 SAR 图像冗余的相干斑噪声；另一方面，利用超像素建立无向图，可以减少节点的数量，同时减少了边的数量，即减小分割问题的规模，减小了系统储存和计算的压力。因此，超像素对我们的研究课题有很大帮助。

然而，如何生成超像素又是一道摆在我们眼前的难题。超像素生成方法分为两大类：一是利用图像过分割的方法来产生超相素；二是利用邻域间的空间信息限制来产生超像素。然而，这两类方法通常与基于图模型的图像分割方法相比较都有着更高的计算复杂度，所以都不适合作为基于图模型的图像分割方法的预处理。而且对于 SAR 图像来说，由于分辨力过低，一个像素点一般对应地面上非常大的一个区域，因此过大尺寸的超像素必然丢失地面上实际目标的细节信息。

2）图模型的简易超像素产生

对于 SAR 图像来说，一个像素点通常表示实际地面上非常大的一块区域，所以过大尺寸的超像素会丢失一些细节信息，而过小的超像素不但不能较好地摒弃冗余的局部信息，而且对减小问题规模的程度有限。

针对既要保持 SAR 图像的细节特征信息又要尽可能提高计算效率，本节将介绍一种与图模型良好结合的超像素产生策略，称为简易超像素。简易超像素的基本理念是合并强度和空间分布均相似的像素点。其非常低的计算复杂度以及可以与图模型中的无向图的建立完美结合，在实验中表现出优异的性能。

如图 4.39 所示，每一个圆代表了一个像素点。其中，黑色的圆表示当前待合并的像素点，蓝色的圆表示空间限制，即只考虑蓝色圆表示的像素点是否与当前像素点合并组成超像素。对于图像中的每个像素点，要计算它与蓝色圆构成的菱形邻域（图 4.39）内的像素点之间的强度差异，该强度差定义为 $\text{Dif}_{\text{sp}}(i,j) = |D(i) - D(j)|$

式中：i 为当前像素点；j 为由蓝色圆所表示的邻域像素点之一；$D(i)$ 为图像中像素点 i 的强度。

判断像素点 i 和 j 是否应该合并的策略定义为

$$D_{sp}(i,j) = \begin{cases} \text{ture}\,(\text{Dif}_{sp}(i,j) < T_{sp}) \\ \text{flase} \qquad (\text{其他}) \end{cases} \qquad (4.63)$$

式中:T_{sp} 为正参数变量,它由 SAR 图像的大小及 SAR 图像的分辨力所决定,与 SAR 图像的分辨力正相关,与 SAR 图像的大小负相关。

当 $D_{sp}(i,j)$ = ture 时,则合并像素点 i 和 j。当图像中所有的像素点都通过策略 D_{sp} 处理后,便完成了超像素生成。这种简易超像素法的计算复杂度十分低,而且它与无向图的生成过程可以完美结合,虽然仍然要计算超像素内的像素点之间边的权重关系,但是这部分边并不用储存,也不用经过排序和遍历,对于降低计算规模有着重要的意义。这也是设计这种简易超像素生成方法的重要原因。

图 4.39 中由蓝色圆形组成的菱形的长度定义为 L。它确定了超像素的尺寸,与 SAR 图像的大小及分辨力正相关,这样在处理不同的 SAR 图像时,超像素的大小可做调控。也就是说,可以通过控制 L 调控超像素的大小。当 SAR 图像过大时,更大的超像素可以减少边的数量以降低计算复杂度;而当 SAR 图像的分辨力太低时,单个像素点表示地面上非常大的一个区域,更小的超像素可以尽可能地保留细节信息。

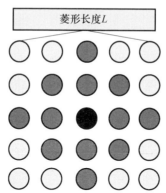

图 4.39　超像素生成的邻域结构

3）基于图模型的分割方法的并行化设计

利用超像素的方法可以在一定程度上降低图像分割问题的计算复杂度。然而,处理尺寸较大的 SAR 图像时所消耗的时间还不能满足我们的需求。因此,本节提出了一种简单的基于图模型的并行图像分割方法,以减少分割过程的耗时。

由于图模型分割问题的粒度比较粗,不能有效地设计出并行算法。为了使分割问题变成一个粗粒度的问题,将待处理的 SAR 图像分解成若干幅(数目通常与 CPU 核心数相同)小的 SAR 图像进行分割,然后将小的 SAR 图像分割结果拼接起来得到最终的分割结果。

如图 4.40 所示,将一幅图像划分为 4 个子图像,然后对每一个子图像进行超像素分割,接下来对每一个子图像进行基于简易超像素及图模型的图像分割,最后将每个子图像所得到的分割结果经过一定的策略进行合并。每一个子图像的处理过程都是相互独立的,这样的粗粒度问题十分适合并行化处理,将每一个子图像的超像素生成和基于图模型的分割步骤分别放入不同的 CPU 线程中去并行处理,最后通过一个策略将子图像分割结果合并。这也是该并行模型的重点之一。

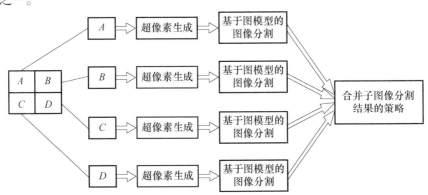

图 4.40　基于图模型的图像分割方法的分解与并行处理流程

在并行地完成了超像素生成和分割工作后,需要设计一个有效的策略将子图像的分割结果合并为一整幅图像。在每个子图像完成分割之后,不同子图像边界上的像素点合并到不同的子无向图中,因此只需将这些边界上像素点所属的子无向图正确合并,得到整幅图像的分割结果。考虑到实际计算时的效率问题,本节给出一种改进的基于图模型的方法对子图像分割产生的子无向图进行合并处理。这种方法可以与基于图模型的分割方法完美结合,不必再进行多余的运算,减小了计算复杂度。

如图 4.41 所示,对于两个邻接的子图像 A 和 B,它们的边界上存在着子无向图 C_1 和 C_2,其中 C_1 属于子图像 A,C_2 属于子图像 B。假设子无向图 C_1 由 4 个蓝色圆表示的像素点组成,子无向图 C_2 由 6 个黑色圆表示的像素点组成,C_1 中有像素点与子 C_2 相邻,红线表示两个子无向图之间的边,由所有红线组成的边的集合其定义为 E_{sd},然后计算由红线所连接的两个像素点之间的强度差。强度差定义为

$$\mathrm{Dif}_{\mathrm{sd}}(C_1,C_2) = \min_{v_i \in C_1, v_j \in C_2, (v_i,v_j) \in E_{\mathrm{sd}}} w_{i,j} \tag{4.64}$$

然后判定子无向图 C_1 和 C_2 是否应该合并,合并策略定义为

$$D_{sd}(C_1,C_2) = \begin{cases} \text{true} \left(\text{Dif}_{sd}(C_1,C_2) > \text{MInt}(C_1,C_2) \right) \\ \text{false} \qquad\qquad (其他) \end{cases} \qquad (4.65)$$

当 $D_{sd}(C_1,C_2) = \text{ture}$ 时,合并子无向图 C_1 和 C_2 为一个新的子无向图。当子图像边界上的所有子无向图都经过 D_{sd} 处理后,合并子图像的工作完成。

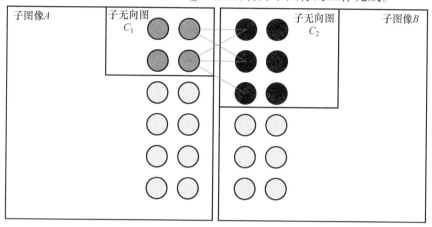

图 4.41　合并子图像的策略示意图

4)基于超像素和图模型的快速并行 SAR 图像分割步骤和并行工具

(1)基于超像素和图模型的快速并行 SAR 图像分割的步骤:

① 将 SAR 图像分解为若干个子图像。

② 对于每个子图像,并行的同时运用策略(4-63)进行超像素的生成。

③ 对于每个子图像,并行的同时建立无向图 $G_{div}=(V_{sp},E_{sp})$,其中,V_{sp} 为由步骤②所得到的超像素所组成的节点集合,E_{sp} 为连接这些节点的边的集合。

④ 运用传统的基于图模型的分割方法并行地对每一个 $G_{div}=(V_{sp},E_{sp})$ 进行分割。

⑤ 对步骤④所产生的各个子图像的分割结果通过策略(4-65)进行合并。

(2)并行化工具。随着计算机技术的发展以及多核心的处理器的广泛应用,软件研发也伴随着相应的变化。为了提升应用软件的性能以及功能,开发人员需要充分利用系统中的多个内核[31]。

为了能充分利用多核多线程资源,必须使用拥有良好性能的多核多线程开发工具。已经广泛使用的多核多线程开发工具有以下三种:

① Win32 线程库:基于 WinNT 和 Win 9X 平台,拥有十分完善的函数库,是一种成熟的技术,但由于过于复杂,对使用者有较高要求。

② pThread 库:广泛应用于 Linux 操作系统下,十分易于移植,但难于使用。

③ OpenMP:基于共享地址空间的多核计算机,可以广泛使用在大部分的

PC 上,其最突出的优点就是易于使用,操作简单。

目前,OpenMP 受到了大多数开发者的极力推荐。Intel C＋＋编译器 9.1 以及 Microsoft Visual Studio 等都已经支持使用 OpenMP。对比上述特点,最终选用了 OpenMP 作为并行化工具。

OpenMP 是为在共享存储的多核计算机上进行并行程序的编写而设计的应用编程接口,由小型的编译器命令集组成,包含了编译制导语句以及函数库。OpenMP 与 Fortran、C 和 C＋＋等编程语言相结合进行工作,对共享变量的同步、负载的合理分配等任务,都建立了高效的解决手段,具有简单、通用等特点[32,33]。OpenMP 可以自动将循环并行化,用户不必处理迭代划分、数据共享以及线程调度等底层操作[32],十分便捷地提高多核心系统中应用软件的性能表现。目前,Intel C＋＋编译器 9.1、Visual C＋＋8.0 和 Microsoft Visual Studio2005 之后的版本(包括当前版本)均支持 OpenMp2.5。主要介绍在 Microsoft Visual Studio 2010 中 OpenMP 的使用。

编写 OpenMP 程序与编写 C 语言程序类似[34,35],只需要在 C 程序中添加 OpenMP 的编译指示。C 程序在加入了 OpenMe 编译指示后,就可以通过不同硬件平台上支持 OpenMP 的编译器编译。其编译器命令以#pragma 开始,紧接其后的是 omp,然后是名字以及可选的子句,最终用新行结束。在 C/C＋＋中 OpenMP 指令使用格式为#pragma omp 指令[子句[子句]……]。

OpenMP 并行编译方式可以分为并行域结构、共享任务结构、组合的并行共享任务以及同步结构四类[38]。其中并行域结构中并行域代码被所有的线程执行。共享任务结构是将代码划分给系统中线程组的各个成员来执行,特别要注意的是 for 语句线程分摊是由系统自动划分的,一般来说会均匀的分摊任务。而使用 section 来划分线程是需要使用者凭借经验与估算手动设置,所以性能的高低取决于使用者的能力[36]。组合的并行共享任务适用于若干个互补相关的任务,不同的任务可以手动地划分到各个线程中。而同步结构中的编译指导语句有 barrier、atomic、thread private 等[37],其使用较为复杂,由于篇幅问题不做进一步的阐述。

基于超像素和图模型的快速并行分割方法的步骤(2)～(4)都是由于原图像分解成互不相干的子图像,所以这些子图像通过中间步骤的处理是互不相干的粗粒度问题,可以将步骤(2)～(4)通过并行共享任务 parallel sections 进行实现。伪代码如下:

```
# pragma omp parallel sections
{
    # pragma omp section
```

```
    {
        子图像 1:超像素生成;子无向图建立;分割无向图;

      # pragma omp section
        {
          子图像 2:超像素生成;子无向图建立;分割无向图;
        }
      # pragma omp section
        {
          子图像 3:超像素生成;子无向图建立;分割无向图;
        }
      # pragma omp section
        {
          子图像 4:超像素生成;子无向图建立;分割无向图;
        }
      # pragma omp section
        …………
    }
```

由于步骤(2) ~ (4)是整个算法中最耗时的部分,通过 OpenMP 的并行化处理,可以充分利用系统 CPU 的资源,尽最大可能地减少了整个分割过程的耗时。

5)实验结果与分析

针对基于超像素和图模型的快速并行 SAR 图像分割算法,通过实验分别验证该分割方法的分割有效性,以及它的快速性。在主频 3.3GHz 的 Intel Xeon E3 1230 V2、8GB DDR3 内存的硬件环境,操作系统为 Windows7 X64,所有的程序均由 Visual Studio 2010(OpenMP 支持)编译运行。

下面首先针对基于超像素和图模型的快速并行 SAR 图像分割算法的分割有效性进行试验验证。图 4.42(a)、(d)、(g)为原始 SAR 图像,图 4.42(b)、(e)、(h)为基于传统模型得到的分割结果,图 4.42(c)、(f)、(i)为本节方法得到的分割结果。

图 4.42(a)是一幅分辨率为 1m 的机载 SAR 图像,其内容为中国西安附近的一座机场,场景由三种地表组成,分别是机场跑道、陆地以及植物丛。图 4.42(b)为图(a)基于传统图模型的分割方法所得到的分割结果。可以明显看出,基于传统图模型的分割方法由于引入了过多的噪声信息,在红圈所示的区域产生了过分割的情况,植物丛区域被错误地分割为两种不同的区域。图 4.42(c)为图(a)通过本节提出的方法得到的分割结果,在植物丛区域的分割效果得到明

显提升。图 4.42(d)实验数据与图(a)来自同一场景的不同子区域,因此与图(a)得到同样的分割结果。

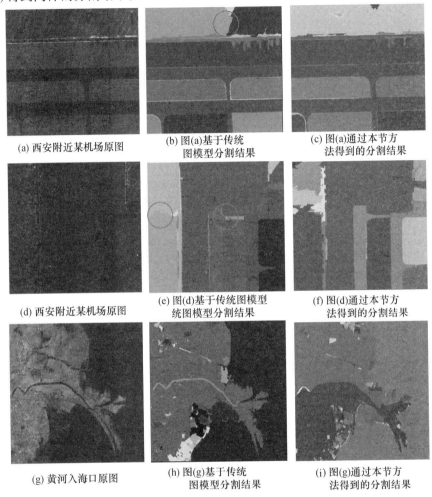

(a) 西安附近某机场原图

(b) 图(a)基于传统
图模型分割结果

(c) 图(a)通过本节方
法得到的分割结果

(d) 西安附近某机场原图

(e) 图(d)基于传统图模型
统图模型分割结果

(f) 图(d)通过本节方
法得到的分割结果

(g) 黄河入海口原图

(h) 图(g)基于传统
图模型分割结果

(i) 图(g)通过本节方
法得到的分割结果

图 4.42　图像分割结果

　　图 4.42(g)是一幅分辨力为 1m 的机载 SAR 图像,其为中国的黄河入海口。这幅图像由四种地表场景组成,分别是海面、陆地、城镇以及农作物。图 4.42(h)为图 4.42(g)基于传统图模型的分割方法所得到的分割结果。明显看出,基于传统图模型的分割方法由于引入了过多的噪声信息,在红圈所示的区域产生了过分割的情况,城镇的区域错误地分割为两种不同的区域。图 4.42(i)为图 4.42(g)通过本节方法所得到的分割结果。显然,该方法对城镇区域的分割效果有了明显的提升。

　　将 15 幅不同大小 SAR 图像分别通过传统的图模型分割与本节算法的分割

所耗得时间以及无向图中所包含的边的数目的对比,如表 4.1 所列。

表 4.1　耗时与边的数目对比

SAR 图像		传统的基于图模型的方法		本节算法	
编号	像素	无向图中的边数	耗时/ms	无向图中的边数目	耗时/ms
A	1100×1000	4393702	1025	1429582	516
B	1032×1020	4204406	1081	1439692	433
C	1228×1128	5533670	1409	1872036	616
D	2000×2000	15988002	4414	5524446	1140
E	2000×2000	15988002	4433	5196225	1086
F	1000×1000	3994002	1019	1318548	571
G	5200×5200	108128802	29947	35353261	5510
H	2500×2500	24985002	6688	8268217	1772
I	2500×3000	29983502	8411	11033173	2104
J	2250×2000	17987252	4909	6056192	1251
K	2200×2200	19346780	5231	6515906	1232
L	2500×2500	24985002	6783	8579054	1729
M	2500×2500	24985002	6772	7995234	1488
N	2500×2500	24985002	6642	8070696	1728
O	8786×6056	212787540	62205	118970789	16280
平均		38030138	10065	15174870	2498

显然,本节所提出的方法相对于传统的基于图模型的分割方法不仅边的数目平均降低了 60%,而且耗时平均降低了 75%。

通过实验对比分析可以看出,本节基于超像素和图模型的快速并行 SAR 图像分割方法,相比基于传统图模型的分割方法,由于利用超像素作为初始节点来建立无向图,一定程度上相对于利用单个像素点作为节点建立无向图避免了引入过多的局部信息。也就是说,在一定程度上摒弃 SAR 图像冗余的相干斑噪声信息,具有更好的分割效果。此外,在计算效率方面,利用超像素建立无向图,可以减少节点的数量,同时减少了边的数量,极大减小分割问题的规模,因此减小了系统的储存和计算压力。同时,使用 OpenMP 的并行手段更充分地利用了系统资源,极大地缩短了分割的耗时,提高了算法的实时性。

4.4.2.2　小结

提出了一种生成超像素的简易策略,并基于 OpenMP 提出了一种并行的基于图模型的 SAR 图像分割方法。由于简易超像素的生成和并行的 SAR 图像分割方法都可以与基于图模型的 SAR 图像分割方法完美结合,所以全部集成到 SAR 图像分割的流程中,尽可能提高 SAR 图像的分割效果,降低分割耗时与内存需求量。大量实验证明了本节方法的有效性与高效性。

参考文献

[1] 颜刚. 基于模糊马尔可夫场的图像分割算法研究[D]. 广州:第一军医大学,南方医科大学, 2005.

[2] PHAMD L, PRINCE J L, Adaptive Fuzzy Segmentation of Magnetics Resonance Images[J]. IEEE Transactions on Medical Imaging, 1999, 18(9):737 – 752.

[3] FLORESTAPIA D, THOMAS G, VENUGOPAL N, et al. Semi-Automatic MRI Prostate Segmentation Based on Wavelet Multiscale Products[C]. International Conference of the IEEE Engineering in Medicine and Biology Society. Conf Proc IEEE Eng Med Biol Soc, 2008;3020.

[4] 郑玮,康戈文,陈武凡,等. 基于模糊马尔可夫随机场的无监督遥感图像分割算法[J]. 遥感学报, 2008, 12(2):246 – 252.

[5] 孙文锋,孙强,焦李成. 改进多尺度融合结合小波域 HMT 模型的遥感图像分割[J]. 红外与激光工程, 2004, 33(5):528 – 532.

[6] SUN Q, HOU B, JIAO L C. A New Wavelet-Domain HMTseg Algorithm for Remotely Sensed Image Segmentation[M]. Image Analysis and Processing -ICIAP 2005. Springer Berlin Heidelberg, 2005;367 – 374.

[7] GEMAN S, GEMAN D. Stochastic Relaxation, Gibbs Distributions, and the Bayesian Restoration of Images[J]. IEEE Transactions on Pattern Analysis and Machine Intelligence, 2009, 6(6):721 – 741.

[8] 焦李成. 自然计算、机器学习与图像理解前沿[M]. 西安:西安电子科技大学出版社, 2008.

[9] MOUSSAVI Z, FLORES D, THOMAS G. Heart Sound Cancellation Based on Multiscale Products and Linear Prediction[C]. Engineering in Medicine and Biology Society, 2004. Iembs' 04. International Conference of the IEEE, 2005;3840 – 3843.

[10] RAFAEL C. GONZALEZ. 数字图像处理[M]. 2 版. 北京:电子工业出版社, 2006.

[11] WRIGHT J, YANG A Y, GANESH A, et al. Robust Face Recognition via Sparse Representation[J]. IEEE Transactions on Pattern Analysis and Machine Intelligence, 2009, 31(2):210.

[12] ZHENG C H, ZHANG L, NG T Y, et al. Metasample-Based Sparse Representation for Tumor Classification[J]. IEEE/ACM Transactions on Computational Biology and Bioinformatics, 2011, 8(5):1273 – 1282.

[13] 范丽彦. 基于随机观测向量与混合因子分析的 SAR 图像目标识别[D]. 西安:西安电子科技大学, 2012.

[14] ZHAO R, GROSKY W I. Narrowing the Semantic Gap-Improved Text-Based Web Document Retrieval Using Visual Features[J]. IEEE Transactions on Multimedia, 2001, 4(2):

189 - 200.

[15] SIVIC J, ZISSERMAN A. Video Google：A Text Retrieval Approach to Object Matching in Videos[C]. IEEE International Conference on Computer Vision. IEEE Computer Society, 2003：1470.

[16] ZHANG J, LAZEBNIK S, SCHMID C. Local Features and Kernels for Classification of Texture and Object Categories：A Comprehensive Study[J]. International Journal of Computer Vision, 2007, 73(2)：213 - 238.

[17] RUBNER Y, TOMASI C, GUIBAS L J. The Earth Mover′s Distance as a Metric for Image Retrieval[J]. International Journal of Computer Vision, 2000, 40(2)：99 - 121.

[18] RUBNER Y, TOMASI C, GUIBAS L J. A Metric for Distributions with Applications to Image Databases[C]. International Conference on Computer Vision. IEEE Computer Society, 1998：59.

[19] 李邵利. 基于随机投影的 SAR 图像纹理分类方法研究[D]. 西安：西安电子科技大学, 2013.

[20] LI L, FIEGUTH P. Texture Classification from Random Features[J]. IEEE Transactions on Pattern Analysis and Machine Intelligence, 2012, 34(3)：574.

[21] WU Y, JI K, YU W, et al. Region-Based Classification of Polarimetric SAR Images Using Wishart MRF[J]. IEEE Geoscience and Remote Sensing Letters, 2008, 5(4)：668 - 672.

[22] CSURKA G, DANCE C R, FAN L, et al. Visual Categorization with Bags of Keypoints[J]. Workshop on Statistical Learning in Computer Vision ECCV, 2004, 44(247)：1 - 22.

[23] MORENO P J, HO PP, VASCONCELOS N. A Kullback-Leibler Divergence Based Kernel for SVM Classification in Multimedia Applications[C]. Advances in Neural Information Processing Systems, 2004：1385 - 1392.

[24] CHANG CC, LIN C J. LIBSVM：A Library for Support Vector Machines[J]. ACM Transactions on Intelligent Systems and Technology, 2011, 2(3)：1 - 27.

[25] LIU L, FIEGUTH P, KUANG G. Compressed Sensing for Robust Texture Classification[C]. Asian Conference on Computer Vision. Springer-Verlag, 2010：383 - 396.

[26] HITCHCOCK F L. The Distribution of a Product from Several Sources to Numerous Localities [J]. Journal of Applied Mathematics and Physics, 1940, 20(1 - 4)：224 - 230.

[27] 冀汶莉, 张敏瑞, 靳玉萍, 等. 基于 Zigzag 变换的数字图像置乱算法的研究[J]. 计算机应用与软件, 2009, 26(3)：71 - 73.

[28] 姚晔, 徐正全, 李伟. 基于 ZigZag 置乱的 MPEG4 视频加密方案及改进[J]. 计算机工程与设计, 2005, 26(8)：2042 - 2044.

[29] FELZENSZWALB P F, HUTTENLOCHER D P. Efficient Graph-Based Image Segmentation [M]. Kluwer Academic Publishers, 2004.

[30] ACHANTA R, SHAJI A, SMITH K, et al. SLIC Superpixels[D]. Swiss Federal Institute of Technology, 2010.

[31] 蔡佳佳, 李名世, 郑锋. 多核微机基于 OpenMP 的并行计算[J]. 计算机技术与发展,

2007, 17(10):87 – 91.

[32] QUINN M J. Parallel Programming in C with MPI and OpenMP[M]. 北京:清华大学出版社, 2005.

[33] 赖建新, 胡长军, 赵宇迪, 等. OpenMP 任务调度开销及负载均衡分析[J]. 计算机工程, 2006, 32(18):58 – 60.

[34] KUMAR V. Introduction to Parallel Computing[M]. China Machine Press, 2003.

[35] HOUSTISE N. Designing and Building Parallel Programs[M]. 北京:人民邮电出版社, 2002.

[36] MAROWKA A, MALYSHKIN V. Parallel Computing Technologies[M]. Springer-Verlag, 2000.

[37] 陈国良. 并行算法实践[M]. 北京:高等教育出版社, 2004.

第5章

高分辨力极化 SAR 图像地物分类

5.1 高分辨力极化 SAR 理论基础

5.1.1 极化的表征

本节将介绍极化 SAR 的表征。通常用电场方向定义电磁波的极化:如果波是垂直极化的,则说明电场方向与入射面垂直;同理,若波是平行极化的,则表示电场方向平行于入射平面。一般情况下,可用许多有效的方式描述平面电磁波的极化状态[1]。下面介绍极化椭圆、琼斯(Jones)矢量、斯托克斯(Stokes)矢量和庞加莱(Poincare)球等。

5.1.1.1 极化椭圆和 Jones 矢量

在笛卡儿坐标系中,沿 z 方向传播的单色电磁波的电场位于 $x-y$ 平面内,由 x、y 方向的分量 E_x、E_y 组成:

$$\begin{cases} E(z) = E_x(z)\boldsymbol{e}_x + E_y(z)\boldsymbol{e}_y \\ E_x(z) = E_x \mathrm{e}^{\mathrm{i}kz} = E_{x_0}\mathrm{e}^{\mathrm{i}kz}\mathrm{e}^{\mathrm{i}\delta x}\boldsymbol{e}_x \\ E_y(z) = E_y \mathrm{e}^{\mathrm{i}kz} = E_{y_0}\mathrm{e}^{\mathrm{i}kz}\mathrm{e}^{\mathrm{i}\delta x}\boldsymbol{e}_y \end{cases} \tag{5.1}$$

式中:$\boldsymbol{e}_x$、$\boldsymbol{e}_y$ 分别为 x、y 方向的单位基矢量;δ 为相位。

极化椭圆方程一般可表示为

$$\left[\frac{E_y(z,t)}{E_{y_0}}\right] + \left[\frac{E_x(z,t)}{E_{x_0}}\right] - 2\left[\frac{E_y(z,t)E_x(z,t)}{E_{y_0}E_{x_0}}\right]\cos\delta_0 = \sin^2\delta_0 \tag{5.2}$$

式中:$\delta_0 = \delta_x - \delta_y$,$\delta_x$、$\delta_y$ 分别为 x、y 方向的相位。

由数学知识可知,这是一个椭圆方程,这个椭圆就是极化椭圆。极化椭圆有两个特例:当 $E_{x_0} = E_{y_0}$,并且 $\delta_0 = \pm\pi/2 + 2\pi m(m$ 为整数)时,此条件下的极化波为圆极化波;当 $\delta_x = \delta_y$ 时,电场矢量 $\boldsymbol{E}(z,t)$ 的轨迹将变成一条直线,这就成了线极化。

由于电场 E 是一种单色波,可以用两个归一正交基 e_x 和 e_y 下的分量 E_x 和 E_y 线性表示电场 $\boldsymbol{E} = E_x e_x + E_y e_y$。由于单色波实质上是简谐波,所以电场 $\boldsymbol{E}_{xy}$ 可进一步表示为

$$\boldsymbol{E}_{xy} = \begin{bmatrix} E_x \\ E_y \end{bmatrix} = \begin{bmatrix} E_{x_0} \mathrm{e}^{\mathrm{i}\delta x} \\ E_{y_0} \mathrm{e}^{\mathrm{i}\delta x} \end{bmatrix} \tag{5.3}$$

式中的矢量就是 Jones 矢量。Jones 矢量不能表征左旋、右旋信息,但可以表征极化椭圆上的其他所有信息。

除了用椭圆率角、极化方位角表示电磁波的极化状态外,也可以用极化比表示。极化比是在标准正交极化基 E_{x_0}、E_{y_0} 下定义的,即

$$\rho = \frac{E_{y_0}}{E_{x_0}} \cdot \mathrm{e}^{\mathrm{i}(\delta_y - \delta_x)} \tag{5.4}$$

5.1.1.2 Stokes 矢量和 Poincare 球

描述极化波的另一个矢量是 Stokes 矢量。与 Jones 矢量只能描述全极化波不同,Stokes 矢量还可以对非全极化波即部分极化波有效。Stokes 矢量为 $[g_0 \quad g_1 \quad g_2 \quad g_3]$,$g_0$、$g_1$、$g_2$、$g_3$ 为 Stokes 参数。人们大致以 (H, V) 为线极化基,Stokes 矢量定义如下:

$$\boldsymbol{g}(E) = \begin{bmatrix} g_0 \\ g_1 \\ g_2 \\ g_3 \end{bmatrix} = \begin{bmatrix} |E_V|^2 + |E_H|^2 \\ |E_V|^2 - |E_H|^2 \\ 2\mathrm{Re}(E_V^* E_H) \\ 2\mathrm{m}(E_V^* E_H) \end{bmatrix} = \begin{bmatrix} |E_V|^2 + |E_H|^2 \\ |E_V|^2 - |E_H|^2 \\ 2E_{V_0} E_{H_0} \cos\delta \\ 2E_{V_0} E_{H_0} \sin\delta \end{bmatrix} \tag{5.5}$$

式中:E_V 为 E 的垂直贡献值;E_H 为 E 的水平贡献值;δ 为相位;g_0 为极化波的振幅;g_1 为垂直和水平分量的振幅差;g_2 为在极化椭圆方位角为 $\pm 45°$ 时的线性极化程度;g_3 表示圆极化的程度。

Poincare 球是一种特殊的描述电磁波的极化状态的方法。Poincare 球上的点代表了极化状态,Poincare 球的半径也有物理意义,表示波的传输功率,每一种极化状态都能找到对应的点。Poincare 球可以直观、形象地用图像描述 Stokes 参数 g_0、g_1、g_2、g_3,进而描述极化状态。

5.1.2　散射体的极化描述

极化散射矩阵是多极化 SAR 获取的数据,为 2×2 的矩阵,它反映了地面每个分辨单元内垂直和水平四种不同极化组合方式下的极化散射特性。散射体的极化描述也有其他不同的表现式,如 Muller 矩阵、Stokes 矩阵、极化相干矩阵和协方差矩阵等。

5.1.2.1　极化散射矩阵

极化散射矩阵[2]由 George Sinclair 于 1984 年提出,也称为 Sinclair 散射矩阵。对于全极化 SAR 系统,发射的电磁波分为垂直极化和水平极化,这可以用 2×2 复数矩阵准确地表示,这个矩阵就是极化散射矩阵。这是表示单个像素散射特性的一种简单的办法,但是包含了目标的全部极化信息。

当一面波照射散射体,照射时的入射波为 $\boldsymbol{E}^{\mathrm{tr}} = E_{\mathrm{H}}^{\mathrm{tr}} e_{\mathrm{H}} + E_{\mathrm{V}}^{\mathrm{tr}} e_{\mathrm{V}}$,此后,散射体将其散射回去,散射波可视为面波。整个散射过程可看作一个线性转换过程,用矩阵 $\boldsymbol{S}$ 表示,接收电场可表示为

$$\boldsymbol{E}^{\mathrm{re}} = \boldsymbol{S}\boldsymbol{E}^{\mathrm{tr}} = \begin{bmatrix} E_{\mathrm{H}}^{\mathrm{re}} \\ E_{\mathrm{V}}^{\mathrm{re}} \end{bmatrix} = \frac{\mathrm{e}^{\mathrm{i}k_0 r}}{r} \begin{bmatrix} S_{\mathrm{HH}} & S_{\mathrm{HV}} \\ S_{\mathrm{VH}} & S_{\mathrm{VV}} \end{bmatrix} \begin{bmatrix} E_{\mathrm{H}}^{\mathrm{tr}} \\ E_{\mathrm{V}}^{\mathrm{tr}} \end{bmatrix} \tag{5.6}$$

式中:$\boldsymbol{E}^{\mathrm{tr}}$ 表示发射天线发射到散射体上的入射波;$\boldsymbol{E}^{\mathrm{re}}$ 表示接收天线接收到的散射波;r 为散射目标与接收天线之间的距离;k_0 为电磁波的波数;$S = \begin{bmatrix} S_{\mathrm{HH}} & S_{\mathrm{HV}} \\ S_{\mathrm{VH}} & S_{\mathrm{VV}} \end{bmatrix}$,$\boldsymbol{S}$ 的元素是用复散射振幅表示的,$S_{ij} = |S_{ij}| \mathrm{e}^{\mathrm{i}\varphi_{ij}}, i, j \in \{H, V\}$,$S_{\mathrm{HH}}$、$S_{\mathrm{VV}}$ 为共极化分量,S_{HV}、S_{VH} 为交叉极化分量,$\boldsymbol{S}$ 又可表示为

$$\boldsymbol{S} = \begin{bmatrix} |S_{\mathrm{HH}}| & |S_x| \mathrm{e}^{\mathrm{i}(\varphi_x - \varphi_0)} \\ |S_x| \mathrm{e}^{\mathrm{i}(\varphi_{\mathrm{VV}} - \varphi_0)} & |S_{\mathrm{VV}}| \mathrm{e}^{\mathrm{i}(\varphi_{\mathrm{VV}} - \varphi_0)} \end{bmatrix} \tag{5.7}$$

5.1.2.2　Muller 矩阵

极化散射矩阵描述了入射波和散射波均是 Jones 矢量时二者之间的关系,是完全极化的。对于部分极化过程,则需要 Muller 矩阵,它描述了入射波与散射波均是 Stokes 矢量时二者之间的关系。

Muller 矩阵[3]为

$$\boldsymbol{M} = \boldsymbol{R}\boldsymbol{W}\boldsymbol{R}^{-1}$$

其中矩阵 $\boldsymbol{W}$ 为

$$W = \langle S \otimes S^* \rangle = \left\langle \begin{bmatrix} S_{xx}S_{xx}^* & S_{xx}S_{xy}^* & S_{xy}S_{xx}^* & S_{xy}S_{xy}^* \\ S_{xx}S_{yx}^* & S_{xx}S_{yy}^* & S_{xy}S_{yx}^* & S_{xy}S_{yy}^* \\ S_{yx}S_{xx}^* & S_{yx}S_{xy}^* & S_{yy}S_{xx}^* & S_{yy}S_{xy}^* \\ S_{yx}S_{yx}^* & S_{yx}S_{yy}^* & S_{yy}S_{yx}^* & S_{yy}S_{yy}^* \end{bmatrix} \right\rangle \tag{5.8}$$

变换矩阵 R 为

$$R = \begin{bmatrix} 1 & 0 & 0 & 1 \\ 1 & 0 & 0 & -1 \\ 0 & 1 & 1 & 0 \\ 0 & j & -j & 0 \end{bmatrix} \tag{5.9}$$

Muller 矩阵 M 与极化散射矩阵 S 之间有唯一对应关系。

5.1.2.3 极化相干矩阵与极化协方差矩阵

为了处理统计散射效应和详细分析全极化数据，可以矢量化极化散射矩阵，即

$$S = \begin{bmatrix} S_{HH} & S_{HV} \\ S_{VH} & S_{VV} \end{bmatrix} \Rightarrow K_4 = V(S) = \frac{1}{2}\mathrm{tr}(S\Psi) = \begin{bmatrix} k_0 & k_1 & k_2 & k_3 \end{bmatrix}^{\mathrm{T}} \tag{5.10}$$

式中：$V(\cdot)$ 为矢量化算子；$\mathrm{tr}(\cdot)$ 为矩阵的迹；Ψ 是 2×2 复单位矩阵。

存在两种主要的正交单位矩阵 Ψ_L 和 Ψ_P 矢量化矩阵 S：

$$\Psi_L = \left\{ \begin{bmatrix} 2 & 0 \\ 0 & 0 \end{bmatrix}, \begin{bmatrix} 0 & 2 \\ 0 & 0 \end{bmatrix}, \begin{bmatrix} 0 & 0 \\ 2 & 0 \end{bmatrix}, \begin{bmatrix} 0 & 0 \\ 0 & 2 \end{bmatrix} \right\}$$

$$\Psi_P = \left\{ \sqrt{2}\begin{bmatrix} 1 & 0 \\ 0 & 1 \end{bmatrix}, \sqrt{2}\begin{bmatrix} 1 & 0 \\ 0 & -1 \end{bmatrix}, \sqrt{2}\begin{bmatrix} 0 & 1 \\ 1 & 0 \end{bmatrix}, \sqrt{2}\begin{bmatrix} 0 & -i \\ i & 0 \end{bmatrix} \right\} \tag{5.11}$$

基于 Ψ_L 和 Ψ_P，S 可分别矢量化为

$$k_{4L} = \begin{bmatrix} S_{HH} & S_{HV} & S_{VH} & S_{VV} \end{bmatrix} \tag{5.12}$$

$$k_{4P} = \frac{1}{\sqrt{2}}\begin{bmatrix} S_{HH} + S_{VV} & S_{HH} - S_{VV} & S_{HV} + S_{VH} & i(S_{HV} - S_{VH}) \end{bmatrix} \tag{5.13}$$

根据互易定理，散射矩阵必须是复对称的，即 $S_{HV} = S_{VH}$，因此：

k_{4L} 转化成

$$k_{3L} = \begin{bmatrix} S_{HH} & \sqrt{2}S_{HV} & S_{VV} \end{bmatrix} \tag{5.14}$$

k_{4P} 转化成

$$\boldsymbol{k}_{3P} = \frac{1}{\sqrt{2}}\begin{bmatrix} S_{HH} + S_{VV} & S_{HH} - S_{VV} & 2S_{HV} \end{bmatrix} \tag{5.15}$$

将 $\boldsymbol{k}_{3L}$ 与其共轭转置 $\boldsymbol{k}_{3L}^{*T}$ 进行外积 $\langle \boldsymbol{k}_{3L}\boldsymbol{k}_{3L}^{*T} \rangle$ 就得到一个 3×3 的矩阵,这个矩阵就是极化协方差矩阵[4] $\boldsymbol{C}$:

$$\boldsymbol{C} = \langle \boldsymbol{k}_{3P}\boldsymbol{k}_{3P}^{*T} \rangle = \begin{bmatrix} \langle |S_{HH}|^2 \rangle & \sqrt{2}\langle S_{HH}S_{HV}^* \rangle & \langle S_{HH}S_{VV}^* \rangle \\ \sqrt{2}\langle S_{HV}S_{HH}^* \rangle & 2\langle |S_{HV}|^2 \rangle & \sqrt{2}\langle S_{HV}S_{VV}^* \rangle \\ \langle S_{VV}S_{HH}^* \rangle & \sqrt{2}\langle S_{VV}S_{HV}^* \rangle & \langle |S_{VV}|^2 \rangle \end{bmatrix} \tag{5.16}$$

式中:$\langle \cdot \rangle$ 表示在假设随机散射介质各向同性条件下的空间统计平均。

类似地,极化相干矩阵定义为

$$\boldsymbol{T}_{3 \times 3} = \langle \boldsymbol{k}_{3P}\boldsymbol{k}_{3P}^{*T} \rangle$$

详细写为

$$\boldsymbol{T}_{3 \times 3} = \langle \boldsymbol{k}_{3P}\boldsymbol{k}_{3P}^{*T} \rangle = \begin{bmatrix} \langle |A|^2 \rangle & \langle AB^* \rangle & \langle AC^* \rangle \\ \langle AB^* \rangle & \langle |B|^2 \rangle & \langle BC^* \rangle \\ \langle A^*C \rangle & \langle B^*C \rangle & \langle |C|^2 \rangle \end{bmatrix} \tag{5.17}$$

式中

$$\begin{cases} A = S_{HH} + S_{VV} \\ B = S_{HH} - S_{VV} \\ C = 2S_x \end{cases}$$

5.1.3 微波成像的散射机理

不均匀的传播介质会造成电磁波向周围四面八方散射出,这就是散射。雷达电磁波的散射过程与可见光在物体表面所发生的散射过程类似。

通常情况下,极化散射机理主要包含表面散射、漫散射、偶次散射以及体散射四种。这几种基本的散射机理对极化 SAR 图像解译如去噪、分类、分割和目标识别等方面具有很重要的意义。

5.1.3.1 表面散射

极化电磁波在光滑介质平面上的散射过程称为表面散射。这种散射过程与可见光的镜面反射过程相似。表面散射模型如图 5.1 所示。其对应的归一化散射矩阵为

$$\boldsymbol{S}_{bragg} = \begin{bmatrix} S_{HH} & S_{HV} \\ S_{VH} & S_{VV} \end{bmatrix} = \begin{bmatrix} 1 & 0 \\ 0 & 1 \end{bmatrix} \tag{5.18}$$

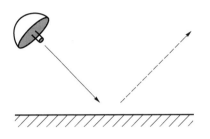

图 5.1　表面散射模型

5.1.3.2　漫散射

极化电磁波在粗糙介质上所发生的散射过程称为漫散射。漫散射模型如图 5.2 所示,也称为布拉格散射。其对应的归一化散射矩阵为

$$\boldsymbol{S}_{\mathrm{bragg}} = \begin{bmatrix} S_{\mathrm{HH}} & S_{\mathrm{HV}} \\ S_{\mathrm{VH}} & S_{\mathrm{VV}} \end{bmatrix} = \begin{bmatrix} \sqrt{\beta} & 0 \\ 0 & 1 \end{bmatrix} \tag{5.19}$$

式中:β 为实极化系数,$\beta = |a_{\mathrm{HH}}/a_{\mathrm{VV}}|$,且

$$a_{\mathrm{HH}} = \frac{\varepsilon - 1}{\left(\cos\theta + \sqrt{\varepsilon - \sin^2\theta}\right)^2}$$

$$a_{\mathrm{VV}} = (\varepsilon - 1)\frac{\varepsilon(\sin^2\theta + 1) - \sin^2\theta}{\left(\cos\theta + \sqrt{\varepsilon - \sin^2\theta}\right)^2} \tag{5.20}$$

其中:θ 为电磁波的入射角;ε 为散射表面的介电常数。

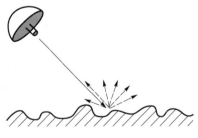

图 5.2　漫散射模型

5.1.3.3　偶次散射

当散射体由两个互相垂直的散射面构成时,发生的散射过程称为偶次散射。偶次散射模型如图 5.3 所示,也称为二面角散射。其对应的归一化散射矩阵为

$$\boldsymbol{S}_{\text{even}} = \begin{bmatrix} S_{\text{HH}} & S_{\text{HV}} \\ S_{\text{VH}} & S_{\text{VV}} \end{bmatrix} = \begin{bmatrix} \alpha & 0 \\ 0 & 1 \end{bmatrix} \tag{5.21}$$

式中

$$\alpha = \mathrm{e}^{\mathrm{j}2(\gamma_{\text{H}} - \gamma_{\text{V}})} (R_{\text{VH}} R_{\text{HH}} / R_{\text{VV}} R_{\text{HV}}) \tag{5.22}$$

其中:γ_{H}、γ_{V} 分别为水平极化和垂直极化电磁波的相位衰减。

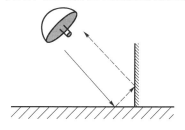

图 5.3　二面角散射模型

5.1.3.4　体散射

假设雷达的回波是由一些在空间随机方向分布的细小的圆柱形散射体所组成的粒子云反射回来的,这就是体散射模型,如图 5.4 所示。在标准坐标系下,体散射模型可以用如下形式的标准散射矩阵来描述:

$$\boldsymbol{S}_{\text{even}} = \begin{bmatrix} S_{\text{H}} & 0 \\ 0 & S_{\text{V}} \end{bmatrix} \tag{5.23}$$

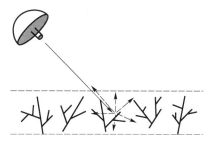

图 5.4　体散射模型

5.1.4　极化目标分解

目标分解[5]是把极化测量数据分解成各种不同的成分,它有助于更好地利用极化散射矩阵来揭示散射体的物理机制,可以进一步促进对极化信息的充分利用,在极化解译中作用非凡,意义重大。按照对所处理目标的判断与理解不同,极化目标分解方法可以分为两类:一类是相干目标分解;另一类是部分相干目标分解。

当目标的散射特性是确定的或者非时变的,相干分解[3]方法通常分解的对象是目标的散射矩阵,此时散射回波是完全极化的情形。常见的相干分解算法包括 Pauli 分解、Cameron 分解及 SDH 分解(也称为 Krogager 分解)等。相反,当目标的散射特性是不确定的或者时变时,极化 SAR 一般由极化散射矩阵混合叠加构成,引入统计平均的方法,得到更好的极化 SAR 数据和反映更精准的极化特性。非相干极化目标分解[3]就是针对这类矩阵的分解。非相干极化目标分解主要包括 Huynen 分解、Yamaguchi 分解、Cloude 分解、Freeman-Durden 分解、Holm 分解等。

5.1.4.1 Pauli 分解

Pauli 分解是基于 Pauli 基的分解,以 Pauli 基作为基本散射矩阵,将要研究的散射矩阵表示为

$$S = \begin{bmatrix} S_{HH} & S_{HV} \\ S_{VH} & S_{VV} \end{bmatrix} = a[S_a] + b[S_b] + c[S_c] + d[S_d] \tag{5.24}$$

式中:a、b、c、d 都是复数,$[S_a]$ 代表表面散射,$[S_b]$ 和 $[S_c]$ 代表偶次散射,$[S_c]$ 代表 S 矩阵中所有非对称性元素。可以看出,这就是 Pauli 分解的物理意义。

5.1.4.2 SDH 分解

SDH 分解是丹麦学者 E. Krogager[6] 提出的一种目标分解的方法,所以也称为 Krogager 分解,将一散射矩阵 S 分解成三个相干分量,即球、二面角和螺旋体散射之和。需要说明的是,二面角和螺旋体散射都带有一个方位角 θ。SDH 分解有重要的物理意义,球体表示奇次散射机理,二面角描述了偶次散射机理,这是一种充分利用极化 SAR 数据固有相干特性的方法。

5.1.4.3 Cloude 分解

1997 年,S. R. Cloude[7] 提出了 Cloude 分解。Cloude 分解得到基于 H/α 的一系列特征值 λ_1、λ_2、λ_3、H、A、$\bar{\alpha}$、$\bar{\beta}$、$\bar{\delta}$、$\bar{\lambda}$。

首先,计算出相干矩阵 T,半正定矩阵 T 可以改写为

$$T = U_3 \wedge U_3^{H}$$

式中:$\wedge$ 为是特征值 $\lambda_i(i=1,2,3)$ 组成的对角矩阵。这就得到了 λ_1、λ_2、λ_3。α、β、δ、γ、φ 是角度参数。其中 α 用于表征目标的 φ 机制,β 为极化方位角的 2 倍,δ 表征 $S_{HH} + S_{VV}$ 和 $S_{HH} - S_{VV}$ 相位之间的差值,γ 表述 $S_{HH} + S_{VV}$ 和 S_{HV} 相位之间的差值,φ 是 $S_{HH} + S_{VV}$ 的相位值。熵定义为

$$H = \sum_{i=1}^{3} - p_i \lg p_i \qquad (5.25)$$

式中: $p_i = \dfrac{\lambda_i}{\sum\limits_{j} \lambda_j}$。

熵 $H(0 < H < 1)$ 的值具有物理意义,当 $H = 0$ 时,表示各向为同性散射;当 $H = 1$ 时,表示完全是随机散射。$H(0 < H < 1)$ 反映的是一种随机程度。

把目标看成一个三阶的伯努利过程,即目标由三个散射矩阵表示,每种散射以概率 p_i 出现,则参数 α 便与一个随机序列联系在一起,其最大似然估计为 $\overline{\alpha} = p_1\alpha_1 + p_2\alpha_2 + p_3\alpha_3$,$\overline{\alpha}$ 表示一种平均散射机制。同样可得到 $\overline{\beta}$、$\overline{\delta}$、$\overline{\gamma}$ 的最大似然估计。考虑到有时仅用平均散射机制并不能对目标进行更细致的分类,故有必要把第二、三种散射也考虑在内,鉴于此,Pottier 和 Cloude 定义了一个各向异性系数 $A = \dfrac{\lambda_2 - \lambda_3}{\lambda_2 + \lambda_3}$,$A$ 表征第二、三种散射机制的相对重要性。

至此,λ_1、λ_2、λ_3、H、A、$\overline{\alpha}$、$\overline{\beta}$、$\overline{\delta}$、$\overline{\gamma}$ 便构成了基于 H/α 分解的一组特征值。

5.1.4.4　其他分解方法

为了更详细地了解极化目标分解方法,简单介绍 Freeman-Durden 分解[8]、Yamaguchi 分解[9]、Holm 分解。

Freeman 分解是 Freeman 和 Durden 于 1998 年提出的,根据该分解方法,可以将协方差矩阵分解为

$$C = f_v \begin{bmatrix} 1 & 0 & 1/3 \\ 0 & 2/3 & 0 \\ 1/3 & 0 & 1 \end{bmatrix} + f_d \begin{bmatrix} |\alpha|^2 & 0 & \alpha \\ 0 & 0 & 0 \\ \alpha & 0 & 1 \end{bmatrix} + f_s \begin{bmatrix} |\beta|^2 & 0 & \beta \\ 0 & 0 & 0 \\ \beta^* & 0 & 1 \end{bmatrix} \qquad (5.26)$$

式中,f_v 为体散射分量所贡献的系数;f_d 为偶次散射分量所贡献的系数;f_s 为表面散射分量的所贡献的系数;$\alpha = R_{gh}R_{vh}/R_{gv}R_{vv}$,其中,$R_{gh}$ 为地面的水平反射的贡献度,R_{gv} 为地面的垂直反射贡献度,R_{vh} 为垂直墙体等的水平反射贡献度,R_{vv} 为其垂直反射系数;β 为 HH 的后向散射值与 VV 的后向散射值之比。

2005 年,Yamaguchi 提出了 Yamaguchi 分解。Yamaguchi 分解将协方差矩阵表示为

$$C = f_d \begin{bmatrix} |\alpha|^2 & 0 & \alpha \\ 0 & 0 & 0 \\ \alpha & 0 & 1 \end{bmatrix} + f_s \begin{bmatrix} |\beta|^2 & 0 & \beta \\ 0 & 0 & 0 \\ \beta^* & 0 & 1 \end{bmatrix} + \frac{f_v}{15} \begin{bmatrix} 1 & 0 & 1/3 \\ 0 & 2/3 & 0 \\ 1/3 & 0 & 1 \end{bmatrix}$$

$$+\frac{f_h}{4}\begin{bmatrix} 1 & \pm j\sqrt{2} & -1 \\ \mp j\sqrt{2} & 2 & \pm j\sqrt{2} \\ -1 & \mp j\sqrt{2} & 1 \end{bmatrix} \tag{5.27}$$

式中:f_h 表示螺旋体散射。

Holm 分解是另一种常用的分解方法,是在 Cloude 分解的基础上进行的。前面已经得到 $\boldsymbol{T}=\boldsymbol{U}_3 \boldsymbol{\Lambda} \boldsymbol{U}_3^{*T}$,由于

$$\boldsymbol{\Lambda}=\begin{bmatrix} \lambda_1 & 0 & 0 \\ 0 & \lambda_2 & 0 \\ 0 & 0 & \lambda_3 \end{bmatrix}=\begin{bmatrix} \lambda_1-\lambda_2 & 0 & 0 \\ 0 & 0 & 0 \\ 0 & 0 & 0 \end{bmatrix}+\begin{bmatrix} \lambda_2-\lambda_3 & 0 & 0 \\ 0 & \lambda_2-\lambda_3 & 0 \\ 0 & 0 & 0 \end{bmatrix}+\begin{bmatrix} \lambda_3 & 0 & 0 \\ 0 & \lambda_3 & 0 \\ 0 & 0 & \lambda_3 \end{bmatrix}$$

$$\tag{5.28}$$

所以,$\boldsymbol{T}$ 可以继续写为

$$\boldsymbol{T}=\lambda_1\boldsymbol{\mu}_1\boldsymbol{\mu}_1^{*T}+\lambda_2\boldsymbol{\mu}_2\boldsymbol{\mu}_2^{*T}+\lambda_3\boldsymbol{\mu}_3\boldsymbol{\mu}_3^{*T}=(\lambda_1-\lambda_2)\boldsymbol{\mu}_1\boldsymbol{\mu}_1^{*T}$$

$$+(\lambda_2-\lambda_3)(\boldsymbol{\mu}_1\boldsymbol{\mu}_1^{*T}+\boldsymbol{\mu}_2\boldsymbol{\mu}_2^{*T})+\lambda_3 I_{3D} \tag{5.29}$$

为了详细对比和说明以上几种方法的特点,将以上极化目标分解的方法用图表的形式加以总结说明,包括 Pauli 分解、SDH 分解、Cameron 分解、Huynen 分解、Freeman - Durden 分解、Yamaguchi 分解、Cloude 分解、Holm 分解,如表 5.1 所列。

表 5.1　典型的目标分解算法

极化目标分解	相干/非相干分解	分解对象	分解结果
Pauli 分解	相干分解	散射矩阵	球体和二面角成分
SDH 分解	相干分解	散射矩阵	球体,二面角和螺旋体散射成分
Cameron 分解	相干分解	散射矩阵	最大和最小对称成分
Huynen 分解	非相干分解	Muller 矩阵	单纯态目标成分,N 目标余项成分
Freeman-Durden 分解	非相干分解	协方差矩阵	表面、偶次、体散射成分
Yamaguchi 分解	非相干分解	协方差矩阵	表面、偶次、体、螺旋体散射成分
Cloude 分解	非相干分解	相干矩阵	三种散射机理成分
Holm 分解	非相干分解	协方差矩阵	纯目标、混合目标、噪声

5.1.5　极化 SAR 统计建模

5.1.5.1　单极化 SAR 数据统计模型

单极化 SAR 分布式目标中,可以将每个分辨单元看作含有许多分离的散射子。根据衍射的几何理论及其所有形式,假设入射波的波长与反射关联小,反射波和由电离散射中心提供的不同相位振幅组成了目标的反散射域。所以,目标的全散射域是这些单独散射贡献的和[10],即

$$Z = X + iY = Ae^{i\theta} = \sum_{k=1}^{N} A_k e^{i\theta_k} \qquad (5.30)$$

式中:X、Y、A、θ 分别为复杂 SAR 散射信号 Z 的实部、虚部、振幅和相位;N 为分辨单元的散射体数;A_k、θ_k 分别为第 k 个散射子的振幅和相位。

本质上,式(5.30)是 SAR 散射模型。

这项工作要考虑的问题是,在 SAR 散射模型的框架下,从 X 和 Y 的概率密度分布获得振幅 SAR 图像的参数统计。一般而言,为了给出更简单的形式,研究人员只考虑实部 X,而虚部 Y 是独立同分布的情况[11]。

在应用中,许多研究人员考虑 SAR 图像幅度的分布,一般满足瑞利分布。为了得到更准确的概率密度函数 PDF,研究人员分别用到了 K 分布[12]、威布尔(Weibull)分布[13,14]、Nakagami 分布[13,15]、Fisher 分布[16]、Gamma 分布[17]。表5.2 列出了这几种模型的表达式和对数累积(Method of Log Cumulonts,MoLC)法[18]。

表 5.2　几种主要模型的分布函数估计方程组

模型	分布函数
K 分布模型[38,53]	$p(x) = \dfrac{4}{\Gamma(L)\Gamma(M)}\left(\dfrac{LM}{\mu}\right)^{\frac{L+M}{2}}$ $\times x^{L+M-1} K_{M-L}\left(-\dfrac{Lx^2}{\mu}\right)$
Weibull 分布模型[51,52]	$p(x) = \dfrac{v}{\sigma^v} x^{v-1}\exp\left\{-\left(\dfrac{x}{\sigma}\right)^v\right\}$
Nakagami 分布模型[50,51]	$p(x) = \dfrac{2}{\Gamma(L)}\left(\dfrac{L}{\mu}\right)^L x^{2L-1} x^{2L-1}\exp\left\{-\dfrac{Lx^2}{\mu}\right\}$

为了更直观地理解单极化 SAR 图像的统计建模,分别用 K 分布、Weibull 分布、Nakagami 分布对西安附近某机场的机载 SAR 图像和某海峡数据做实验,本数据大小为 751×953,分辨力为 1m,如图 5.5(a)所示,统计模型建模如图 5.5(b)所示。

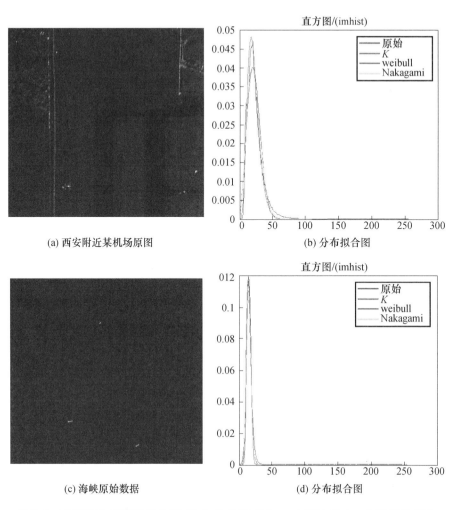

(a) 西安附近某机场原图   (b) 分布拟合图

(c) 海峡原始数据   (d) 分布拟合图

图 5.5   真实 SAR 图像的 K 分布、Weibull 分布、Nakagami 分布、Fisher 分布 PDF 拟合

5.1.5.2   极化 SAR 数据统计模型

极化 SAR 统计建模在近年来的发展中已经取得了很大成绩,其中,关于协方差矩阵的 Wishart 分布模型、K 分布模型和 G^0 分布应用较广泛,下面详细介绍这几种分布。

首先介绍 Wishart 分布,其简单、计算复杂度低,是最常使用的极化 SAR 分布。

将 n 个单视协方差矩阵非相干平均,可得到 n 视协方差矩阵:

$$\langle \boldsymbol{C} \rangle = \frac{1}{L} \sum_{i=1}^{L} \boldsymbol{x}_i \boldsymbol{x}_i^{\mathrm{T}} \tag{5.31}$$

式中:$\boldsymbol{x}_i$ 为第 i 视的散射矢量($\boldsymbol{x}_i^{\mathrm{T}}$ 为其转置),且有

$$\boldsymbol{x}_i = \begin{bmatrix} S_{\mathrm{HH}} \\ \sqrt{2}S_{\mathrm{HV}} \\ S_{\mathrm{VV}} \end{bmatrix} \tag{5.32}$$

基于 Pauli 基,散射矩阵可以矢量化,假设目标矢量服从高斯分布,极化协方差矩阵的概率密度函数可以表示为

$$P_T^{(L)}(\langle \boldsymbol{C} \rangle) = \frac{n^{qL} |\langle \boldsymbol{C} \rangle|^{L-q} \exp[-n\mathrm{tr}(\boldsymbol{V}^{-1}\langle \boldsymbol{C} \rangle)]}{K(L,q) |\boldsymbol{V}|^L} \tag{5.33}$$

其中:$q=3$ 或 $q=4$;$K(n,q)=\pi^{(1/2)q(q-1)}\Gamma(n-q+1)$($\Gamma$ 为伽马分布函数,n 为视数);tr 为迹;$\boldsymbol{V}$ 为类别中心的矩阵;K 表示归一函数。

Wishart 分布适用于匀质区域,对于纹理部分 K 分布能更好地描述极化数据的统计特性[19]。

经过推导,K 分布为

$$f_c\left(\boldsymbol{C};L,\alpha,\sum\right) = \frac{2|\boldsymbol{C}|^{L-q}}{K(L,q)\Gamma(\alpha)|\boldsymbol{\Sigma}|^L}(L\alpha)^{\frac{a+Lq}{2}} \times$$

$$\left(\mathrm{tr}(\boldsymbol{\Sigma}^{-1}\boldsymbol{C})\right)^{\frac{a+Lq}{2}} \times K_{a-Lq}\left(2\sqrt{L\alpha\mathrm{tr}(\boldsymbol{\Sigma}^{-1}\boldsymbol{C})}\right) \tag{5.34}$$

式中:a 为伽马分布的阶数,反映了场景纹理的非均匀性,函数值越大,a 越小,表示均匀性越好;K_{a-Lq} 为第二类修正贝塞尔函数。

对于极度不均匀区域,G^0 分布体现了更好的性能[20,21]。多视情况下的协方差矩阵 $\boldsymbol{C}$ 的分布形式为

$$p(\boldsymbol{C}) = \frac{L^{qL}|\boldsymbol{C}|^{L-q}\Gamma(qL-a)}{K(L,q)|\boldsymbol{\Sigma}|^L\Gamma(-a)(-a-1)}(L\mathrm{tr}(\boldsymbol{\Sigma}^{-1}\boldsymbol{C}) + (-a-1)^{a-ql})$$

$$\tag{5.35}$$

G^0 分布对于极不均匀区域数据的描述能力要强于 Wishart 分布,但对一般不均匀区域数据的拟合效果比后者要差。

5.1.6　小结

本节是研究高分辨力极化 SAR 的理论基础。首先介绍极化 SAR 的相关理论部分,以及极化椭圆、Jones 矢量、Stokes 矢量和 Poincare 球等极化表征;其次分析和阐述对散射体的描述,即表面散射、漫散射、偶次散射以及体散射;然后介绍多种极化目标分解,即 Pauli 分解、SDH 分解、Freeman-Durden 分解、Yamaguchi

分解、Cloude 分解、Holm 分解;最后对统计建模进行了说明。通过本节内容,希望读者对于极化 SAR 理论有初步的了解。

5.2 基于 Freeman 分解的极化 SAR 图像分类

5.2.1 背景介绍

极化 SAR 图像存在较大的斑点噪声,并且散射机理复杂,因此极化 SAR 图像分类一直以来都是一个难点问题。有监督分类方法由于要有一定的训练样本集而使得分类成本大大增加,因此寻求有效的无监督分类方法一直是极化 SAR 图像分类中的一个热点问题。极化 SAR 分类中最常用的思想是借助于极化散射特性进行极化 SAR 地物分类,但如何选取极化特征在极化 SAR 分类方面也一直是一个难点问题。目前,无监督极化 SAR 图像分类主要包括两大类:一类是基于聚类分析的图像处理方法;另一类是基于目标电磁散射机制的方法。从第一个方面入手,将极化分解与模糊聚类的方法结合,可以有效地实现极化 SAR 图像的无监督分类。在这里重点从无监督分类方法的另一个方面入手,在基于极化目标的散射机制上寻求更好的分类特征,并结合一定的分类策略实现极化 SAR 图像的最终划分。传统的基于 Cloude 分解和基于 Freeman 分解的方法是这类算法的典型算法。本节先对传统的基于 Cloude 分解和基于 Freeman 分解的方法作简单的介绍,之后详细介绍基于 Freeman 分解的极化 SAR 图像分类方法。

如果对 Freeman 分解得到的三种散射功率进行统计分析,从分析的结果可以看出不同地物三种散射功率大小分布各异,即不同的地物 Freeman 分解得到的三种散射功率中占主要散射的散射成分有所区别,因此在极化 SAR 图像分类中有一定效应。传统基于 Freeman 分解的方法[22]只考虑目标的散射功率,并且只凭借三种功率的大小对图像进行分类,因此该方法在图像区域边界的划分上过于武断。为克服这一点,文献[23]中将 Freeman 分解与散射熵结合,在一定程度上对极化 SAR 图像的分类结果有所提高,但是依然不能达到极化 SAR 图像的应用需求。

结合不同的特征对图像进行初始划分是极化 SAR 图像中常用的方法、基于 H/α 的方法、基于 $H/A/\alpha$ 的方法等都是极化 SAR 分类中的经典分类方法。本节仍然以 Freeman 分解为理论基础,同时引入了另一个不同于 Freeman 分解所得到的三种散射功率的极化特征,即同极化比,并采取有效的分类策略实现极化 SAR 图像的无监督分类。

本节算法中先利用 Freeman 分解对图像进行极化分解,得到每一点的三种散射功率,即表面散射功率、偶次散射功率和体散射功率,并根据主散射功率将图像初始化分为三大类。为了对图像进行更细致的划分,在原本三大类的基础上根据同极化比的取值不同对每一类进一步划分。图像分类中,为使得分类效果更好,初始划分后一般采用迭代分类器对划分的结果进行重新迭代划分,极化 SAR 图像分类中应用广泛的是基于复 Wishart 分布的迭代分类算法[22,24-26]。因此,为了进一步提高分类精度,本节在初始划分后引入复 Wishart 迭代算法对划分后的每一类进行重新划分,直到达到规定的迭代停止条件。

下面将先对传统基于散射机理的极化 SAR 图像分类进行简单介绍,然后对本节用到的概念、算法以及本节提出的极化 SAR 图像分类算法进行详细的介绍,同时将该算法用于三种不同的真实极化 SAR 数据上,并将分类结果与传统基于散射机理的极化 SAR 图像分类方法的分类结果进行对比分析。为了更好地区分这些混合像素,文献[27]中提出了散射功率熵的概念。引入散射功率熵以后,在初始大类划分时可以更加精细,再结合同极化比便可以将图像初始划分为更多的类别;然后结合类别合并算法,将初划分的多类再合并至需要的类别数。这样不仅可以提高分类精度,还可以使得分类类别数目的选取更加灵活。

5.2.2　传统基于散射机理的极化 SAR 图像分类方法

极化 SAR 图像分类从发展到现在已有 30 多年的历史,其中有一些经典的分类方法至今还在广泛应用。基于统计分布和散射机理的全极化 SAR 图像分类方法大致分为三类:基于统计特性的分类算法;基于实际物理散射特性的分类算法;同时考虑统计特性和物理散射特性的分类算法。最新的研究大都是基于第三类的算法,其中基于 Cloude 分解的分类方法和基于 Freeman 分解的分类方法应用最为广泛。本节将对这两类经典的分类方法做简单的介绍。

5.2.2.1　原始基于 Cloude 分解的极化 SAR 图像无监督分类方法

对于飞行姿态、轨道参数时刻都在变化的机载或星载极化 SAR 数据,采用需要进行训练的有监督分类方法显然代价太高,因而不太实际,也没有必要。随着极化 SAR 目标分解的发展,利用极化 SAR 数据提供的目标极化特征,基于物理散射机制进行分类越来越受重视。S. R. Cloude 等[7] 提出的无监督分类算法是基于散射机制进行分类的典型代表。

Cloude 分解是一种基于极化相干矩阵的特征值和特征矢量的分类方法。根据 Cloude 分解可以获得极化相干矩阵的 λ_1、λ_2、λ_3、H、$\bar{\alpha}$、$\bar{\beta}$、$\bar{\delta}$、$\bar{\gamma}$ 等特征,最终可以根据 H 和 α 构造一个 $H - \alpha$ 平面。最原始的基于 Cloude 分解的方法就是根据划分的 $H - \alpha$ 平面将图像划分为 9 类,如图 5.6 所示。图中曲线内为有效区域,即除 Z_7 外其他区域都是有效区域,这主要是因为 Z_7 属于高熵表面散射,在实际中这种像素并不存在。

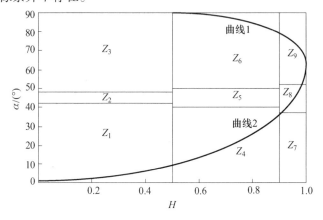

图 5.6　$H\text{-}\alpha$ 平面的划分

在分类过程中,根据每个像素的极化相干矩阵的 Cloude 分解计算得到每个像素的 H 和 α 的值,即可确定该像素分布在哪一个有效区域内,从而即可判定其属于哪一类,$H\text{-}\alpha$ 平面内各有效区域的物理解释如表 5.3 所列。

表 5.3　$H-\alpha$ 平面内各区域的物理意义

区域编号	熵 H 和 α 范围	含义
Z_1	$0 \leqslant H \leqslant 0.5$ $0° \leqslant \alpha \leqslant 42.5°$	低散射熵的表面散射。其中包括布拉格表面散射、镜面散射,以及一些不会在 VV 和 HH 分量间引起180°偏移的特殊散射机理
Z_2	$0 \leqslant H \leqslant 0.5$ $42.5° < \alpha \leqslant 47.5°$	低散射熵的偶极子散射。属于该区域的像素其散射机理在 HH 和 VV 分量幅度上存在较大的差异,通常一些具有较强的各项异性的植被会存在这种散射机理
Z_3	$0 \leqslant H \leqslant 0.5$ $47.5° < \alpha \leqslant 90°$	低散射熵的多次散射。位于本区域的像素的散射机理为具有较低散射熵的偶次散射或更高的偶数次散射,如金属二面角散射或各向同性的电解质
Z_4	$0.5 < H \leqslant 0.9$ $0° \leqslant \alpha \leqslant 40°$	中熵表面散射。随着散射体表面粗糙度的增加,散射熵也会随着增加。一般来说,类似于树叶或者是小圆盘一样的椭球形散射体会存在这种散射
Z_5	$0.5 < H \leqslant 0.9$ $40° < \alpha \leqslant 50°$	中等散射熵的偶极子散射。此区域主要包括具有各项异性散射特征的植被等地物类型
Z_6	$0.5 < H \leqslant 0.9$ $50° < \alpha \leqslant 90°$	中熵多次散射。这种散射通常存在于城市区域和穿透森林树冠后地面与树干间的散射

（续）

区域编号	熵 H 和 α 范围	含义
Z_7	$0.9 < H \leqslant 1$ $0° \leqslant \alpha \leqslant 40°$	高熵表面散射。这种现象在实际中并不存在
Z_8	$0.9 < H \leqslant 1$ $40° < \alpha \leqslant 55°$	高熵偶极子散射。代表地物是具有各向异性的针状粒子的集合
Z_9	$0.9 < H \leqslant 1$ $55° < \alpha \leqslant 90°$	高散射熵的多次散射。此区域中的散射类型主要为在较高散射熵的条件下能够区分开来的如粗壮的树木以及某些建筑物等多次散射

以上区域的划分的边界仅是通过研究选定一个典型值，最原始的分类流程如下：

（1）对极化 SAR 数据进行相干斑抑制预处理。

（2）计算极化相干矩阵/协方差矩阵，计算 H/α 值。

（3）根据 $H\text{-}\alpha$ 平面将图像分为 8 类。

5.2.2.2　基于 H/α-Wishart 的极化 SAR 图像分类方法

基于 H/α 分解的极化 SAR 图像分类中最核心的步骤就是对 $H\text{-}\alpha$ 平面进行划分，然后根据 H/α 的值把每个像素划分到相应区域。然而最初的 H/α 分类存在的两个缺陷：一个是区域的划分过于武断，当同一类的数据分布在两类或几类的边界上时分类器性能将变差，针对这个问题，有学者提出一种使用模糊定界的方法[28]；另一个是当同一个区域里同时存在几种不同的地物时，分类器不能有效地进行区分，解决这个问题的办法有两个：一是引入其他参数，如各向异性量[29]等；二是结合其他分类算法，如 J. S. Lee 等[25] 提出的基于 H/α 分解和复 Wishart 分类器的迭代分类。

复 Wishart 迭代算法[24]是一种基于复 Wishart 分布的最大似然分类算法，基于 Pauli 基散射矩阵可以矢量化，假设目标矢量服从高斯分布，则极化相干矩阵的概率密度函数可以表示为

$$P_T^{(n)}(\langle \boldsymbol{T} \rangle) = \frac{n^{qn} |\langle \boldsymbol{T} \rangle|^{n-q} \exp[-n\mathrm{tr}(\boldsymbol{V}^{-1}\langle \boldsymbol{T} \rangle)]}{K(n,q) |\boldsymbol{V}|^n} \tag{5.36}$$

式中：当发射天线和接收天线是同一副时令 $q=3$，当发射和接收天线分开时令 $q=4$；K 为归一化函数，$K(n,q) = \pi^{(1/2)q(q-1)}\Gamma(n)\cdots\Gamma(n-q+1)$，$n$ 为视数，$\boldsymbol{V}$ 为聚类中心的相关矩阵。

令聚类类别数为 m，则极化相干矩阵 $\boldsymbol{T}$ 和第 i 类的聚类中心 $\boldsymbol{V}_i$ 之间的距离可表示为

$$d_m(\langle \boldsymbol{T} \rangle, \boldsymbol{V}_i) = n[\ln|\boldsymbol{V}_i| + \text{tr}(\boldsymbol{V}_i^{-1}\langle \boldsymbol{T} \rangle)] - \ln[P(m)] \qquad (5.37)$$

式中：$P(m)$ 为第 i 类的先验概率；$\boldsymbol{V}_i$ 为

$$\boldsymbol{V}_i = \frac{1}{N_i}\sum_{l=1}^{N_i} T_l \qquad (5.38)$$

其中：N_i 为属于第 i 类的像素的个数。

假设对于所有的类 $P(m)$ 都相等，因此式（5.37）可以重新表示为：

$$d_m(\langle \boldsymbol{T} \rangle, \boldsymbol{V}_i) = n[\ln|\boldsymbol{V}_i| + \text{tr}(\boldsymbol{V}_i^{-1}\langle \boldsymbol{T} \rangle)] \qquad (5.39)$$

根据最大似然准则，目标像素如果满足以下关系将被划分到第 i 类：

$$d_m(\langle \boldsymbol{T} \rangle, \boldsymbol{V}_i) \leqslant d_m(\langle \boldsymbol{T} \rangle, \boldsymbol{V}_j)(j=1,2,\cdots,m) \qquad (5.40)$$

由于极化相干矩阵和极化协方差矩阵可以相互转化，所以以上表示式对协方差矩阵仍然适用。

基于 H/α 分解和复 Wishart 分类器的迭代分类算法流程如图 5.7 所示。

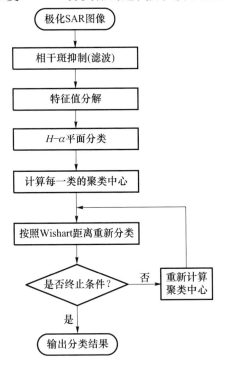

图 5.7　基于 H/α 分解和复 Wishart 迭代的分类算法流程

5.2.2.3　基于 Freeman 分解的极化 SAR 图像无监督分类方法

L. S. Lee 等[30]基于 Freeman 分解提出了一种基于 Freeman-Durden 分解的多

极化 SAR 图像无监督分类算法,它结合了 Freeman 散射模型和复 Wishart 分类器,具有保持多极化 SAR 的主要散射机制纯净性的特性。其具体算法分类流程(图 5.8)。如下:

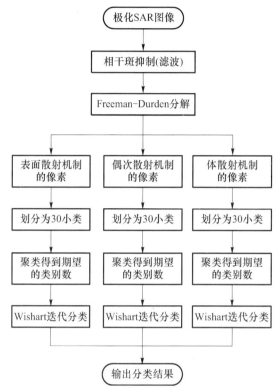

图 5.8　基于 Freeman-Durden 分解的多极化 SAR 图像无监督分类算法流程

(1)初始化分割。

① 预处理。利用专门的极化滤波方法对原始数据进行滤波处理,文献[30]中采用经典的 Lee[31] 滤波算法。

② 利用 Freeman 分解算法对滤波后的图像的每个像素提取 Freeman 分解三个分量,即 P_s(表面散射功率)、P_d(偶次散射功率)、P_v(体散射功率),并计算各自的功率成分。

③ 根据计算出的 P_s、P_d、P_v 扫描整幅图像,找出每个像素点的主要的散射机制 P_{max},即功率分量占主要成分的散射机制,据此将图像划分为 3 大类,即表面散射类、偶次散射类和体散射类。然后将每大类分成像素数目相等的 30 小类。这样就将整个图像分成了 90 小类。

(2)类别合并。

对每一大类的 30 小类,分别计算它们的协方差矩阵的均值,根据 Wishart 距离公式计算不同类之间的 Wishart 距离，并进行小类之间的合并，每次将类间距离最小的两类合并，直到达到期望的类别数目。

上面给出的步骤是传统基于 Freeman 分解的极化 SAR 图像分类方法，该方法在极化 SAR 分类方法中是继基于 Cloude 分解的极化 SAR 图像分类方法后的另一典型代表。然而该方法在分类时也存在一定缺陷：一是算法对混合散射机制缺乏细致分析；二是初始大类划分过于武断，斑点噪声的影响会导致初始划分有一部分错分。鉴于以上缺陷，赵力文等[23]将 Cloude 分解和 Freeman-Durden 分解相结合，提出了基于 Freeman 分解和散射熵的分类方法，进一步提高了分类精度。该方法首先利用 Freeman 分解算法将图像划分为 3 大类；其次结合 Cloude 分解得到的散射熵 H，将 Freeman 分解得到的 3 大类每一类再划分为 3 类，最终将图像划分为 9 类；最后结合复 Wishart 分类器对划分的 9 类进行重新划分。

5.2.3　基于 Freeman 分解和同极化比的极化 SAR 图像分类方法

首先对本节算法中提到的同极化比进行介绍，然后详细介绍基于 Freeman 分解和同极化比的极化 SAR 图像分类方法，同时对该算法在三种不同数据上的分类结果进行分析。

5.2.3.1　同极化比的概念

同极化比[32]定义为散射体的水平极化和垂直极化的比值，即

$$R = 10\lg\left(\frac{|S_{HH}|^2}{|S_{VV}|^2}\right) \tag{5.41}$$

同极化比的概念相对简单，也易于理解，其表征的极化特征和 Freeman 分解得到的散射功率具有一定的互补性。图 5.9 给出了两幅极化 SAR 数据中的不同地区的地物同极化比的分布情况。从图 5.9 中的结果可以看出，不同地物其同极化比的大小存在一定的差异，而同一地物其同极化比的大小在一个较小的范围内波动，因此可以用该特征来区分极化 SAR 图像中不同的地物。

5.2.3.2　分类算法流程

本节算法主要分为特征提取、初始分割、类别迭代三大步，具体分类流程如下：

（1）特征提取。

① 采用经典的 Lee 滤波算法对输入图像进行滤波处理。

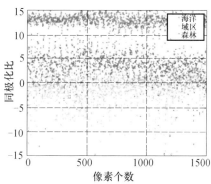

(a) San Francisco地区原始极化数据　　(b)图(a)中三个区域的同极化比的统计分布

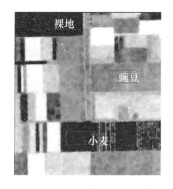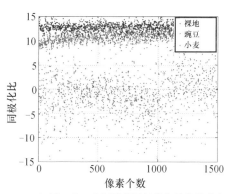

(c) Flevoland地区原始极化SAR数据　　(d) 图(c)中三个区域的同极化比的统计分布

图 5.9　不同地物同极化比的分布(见彩图)

② 对输入数据进行 Freeman 分解,得到三种散射功率矩阵,即 $\boldsymbol{P}_s$(表面散射功率)、$\boldsymbol{P}_d$(偶次散射功率)和 $\boldsymbol{P}_v$(体散射功率)。

③ 根据式(5.41)计算输入图像中每一点的同极化比。

(2) 初始类别划分。

① 根据 $\max(\boldsymbol{P}_s,\boldsymbol{P}_d,\boldsymbol{P}_v)$ 的值,将极化 SAR 图像数据初始划分为三类,即将 $\max(\boldsymbol{P}_s,\boldsymbol{P}_d,\boldsymbol{P}_v)=\boldsymbol{P}_s$ 的对应像素点划分为表面散射类,将 $\max(\boldsymbol{P}_s,\boldsymbol{P}_d,\boldsymbol{P}_v)=\boldsymbol{P}_d$ 的对应像素点划分为偶次散射类,将 $\max(\boldsymbol{P}_s,\boldsymbol{P}_d,\boldsymbol{P}_v)=\boldsymbol{P}_v$ 对应像素点划分为体散射类。

② 选取两个不同的阈值 threshold1 和 threshold2,将上一步划分的每类进一步划分为三类,即将 $R<$ threshold1 对应的像素点划分为一类,将 threshold1 $<R<$ threshold2 对应的像素点划分为一类,将 $R>$ threshold2 对应的像素点划分为一类,从而将整个极化 SAR 图像数据划分为 9 类。

(3) 类别迭代划分。

① 根据 Wishart 迭代算法对步骤(2)中划分的结果进行复 Wishart 迭代划

分,直到达到停止迭代条件。

② 输出最后的分类结果。

5.2.3.3　实验结果分析

美国旧金山金海湾地区(San Francisco Bay) ARISAR L 波段数据、AIRSAR 获取的荷兰 Flevoland 地区数据以及西安地区的全极化 SAR 数据用于实验。

1) San Francisco 地区实验结果

根据对不同数据不同地区的同极化比的分析,实验中对于 San Francisco Bay 数据取 threshold1 = − 2,threshold2 = 2。根据前面给出的分类流程得到该数据被划分为 9 类的结果,如图 5.10 ~ 图 5.12 所示。为了说明该算法的有效性,还给出了其他三种经典的极化 SAR 分类方法,即 H/α 方法[7]、H/α-Wishart[11] 和传统基于 Freeman 分解的分类方法[30],并对分类结果做比较。图 5.10(a)给出了 San Francisco Bay 数据经过 Lee 滤波后的结果图,图 5.10(b)是本节提出的算法的结果图,图 5.10(c)是 H/α 方法分类的结果图,图 5.10(d)是 H/α – Wishart 方法分类的结果图。由图 5.10(c)可见,H/α 方法虽然经典,但分类结果很不理想,很多区域都没有区分出来。由图 5.10(d)可见,结合 H/α 方法和 Wishart 分类器的 H/α-Wishart 分类方法分类结果明显优于原始的 H/α 方法,区域划分得更加细致,但还有较多区域划分不够完整。由图 5.10(b)可见,本节算法的分类结果从视觉上看效果更好,其中高尔夫球场、跑马场、停车场等区域的分类区域一致性明显好于前两种方法,不同区域之间分类后的边缘也更加平滑。

2) Flevoland 地区实验结果

图 5.11 给出了 Flevoland 地区数据的分类结果,实验中取 threshold1 = − 3,threshold2 = 3。为了说明该算法的有效性,也给出了其他两种经典的极化 SAR 分类方法,即 H/α-Wishart[25] 方法和传统基于 Freeman 分解的方法[30],并对分类结果做比较。图 5.11(a)给出了该数据经过 Lee 滤波后的结果,图 5.11(b)是实际地物图,图 5.11(c)是本节算法的结果图,图 5.11(d)是 H/α-Wishart 方法分类的结果图,图 5.11(e)是传统基于 Freeman 分解方法的分类结果。农田这幅数据虽然区域比较规整,有利于分类,但是由于图像内的各个区域都是比较接近的农作物,如豌豆、马铃薯、小麦等,这些区域的物理散射机制都比较类似,因此在分类时很容易将不同的区域划分到同一类别,造成错误划分。表 5.4 列出了三种方法该数据不同区域的分类正确率,其中"—"表示该类别完全被错分为其他类,因此没有对分类正确率进行统计。由图 5.11(c) ~ (e)以及表 5.4 可以看出,该算法分类结果无论从视觉上看还是从分类正确率看都是最好的。不过也存在着错误划分的现象,如将 pea 区域划分成两类,这主要是因为该算

(a) Lee滤波图　　　　　　　(b) 本节算法

(c) H/α 方法　　　　　　(d) H/α-Wishart方法

图 5.10　San Francisco Bay 数据不同算法分类结果

法在分类时类别选择不够灵活,将图像划分为固定的类别,这也是该算法最大的缺点。

表 5.4　不同方法分类正确率

类别 分类方法	裸地	马铃薯	甜菜	大麦	小麦	豌豆	平均正确率
H/α-Wisart 方法	–	0.981	0.954	0.512	0.851	0.782	0.68
Freeman 分解	–	0.976	–	0.972	0.836	0.882	0.611
本节算法	0.964	0.877	0.893	0.932	0.881	0.741	0.876

3)西安地区实验结果

图 5.12 给出了西安地区数据该算法的分类结果,实验中取 threshold1 = −2,threshold2 = 2。为了说明该方法的有效性,同时还给出基于 H/α-Wishart 的分类方法[25]和基于 Freeman 分解的分类[30]方法作为对比。图 5.12(a)是原始极化数据,图 5.12(b)是该算法的分类结果,图 5.12(c)是基于 H/α-Wishart 分类方法的结果,图 5.12(d)是基于 Freeman 分解分类方法的结果。由于缺乏实际地物分布情况,因此只能从视觉效果上评价分类好坏。从视觉效果看,本节算法在该数据的划分上仍具有一定的优势,其中村庄、桥梁、铁路以及水域等都得

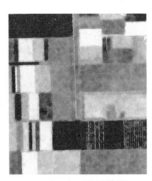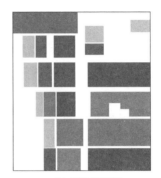

(a) Flevoland地区数据　　　　　　　(b) 实际地物图

▨ 马铃薯 ■ 甜菜 ■ 裸地 ■ 大麦 ■ 小麦 ■ 豌豆

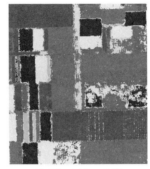

(c) 本节算法　　　　(d) H/α-Wishart分类　　　(e) 传统基于Freeman分解

图 5.11　Flevoland 地区不同算法分类结果

到了较好的划分。

5.2.4　基于散射功率熵和同极化比的极化 SAR 图像分类方法

本节将对散射功率熵的概念进行简单介绍,并对两组数据中不同地区散射功率熵和同极化比的分布进行统计分析,与此同时对本节分类方法中所用到的一个重要算法——类别合并算法也进行详细的说明,接下来将详细介绍本节算法的思想及具体流程。

5.2.4.1　散射功率熵概念

在实际应用中,很多像素具有混合散射机制,并且有些地物三种散射功率分布比较类似,直接根据散射功率进行类别划分有时会导致类别混合。为了更好地区分混合散射机制的像素,S. E. Park 等[28]提出了散射功率熵的概念,其具体定义为

$$H_p = \sum_{i=1}^{3} - p_i \log_3 p_i \, (0 \leqslant H_p \leqslant 1) \tag{5.42}$$

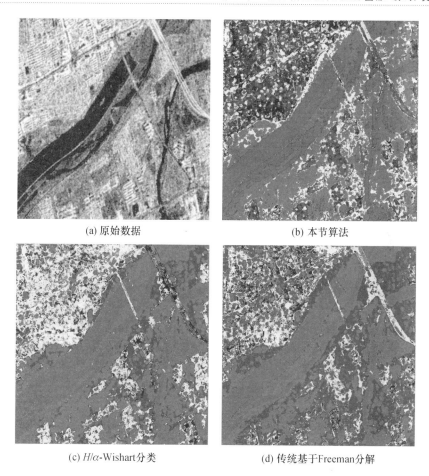

(a) 原始数据　　　　　　　　(b) 本节算法

(c) H/α-Wishart分类　　　　　(d) 传统基于Freeman分解

图 5.12　西安地区数据不同方法分类结果

式中

$$p_1 = \frac{P_s}{P_s + P_d + P_v}, p_2 = \frac{P_d}{P_s + P_d + P_v}, p_3 = \frac{P_v}{P_s + P_d + P_v}$$

其中: P_s、P_v 和 P_d 分别为表面散射功率、体散射功率和偶次散射功率。

H_p 表示散射过程的随机性, 当 H_p 很小时, 表示只有一种散射功率为主散射; 当 H_p 相对较大时, 表示两种或两种以上散射机制同时存在。

本节算法将散射功率熵和同极化比进行合理地结合, 对极化 SAR 数据进行初始分割。为了说明这两个特征在分类时的合理性及有效性, 图 5.13 给出了两组数据中不同区域地物这两个特征的组合统计分布。图 5.13(a) 是 San Francisco 地区原始极化数据 Lee 滤波后的结果, 其中 region1 代表海平面区域、region2 代表城区区域、region3 代表森林区域。图 5.13(b) 给出了图(a) 中三种区域散射功率熵和同极化比的分布情况。图 5.13(c)是荷兰 Flevoland 地区原始极化 SAR 数据 Lee 滤波后的结果,图中 region1 到 region4 分别代表裸地、豌豆、大麦和小麦区域。图 5.13(d)给出了图(c)中四个不同区域地物散射功率熵和同极化比的分布情况。从图 5.13 中可以看出,通过选取合理的阈值,就能较为准确地将不同地物进行区分。

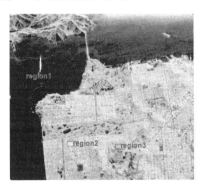

(a) Lee 滤波结果

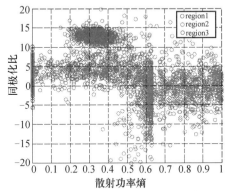

(b)不同区域射功率熵和同极化比的分布

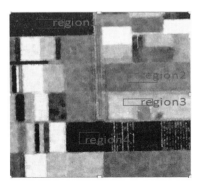

(c) Lee 滤波结果

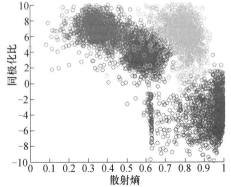

(d) 不同区域射功率熵和同极化比的分布

图 5.13　散射功率熵和同极化比的分布情况

5.2.4.2　类别合并算法

在图像分类过程中,如果初始划分的图像类别数多于所期望的数目,就希望将类别数减少。J. S. Lee 等[25] 中提出一种基于复 Wishart 分布的类别合并算法,其中,类间距离差定义为第 i 类所有像素到其聚类中心 V_i 的距离的平均值,即

$$D_{ii} = \frac{1}{n_i} \sum_{k=1}^{n_i} d([T_k], [V_i]) \tag{5.43}$$

距离定义为

$$d([T_k],[V_i]) = \ln|V_i| + \mathrm{tr}(V_i^{-1}\langle T_k\rangle) \tag{5.44}$$

将式(5.44)代入式(5.43)中,可得

$$D_{ii} = \ln(|V_i|) + \frac{1}{n_i}\sum_{k=1}^{n_i}\mathrm{tr}(([T_k] - [V_i])^{\mathrm{T}}([T_k] - [V_i])) \tag{5.45}$$

D_{ii} 用来度量第 i 类的紧密程度。第 i 类和第 j 类之间的距离 D_{ij} 定义为每一类中所有像素到另一类的聚类中心的距离的平均值,即

$$D_{ij} = \frac{1}{2}\{\ln(|V_i|) + \ln(|V_j|) + \mathrm{tr}(V_i^{-1}V_j + V_j^{-1}V_i)\} \tag{5.46}$$

D_{ij} 越大,代表类别 i 和 j 之间的分离性越高。因此,如果两类 i 和 j 具有较高的类间距离差 D_{ii} 和 D_{jj},且具有较小的类内距离,这两类将合并为一类。D. L. Davies 等[33]提出一个新的聚类参数,用来衡量两类之间的合并度,即

$$R_{ij} = \frac{D_{ii} + D_{jj}}{D_{ij}} \tag{5.47}$$

因此,两类之间的 R_{ij} 越大,其合并度越大,也就是具有最大 R_{ij} 的两类将合并为一类。

5.2.4.3　分类算法流程

本小节算法主要分为特征提取、初始分割、类别合并及类别迭代四个步骤。为了减少极化噪声对分类的影响,在分类之前先对待分类的数据进行 Lee 滤波[31]处理,其分类流程如图 5.14 所示。

为了更好地理解该算法的具体思路,对该算法进行了详细说明。具体步骤如下:

(1) 对输入数据进行 Freeman 分解,得到散射功率矩阵 $\boldsymbol{P}_s$、$\boldsymbol{P}_d$、$\boldsymbol{P}_v$。

(2) 利用式(5.42)计算散射功率熵 H_p,并根据式(5.41)计算每个像素的同极化。

① 根据 H_p 值的大小,选取两个阈值 x_1 和 x_2 将熵 H_p 先划分为三部分:

$0 < H_p < x_1, x_1 < H_p < x_2, x_2 < H_p < 1$。当 $0 < H_p < x_1$ 时,认为只有一种主散射机制,此时将 $\max(\boldsymbol{P}_s,\boldsymbol{P}_d,\boldsymbol{P}_v) = \boldsymbol{P}_s$ 对应的像素点划分为 $\boldsymbol{P}_s$ 类,将 $\max(\boldsymbol{P}_s,\boldsymbol{P}_d,\boldsymbol{P}_v) = \boldsymbol{P}_d$ 对应的像素点划分为 $\boldsymbol{P}_d$ 类,将 $\max(\boldsymbol{P}_s,\boldsymbol{P}_d,\boldsymbol{P}_v) = \boldsymbol{P}_v$ 对应的像素点划分为 $\boldsymbol{P}_v$ 类;当 $x_1 < H_p < x_2$ 时,认为同时存在两种主要的散射机制,将 $\min(\boldsymbol{P}_s,\boldsymbol{P}_d,\boldsymbol{P}_v) = \boldsymbol{P}_s$ 对应的像素点划分为 $\boldsymbol{P}_d$、$\boldsymbol{P}_v$ 类,将 $\min(\boldsymbol{P}_s,\boldsymbol{P}_d,\boldsymbol{P}_v) = \boldsymbol{P}_d$ 对应的像素点划分为 $\boldsymbol{P}_s$、$\boldsymbol{P}_v$ 类,将当 $\min(\boldsymbol{P}_s,\boldsymbol{P}_d,\boldsymbol{P}_v) = \boldsymbol{P}_v$ 对应像素点划分为 $\boldsymbol{P}_s$、$\boldsymbol{P}_d$ 类;当 $x_2 < H_p < 1$ 时,认为三种散射同时存在,将对应的像素点划分为 $\boldsymbol{P}_s$、$\boldsymbol{P}_d$、$\boldsymbol{P}_v$ 类。因此,

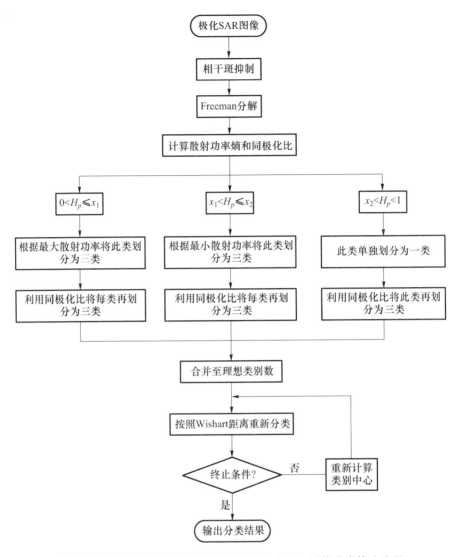

图 5.14　基于散射功率熵和同极化比的极化 SAR 图像分类算法流程

可将图像最初划分为 7 类。

　　② 根据计算的每个像素的同极化比 R 的大小,选取合适的阈值 x_3 和 x_4 将 R 划分为三个部分: $R < x_3$, $x_3 < R < x_4$, $R > x_3$ 。根据 R 的划分将每类数据进一步划分为三类,将 $R < x_3$ 对应的像素点划分为一类,将 $x_3 < R < x_4$ 对应的像素点划分为一类,将 $R > x_3$ 对应的像素点划分为一类,从而将整个极化 SAR 图像数据划分为 21 类。

　　(3) 确定整幅图像的最优类别数,按照 5.2.4 节给出的类别合并策略将初始划分的 21 类进行类别合并,合并至最优类别数。

（4）对步骤（3）中合并的最终类别重新进行复 Wishart 迭代分类,得到更为准确的分类结果。

上面的分类步骤中涉及的 x_1、x_2、x_3 和 x_4 四个参数将根据具体的数据及实验结果进行选取。

5.2.4.4　实验结果和分析

本小节对给出的算法在三组真实的极化 SAR 数据上进行了测试,其中包括 San Francisco Bay 地区、荷兰 Flevoland 地区以及我国西安西部地区数据。

1）San Francisco 地区实验结果

图 5.15 给出了美国 San Francisco 地区 ARISAR L 波段数据的分类结果,本小节提出的算法中共有四个参数需要确定,其中:两个参数 x_3、x_4 用来划分同极化比 R,将其划分为三部分,即 $R < x_3$,$x_3 < R < x_4$,$R > x_3$;另外两个参数 x_1、x_2 用来划分散射功率熵。前面已经讨论过同极化比的划分情况,这一节主要讨论散射功率熵的划分,并且取 $x_3 = -2$,$x_4 = 2$。在传统用到散射功率熵进行分类的文章里,x_1、x_2 取为固定值 0.5 和 0.9,但实际中,这两个阈值对于分类来说未必是最好的,为了寻求更好的阈值来划分散射功率熵,利用 San Francisco 地区的数据进行了实验分析。实验中取 x_1 为 0.4 ~ 0.5 范围内的任意数,取 x_2 为 0.7 ~ 0.9 范围内的任意数,并对 x_1 和 x_2 进行任意组合。通过实验分析得出结论:当这两个参数都在一个小范围内变化时,对分类结果影响不大;但当变化较大时,分类结果会有很大不同。通过分析总结得到了这两个参数的四种组合方式,即 $0.4 < x_1 \leqslant 0.45$,$0.45 < x_1 \leqslant 0.5$,$0.7 < x_2 \leqslant 0.8$,$0.8 < x_2 \leqslant 0.9$,在每一种组合的取值范围内其分类结果基本上没变化。图 5.15 给出了该数据四种组合下的分类结果图,从图中所给的结果可以看出,当 $0.4 < x_1 \leqslant 0.45$ 并且 $0.8 < x_2 \leqslant 0.9$ 时分类效果最好。图中跑马场、高尔夫球场、停车场、田径场都可以清晰地划分出,而且区域划分一致性较好,边界划分也比较清晰。

2）Flevoland 地区实验结果

图 5.16（a）~（f）给出了 Flevoland 地区一幅农田区域的真实极化 SAR 数据的分类结果。根据之前对同极化比值和散射功率熵的取值的分析,这一节取 $x_3 = -3$,$x_4 = 3$ 以及 $x_1 = 0.5$,$x_2 = 0.85$。为了进一步说明该算法在分类中的优势,还给出了基于 H/α-Wishart 的方法[25]、传统基于 Freeman 分解的方法[30] 以及基于 Freeman 分解和散射熵结合的方法[1] 进行对比。图 5.16（a）~（f）给出了四种方法的实验结果,其中图 5.16（a）是原始极化数据,图 5.16（b）是原始数据对应的实际地物状况,图 5.16（c）是本节中提出

(a) $0.4<x_1\leqslant0.45$, $0.7<x_2\leqslant0.8$ (b) $0.45<x_1\leqslant0.5$, $0.7<x_2\leqslant0.8$

(c) $0.4<x_1\leqslant0.45$, $0.8<x_2\leqslant0.9$ (d) $0.45<x_1\leqslant0.5$, $0.8<x_2\leqslant0.9$

图 5.15   San Francisco 地区不同阈值选取下的分类结果

的算法的分类结果,图 5.16(d) 是 H/α-Wishart 方法分类结果,图 5.16(e) 是基于 Freeman 分解的方法分类结果,图 5.16(f) 是基于 Freeman 分解和散射熵的分类方法结果。表 5.5 给出了这几种算法对该数据中不同区域的地物分类正确率,其中"—"表示该类别完全被错分为其他类,因此没有对分类正确率进行统计。对比图 5.16 及表 5.5 中所给的几种分类方法的分类结果可以看出,本小节中所给出的分类效果明显好于其他几种方法,分类精度明显提高,分类结果也更加接近于真实地物。图 5.16(c) 中六种不同地物都被清楚地分割开来,但是其他几种方法中都明显存在地物划分错误的现象,例如图 5.16(d) 和 (f) 中将裸地区域划分成了小麦区域,而图 5.16 (e) 中又将甜菜和大麦划分成了一类,这也正是这几种算法分类精度不够高的主要原因。此外,图 5.16(d) ~ (e) 中各个区域划分的结果明显不如图 (c) 中的完整,除了存在两类误分成一类之外,独立的像素点也较多。由于极化 SAR 本身噪声较大,虽然在分类之前已经进行了滤波处理,但噪声对分类的影响还是难以避免,因此分类结果中会出现错分的现象。但是同样存在噪声影响的情况下,与已有的几种算法相比,本节算法分类精度明显有所提高,错分现象得到了很大的改善。

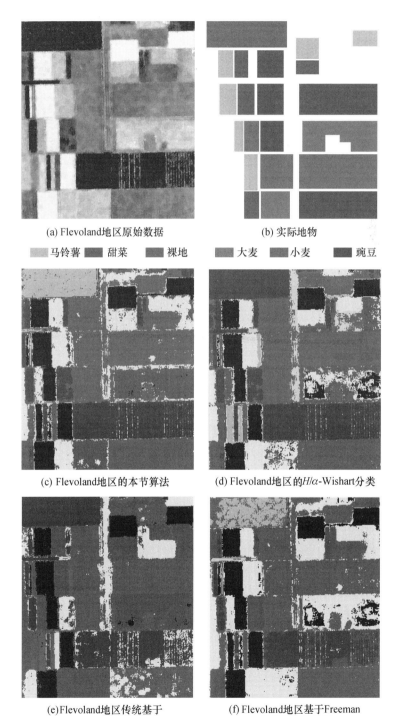

(a) Flevoland地区原始数据　　　　(b) 实际地物

　■ 马铃薯　■ 甜菜　■ 裸地　　■ 大麦　■ 小麦　■ 豌豆

(c) Flevoland地区的本节算法　　　(d) Flevoland地区的H/α-Wishart分类

(e)Flevoland地区传统基于
Freeman的分解

(f) Flevoland地区基于Freeman
的分解和散射熵

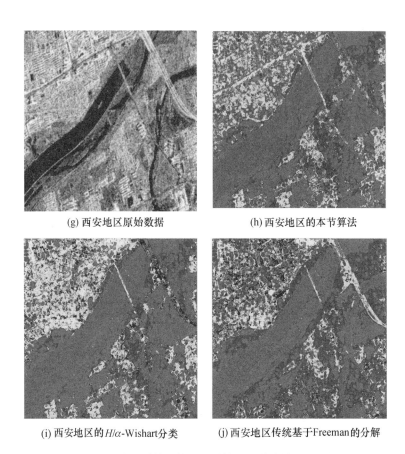

(g) 西安地区原始数据　　　　　　　　(h) 西安地区的本节算法

(i) 西安地区的H/α-Wishart分类　　　　(j) 西安地区传统基于Freeman的分解

图5.16　两个不同数据使用不同算法的分类结果(见彩图)

3) 西安地区实验结果

图5.16(g)～(j)给出了由 RadarAST2 获取的一幅中国西安地区的全极化 SAR 数据的分类结果。图5.16(g)～(j)中除给出了本节算法的分类结果外,还给出基于 H/α-Wishart 的分类方法和基于 Freeman 分解的分类方法作为对比。其中,图5.16(g)是原始极化数据,图5.16(h)是本节算法的分类结果,图5.16(i)是基于 H/α-Wishart 的分类方法的结果图,图5.16(j)是基于 Freeman 分解的分类方法的结果。由于缺乏真实的地物类别,因此无法定量地衡量该数据分类效果的好坏,但是从视觉效果上可以看出,本节算法分类结果明显好一些,图中的渭河大桥、铁路、公路、村庄都很好地划分出来。相比之下,其他两种方法在公路和村庄的划分上明显不如本节算法。

表 5.5　不同方法区域分类正确率统计

区域＼分类方法	本节算法	H/α-Wishart 方法	传统基于 Freeman 分解的方法	基于 Freeman 分解和散射熵
裸地	0.934	—	—	0.73
马铃薯	0.983	0.981	0.976	0.982
甜菜	0.834	0.954	—	—
大麦	0.964	0.512	0.972	0.88
小麦	0.893	0.851	0.836	0.742
豌豆	0.952	0.782	0.882	0.951
平均正确率	0.923	0.68	0.611	0.844

5.2.5　小结

本节主要介绍了基于极化散射机制的几种图像分类方法,其中,简单介绍了几种现有的经典分类算法,并着重讨论了基于 Freeman 分解和同极化比的分类方法与基于散射功率熵和同极化比的极化 SAR 图像分类算法。

基于 Freeman 分解和同极化比的分类方法通过先对数据进行 Freeman 分解,提取了表征极化特征的三种散射功率,并根据三种散射功率中占主要散射功率的类别对图像进行了初始大类的划分;然后有效地结合同极化比,实现了对极化 SAR 数据的进一步划分;最后对分类后结果进行复 Wishart 迭代,进一步改善了每一类的划分结果。该方法思想比较简单,计算复杂度相对较小,容易理解与应用。通过与已有几种方法的比较,也进一步说明了该方法的有效性。但是该算法仍然存在着一定的局限性,其分类类别数目固定不变,因此对于类别过多或过少的数据而言,该算法的分类效果会有所影响。这也是需要进一步考虑和改善的地方。

基于散射功率熵和同极化比的极化 SAR 图像分类算法,其主要思想:首先结合散射功率熵和同极化比对图像进行初始划分;然后根据具体的数据采取类别合并算法对初始划分的类别进行合并,合并至理想的类别数;最后利用复 Wishart 迭代聚类对合并后的类别进行重新划分,进一步提高了分类的精度。传统基于 Freeman 分解的方法直接根据主要散射功率的类别对图像进行分类,分类时部分不同地物类别由于散射功率分布类似往往会误分到同一类。基于散射功率熵和同极化比的极化 SAR 图像分类方法在初始划分时引入散射功率熵,能够更有效地区分混合散射机制的地物,加上同极化比的引入,增加了初始划分的类别数,可以对极化 SAR 数据进行更细致的划分。通过类别合并算法,该算法又可以根据需要将数据划分为不同类别数,提高了算法的普适性,同时复

Wishart 类别迭代也进一步提高了算法的分类精度。该方法思想简单,易于实现,算法复杂度较低,具有较强的实用性。

■ 5.3 基于谱聚类的极化 SAR 图像分类研究

5.3.1 一种基于 Mean Shift 和谱聚类的极化 SAR 图像分类

5.3.1.1 基于区域的谱聚类算法

目前,基于目标或对象级的遥感信息提取技术正受到越来越多的关注和重视,该技术以相同特征的"同质均一"的图像块作为基本分析和处理单元。因为该技术顾及了更多的结构、特征和空间组合关系等,其信息提取的精度高、效果好,并逐步得到深入而广泛的应用[34]。为此,本节提出了一种基于 Mean Shift 过分割的极化 SAR 图像预处理方法。

1) 基于 Mean Shift 的图像过分割

由于 Mean Shift 算法对图像的分割结果一般不会破坏理想分割结果的边界,只会因为缺乏对特征变化结构纹理的处理能力,从而在理想分割结果的内部产生更多过分割的结果,因此该算法的分割结果可以作为分析的基本单元来提高分类效果。

Mean Shift 是一种非参数概率密度估计的方法,其原理最初是由 K. Fukunaga 等[35] 提出,顾名思义,Mean Shift 即使每一个点"漂移"到密度函数的局部极大值点。该算法的实现是一个不断迭代的过程:首先计算出当前点的偏移均值,移动该点到其偏移均值;然后以此为新的起始点继续移动,直到满足一定的结束条件。K. Comaniciu 等[36] 已经证明了 Mean Shift 算法在一定条件下可以收敛到概率密度函数的模态点,即极值点处,并成功运用于特征空间的分析,在图像滤波、图像分割以及目标实时跟踪等应用中取得了很好的效果。

Mean Shift 算法用于图像分割时,选取的输入特征矢量 $x = (x^s, x^r)$ 为 $p+2$ 维。其中,x^r 为该像素点的特征矢量;x^s 为像素的二维坐标矢量,即图像的空间位置信息。对于灰度图像 $p=1$,x^s 为该像素点的灰度信息。对于彩色图像,$p=3$,x^s 为该像素点的颜色特征。根据 Mean Shift 算法原理,计算每个输入矢量的收敛点。移动规则如下:

$$m_h(\boldsymbol{x}) = \frac{\sum_{i=1}^{n} G\left(\frac{\boldsymbol{x}_i - \boldsymbol{x}}{h}\right) w(\boldsymbol{x}_i) \, \boldsymbol{x}_i}{\sum_{i=1}^{n} G\left(\frac{\boldsymbol{x}_i - \boldsymbol{x}}{h}\right) w(\boldsymbol{x}_i)} \tag{5.48}$$

式中:G 为单位高斯核函数;h 为窗口尺寸;w 为权重系数。

基于 Mean Shift 图像分类算法步骤如下:

(1) 在图像中按顺序选取未标记点 x 为初始点,在搜索区域内计算该点的 $m_h(x)$ 的值。

(2) 将 $m_h(x)$ 的值赋予 x,计算下一点的 m_h 值。重复这个过程,直到满足终止条件 $\parallel m_h(x) - x \parallel < \varepsilon,\varepsilon$ 为较小的阈值。将从起始点到终止点经过的所有像素点赋予相同的标记。

(3) 重复步骤(1)和(2)直到所有的像素点都被标记。

(4) 对图像中具有相同标记的邻近像素点组成互不重叠的小区域。并且,对于图像中所有相邻区域,当其在特征空间中的距离小于设定阈值时进行区域合并。

由于最终分割区域的数目是由数据本身和输入参数所决定的,无法直接进行控制,并且 Mean Shift 算法易产生过分割结果,因此仅依靠 Mean Shift 算法难以达到理想的分割效果。但 Mean Shift 算法具有很好的边缘保持特性,因此可将分割过的小区域作为"超级像素"进行后续谱聚类,在不破坏真实地物边界的情况下大大降低了时间复杂性和空间复杂性,同时引入了像素间的空间位置依赖关系。

2) 基于区域的谱聚类算法实现

谱聚类方法尽管取得了很好效果,但对如图像分割等大规模数据聚类问题,即相似性矩阵求解时,巨大的计算量与存储量的解决方法仍然需要进一步研究。针对该问题,C. Fowlkes 等[37] 提出了使用 Nyström 逼近方法的谱聚类算法缓解求解过程的计算复杂度。尽管该方法快速、有效,但由于使用的是随机采样,因此分类结果具有随机性。此外,该方法对问题规模的大小也是有一定限制,较大规模问题仍无法解决。而基于区域的谱聚类算法将区域块作为一个像素,即"超级像素",能够非常有效地降低样本数据的数目,从而降低算法复杂度,提高谱聚类算法的性能。本节采用 Mean Shift 算法的过分割结果,将各区域块作为谱聚类的输入样本数据点。

基于区域谱聚类算法的实现步骤如下:

(1) 对图像采用基于 Mean Shift 图像分割算法步骤进行过分割。

(2) 将过分割的区域块作为谱聚类的输入样本数据点,用谱聚类算法步骤进行谱图分割。这里,将同一区域块中所有像素在特征空间的均值点作为"超级像素"的代表点。

(3) 对最终完成的分割结果按类别进行标记和着色。

5.3.1.2　基于区域谱聚类的极化 SAR 图像分类方法

谱聚类算法用于极化 SAR 图像分类取得了较好的分类结果,但由于该算法的复杂度仅局限于较小尺寸的图像分类,故本小节提出了基于区域谱聚类算法的极化 SAR 图像分类方法。该方法的主要思想:首先对待分类的极化 SAR 图像采用 Mean Shift 算法进行过分割;然后将过分割得到的小区域作为谱聚类算法的输入样本点并进行谱图分割;最后采用能较好反应极化 SAR 数据分布的 Wishart 分类器进行迭代,以提高分类精度。

基于区域谱聚类算法的极化 SAR 图像分类方法,在采用 Mean Shift 算法对图像进行过分割时,提出将目标的极化特征和空间位置信息作为该算法的输入矢量。针对极化 SAR 数据,选取极化特征散射熵 H、散射角 α 和总功率 **span** 作为极化散射特征矢量,并结合图像的空间位置信息,组成一个五维的矢量 $X = (X^s, X^r)$,其中,X^s 为像素的坐标矢量,X^r 为该像素点的极化特征组成的矢量。

基于区域谱聚类算法的极化 SAR 图像分类步骤如下:

(1) 对待分类的极化 SAR 图像采用 7×7 的窗口进行 Lee 滤波[31]。

(2) 对每个像素的相干矩阵 T 进行 Cloude 极化分解,计算散射熵 H、散射角 α 和总功率 **span**。

(3) 对图像采用 Mean Shift 算法完成过分割,以每个区域块的均值点作为新的数据点。

(4) 计算新数据点的 W_{ij}^{SRW} 和 W_{ij}^{F},并计算区域点的相似矩阵 W。

(5) 由谱聚类算法完成对图像的分割。

(6) 用 Wishart 分类器对整幅图像进行迭代,提高分类精度。

5.3.1.3 一种构造相似矩阵的新方法

谱聚类算法均是在相似函数即高斯函数的尺度参数取不同值,重复进行多次实验,所得到的最好的结果。而实际上,在实验中分类结果对尺度参数 σ 值很敏感,最优的参数难以取得,降低了谱聚类算法的稳定性。本小节引入势函数,提出一种新的相似函数构造方法。

马尔可夫随机场由 Besag 于 1974 年用于图像处理领域,目前已经广泛应用于图像处理和计算机视觉等相关领域[38,39]。马尔可夫随机场采用概率论的方法表征了图像相邻像素间的相关特性,表示了图像中的某一像素的特征值与其相邻像素特征值的关系[40]。马尔可夫随机场先验模型提供了一种关于图像像素的统计描述,能够有效描述图像的局部统计特性。该模型表达了图像的概率模型,其统计参数能表现出邻域内像素集合的大小和方向,很好地体现了图像的随机特性。

马尔可夫随机场先验模型的实现是通过构造邻域基团势函数,并由 Hammer-Clifford 定理,运用吉布斯分布来描述,因此基团势函数成为该模型实现的关键。一种传统的基团势函数的定义为

$$V_c(x_i, x_j) = \begin{cases} \beta & (x_i = x_j) \\ 0 & (x_i \neq x_j) \end{cases} \tag{5.49}$$

这种定义方法虽然计算简单,但并没有考虑像素间的强度关系,影响了分类效果。Y. Hou 等[41]提出了一种新的势函数建立方法,该方法将图像邻域像素强度值以及像素间的距离关系引入势函数中,充分利用图像的上下文信息。其定义为

$$V_c(x_i, x_j) = \begin{cases} \beta & (x_i = x_j) \\ \dfrac{\sigma_i^2}{\sigma_i^2 + (y_i - y_j)^2 d_{ij}} \beta & (x_i \neq x_j) \end{cases} \tag{5.50}$$

式中:y_i、y_j 为 x_i、x_j 在观测场中的强度;d_{ij} 为 x_i、x_j 的空间位置信息;β 为常数;σ_i 为像素点 x_i 处的方差。

由式(5.50)可以看出,d_{ij} 或强度差越大,x_i 和 x_j 的势能越小,分为一类的可能性越小。因此,势能函数可以用来描述两个像素点的相似性。由此,构造相似函数如下:

$$W_{ij} = \begin{cases} 1 & (i = j) \\ \dfrac{1}{1 + \Delta_{ij} d_{ij}} & (i \neq j) \end{cases} \tag{5.51}$$

式中:Δ_{ij} 为对应像素点的特征矢量的差值。

传统意义上一般采用二次函数,但二次函数的导数形式为线性函数,当图像上像素点与其邻域像素点的差值较大时,其导数取值也较大。因此,该模型对边缘或异常值敏感,使这些点具有较大的权重值,对全局解的影响过大。P. J. Huber[42]基于稳健统计学提出了一种较为合理的假设,认为图像是局部平滑的,即图像被其中物体的边缘分割成多块平滑区域,但是各平滑区域之间是不连续的。Huber 函数为

$$V_c = \begin{cases} D^2 & (|D| \leqslant T) \\ T^2 + 2T(|D| - T) & (|D| > T) \end{cases} \tag{5.52}$$

式中:T 为阈值;D 为两像素的强度差。

当图像像素与其邻域像素差值小于或者等于函数阈值 T 时取二次形式,其势能随差值的增大而增大,当差值大于 T 时其能量强度为一定值,可以有效地保持边缘。

因此,根据 Huber 函数将 Δ_{ij} 定义为

$$\Delta_{ij}^{\text{SRW}} = \begin{cases} d_{\text{SRW}}^2(T_i, T_j) & (d_{\text{SRW}}(T_i, T_j) \leqslant t_1) \\ t^2 + 2t(d_{\text{SRW}}(T_i, T_j) - t) & (d_{\text{SRW}}(T_i, T_j) > t_1) \end{cases} \tag{5.53}$$

$$\Delta_{ij}^{F}=\begin{cases} d_{\mathrm{F}}^{2}(F_i,F_j) & (d_{\mathrm{F}}(F_i,F_j)\leqslant t_2) \\ t^2+2t(d_{\mathrm{F}}(F_i,F_j)-t) & (d_{\mathrm{F}}(F_i,F_j)>t_2) \end{cases} \tag{5.54}$$

$$\Delta=\Delta_{ij}^{\mathrm{SRW}}\cdot\Delta_{ij}^{\mathrm{F}} \tag{5.55}$$

这里由式(5.51)和式(5.55)定义了一种新的相似函数。与高斯函数相比,该函数计算简单。通过下面的实验可验证该函数的有效性,并且阈值 t_1 和 t_2 的选择对分类结果影响不大。

势函数描述了图像中某一像素的特征值与其相邻像素特征值的能量关系。将这种能量关系引入谱聚类算法的相似性度量中,使权重矩阵包含了图像的潜在先验知识,对后续的谱分析具有一定的指导意义。具体的分类效果可从后续的实验结果看出。

5.3.1.4 算法实现

改进算法的实现步骤与 5.3.1.2 节相似,不同点在步骤(4)。这里,采用式(5.51)和式(5.54)构造新的相似矩阵,改进区域谱聚类算法的极化 SAR 图像分类方法步骤如下:

(1)对待分类的极化 SAR 图像采用 7×7 的窗口进行 Lee 滤波[31]。

(2)对每个像素的相干矩阵 $\boldsymbol{T}$ 进行 Cloude 极化分解,计算散射熵 H、散射角 α 和总功率 **span**。

(3)对图像采用 Mean Shift 算法完成过分割,以每个区域块的均值点作为新的数据点。

(4)分别由式(5.53)和式(5.54)计算新数据点的 $\Delta_{ij}^{\mathrm{SRW}}$ 和 Δ_{ij}^{F},并由式(5.55)计算 Δ_{ij},最后由式(5-51)计算区域点的亲和矩阵 $\boldsymbol{W}$。

(5)由谱聚类算法完成对图像的分割。

(6)用 Wishart 分类器对整幅图像进行迭代,提高分类精度。

本节算法流程如图 5.17 所示。

5.3.1.5 实验结果和分析

1)验证本节提出的谱聚类算法的有效性

本实验以三组图像为例,其中包括两幅灰度图像,两幅单极化 SAR 图像和

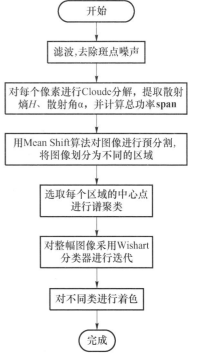

图 5.17 本节算法流程

一幅极化 SAR 图像。为了验证该算法的有效性,本实验分为四部分:①本算法对自然图像的分割效果;②自然图像加入乘性噪声,模拟 SAR 图像存在的相干斑噪声;③对真实的单极化 SAR 图像进行分类;④对全极化 SAR 图像进行分类。

图 5.18 为本文算法对自然图像的分割结果。自然图像包括 Object(大小为 256×256)和 Cameraman(大小为 256×256);对这两幅灰度图像以灰度值为特征,结合空间位置信息,用 Mean Shift 算法进行过分割,将过分割得到的区域块作为谱聚类算法的输入样本点,进行谱图分割。这里,构造相似函数时采用式(5.51),其中 Δ_{ij} 由式(5.52)定义为

$$\Delta_{ij} = \begin{cases} (x_i - x_j)^2 & (\,|x_i - x_j| \leqslant T) \\ T^2 + 2T(\,|x_i - x_j| - T) & (\,|x_i - x_j| > T) \end{cases} \tag{5.56}$$

式中:x_i、x_j 为图像中位置为 i 和 j 处的灰度值。

(a) 原始图像　　　　(b) 传统谱聚类算法　　　　(c) 本节算法

图 5.18　自然图像的分割结果

在实验中,两幅自然图像类别数分别取 2 类和 3 类。将传统的谱聚类算法作为对比算法。由实验结果可看到,本文提出的谱聚类相似函数构造方法,在提高了谱聚类算法的稳定性的基础上,能够对灰度图像进行较有效的划分,取得了较好的分割效果。

图 5.19 和图 5.20 分别为自然图像 Object 和 Cameraman 加入乘性噪声后的分割结果。为了验证本节算法的有效性,采用传统的谱聚类算法和基于区域的

谱聚类算法作为对比算法。其中基于区域的谱聚类算法采用 Mean Shit 算法进行初始分类,再将各区域作为谱聚类算法的输入数据点。

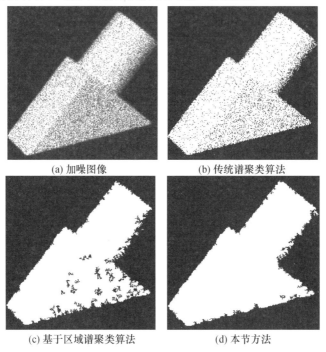

(a) 加噪图像　　　　　　　　(b) 传统谱聚类算法

(c) 基于区域谱聚类算法　　　　　　(d) 本节方法

图 5.19　Object 加噪图像的分割结果

图 5.21 和图 5.22 是两幅真实的单极化 SAR 图像的实验结果。

从加入乘性噪声的自然图像和真实的 SAR 图像的实验结果可以看出,传统的谱聚类算法对含有乘性噪声的图像难以取得较好结果。而基于区域的谱聚类算法和本节方法对乘性噪声有一定的抑制效果,且具有较好的稳定性。

图 5.23 为提出的谱聚类算法对全极化 SAR 图像的分类结果。采用 AIR-SAR L 波段的旧金山地区,大小为 256×256 的极化 SAR 图像进行实验。图 5.23(a)中包含的地物有植被、城区和海洋,因此选择类别数为 3。从结果图可以看到,传统谱聚类算法对尺度参数敏感。不同的参数所得结果完全不同,如图 5.23(b)和(c)所示。我们设计的相似函数对参数不敏感,稳定性较好,并且取得了较好的分类效果,实验结果如图 5.23(d)所示。该实验验证了我们设计的相似函数的可用性和有效性。

2) San Francisco 地区分类结果

本实验以 AIRSAR 获取的 L 波段旧金山海湾地区的全极化 SAR 数据(900 $\times$1024)为例。该地区包含的主要地物可分为海洋、森林和城区三大类,此外还有金门大桥、跑马场等小目标区域。本实验通过与传统的 H/α、H/α-Wishart、传

(a) 加噪图像　　　　　　　　　　(b) 传统谱聚类算法

(c) 基于区域谱聚类算法　　　　　　(d) 本节算法

图 5.20　Cameraman 加噪图像的分割结果

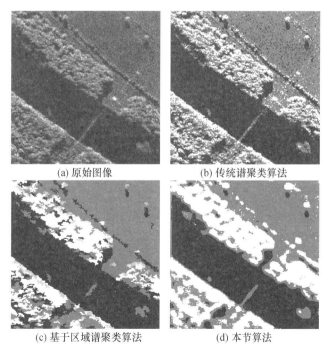

(a) 原始图像　　　　　　　　　　(b) 传统谱聚类算法

(c) 基于区域谱聚类算法　　　　　　(d) 本节算法

图 5.21　SAR 图像的分割结果

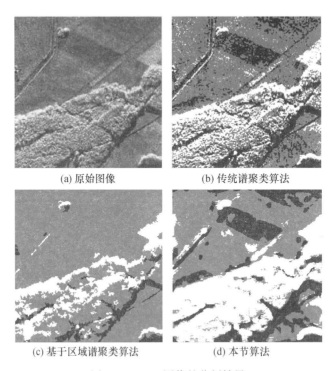

(a) 原始图像　　　　　　　　(b) 传统谱聚类算法

(c) 基于区域谱聚类算法　　　　　(d) 本节算法

图 5.22　SAR 图像的分割结果

统的基于 Freeman 分解的方法和基于 Freeman 分解和散射熵的分类方法做比较,验证算法的有效性。各方法的实验结果如图 5.24 所示。其中图 5.24(a)为旧金山地区的 Pauli RGB 极化合成图。从图中可以看到,该地区包含的地物类型主要可分为海洋、植被和城区三大类,其中典型的地物有跑马场、高尔夫球场、停车场、田径场以及金门大桥等。图 5.24(b)为直接根据 H-α 平面的分类结果。图 5.24(c)为 H/α-Wishart 分类结果。图 5.24(d)为传统基于 Freeman 分解方法的分类结果。图 5.24(e)为基于 Freeman 分解和散射熵的分类结果。图 5.24(f)为 5.3.1.2 节提出的基于区域谱聚类算法的分类结果。图 5.24(g)为本节方法的最终分类结果。

　　图 5.24(b)是直接根据 H-α 平面分类的结果。由图可见,海洋(表面散射机制)得到了较好的区分。但由于划分过于武断,导致城区和植被等地物无法分辨,分类视觉效果较差。相比较而言,结合 H/α 分解和 Wishart 分类器的迭代结果图 5.24(c)视觉效果有所改善,类别划分也较合理,充分说明了 Wishart 分类器对极化 SAR 图像的分类有效性。但该方法仍存在许多误分类的像素点。传统的基于 Freeman 分解方法的分类结果相比于前两种算法,分类效果得到了较大的改善。基于 Freeman 分解和散射熵的方法较传统基于 Freeman 分解的方法

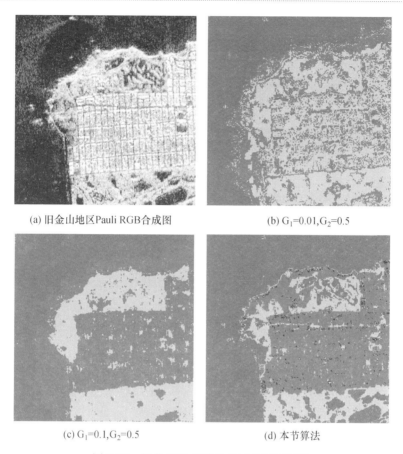

(a) 旧金山地区Pauli RGB合成图　　　　　(b) G_1=0.01,G_2=0.5

(c) G_1=0.1,G_2=0.5　　　　　　　　(d) 本节算法

图 5.23　极化 SAR 图像分类结果(见彩图)

算法复杂度有所下降,其结果如图 5.24(e)所示。这两种方法均无法解决像素混合散射机制的问题,因此城区区域无法得到正确划分。图 5.24(f)为 5.3.1.2 节方法的分类结果,视觉效果较好,但尺度参数选取困难,算法稳定性较差。图 5.24(g)为本节方法的最终分类结果,与其他方法相比较,分类精度有所提高,对感兴趣区域的目标如高尔夫球场、跑马场等的分类更清晰,区域一致性更好,地物细节保持较好,视觉效果更佳,不同区域之间分类后的边缘也更加平滑,且算法稳定性有所改善。

3）Flevoland 地区实验结果

图 5.25(a)为该地区的 Pauli RGB 合成图,图 5.25(b)为实际的部分地物的分布图。采用的对比算法:①传统的 H/α-Wishart 分类方法;②Anfinsen 提出用于极化 SAR 数据分类的谱聚类算法,该方法仅使用基于相干矩阵的 Wishart 距离构造相似矩阵;③Ersahin 提出的基于 Wishart 距离和轮廓基的谱聚类算法。实验结果如图 5.25 各图所示,分类正确率如表 5.6 所列。

(a) 旧金山地区Pauli RGB合成图

(b) H/α 分类方法

(c) H/α–Wishart分类方法

(d) 传统基于Freeman分解的方法

(e) 基于Freeman分解和散射熵的方法

(f) 5.3.1.2节算法

(g) 本节算法

图5.24 旧金山地区分类结果

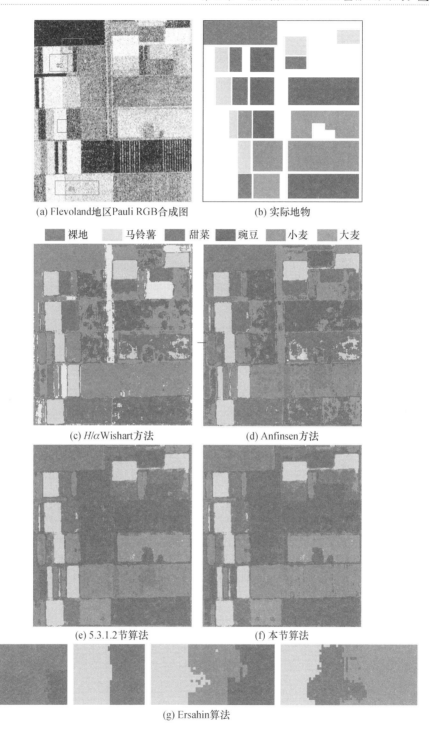

(a) Flevoland地区Pauli RGB合成图　　　　(b) 实际地物

裸地　　马铃薯　　甜菜　　豌豆　　小麦　　大麦

(c) H/αWishart方法　　　　(d) Anfinsen方法

(e) 5.3.1.2节算法　　　　(f) 本节算法

(g) Ersahin算法

图 5.25　Flevoland 地区分类结果

表5.6 农田地区各方法的分类正确率

方法 \ 类别	裸地	马铃薯	甜菜	大麦	小麦	豌豆	平均正确率
H/α-Wishart 方法	–	0.9816	0.9878	–	0.8513	0.7856	0.6010
Ersahin 方法	0.9994	0.9430	0.8600	0.8523	0.6667	0.8930	0.8691
Anfinsen 方法	0.9993	0.9995	0.9704	–	0.6960	0.7704	0.7354
5.3.1.2 节方法	0.9989	0.9958	0.9050	0.8168	0.6930	0.9877	0.8995
本节方法	0.9993	0.9978	0.9268	0.8243	0.9569	0.9881	0.9489

4) 西安地区分类结果

RADARSAT – 2 C 波段的西安地区极化图,图像大小为 512×512,该图中间区域显示的是渭河,渭河桥横跨在渭河之上,左上角区域是城区,右下角区域也散落分布着一些村庄。图5.26(a)给出了该地区的 RGB 合成图,可以看到该地区的地物分布情况。对比算法采用 H/α-Wishart 方法、传统的基于 Freeman 分解方法、基于 Freeman 分解和散射熵的方法以及 Anfinsen 提出的方法。它们的分类结果如图5.26所示。H/α-Wishart 分类方法能大致识别地物,但分类效果

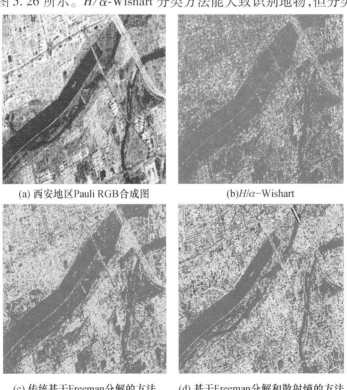

(a) 西安地区Pauli RGB合成图　　　　　(b)H/α–Wishart

(c) 传统基于Freeman分解的方法　　(d) 基于Freeman分解和散射熵的方法

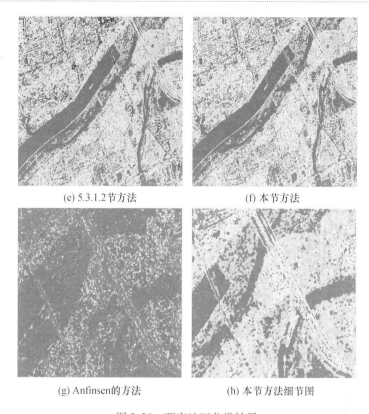

(e) 5.3.1.2节方法　　　　　　　　(f) 本节方法

(g) Anfinsen的方法　　　　　　　　(h) 本节方法细节图

图 5.26　西安地区分类结果

不佳。传统的基于 Freeman 分解的方法和基于 Freeman 分解和散射熵的方法，这两种方法能保持主散射机制的纯净性，分类效果明显优于 H/α – Wishart 分类方法，分类结果如图 5.26(c) 和 (d) 所示。本节方法的分类结果如图 5.26(h) 所示，对类别的划分更清晰，区域一致性较好，从左上角的城区区域能够明显看到细节保持较好。考虑到计算复杂度，Anfinsen 方法对大小为 256×256 的西安地区极化 SAR 数据进行实验，实验结果如图 5.26(g) 所示。本节算法分类效果要优于其他方法。

5.3.2　基于 Freeman 分解和谱聚类的极化 SAR 图像分类

5.3.2.1　分类算法流程

由 5.2.2.3 节 Freeman 分解算法的实现步骤可以看出，该算法的优点是各大类的像素相互间没有混合，因而能够保持主散射机制的纯净性。然而在实际场景中，因为单个像素的响应是很多目标散射特性的叠加，因此图像中存在大量具有混合散射机制的像素。该算法缺乏对混合散射机制的细致分析，易造成误分类。

因此,本节提出将 Freeman 分解和谱聚类算法相结合,实现对极化 SAR 图像的无监督分类。

该算法为了在分类过程中考虑具有混合散射机制的像素,不是根据散射功率的大小进行硬划分。三种散射机制的功率成分,即表面散射功率 P_s、偶次散射功率 P_d 以及体散射功率 P_v 是相互独立的散射元素,为此将它们作为 Mean Shift 算法的特征矢量,对图像进行过分割,最后结合谱聚类算法对区域块进行聚类分析。本节算法的最大优点是同时结合了极化散射特性和聚类分析方法,实验表明该算法对极化 SAR 图像能够取得较好的分类结果。

基于 Freeman 分解和谱聚类的极化 SAR 图像分类方法的步骤如下:

(1) 对待分类的极化 SAR 图像采用 7×7 的窗口进行精致 Lee 滤波[31]。

(2) 利用 Freeman 分解算法对图像的每个像素进行 Freeman 分解,并计算三种散射机制的功率成分,即表面散射功率 P_s、偶次散射功率 P_d 以及体散射功率 P_v,构造特征矢量 $X = [P_s, P_d, P_v]$,并结合空间坐标信息,构成 Mean Shift 算法的输入矢量。

(3) 对图像采用 Mean Shift 算法完成过分割,以每个区域块的均值点作为新的数据点。

(4) 对每个像素的相干矩阵 T 进行 Cloude 极化分解,计算散射熵 H、散射角 α 和总功率 **span**。

(5) 分别由式(5.53)和式(5.54)计算新数据点的 Δ_{ij}^{SRW} 和 Δ_{ij}^{F},并由式(5.55)计算 Δ_{ij},最后由式(5.51)计算区域点的相似矩阵 W。

(6) 由谱聚类算法完成对图像的分割。

(7) 用 Wishart 分类器对整幅图像进行迭代,提高分类精度。

基于 Freeman 分解和谱聚表的极化 SAR 图像分类方法流程如图5.27 所示。

5.3.2.2 实验结果及分析

本节提出的算法用三个真实的极化 SAR 数据进行实验,包括旧金山海湾(San Francisco Bay)地区、荷兰 Flevoland 地区以及我国西安地区的数据。

1) San Francisco 地区实验结果

San Francisco 地区分类结果如图5.28 所示。本节采用的对比算法为 H/α 方法、H/α-Wishart 分类方法[25]、传统的基于 Freeman 分解的方法[30] 和基于 Freeman 分解和散射熵的方法。本节算法分类结果如图5.28(f) 所示。由图可见,传统的基于 Freeman 分解方法的分类结果明显优于 H/α-Wishart 分类结果。它对跑马场、高尔夫球场、停车场、田径场可以清晰地划分,并且区域一致性较好,边界清晰。但由于该方法没有考虑混合散射机制问题,对一些区域划分过于

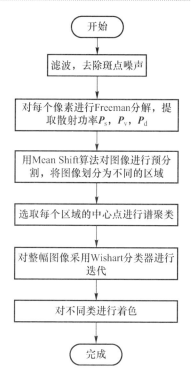

图 5.27　基于 Freeman 分解和谱聚类的极化 SAR 图像分类方法流程

武断,因此存在错误划分区域。如图 5.28(e)中圆圈内的地物,该方法将其划分为同属于森林的大类类别,存在误分类。但本节算法将该区域能正确划分,并具有区域一致性的优势,取得了较好结果。

2)Flevoland 地区的实验结果

图 5.29(a)为 Flevoland 地区的 Pauli RGB 合成图,图 5.29(b)为实际的部分地物分布图。采用的对比算法:①H/α-Wishart 方法;②传统基于 Freeman 分解的方法;③基于 Freeman 分解和散射熵的方法;④Anfinsen 提出的谱聚类算法用于极化 SAR 数据分类方法。各方法的实验结果如图 5.29 所示,分类正确率如表 5.7 所列。

表 5.7　农田地区各方法的分类正确率

类别 方法	裸地	马铃薯	甜菜	大麦	小麦	豌豆	平均 正确率
H/α-Wishart 方法	–	0.9816	0.9878	–	0.8513	0.7856	0.6010
Anfinsen 方法	0.9993	0.9995	0.9704	–	0.6960	0.7704	0.7354
传统基于 Freeman 分解的方法	–	0.9318	0.4627	0.6179	0.9973	0.4360	0.5756

类别 方法	裸地	马铃薯	甜菜	大麦	小麦	豌豆	平均 正确率
基于 Freeman 分解和 散射熵的方法	–	0.5744	0.7175	0.9606	0.9729	0.9940	0.7032
本节方法	0.9993	0.9963	0.9172	0.9461	0.9580	0.9884	0.9461

(a) 旧金山地区Pauli RGB合成图

(b) H/α分类结果

(c) H/α-Wisart方法

(d) 基于Freeman分解和散射熵的方法

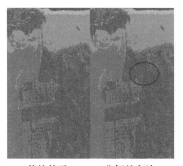

(e) 传统基于Freeman分解的方法

(f) 本节算法

图5.28　旧金山地区分类结果

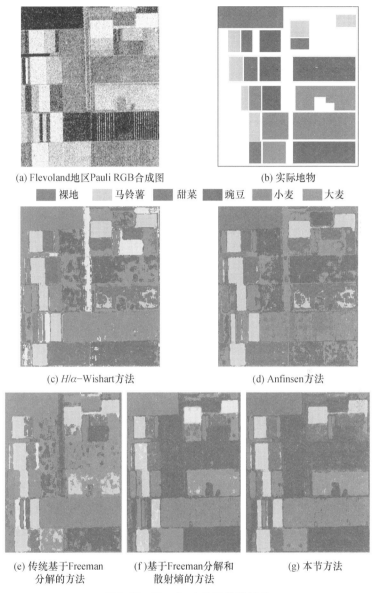

(a) Flevoland地区Pauli RGB合成图　　　　(b) 实际地物

裸地　　马铃薯　　甜菜　　豌豆　　小麦　　大麦

(c) *H/α*-Wishart方法　　　　　　　(d) Anfinsen方法

(e) 传统基于Freeman　　(f)基于Freeman分解和　　(g) 本节方法
分解的方法　　　　　散射熵的方法

图 5.29　Flevoland 地区分类结果

3）西安地区的实验结果

西安地区的分类结果如图 5.30 所示。采用的对比算法为 *H/α*-Wishart 方法、传统的基于 Freeman 分解的方法、基于 Freeman 分解和散射熵的方法以及 Anfinsen 提出的用于极化 SAR 数据分类的谱聚类算法。本节提出的算法分类结果如图 5.30(e)，考虑了混合散射机制的问题，分类结果类别更清晰，分类正确率有所提高，视觉效果更好。

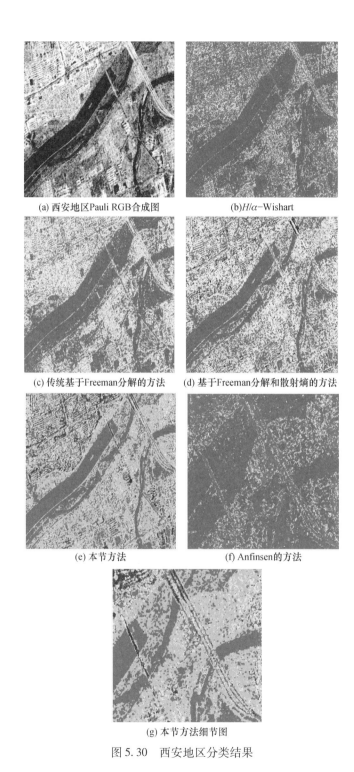

(a) 西安地区Pauli RGB合成图　　　　　(b)H/α−Wishart

(c) 传统基于Freeman分解的方法　　(d) 基于Freeman分解和散射熵的方法

(e) 本节方法　　　　　　　(f) Anfinsen的方法

(g) 本节方法细节图

图5.30　西安地区分类结果

▌5.4　基于 *K*-Wishart 分布的极化 SAR 图像分类

5.4.1　基于 Freeman 分解和 *K*-Wishart 分布的极化 SAR 图像分类

5.4.1.1　简介

无监督分类主要包含基于聚类分析和图像处理技术和基于目标电磁散射机制两种方法,本节主要是从目标散射机制的基础上引入其他有效特征,并结合一定分类策略进行极化 SAR 图像的最终划分。

对极化 SAR 图像进行特征提取,传统方法都是从散射机制上提取散射特性,而极化数据本身的分布特征却被忽略。极化 SAR 数据分布的描述最常用的是 Wishart 分布,但由于 Wishart 分布只能描述均匀区域的数据,因此采用更加能与极化 SAR 数据拟合的分布成为必要。而 *K*-Wishart 分布不但适合均匀区域数据描述,而且对一般不均匀区域数据的描述也很强[43,44]。Anthony 等[43]在将 *K*-Wishart 分布用于极化 SAR 图像分类,统计该分布中的一个重要参数时发现,该参数能够表征数据分布均匀程度。因此,本节将引入该参数作为分类特征,结合 Freeman 分解,并采用有效的分类策略进行分类。

鉴于上面的分析,这里提出了一种结合 Freeman 分解与数据分布特征的极化 SAR 图像分类方法,该方法的优点是将极化目标分解散射特征与表征数据分布的特征相结合,最后结合传统的分类器来实现极化 SAR 图像分类。下面,首先对引入的特征参数进行详细说明,然后在对 Freeman 分解散射特性分析基础上明确引入参数的意义,给出本节提出的极化 SAR 图像分类方法的完整步骤及分类结果,并与一些经典的分类方法进行对比来证明算法的有效性。

5.4.1.2　数据分布特征参数

文献[43]已经证明 *K*-Wishart 分布中的形状参数能够表征数据分布特性。为区别其他特征量,令引入参数记为 χ_n,表示 n 视情况下的数据分布特征参数。

在极化 SAR 图像中,不同地物对应的数据呈现出不同的分布情况。根据文献[43]中统计结果,当统计区域数据呈高斯分布时,$\chi_n \geqslant 15$,对应图像区域比较平滑,如海洋及大多数的农田等;当统计区域数据呈高度非高斯分布时,$\chi_n < 2$,对应图像中城区、村庄及田地的边界等;而当统计区域数据呈非高斯分布时,$2 < \chi_n \leqslant 15$,对应图像中的森林等区域。因此,可以通过不同区域的 χ_n 判断该区域数据分布情况。

在实际应用中,需要对具体的像素点进行划分,而该参数值表征的是区域分布特性,所以需要相应的合理方法表征像素点的分布特性。K-Wishart 分布是可分割的[45],即同样的 K-Wishart 分布之和还是 K-Wishart 分布,因此可以将像素点及其领域划分为一个小的特性统计区域。求每个像素点分布特征参数时,将图像数据中每个像素点及其周围的像素点总共 9 个像素点作为一个区域,该小区域的分布特征参数值作为该像素点的参数值,记为 χ_n。

具体求解步骤如下:

对于读入的极化 SAR 图像数据,每个像素点可以用极化协方差矩阵 **C** 表示。

首先,根据协方差矩阵的对角线元素计算每个像素点划定区域的相对峰值:

$$\mathrm{RK} = \frac{1}{3}\left(\frac{E\{|S_{\mathrm{HH}}|^2\}}{E\{|S_{\mathrm{HH}}|\}^2} + \frac{E\{|S_{\mathrm{HV}}|^2\}}{E\{|S_{\mathrm{HV}}|\}^2} + \frac{E\{|S_{\mathrm{VV}}|^2\}}{E\{|S_{\mathrm{VV}}|\}^2}\right) \tag{5.57}$$

式中:S_{HH} 为水平发射和水平接收的回波数据;S_{VV} 为垂直发射和垂直接收的回波数据;$|\cdot|$ 表示取模值;$E\{\cdot\}$ 表示取均值;

然后,根据相对峰值计算分布特征参数 χ_n,相对峰值与区域分布特征参数存在如下关系:

$$\chi_n = \frac{nq+1}{q+1}\bigg/(\mathrm{RK}-1) \tag{5.58}$$

5.4.1.3　基于 Freeman 分解和数据分布特征的极化 SAR 图像分类方法

1)基于 Freeman 分解和数据分布特征的分类算法

将数据分布特征与 Freeman 分解相结合,用数据统计分布特性克服混合散射机制的问题。

首先,对数据进行 Freeman 分解,得到像素点三种散射功率,选择散射分量功率最大的作为主要散射机制,则可将图像像素点分为表面散射、体散射和偶次散射三大类。

然后,结合数据分布特征,将由该分解得到的三大类继续划分,划分的具体区域为高斯分布表面散射、非高斯表面散射、高度非高斯表面散射、高斯分布体散射、非高斯分布体散射、高度非高斯体散射、高斯分布偶次散射、非高斯偶次散射、高度非高斯偶次散射 9 个类别区域。

最后,为避免划分出现的过于武断的问题,采用目前极化 SAR 分类方法中使用最广泛的复 Wishart 分类器,对划分的结果进行分类器迭代,进一步提高分类精度。

2)算法流程

在分类之前首先对图像数据进行滤波处理,对滤波后的图像数据先进行特

征提取,然后是初始分类,最后进行分类器迭代。其具体步骤如下:

(1) 预处理,利用 Lee 滤波对原始数据进行处理。

(2) 利用 Freeman 分解算法对滤波后的极化 SAR 图像数据的每个像素点进行特征分解,得到每个像素点体散射功率 P_v、偶次散射功率 P_d、表面散射功率 P_s。

(3) 根据步骤 2 计算出整幅图像的 P_v、P_d、P_s,找出每个像素点功率分量占主要成分的散射机制 P_{max},根据主散射机制将图像划分为表面散射类、偶次散射类和体散射类三大类。

(4) 根据式(5.57)和式(5.58)计算每个像素点的 χ_n。

(5) 根据具体图像选择合理的阈值 x 和 y,根据分布特征参数 χ_n 的值进一步将步骤(3)中每一类划分结果划分为三类:如果 $\chi_n \leqslant x$,则将其对应的像素点划分为一类;如果 $x < \chi_n < y$,则将其对应的像素点划分为一类;如果 $\chi_n \geqslant y$,将其对应的像素点划分为一类。从而将整个极化 SAR 图像划分为 9 类。

(6) 将上一步划分的结果输入 Wishart 分类器进行迭代,直到达到停止迭代条件,得到最终结果。

5.4.1.4　实验结果和分析

1) 旧金山地区实验结果

本小节采用 ARISAR 在美国旧金山海湾地区(San Francisco Bay)获取的极化 SAR 数据。图像大小为 900×1024,视数为 4。对于该实验数据选择的阈值为 $x = 2$,$y = 15$。

实验中对旧金山海湾地区数据,根据 5.4.1.3 节给出的流程,得到最终的分类结果。本实验与传统的经典算法 H/α-Wishart 及传统基于 Freeman 分解的分类方法做对比,根据分类效果来验证算法有效性。各方法的实验结果如图 5.31 所示,其中,图 5.31(a)为原始数据的 Lee 滤波后 Pauli RGB 合成图,图 5.31(b)为本实验结果图,图 5.31(c)为传统基于 Freeman 分解算法结果图,图 5.31(d)为 H/α-Wishart 算法结果图。

从实验结果来看,图 5.31(c)对主要的海面、植被及城区等划分结果良好,但由于 Freeman 分解无法解决像素混合散射机制的问题,因此对其中较小区域的划分不够理想。图 5.31(d)为使用广泛的 H/α-Wishart 分类,可以看到该算法克服了原 H/α 划分过于武断的的缺陷,分类效果明显得到提高,对小区域也有相应的划分,但还是可以看到该方法存在很多误分区域。图 5.31(b)为本节提出的方法,与上面的算法相比,可以看到除了对主要的海面、植被及城区做了区分,同时对其中的跑马场、高尔夫球场等有较明显划分,且区域一致性好。

(a) 原始数据　　　　　　　　　　(b) 本节方法

(c) 传统基于Freeman分解　　　　　(d) H/α-Wishart分类结果

图5.31　旧金山海湾地区数据不同算法分类结果

2）Flevoland 地区实验结果

该实验数据是 1989 年由 NASA/JPN 的 AIRSAR 系统得到 L 波段极化 SAR 数据,它是荷兰地区 Flevoland 地区真实地物分布图。本实验采用 300×270 的子图,该区域地物比较简单,包含 6 种类别的地物,图 5.32 给出了原始数据和该地区部分地物的实际分布情况,主要包括裸地(红色)、大麦(紫红)、马铃薯(绿色)、甜菜(蓝色)、小麦(橙色)、豌豆(黄绿)等。由于该数据比较简单,数据分布比较均匀平滑,因此阈值相应取值较大才能对数据进行合理划分,这里阈值为 $x=45,y=50$。

图 5.32 还给出了该数据的分类效果图,参与对比的算法为 H/α-Wishart 分类方法和传统基于 Freeman 分解的方法。其中,图 5.32(c)为本节算法,图 5.32(d)为 H/α-Wishart 方法,图 5.32(e)为传统基于 Freeman 分解的方法。表 5.8 列出了本节算法与对比试验方法的正确率。无论是从视觉效果还是从正确率来看,本节算法都好于其他两种经典算法,分类正确率有明显的提高。但是由于该地区数据分布较为平滑,因此本算法中数据分布特征区分作用降低,可以看出本算法对裸地和小麦两类地物的区分不是很好,该算法比较适用于复杂地物分类,针对分布较为均匀的极化 SAR 数据,需采用相对大的阈值。

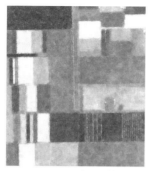

(a) Flevoland地区原始数据　　　　(b) 实际地物

(c) 本节算法结果　　　　(d) H/α-Wishart分类　　　　(e) 传统基于Freeman分解

图 5.32　Flevoland 地区数据不同方法分类结果

表 5.8　不同方法分类正确率

类别 分类方法	裸地	马铃薯	甜菜	大麦	小麦	豌豆	平均正确率
H/α-Wishart 方法	–	0.98	0.95	0.51	0.85	0.78	0.68
Freeman 分解	–	0.98	–	0.97	0.84	0.88	0.61
本节算法	0.98	0.91	0.95	0.94	0.29	0.90	0.83

3）西安地区实验结果

本实验数据是由 RADARSAR-2 得到的 C 波段的西安地区的全极化 SAR 数据,视数为 1。图像数据大小为 512 × 512,图 5.33（a）为该地区实际地理分布。本节采用的对比算法依然是 H/α-Wishart 分类方法和传统基于 Freeman 分解的方法。对于该数据阈值选择为 $x = 2, y = 15$。

图 5.33（b）为原始数据,图 5.33（c）为本节算法效果,图 5.33（d）为 H/α-Wishart 方法分类效果,图 5.33（e）为传统基于 Freeman 分解效果。由分类效果看,三种方法对于渭河及渭河大桥都能进行明显地划分,由于传统基于 Freeman 分解方法本身的缺陷,对铁路的划分次于前两种方法且对于村庄及城区划分不

(a) 实际地图

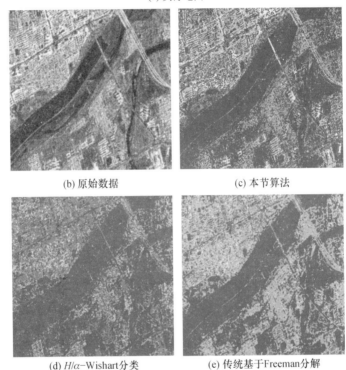

(b) 原始数据   (c) 本节算法

(d) H/α-Wishart分类   (e) 传统基于Freeman分解

图 5.33 西安地区数据不同方法分类结果(见彩图)

明显。H/α-Wishart 方法虽然对村庄及城区有所划分,但与其他地物如道路街区产生混淆,甚至出现错分。而本算法对城区、村庄及道路等地物的划分结果都明显优于其他两种经典算法。

5.4.1.5 小结

本节对基于 K-Wishart 分布的数据特征进行了说明,Freeman 分解得到的散射功率可以很好地表征目标的散射特性。因此,本节将引入的数据分布特征与之结合,提出了一种结合 Freeman 分解与数据分布特征的极化 SAR 图像分类方法。该方法的优点是将极化目标分解散射特征与极化数据分布特征联系起来,思想简单,易于理解,充分利用了极化 SAR 数据特点,分类效果良好。该方法比较适用于复杂地物分类,图像数据分布较为简单时,需要对参数进行调节。另外,算法数据分布特征源于较好的 K-Wishart 分布,却依然采用传统 Wishart 分类器,分类器性能对该方法效果会有一点影响,这也是需要进一步研究的地方。

该方法将图像划分为固定类别数,避免了一般分类算法中多类别划分及分类合并的问题,使算法更为简洁,并提高了分类效果。对于类别较少且分布较为简单的图像,由于该方法各类别区分较大,在迭代过程中,各像素点对聚类中心进行距离度量时,一些不存在的类别像素点数会减少甚至归零,自动达到所需类别。而对于类别数大于 9 类的复杂图像,可根据其分布复杂程度人为增加特征参数把图像划分为更多类别。

5.4.2　基于 K-Wishart 分类器的极化 SAR 图像分类方法

5.4.2.1　简介

传统 ML 分类器[24,46-48]的有效性取决于统计分布的合理假设和参数的准确估计。目前用于极化 SAR 数据的统计分布,最为广泛的是协方差矩阵的复 Wishart 分布。基于该分布的 ML 分类器比较简洁,但复 Wishart 分布对于极化 SAR 图像数据的描述能力较弱,因此在分类表现中不是很好,于是寻找更有效的分类器。

K-Wishart 与复 Wishart 分布相比,不但适用于均匀区域数据的描述,对不均匀区域的拟合效果较好,对于两者描述能力较差的极不均匀区域的描述能力也强于后者。5.4.1 节,主要从特征提取方面,将该分布中能表征数据特征的参数作为一个特征,对极化 SAR 图像进行分类,很明显,用传统的基于复 Wishart 分类器并不合适。因此,本节主要从无监督分类的另一个方面,即聚类分析和图像处理的角度着手,提出基于 K-Wishart 分布的分类器。接下来,将该分类器用于极化 SAR 经典的 H/α 分类中,并与使用广泛的 H/α-Wishart 分类进行对比,证明基于 K-Wishart 分类器的有效性。之后,将该分类器用于 5.4.1 节提出的分类算法,进一步提高分类效果。

5.4.2.2　基于 K-Wishart 分布的 ML 分类器

1) K-Wishart 分类器的原理

J. S. Lee 等[19]利用 Gamma 分布推导出协方差矩阵的 K 分布,而多视协方差矩阵 Z 的 K-Wishart 分布形式为

$$p(Z) = \frac{2 \ |Z|^{n-q} (n\alpha)^{\frac{1}{2}(\alpha+qn)} K_{\alpha-qn}(2 \ \sqrt{n\alpha \text{tr}(V^{-1}Z)})}{R(n,q) \ |V|^{n} \Gamma(\alpha) \text{tr}(V^{-1}Z)^{-(\alpha-qn)/2}} - 1 \tag{5.59}$$

式中:K_{m} 表示 m 阶的第二类修正贝塞尔函数;α 为形状参数;V 为多视协方差矩阵 Z 的平均;n 为视数;q 为通道数,对于互易极化雷达,通道数取值为 3;$\Gamma(\cdot)$ 为 Γ 函数。并且

$$R(n,q) = \pi^{(1/2)q(q-1)} \Gamma(n) \cdots \Gamma(n-q+1) \tag{5.60}$$

根据贝叶斯最大似然估计分类过程[24],[49],当矢量 u 属于 m 类时,需要满足

$$P(u|m)P(m) > P(u|j)P(j) \ (m \neq j) \tag{5.61}$$

式中:$P(u|m)$ 为 u 属于 m 类的概率;$P(m)$ 这 m 类的先验概率;j 为类别。

在实际应用时,不会使用概率去分类,而是使用度量距离。Lim 等推导出距离的计算方法:

$$d(u,m) = -\ln P(u|m)P(m) \ (u \in m) \tag{5.62}$$

则矢量 u 划分为第 m 类的条件变成

$$d(u,m) \leqslant d(u,j) \ (m \neq j) \tag{5.63}$$

n 视协方差矩阵 Z 的 K-Wishart 分布如式(5.59)所示,则通过式(5.62)可得该像素点到 m 类聚类中心基于 K-Wishart 分布的距离为

$$d(Z,m) = n\ln |V_{m}| + \ln(\Gamma(\alpha)) - \frac{\alpha-qn}{2}\ln\text{tr}(V_{m}{}^{-1}Z) - \ln K_{\alpha-qn}$$

$$(2 \ \sqrt{n\alpha\text{tr}(V_{m}^{-1}Z)}) - \frac{\alpha+qn}{2}\ln(n\alpha) + \ln R(n,q) - (n-q)\ln(2|z|) - \ln P(m)$$

$$\tag{5.64}$$

式中:V_{m} 为第 m 类的聚类中心相关矩阵。

对于极化 SAR 数据,每一类的先验概率都是未知的,因此假设每类的先验概率是相等的,且去掉与研究聚类无关的项,则式(5.64)可以简化为

$$d(Z,m) = n\ln |V_{m}| + \ln(\Gamma(\alpha)) - \frac{\alpha+qn}{2}\ln(n\alpha) - \frac{\alpha-qn}{2}$$

$$\ln\text{tr}(V_{m}^{-1}Z) - \ln K_{\alpha-qn}(2 \ \sqrt{n\alpha\text{tr}(V_{m}^{-1}Z)}) \tag{5.65}$$

2)K-Wishart 分类器迭代步骤

上面得到了基于 K-Wishart 分布的分类器,在用基于 K-Wishart 分布 ML 分类器进行迭代时,应先估算形状参数 α。与 5.4.1 节中特征参数算法基本相同,首先计算一类数据的相对峰值 RK,然后计算形状参数,即

$$\alpha = \frac{mq+1}{q+1} \Big/ (\text{RK}-1) \tag{5.66}$$

K – Wishart 分类器迭代步骤如下:

(1) 对训练样本或已初始化分的极化 SAR 图像数据进行参数估计和聚类

中心计算,其中参数 α 按式(5.66)计算,根据下式求每一类的聚类中心 V_i:

$$V_i = \frac{\sum\limits_{j=1}^{N_i} C_j}{N_i}(j = 1,2,\cdots,N_i) \tag{5.67}$$

式中: C_j 为属于第 j 类像素的协方差矩阵; N_i 为属于第 i 类的像素的个数; i 为划分的类别数。

(2) 计算每个像素点到第 i 类聚类中心的距离:

$$d(\langle C \rangle, V_i) = n\ln|V_i| + \ln(\Gamma(\alpha)) - \frac{\alpha + qn}{2}\ln(n\alpha)$$

$$- \frac{\alpha - qn}{2}\ln\mathrm{tr}(V_i - 1\langle C \rangle) - \ln K_{\alpha - qn}\left(2\sqrt{n\alpha\mathrm{tr}(V_i^{-1}\langle C \rangle)}\right) \tag{5.68}$$

(3) 根据每个像素点到第 i 类聚类中心的距离对极化 SAR 图像数据进行重新划分:如果 $d(\langle C \rangle, V_i) \leqslant d(\langle C \rangle, V_j)$,则将该像素点划分为第 i 类;如果 $d(\langle C \rangle, V_i) > d(\langle C \rangle, V_j)$,则将该像素点划分为第 j 类。其中, $d(\langle C \rangle, V_j)$ 为该像素点到第 j 类聚类中心的距离。

(4) 重复步骤(1) ~ (3)直到迭代次数等于给定的迭代次数。

5.4.2.3　基于 Cloude 分解和 K-Wishart 分类器的极化 SAR 图像分类方法

本节将 Cloude 分解与提出的 K-Wishart 分类器相结合,与经典 H/α-Wishart 分类方法对比,以验证该分类器的有效性。

1) 分类算法流程

本算法与经典 H/α- Wishart 分类方法步骤相似,首先利用 H/α 分解非监督分类方法得到的结果作为初始分类,得到图像 8 类初始划分结果,然后将得到的结果进行 K-Wishart 迭代,得到最终分类结果。基于 H/α 分解和 K-Wishart 迭代的分类算法流程如图 5.34 所示。

其具体步骤如下:

(1) 对数据进行预处理,采用 Lee 滤波进行相干斑抑制。

(2) 对图像像素点进行 H/α 分解,

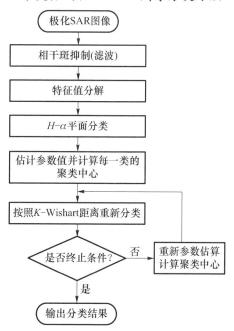

图 5.34　基于 H/α 分解和 K-Wishart 迭代的分类算法流程

得到熵 H 和散射角 α。

（3）根据 $H-\alpha$ 平面将图像分为 8 类。

（4）根据上面的划分结果，进行参数估计并进行聚类中心的计算。

（5）将上一步得到的结果作为 K-Wishart 分类器的初始输入进行迭代，对图像重新划分。

（6）重复（4）和（5），直到达到停止迭代条件，得到最终结果。

2）对比实验结果及分析

本节主要验证 K-Wishart 分类器的有效性，因此只与 H/α-Wishart 分类方法相比较。采用的实验数据为美国旧金山金海湾地区（San Francisco Bay）ARISAR L 波段数据和 AIRSAR 获取的荷兰 Flevoland 地区数据。

（1）旧金山地区实验结果。

图 5.35 中（a）为原始数据的 Lee 滤波 Pauli RGB 合成图，图 5.35（b）为本节算法效果，图 5.35（c）为 H/α-Wishart 分类效果。从分类结果可以看到本算法分类效果明显好于 H/α-Wishart 分类，对于其中桥梁及图像右上角海域的区分较好，而后者明显出现了错分。同时该算法区域一致性好且不同类别边缘划分也较为平滑。

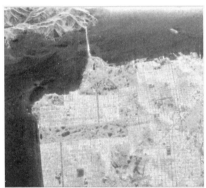

(a) Lee 滤波图

(b) H/α 结合 K-Wishart 分类

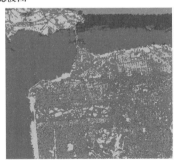

(c) H/α-Wishart 方法

图 5.35 San Francisco Bay 数据不同算法分类结果

（2）Flevoland 地区实验结果。

在图 5.36 的分类结果中,基于两种距离的方法对于农田的分类,本节提出的方法将图像分为了 6 类,而原 H/α - Wishart 方法将图像分为了 7 类,两种方法中,对于图中的 6 种地物,将裸地与小麦都没有区分开(这里不做统计),且都分出了图中的一类未知地物(两图中的天蓝色区域),其余地物本方法给予有效地区分,而原 H/α - Wishart 方法将大麦错分为多类。

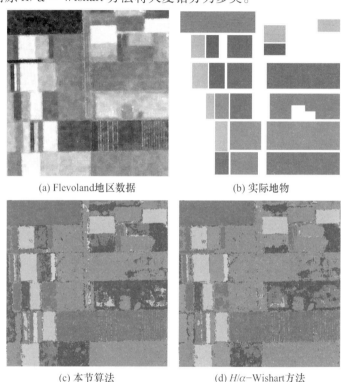

(a) Flevoland地区数据　　　　　(b) 实际地物

(c) 本节算法　　　　　(d) H/α-Wishart方法

图 5.36　Flevoland 两种算法算法分类结果

对于图中地物分类正确率统计如表 5.9 所列。由表 5.9 可知,提出的方法正确率在大多数地物上都是优于原 H/α - Wishart 方法。

表 5.9　不同方法分类正确率

分类方法 ＼ 类别	裸地	马铃薯	甜菜	大麦	小麦	豌豆	平均正确率
H/α- Wishart 方法	－	0.81	0.85	0.40	－	0.85	0.72
本节算法	－	0.84	0.54	0.84	－	0.87	0.77

5.4.2.4 基于 Freeman 分解和 *K*-Wishart 分类器的极化 SAR 图像分类方法

本节算法主要是针对 5.4.1 节提出的算法做出改进,以提高分类方法的正确性。5.4.1 节提出了基于 Freeman 分解和数据分布特征的极化 SAR 图像分类方法,采用了传统的复 Wishart 迭代算法。本节算法则是采用更为适合的 *K*-Wishart 分类器替代复 Wishart 分类器。

1) 分类算法流程

本节算法作为 5.4.1 节提出基于 Freeman 分解和数据分布特征的极化 SAR 图像分类方法的改进,其算法步骤相似,具体流程如图 5.37 所示。

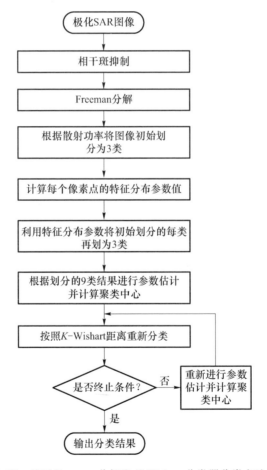

图 5.37　基于 Freeman 分解和 *K*-Wishart 分类器分类方法流程

其基本步骤如下:

(1)预处理,原始数据进行 Lee 滤波处理。

(2)利用 Freeman 分解算法对滤波后的极化 SAR 图像数据的每个像素点进行特征分解,得到每个像素点体散射功率 P_v、偶次散射功率 P_d、表面散射功率 P_s。

(3)根据步骤(2)计算出整幅图像的 P_v、P_d、P_s,找出每个像素点功率分量占主要成分的散射机制 P_{max},根据主散射机制将图像划分为表面散射类、偶次散射类和体散射类三大类。

(4)计算每个像素点的分布特征参数 χ_n。

(5)根据具体图像选择合理的阈值 x 和 y,根据 χ_n 的值进一步将步骤(3)中每一类划分结果划分为三类:如果 $\chi_n \leqslant x$,则将其对应的像素点划分为一类;如果 $x < \chi_n < y$,则将其对应的像素点划分为一类;如果 $\chi_n \geqslant y$,则将其对应的像素点划分为一类。从而将整个极化 SAR 图像划分为 9 类。

(6)根据上面的划分结果,进行参数估计并进行聚类中心的计算。

(7)将上一步得到的结果作为 K-Wishart 分类器初始输入进行迭代,对图像重新划分。

(8)重复步骤(6)和(7),直到达到停止迭代条件,得到最终结果。

2)实验结果和分析

(1)旧金山地区实验结果。实验中对旧金山海湾地区数据,根据图 5.37 给出的流程图,得到最终的分类结果。本实验与传统的经典算法 H/α-Wishart 及于 Freeman 分解的分类方法作对比,与 5.4.1 节算法进行比较。各方法的实验结果如图 5.38 所示。其中,图 5.38(a)为本节算法分类结果图,图 5.38(b)为 5.4.1 节分类算法结果图,图 5.38(c)为传统基于 Freeman 分解分类结果,图 5.38(d)为 H/α-Wishart 算法结果。

从实验结果来看,本节算法继承了 5.4.1 节算法对地物划分效果良好的优点,同时与之相比,对桥梁、海面边缘区域及跑马场、高尔夫球场等小区域划分更为细致清楚,区域一致性更好,边缘划分更清晰。

(2)Flevoland 地区实验结果。该实验数据来自荷兰 Flevoland 地区。图 5.39(a)和(b)分别是该地区大小为 300×270 子图的原始数据和实际地物分布。

图 5.39 给出了该数据的分类效果图,参与对比的算法 H/α-Wishart 分类方法和传统基于 Freeman 分解的方法及 5.4.1 节算法对比算法。其中,图 5.39(c)为本节算法,图 5.39(d)为 H/α-Wishart 方法,图 5.39(e)为传统基于 Freeman 分解的方法,图 5.39(f)为 5.4.1 节算法。

(a) 本节算法   (b) 5.4.1节算法

(c) 传统基于Freeman分解   (d) H/α-Wishart方法

图 5.38   San Francisco Bay 数据不同算法分类结果

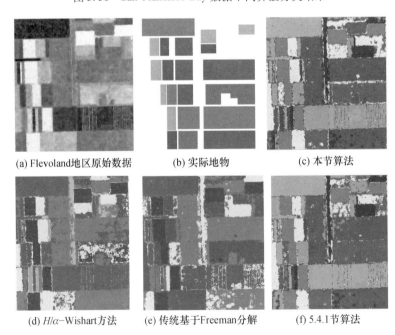

(a) Flevoland地区原始数据   (b) 实际地物   (c) 本节算法

(d) H/α-Wishart方法   (e) 传统基于Freeman分解   (f) 5.4.1节算法

图 5.39   Flevoland 地区不同算法分类结果

表 5.10 给出了本节算法与对比试验方法的正确率统计。

从分类结果来看,无论视觉效果还是正确率统计,本节算法都明显好于其他几种算法。但是由于该地区地物较为简单,数据分布较为平滑,虽然整体上有明显的效果提升,可以看到与 5.4.1 节算法相比,很多地物正确率提升效果不是十分明显甚至有些正确率还有所下降。这也是 K-Wishart 分布对比复 Wishart 分布描述能力强的特点在数据分布较为简单时不能较好地体现出来。

表 5.10　不同方法分类正确率

类别 分类方法	裸地	马铃薯	甜菜	大麦	小麦	豌豆	平均正确率
H/α-Wishart 方法	–	0.98	0.95	0.51	0.85	0.78	0.68
Freeman 分解	–	0.98	–	0.97	0.84	0.88	0.61
5.4.1 节算法	0.98	0.91	0.95	0.94	0.29	0.90	0.83
本节算法	0.99	0.88	0.98	0.86	0.76	0.92	0.90

(3) 西安地区实验结果。本实验使用的实际图像数据大小为 512×512,图 5.40 中(a)和(b)分别为该地区的原始数据和该区域地图。本节采用的对比算法依然是 H/α-Wishart 分类方法和传统基于 Freeman 分解的方法,同时也加上了 5.4.1 节算法作为对比,验证改进方法的有效性。

图 5.40(c)为本节算法效果,图 5.40(d)为 5.4.1 节算法结果,图 5.40(e)为 H/α-Wishart 方法分类效果,图 5.40(f)为基于 Freeman 分解效果。由分类效果看,本算法不但对于渭河大桥有比较精确的划分,对铁路、城区、村庄的划分结果都明显优于其他两种经典算法。与 5.4.1 节算法相比,对于渭河及周围的非河流区域有了更为明显的区分,使河流完全地划分出来,而且对于其他地物划分更为精细,对其中的公路及村落等的划分也更加准确。但可以看出,虽然对图像进行了噪声抑制,该方法分类效果依然受到噪声的影响。

5.4.2.5　小结

本节主要对基于 K-Wishart 分布的 ML 分类器进行研究,并将其应用于 Cloude 分解,对经典的 H/α-Wishart 分类方法进行了改进,提升了分类效果,并借此来验证该分类器的有效性。之后,针对 5.4.1 节算法分类策略的不足之处,采用性能更加良好的 K-Wishart 分类器对算法进行改进,提出了一种将前面特征提取的方法与 K-Wishart 分类器结合的极化 SAR 图像分类方法。由于 K-Wishart 分布相比复 Wishart 分布具有更为良好的描述能力,基于该分布的分类器性能良好,从分类效果上看,实验图像数据分类效果都有明显的提升,对具体地物的区分更为细致准确。

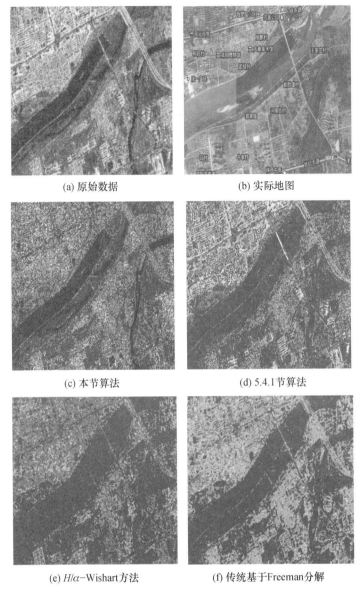

(a) 原始数据   (b) 实际地图

(c) 本节算法   (d) 5.4.1节算法

(e) H/α-Wishart方法   (f) 传统基于Freeman分解

图 5.40 西安地区数据不同方法分类

5.4.3 基于 MRF 和 *K*-Wishart 分布的极化 SAR 图像分类方法

5.4.3.1 简介

前两节分别从有效特征筛选和迭代分类器两个方面,对分类特征进行有效的选取,并基于统计分布和贝叶斯理论设计了性能良好的分类器。本节将在如何选取更好的分类策略方面,对极化 SAR 分类方法进行研究。

在 5.4.2 节考虑了基于极化 SAR 数据统计模型的贝叶斯分类,而这种方法的有效性与统计模型的合理假设分布、参数的准确估计及各类别的先验概率相关。传统的 ML 分类,假设各类别的先验概率相等,但有时候这是不合理的,尤其是在无监督分类中,一般需要提前确定类别数,这样通过一定的方法,各类别的先验概率是可以计算的。而 MRF 是实现这一目的的有效工具,因此本节将采用 MRF。MRF 考虑了像素的邻域信息,对不同的地物在分类中能进行有效地区分,因此广泛应用于自然及医疗图像中,而在极化 SAR 图像分类中也有着有效的应用[8,44,50]。但是,传统的使用 MRF 模型的分类方法基本上是有监督的图像分类,而本节则是将其应用在极化 SAR 图像的无监督分类中。

本节提出的算法是在前两节提出算法的基础上进行研究。在特征提取方面,依然沿用 5.4.1 节基于 Freeman 分解和数据分布特征进行特征提取。之后依然从贝叶斯分类的最大似然估计入手,统计模型还是采用能更好表征极化 SAR 图像数据的 K-Wishart 分布模型。此外,应用 MRF 估算各类别的先验概率,同时引入最大后验概率准则进行初始分类的后续处理。在无监督极化 SAR 图像分类算法,尤其在迭代过程中,聚类中心的选取十分关键,周晓光[51] 在有监督分类算法中,采用 Q. Jackson 等[52] 在高光谱图像中样本反馈的思路,通过先验概率参与样本的挑选。本节将采用这种思路,在无监督分类的迭代过程中,用先验概率对聚类中心进行调节,同时参数的估计更加准确,从而提高分类效果。

本节首先对 MRF 模型进行简单介绍;然后提出了一种基于 MRF 和 K-Wishart 分布的极化 SAR 图像分类方法,该方法针对当前极化 SAR 图像分类效果的不足之处做出改进,对 ML 分类器的距离及聚类中心选取都进行自适应调整;最后给出该算法的具体流程步骤,并给出实验对比结果。

5.4.3.2　马尔可夫随机场模型

马尔可夫随机场的分类方法是建立在 MRF 模型和贝叶斯理论的基础上,一种考虑像素之间空间关系的统计学方法,由于 MRF 模型对待分类图像的先验分布描述十分妥当,因此在图像分类方法中应用较为广泛。MRF 最先由 Rignot 等[47,48]引入极化 SAR 图像的分类中,到目前为止应用于极化 SAR 图像分类的有传统基于 MRF 的图像分类算法[53]、基于自适应 MRF 图像分类方法[50] 以及其他方法与 MRF 相结合的分类方法等。

在图像处理中,可以将图像看作一个二维网格点集,表示为 $S = \{s = (i,j) | 1 \leqslant i \leqslant M, 1 \leqslant i \leqslant N\}$,其中,$M$ 为图像的宽度,N 为图像的高度。图像标记场 $X = \{X_1, X_2, X_3, \cdots, X_n\}$ 为定义在点集 S 上的随机场,其取值空间 $L = (1, 2, \cdots, k)$,k

为整数。为了建立图像中各像素之间的关系,在图像网格上定义邻域系统 $N = N_u/u \in s$,其中,N_u 表示位置 u 的邻域。u 的领域定义为与 u 的距离小于半径 r 的像素点的集合,即

$$N_u = \{ u \in S / [\ \mathrm{dist}(u,u) \leqslant r^2, u \neq u \} \tag{5.69}$$

式中:$\mathrm{dist}(\ )$ 为欧氏距离;r 取整数。

该邻域具有以下特性:

$$u \notin N_u \tag{5.70}$$

$$u \in N_w \Leftrightarrow w \in N_u \tag{5.71}$$

在图像处理中,经常使用的邻域系统是各向同性的,而在二维图像中,邻域系统的选择通常为一阶邻域系统和二阶邻域系统。其中一阶邻域系统又称为 4 邻域系统,系统中每个点有 4 个相邻点;而二阶邻域系统又称为 8 邻域系统,系统中每个点均具有 8 个相邻像素点。

随机场 $X = (X_s)_{s \in S}$ 定义为关于邻域系统 $N = \{N_u/u \in s\}$ 的马尔可夫场,它满足如下条件:

$$P(x) = P(X_1 = x_1, X_2 = x_2, \cdots, X_s = x_s) > 0 \tag{5.72}$$

$$P(x_u/x_{s-\{u\}}) = P(x_u/x_{N_u}) \tag{5.73}$$

该定义表明随机变量 X_s 出现概率的非负性,且 X_s 仅受邻域的影响,与 S 上其余点无关。MRF 可以用图像局部特性对当前像素点进行描述,然而在实际应用中需要知道马尔可夫场的联合概率。但是,从马尔可夫局部概率导出联合概率是非常困难的。Hammersley-Clifford 定理证明[54]了马尔可夫场和吉布斯分布的等价性,马尔可夫场的联合概率服从吉布斯分布,从而使 MRF 的应用成为可能。

随机场 $X = (X_s)_{s \in S}$ 称为关于邻域 $N = \{N_u/u \in S\}$ 的吉布斯随机场,其表达式形式为

$$P(x) = Z^{-1} \exp\left(-\frac{1}{T}U(x)\right) \tag{5.74}$$

式中:Z 为归一化常数,$Z = \sum_{f \in F} \exp\left(-\frac{1}{T}U(x)\right)$,也称为拆分函数;$T$ 为温度参数,通常情况下,$T = 1$;$U(x)$ 为能量函数,且有

$$U(x) = \sum_{c \in C} V_c(x) \tag{5.75}$$

这里的能量函数为一系列定义在势团 C 上势函数 $V_c(x)$ 的总和,C 为所有集团的集合。在图像处理中,对先验概率模型的研究往往转化为对能量函数的研究。

事实上,将所有势团分为两类,包含像素 u 的记为 A,不包含像素 u 的记为 B,这样 $C = A \cup B$,且 $A \cap B = \varnothing$。根据马尔可夫性,有

$$P(x_u/x_{N_u}) = P(x_u/x_{s-\{u\}}) = \frac{P(x)}{\sum\limits_{x_u \in L} P(x)} = \frac{\exp\left[-\sum\limits_{c \in A} V_c(x)\right]}{\sum\limits_{x_i \in L} \exp\left[-\sum\limits_{c \in A} V_c(x)\right]}$$

(5.76)

5.4.3.3 基于 MRF 和 K-Wishart 分布的极化 SAR 图像分类方法

1）基于 MRF 和 K-Wishart 分布的距离度量

5.4.2 节对基于 K-Wishart 分布的 ML 分类器进行了研究,在进行距离度量时,假设各类别的先验概率是相等的,因此将其作为公共项去掉。这在有些情况下是不合理的,而马尔可夫随机场正是计算待分类图像先验概率有效的工具。

有了先验概率,则根据 K-Wishart 分布和式(5.62),去掉公共项后,可得像素点到 m 类聚类中心调整后的距离公式为

$$d(Z,m) = n\ln|V| + \ln[\Gamma(\alpha)] - \frac{\alpha + qn}{2}\ln(n\alpha) - \frac{\alpha - qn}{2}\ln\mathrm{tr}(V^{-1}Z)$$
$$- \ln K_{\alpha-qn}[2\sqrt{n\alpha\mathrm{tr}(V^{-1}Z)}] - \ln P(m)$$

(5.77)

由 MRF 模型计算先验概率 $P(m)$ 进行时,因为特征提取过程对图像进行了初始化分,所以依据像素点和其选择领域的类别选取其势函数。先验概率的表达式为

$$P(m) = \frac{\exp[-U(m)]}{\sum\limits_{i=1}^{k} \exp[-U(i)]} = \frac{\exp[\beta \cdot U(m)]}{\sum\limits_{i=1}^{k} \exp[\beta \cdot U(i)]}$$

(5.78)

式中：$U(m) = \sum\limits_{j \in l} \delta(m-j)$,其值为选取领域内与该像素点类别相同的个数,$j$ 为邻域像素点的类别;l 为该邻域总的类别数;k 为总的类别数;β 为空间平滑参数,其值越大分类结果越平滑,参照文献[57]取 $\beta = 1.4$。通常是选定一个固定的邻域,这里取 3×3 的窗口。

为了使参数估计和聚类中心在求取时更加准确,可以根据先验概率对像素点进行挑选。选取的条件为当像素点属于该类的先验概率大于一定数值时,该像素点可以用来进行参数估计和聚类中心的计算。本节选取像素点要求的先验概率大于 0.8。

2）距离度量迭代步骤

用该距离度量方法进行迭代时,在得到初始化分结果或训练样本后,首先进

行参数估计和聚类中心的计算,然后依据上面的方法和 MRF 模型得到每类地物的先验概率 $P(m)$。它不但可以对分类距离进行调整,而且在迭代过程中还作为参数估计和计算聚类中心像素点挑选的条件。

具体迭代过程如下:

(1) 根据初始化划分结果进行参数估计和聚类中心的计算。

(2) 根据 MRF 模型依据式(5.78)计算每类的先验概率。

(3) 根据式(5.77)计算各像素点到第 i 类聚类中心的距离。

(4) 根据度量距离对极化 SAR 图像进行重新划分,即到第 i 类聚类中心距离最小的像素点划分为该类。

(5) 根据步骤(1)求得的先验概率对像素点进行挑选,即像素点属于该类的先验概率大于 0.8;将挑选的像素点进行相关参数计算,然后回到步骤(2),进行反复迭代,直到达到规定的迭代停止的条件。

3) 分类算法流程

本节算法为无监督算法,依然采用 5.4.1 节特征提取的方法作为初始化分,然后通过迭代算法进行进一步的划分。为了减少极化噪声对分类的影响,在分类之前,先对待分类的数据进行 Lee 滤波[31]处理。其分类流程如图 5.41 所示。

该算法具体步骤如下:

(1) 预处理,原始数据进行 Lee 滤波处理。

(2) 利用 Freeman 分解算法对滤波后的极化 SAR 图像数据的每个像素点进行特征分解,得到每个像素点体散射功率 $\boldsymbol{P}_v$、偶次散射功率 $\boldsymbol{P}_d$、表面散射功率 $\boldsymbol{P}_s$。

(3) 根据步骤(2)计算出整幅图像的 $\boldsymbol{P}_v$、$\boldsymbol{P}_d$、$\boldsymbol{P}_s$,找出每个像素点功率分量占主要成分的散射机制 $\boldsymbol{P}_{max}$,根据主散射机制将图像划分为表面散射类、偶次散射类和体散射类三大类。

(4) 计算每个像素点的分布特征参数 χ_n。

(5) 根据具体图像选择合理的阈值 x 和 y,根据 χ_n 的值进一步将步骤(3)中每一类划分结果划分为三类:如果 $\chi_n \leqslant x$,则将其对应的像素点划分为一类;如果 $x < \chi_n < y$,则将其对应的像素点划分为一类;如果 $\chi_n \geqslant y$,则将其对应的像素点划分为一类。从而将整个极化 SAR 图像划分为 9 类。

(6) 将上一步划分的结果进行参数估计和聚类中心的计算。

(7) 根据 MRF 模型计算每类的先验概率。

(8) 计算各像素点到聚类中心的度量距离,并依此对图像进行进一步划分。

(9) 根据步骤(7)中的先验概率进行像素点挑选,然后回到步骤(6),进行反复迭代,直到达到规定的迭代停止的条件。

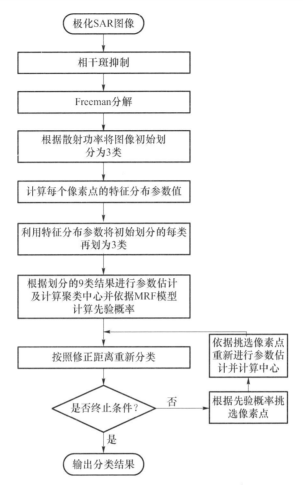

图 5.41　基于 MRF 和 K-Wishart 分布的极化 SAR 图像分类算法流程

5.4.3.4　实验结果和分析

1）旧金山地区实验结果

本实验对采用的极化 SAR 数据,根据图 5.41 给出的流程图,得到最终的分类结果。本实验与传统的经典算法 H/α – Wishart 及 Freeman 分解的分类方法做对比,因为本算法是在前面两节算法的基础上进行的深入研究,因此这里与前面两节算法进行对比来说明算法的实现意义及有效性。各方法的实验结果如图 5.42 所示。其中,图 5.42（a）为原始数据的 Pauli RGB 彩色图,图 5.42（b）为本节分类算法,图 5.42（c）为 5.4.2 节算法,图 5.42（d）为 5.4.1 节算法,图 5.42（e）为传统基于 Freeman 分解分类结果,图 5.42（f）为 H/α – Wishart 算法结果。

(a) 原始数据

(b) 本节算法

(c) 5.4.2节算法

(d) 5.4.1节算法

(e) 传统基于Freeman分解

(f) H/α-Wishart方法

图 5.42　旧金山地区分类结果

从实验结果来看,本节方法与传统方法相比除了对于该地区包含的主要地物海面、植被及城区等划分结果良好外,对于其中的小区域如跑马场、高尔夫球场、停车场、田径场都可以清晰地划分出。与前两节的算法相比,区分度好且区域边缘的划分更加平滑连贯,分类效果提升比较明显。

2) Flevoland 地区实验结果

本实验依然采用荷兰 Flevoland 地区真实地物分布。参与对比的算法有

H/α – Wishart 分类方法和传统基于 Freeman 分解的方法及 5.4.2 节对比算法。图 5.43 有(a)和(b)分别是该地区大小为 300×270 的原始数据和详细地物分布。图 5.43(c)为本节的算法,图 5.43(d)为 H/α – Wishart 方法,图 5.43(e)为传统基于 Freeman 分解的方法,图 5.43(f)为 5.4.2 节算法。

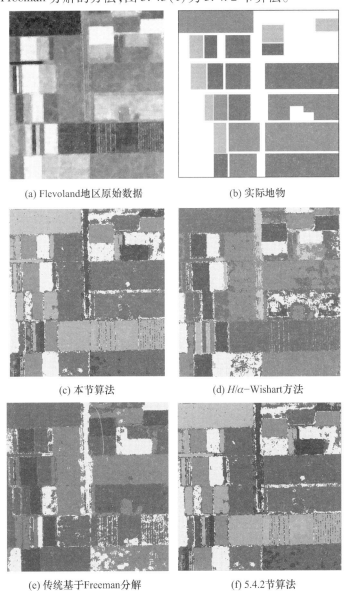

(a) Flevoland地区原始数据 　　　(b) 实际地物

(c) 本节算法 　　　(d) H/α–Wishart方法

(e) 传统基于Freeman分解 　　　(f) 5.4.2节算法

图 5.43　Flevoland 地区不同算法分类结果

表 5.11 给出了各类算法对其中主要地物,裸地(红色)、大麦(紫红)、马

铃薯(绿色)、甜菜(蓝色)、小麦(橙色)、豌豆(黄绿)等划分的正确率。在给出的实验结果中,从分类效果图和分类正确率统计两方面来看,本节算法明显好于其他的算法,且与 5.4.2 节算法相比,几乎各类别分类正确率都有所提高,分类效果提升明显。由此可见,分类策略对极化 SAR 图像分类方法的重要性。

表 5.11　不同方法分类正确率

分类方法＼类别	裸地	马铃薯	甜菜	大麦	小麦	豌豆	平均正确率
H/α-Wishart 方法	–	0.98	0.95	0.51	0.85	0.78	0.68
Freeman 分解	–	0.98	–	0.97	0.84	0.88	0.61
5.4.2 节算法	0.99	0.88	0.98	0.86	0.76	0.92	0.90
本节算法	0.98	0.91	0.99	0.86	0.83	0.95	0.92

3) 西安地区实验结果

本实验使用的图像数据大小为 512×512,其中的典型地物在前面已有详细的叙述,本节采用的对比算法除了经典的 H/α-Wishart 分类方法和传统基于 Freeman 分解的方法外,还用 5.4.2 节分类算法作为对比。图 5.44(a) 和 (b) 分别为该地区的原始数据和该区域地图。图 5.44(c) 为本节算法效果,图 5.44(d) 为 5.4.2 节算法结果,图 5.44(e) 为 H/α-Wishart 方法分类效果,图 5.44(f) 为基于 Freeman 分解效果。

由分类效果看,本算法继承了 5.4.2 节算法对于其中主要的地物如渭河大桥、铁路、城区、村庄有比较精确的划分的优点,与之相比,可以明显看出本算法克服 5.4.2 节算法中噪声对于分类结果的影响,对于其他小区域有更为明显地划分,区域一致性更为良好,分类效果明显,且具有边缘划分比较平滑的优点。

5.4.3.5　小结

本节提出了一种基于 MRF 和 K-Wishart 分布的极化 SAR 图像分类方法。本节算法从影响贝叶斯最大似然估计分类方法有效性的方面入手,采用对极化 SAR 数据描述更好的 K-Wishart 分布,运用 MRF 模型对先验概率进行计算。在分类过程中通过先验概率针对 ML 分类器的距离进行调整,并根据先验概率对像素点进行挑选,使参数估计及聚类中心的选取更加准确。该方法综合考虑了影响极化 SAR 分类效果的多个因素,方法理论更加完善,是一种能提高分类效果的方法。从实验的对比结果可以明显看出,分类策略对极化 SAR 分类方法的较大影响作用。

(a) 原始数据 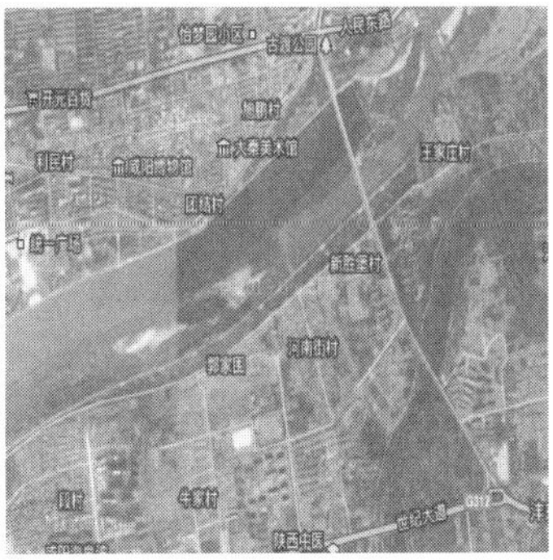　　　　　　　　　　(b) 实际地图

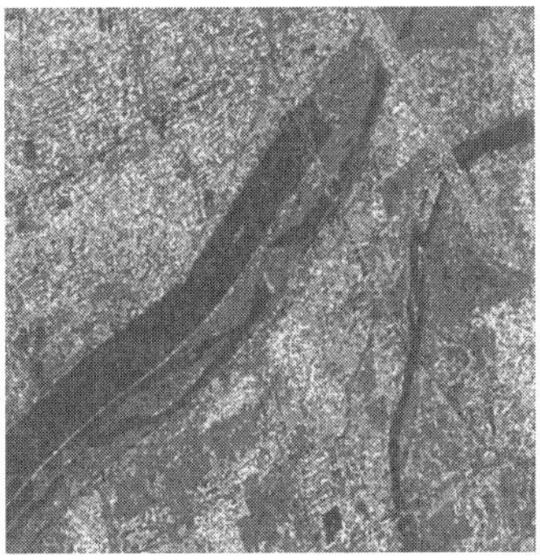

(c) 本节算法 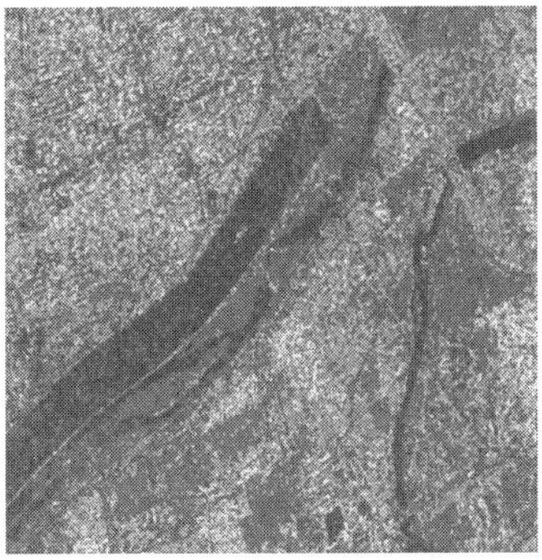　　　　　　　　　　(d) 5.4.2节算法

(e) H/α-Wishart方法 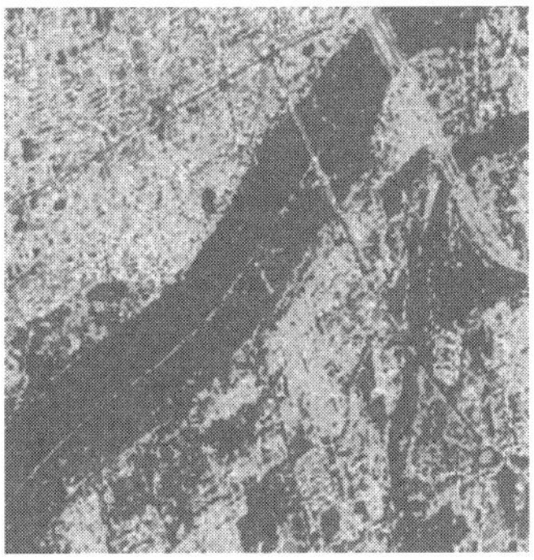　　　　　　(f) 传统基于Freeman分解

图 5.44　西安地区数据不同方法分类结果

5.5 基于区域的无监督极化 SAR 图像分类

5.5.1 类别自适应的无监督极化 SAR 图像分类

5.5.1.1 可视化聚类趋势估计算法

许多经典的极化 SAR 无监督分类都取得了不错的分类效果,但其中相当一部分算法是需要手动输入分类类别数目的。到目前为止,极化 SAR 分类的分类数目自适应地由算法本身完成还是有一定的难度,这一直是研究的重点。

极化 SAR 数据是多维矩阵,极化特征也多样,散射特征、统计特征等都在极化 SAR 分类中具有重要作用。数据量大造成算法的空间复杂度和时间复杂度高。为了更有效和更快速地获得极化 SAR 分类结果,人们将很多数据处理中的算法如 SVM[55]、PCA[56] 等应用于极化 SAR 分类中,已经取得了不错的分类结果。这些方法都是将聚类分析中的经验平移到极化 SAR 分类中。但是,目前这些应用方法都存在一定问题,时间复杂度高,不能无监督完成分类,更不能自适应地决定不同数据的类别数目。

为了解决上述问题,选择了 Bezdek[57] 等提出的可视化聚类趋势估计(VAT)算法,该算法将数据的相异关系转换为图像。首先,通过最小生成树的算法进行处理,将最相似的类别聚集在一起;然后,将得到结果转化为图像,达到可视化的结果。通过对实际数据的实验可以更直观地理解 VAT 算法。实验部分结果如图 5.45 所示。具体的算法步骤如下:

输入:$n \times n$ 的差异矩阵 $\boldsymbol{R} = \{D_{ij}\}$,$D_{ij}$ 为第 i 类和第 j 类的差异度量数据。

(1)初始化:$K = 1:n, I = J = \phi, P[0] = (0, \cdots, 0)$。

(2)选择 $(i,j) = \underset{p,q \in K}{\arg\max} \boldsymbol{R}pq, P(1) = i, I = \{1\}, J = K - \{i\}$

(3)当 $r = 2:n$;

选择 $(i,j) = \underset{p \in I, q \in J}{\arg\max} \boldsymbol{R}pq$

$$P(r) = j, I = I \cup \{j\}, J = J - \{j\}$$

(4)获得新矩阵 $\widetilde{\boldsymbol{R}} = \widetilde{\boldsymbol{R}}_{ij} = \boldsymbol{R}_{p(i)p(j)}$。

图 5.45(a)表示的是 2 类共 5 个数据的两两的随机顺序的欧式距离,即差异矩阵,图 5.45(b)为实验的结果,分别对应着 $\boldsymbol{R}$ 和 $\widetilde{\boldsymbol{R}}$,$\boldsymbol{R}$ 为原始的相异矩阵,$\widetilde{\boldsymbol{R}}$ 为重排序的矩阵。从实验结果可以看出,图像对角线上有明显的两个黑色的框,与数据的真实情况相符。这证明了算法的有效性。

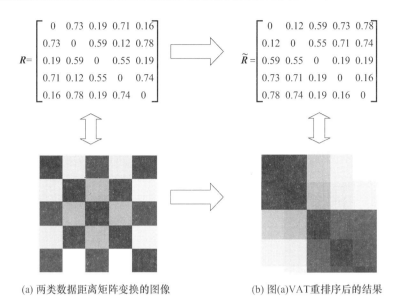

(a) 两类数据距离矩阵变换的图像   (b) 图(a)VAT重排序后的结果

图 5.45 VAT 重排序

VAT 算法利用排序的相异矩阵图像,给出了直观地评估聚类趋势的新方法。该排序算法是与 Prim 算法相似,寻找一个加权图的最小生成树。VAT 算法能够对主对角线上的黑块进行分离,很好地表征出数据的位置和类别数目。得到的排序后结果图,通过后期处理的结果可以确定类别数目和聚类中心。

5.5.1.2 黑框识别算法

2009 年,L. Wang 等[58]提出了黑框识别算法(Dark Block Extraction DBE),旨在对可视聚类趋势估计算法进行后续处理,用算法自动识别出分类数目和聚类中心。

该算法步骤如下:

(1)计算数据两两之间的距离矩阵(相异矩阵),将矩阵用 VAT 算法重新排序,得到沿对角线的块状图(RDI)。

(2)用 Otsu[59]最大类间方差法对 RDI 二值化处理,方向形态学滤波[60]去噪后,将二值图像做距离变换转化为灰度图像。

(3)将该图像上所有像素沿对角线做一维投射,然后求投射图像梯度。

(4)计算梯度图中的零点个数和位置,零点的个数即分类类别数,零点位置对应的数据即聚类中心。

图 5.46 为真实数据的 DBE 算法结果。其中,图 5.46(a)为 8 类原始数据的相异矩阵转换的图像,图 5.46(b)为 VAT 重排序的结果,图 5.46(c)为距离变换

(a) 原始数据的相异矩阵转换的图像

(b) VAT重排序的结果

(c) 距离变换的结果

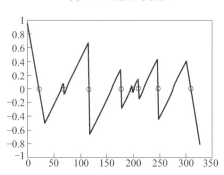

(d) 最终梯度图(划圆圈的个数和位置是分类类别数和聚类中心)

图 5.46　真实数据的 DBE 算法结果

的结果,图 5.46(d)为最终梯度(图中划圆圈处的零点个数为 8,划圆圈的个数和位置是分类类别数和聚类中心)。可以看出,得到的结果是理想的。

5.5.1.3　基于 Freeman 分解的无监督极化 SAR 图像分类

本算法在基于 Freeman 分解和同极化比的极化 SAR 图像分类方法[61]的基础上,提出了结合另一个自极化参数和用可视化聚类趋势估计算法和黑框识别算法,实现分类数目的自适应,同时提高分类精度。

为实现上述目的,本节提出的一种基于 Freeman 分解的极化 SAR 分类方法,其具体步骤如下:

(1) 对输入数据进行 Freeman 分解,得到三种散射功率矩阵 $\boldsymbol{P}_\mathrm{s}$、$\boldsymbol{P}_\mathrm{d}$、$\boldsymbol{P}_\mathrm{v}$。

(2) 计算同极化比 R,并根据功率矩阵 $\boldsymbol{P}_\mathrm{s}$,$\boldsymbol{P}_\mathrm{d}$,$\boldsymbol{P}_\mathrm{v}$ 和同极化比 R 对极化 SAR 图像数据进行初始划分为 9 类。

(3) 计算自极化参数 δ,根据 δ 值对 9 类进一步细分,每类细分成 N 类,得到共 $9N$ 类。

① 计算自极化参数 δ,利用下式计算上面每一类中每个像素点的自极化参数 δ 值:

$$\delta = 2 \times \frac{|S_{HV}|^2}{|S_{HH}|^2} \tag{5.79}$$

为了计算方便,类比式(5.79),将式(5.79)变为

$$\delta = \lg \frac{|S_{HV}|^2}{|S_{HH}|^2} \tag{5.80}$$

② 对每类按照 δ 的值将每类细分成 N 类。其中,N 可以根据数据的多少适当增加或减少,如此处取 $N=30$。

(4) 对细分结果表征类别差异性,获得相异矩阵 $\boldsymbol{R}_D$,用 VAT 对 $\boldsymbol{R}_D$ 重排序。

(5) 将矩阵 $\boldsymbol{R}_D^1$ 变换为相异图像 Im,对 Im 图像用 DBE 识别,获得聚类数目和聚类中心。

(6) 对利用步骤(5)获得的类别数 n 和聚类中心 $V_i (i = 1,2,\cdots,n)$,用复 Wishart 迭代方法对所有输入的极化 SAR 数据分类。

(7) 用红色(R)、绿色(G)、蓝色(B)三个颜色分量作为三基色,给分类结果上色,得到最终彩色分类结果图。

本节算法流程,如图 5.47 所示。

5.5.1.4　仿真实验分析

1)仿真内容

应用本节方法和传统的 H/α-Wishart 方法、5.2.3 节基于 Freeman 分解和同极化比的极化 SAR 图像分类方法分别对两幅 SAR 图像进行分类实验,并从分类结果的区域一致性、错分情况、边缘保持、分类类别数等方面进行评价。

2)仿真实验结果

(1)Flevoland 数据的分类仿真。

本节方法和传统的 H/α-Wishart 方法、5.2.3 节方法对 Flevoland 数据的分类仿真。三种方法分类结果如图 5.48 所示,其中,图 5.48(d)是 H/α-Wishart 分类结果,图 5.48(c)为 5.2.3 节方法分类结果,图 5.48(e)为本节方法分类结果。从图 5.48 可见,前两种方法类别基本固定,H/α-Wishart 方法对较多区域划分不清楚,区域的一致性不好,差别较小的类别未能分开,而 5.2.3 节方法划分较细致,但同质区域的一致性也不太好。本节方法实现了类别自适应,将本图分为 8 类,解决了 5.2.3 节方法不能改变分类数目固定为 9 的问题,且从效果上看,如图中黑圆圈处,本节方法在同质区域的一致性比前两种方法更好,对差别较小的类别也可以分开,边缘保持也较好。

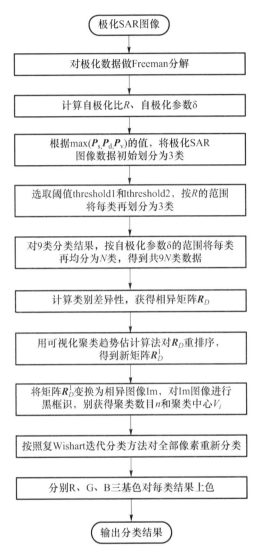

图 5.47 本节算法流程

表 5.12 不同方法分类正确率统计

类别 方法	裸地	马铃薯	甜菜	大麦	小麦	豌豆	平均正确率
H/α-Wishart 方法	0.0	0.981	0.954	0.512	0.851	0.782	0.68
5.2.3 节方法	0.953	0.978	0.943	0.620	0.886	0.710	0.848
本节方法	0901	0.976	0.870	0.972	0.836	0.882	0.881

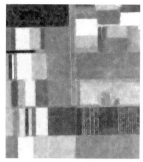
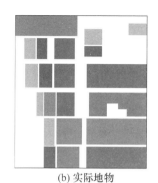

(a) Flevoland地区数据　　　　　　(b) 实际地物

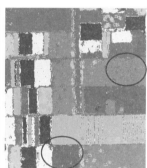

(c) 5.2.3节方法　　　　　(d) H/α-Wishart方法　　　　(e) 本节算法

图 5.48　Flevoland 地区不同算法分类结果

（2）旧金山海湾地区数据的分类仿真。

本节方法、传统的 H/α-Wishart 方法和 5.2.3 节方法对旧金山海湾地区数据的分类仿真，分类结果如图 5.49 所示。其中，图 5.49（c）为 H/α-Wishart 分类结果，图 5.49（b）为 5.2.3 节方法分类结果，图 5.49（d）为本节分类结果。从图 5.49（c）可见，H/α-Wishart 方法的分类结果对区域的划分比较细致，但仍有较多区域划分不清楚；从图 5.49（b）可见，5.2.3 节方法分类结果的视觉效果更好，且分类区域的一致性明显好于前种方法，分类后的边缘保持也较好；从图 5.49（d）可见，本节方法基本和 5.2.3 节方法分类结果效果相近，但某些区域分的更细致。不同方法分类正确率统计见表 5.12。

（3）西安地区数据的分类结果。

图 5.50 给出了本节算法以及对比算法对西安地区数据的分类结果，从分类视觉效果看，本节算法在该数据的划分上具有一定的优势，其中村庄、桥梁、铁路以及水域等都得到了较好的划分。

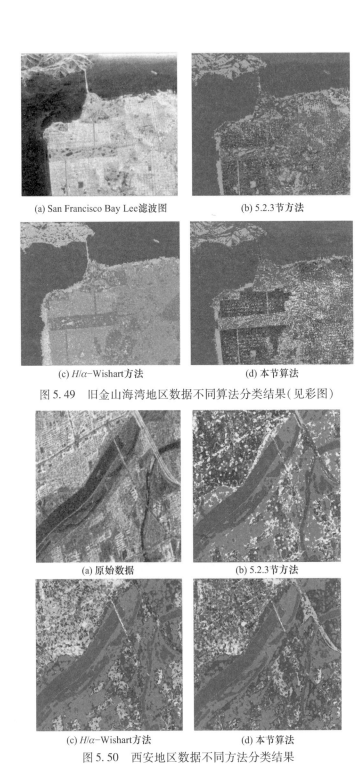

(a) San Francisco Bay Lee滤波图

(b) 5.2.3节方法

(c) H/α-Wishart方法

(d) 本节算法

图5.49 旧金山海湾地区数据不同算法分类结果(见彩图)

(a) 原始数据

(b) 5.2.3节方法

(c) H/α-Wishart方法

(d) 本节算法

图5.50 西安地区数据不同方法分类结果

5.5.1.5　小结

经过对算法的描述和实验结果的分析,本节提出的对极化 SAR 数据的分类方法:首先对数据进行了 Freeman 分解,提取表征极化特征的三种散射功率;然后有效地结合同极化比和自极化参数进一步细分,利用可视化聚类趋势估计算法和黑框识别算法,获得自适应的类别数目和类别中心;最后对分类后结果进行复 Wishart 迭代,进一步改善了每一类的输出分类结果。因此,本节算法是一种无监督的极化数据分类方法,具有一定的自适应性,算法充分利用了极化特征。

5.5.2　基于改进分水岭的无监督极化 SAR 分类

5.5.2.1　经典的基于区域或超像素的极化 SAR 分类

1）类别自适应的基于区域的极化 SAR 分类

充分考虑了图像中像素与像素之间的空间相关性,引入计算机视觉领域的超像素概念。根据极化 SAR 数据所特有的统计特性,提取出图像中的边缘信息。然后结合归一化割准则,提出一种基于边缘的 Ncut[62] 方法用于生成超像素,并建立了完整的基于超像素的极化 SAR 图像监督分类流程。

结合 VAT 算法、DBE 算法和超像素生成方法,提出了一种基于超像素的极化 SAR 图像地物类别数目估计与分类的方法。该方法在无先验知识的指导下,不但能够较为准确地估计出极化 SAR 图像中地物的类别数目,而且可以快速确定每一种地物类别的聚类中心并以此为基础进行无监督分类,分类准确度较高。整个分类流程简单有效,结果清晰易于理解,如图 5.51 所示,详细步骤参见文献 [63]。为了方便简称 superpixel-based 方法。

2）带边缘惩罚的基于区域生长的极化 SAR 分类

本小节介绍 P. Yu 等[64] 的带边缘惩罚策略的基于区域生长的极化 SAR 分类方法,本算法是语义迭代区域生长(Iterative Region Growing with Semantics, IRGS)的成功推广,为了表述方便,简称 PolarIRGS。PolarIRGS 在多个关键步骤对 IRGS 进行了修改,如设计了基于 Wishart 分布的极化特征模型,在初始化阶段也做了改进,运用了边缘惩罚策略和区域生长算法。在空间上下文模型中的边缘惩罚策略有效地将边缘处的点进行标号[70]。

算法具体法步骤(更详细的步骤参见文献[65])如下:

(1)用每个像素的特征计算边缘能量,构成边缘能量图。

(2)采用分水岭算法对图像过分割得到区域,并建立区域邻接图(Region Adjacery Graph,RAG),RAG 的顶点表示分水岭分割区域。

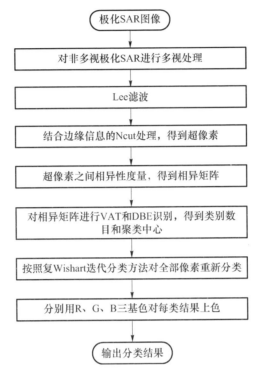

图 5.51　类别自适应的基于区域的极化 SAR 分类流程

（3）对图像随机标号后，利用 k-均值算法获得初始分割结果，计算分割后的类别中心 C_i。

（4）标定区域类别，用迭代区域生长的方法对区域进行标号。

（5）标定边缘点类别，用边缘惩罚策略计算边缘点的最优类别数目。

（6）输出分类结果，用 R、G、B 基色对分类结果上色。

5.5.2.2　基于分水岭的极化 SAR 超像素生成

极化 SAR 数据由于特殊性，产生超像素时在边缘保留方面往往不理想。

1）选取的极化特征

分类特征提取对于图像目标分类是必不可少的。在一般情况下，单一的特征很难完全表达目标所有的属性，用单一的特征进行目标分类会导致分类精度达不到要求，而当使用的分类特征数目增加时，系统的复杂性也随之增加。因此，必须找到对分类有效的特征，并合理加以利用才能显著提高分类性能。

为了更好地利用极化特征，本节选取了四种有效的极化特征，表 5.13 列出了选择的极化参数[65]，分别是同极化比、交叉极化比、HH-VV 相关系数的幅度和 C 矩阵对数。

表 5.13　本节选取的四种极化参数

特征	表达式
同极化比	$R = 10\lg\left(\dfrac{|S_{HH}|^2}{|S_{VV}|^2}\right)$
交叉极化比	$CR = 10\lg\left(\dfrac{|S_{HH}|^2}{|S_{VV}|^2}\right)$
HH-VV 相关系数	$\rho = \left|\dfrac{<S_{HH}S_{VV}^{\ *}>}{\sqrt{|S_{HH}|^2|S_{VV}|^2}}\right|$
C 矩阵对数	$\lg C = \lg(|C|)$

为了证实本节选取的四种特征的良好效果,将用真实的数据进行实验。图 5.52 给出了一幅真实极化 SAR 数据,含有 9 类地物。图 5.53 给出不同地物的四种特征的变化。图 5.52(a)是 Flevoland 地区数据,图 5.52(b)和(c)分别是地物真实图和选取的 9 类数据。图 5.53 是 9 类区域的四种极化特征的数值情况。

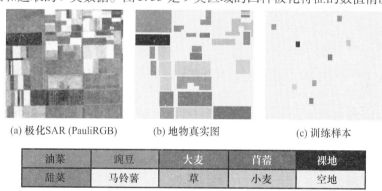

(a) 极化SAR (PauliRGB)　　(b) 地物真实图　　(c) 训练样本

油菜	豌豆	大麦	苜蓿	裸地
甜菜	马铃薯	草	小麦	空地

(d) 色彩图

图 5.52　Flevoland 地区极化 SAR 图像

在图 5.53 中,为了分析四种散射特征的分布,从图 5.52(a)中选择了 9 种地物,分别为油菜、豌豆、大麦、苜蓿、裸地、甜菜、马铃薯、草和小麦,每种数据含400 个像素点。从图 5.53 中的结果可以看出,不同地物的四种极化参数大小明显有区别,差距较大,而同一种地物四种极化参数的大小基本接近,差距不大,因此可以将这四种特征作为极化 SAR 分类的有效特征。

2）CFAR 方法求极化 SAR 边缘

在自然图像分析解译中,寻找不同区域间的图像边缘是基本步骤之一,而这也适合极化 SAR 的数据解译。2003 年,J. Schou 等提出了基于恒虚警率(Constant False Alarm Rate,CFAR)极化 SAR 数据边缘识别,实验结果表明该算法可

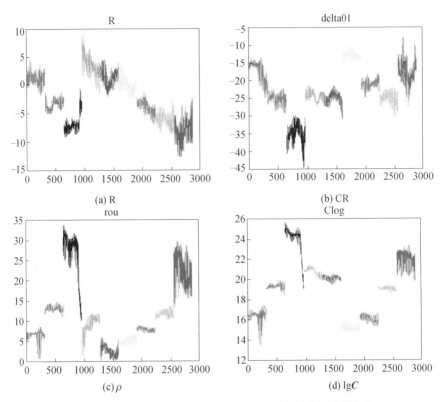

图 5.53　9 种不同区域的 R、CR、ρ 和 lg$C$ 分布值（见彩图）

以很好地检测出极化 SAR 边缘。该算法主要采用了滤波计算距离的思想,原理如图 5.54 所示。

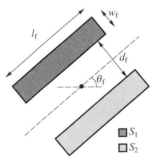

图 5.54　CFAR 求极化边缘

图 5.54 中:l_f、w_f 分别为两区块的场长和宽;d_f 为两区块的直线间隔;θ_f 为倾斜度,并令 $\Delta\theta$ 为方向的改变,f_N 为滤波次数。

算法具体步骤如下:

(1) 依据数据特征设定四个参数。

（2）依次扫描每个数据,对每个点,$N_f = \pi / \Delta\theta$,根据式(5.81)计算各个方向上的 S_i,S_j 的距离为

$$D(S_i, S_j) = (N_i + N_j)\ln\left|\hat{\sum}\right| - N_i\ln\left|\hat{\sum}_i\right| - N_j\ln\left|\hat{\sum}_j\right| \quad (5.81)$$

式中:$\hat{\sum}_i$、$\hat{\sum}_j$ 和 $\hat{\sum}$ 分别为 S_i、S_j 和 $S_i + S_j$ 的相干矩阵。

（3）对各个方向上的 S_i,S_j 的距离 $D(S_i, S_j)$ 选取最大值,并记录方向。

（4）利用非极大值抑制算法[62]进行后处理,获得最终结果。

3）改进的分水岭算法产生超像素

地理学上,分水岭是指两边有不同流向河流的山脊。分水岭图像分割算法[66,67]将这一地理学理论应用于图像分割中,将灰度图像当作拓扑表面,然后利用数学形态学理论进行分割,取得了很不错的效果。

为了充分利用极化信息和像素间的相关信息,采用分水岭算法生成区域。分水岭算法可以产生有效的区块,将均匀区域有效地联合起来,得到清晰的数据边缘。因此,为得到图像的边缘信息,分水岭算法广泛应用于图像的分割预处理上。但是极化 SAR 数据不能直接应用分水岭算法,需要稍做处理。

极化 SAR 图像存在很强的斑点噪声,致使图像比较模糊。当图像对比不够强烈时,分水岭算法会产生很多小区域,也很难获得清晰、完整的边缘。为了克服这些困难,提高分水岭的效果,将采取以下措施:

（1）提取特征。提取四种极化特征,分别是同极化比 R、交叉极化比 CR、HH-VV 相关系数幅度 ρ 和 C 矩阵的对数 $\lg C$,并对每个特征做归一化处理后组成特征矢量,$f(i)$ 为第 i 个像素的特征矢量。

（2）梯度修正[68]。计算四种特征的梯度图 $g_i(i = 1,2,3,4)$,并求加权和 $g = \sum_{i=1}^{4} w_i \times g_i$,其中,$w_i = g_i / \sum_{j=1}^{3} g_j$。然后用 CFAR 方法求极化 SAR 边缘,将结果与梯度图相加,进行梯度修正,对梯度结果进行分水岭分割。

（3）合并小区域。如果相邻的第 i 区域和第 j 区域满足。

$$D_{ij} = \frac{1}{2}\|f(i) - f(j)\|^2 < T \quad (5.82)$$

就对两个区域进行合并。这里 T 为阈值,经过试验,取所有相邻的第 i 区域和第 j 区域的 D_{ij} 的均值即可。

图 5.55 为真实极化数据的 CFAR 求极化边缘的结果和超像素结果。由图可看出,改进的分水岭算法可以分出大部分均匀区域,同时很好地保留了边缘信息。

5.5.2.3　基于改进分水岭的极化 SAR 无监督的分类

上节介绍的是基于像素的无监督极化 SAR 分类,虽然使用了 Freeman 分解

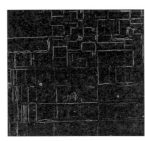

(a) 极化边缘   (b) 超像素结果

图 5.55 CFAR 求极化边缘结果和超像素结果(见彩图)

和同极化比,但这些极化特征还是太少,并不能完全区分所有区域,且从结果可以看出,匀质区域的分类效果并不理想,还有许多杂点。为了更充分利用极化信息,利用极化统计特征和极化 SAR 图像特征减少匀质区域的杂点。本节介绍无监督的基于区域的极化 SAR 分类方法,将提取四个极化特征,用像素之间的空间信息生成区域,利用 5.5.2.2 节中的方法得到初始分割的结果,用 K-Wishart 模型迭代进行最终分类。

具体步骤如下:

(1) 初始分割。采用上节介绍的基于像素的无监督极化 SAR 分类作为本节算法的初始分割。

(2) 超像素的生成与合并。

(3) 复 K-Wishart 迭代[69]分类。

(4) 边缘点的标号。引入边缘惩罚策略[64],对分水岭分割的边缘点 s 进行标定,即

$$x_s = \arg\min_{i \in L} \left\{ \ln|C_i| + \mathrm{tr}(C_i - 1Zs) + \beta \sum_{t \in N_s \cap S_{\text{labeled}}} [1 - \delta(i, x_t)] \right\}$$

(5.83)

式中:L 为所有的类别标号;N_s 为像素 s 的 8 邻域,如图 5.56 所示;S_{labeled} 为已标号的所有的点;δ 为克罗内克 δ 函数;β 为区域参数,一般取值 0.3。

1	2	3
8	s	4
7	6	5

图 5.56 像素 s 的 8 领域

基于区域的极化 SAR 无监督的分类算法流程如图 5.57 所示。

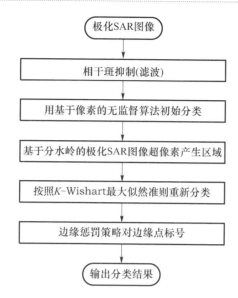

图 5.57　基于区域的极化 SAR 无监督的分类算法流程

5.5.2.4　实验结果和分析

1）实验数据

本次实验在两幅真实的极化 SAR 图像上进行。第一幅数据为 1989 年 AIR-SAR 机载 SAR 平台获取的 L 波段多视极化 SAR 数据,数据为荷兰的 Flevoland 地区。图像大小为 750×1024,本图像主要是农田区域,数据比较简单、均匀、规整,大致包含 15 种地物类别。从此幅图像中截取了三幅子图,如图 5.58(a)所示。

Mask 1:Liu 等[63]用本子图验证他们的基于超像素分类方法。本节中用到的地面分类标准图如图 5.58 所示,与文献[63]中的类似。

Mask 2 和 Mask 3:P. Yu 等[64]将这两个子图用在验证 PolarIRGS 方法的实验中。地图的真实图与 P. Yu 的相似。Mask 2 的地物有豌豆、干豆、甜菜、油菜、草、苜蓿、马铃薯、小麦,Mask 3 地物种类有干豆、甜菜、裸地、油菜、草、苜蓿、马铃薯、小麦、小麦 2。

第二幅数据来自 1998 年 EMISAR 机载 SAR 平台获取的 L 波段多视极化 SAR 数据的一部分,如图 5.58(b)所示。

2）实验结果和分析

实验一:在 Mask1 子图上进行实验,分别和基于分水岭方法[70]、superpixel-based[63]、PolarIRGS[64]进行对比,结果如图 5.59 所示。表 5.14 列出了四种方法的分类正确率,从表 5.14 可以看出,本节算法的整体正确率在 99% 以上,高于其他三种方法或与之持平。从图 5.59(e)看出 PolarIRGS 方法在匀质区域还有

(a)Flevoland四视L波段极化SAR图像   (b) EMISAR数据

图 5.58 两组极化 SAR 数据

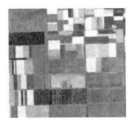
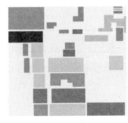

(a) Mask 1   (b) 地物真实图   (c) 本节方法的结果

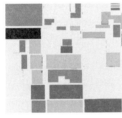

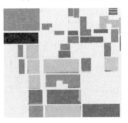

(d) 三种对比方法和
真实地物的吻合结果

(e) PolarIRGS 结果

(f) 三种对比方法和
真实地物的吻合结果

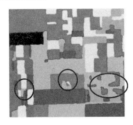
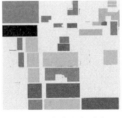

(g) Superpixel-based 方法结果   (h) 三种对比方法和
真实地物的吻合结果

图 5.59 Mask 1 分类的结果

一些杂点,如图中黑色圆圈所示;而图 5.59(g)说明超像素的方法在大块匀质区域的边缘区域表现良好。

表 5.14　四种分类方法的正确率　　　（单位:%）

方法 区域	本节方法	PolarIRGS	Superpixel-based
油菜	99.00	100.00	100.00
裸地	100.00	98.6	100.00
马铃薯	99.90	99.90	98.90
甜菜	97.91	87.6	98.21
苜蓿	99.05	99.80	99.15
草	98.93	99.18	99.33
小麦	99.86	100.0	99.87
豌豆	98.97	96.70	99.87
大麦	99.58	99.10	95.50
总计	**99.21**	98.20	99.17

可以看出,图中存在一些错分的超像素,且对图右侧的大块匀质区域的分割也较为杂乱。superpixel-based 和 PolarIRGS 两种方法都存在未能正确分割的细致小区域,如左下角的黑色圆圈区域所示。而本节方法并不存在这些问题,由于提取了多个特征,同时应用了统计特征和空间信息,所以获得了较好的边缘和匀质区域。

实验二和实验三:分别在 Mask 2 和 Mask 3 上进行,如图 5.60(a)和(e)所示。分类结果如图 5.60(b)和(f)所示。图 5.60(c)和(j)分别是两组数据的真实地物图,图 5.60(d)和(k)分别是用真实地物图与结果相覆盖的结果。

从图 5.60(a)、(b)、(c)和(d)可以看出分类结果令人较为满意,整个正确率在 90% 以上,见表 5.14。分类结果中保留了详细的细节信息,如三个黑色圆圈处所示,把该分的类别都识别出来了,同时边缘区域的分割效果也很好。

实验三是在 Mask 3 上进行的,实验结果如图 5.60(e)、(f)、(j)和(k)所示。尽管存在少量分错的区域,但由图三个黑色圆圈区域可看出,区域中的其他类别都能正确分割出来,边缘线也与原图较吻合。

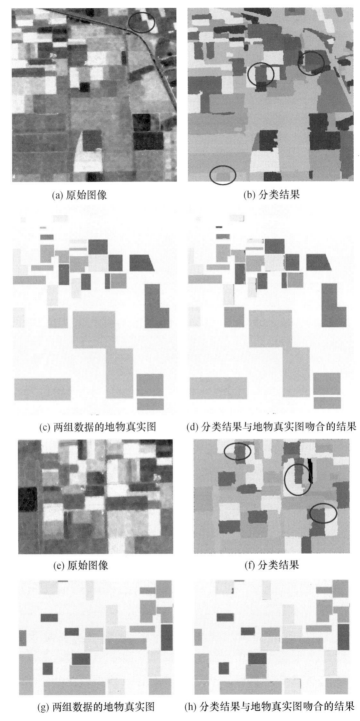

(a) 原始图像　　　　　　　　(b) 分类结果

(c) 两组数据的地物真实图　　(d) 分类结果与地物真实图吻合的结果

(e) 原始图像　　　　　　　　(f) 分类结果

(g) 两组数据的地物真实图　　(h) 分类结果与地物真实图吻合的结果

图 5.60　本节方法对 Mask 2 和 Mask 3 分类结果

实验四:是 EMISAR 在 1998 年得到的 L 波段极化 SAR 数据的分类结果。从图 5.61 中可以看出,图像的边缘保持较为完整,大块中的小区域也能保存下来而未被大块区域吞噬,类别数为 5。本实验说明对于多类数据和少数类数据本节算法均可适用。

(a) EMISA极化SAR数据　　　　　(b) 分类结果

图 5.61　EMISAR 极化 SAR 数据分类结果(见彩图)

5.5.2.5　小结

本节主要介绍了基于区域的无监督极化 SAR 分类方法,算法的主要思想:首先基于像素的无监督分类初始划分得到类别数目和初始聚类中心;然后提取极化特征,计算极化边缘,用分水岭方法对极化 SAR 过分割得到区域,对区域标号后用边缘迭代策略对边缘点进行标号,进一步提高了分类的精度。根据实验结果可知,本节方法获得了较理想的结果,适用于不同类别数目的分类,有效地利用了极化信息、空间相关信息、极化边缘信息和统计特征。

▨ 5.6　基于均值漂移和区域 WishartMRF 的极化 SAR 地物分类

5.6.1　背景介绍

本节介绍一种基于均值漂移和区域 WishartMRF 的极化 SAR 分割算法[36,71-73]。通过改进的均值漂移[36,72]和 MRF 迭代标记来获得一个具有更加完整同质区域的极化 SAR 图像分类结果。首先在张量空间利用相干矩阵计算均值漂移的聚类图;然后结合散射相似性参数和区域的 Wishart 距离设计区域合并准则,得到改进后的均值漂移分割结果图;之后利用散射角 α 和均值漂移聚类图的联合高斯分布计算初始标记;最后采用基于区域的 MRF 迭代算法实现分类结果。

对于区域划分策略,大致有两个研究方向:一是利用目标分解散射机理,H/α 方法根据散射熵和散射角将地物划分为 8 类,Freeman 分解是分解为表面散射、偶次散射和体散射,再结合其他一些极化特征,如同极化比、相似性参数等在 8 类、3 类的基础上再将每类进行划分。由于该方法与地物类别不能一一对应,因而会引起错分。二是利用图像特征划分,常用的有分水岭和均值漂移,但由于分水岭算法本身的缺陷,其以灰度图的局部峰脊处作为分割边界,因此对实际地物边界的定位不够准确,难免导致地物边缘产生锯齿效应,不利于保持分类图中地物的结构和边缘信息。Mean Shift 分割的结果与理想的分割边界比较吻合,但是因为缺乏对特征变换结构纹理的处理能力,可能会导致理想分割结果的内部产生过分割。在本节中将采用 MS 方法,对均值漂移聚类借鉴 Han 等在张量空间计算方法,并且改进了均值漂移区域划分,有效地减少了 MS 过分割区域且保持了理想的边缘。

5.6.1.1　传统的均值漂移分割算法

均值漂移[39,71]实际上是在一个高维空间中寻找样本点分布密度较高地方的过程。对于一个像元,提取它的空间位置信息和光谱信息,利用这些特征组成矢量代表这个像元在高维空间对应的点。均值漂移算法可分为均值漂移聚类图和区域划分两个处理过程。

均值漂移滤波的原理是通过对当前像元的样本特征创建一个高维球体空间,以当前像元为球心,落在这个球体空间中的样本点与当前像元在原始空间域中具有相近的距离,在光谱空间中具有相似性,落在高维球内的所有点和球心都会产生一个矢量,矢量是以球心为起点、以落在球内的点为终点,然后将这些矢量相加,就得到了 MS 矢量[36]:

$$G_{h_s, h_r} = \frac{C}{h_s^2 h_r^2} g\left(\parallel \frac{x^s}{h_s} \parallel^2 \right) g\left(\parallel \frac{x^r}{h_r} \parallel^2 \right) \tag{5.84}$$

式中:h_s、h_r 分别为像素位置空间和特征空间的核函数窗口值;x^s 为空间数据;x^r 为特征空间数据;$g(\cdot)$ 为核函数,且为非负、非增并连续的函数,通常采用高斯函数,这里也采用高斯分布进行处理;C 为归一化常数。

根据式(5.84)可以得到所有像素均值漂移聚类的收敛值。

均值漂移区域划分通过两个步骤完成:一是将空间值小于 h_s 且特征值小于 h_r 的像素点与邻近区域合并,合并后得到的区域连续标号,形成连通区域和标签矩阵;二是将区域中像素个数小于给定阈值 M 的区域合并到邻接区域中。

5.6.1.2　改进的均值漂移分割算法

对于极化 SAR 图像采用均值漂移分割,通常是在总功率上计算均值漂移聚类图,然而总功率只是记录相干矩阵对角线元素的强度值,不能有效地利用极化相干矩阵包含的所有信息。Wang 等[74]提出了在张量空间对极化相干矩阵的最小表示,可得到张量空间矢量:

$$V_{Tr} = (T_{11}, \sqrt{2}T_{12}, T_{22}, \sqrt{2}T_{13}, \sqrt{2}T_{23}, T_{33})\tag{5.85}$$

用 V_{Tr} 代替式(5.84)中 x^r,即为特征空间数据。对于空间信息仍使用欧氏距离,式(5.85)可表示为

$$G_{h_s,h_r} = \frac{\sum\limits_{i=1}^{n} V_{Tr\,i}\,g\left(\|\frac{\overline{V}_{Tr} - V_{Tr\,i}}{h_r}\|^2\right)}{\sum\limits_{i=1}^{n} g\left(\|\frac{\overline{V}_{Tr} - V_{Tr\,i}}{h_r}\|^2\right)} \cdot \frac{\sum\limits_{i=1}^{n} x_{si}\,g\left(\|\frac{\bar{x}_s - x_{si}}{h_s}\|^2\right)}{\sum\limits_{i=1}^{n} g\left(\|\frac{\bar{x}_s - x_{si}}{h_s}\|^2\right)}\tag{5.86}$$

式中: n 为邻域像素个数; x_{si} 为邻域像素的坐标; $V_{Tr\,i}$ 为邻域像素的特征空间数据; $\bar{x}_s$ 为待计算均值漂移量的像素点。

对于每个像素点 x,其改进的均值漂移算法可通过以下两个步骤完成:

(1)初始化 $\bar{x}_0 = x$,用 $\bar{x}_j$ 的均值漂移聚类图计算下一次收敛模态点,即

$$\bar{x}_{j+1} = \bar{x}_j + G_{h_s,h_r} = \frac{\sum\limits_{i=1}^{n} V_{Tr\,i}\,g\left(\|\frac{\overline{V}_{Tr} - V_{Tr\,i}}{h_r}\|^2\right)}{\sum\limits_{i=1}^{n} g\left(\|\frac{\overline{V}_{Tr} - V_{Tr\,i}}{h_r}\|^2\right)} \cdot \frac{\sum\limits_{i=1}^{n} x_{si}\,g\left(\|\frac{\bar{x}_s - x_{si}}{h_s}\|^2\right)}{\sum\limits_{i=1}^{n} g\left(\|\frac{\bar{x}_s - x_{si}}{h_s}\|^2\right)}$$

$$\tag{5.87}$$

(2)根据均值漂移空间参数 h_s 和 h_r 区域划分,形成标签矩阵并建立邻接图。均值漂移标签矩阵会产生大量的过分割区域,为了提高算法效率,一般先进行区域粗合并。传统的方法是直接将像素个数小于给定阈值 M 的区域合并到邻接区域中。这种方法只是根据区域个数进行合并,并未考虑两个区域的相似性,这样可能损坏实际的边界,破坏小的目标区域,难以达到理想的分割效果。所以根据标签矩阵进行标记,其标记是由初始标记得到的,其选取方法将在后面讨论。将需要合并的小区域合并到标记相同的邻接最大区域,对于未找到合并区域的进行保留,根据区域合并准则得到更为符合地物的分类的区域划分。

在极化 SAR 图像分类中,常用的区域合并准则为 Wishart 区域距离 $\mathrm{Er}^{[30]}$。它是由 Wishart 统计分布推导得来的,描述了具有最小 Wishart 区域距离的两个

区域合并直到结束的条件：

$$\mathrm{Er} = \left| \left| N_{r1} + N_{r2} \left| \ln \left| T_{12} \right| - \left| N_{r1} \right| \ln \left| T_1 \right| - \left| N_{r2} \right| \ln \left| T_2 \right| \right| \right. \right. \quad (5.88)$$

先建立区域邻接图，计算 Er 的两个邻接区域。N_{ri} 为区域 i 的像素个数，T_{12} 为这两个邻接区域所有点的平均相干矩阵值，T_i 为区域 i 的平均相干矩阵值。在 $\mathrm{Er} > 0$ 的前提下，Er 越小，两个区域的统计相似性越接近，这时合并这两个区域并更新区域邻接图。

P. Yu 等[64] 在 Wishart 区域距离基础上，提出了一种基于边缘惩罚的区域合并准则，并将此应用在由分水岭算法分割得到的区域中，取得了不错的分割效果。分水岭算法的区域划分是根据梯度图像得到的，有明确的单像素边界，而通过均值漂移算法生成的邻接区域无明确边界。散射角表示散射过程的平均物理机制。Q. Chen 等[75] 提出了散射相似性参量 rss 代替散射角能更好地揭示散射机制，其计算公式为

$$\mathrm{rss} = \frac{k_{3P}^{*H} \boldsymbol{T}_{3 \times 3} \boldsymbol{k}_{3P}}{\mathrm{tr}(\boldsymbol{k}_{3P} \boldsymbol{k}_{3P}^{*H}) \times \mathrm{tr}(\boldsymbol{T}_{3 \times 3})} \quad (5.89)$$

散射相似性参量 rss 描述了目标散射与某种典型标准散射的相似程度，其中 Pauli 基 $\boldsymbol{k}_{3P}$ 表示典型标准散射，相干矩阵 $\boldsymbol{T}_{3 \times 3}$ 表示目标散射，对划分的图像块计算对应的相似性参数值，相似性参数 rss 值越大，说明该区域属于某类典型标准散射的程度越高，此时区域的同质均一性越好。对于邻接区域，选取相似性参数之差最小且 rss 总和最大的区域，此时它们具有相同的标准散射且同质程度最高。

根据以上分析，两个邻接区域的 rss 越大，即它们的和越大则越接近于某类典型标准散射，它们的差则反映了它们的相似程度，即差越小，一致性越高。基于上述考虑，结合散射相似性参量 rss 和 Wishart 区域距离 Er，提出了新的区域合并准则：

$$\partial \mathrm{Mer} = \mathrm{rss1} + \mathrm{rss2} - \kappa(\left| \mathrm{rss1} - \mathrm{rss2} \right| + \mathrm{Er}) \quad (5.90)$$

式中：rssi 为区域 i 的散射相似性参数；κ 为惩罚因子。

通过统计特征和相似性信息的共同约束，得到了比较有效的区域分割结果。关于合并终止准则，$\partial \mathrm{Mer}$ 的取值范围 $\partial \mathrm{Mer} \in (0, 2)$，可以根据取值范围确定一个终止条件，对于区域的划分程度，可以根据实验图给出定量分析。图 5.62 为 Flevoland 的部分区域，共包含 8 类地物。

由于缺少实际的地物边界，无法对结果给出定量分析，结合合成图的视觉效果以及最终的分类正确率，当阈值取 1.5 时，能够以最少的区域对实验图像进行划分，保证同质区域的一致性，且分类正确率最好，故选取经验阈值 $T_{\partial \mathrm{Mer}} = 1.5$。

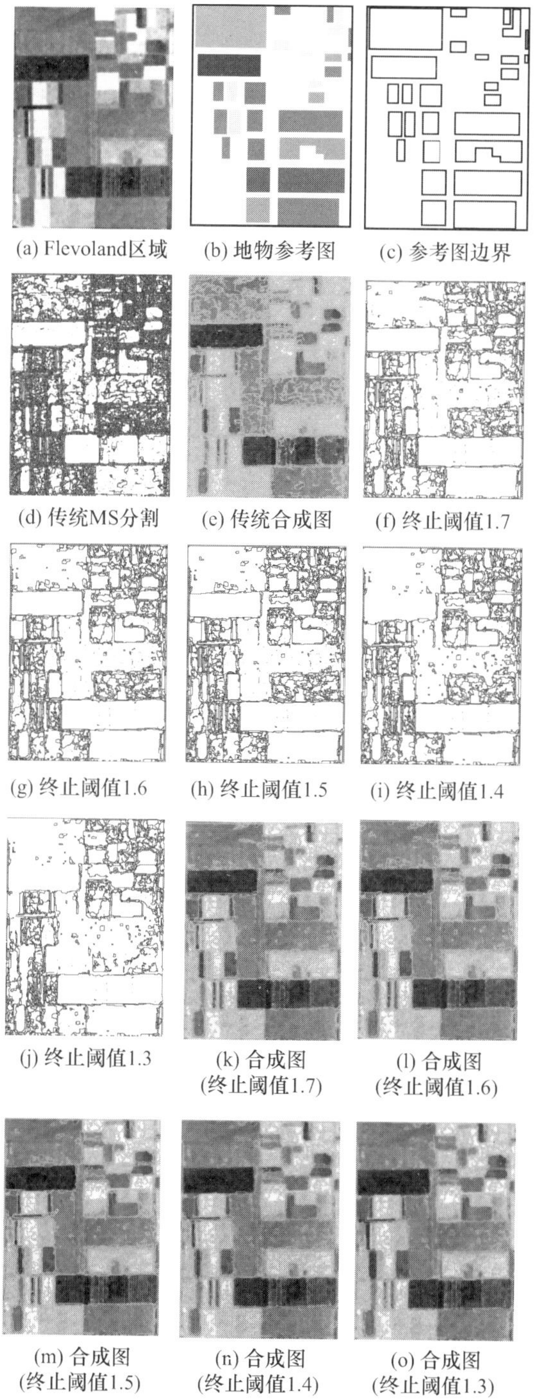

(a) Flevoland区域　　(b) 地物参考图　　(c) 参考图边界

(d) 传统MS分割　　(e) 传统合成图　　(f) 终止阈值1.7

(g) 终止阈值1.6　　(h) 终止阈值1.5　　(i) 终止阈值1.4

(j) 终止阈值1.3　　(k) 合成图　　　　(l) 合成图
　　　　　　　　　 (终止阈值1.7)　　 (终止阈值1.6)

(m) 合成图　　　　 (n) 合成图　　　　 (o) 合成图
(终止阈值1.5)　　　(终止阈值1.4)　　　(终止阈值1.3)

图 5.62　改进的均值漂移分割图截止合并阈值选取图

5.6.1.3　区域的初始标记

该算法需要在区域粗合并以及 MRF 迭代中确定初始标记。目前已有多种确定初始标记的方法,最常用的为 k 均值算法。该方法操作简单,但在计算点群中心时只是根据欧氏距离,局限性太强,不能很好地利用极化特征来得到极化 SAR 图像希望的初始分布。极化 SAR 图像初始标记中经常用到的是极化目标分解的方法,该方法只能划分到预定的类别,与地物时间类别不符。Wang 等提出了结合散射功率熵和同极化散射的分类方法。我们借鉴该思想,利用均值漂移聚类图和散射角的联合分布分类。由图 5.63 可知,这两个特征的联合分布能够有效地区别各类地物。

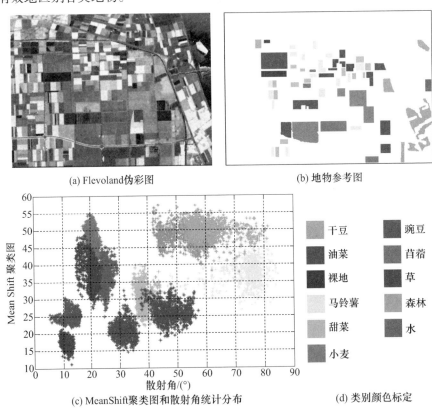

(a) Flevoland伪彩图　　　　　　　(b) 地物参考图

(c) MeanShift聚类图和散射角统计分布　　　(d) 类别颜色标定

图 5.63　区域的初始标记统计分布(见彩图)

根据以上结果,对均值漂移聚类图和散射角的联合分布采用高斯分布,通过最大似然估计得到每个像素点的初始标记。由改进的均值漂移分割算法建立的区域,如果属于某一类的像素点数目达到本区域像素点总数的 50% 以上,则将该区域标定为该类;否则,根据已标定的区域和未标定区域像素的相干矩阵计算

Wishart 统计分布中每一类的相干矩阵聚类中心,对未标定的区域进行标记,直到标定完所有区域。

5.6.1.4　区域 MRF 迭代分类

Wishart 分布可以很好地描述极化 SAR 图像相干矩阵的统计特性,下面通过计算每一类别的 Wishart 距离,对区域第 i 次的标记结果及每类的聚类中心进行迭代调整,从而充分利用了相干矩阵的统计先验信息与迭代结果之间的联系。区域的标号为

$$
\begin{aligned}
\hat{x}_{\mathrm{r}}^{i+1} &= \arg \max_{x_{\mathrm{r}}^{i+1} \in \{1,2,\cdots,K\}} \left\{ P(T_{\mathrm{r}} \mid x_{\mathrm{r}}^{i+1}) P(x_{\mathrm{r}}^{i+1} \mid x_{\mathrm{r}}^{i}) \right\} \\
&= \arg \max_{x_{\mathrm{r}}^{i+1} \in \{1,2,\cdots,K\}} \left\{ \frac{n^{qn} \mid T_{\mathrm{r}} \mid^{n-q} \exp\{ -n\mathrm{tr}(\Sigma_{l}^{-1} T_{\mathrm{r}}) \}}{K(L,q) \mid \boldsymbol{\Sigma}_{l} \mid^{n}} \cdot \exp\{ \xi u(x_{\mathrm{r}}^{i}) \} \right\}
\end{aligned}
\tag{5.91}
$$

式中:$P(T_{\mathrm{r}} \mid x_{\mathrm{r}}^{i+1})$ 为统计先验信息;$P(x_{\mathrm{r}}^{i+1} \mid x_{\mathrm{r}}^{i})$ 为似然概率。

5.6.2　基于改进的均值漂移和 MRF 的极化 SAR 图像分类

5.6.2.1　分类实现过程

分类实现过程(图 5.64)如下:

(1) 改进的均值漂移分割及初始标记。

① 设 j 为迭代次数,计算 V_T,由公式得到均值漂移聚类图,$j = j + 1$。

② 检验 $\mid \bar{x}_{j+1} - \bar{x}_{j} \mid \leqslant \mathrm{eps}$ 是否成立,若不成立返回 1.1,否则迭代结束。

③ 建立散射角 α 和均值漂移聚类图的联合分布,得到像素的初始标记。

④ 均值漂移分割的粗合并。

⑤ 建立区域邻接图,合并具有最大 $\partial \mathrm{Mer}$ 的两个区域,更新区域邻接图信息,直到 $T_{\partial \mathrm{Mer}} > \partial \mathrm{Mer}$。

⑥ 对区域进行初始标记。

(2) 区域 MRF 分类。

① 设 i 为迭代次数,根据区域计算每类的相干矩阵聚类中心:$\Sigma_{l} = \left(\sum_{n=1}^{N_{\mathrm{rl}}} T_{n} \right) / N_{\mathrm{rl}}$ 式中:T_n 为区域平均协方差;N_{rl} 为区域总数。

② 根据 x_{r}^{i}、Σ_{l} 和公式(5.91)计算 $\hat{x}_{\mathrm{r}}^{i+1}$。

③ 检验 $x_{\mathrm{r}}^{i+1} = x_{\mathrm{r}}^{i}$ 是否成立,若不成立,返回①继续迭代,否则迭代结束。

④ 根据 R、G、B 三基色为分类结果分配颜色,计算分类正确率。

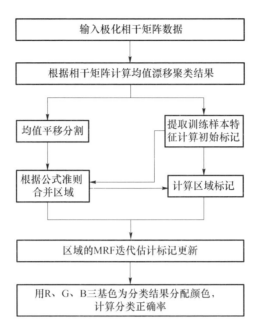

图5.64　基于改进的均值漂移和 MRF 的极化 SAR 图像分类算法流程

5.6.2.2　对比实验结果和分析

为了验证该算法的有效性,给出了五组真实的极化 SAR 图像实验结果。为了便于比较,分别与三种比较流行的方法进行对比,即本节算法(IMSLP)、基于极化总功率的均值漂移算法[71](MS)、基于区域的使用 Wishart MRF 的极化 SAR 图像分类算法[76](WMRF)以及像素的最大似然 Wishart 估计[77](WML)。在进行分类实验之前,使用到的极化 SAR 数据均已采用精细 Lee 滤波预处理[31]。

1) Flevoland 地区实验结果

该数据与图5.63(a)相同,即 NASA/JPL AIRSAR 系统获取的 L 波段荷兰中部 Flevoland 地区 4 视全极化数据的一部分,图像大小为 750×1024 。该地区可划分为 11 类不同的地物[25]:7 种不同的庄稼,1 类裸地,1 类草,1 类森林和 1 类水域。图5.63(b)为对应的地物参考图。

为了说明该算法的稳定性,在计算初始标记时根据地物参考图随机选取每类地物 10% 的数据作为样本数据,经过 30 次实验,将其结果用盒图[78]的形式给出。盒图广泛应用于经济学领域,是进行统计分析的重要工具,它能够直观地反映数据的统计分布特征,图5.65 是 30 次结果对应的盒图。其中,盒子的上、下两条较短的线段分别为样本四分位数的上、下范围线,盒子的范围是根据样本的分布标注的置信区间,盒子里面的线段是样本数据的中位数线,盒子与上、下四

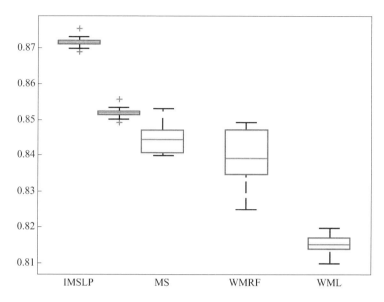

图 5.65　对 Flevoland 地区用不同方法 30 次实验的结果盒图

分位范围线之间的虚线表示样本的其余部分,样本最大值在虚线顶端,样本最小值是虚线底端,"+"称为野值或可以忽略的值,即偏差太大而不予统计的值。IMSLP 对应的正确率为 86.88% ~ 87.54%,平均正确率为 87.14%,标准差为 $0.0732 \times 10 - 4$。MS、WMRF、WML 对应的正确率分别为 84.46%、83.94%、81.56%,标准差为 0.3704×10^{-4}、0.7624×10^{-4}、0.1936×10^{-4}。可以看出,IMSLP 具有最高的正确率和最小的方差,也就是说此方法受样本选取的影响很小,能够得到有效且稳定的结果。

表 5.15 给出了 Flevoland 地区的正确率统计情况。根据 30 次实验的结果可知,IMSLP 对整体和每类的正确率都是相对稳定的,这里给出的数据是整体分类正确率中位数所对应的数据。从表 5.15 中数据可知,对于整体正确率,IMSLP 分别高出其他三种 3.06%、3.44%、5.22%,最低正确率为 79.65%,也分别高出了其他三种方法 9.39%、8.63%、14.85%。

表 5.15　对 Flevoland 地区用不同方法分类的正确率统计

Flevoland	IMSLP	MS	WMRF	WML
干豆	93.99	91.27	95.16	95.32
油菜	90.13	75.44	78.82	89.05
裸地	99.93	99.71	99.71	99.36
马铃薯	89.72	89.58	84.25	82.89
甜菜	92.65	93.25	91.11	89.26

Flevoland	IMSLP	MS	WMRF	WML
小麦	93.75	81.65	72.56	64.80
豌豆	93.91	94.80	94.94	86.47
苜蓿	95.95	94.04	80.78	97.91
草地	95.80	75.56	71.02	91.05
森林	79.65	70.26	88.98	81.07
水域	100	98.63	100	100
总计	87.15	84.09	83.71	81.63

图 5.66 为 Flevoland 地区的分类结果。每一行的左图为整体图像的分类结果图,右图是对应的地物参考图。图 5.66(a)和(b)是 IMSLP 的结果,能够很好地回归地物实际分布,正确率最高。图 5.66(c)和(d)是 MS 方法的结果,可以看出对庄稼的分类效果较差,由于均值漂移划分的区域不够准确,因此同质区域的保持性较差。图 5.66(e)和(f)为 WMRF 的分类结果,该方法通过划分过硬的矩形小区域来提供区域分割的雏形,破坏了区域的一致性和区域的边缘,因而分类正确率较低。图 5.66(g)和(h)显示了 WML 的分类结果,该方法只是基于像素的 Wishart 最大似然估计,因为缺少足够的极化特征和图像特征,该方法的分类结果是最差的。

2) Flevoland 地区子图结果

表 5.16 对 Flevoland 子图不同方法分类正确率统计

levoland 地区	IMSLP	MS	WMRF	WML
油菜	99.87	97.33	99.19	93.62
裸地	99.42	98.38	99.77	97.65
甜菜	88.69	84.24	85.26	85.98
马铃薯	99.81	99.88	99.95	93.10
大麦	99.35	93.48	90.15	89.99
豌豆	98.97	96.53	98.43	96.28
苜蓿	100	95.83	100	95.11
水域	99.85	88.04	90.49	89.16
总计	98.72	93.40	95.40	91.53

为了进一步说明本节算法的正确率和视觉效果,我们参考 Wu[96] 等的工作截取了 Flevoland 子图,其截取的图像和给出的地物参考图相似,共分为 8 类不同的地物。表 5.16 给出了分类正确率的统计情况,可以看出对于该数据本节算

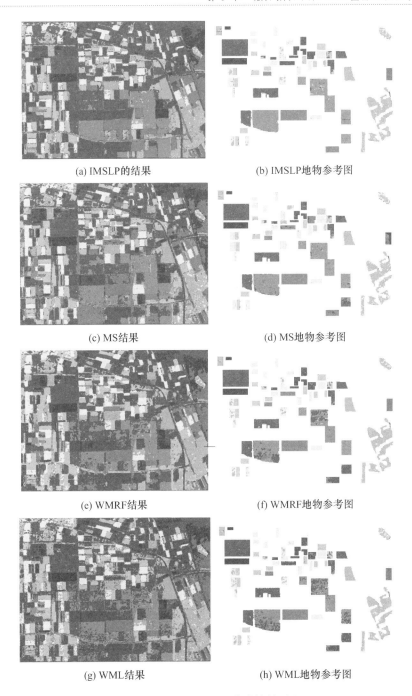

(a) IMSLP的结果　　　　　　　　(b) IMSLP地物参考图

(c) MS结果　　　　　　　　(d) MS地物参考图

(e) WMRF结果　　　　　　　　(f) WMRF地物参考图

(g) WML结果　　　　　　　　(h) WML地物参考图

图 5.66　Flevoland 地区分类结果对比

法仍具有最高的正确率。图 5.67(a) 是 Flevoland 子图数据,图 5.67(b) 为地物参考图,图 5.67(c) 是类别颜色的标定。从视觉效果看:图 5.67(d) 和(e) 显示本节算法结果具有很好的区域一致性并且边缘的连续性较好;图 5.67(f) 和(g) 是 MS 分类结果,其同质区域一致性相对差些;图 5.67(h) 和(i) 是 WMRF 方法,其边界处及同质区域内受初始过分割影响严重,存在明显的错分现象。图 5.67(j) 和(k) 是像素的 WML 方法,可以看出分类结果中残存大量的孤立小区域和孤立像素,分类结果不太理想。

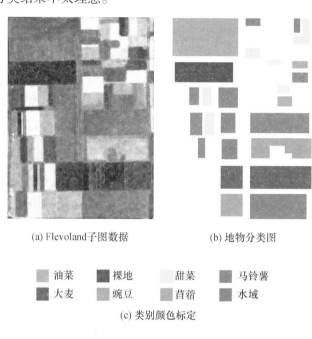

(a) Flevoland子图数据　　　　　(b) 地物分类图

油菜　　裸地　　甜菜　　马铃薯
大麦　　豌豆　　苜蓿　　水域

(c) 类别颜色标定

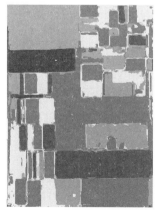

(d) IMSLP结果　　　　　(e) IMSLP地物参考图

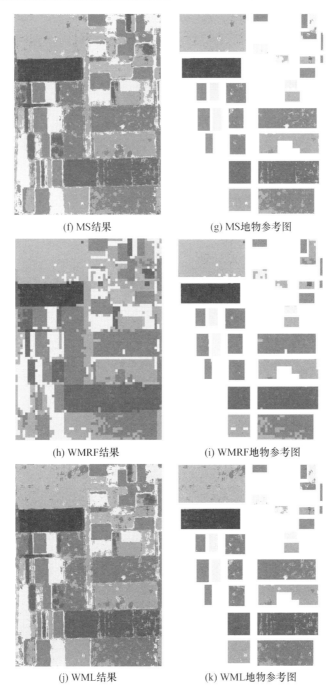

(f) MS结果 (g) MS地物参考图

(h) WMRF结果 (i) WMRF地物参考图

(j) WML结果 (k) WML地物参考图

图 5.67 Flevoland 子图分类结果对比

3）Lelystad 地区实验结果

该实验数据为 NASA/JPL RadarSAT - 2 系统的 C 波段全极化数据,拍摄于 2008 年荷兰的 Lelystad 区域,像素个数为 850×950。图 5.68 给出了该数据的实验结果。图 5.68(a)是根据 Pauli 分解得到的伪彩图。图 5.68(b)为训练数据选取及类别颜色标定图,这里共分为水域、树木、农田和城市区域四类,由于无法获得地物参考图,只能人工选取训练样本为 50×50。图 5.68(c)是 IMSLP 的分类结果,本节算法能够很好地保持地物细节和边界,尤其是对城市区域划分比较完整。图 5.68(d)为 MS 的分类结果,在该实验室中树木、农田和城市区域分类

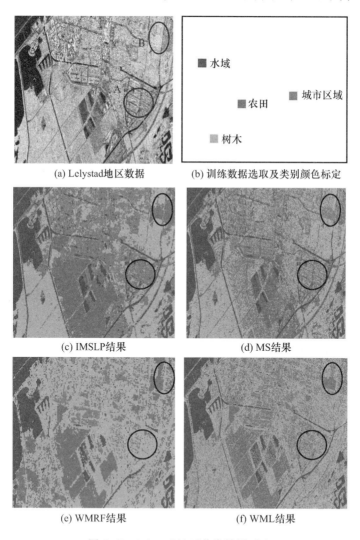

(a) Lelystad 地区数据 (b) 训练数据选取及类别颜色标定

■水域　■农田　■城市区域　■树木

(c) IMSLP结果 (d) MS结果

(e) WMRF结果 (f) WML结果

图 5.68　Lelystad 地区分类结果对比

严重混淆。图 5.68(e) 中存在大量的孤立区域,类别间错分严重。图 5.68(f) 的像素结果是最差的。为了更加直观地进行对比,在图中选取城市区域 A 和包含一个条带树木及两个条带农田的区域 B,通过横向比对可以看出,本节算法具有最好的处理结果。

4) 西安地区数据实验结果

该实验数据仍为 NASA/JPL RadarSAT-2 系统于 2009 年对西安地区获取的 C 波段全极化数据,大小为 512×512。由于缺少地物参考图,根据 Google 地图将该区域划分为建筑物、河流、住宅区和裸地四类地物。其中,建筑物是指城市中高大的建筑,以体散射为主。住宅区以表面散射和偶次散射为主,主要是城市中较宽敞或者低矮的设施以及农村的房屋设施。该图像数据拍摄于渭河流域处的部分地物,图 5.69(a) 中上对角线部分主要是渭河以及河床,右上角部分在河流上横穿一条大桥和几条铁路,左上角处坐落着一些村庄,右下角主要为一些农田和落地,也有一些零散的住宅区。图 5.69(c) 能够更加完整地划分住宅区和裸地,河流和公路区域也划分得比较清晰。图 5.69(d) 和(f) 中残存许多孤立的像素和小区域。图 5.69(e) 存在大量的过小区域痕迹,因混淆了地物分布而引起错分。

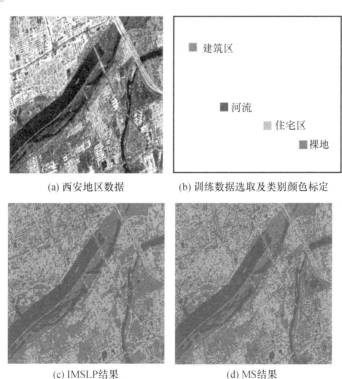

(a) 西安地区数据　　(b) 训练数据选取及类别颜色标定

建筑区

河流

住宅区

裸地

(c) IMSLP结果　　(d) MS结果

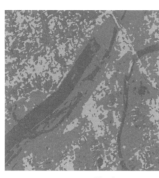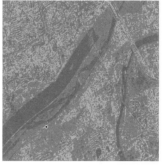

(e) WMRF结果   (f) WML结果

图 5.69　西安地区分类结果对比

5）旧金山海湾地区实验结果

旧金山海湾地区是由 NASA/JPL ARISAR 系统获取的 L 波段的全极化数据,大小为 900×1024。在该数据中主要的地物为海洋、城市、树木、草地和沙滩。由于草地和沙滩都以表面散射为主,故将它们划分为一类,并选取训练样本大小为 20×20。由于海洋数据中图像边缘处的数据缺失[77],因此将海洋划分为两类,分别选取 60×60 和 30×30 大小的训练数据。对于城市和树木这两类也均选取 30×30 大小的训练数据。旧金山海湾地区分类结果对比如图 5.70 所示。从图 5.70 给出的分类结果可知,本节算法的分类结果最为理想,能够很好地保持实际地物类别。我们选取了包含沙滩和海洋及城市的区域 A 和海洋不同类别区域 B,通过横向对比可以看出,本节算法具有最好的分类结果,能够很好地刻画实际分布。

5.6.3　小结

本节综合运用了极化统计特征、图像特征和极化目标分解特征,提出了基于改进 MS 和标记惩罚的极化 SAR 分类方法。首先采用改进的 MS 区域划分策略,通过在张量空间计算 MS 平滑聚类图来提高图像同质区域的保持,可以有效抑制相干斑的影响。对于 MS 分割,我们根据极化特征提出了新的合并公式,充分考虑了区域相似性和区域特征,提高了地物边缘的完整性。然后通过区域的 MRF 迭代,其中似然项为全局信息约束,先验项为局部信息惩罚,得到了更加准确的区域标记,提高了分类正确率。通过结果我们可以看出基于均值漂移和 WishartMRF 的极化 SAR 图像分类算法是一种可靠有效的地物分类算法。

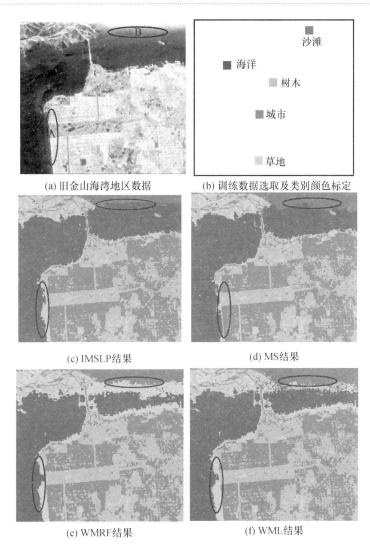

(a) 旧金山海湾地区数据　　　(b) 训练数据选取及类别颜色标定

沙滩
■ 海洋
■ 树木
■ 城市
草地

(c) IMSLP结果　　　(d) MS结果

(e) WMRF结果　　　(f) WML结果

图 5.70　旧金山海湾地区分类结果对比

参考文献

[1] ULABY F T, ELACHI C. Radar Polarimetry for Geoscience Applications[J]. Norwood Ma Artech House Inc., 1990, 5(3):38 – 38.

[2] SINCLAIR G. The Transmission Reception of Elliptically Polarized Waves[J]. Proceedings of the Ire, 1950, 38(2):148 – 151.

[3] 王超, 张红, 陈曦. 全极化合成孔径雷达图像处理[M]. 北京:科学出版社, 2008.

[4] 周晓光, 匡纲要, 万建伟. 极化 SAR 图像分类综述[J]. 信号处理, 2008, 24(5):8 06 –

812.

[5] CLOUDE S R, POTTIER E. A Review of Target Decomposition Theorems in Radar Polarimetry [J]. IEEE Transactions on Geoscience and Remote Sensing, 1996, 34(2):498-518.

[6] KROGAGER E. New Decomposition of the Radar Target Scattering Matrix[J]. Electronics Letters, 2002, 26(18):1525-1527.

[7] CLOUDE S R, POTTIER E. An Entropy Based Classification Scheme for l Applications of Polarimetric SAR[J]. IEEE Transactions on Geoscience and Remote Sensing, 1997, 35(1):68-78.

[8] FREEMAN A, DURDEN S L. A three-component Scattering Model for Polarimetric SAR Data [J]. IEEE Transactions on Geoscience and Remote Sensing, 1998, 36(3):963-973.

[9] YAMAGUCHI Y, MORIYAMA T, ISHIDO M, et al. Four-component Scattering Model for Polarimetric SAR Image Decomposition[J]. IEEE Transactions on Geoscience and Remote Sensing, 2005, 43(8):1699-1706.

[10] 张澄波. 综合孔径雷达:原理、系统分析与应用[M]. 北京:科学出版社, 1989.

[11] LI H C, HONG W, WU Y R. An Efficient Flexible Statistical Model Based on Generalized Gamma istribution for Amplitude, SAR Images[J]. IEEE Tran Geoscience and Remote Sensing, 2010, 48(6).

[12] 时公涛, 赵凌君, 桂琳, 等. 基于 Mellin 变换的 K 分布参数估计新方法[J]. 电子学报, 2010, 38(9):2083-2089.

[13] OLIVER C, QUEGAN S. Understanding Sythetic Aperture Radar Images[M]. SciTech Publishing, 2004.

[14] OLIVER C J. Optimum Texture Estimators for SAR Clutter[J]. Journal of Physics D Applied Physics, 1999, 26(11):1824.

[15] GOODMAN J W. Statistical Properties of Laser Speckle Patterns[J]. Laser Speckle and Related Phenomena, 1975, 9:9-75.

[16] TISON C, NICOLAS J M, TUPIN F, et al. A New Statistical Model for Markovian Classification of Urban Areas in High-resolution SAR Images[J]. Geoscience and Remote Sensing IEEE Transactions on, 2004, 42(10):2046-2057.

[17] LI H C, HONG W, WU Y R, et al. On the Empirical-Statistical Modeling of SAR Images With Generalized Gamma Distribution[J]. IEEE Journal of Selected Topics in Signal Processing, 2011, 5(3):386-397.

[18] NICOLAS J M. Introduction to Second Kind Statistics: Application of Log-moments Log-cumulants to SAR Image Law Analysis[J]. Traitement Du Signal, 2002, 19(3):139-167.

[19] LEE J S, SCHULER D L, LANG R H, et al. K-distribution for Multi-look Processed Polarimetric SAR Imagery [C]. Geoscience Remote Sensing Symposium, 1994. IGARSS'94. Surface Atmospheric Remote Sensing: Technologies, Data Analysis Interpretation. International. IEEE, 1994:2179-2181.

[20] FREITAS C C, FRERY A, CORREIA A H. The Polarimetric Distribution for SAR Data Anal-

ysis[J]. Environmetrics, 2005, 16(1):13 – 31.

[21] FRERY A, CORREIA A, FREITAS C. Multifrequency Full Polarimetric SAR Classification with Multiple Sources of Statistical Evidence[C]. IEEE International Conference on Geoscience Remote Sensing Symposium. IEEE, 2007:4195 – 4197.

[22] FERRO-FAMIL L, POTTIER E, LEE J S. Unsupervised Classification of Multifrequency Fully Polarimetric SAR Images Based on the H/A/Alpha-Wishart Classifier[J]. IEEE Transactions on Geoscience and Remote Sensing, 2001, 39(11):2332 – 2342.

[23] 赵力文, 周晓光, 蒋咏梅, 等. 一种基于 Freeman 分解与散射熵的极化 SAR 图像迭代分类方法[J]. 电子与信息学报, 2008, 30(11):2698 – 2701.

[24] LEE J S, GRUNES M R. Classification of Multi-look Polarimetric SAR Data Based on Complex Wishart Distribution[J]. International Journal of Remote Sensing, 1992, 15(11):2299 – 2311.

[25] LEE J S, GRUNES M R, AINSWORTH T L, et al. Unsupervised Classification Using Polarimetric Decomposition the Complex Wishart Classifier[J]. IEEE Trans Geosci Remote Sens[C]. Geoscience Remote Sensing Symposium Proceedings, 1998. IGARSS '98. 1998 IEEE International. IEEE Xplore, 1999:2178 – 2180.

[26] 杨磊, 刘伟, 王志刚. 加权全极化 SAR 图像非监督 Wishart 分类方法[J]. 电子与信息学报, 2008, 30(12):2827 – 2830.

[27] YANG W, ZOU T Y, SUN H, et al. Improved Unsupervised Classification Based on Freeman-Durden Polarimetric Decomposition[C]. European Conference on Synthetic Aperture Radar. VDE, 2008:1 – 4.

[28] PARK S E, MOON W M. Classification of the Polarimetric SAR Using Fuzzy Boundaries in Entropy Alpha Plane[C]. Geoscience Remote Sensing Symposium, 2005. IGARSS'05, International, IEEE, 2005:5517 – 5519.

[29] CLOUDE S R. Application of the H/A/alpha Polarimetric Decomposition Theorem for l Classification[J]. Proceedings of SPIE-The International Society for Optical Engineering, 1997, 3120.

[30] LEE J S, GRUNES M R, POTTIER E, et al. Unsupervised Terrain Classification Preserving Polarimetric Scattering Characteristics[J]. Geoscience and Remote Sensing IEEE Transactions on, 2004, 42(4):722 – 731.

[31] LEE J S, GRUNES M R, AINSWORTH T L, et al. Unsupervised Classification Using Polarimetric Decomposition the Complex Wishart Classifier[J]. IEEE Transactions on Geoscience and Remote Sensing, 2002, 37(5):2249 – 2258.

[32] 邹同元. 多极化 SAR 图像分类技术研究[D]. 武汉:武汉大学, 2009.

[33] DAVIES D L, BOULDIN D W. A Cluster Separation Measure[J]. IEEE Trans. Pattern Anal. Machine Intell., (PAMI – 1) 1979, 2:224 – 227.

[34] 牛春盈, 江万寿, 黄先锋, 等. 面向对象影像信息提取软件 Feature Analyst 和 eCognition 的分析与比较[J]. 遥感信息, 2007(2):66 – 70.

[35] FUKUNAGA K, HOSTETLER L. The Estimation of the Gradient of a Density Function with Applications in Pattern Recognition[J]. IEEE Trans on Information Theory, 1975, 21 (1): 32 – 40.

[36] COMANICIU D, MEER P. Mean Shift: A Robust Approach Toward Feature Space Analysis[J]. IEEE Transactions on Pattern Analysis and Machine Intelligence, 2002, 24(5):603 – 619.

[37] FOWLKES C, BELONGIE S, CHUNG F, et al. Spectral Grouping Using the Nyström Method. [J]. IEEE Transactions on Pattern Analysis and Machine Intelligence, 2004, 26(2): 214 – 225.

[38] WOODS F C, JENG J W. Compound Gauss-Markov Models for Image Processing[C]. Digital Image Restoration Digital Image Restoration, 1991:89 – 108.

[39] MOURA J M F, BALRAM N. Recursive Structure of Noncausal Gauss-Markov Rom Fields [J]. IEEE Transactions on Information Theory, 1992, 38(2):334 – 354.

[40] GEMAN S, GEMAN D. Stochastic Relaxation Gibbs Distribution Bayesian Restoration of Images[J]. IEEE Transaction on Pattern Analysis Machine Intelligence, 1984, 6: 721 – 741.

[41] HOU Y, LUN X, MENG W, et al. Unsupervised Segmentation Method for Color Image Based on MRF[C]. International Conference on Computational Intelligence Natural Computing, 2009:174 – 177.

[42] HUBER P J. Robust statistics[M]. Internatiional Encyclopedia of Statistical Science. Springer Berlin Heidelbelberg,2001:1248 – 1251.

[43] DOULGERIS A P, ANFINSEN S N, ELTOFT T. Classification with a non-Gaussian Model for polSAR Data[J]. IEEE Transactions on Geoscience Remote Sensing,2008, 46(10): 2999 – 3009.

[44] KONG J A. K-Distribution Polarimetric Terrain Radar Clutter[J]. Journal of Electromagnetic Waves Applications, 1989, 3(8):747 – 768.

[45] JAKEMAN E, TOUGH R J A. Generalized K Distribution:a Statistical Model for Weak Scattering[J]. Journal of the Optical Society of America A, 1987, 4(9):1764 – 1772.

[46] KONG J A, SCHWARTZ A A, YUEH H A, et al. Identification of Terrain Cover Using the Optimum Polarimetric Classifier[J]. Journal of Electromagnetic Waves Applications,1988, 2 (2): 171 – 194.

[47] RIGNOT E, CHELLAPPA R, DUBOIS P. Unsupervised Segmentation of Polarimetric SAR Data Using the Covariance Matrix[J]. IEEE Transactions on Geoscience Remote Sensing, 1992, 30(4): 697 – 705.

[48] RIGNOT E,CHELLAPPA R. Segmentation of Polarimetric Synthetic Aperture Radar Dam[J]. IEEE Transactions on Image Processing. 1992, 1(3): 281 – 300.

[49] FUKUNAGA K. Introduction to Statistical Pattern Recognition[M]. Academic San Diego Calif,1972:51 – 55.

[50] LEE J S, DU L, SCHULER D L, et al. Statistical Analysis Segmentation of Multi-look SAR Imagery Using Partial Polarimetric Data [C]. Geoscience Remote Sensing Symposium,

1995. IGARSS'95, International, IEEE, 1995:1422 - 1424.

[51] 周晓光. 极化 SAR 图像分类方法研究[D]. 武汉:国防科学技术大学, 2008.

[52] JACKSON Q, LGREBE D A. Adaptive Bayesian Contextuan Classification Based on Markov rom Fields [J]. IEEE Transactions on Geoscience Remote Sensing. 2002, 40 (11): 2454 - 2463.

[53] LI B, WANG T, YAN G. A New Algorithm for Segmentation of Brain MR Images with Intensity Nonuniformity Using Fuzzy Markov Rom Field[C]. International Conference on Bioinformatics Biomedical Engineering. IEEE, 2009:1 - 4.

[54] LU X D, ZHOU F Q, ZHOU J. Synthetic Aperture Radar Image Segmentation Based on Improved Fuzzy Markov Rom Field Model[C]. International Symposium on Systems Control in Aerospace Astronautics. IEEE, 2006, 4:1204 - 1208.

[55] KHAN K U, YANG J. Novel Features for Polarimetric SAR Image Classification by Neural Network[C]. International Conference on Neural Networks Brain, 2005. Icnnandb. IEEE, 2005:165 - 170.

[56] ERSAHIN K, CUMMING I G, WARD R K. Segmentation Classification of Polarimetric SAR Data Using Spectral Graph Partitioning[J]. IEEE Transactions on Geoscience Remote Sensing, 2010, 48(1):164 - 174.

[57] HUB J M, BEZDEK J C, HATHAWAY R J. bigVAT: Visual Assessment of Cluster Tendency for Large Data Sets[M]. Elsevier Science Inc. 2005.

[58] WANG L, LECKIE C, RAMAMOHANARAO K, et al. Automatically Determining the Number of Clusters in Unlabeled Data Sets[J]. IEEE Transactions on Knowledge Data Engineeering, 2009, 21(3): 335 - 350.

[59] OTSU N. A Threshold Selection Method from Gray-level Histograms[J]. IEEE Transaction on Systems Man Cybernetics, 1979 9(1):62 - 66.

[60] SOILLE P. Morphological Image Analysis: Principles Applications [J]. Computer Physics Communications, 2003, 49(5): 94 - 103.

[61] WANG S, PEI J J, LIU K, et al. Unsupervised Classification of POLSAR Data Based on the Polarimetric Decomposition the Co-polarization[C]. Geoscience Remote Sensing Symposium (IGARSS), 2011 IEEE International, 2011:424 - 427.

[62] WU Z, LEAHY R. An Optimal Graph Theoretic Approach to Data Clustering: theory Its Application to Image Segmentation[J]. IEEE Transactions Pattern Analysis Machine Intelligence, 1993, 15(11): 1101 - 1113.

[63] LIU B, HU H, WANG H Y, et al. Superpixel-Based Classification With an Adaptive Number of Classes for Polarimetric SAR Images[J]. IEEE Transactions on Geoscience Remote Sensing, 2013, 51(2): 907 - 924.

[64] YU P, QIN A K, CLAUSI D A. Unsupervised Polarimetric SAR Image Segmentation Classification Using Region Growing With Edge Penal[J]. IEEE Transactions on Geoscience Remote Sensing, 2012, 50(4):1302 - 1317.

[65] POTTIER E, SAILLARD J. On Radar Polarization Target Decomposition Theorems with Application to Target Classification by Using Network Method [C]. Proceeding ICAP 91, York, Engl, 1991:265 – 268.

[66] 冈萨雷斯. 数字图像处理[M]. 阮秋琦,阮宇智,等译. 北京:电子工业出版社,2005.

[67] 李昕,陈坚. 基于 MATLAB 的数字图像处理[J]. 电脑知识与技术,2009,5(8):1979 – 1981.

[68] HOU B, ZHANG X, LI N. MPM SAR Image Segmentation Using Feature Extraction and Context Model[J]. IEEE Geoscience and Remote Sensing Letters, 2012, 9(6):1041 – 1045.

[69] AKBARI V, DOULGERIS A P, MOSER G, et al. A Textural-Contextual Model for Unsupervised Segmentation of Multipolarization Synthetic Aperture Radar Images[J]. IEEE Transactions on Geoscience Remote Sensing,2013, 51(4): 2442 – 2453.

[70] FRAZIER M, JAWERTH B. The Morphological Approach to Segmentation: The Watershed Transformation[M]. Mathematical Morphology in Image Processing. 1992.

[71] CHENG Y Z. Mean Shift, Mode Seeking Clustering[J]. IEEE Transactions Pattern Analysis Machine Intelligence,1995, 17(8):790 – 799.

[72] HE W, JAGER M, HELLWICH O. Comparison of Three Unsupervised Segmentation Algorithms for SAR Data in Urban Areas [C]. Geoscience and Remote Sensing Symposium, 2008. IGARSS 2008. IEEE International. IEEE, 2008:I – 241 – I – 244.

[73] ZHANG B, MA G R, ZHANG Z, et al. Region-based Classification by Combining MS Segmentation MRF for PolSAR Images[J]. IEEE Transactions Systems Engineering Electronics, 2013, 24(3):400 – 409.

[74] WANG Y H, HAN C Z. PolSAR Image Segmentation by Mean Shift Clustering in the Tensor Space[J]. Acta Automatica sinica,2010, 36(6): 798 – 806.

[75] CHEN Q, KUANG G Y, LI J, et al. Unsupervised l Cover/l use Classification Using PolSAR Imagery Based on Scattering Similarity[J]. IEEE Transactions on Geoscience Remote Sensing, 2013, 51(3):1817 – 1825.

[76] WU Y H, JI K F, YU W X, et al. Region-based Classification of Polarimetric SAR Images Using Wishart MRF[J]. IEEE Geoscience Remote Sensing Letters, 2008, 5(4):668 – 672.

[77] LEE J S, GRUNES M R, POTTIER E. Quantitative Comparison of Classification Capability: Fully Polarimetric Versus Dual Single-polarimetric SAR[J]. IEEE Transactions on Geoscience Remote Sensing, 2001, 39(11): 2343 – 2351.

[78] MCGILL R, TUKEY J W, LARSEN W A. Variations of box plots[J]. The American Statistician,1978, 32(1): 12 – 16.

第 **6** 章
高分辨力 SAR 图像目标检测

▨ 6.1　基于视觉注意的 SAR 图像舰船目标检测

随着电子信息技术的发展,图像成为一种重要的信息载体,越来越多的图像数据给计算机图像处理带来了巨大挑战,因此能够通过引入选择性注意机制提高计算机图像信息处理的效率成为当前的一种迫切需求。

在图像目标检测中,任务关注的内容通常是整幅图像中的很小一部分。一视同仁地处理整幅图像中的数据是不必要的。另外,如果能引入人眼的视觉注意机制,模仿人眼视觉的选择性和主动性,从图像中迅速找到感兴趣的部分,即显著区域,并对这些部分进行优先处理,忽略或舍弃其他非显著区域,就能大大提高图像处理的效率。本节首先介绍视觉注意模型,并提出视觉显著区域提取的方法,然后将视觉注意机制引入 SAR 图像目标检测中,并完成相关实验。实验结果表明,将视觉注意机制引入 SAR 图像目标检测中,不仅能提高算法的检测效率,而且具有较好的检测效果。

6.1.1　自底向上的图像显著区域检测

6.1.1.1　简介

从信息处理角度将图像显著区域(也称为注意焦点(Focus of Attention, FOA))的检测过程划分为自底向上和自顶向下两种类型,本节将对前者进行研究。

自底向上的图像显著区域检测与检测任务无关,是由图像数据驱动的,对提高无先验信息的图像处理过程的计算资源使用效率具有重要的意义。但主要问题是自底向上的选择性注意机制究竟如何工作,以及怎样在这种机制的引导下从图像中快速搜索和选择显著区域。

针对上述问题,本节将结合人类自底向上的选择性视觉注意机制的特点,研究自底向上的图像显著区域快速检测方法。

下面首先介绍自底向上的图像显著区域检测技术的研究现状和研究意义；然后以人类视觉的心理学理论为基础，对人类自底向上的选择性视觉注意过程提出假设，并构建一个自底向上的选择性注意模型；接着将该模型引入图像信息处理中，形成一种计算速度较快且可操作性较强的自底向上的图像显著区域检测方法；最后将该方法应用于真实的彩色图像，对实验结果进行分析。

6.1.1.2 相关研究

在有些图像信息处理任务中，需要在没有先验信息的情况下建立对图像内容的描述，如图像检索、主动视觉等。由于对图像没有明确的分析目的，因此传统方法都会对整幅图像进行全面处理。然而，在通常情况下，那些最能反映图像内容的有效目标区域仅在整幅图像中占据很小一块面积。这样，运用传统方法对图像进行全面处理不但增加了分析过程的复杂性，而且带来计算资源的浪费。

然而，人类视觉却能在自底向上的选择性注意机制的引导下很好地解决上述问题。虽然没有任何内部信息的引导，但是它仍然能够根据外界的视觉刺激分配计算资源，并按照一定的优先级顺序有选择地对图像的各个区域进行局部处理。此外，在通常情况下，图像中包含有效目标的区域会由于特殊的视觉刺激分布模式而拥有较高的优先级。这样，通过局部处理，人类视觉就能够快速准确地认知场景区域中的内容。显然，将这种仅由外界环境的视觉刺激驱动的自底向上的选择性视觉注意机制引入到图像处理过程是非常有用的。自底向上的图像显著区域检测就是在这种思想的基础上提出的。

自底向上的图像显著区域检测相关的研究较少。其中，又以在合成图像上进行面向视觉信息处理的理论研究居多，而在真实图像上进行面向图像信息处理的应用研究则较少。通过对这些方法的分析，将自底向上的图像显著区域检测划分为三个方面：

（1）候选对象的划分：从图像中划分出可能成为显著区域的候选对象。

（2）视觉显著性度量：度量各个候选对象的视觉显著性，获得显著区域检测的依据。

（3）显著区域的选择：选择候选对象，形成显著区域。

下面将从上述三个方面对自底向上图像显著区域检测方法进行介绍。

1）候选对象的划分

在对候选对象进行划分时，最直接的方法是图像分割。图像分割虽然能很好地解决对候选对象的划分问题，但从图像处理角度看，它的计算量太大，偏离了显著区域检测的宗旨。为了避开图像分割，可以在各个像素处设置多个不同尺寸和形状的邻域，并将这些像素邻域作为显著区域的候选对象。Itti 等在此基础上引入了多尺度技术,在多个尺度中设置像素的邻域。

2)视觉显著性度量

度量候选对象的视觉显著性是图像区域检测过程中的核心环节。通常情况下,人们将视觉显著性看作图像对象的一种视觉属性。对图像对象的视觉显著性度量实际上就是提取其显著性特征。目前对图像显著性特征提取有如下三种方法:

(1)内部提取法。该方法认为视觉对象本身具有某种特殊的属性,视觉显著性的产生是由于这种特殊属性能引起观察者的注意。因此,可以从候选对象内部提取其显著性特征。Reisfeld 等将像素邻域的对称性作为其显著性特征,并通过梯度信息的离散对称变换得到该邻域的对称性。Gesu 等[1]通过结合离散矩变换和离散对称变换得到像素邻域的显著性。Kadir 等将像素邻域的复杂性作为其显著性特征,并通过像素邻域的灰度直方图的熵来度量其复杂性。Dimai 等[2]通过像素邻域的不一致性来度量其显著性。

(2)外部提取法。该方法认为视觉对象与外界通过某种对比可能形成某种新异刺激,视觉显著性就是由于这种新异刺激产生的。因此,可以从候选对象与外界的比较中提取显著性特征。

有些研究者通过将候选对象与周边范围比较中产生的差异来描述显著性。Wai 等[3]用 DOG 算子比较候选对象与周边范围的亮度差异。Milanese 等用 LOG 算子比较候选对象与周边范围在梯度强度、梯度方向、亮度和曲率上的差异。Itti 等用中心 – 周边算子比较候选对象与周边范围在颜色、亮度和方向上的差异。

还有一些学者用候选对象与整幅图像比较产生的差异值来度量显著性。Bourque 等[4]比较候选对象与整幅图像的边缘密度差异。Stentiford 通过进化规划比较候选对象与图像中其他对象的形态差异。Grossberg 等提出了自适应共鸣理论,认为视觉对象与已学习特征间的共鸣是形成视觉注意的主要原因,可以用候选对象与记忆模板库的匹配程度来度量其显著性。

(3)综合提取法。该方法将上述的内部特征和外部特征结合起来作为候选对象的显著性特征。Osberger 通过形状、尺寸和方位这些内部特征,以及对比度、背景这些外部显著特征描述图像的区域显著性。Luo 用图像区域在纹理、颜色、形状上的多种内部特征和外部特征描述其显著性。Privitera 通过方向、边缘、对称性和对比度等特征描述像素邻域的显著性。

3)显著区域的选择

目前,图像显著区域的选择方法主要有三种:

(1)门限法。该方法适用于仅用一种特征来度量候选对象的显著性的算法中。Wai[3]根据显著性的最大值来设置门限,将大于该门限的候选对象作为图像的显著区域;Bourque[4]将显著度最大的、无重叠的 N 个候选对象作为图像的显著区域。Kadir 通过门限得到一组显著对象,然后对其进行聚类得到图像的显著区域。

(2)合并法。该方法适用于用多种特征来度量候选对象显著性的算法中,研究者通过提取图像的多种特征,然后通过对特征合并得到显著区域。

有些学者先通过将各种显著信息合并为显著图,再通过显著图寻找图像中的显著区域。Itti 等先通过特征合并和尺度合并将多种显著性特征合并为一幅显著图,再通过胜者全取和返回抑制机制得到一组显著度逐渐下降的显著区域。此外,他还对多种合并方法进行了比较和分析。

还有一些学者先找到各个显著性特征对应的显著对象,再将它们合并得到图像的显著区域。Privitera 等[5]先通过局部极值点聚类得到各个显著特征对应的显著对象,再继续对这些显著对象聚类得到最终的显著区域。

(3)层次法。该方法结合了上述两种方法,它先一次性提取各个候选对象的一种或多种显著特征,再通过对这些数据搜索得到显著区域。这种方法的搜索范围较广,工作量较大。根据人类视觉信息的串行处理机制,可用层次处理的方法逐渐缩小显著区域的搜索范围,直到得到最终的显著区域。

6.1.1.3 自底向上的选择性视觉注意机制

自底向上的图像显著区域检测是在自底向上的选择性注意机制的基础上提出来的,后者的理论和假设是前者研究的依据。

自底向上的选择性视觉注意机制有什么特点? 是如何在视觉信息处理过程中发挥作用的? 本节以 Koch 等的心理学理论为基础,对自底向上的选择性视觉注意机制提出了自己的假设,并构建了一个自底向上的选择性视觉注意模型。它将为自底向上的图像显著区域检测提供理论支持。

1)自底向上的选择性视觉注意机制的特点

自底向上的选择性注意机制的特点如下:

(1)数据驱动。自底向上的选择性注意机制是由底层的视觉刺激驱动的,与作为高层知识的观察任务无关,人们无法有意识地控制其信息的处理过程。可以把它看成一只黑盒子,能够迅速从输入的视觉刺激中找到显著区域,并将其输出。然而,不知道黑盒子是如何工作的,也不可以对其内部的工作过程进行干预。

(2)自动加工。自底向上的选择性注意机制是一种自动加工过程。它对视觉信息的处理速度很快。而且,它是以并行方式在多个通道中同时处理各种视觉信息的,这使人眼几乎能以同样的速度从图中找到源于不同视觉特征通道的显著目标。

2）自底向上的选择性注意模型

根据上述的自底向上的选择性注意机制的特点,对自底向上的选择性注意模型提出了一种新的假设,其模型如图 6.1 所示。它体现了从外界光刺激到视觉刺激,再到早期视觉特征整合,最后得到图像显著区域的自底向上的信息处理过程。

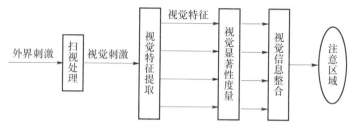

图 6.1　自底向上的选择性注意模型

(1)扫视处理。扫视处理模块位于视觉注意前期,它是将外界的光刺激反映到视网膜上,形成视觉刺激,其主要过程是通过折光成像机制完成的。

在眼内折光机制、眼内反射机制和眼动反射机制的作用下,扫视处理模块以一定的采集步长和采集尺度在一个采集范围内的多个采集位置采集光刺激,并将其转换成相应的视觉刺激。在自底向上的选择性注意机制中,扫视处理模块并不受高层知识的反馈信息与控制指令的约束。

(2)视觉特征提取。早期视觉特征提取位于视觉注意前期,它将扫视得到的视觉刺激转化为多种早期视觉特征。人眼对各种视觉特征的察觉则是通过功能柱来完成的。功能柱是觉察各种视觉特征的基本功能单位。

(3)视觉显著性度量。在人眼的视觉信息处理过程中,视感觉信息的处理方式是并行的,视知觉信息的处理方式是串行的。因此,早期以并行方式提取的视觉特征必须经过筛选后才能进入视知觉处理。人眼根据图像中各个区域的不同的特殊属性来判断某个区域是否入选。视觉显著性度量是早期视觉信息筛选的依据。各个视觉特征经过筛选后,只有显著性较大的部分信息进入后续的处理。

视觉信息的筛选是整个自底向上的选择性注意机制的核心,视觉的主动性和选择性就是通过内部数据的竞争过程实现的,同时它也是联系并行的视感觉和串行的视知觉的桥梁。该部分的竞争属于特征内的竞争。

(4)视觉信息整合。早期的视觉特征经过筛选后,各个特征显著性较大的区域选入进行视知觉处理,但由于各个特征的显著区域各不相同,而人眼一次完整的注意过程只会产生一个注意焦点或注意区域。因此,各个特征显著区域之间也要经过竞争,竞争的优胜区域才能成为最终的注意区域。该部分的竞争属于各个特征间的竞争,它是视觉信息筛选的一部分。

在上述自底向上的选择性注意模型中,视觉信息的筛选过程是人们最为关心的部分,也是整个模型的核心。

6.1.1.4 基于视觉注意模型的图像显著区域检测

如何将自底向上视觉注意机制引入图像处理中,实现对图像显著区域检测? 上一小节研究了自底向上的选择性注意机制,并提出了注意模型。在本小节将结合图像信息的特点,将自底向上的选择性注意模型引入图像信息处理过程,对人眼视觉信息的处理流程进行分解和细化,形成如图6.2所示的可操作性较强且计算速度较快的基于视觉注意模型的显著区域检测方法。

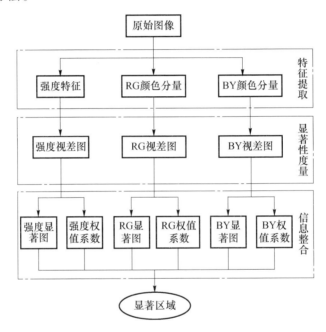

图6.2　基于视觉注意模型的显著区域检测方法

该方法首先通过特征提取模块对原始图像进行特征提取,将原始图像分解为三幅特征图;然后通过显著性度量模块从三幅特征图中找到以显著图像对象形式存在的显著区域,同时,根据三幅显著图得到三个相应的权值系数;最后通过信息整合模块对三幅特征图进行整合后得到显著区域。下面详细介绍该方法的实现过程。

1) 特征提取

根据人眼视觉系统的特点,提取了强度特征、RB 颜色特征和 BY 颜色特征。在人眼视觉系统中,强度特征由对中央暗周边亮或中央亮周边暗敏感的神经元来检测,这里可以用邻域平均差来模拟实现;颜色特征用颜色秸抗系统来表达,在人类的视皮层中,共有四种空间和颜色拮抗,分别为红/绿、绿/红、蓝/黄和黄/蓝颜色对,所以提取了图像中的 RB 颜色特征和 BY 颜色特征,模仿人眼中的颜色拮抗系统。具体过程如下:

(1) 强度特征提取。通过计算图像中各个像素的邻域平均差来获得图像的强度特征。首先将输入的自然图像 I 转换成灰度图像 G,假设 r、g、b 分别对应于输入图像 I 的红、绿、蓝三基色,则灰度图像 $G = (r + g + b)/3$;然后对图像 G 中的每一个像素点,按照下式计算该点的邻域平均差(强度特征),即

$$F_1(i,j) = |G(i,j) - M(i,j)| \tag{6.1}$$

式中: $M(i,j)$ 为像素 (i,j) 的 5×5 邻域的像素灰度平均值,具有

$$M(i,j) = \frac{1}{25} \sum_{m=-2}^{2} \sum_{n=-2}^{2} G(i+m, j+n) \tag{6.2}$$

从上述计算过程可以看出,邻域平均差反映了当前点与其邻域的强度差异。邻域平均差的值越高,说明当前点或区域的强度值越大,越容易引起视觉注意;反之亦然。因此,邻域平均差能模拟人眼对强度的检测过程,可以有效地度量图像强度特征。

(2) 颜色特征提取。为有效反映人眼视觉系统中的颜色秸抗系统,通常提取了 RG 颜色分量和 BY 颜色分量两种颜色特征。

对输入自然图像 I 的每一点提取其 RG 颜色分量和 BY 颜色分量,得到颜色分量 F_2 和 BY 颜色分量 F_3。其具体过程如下:

假设图像 I 中任意一点 (i,j) 的三基色分量为 $r(i,j)$、$g(i,j)$、$b(i,j)$,则该点处的 RG 颜色分量 $F_2(i,j)$ 和 BY 颜色分量 $F_3(i,j)$ 分别为

$$F_2(i,j) = R(i,j) - G(i,j) \tag{6.3}$$

$$F_3(i,j) = B(i,j) - Y(i,j) \tag{6.4}$$

式中

$$R(i,j) = \frac{r(i,j) - (g(i,j) + b(i,j))}{2}$$

$$G(i,j) = \frac{g(i,j) - (r(i,j) + b(i,j))}{2}$$

$$B(i,j) = \frac{b(i,j) - (r(i,j) + g(i,j))}{2}$$

$$Y(i,j) = \frac{(r(i,j) + g(i,j))}{2} \cdot \frac{|r(i,j) - g(i,j)|}{2} - b(i,j)$$

2）视觉显著性度量

视觉显著性度量是由视差计算来实现的，它是视觉信息筛选的核心。视差计算是用来计算图像对象之间的视觉差异，将各幅特征图转换为相应的视差图。

视差模拟人类在扫视感觉时对视觉变化的感受过程。人眼在扫视过程中无法形成有效视觉，但是对视觉刺激的变化敏感，并且能反映大跨度的视觉变化。这为图像对象之间的视差计算提供了依据。我们认为，图像中的显著区域并不是直接根据图像对象的简单图像特征得到的，而是根据图像对象之间的视觉差异获得的。视差体现了前景相对于背景的偏离程度。目前主要有局部视差计算[6]和全局视差计算[7]两种视觉计算方法。局部视差是将图像对象的周边范围作为背景，计算对象与背景的差异。全局视差将整幅图像作为背景，计算对象与背景的差异。由于这里需要对图像进行全局显著性度量，本节选取全局视差计算方法。其具体计算过程如下：

假设对输入图像 I 按照上述方法进行特征提取后，得到三幅特征图 F_1、F_2、F_3。则三幅相应的视差图 D_1、D_2、D_3 可以按如下视差计算公式得到：

$$D_n = F_n - \mathrm{FMean}_n, (n = 1,2,3) \tag{6.5}$$

式中：FMean_n 为第 n 幅特征图中所有像素的灰度平均值；F_n、D_n 分别为第 $n(n=1,2,3)$ 幅特征图及其对应的视差图。

3）信息整合

在人眼的视感觉信息处理过程中，视觉系统将输入的信息分离成不同的通道，并输送到不同的子系统中进行分析和编码，该过程中的视觉信息是并行处理的。但视知觉信息在视觉系统中是串行处理的，根据人类的视觉注意机制，早期的视觉特征必须通过筛选，只有部分视感觉信息进入视知觉处理过程中。为实现该信息筛选过程，计算了各个视差图的权值系数，并对它们进行了整合。其过程如下：

（1）视差图权值系数。由于特征图和视差图反映的只是各个特征在整幅图像中的分布，而不能反映出各个特征在最终显著图中的比例。因此，图像中显著区域不能通过对各个视差图进行简单的合并得到。考虑到各个特征的全局显著性，在对视差图进行整合之前，需要计算出各个视差图的权值系数。

首先，分别计算三幅视差图的平均值和方差。假设第 $n(n=1,2,3)$ 幅视差图 D_n（大小为 $W \times H$）的平均值和方差分别为 $\mathrm{Average}_n$ 和 $\mathrm{Deviate}_n$，则视差图 $D_n(n=1,2,3)$ 对应的权值 k'_n 可以通过下式计算得到：

$$k'_n = \begin{cases} \mathrm{Deviate}_n - \mathrm{Average}_n & (\mathrm{Deviate}_n > \mathrm{Average}_n) \\ 0 & (其他) \end{cases} \tag{6.6}$$

然后，将上述三个权值归一化到 $0 \sim 1$，得到三个视差图相应的权值系数：

$$K_n = \frac{k'_n}{k'_1 + k'_2 + k'_3}(n = 1,2,3) \tag{6.7}$$

（2）归一化组合特征。由于各个视差图的动态范围和提取机制是不同的，并且这些视差图作为早期的视觉特征在人眼中是以并行方式被处理的。因此，在组合这些视差图之前需要对其归一化，使其灰度值具有统一的动态范围。

将各个视差图的灰度值范围归一化为 0 ~ 255。假设 (i,j) n 是第 n 幅视差图 $D_n(n = 1,2,3)$ 上任意一点，$M_n(i,j)$ 为该点归一化后在特征显著图 M_n 中的灰度值，则有

$$M_n(i,j) = \frac{D_n(i,j) - \min_n}{\max_n - \min_n} \times 255 \tag{6.8}$$

式中：$\min_n$、$\max_n$ 分别为第 n 幅视差图 D_n 的灰度值的最小值和最大值。

最后，将三幅归一化的视差图乘以其相应的权值系数，进行线性相加，得到最终的视觉显著图，即

$$S = \sum_{i=1}^{3} K_i \cdot M_i \tag{6.9}$$

6.1.1.5　实验结果与分析

为了验证本节算法的有效性，选取了含有显著目标的彩色图像（大小为 384×256）进行测试实验。并将本节检测方法与当前较具代表性的 Itti 方法的结果进行了比较。下面将对这些结果进行分析和讨论。

为充分证实本节算法的有效性，选取了两类自然图像：一类是背景单一的自然图像（图 6.3（a））；另一类是背景比较复杂的自然图像（图 6.4（a））。此外，这两类图像的检测结果都与 Itti 方法进行了对比。Itti 方法是基于视觉注意机制的目标区域检测算法中最经典的算法之一，得到相关领域研究者的广泛关注。

图 6.3 给出了在单一背景下 Itti 方法与本节算法的对比实验结果。图中白色代表显著区域，黑色代表不显著区域。白色区域的亮度越高，表示区域的显著性越强；反之，显著性越弱。Itti 方法的检测结果如图 6.3（b）所示，本节算法的检测结果如图 6.3（c）所示。从对比实验结果可以看出，在 Itti 方法的检测结果中，显著区的大小和目标的大小有一定的偏差，显著区不能有效代表显著目标所在位置。这是由于 Itti 方法没有充分考虑图像的全局信息，仅对局部显著性进行了度量。而本节方法克服了上述缺点，充分考虑了图像的全局信息和局部信息。从图 6.3（c）可以看出，本节算法不仅能够很精确地检测出图像中显著目标所在区域，而且能检测出显著区域内部各部分的显著性。

图 6.4 给出了在复杂背景下 Itti 方法与本节算法的对比实验结果。图中白

(a) 原始图像   (b) Itti方法   (c) 本节算法

图 6.3   单一背景下 Itti 方法和本节算法检测结果

色代表显著区域,黑色代表不显著区域。白色区域的亮度越高,表示区域的显著性越强;反之,显著性越弱。Itti 方法的检测结果如图 6.4(b)所示,本节的检测结果如图 6.4(c)所示。从对比实验结果中可以看出,在复杂背景下,Itti 方法检测的显著区域与实际的目标区域有很大偏差,出现一定程度的误检测,并且检测精确度明显低于在背景单一情况下的检测精确度。这表明 Itti 方法对图像显著区域的检测存在一定的局限性。与之相比,本节算法在背景较复杂的情况下,仍能精确地检测出图像中的目标区域。这说明本节算法具有更广的适用范围。

综上所述,本节提出的自底向上的图像显著区域检测算法,将图像的局部信息和全局信息相结合,有效地模拟了人眼视觉的自底向上的选择性注意过程。与 Itti 方法相比,本节算法大大提高了对图像中的显著目标区域检测的精度,更符合人眼自底向上的视觉注意过程。

6.1.1.6 小结

本节以 Koch 等的心理学理论为基础,建立了基于自动加工的自底向上的选择性注意模型,并根据模型提取出了自底向上的图像显著区域检测方法,它遵循人类视觉信息的串行处理流程,整个信息处理过程由图像数据驱动,与具体任务无关。此外,将该方法应用于彩色的自然图像中,并得到了较为满意的实验结果。本节内容是选择性图像信息处理的核心环节,它为后期对图像显著区域进

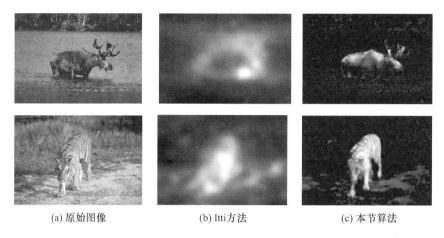

(a) 原始图像　　　　　　　(b) Itti方法　　　　　　　(c) 本节算法

图6.4　复杂背景下 Itti 方法和本节算法检测结果

行集中处理提供重要的引导信息。

6.1.2　自顶向下的 SAR 图像水域分割

6.1.2.1　简介

本节继续讨论选择性注意机制的显著区域检测问题。从信息处理角度将图像显著区域的检测过程分为自底向上和自顶向下这两种类型,本节将对后者进行研究。

自顶向下的显著区域检测与检测任务有关,并由处理任务驱动,对提高有先验信息的图像处理过程的计算资源使用效率具有重要的意义。但主要问题是:自顶向下的选择性注意机制究竟是如何工作的? 怎样在这种机制的引导下,结合高层知识,从图像中快速找到期望目标?

针对上述问题,本节将结合人类自顶向下的选择性视觉注意机制的特点,研究在处理任务影响下自顶向下的选择性注意机制以及在该机制的指导下 SAR 图像水域分割方法。

下面首先介绍自顶向下的图像显著区域检测技术的研究现状和研究意义;然后以人类视觉的心理学理论为基础,对人类自顶向下的选择性视觉注意过程提出假设,并构建一个自顶向下的选择性注意模型;接着将该模型引入图像信息处理中,形成一种计算速度较快且可操作性较强的自顶向下的 SAR 图像水域分割方法;最后将该方法应用于真实的 SAR 图像,对实验结果进行分析。

6.1.2.2　相关研究

自顶向下的选择性注意机制是人类一项重要的心理调节机制,几乎所有的视觉感知过程都需要它参与。因此,在此基础上形成图像分析和处理具有重要的应用价值。

目前,虽然对自顶向下的选择性注意机制的研究还不太成熟,但是各种图像处理对其提出了强烈的应用需求,利用选择性注意机制的图像处理算法也不断出现。下面介绍自顶向下的选择性注意机制及其在图像分割中的应用。

1)自顶向下选择性注意机制

自顶向下选择性注意机制是选择性注意机制中的另一种类型,视觉信息是从观察任务出发,沿着自上向下的方向处理的。这也是自顶向下选择性注意机制名称的由来。

自顶向下选择性注意机制与自底向上选择性注意机制构成了人类选择性注意机制的两级,与后者相比,它具有以下特点:

(1)知识驱动。自顶向下选择性注意机制是由作为高层知识的观察任务驱动的,可以根据任务需求有意识的控制其内部信息处理过程,从而获得符合视觉期望的显著区域。

(2)控制加工。自顶向下选择性注意机制是一种控制加工过程。相对于自动加工而言,它对视觉信息的处理速度较慢。我们认为,它是以空间并行方式在单一通道中处理视觉信息的。

2)传统的图像分割方法

图像分割是图像信息处理领域中的一项重要技术,它是从图像处理到图像分析的关键步骤,也是实现图像理解的基本手段。具体地说,图像分割根据原始图像的某些特征或特征集合的相似性准则,将一幅图像划分成互不交叠的多个区域,其中,每个区域由具有相同或相似特征的像元组成。

图像分割多年来一直受到人们的高度重视,至今已经提出了很多种处理方法。下面首先对图像分割方法进行简单分类,然后分析这些传统算法中普遍存在的问题,最后对区域生长算法进行详细介绍,它将在后面中作为自顶向下水域分割方法的结合对象。

(1)图像分割方法的分类。从分割过程的准则依据来看,图像分割通常基于像素特征的不连续性和连续性两个性质。区域内部的像素一般具有特征相似性,而区域边界的像素一般具有特征不连续性。这样,分割算法就可以据此分为利用区域间特征不连续性的基于边界的算法和利用区域内特征连续性的基于区域的算法。

从分割过程的处理策略来看,图像分割通常采用:并行处理或串行处理两种处理方式。在并行处理中可以独立且同时做出所有判断和决定,在串行处理中早期处理的结果可以被后期处理利用。这样,分割算法就可以据此分为并行算法和串行算法。

　　上述两种分类方式互不重合且互相补充,它们联合起来将图像分割算法分为四种类型:并行边界类,相关技术包括边缘检测、边缘拟合和边界闭合等;串行边界类,相关技术包括边界跟踪、状态空间搜索和动态规划等;并行区域类,相关技术包括阈值分割、特征空间聚类和连通区域标记等;串行区域类,相关技术包括区域生长、分裂合并和松弛迭代法等。

　　另外,人们还提出了一些混合算法,它们一般是通过对以上四类算法进行不同形式的组合而形成的。

　　(2)传统图像分割方法的问题。传统图像分割方法没有引入选择性注意机制,在信息处理中存在盲目性。这些方法大都对整幅图像进行全面处理,而通常情况下,能够反映图像内容的有效范围仅在整幅图像中占据很小一块面积。因此,这些基于全面处理的传统方法不但增加了分割过程的复杂度,而且带来了计算浪费。

　　上述问题突出表现在对前景和背景的分割上。由于在图像分割之前无法对前景和背景做出判断,因此传统分割方法一视同仁地对待所有图像范围,赋予它们完全相同的处理优先级,这样,背景就会获得与前景一样的分割次序和分割精度,最后输出一幅均匀的区域分布图。在该分割过程中,计算资源按照面积大小而不是重要程度分配给前景和背景,面积较大的背景反而在资源消耗上超过了地位重要的前景,这种状况显然是人们不愿看到的。

　　(3)区域生长算法。区域生长算法[8]是一种串行区域类图像分割方法,它的基本思想是将具有相似特征的像素组织起来构成区域。具体的区域生长过程是,首先针对每个需要分割的区域设定一个种子像素作为生长起点,然后确定某种区域生长或像素相似准则,接着根据该准则将种子像素周围邻域中与种子有着相同或相似特征的像素合并到种子像素所在的区域中,最后将生长得到的新像素当作新种子,继续进行上面的操作,直至再也没有能够满足生长准则的像素存在,这样一个区域就生长形成了。

　　在区域生长算法中,种子像素的选择通常根据具体任务做出,如果没有关于具体任务的先验知识,则一般根据生长准则对图像中各个像素进行相应计算后得到。生长准则和邻域形式对于区域生长算法的影响很大,对此人们提出了多种解决方案,如简单区域生长、混合区域生长和中心区域生长等。

6.1.2.3　自顶向下的 SAR 图像水域分割

　　合成孔径雷达(SAR)是一种可成像雷达,它所用的雷达波段为 300MHz ~ 30GHz。自 20 世纪 50 年代合成孔径雷达诞生至今,其在军事和民用领域有极为广泛的应用前景,受到诸多相关领域研究专家的高度关注。尤其是随着运载平台技术的迅速发展,星载、机载和无人机载合成孔径雷达成像技术的成熟,极大地推动了合成孔径雷达在国民经济与国防建设中的普及和应用。

由于合成孔径雷达是一种主动式微波传感器,能够全天时、全天候对地观测,而传统的光学遥感方式对空气能见度要求很高,特别在灾害性天气时 SAR 具有独特的优势。所以在洪涝灾害应急测绘保障方面,SAR 发挥着不可替代的重要作用。

由于 SAR 图像记录的是目标对微波的后向散射强度,因此原始 SAR 图像通常是黑白图像。平坦的水面,对入射到其表面的微波产生镜面反射作用,后向散射很弱,所以在 SAR 图像上水体呈黑色;陆地表面粗糙度对 JERS – 1SAR 的波长而言,属于粗糙表面,在图像上呈现灰白色或黑灰色的色调。水体与陆地的图像有较大的反差,比较容易实现提取出来。

通常情况下,用阈值分割提取 SAR 图像水域的方法简单快捷,但是,如果在提取区域选取的阈值太小,则提取水域范围不完整;如果阈值太大,提取的范围则会越界。此外,斑点噪声对区域的一致性影响也较大,会导致提取的水域不连续。迭代自组织数据分析(Iterative Self-organizing Data Analysis,ISODATA)聚类方法可以按区域属性所在的特征空间进行聚类,使得每类区域中的属性值均落在一个划分空间中,从而可按其属性特征所在的划分空间标记所属的区域类型,并且能有效地克服 SAR 图像上斑点噪声对水域提取结果的影响。但该方法算法复杂度高,并且存在一定的概率性。

传统 SAR 图像水域分割方法[9 – 12]没有引入选择性注意机制,在信息处理中存在盲目性。这些方法大都对整幅图像进行全面处理,而通常情况下,能够反映图像水域仅在整幅图像中占据很小一部分。这些基于全面处理的传统方法不但增加了分割过程的复杂度,而且带来了不必要的计算浪费。具体来说,在对图像进行分割之前无法对前景和背景做出判断,因此传统分割方法一视同仁地对待所有图像区域,赋予它们完全相同的处理优先级。这样,背景就会获得与前景一样的分割次序和分割精度,最后输出一幅均匀的区域分布图。在该分割过程中,计算资源按照面积大小而不是重要程度分配给了前景和背景,面积较大的背景反而在资源消耗上超过了地位重要的前景,这种状况显然是人们不愿看到的。而且,由于 SAR 图像的数据是海量的,如何有效地提高 SAR 图像的处理效率一直是图像处理中面临的难题。显然,将自顶向下的选择性注意机制引入 SAR 图像处理中是很必要的。

针对传统 SAR 图像水域分割方法中存在的问题,将选择性注意机制引入该过程。具体地说,根据自顶向下选择性注意机制的特点,构建一种自顶向下选择性注意模型,并将该模型与传统的区域生长方法相结合,形成了一种新的基于自顶向下 SAR 图像水域分割方法。其基本思想:在水域分割任务的驱动下,首先根据自顶向下的选择性注意模型得到水域显著图,在显著图中寻找最显著的注意焦点,并将其作为种子点;然后对种子点进行区域生长,得到一个与当前种子点对应的水域;最后将已得到的水域从下一次种子寻找范围中去除,并开始新一轮的区域生长,得到下一个水域,依此循环,直到所有符合条件的种子都已进行了生长。具体过程如图 6.5 所示。

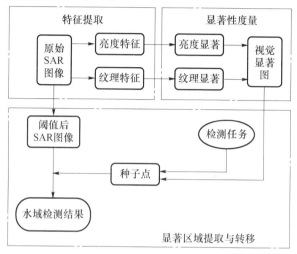

图 6.5　自顶向下的 SAR 图像水域分割方法

下面详细介绍各个模块的实现过程。

1）特征提取

特征提取是建立视觉注意模型的核心,选择特征时通常有两个原则:一是优先选择期望目标所特有的特征,即区别于其他目标的显著特征;二是优先选择计算简单的底层特征。

由于 SAR 图像记录的是目标对微波的后向散射强度,水面对入射到其表面的微波产生镜面反射,在 SAR 图像上水体呈黑色。此外,从纹理上看,陆地属于粗糙表面,而水面属于光滑表面。因此,为有效地检测出 SAR 图像中的水域,提取了 SAR 图像的强度特征和纹理特征。

（1）强度特征。通常情况下,将以原始图像的亮度度量该图像的强度。这里使用一种新强度特征的度量方式,即用当前点与该点的邻域平均值的差来度量该点的强度。

计算过程如下:

假设一幅包含水域的 SAR 图像 I 的大小为 $W \times H$,可以将其分成若干个大小为 $m \times n$（ $m = 2 \times w + 1, n = 2 \times w + 1(w = 0,1,2,\cdots)$ ）的小块,则图像 I 上任意一点 (x,y) 与该点的邻域平均值的差为

$$D(x,y) = |I(x,y) - M(x,y)| \tag{6.10}$$

式中

$$M(x,y) = \sum_{m=-w}^{w} \sum_{n=-w}^{w} I(x+m, y+n)/(m \times n) \qquad (6.11)$$

从式(6.10)可以看出，$D(x,y)$ 反映了当前点与该点邻域的亮度差异。$D(x,y)$ 的值越高，说明该点越易引起视觉注意；反之亦然。因此，在本节水域提取算法中，以邻域平均差来度量图像中各个像素的强度。

(2) 纹理特征。纹理通常认为是纹理基元按照某种确定性的或者统计性的规律重复排列形成的一种图像现象。迄今为止，纹理仍然没有准确的定义。一个普遍的观点是，纹理是图像局部不规则而全局又呈现某种规律的一种物理现象。

纹理特征的提取方法多种多样。常用的纹理特征提取方法大致分为结构方法和统计方法。结构方法将纹理视为某种纹理基元按照特定规律重复出现而产生的结果，经常采用傅里叶谱分析技术确定纹理基元及其重复出现的规律，一般只适用于规则性较强的人工纹理。统计方法是目前研究较多、较成熟的方法，占有主导地位。统计方法以图像中灰度值空间分布的统计属性作为纹理特征。经常采用的统计方法包括灰度共生矩阵方法[13]、模型方法[14]、二维自相关模型方法[15-16]、Gabor 滤波器组方法[17]、分形几何方法[18]、纹理谱方法[19-20]、局部傅里叶变换方法[21-22]和局部沃尔什变换方法[23]等。

在各种统计方法中，由于局部沃尔什变换方法具有计算简单、精度高的优点，因此本节采用局部沃尔什变换方法提取 SAR 图像纹理特征。该方法由文献[24]提出，其具体过程如下：

① 沃尔什变换。沃尔什变换是一种重要的信号分析工具，在信号处理、数字通信、图像处理等领域中均有广泛的应用。一维沃尔什函数是沃尔什于 1923 年提出的取值为 1 或 −1 的完备正交矩形波函数系。定义域归一化的沃尔什函数可以表示为 $\mathrm{Wal}(u,\theta)$，$\theta \in [0,1)$ 其中，u 为沃尔什函数的列率。由于沃尔什函数系的完备性，任何定义在 $[0,1)$ 上，满足绝对可积条件的函数 $f(\theta)$ 均可以在沃尔什函数系上展开成如下无穷级数的形式，即

$$f(\theta) = \sum_{u=0}^{\infty} W(u) \mathrm{Wal}(u,\theta) \qquad (6.12)$$

式中：$W(u)$ 为变换系数，具有

$$W(u) = \int_0^1 f(\theta) \mathrm{Wal}(u,\theta) \, d\theta (u = 0,1,\cdots) \qquad (6.13)$$

式(6.13)称为 $f(\theta)$ 的沃尔什变换。传统的傅里叶变换反映了信号的频率特性，沃尔什变换反映了信号的列率特性，或称为振荡特性。

对于 N 点长的离散序列 $x(j)(j = 0,1,\cdots,N-1,N = 2^n)$，其离散沃尔什

变换定义为

$$W(u) = \sum_{j=0}^{N-1} x(j) \text{Wal}(u,j) (u = 0,1,\cdots,N-1) \tag{6.14}$$

离散沃尔什变换具有矩阵乘积的简单形式：

$$\overline{W} = H_N \cdot \bar{f} \tag{6.15}$$

式中：$\overline{W}$ 为由变换系数组成的矢量；$\bar{f}$ 为输入的离散序列；H_N 为变换矩阵。它们分别为

$$\overline{W} = \begin{bmatrix} W(0) \\ W(1) \\ \vdots \\ W(N-1) \end{bmatrix}, \bar{f} = \begin{bmatrix} x(0) \\ x(1) \\ \vdots \\ x(N-1) \end{bmatrix}, H_N = [\text{Wal}(u,j)]_{N \times N} \tag{6.16}$$

采用哈达马编号的沃尔什函数，则变换矩阵有如下简单的递推形式：

$$H_1 = [1]; H_N = \begin{bmatrix} H_{\frac{N}{2}} & H_{\frac{N}{2}} \\ H_{\frac{N}{2}} & -H_{\frac{N}{2}} \end{bmatrix} \tag{6.17}$$

图像的局部沃尔什变换是在纹理单元上定义的离散沃尔什变换，用以提取局部纹理信息。变换采用哈达马编号的沃尔什函数作为基函数。假设图像表示为 $\{y(m,n) \mid m = 0,1,\cdots,M-1\}$，其中，$y(m,n)$ 表示像素 (m,n) 的灰度值。按照图 6.6 所示的方式对纹理单元中各个像素进行编号，纹理单元中第 i 个像素的灰度值用 y_i（$i = 0,1,\cdots,8$）表示。

y_0	y_1	y_2
y_7	y_8	y_3
y_6	y_5	y_4

图 6.6　纹理单元中像素的编号方式

按照上述编号方式，可以将纹理单元中像素灰度值的空间关系属性转换成一维序列的形式。根据纹理单元中周围像素与中心像素的灰度差值可以求得一个 8 点长的一维离散序列：

$$y(i \mid m,n) = y_n - y_8 (i = 0,1,\cdots,7) \tag{6.18}$$

由于图像的像素值在 $0 \sim 255$ 之间，所以序列 $f(i \mid m,n)$（$i = 0,1,\cdots,7$）满足绝对可积条件。

对序列 $f(i \mid m,n)$ 进行离散沃尔什变换,相应的变换系数为

$$W(u \mid m,n) = \sum_{i=0}^{7} f(i \mid m,n) \cdot \mathrm{Wal}(u,i) \quad (u = 0,1,\cdots,7) \quad (6.19)$$

采用哈达马编号的沃尔什函数,则式(6.19)中的变换可以写成矩阵乘积形式:

$$\begin{bmatrix} W(0 \mid m,n) \\ W(1 \mid m,n) \\ \vdots \\ W(7 \mid m,n) \end{bmatrix} = H_8 \times \begin{bmatrix} y(0 \mid m,n) \\ y(1 \mid m,n) \\ \vdots \\ y(7 \mid m,n) \end{bmatrix} \qquad (6.20)$$

式中: H_8 为 8 阶的沃尔什变换矩阵,可以由式(6.17)递推求得。

由于式(6.20)的沃尔什变换是在纹理单元上进行的,因此称为局部沃尔什变换。

由局部沃尔什变换的定义可知,变换系数 $W(u \mid m,n)$ 是纹理单元中各个像素灰度值的加减运算的组合。因此,变换系数可以通过对纹理图像进行模板卷积的方式求取,且卷积模板形式非常简单。计算局部沃尔什变换系数的 8 个卷积模板根据式(6.19)、式(6.20)确定,分别如图 6.7 所示。

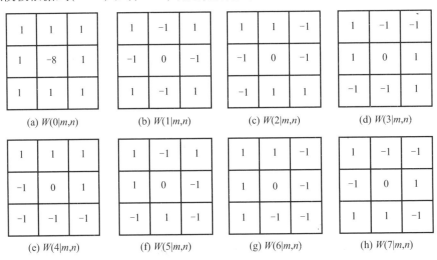

图 6.7　计算 $W(u \mid x,y)$ 的 8 个模板

② 基于沃尔什变换的纹理特征提取。沃尔什变换系数并不能有效地区分不同的纹理,但不同纹理图像的沃尔什变换系数具有不同的统计特性,因此通常用变换系数统计特性的各阶矩描述图像的纹理特征。变换系数 $W(u \mid m,n)$ 的各阶中心矩在以像素 (m,n) 为中心的窗口中进行估计,窗口的大小 $W \times W$,变

换系数 $W(u \mid m,n)$ 的 1 阶中心矩为

$$B_1(u \mid m,n) = \frac{1}{W^2} \sum_{(i,j) \in W(m,n)} W(u \mid i,j) \tag{6.21}$$

K 阶中心矩为

$$B_k(u \mid m,n) = \frac{1}{W^2} \sum_{(i,j) \in W(m,n)} [W(u \mid i,j) - B_1(u \mid m,n)]^k \tag{6.22}$$

式中: $W(m,n)$ 表示以 (m,n) 为中心的窗口; u 为沃尔什变换系数的序号, $u = 0,1,\cdots,7$; i 为矩估计量的阶数, $k = 2,3,\cdots$ 。

由于矩估计的偏差随着阶数的升高而逐渐增大,因此本节采用了 2 阶中心矩来提取图像的纹理特征。

2) 显著性度量

早期以并行方式提取的视感觉特征必须经过筛选后才能进入视知觉处理。视觉信息的筛选是选择性注意机制的核心,在本节的自顶向下选择性注意模型中是通过显著性度量过程实现的。

(1) 特征显著性度量。由于特征图展示了各个特征在图像中的分布情况,它反映的是图像特征的局部显著性,不可以代表反映图像中各个像素或区域的全局显著性,因此,为获得图像的视觉显著区域需要进一步对图像的全局显著性进行度量。采用图像全局显著性的测度方法对各像素位置的全局显著性进行度量。具体方法是计算各个像素位置与图中其他像素位置处的局部显著度差异,将差异值作为相应像素位置处的全局显著度。对于具有全局"影响力"的"新异"局部显著区域,与其局部显著度差异较大的区域较多,得到的差异值较大,全局显著度也较高。而对于"平凡"的局部显著区域和非显著区域,与其局部显著度差异较大的区域较少,得到的差异值较小,全局显著度也较低。这是符合自底向上的视觉显著性的形成机理的。对求取全局显著度的过程进行了多次迭代,可进一步加强空间位置的竞争,拉大显著位置与非显著位置的全局显著度差异,获得更为理想的效果。迭代过程如下:

$$C_n^0(j,k) = F_n(j,k) \tag{6.23}$$

$$C_n^{l+1}(j,k) = \sum_{i=0}^{255} |C_n^l(j,k) - i| \times h_l(i) \tag{6.24}$$

式中: F_n 为第 n 类特征的标准方差图; C_n^l 为第 1 次迭代得到的第 n 类特征的全局显著图; $h_1(v)$ 为 C_n^l 的归一化直方图。

一般迭代 1~3 次。本节中采用了 2 次迭代获得各个特征图的显著图。图 6.8(a) 为强度特征图,图 6.8(b)、(c) 分别为强度特征图经过式(6.23)和式(6.24)迭代后得到的显著图。

（2）特征显著图整合。由于不同的特征显著图的灰度值具有不同的动态范围，根据人眼对早期视觉特征的处理过程，直接对特征显著图进行整合是不合理的。首先将特征显著图归一化到一个统一的范围，然后对其进行整合。具体过程如下：

① 将两个特征显著图的灰度值分别归一化为 0 ～ 127。

② 对①中归一化后的两图像进行线性相加，得到视觉显著图。

(a) 强度特征　　　　　　　(b) 一次迭代结果　　　　　　(c) 二次迭代结果

图 6.8　强度特征与其显著性度量结果

视觉显著图反映了图像中各个点或区域在视感觉处理阶段的视觉显著性，它体现了自底向上的视觉注意过程。图 6.9（a）是一幅 SAR 图像，图 6.9（b）为该图像的视觉显著图。但由于人眼的视觉注意过程受自底向上和自顶向下两种视觉注意机制控制，因此根据视觉显著图上的显著区域不能确定出人眼最终关注的区域。

(a) 原始SAR图　　　　　　　　(b) 视觉显著图

图 6.9　原始 SAR 图和视觉显著图

3）显著区域提取与转移

原始 SAR 图像通过上述处理后，得到了视觉显著图。人眼视觉是由自底向上和自顶向下两种视觉注意机制共同作用的结果，在具有观察任务的情况下，自顶向下的视觉注意机制占主导地位。在本节的水域检测过程中，自顶向下的视觉注意机制引导我们得到最终的检测结果。

（1）种子点的选取。自顶向下的视觉注意机制是一种由观察任务或待检测目标引导的视觉注意过程。在本节的水域检测中,检测目标是水域,在 SAR 图像显著图中,表现为灰度值较低的大面积黑色区域。根据图像中水域的特点,可以通过区域生长的方法得到水域。但考虑到图像中水域具有不连续性,怎样才能寻找各个水域的种子点? 如何设置生长准则?

为解决上述问题,通过一种竞争机制来确定各个水域的种子点,并通过阈值生长提取图像中的各个水域。具体过程(图 6.10)如下:

① 找出视觉显著图中灰度值的最小值 V_{min}。

② 选取一个窗口,设定窗口大小,最大为 $N \times N$,最小为 $M \times M$,并设定窗口的初始大小为 $N \times N$。

③ 将上述窗口在视觉显著图上滑动,判断窗口内的图像灰度值是否均等于 V_{min}。如果是,则找到种子点,并将窗口的中心点坐标作为种子点的位置;如果不是,则进行步骤④。

④ 重新设置窗口大小 $N = N - 1$。如果 $N > M$,则执行步骤③;否则,未找到种子点。

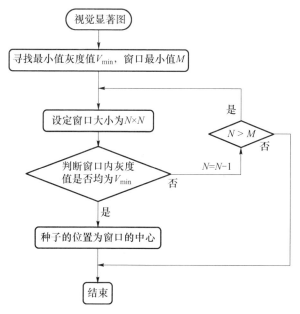

图 6.10　种子点寻找过程

通过这种竞争过程得到的第一个种子点一定在图像中面积最大的水域中。

（2）水域提取。根据上述方法获得水域种子点后,可以通过区域生长的方法提取当前种子点所在的水域。根据传统的区域生长方法,找到种子点后需要设置生长准则。然而,SAR 图像与自然图像的成像机理不同,SAR 图像是微波的后向散射成像,会受到相干斑噪声及阴影、透视收缩、迎坡缩短等几何特征的影响。如果将各个水域使用统一的区域生长准则,则不能有效地提取出各个水域。但如果将各个水域的情况分别考虑,设置各自的生长准则,则将会增加算法的复杂度。

针对上述问题,将视觉注意机制引入该过程中。具体来说,根据视觉的"总体优先"的原则,首先对整个SAR图像进行粗分割,得到各个水域区域的大概位置;然后通过种子点对这些水域区域进行区域生长,从而得到精确的水域区域。

其具体工作流程如下:

① 水域粗分割。根据雷达的成像原理,SAR图像中的水域为大面积的黑色区域。为实现水域的粗分割,采用阈值分割的方法。取阈值 T ,如果图像中像素的灰度值小于或等于 T ,则将该像素的灰度值设为0;否则,该像素的灰度值不变。即

$$I'(x,y) = \begin{cases} 0, (I(x,y) \leqslant T) \\ I(x,y), (I(x,y) > T) \end{cases} \tag{6.25}$$

式中: $I(x,y)$ 为原始SAR图像中任意像素的灰度值; $I'(x,y)$ 为该像素阈值后的灰度值。

阈值的目的是使得阈值后水域的灰度值均为0,为下一步水域提取做准备。

② 水域提取。由于SAR图像中可能会有若干个水域,为了保证一个水域只有一个种子点,防止同一个水域重复提取,需要设定各个不同水域的提取顺序。根据人眼视觉转移过程,在同一场景的同类目标中,大目标将比小目标优先被关注。水域提取过程根据人眼的视觉转移过程来设定。通过上小节中的竞争机制,第一个种子点一定在面积最大的水域中,该水域被提取后再进行第二次种子寻找过程,得到第二个种子及第二个水域,依此类推,直到提取出图像中的各个水域。其具体过程如下:

步骤1 通过竞争机制寻找种子点。

步骤2 如果找到种子点,则记下种子点的坐标;否则,结束。

步骤3 在水域粗分割后的阈值图像中找到种子点的位置,然后进行阈值为0的区域生长,并在结果图中标记出得到的水域。

步骤4 为防止同一水域重复提取,将得到的水域区域从视觉显著图中除去,然后转到步骤1。

水域提取结果如图6.11所示。从图可以看出,本节的水域提取算法能够精确地提取出图像中的多个水域。

6.1.2.4 实验结果与分析

为了验证本节基于视觉注意机制的SAR图像水域检测算法的有效性,对不同分辨力的SAR图像进行了大量实验,实验结果表明,本节算法能快速并精确

(a) 原始SAR图像　　　　　　(b) 水域提取结果

图 6.11 水域提取结果(黑色区域为提取的水域区域)

地提取出 SAR 图像中的各个水域。此外,将本节的水域提取算法与一种基于小波的水域分割算法[24]进行了对比。该方法是首先将原始 SAR 图像分成若干个小块;然后对各个小块分别进行 2 层小波分解得到 4 个子带,并通过这些子带构造特征矢量;最后通过 FCM 算法对特征矢量进行聚类得到最终的水域。对比实验结果如图 6.12 所示。

图 6.12(a)为原始图像,图 6.12(b)为小波分割方法,图 6.12(c)基于视觉注意机制的 SAR 图像水域检测结果。通过对比可以看出:小波分割算法虽然能提取出水域,但分割的精度不够,并且存在很多误分割;而本节提出的基于视觉注意机制的水域检测算法,不仅能精确的提取出水域,而且基本不存在误分割现象。

此外,本节算法是基于人眼视觉的注意机制的,将视觉注意机制引入图像处理中,明显的优点是能提高算法处理效率。两种算法的运行时间比较如表 6.1 所列。表中的时间数据是在 Intel 酷睿双核,2.33GHz 的 PC 环境下,通过 Microsoft Visual C + + 6.0 编译器运行得到的结果。从表 6.1 中可以看出,本节方法的算法运行时间要明显低于小波分割算法。

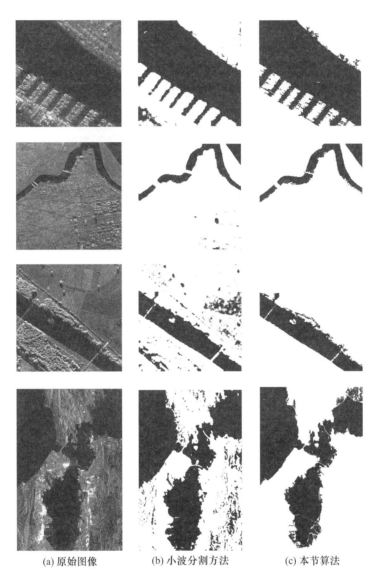

(a) 原始图像   (b) 小波分割方法   (c) 本节算法

图 6.12 对比实验结果

表 6.1 算法运行时间比较

	图像大小	小波分割时间/s	本节方法时间/s
图 1	256×256	1.754	0.750
图 2	256×256	1.358	0.734
图 3	400×400	5.322	1.674
图 4	692×1024	12.611	7.735

6.1.2.5　小结

本节以心理学理论为基础,建立了基于水域分割任务的自顶向下的选择性注意模型,并通过该模型实现了对 SAR 图像水域分割。与 6.1.1 由数据驱动的自底向上的选择性注意过程不同,本节分割过程由具体任务驱动,是视觉注意机制在图像信息处理中的探索性应用,对提高有先验信息的图像处理过程的计算资源使用效率具有重要的意义。与传统的水域分割算法相比,本节算法具有处理效率高,提取精度高等突出优点。

6.1.3　基于选择性注意机制的 SAR 图像舰船检测

6.1.3.1　简介

本节讨论基于选择性注意机制的 SAR 图像舰船目标检测问题。SAR 图像舰船检测是一项重要遥感技术,得到了广泛应用,如渔业管理、船舶交通服务和海洋战争等。传统的舰船检测方法对整幅图像进行处理,海洋环境变化无常和 SAR 图像斑点噪声的存在,严重影响 SAR 图像舰船检测的精度和算法的处理效率。

针对上述问题,本节引入了人类视觉的选择性注意机制,首先标记出包含舰船的目标区域;然后仅对目标区域进一步地检测得到舰船目标。这样,不仅大大减少了斑点噪声的影响,而且能快速、精确地完成舰船目标的检测。

下面首先介绍 SAR 图像舰船检测的研究现状;然后根据目前存在的问题,详细介绍一种基于选择性注意机制的 SAR 图像舰船检测方法;最后将该方法运用于真实 SAR 图像中,对实验结果进行分析和比较。

6.1.3.2　相关研究

目前,SAR 图像舰船检测受到海洋监测领域的广泛关注。随着 SAR 技术的不断进步,SAR 图像数据与日俱增。如何自动地、精确地、快速地处理这些海量数据是当前需要解决的主要问题之一。

在 SAR 图像目标中,SAR 图像舰船检测是当前研究的热点。由于 SAR 图像记录的是目标对微波的后向散射强度,平坦的水面对入射到其表面的微波产生镜面反射作用,后向散射很弱,所以在 SAR 图像上水体呈黑色;而舰船对入射的微波产生角反射,在 SAR 图像中呈现白色的亮点。

根据舰船在 SAR 图像中的成像特点,目前相关领域的学者提出了很多有关 SAR 图像舰船检测的方法,如阈值方法[25-27]、恒虚警率方法[28,29]、极化检测方法$^{[30,31]}$、小波检测方法$^{[32,33]}$等。其中,常用的是阈值方法和 CFAR 方法。阈值方法以一个自适应的阈值将舰船从背景中分割出,但由于 SAR 图像斑点噪声的影响,难以找到一个合适的阈值。CFAR 方法要求 SAR 图像背景的概率密度函数符合确定的分布,如高斯分布$^{[34]}$、K 分布$^{[35]}$、γ 分布$^{[36]}$等。另外,还有其他一些检测方法。虽然有些方法能在一定程度上克服斑点噪声的影响,但算法复杂度较高。如何有效地克服 SAR 图像的斑点噪声的影响,并快速检测出图像中的舰船目标,成为 SAR 图像舰船检测需要解决的主要问题。

此外可发现,传统方法很难检测或易误检测舰船目标,人眼却能将其很好地分辨出来。这是由于人类视觉选择性注意机制的作用结果。具体来说,人眼在选择性注意机制的引导下,能够对图像中的各个对象区域分配不同的优先级,其中具有特殊属性的区域或任务目标由于特殊的视觉刺激而拥有较高的优先级,在视觉注意过程中,人眼总是优先注意到图像中优先级较高的区域。这样,人眼不仅能快速并准确地找到图像中的舰船目标,而且能大大降低图像中噪声的影响。显然,将人眼选择性注意机制引入到图像目标检测中是很必要的。下面把选择性注意机制引入 SAR 图像舰船检测过程中,并详细介绍其实现过程。

6.1.3.3 基于选择性注意机制的 SAR 图像舰船检测

研究表明,在人类视觉系统中存在两种选择性注意机制,即自底向上选择性注意机制和自顶向下选择性注意机制。人类视觉注意过程是这两种机制共同作用的结果,并且在不同的场景中两种机制的作用也不同。在没有观察任务的驱动时,自底向上的选择性注意机制起主导作用;在有观察任务的驱动时,自顶向下的选择性注意机制起主导作用。

针对上述传统 SAR 图像舰船检测中存在的问题,本节提出了一种基于选择性注意机制的 SAR 图像舰船检测方法,其基本思想根据 SAR 图像中舰船目标在不同背景下,选择不同的选择性注意机制。具体来说,在单一的水域背景下,选用自底向上选择性注意机制;在复杂的水陆背景下,选用自顶向下选择性注意机制。与单一的基于一种选择性注意机制的检测过程相比,这种方法更符合人眼对目标的检测过程,也更进一步降低了算法的时间复杂度。

下面介绍选择性注意模型的构建思想,以及该模型在 SAR 图像舰船检测中的应用。

1)注意机制的选择

人类的视觉注意过程是两种选择性注意机制共同作用的结果,但每次视觉注意过程都只有一种选择性注意机制起主导作用。人眼根据不同的情境,能够迅速在两种选择性注意机制中选择一种,并在其引导下完成一次视觉注意。这种选择是在中枢神经的参与下完成的。人眼在寻找期望目标过程中，当期望目标与背景之间特征差异明显时，自底向上选择性注意机制起主导作用；当期望目标与背景之间特征差异不明显时，自顶向下选择性注意机制起主导作用。

因此，为更好地将选择性注意机制运用于图像目标检测中，在对选择性注意机制进行建模前，需要对选择性注意机制的类型做出判断。针对 SAR 图像的舰船检测，由于舰船在 SAR 图像中呈现为灰度值较高的亮点，因此可以通过 SAR 图像灰度值的分布情况确定选用哪种选择性注意机制完成对当前图像的舰船目标检测。具体来说，如果待检测 SAR 图像的背景以水域为主，在舰船检测中选用自底向上选择性注意机制；如果待检测 SAR 图像的背景以陆地或岛屿为主，则选用自顶向下选择性注意机制。其具体判断过程如下：

（1）对输入 SAR 图像进行大津阈值处理，得到其相应的二值图像。

（2）统计上述二值图像中灰度值为 0 和 1 的像素个数，并计算灰度值为 1 的像素在图像所有像素中的百分比 N。

（3）如果 $N < 15\%$，则选用自底向上选择性注意机制；否则，选用自顶向下选择性注意机制。

2）自底向上的 SAR 图像舰船检测方法

自底向上的 SAR 图像舰船检测方法主要针对以水域为主要背景的 SAR 图像。自底向上选择性注意模型的构建思想在 6.1.2 节已介绍，这里不再重述。但由于 SAR 图像是雷达波反射成像，其成像机理与自然图像不同，所以本节中自底向上选择性注意模型的实现过程与 6.1.2 节有明显差异。图 6.13 给出了其具体实现过程，包括预处理、视觉显著区域提取和舰船目标提取三个模块。

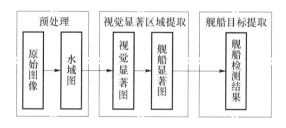

图 6.13　自底向上的 SAR 图像舰船检测

（1）预处理。由于待检测的 SAR 图像的背景以水域为主，而且在 SAR 图像中水体呈现为灰度值较低的黑色区域，舰船呈现为灰度值较高的白色亮点，与黑色的水域形成明显的对比。根据 SAR 图像的成像特点需要 SAR 图像做如下预处理：

首先对原始 SAR 图像进行大津阈值法处理,得到其相应的二值图像,此时,水域在二值图像中的灰度值为 0;然后选取一个 $N \times N$ 的窗口(窗口的大小可根据 SAR 图像的分辨力设定,一般大于图像中的舰船目标的尺寸),将窗口在水域提取后的结果图中滑动,如果窗口内周边像素的灰度值均为 0,则将窗口内的所有像素的灰度值均设为 0,否则,不改变窗口内各像素的灰度值。图 6.14(a) 为原始 SAR 图像,图 6.14(b) 为水域提取后的结果,图 6.14(c) 为预处理结果。从图中可以看出,经过预处理后,水面上的舰船和一些小目标被划为水域,而水中的岛屿和陆地却被保留下来,这为下面的舰船检测做好准备。

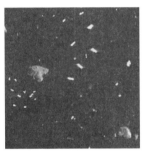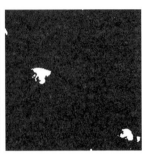

(a) 原始SAR图像   (b) 水域分割结果   (c) 预处理结果

图 6.14   预处理结果

(2) 视觉显著区域提取。SAR 图像经过预处理后,提取了图像中的水域,将这些水域在原始 SAR 图像中进行标记,并将其作为舰船检测的目标区域。由于在 SAR 图像中舰船的体型小且亮度高,水域的面积大且灰度值低,舰船与水域有明显的反差。从视觉注意角度来看,以水域为背景的舰船有较高的视觉显著性。如果在舰船检测过程中引入人眼自底向上视觉注意机制,提取出目标区域中的显著区域,不仅可以大大提高算法的效率,而且能够有效地降低斑点噪声对舰船检测的影响。因此,如何根据人眼的视觉注意机制对水域进行视觉显著性度量是本节算法的关键。

目前,对图像的视觉显著性度量方法主要有两大类,即全局显著性度量和局部显著性度量。本节算法需要对整幅 SAR 图像的水域进行显著性度量,因而需要选用局部显著性度量方法。常见的局部显著性度量方法有视差计算法、小波变换法、邻域标准差法[37]等。由于邻域标准差算法复杂度低,适合对背景与显著目标有较大差异的图像进行显著性度量,因此本节选用邻域标准差方法度量目标区域的视觉显著性。

邻域标准差方法是以各个像素的邻域标准差作为该像素所在位置的局部显著性度量。在图像 I 中像素 (i,j) 点的 $W \times W$ 邻域标准差可通过下式求得:

$$S(i,j) = \frac{1}{W}\sqrt{\sum_{m=-W}^{W}\sum_{n=-W}^{W}[I(i+m,j+n) - M(i+m,j+n)]^2} \quad (6.26)$$

式中:$M(i,j)$ 为像素$(i,j)W \times W$ 邻域的平均灰度值,且有

$$M(i,j) = \frac{1}{W^2}\sum_{m=-w}^{w}\sum_{n=-w}^{w}I(i+m,j+n) \quad (6.27)$$

其中:$I(i,j)$ 为像素 (i,j) 的灰度值,$W = 2w + 1$。

本节算法用 8×8 的滑动窗口对 SAR 图像水域中各点进行邻域标准偏差运算,窗口中心点的邻域标准差作为整个窗口的显著度,可得到水域的视觉显著图。图 6.15(a)为原始 SAR 图像,图 6.15(b)为视觉显著图。从图中可以看出,SAR 图像中舰船所在区域具有较高的视觉显著性。

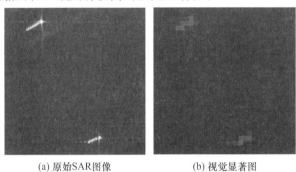

(a) 原始SAR图像   (b) 视觉显著图

图 6.15 视觉显著

(3)舰船目标提取。由水域的视觉显著图可以看到,舰船所在区域的显著性明显比周围水域的显著性高。为了能精确地检测出水域中的舰船目标,可以在 SAR 图像中将这些显著性较高的区域标记出来。只要对这些显著性区域进行舰船目标检测,就可得到最终的检测结果。

由于视觉显著图中的显著区域与背景灰度值差别较大,对舰船区域进行标记可以通过自动阈值的方法来实现,其阈值为

$$T = \mu + n \cdot \sigma \quad (6.28)$$

式中:μ、σ 分别为水域显著图的平均值和标准差;n 为常量。

得到阈值后,对视觉显著图进行阈值化:

$$I_s(i,j) = \begin{cases} 1 & (I_s(i,j) \geqslant T) \\ 0 & (I_s(i,j) < T) \end{cases} \quad (6.29)$$

式中:$I_s(i,j)$ 为水域显著图上任意一点 (i,j) 的灰度值。

通过对水域显著图进行阈值,提取出包含舰船的显著区域,去除部分未包含

舰船的显著区域。式（6.28）中的 n 越大，除去的显著区域就越多；反之，则越少。

在 SAR 图像中标记出舰船所在区域后，为进一步提高算法的效率，只需在 SAR 图像中对标记区域进行聚类就可以找到舰船目标。

3）自顶向下的 SAR 图像舰船检测方法

自顶向下的 SAR 图像舰船检测方法主要针对以陆地或岛屿为主要背景的 SAR 图像。当 SAR 图像中存在大量的陆地和岛屿时，需要对检测过程加入期望目标的先验知识，并在先验知识的指引下完成舰船检测过程。针对舰船检测，根据先验可以知道，待检测的舰船一定在水面上，由于在复杂的背景下黑色的水域比舰船更容易引起视觉的注意，因此，在对舰船检测之前，可以首先检测出 SAR 图像的水域，然后在水域背景下进一步完成舰船检测。图 6.16 给出了自顶向下的 SAR 图像舰船检测。

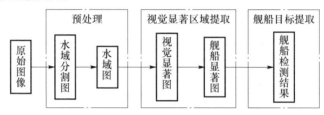

图 6.16　自顶向下的 SAR 图像舰船检测

6.1.3.4　实验结果与分析

为了检测本节舰船检测算法的有效性，选取了真实的 SAR 图像进行了大量的实验，并得到了较满意结果。

1）SAR 图像舰船检测结果

图 6.17 给出了基于选择性注意机制的 SAR 图像舰船检测结果。由于图 6.17 像以水域为背景，因此，该实验采用的是自底向上的 SAR 图像检测过程。其中：图 6.17（a）为原始 SAR 图像；图 6.17（b）为本节方法的检测结果；图 6.17（c）和（e）分别为原始 SAR 图像中 1 号舰船和 2 舰船的放大图；图 6.17（d）和（f）分别为原始 SAR 图像中 1 号舰船和 2 舰船的检测结果放大图。从图中可以看出，本节方法可以精确检测出 SAR 图像中的舰船。

（2）极化 SAR 图像舰船检测结果

为进一步验证本节方法的有效性，选取了一幅真实 SAR 图像，并用本节方法对其进行实验。图 6.18 是 1994 年 10 月 10 日由星载 C/X 波段合成孔径雷达（SIR-C/X-SAR）拍摄的中国香港的 SAR 图像。图像的中心坐标为北纬 22.3°、东经 114.1°，实现大小为 14m×19m。图中的红、绿、蓝颜色分量

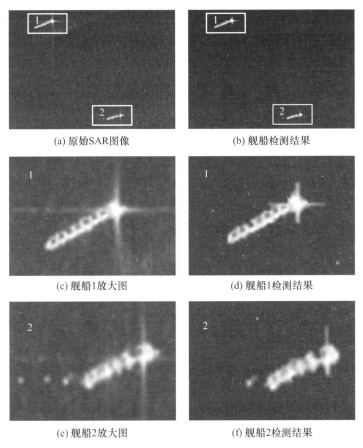

(a) 原始SAR图像　　　　　　　　(b) 舰船检测结果

(c) 舰船1放大图　　　　　　　　(d) 舰船1检测结果

(e) 舰船2放大图　　　　　　　　(f) 舰船2检测结果

图 6.17　基于选择性注意机制的 SAR 图像舰船检测结果

与雷达的波段和极化方式的关系:红色为雷达 L 波段垂直极化发射垂直极化接收,绿色为雷达 C 波段垂直极化发射垂直极化接收,蓝色为雷达 C 波段和 L 波段垂直极化发射垂直极化接收。图像中大块的黄色区域为香港的商业区和居民区,深蓝色或深红的区域为水域,水域中的黄色亮点为舰船。

为了更清楚地展示本节舰船检测的结果,从图 6.18 中截取了白色方框部分,大小为 512×512。由于该图像中存在大片的陆地和岛屿,所以舰船的检测过程是通过自顶向下的舰船检测方法完成的。检测结果如图 6.19 所示。图 6.19(a)为截取的极化 SAR 图像,图中深色水域中的黄色亮点为算法检测的目标,蓝色的亮点为伪目标,共包含 23 艘舰船。图 6.19(b)为舰船检测结果,图中的白色亮点为检测出的舰船,共检测出了 22 艘舰船,有一艘舰船末检测出。在图中用白色圆圈标记的为末检测出的舰船目标。从实验结果图中可以看出,本节提出的基于选择性注意机制的 SAR 图像舰船检测算法,能有效地检测出 SAR 图像中的舰船。

图 6.18　1994 年 10 月 10 日 2 时 19 分我国香港沿岸海区 SAR 图像(见彩图)

(a) 极化SAR图像

(b) 舰船检测结果

图 6.19　基于选择性注意机制的 SAR 图像舰船检测结果(见彩图)

6.1.3.5　小结

　　本节在 6.1.2 的基础上提出了一种基于选择性注意机制的 SAR 图像舰船检测方法,它包含两种选择性注意机制的检测过程,即自底向上和自顶向下。该方法能够根据 SAR 图像背景自动选择其中一种选择性注意机制对舰船进行检测,将两种选择性注意机制有效地结合在一起,不仅符合人类视觉的信息处理过程,而且能够提高算法的检测效率。最后,将本节方法应用于真实 SAR 图像舰船检测中。实验结果表明,本节方法能有效地检测出图像中的舰船。这不仅证明了本节方法的可行性,而且表明了选择性注意机制在 SAR 图像处理中有重要的应用价值。

6.2 基于分层 CFAR 的高分辨力 SAR 图像舰船目标检测

6.2.1 背景介绍

统计建模是 SAR 图像解译必不可少的,不同的 SAR 统计模型(如 K 分布、高斯分布、Γ 分布、对数正态分布、混合分布等)对不同的 SAR 地物类型(如农田、森林、草地、河流等)的建模能力各不相同。本节首先介绍不同的统计分布及其特点,对不同的 SAR 图像地物类型进行统计建模,找出各种统计模型所适合的地物类型。

目标检测是 SAR 图像应用的重中之重,针对机载 SAR 图像中车辆检测问题,结合 CFAR 算法提出针对角反射器散射特点的目标检测算法,并采用真实的机载 P 波段和 L 波段 SAR 图像数据对算法进行验证。

超高分辨力 SAR 图像具有数据量大、传统 CFAR 算法处理时间复杂度高、目标具有一定的形态及细节的特征。针对这些特点我们提出了多层 CFAR 算法。算法中采用对数正态分布作为图像的统计分布模型。通过对整幅 SAR 图像采用基于对数正态分布的全局 CFAR 算法滤除强散射点来找出 SAR 图像背景区域,然后依据提取出的 SAR 图像背景进一步检测舰船目标。尽管多层 CFAR 算法能提取出较准确的舰船目标,但是依然存在很多虚警目标。根据先验舰船尺寸大小,滤除多层 CFAR 算法处理后图像中的虚警目标。由于超高分辨力 SAR 图像的特点,滤除虚警后的目标有着不完整或者船体出现空洞的现象,我们提出提取目标轮廓算法,并对目标轮廓进行填充来得到完整的目标。实验中使用两幅 TerraSAR-X 图像真实数据,分辨力为 1m,分别采用多层 CFAR 算法及传统 CFAR 算法进行实验比较,结果证明我们的算法有较好的检测结果。

6.2.2 SAR 图像目标检测基础理论及算法

6.2.2.1 CFAR 检测理论

SAR 图像的应用越来越多,分辨力的提高也带来了新的问题,如大量的数据、军事打击、搜救的实时性,面对如此多的问题,需要加快对 SAR 图像处理技术的研究[38]。SAR 成像体制下的目标和杂波有散射特性,根据这些散射特性可以排除其他不属于统计分布的像素点,而把这些像素点归为目标点。

经过广大研究人员的不懈努力,这方面的研究成果如雨后春笋般地发表出来,虽然提出的方法各不相同,是不难发现它们具有以下的特点[39]:

（1）基于目标和背景的散射特性不同的目标检测算法。

（2）对成像后的 SAR 图像复数数据进行处理。

（3）对 SAR 图像中目标的先验知识的检测。

对于感兴趣的目标，它具有一定的特点，不服从背景分布，根据这些不同的特点可以把目标检测出来。

经过时间的检验我们发现，比较经典的方法是 CFAR 算法，这个算法普遍应用于超高分辨力 SAR 图像目标检测中，其他方法都是这种方法的变形与发展。该方法有一个根据经验设定的值，即检测门限，这样就增加了目标检测的难度，CFAR 算法通过可能的目标的像素灰度与周围背景求得的阈值进行对比。虚警率一般通过经验得到，可以根据相关公式求得统计分布的阈值，传统的 CFAR 方法预先设定虚警率，首先选取目标所处周围背景杂波的统计分布自适应求取检测门限，这些背景的分布要选择受到目标干扰较小，较能符合目标背景特点的像素，根据这些选定的像素，就可以通过 CFAR 算法判断待检测像素点是否为目标点。根据目标的先验知识选择合适的滑窗，对整幅 SAR 图像逐点检测。滑动窗口分为空心和实心两种。实心窗口的滑动窗口与目标尺寸一致，空心窗口的滑动窗口大于目标尺寸，目标周围有保护区域[40]。实心滑窗的尺寸与目标尺寸相当，但是目标周围由于 SAR 成像的原理会与背景相互干扰，而对目标的判断产生一定影响。为了消除这些影响，对这些像素点进行去除，因而选择离目标有一定距离的背景点作为判断依据。

图 6.20 展示了经典的 CFAR 算法处理的通用过程，可以看出它们一般是对一个像素点选取了一定的已知数据来估计选择的统计分布的参数，然后根据概率的相关性排除异常的像素点，与检测不同的目标有关，不同的目标检测，虚警率不同。检测器就是告诉人们如何来选取有效地数据，而这些数据又能有效地判断该像素点是否为目标。统计分布模型是超高分辨力 SAR 图像所满足的概率函数。统计分布对 SAR 图像中的背景的拟合程度以及针对不同背景环境应用的 CFAR 检测器都会有影响。

6.2.2.2　CFAR 检测阈值推导

1）基于高斯分布的 CFAR 检测

正态分布的 PDF 为

$$p(x) = \frac{1}{\sqrt{2\pi}\sigma}e^{-\frac{(x-u)^2}{2\sigma^2}} \tag{6.30}$$

式中：σ 为 SAR 图像背景分布的标准差；μ 为 SAR 图像统计分布的均值。

由式（6.30）可知

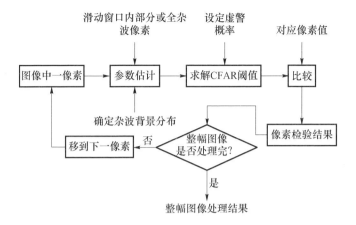

图 6.20　CFAR 算法处理框架

$$F(x) = \int p(x)\,\mathrm{d}t = \int_{-\infty}^{x} \frac{1}{\sqrt{2\pi}\sigma} \mathrm{e}^{-\frac{(x-u)^2}{2\sigma^2}}\,\mathrm{d}t \qquad (6.31)$$

令 $z = \dfrac{t-\mu}{\sigma}$，并代入式（6.31）可得

$$F(x) = \int_{-\infty}^{\frac{x-\mu}{\sigma}} \frac{1}{\sqrt{2\pi}} \mathrm{e}^{-\frac{z^2}{2}}\,\mathrm{d}z \qquad (6.32)$$

式（6.32）是对正态分布的积分结果，对上式变形可知

$$F(x) = \int_{-\infty}^{\frac{x-\mu}{\sigma}} \frac{1}{\sqrt{2\pi}} \mathrm{e}^{-\frac{z^2}{2}}\,\mathrm{d}z = \varPhi\left(\frac{x-\mu}{\sigma}\right) \qquad (6.33)$$

如果虚警率为 p_{fa}，则可以推导出

$$p_{\mathrm{fa}} = \int_{T}^{\infty} p(x)\,\mathrm{d}x = 1 - F(T) = 1 - \varPhi\left(\frac{T-\mu}{\sigma}\right) \qquad (6.34)$$

对上式进行变形，可得

$$T = \sigma \varPhi^{-1}(1 - p_{\mathrm{fa}}) + \mu \qquad (6.35)$$

所以，当超高分辨力 SAR 图像为高斯分布时，根据式（6.35）即可求取检测的阈值[41]。

2）基于 K 分布的 CFAR 检测

K 分布的 PDF 为

$$p(x) = \frac{2}{x\Gamma(v)\Gamma(n)}\left(\frac{nvx}{\mu}\right)^{\frac{n+v}{2}} K_{v-n}\left(2\sqrt{\frac{nvx}{\mu}}\right) \quad (x > 0) \qquad (6.36)$$

式中：v 为设置的该函数的状态；μ 该函数的维数；n 为该函数对整幅 SAR 图像的估计视数；$\mathrm{K}_{v-n}(\,\cdot\,)$ 为 $v-n$ 阶的第二类修正的贝塞尔函数。

对式(6.36)作简单处理，即可得到需要的概率密度函数。

令 $y=\sqrt{x}$，$x=y^2$，则可以推导出

$$p_Y(y) = p(y^2)\left|\frac{\mathrm{d}(y^2)}{\mathrm{d}y}\right| = \frac{4}{\Gamma(v)}\left(\frac{v}{\mu}\right)\frac{1+v}{2}y^v\mathrm{K}_{v-1}\left(2\sqrt{\frac{v}{\mu}}y\right) \tag{6.37}$$

对式(6.37)积分，可得随机变量 y 的分布函数为

$$F(y) = \int_{-\infty}^{y}\frac{4}{\Gamma(v)}\left(\frac{v}{\mu}\right)\frac{1+v}{2}t^v\mathrm{K}_{v-1}\left(2\sqrt{\frac{v}{\mu}}t\right)\mathrm{d}t = 1-\frac{2}{\Gamma(v)}\left(\frac{v}{\mu}\right)\frac{v}{2}y^v\mathrm{K}_v\left(2\sqrt{\frac{v}{\mu}}y\right) \tag{6.38}$$

当杂波模型为 K 分布时，首先对图像数据做变换 $y=\sqrt{x}$，然后根据式(6.38)可得

$$p_{\mathrm{fa}} = \int_{T}^{\infty}p(y)\mathrm{d}y = 1-F(t) = \frac{2}{\Gamma(v)}\left(\frac{v}{\mu}\right)\frac{v}{2}T^v\mathrm{K}_v\left(2\sqrt{\frac{v}{\mu}}T\right) \tag{6.39}$$

由式(6.39)可以求出检测阈值实现 CFAR 检测。

3）基于瑞利分布的 CFAR 检测

瑞利分布的概率密度函数为

$$p(x) = \frac{x}{\sigma_1^2}\exp\left(-\frac{x^2}{2\sigma_1^2}\right)\quad(x>0) \tag{6.40}$$

其分布函数为

$$F(x) = \int_{-\infty}^{x}p(t)\mathrm{d}t = \int_{0}^{x}\frac{t}{\sigma_1^2}\exp\left(-\frac{t^2}{2\sigma_1^2}\right)\mathrm{d}t \tag{6.41}$$

令 $z=t/\sigma_1$，则式(6.41)可变形为

$$F(x) = \int_{-\infty}^{\frac{x}{\sigma_1}}t\exp\left(-\frac{t^2}{2}\right)\mathrm{d}t = 1-\exp\left(-\frac{x^2}{2\sigma_1^2}\right) \tag{6.42}$$

设检测阈值为 T，对于给定的高分辨力 SAR 图像，虚警率设为 p_{fa}，则

$$p_{\mathrm{fa}} = \int_{T}^{\infty}p(x)\mathrm{d}x = 1-F(T) = \exp\left(-\frac{T^2}{2\sigma_1^2}\right) \tag{6.43}$$

则可以求出检测阈值为

$$T = \sigma_1\sqrt{-2\ln p_{\mathrm{fa}}} \tag{6.44}$$

综上所述,当高分辨力 SAR 图像背景分布为瑞利分布时,根据式(6.44)可以求取检测的阈值[42]。

4) 基于 Γ 分布的 CFAR 检测

伽马分布的 PDF 表达式为

$$p(x) = \frac{1}{\Gamma(n)}\left(\frac{n}{\sigma}\right)^{n} x^{n-1}\exp\left(-\frac{nx}{\sigma}\right) \quad (x > 0) \tag{6.45}$$

式中: n 为高分辨力 SAR 图像的形状参数, $n > 0$,即 SAR 图像的视数; n/σ 为高分辨力 SAR 图像尺度参数, $(n/\sigma) > 0$ 。

其分布函数的表达式为

$$F(x) = \int_{-\infty}^{x} p(t)\mathrm{d}t = \int_{0}^{x} \frac{1}{\Gamma(n)}\left(\frac{n}{\sigma}\right)^{n} t^{n-1}\exp\left(-\frac{nt}{\sigma}\right)\mathrm{d}t \tag{6.46}$$

从式(6.46)可以看出,只能在一定条件下,即当 n 为整数时,能求出其概率密度函数。当不满足此条件时,这个概率密度函数则不能够使用,此时通常用其他公式来替代。

设检测阈值为 T ,给定虚警概率为 p_{fa} ,则

$$p_{\mathrm{fa}} = \int_{T}^{\infty} p(x)\mathrm{d}x = 1 - F(T) = 1 - \int_{0}^{T} \frac{1}{\Gamma(n)}\left(\frac{n}{\sigma}\right)^{n} t^{n-1}\exp\left(-\frac{nt}{\sigma}\right)\mathrm{d}t \tag{6.47}$$

可以通过式(6.47)来根据虚警概率求合适的阈值,从而实现这种背景分布下的目标检测。

5) 基于对数正态分布的 CFAR 检测

如果数据取对数后的服从正态分布,这个数据就服从对数正态分布,对数正态分布的标准 PDF 和正态分布的标准 PDF 是相同的。

对数正态分布的 PDF 为

$$p(x) = \frac{1}{\sqrt{2\pi}\sigma x}\exp\left[-\frac{(\ln x - \mu)^2}{2\sigma^2}\right] \quad (x > 0) \tag{6.48}$$

式中: μ 为高分辨力 SAR 图像中灰度值 $\ln x$ 的均值; σ 为高分辨力 SAR 图像灰度值 $\ln x$ 的标准差。令 $y = \ln x$,有 $x = \mathrm{e}^{y}$,则数据 y 的 PDF 为

$$p_Y(y) = p(\mathrm{e}^y)\left|\frac{\mathrm{d}\mathrm{e}^y}{\mathrm{d}y}\right| = \frac{1}{\sqrt{2\pi}\sigma}\exp\left[-\frac{(y - x_{\mathrm{m}})^2}{2\sigma^2}\right] \tag{6.49}$$

可以对上式继续变换,从而得到想要的结果表达式为

$$T = \sigma \times \Phi^{-1}(1 - p_{\mathrm{fa}}) + \mu \tag{6.50}$$

本节使用的最常见的背景分布就是这种分布,阈值也是通过式(6.50)求出[43]。

6.2.2.3 基于 SαS 模型的 SAR 图像目标检测

对称 α 稳定(Symmetric Alpha Stable,SαS)的理论基础是广义中心极限定理,而这种统计分布是最近才发展出来的一种背景分布,它可以适应于多种情况下的背景建模问题。

当考虑到窄带 SAR 图像的统计建模问题时,Kuruoglu 在 SαS 的基础上提出了这种背景分布,而且实验结果证明这种分布具有较好的拟合结果,但是因为没有具体的概率密度函数,所以这种分布的参数求解很麻烦。无论是参数求解还是阈值求解方法均不适用于这种统计分布,它只有一个傅里叶变换式[44]:

$$\Phi(w) = \exp\{j\delta t - \gamma \mid \omega \mid^{\alpha} [1 + j\beta \mathrm{sgn}(\omega) \omega(\omega, \alpha)]\} \tag{6.51}$$

其中:α、γ、δ、β 分别为高分辨力 SAR 图像参数。

当 $\beta = 0$ 时,式(6.51)便成为 SαS 分布的特征函数,即

$$\Phi(w) = \exp\{j\delta\omega - \gamma \mid \omega \mid^{\alpha}\} \tag{6.52}$$

SαS 分布的概率密度函数 $p(\alpha, \gamma, \delta; \cdot)$ 可通过特征函数的傅里叶反变换得到,即

$$p(\alpha, \gamma, \delta; x) = \frac{1}{2\pi} \int_{-\infty}^{+\infty} \exp(j\delta\omega - \gamma \mid \omega \mid^{\alpha}) \mathrm{e}^{-j\omega x} \mathrm{d}\omega \tag{6.53}$$

式中:α 为特征指数,$0 < \alpha \leq 2$;δ 为定位参数,$-\infty < \delta < +\infty$;$\gamma$ 为尺度参数。当 $\alpha = 2$,$\delta = 0$ 时,把参数带入会发现其满足正态分布。

经过多年的研究,Tsihrintzis 使用特殊的求解参数方法来求解 α – stable 分布的参数。设 $X = \{x_1, x_2, \cdots, x_n\}$ 为 n 个观测数据,将其分成互不重叠的 L 段,则

$$X = \{x_1, x_2 \cdots, x_n\} = \{X_1, X_2, \cdots, X_L\} \tag{6.54}$$

式中

$$X_l = \{x_{1+(l-1)N/L}, x_{2+(l-1)N/L}, \cdots, x_{n/L+(l-1)N/L}\} \quad (l = 1, 2, \cdots, L) \tag{6.55}$$

令 $\overline{X_l}$ 和 $\underline{X_l}$ 分别为数据段 X_l 中的最大值和最小值,且

$$\begin{cases} \overline{x_l} = \lg \overline{X_l} \\ \overline{x_l} = -\lg(-\underline{X_l}) \end{cases} \tag{6.56}$$

然后,令

$$\begin{cases} \bar{x} = \dfrac{1}{L}\sum_{l=1}^{L}\bar{x}_l, \bar{s} = \sqrt{\dfrac{1}{L-1}\sum_{l=1}^{L}(\bar{x}_l-\bar{x})^2} \\[3mm] \underline{x} = \dfrac{1}{L}\sum_{l=1}^{L}\underline{x}_l, \underline{s} = \sqrt{\dfrac{1}{L-1}\sum_{l=1}^{L}(\underline{x}_l-\underline{x})^2} \end{cases} \quad (6.57)$$

α、γ、δ 的估计分别为

$$\begin{cases} \alpha = \dfrac{\pi}{2\sqrt{6}}\left(\dfrac{1}{\bar{s}}+\dfrac{1}{\underline{s}}\right) \\[3mm] \delta = \mathrm{Median}(\{x_1,x_2\cdots,x_N\}) \\[3mm] \gamma = \left[\dfrac{\dfrac{1}{N}\sum_{k=1}^{N}|x_k-\delta|^p}{C(p,\alpha)}\right]^{\frac{\alpha}{p}} \end{cases} \quad (6.58)$$

式中：$\mathrm{Median}(\cdot)$ 表示对函数进行中值运算；p 为函数的另一个参数，它在一定的条件下需要根据经验选取合适的值，且

$$C(p,\alpha) = \dfrac{1}{\cos\left(\dfrac{\pi}{2}p\right)}\dfrac{\Gamma(1-p/\alpha)}{\Gamma(1-p)} \quad (6.59)$$

　　运用上面的方法，可以通过给定的杂波序列得到 $S\alpha S$ 的参数。由于 $S\alpha S$ 的概率密度函数没有显式，所以对杂波进行 CFAR 检查时，阈值求解是一个很难解决的问题。由于对特征函数进行傅里叶变换即可得到 $S\alpha S$ 的概率密度函数，所以可以利用傅里叶变换的伸缩和平移性质来求解。若

$$\Phi(w) = \exp\{\mathrm{j}\delta\omega - \gamma|\omega|^\alpha\} \quad (6.60)$$

对式(6.52)进行伸缩和平移可得

$$f\left(\dfrac{x-\delta}{\gamma^{1/\alpha}}\right) = f_y(y) \leftrightarrow \exp(\div|\omega'|^\varepsilon) \quad (6.61)$$

　　由式(6.61)可知，$f_y(y)$ 是 $\Phi(w)$ 满足 $\delta=0$，$\gamma=1$ 的傅里叶逆变换，把 $f_y(y)$ 记为 $f_0(x)$ 并定义为 $S\alpha S$ 的标准概率密度函数。于是可知

$$f_{\mathrm{CFAR}}(x) = \dfrac{x-\delta}{\gamma^{1/\alpha}} \quad (6.62)$$

式中：δ、γ 为 $S\alpha S$ 的参数估计；x 为检测单元。

　　因此，检测阈值可以由下式求出[45]：

$$\int_T^{\infty}f(x)\mathrm{d}x = P_{\mathrm{fa}}/2 \quad (6.63)$$

$$\int_{\frac{T-\alpha}{\gamma^{1/\alpha}}}^{\infty} f(y)\,\mathrm{d}y = P_{\mathrm{fa}}/2 \tag{6.64}$$

$$\int_{T}^{\infty} f(y)\,\mathrm{d}y = P_{\mathrm{fa}}/2 \tag{6.65}$$

其中：$f(y)$ 可以由傅里叶逆变换求得，P_{fa} 为给定的虚警率，可以由式(6.63)求得。由于求积分下限不是很好计算，可以列出与每个虚警率对应的阈值，当给定虚警率时可以查表找出对应阈值，然后对于给定的检测单元，代入式(6.65)求出其值，与检测阈值比较即可。

6.2.2.4 全局 CFAR 算法

由前面讨论可知，传统的 CFAR 算法仍然是当今 SAR 图像目标检测中的主流，而其采用的对每个像素点滑窗的方法更具有一定的准确度，总结其原因有以下两点[46]：

(1) 目标与背景分布具有明显的区分度。

(2) 目标周围的像素点代表了背景分布，因而采用这些点可以更加明显地区别其异常点。

但是局部 CFAR 也有缺点，滑窗在滑动过程中，一个像素点需要多次进行计算。因为它不仅仅是一个像素点的背景分布，也是其他像素点临近背景，而且相邻像素点之间的差异性不是很大。事实上：

(1) 对于中低分辨力 SAR 图像，整幅 SAR 图像中背景分布可以用一种分布来拟合。

(2) 目标舰船所占的像素点在整个 SAR 图像中只有很低的比例，背景分布相对简单。

(3) 由于场景内容相对简单，检测后虚警的滤除相应简化。

CFAR 检测是一种异常检测。实际上，在 SAR 场景中，感兴趣的目标通常只对应一幅图像中极少的像素点[47]，根据这个特性，是否可以不逐点地计算统计分布，而只计算一次呢，实验证明，在一定条件是完全可以这样进行的。

假设知道一幅 SAR 图像背景的直方图为 $p(x)$，虚警率根据经验设定为 P_{fa}，那么仅计算一次门限 T'_{g}，那么采用下式对整幅图像进行计算：

$$1 - p_{\mathrm{fa}} = \int_{0}^{T'_{\mathrm{g}}} p(x)\,\mathrm{d}x \tag{6.66}$$

计算得到阈值后，逐点判断是否为异常点：$x_i \geq T'_{\mathrm{g}}$，则像素 i 为目标像素；否则，像素 i 为背景像素。

以此在图像内对像素点进行遍历判断即可实现目标的检测。模型不能精确拟合的杂波场景,则会产生 CFAR 损失。

全局 CFAR 检测器的特点如下:

(1) 因为滑动窗口放大到整幅场景,所以不需要目标尺寸的先验知识。

(2) 因为采用全局阈值,不需要多次计算自适应阈值,所以运行速度较快

(3) 需要对整个场景预先进行统计模型的分析,以确定统计分布,然后求出阈值。

(4) 在整个场景中所占比例非常小的目标可以认为不影响整个 SAR 图像背景的统计特性。

(5) 对于目标比较明显、用已知的统计模型可以精确拟合的杂波场景,理论上可以得到贝叶斯最优解。但对于目标模糊、杂波较多,则需用已知的统计[48]。

全局 CFAR 算法的计算过程如下:

(1) 直接对整幅 SAR 图像中的所有点设定为背景点,根据这些像素值来求取分布的参数。

(2) 根据以往的经验设定合理的 p_{fa},然后利用一般方法求出阈值 T'_g。

(3) 逐个将像素点的灰度值与 T'_g 比较,大于 T'_g 为目标点,标记为 1;否则,标记为 0。

(4) 处理完毕,则输出图像,得到检测结果[49]。

6.2.2.5　陆地车辆目标检测算法及实验结果

陆地目标场景相比于海洋更加复杂,而且场景内拥有更多可能造成虚警目标的物体,如森林、房屋、山丘等。在一个场景内可能存在着其他场景,例如:在一片草地中可能会有一棵树,对目标检测进行了干扰;在一片房屋中可能有一片草地,使背景的统计建模的难度加大。同时,由于不同的 SAR 雷达其参数不同,所以 SAR 图像的特点也各不一样。对 SAR 图像的检测也造成了不小的难度,所以 SAR 图像目标检测的健壮性很难实现。应针对它们的特点,采用一定的算法来实现对超高分辨力 SAR 图像中目标的检测。对一幅 SAR 图像,要观测 SAR 图像的特点来采取合适的方法进行目标检测,因而才会产生针对各种地形而设计的各种 CFAR 检测器。

由图 6.21(a)所示的 SAR 图像发现,图像中的目标具有明显的角反射性。这是由于成像及目标本身的结构特点及材料造成的,而且强散射斑点沿着一个方向。因而当使用 CFAR 算法时,对背景的统计建模,采用与强散射斑点散射方向呈十字交叉的方向。这样可以避免目标的强散射对背景的影响,可以实现更准确的背景建模,为后续处理做好准备。由于分辨力的提高,车辆目标出现了尺

寸及形态等特征,为目标的虚警滤除提供了可能。同时,目标的散射点出现离散的现象,为了后续鉴别,对处理后的图像进行了轮廓提取及填充等操作。算法流程如下:

(1) 选取合适的中空滑窗对每个像素点进行统计建模,在滑窗内选择与目标的强散射点呈十字交叉方向的像素点作为背景(目标的散射方向为上下,选择左右方向的像素点作为参考背景),从而消除目标散射对背景的影响。

(2) 根据选取的背景,采用对数累积法求出对数正态分布参数;

计算 SAR 图像阈值,判断像素点是否为强散射目标点,如果为强散射目标点,令该像素点为 1,否则为 0。

(3) 重复步骤(1)到(2),直至整幅 SAR 图像像素点均被处理。

(4) 依据车辆尺寸大小的先验知识,选择一定尺寸的滑窗滤除 SAR 图像中的虚假目标。

(5) 依据舰船尺寸的先验知识,选择一定尺寸的窗口寻找舰船目标坐标。

(6) 根据坐标和步骤(1)确定滑窗大小,画出舰船轮廓图。

(7) 根据步骤(6)得到的轮廓图,对轮廓图进行填充。

我们使用真实的机载 SAR 图像数据,数据分为 P 波段和 L 波段,分辨力为 0.5m,尺寸大小为 2897×2701,对上述算法进行了验证,其实验结果分别如图 6.21 和图 6.22 所示。对于上面两幅真实 SAR 数据,分别针对其特点采用我们的算法,发现沿着上下方向由于角反射器的存在而造成了强散射现象,严重干扰了对背景的估计,因而,采用目标周围左右方向的背景来估计参数,从而达到了对背景分布的真实估计。然后根据给定的虚警率值求得准确的阈值,判断该像素点是否为目标像素点。本次实验中,采取的为对数正态分布,可以较好地拟合 SAR 图像的背景分布,而且参数的估计较为简单,节省了程序的运行时间。由图 6.21(a) 和图 6.22(a) 可以看出,图像的区域基本分为:森林、公路两部分,图中的大片亮的地方为森林部分,较暗的地方为公路,公路上有 6 个比较亮的区域,即为目标。

图 6.21(b) 为初步 CFAR 算法结果,图 6.21(c) 为轮廓图,图 6.21(d) 为填充图。从以上结果可以看出,我们的算法能够很好地检测出目标。

图 6.22(b) 为初步 CFAR 算法结果,图 6.22(c) 为轮廓图,图 6.22(d) 为填充图。从以上结果可以看出,我们的算法能够很好地检测出目标。

6.2.3 多层 CFAR 算法目标检测

舰船全部由金属制造,舰船中的哨塔等在舰船上构成了角反射器,在 SAR 图像可以看见许多强散射点,即是由于 SAR 图像中的角反射器反射造成的,而且还会对周围背景造成干扰。由于水对电磁波的反射较弱,因而一般海面颜色

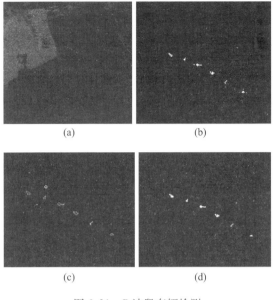

图 6.21　P 波段车辆检测

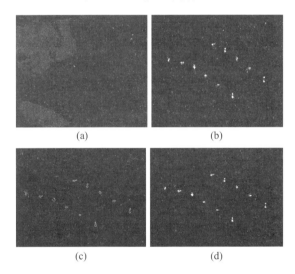

图 6.22　L 波段车辆检测

比较暗,只需要检测出 SAR 图像中较亮的点即可[50]。

　　SAR 图像中的舰船检测是一个重要问题,需要根据 SAR 图像完成舰船自动检测任务,对于目标打击、搜索救援有着重大的意义。所以 SAR 图像舰船检测是本节重要研究内容,主要包括影响舰船检测的因素、海面舰船目标检测技术综述和多层 CFAR 舰船检测算法。

6.2.3.1 影响舰船检测的因素

当需要从高分辨力 SAR 图像中对舰船目标进行检测,那么应找出舰船的特征。首先进行的研究即是找出 SAR 成像中舰船成像的特点。对于不同的舰船,由于制作的材料和结构不同,因而在 SAR 系统下的雷达反射面积也各不相同,同样在不同的舰船姿态下,雷达的反射面积也各不相同。当遇到各种各样的天气,如雷雨、晴天、阴天等,也会对雷达的成像效果有影响舰船在这些天气下的雷达反射面积也各不相同。对于不同的雷达,有各种各样的参数,因而对舰船的扫描结果也各不相同。例如在不同波段、不同极化方式下成像的结果各不相同。因此,影响舰船检测算法的因素主要有舰船本身、雷达以及当时的环境。

1)舰船因素

在 SAR 图像中,图像的灰度信息即代表了目标对雷达回波的反射强度,雷达的截面积是 SAR 图像目标检测中的重要因素。对于不同结构、不同表面材料,对雷达回波的反射和吸收情况也各不相同,因而在 SAR 图像中观测到的情况也各不相同,在 SAR 图像中的灰度信息也各不相同。高分辨力 SAR 图像的目标已具有一定的细节,不再像低分辨力那样仅仅是几个点。由于细节的出现,目标中完全可能会出现暗点,因而不仅研究各种雷达参数对于 SAR 图像中目标的影响,而且研究目标本身对于 SAR 图像的影响。雷达通过对散射回波相互叠加,再通过一系列的成像算法得到图像。会看到图像中有明显的强散射点,其原因是在舰船上设计成直角结构的一些建筑,更容易形成角反射器。舰船表面的各种建筑,如烟囱、桅杆、起重臂等,而形成的各个垂直结构对于雷达的电磁波具有很强的反射效果,因而雷达的反射截面积较大,在 SAR 图像中的灰度值也较大,有利于舰船的检测。

20 世纪 70 年代中期,美国海军研究所目标特征研究小组研究了关于雷达截面积对 SAR 图像的影响,并对于上述研究做了一系列的控制测量。当分别把雷达的参数设置为各个波段时,对同一目标测量其雷达截面积,然后对雷达截面积和波段的关系进行分析,最后得到了关于雷达截面积和雷达参数的公式:

$$\sigma = 52f^{1/2}D^{3/2} \tag{6.67}$$

式中:σ 为雷达截面积(m^2);D 为排水量(t),范围在 $2000 \sim 3000$(t);f 为雷达频率(MHz)。

式(6.67)适用对象是微波条件下的雷达测量的数据。由式(6.67)可知,雷达截面积与雷达频率、舰船的排水量有关,即 SAR 图像中目标的散射强度与这些因素有关,但与舰船方向和雷达极化方向相独立。

式(6.67)不适用于非擦地入射角情况,因而,Skolnik 于 1982 年在《雷达系统简介》中指出:"当雷达的角度非常高,如从飞机上扫过地面时,舰船截面积非常小,甚至小于擦地入射角。这时,可以根据舰船的排水量中粗略估计雷达截面积。"这个估计是在没有其他信息下的估计。

Skolnik 等又在给定雷达参数的条件下,对雷达的反射面积和排水量进行了研究,经过多次的测量给出公式:

$$\sigma = D = R(\theta)0.08l^{7/3} \tag{6.68}$$

式中:σ 为雷达截面积(m^2);D 为舰船排水量(t);l 为船长度(m);θ 为入射角;而 $R(\theta) = 0.78 + 0.11\theta$。

式(6.68)反映了舰船的反射面积和雷达的参数及舰船参数的关系。

当舰船相同时,舰船的反射面积和雷达的参数入射角成正比;当雷达相同时,舰船越大;反射面积越大;当雷达和舰船都相同时,船上的货物越多,雷达反射面积越大。

2)SAR 系统因素

不同雷达有着不同的参数,由于它们的波段、入射角和极化方式各不相同,对于舰船的散射情况也各不一样,因而得到的 SAR 图像也各不相同。即便是同一颗 SAR 卫星,在不同波段、不同入射角情况下,观测到的 SAR 图像也各不相同。通过不同的 SAR 模式研究影响舰船的雷达反射截面积的因素,研究发现,在 $S_1 \sim S_3$ 模式下,检测舰船的结果较差,而在其他模式如 W3、$S_4 \sim S_7$、F1、F5、$EH_1 \sim EH_6$,检测效果更好。

(1)波长的影响。不同的电磁波波长对回波强度即雷达反射截面积的影响有两个方面:一方面,当电磁波遇到不同的表面时会产生不同的回波强度,因而越粗糙的表面产生的回波越复杂。因为粗糙表面雷达的电磁波会产生漫反射,而雷达收集到的回波越多,雷达反射表面积就越大,在 SAR 图像中的灰度值就越大,表现为越亮。另一方面,对于同一个目标,雷达的波长越长,穿透性就越强,雷达波越可以绕过各种阻拦物。

(2)入射角的影响。SAR 图像灰度值大的区域为雷达反射截面积较大的区域,灰度值较小的区域为雷达反射截面积较小的区域。影响 SAR 图像灰度的因素还包括入射角,经过研究发现,在其他条件相同时,雷达的入射角越大,目标的雷达反射截面积就越大,即在 SAR 图像中的灰度值越大。这个结论与上面公式是一致的。

(3)极化的影响。极化分为 HH 极化、HV 极化、VV 极化和 VH 极化,不同的极化方向也会给目标的雷达反射截面积带来不同的影响。表面越粗糙,雷达的反射截面积就越大。对不同极化雷达的研究发现,对于同一目标,HH 极化和 HV 极化方向的目标其雷达反射截面积最大。

(4) 俯角的影响。SAR 图像中目标的雷达反射截面积还与雷达的俯角有关。研究发现,雷达的俯角越大,目标的反射截面积就越大;雷达的俯角越小,目标的反射截面积就越小。

影响雷达反射截面积的因素很多,这些因素间相互作用又会产生新的机理,研究影响雷达反射截面积的因素对于目标检测其有重大的作用。

3) 环境因素

海面上气候复杂虽然雷达的原理是靠电磁波,受天气影响较小,但是各种恶劣的天气对雷达也是有影响的。

海面上的主要环境是海水,由于海水在不同天气下表现不一样,因而要分开讨论。当海面无风时,由于海浪较小,因而水面可以看作镜面,电磁波的反射为镜面反射,在 SAR 图像中的灰度值就较小,舰船和水面的区分度较高,有利于舰船的检测。当遇到各种恶劣天气时,海面的起伏很大,海面中各种波浪在雷达的反射截面积较大,因而在 SAR 图像中的灰度值较大,就会造成各种虚警目标,给目标检测增加了难度。

电磁波虽然具有较强的穿透性,但是对各种物体的穿透性也是不一样的,而波长也影响电磁波的穿透性。

4) 小结

综上所述,影响舰船检测的因素主要有舰船自身、SAR 系统、环境因素,它们对舰船检测的影响都很复杂,无法用具体的模型进行描述。但是,经过上述的研究发现,海面越平静,雷达的拍摄角度就越大;分辨力越高,对舰船目标的检测越容易。

6.2.3.2 多层 CFAR 算法

目标检测对于超高分辨力 SAR 图像来说是一个很传统的问题,也具有挑战性,而超高分辨力 SAR 图像也为目标检测提供了可能。目标检测的技术对于军事目标打击、军事目标检测是非常重要的,经常需要对高分辨力 SAR 图像进行目标检测以及对检测后的目标进行后续处理。随着分辨力的增加,这个问题越来越严重。基于统计模型的恒虚警率方法是目标检测中常用的方法。不同背景服从不同的统计分布,对不同的背景采用不同的统计模型建模,然后用恒虚警率方法把目标从背景中检测出来。前面已经对统计分布做了简单的介绍。各种模型建立后,也发展出来多种 CFAR 检测器,如单元平均恒虚警率(Cell Average CFAR,CA-CFAR)检测器、最大选择恒虚警率(Greatest of CFAR,GO-CFAR)检测器、最小选择恒虚警率(Small of CFAR,SO-CFAR)检测器及有序统计性虚警率(Ordeved Statistic-CFAR,OS-CFAR)检测器。CA-CFAR 检测器适应于均匀背景情况下,其中双参数恒虚警率算法就是把正态分布作为统计分布,采用 CA-CFAR 检测器的一种检测算法。GO-CFAR 和 SO-CFAR 检测器是为了解决杂波边缘问题而设计的两种检测器。OS-CFAR 检测器是为了解决在数字图像处理中出现的分类处理技术而设计的检测器,这种检测器在处理强散射目标的情况下具有很好的效果。

近年来,各种统计模型应用于目标检测中,应用于舰船检测中的对称稳定分布,是广义中心极限定理的变形,它可以很好地拟合海面杂波情况。但是,这个分布没有明确的表达式,求解参数和门限的方法比较复杂。随着分辨力的提高,SAR 图像背景变得越来越复杂,单一的分布已经难以拟合 SAR 图像的直方图,因而多模型的混合成为了一种趋势。例如,高斯混合模型和有限混合模型,前者是多个高斯模型的混合,后者是不同的模型间的混合。混合模型能够较好地拟合 SAR 图像的直方图,但是混合模型的参数求解越来越复杂,特别是不同模型间的混合,求解门限的方法比较复杂,增大了目标检测的难度。随后各种新的方法也不断提出,如子孔径方法,提出了根据子孔径来增强目标与背景的对比度,甚至用直方图来替代统计分布,从而能够更精准地对门限进行计算。

随着 SAR 图像分辨力的不断提高,超高分辨力的 SAR 图像带来了新的挑战。SAR 图像的背景信息和目标信息更加复杂,目标已经不再是几个散射点,而是拥有了外形、轮廓及内部细节,这给目标检测增加了困难。SAR 图像的分辨力的提高也带来了数据量大的特点。用传统的 CFAR 方法检测出来的只是一些离散的强散射点,而且算法的时间复杂度很高,因此传统的 CFAR 算法已经不再适合超高分辨力 SAR 图像的目标检测问题。为了克服这些问题,我们结合了传统的 CFAR 算法的优点,进一步根据其理论基础提出了多层 CFAR 算法。传统的 CFAR 算法原理如图 6.23 所示,用背景分布特点检测出不服从背景分布的像素点,那么对于一幅 SAR 图像背景分布建模越精确,检测出的异常点越准确,检测的结果就越精确。传统的 CFAR 算法另一个缺点是,采用逐点建模检测的方法,因而随着分辨力的增加,算法的时间复杂度呈几何分布增加。我们针对这些问题,提出了多层 CFAR 算法。为了获得较准确的背景分布,采取迭代的思路,对已有 SAR 图像采用 CFAR 算法把目标强散射点从图像中去除。当去除强散射点后,剩下的像素点就是更真实的背景分布。根据上面的背景分布,进一步对模型的参数估计,再次采用 CFAR 算法得到更准确的强散射目标点。多次迭代以后,得到非常准确的背景分布,为后续处理提供更准确的数据。同样,由于采用的是全局处理方法,因此算法的时间复杂度高的问题也得到了解决,而随着数据量的增加,时间复杂度呈线性增加。

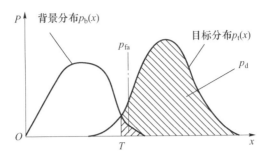

图 6.23　CFAR算法原理

　　根据我们的分析思路,采用对数累积法来求出统计分布参数。由于采用对数正态分布作为统计分布,因此可对整幅 SAR 图像分别求出 $k_1 = E\{\ln u\}$, $k_2 = E\{(\ln(u - k_1))^2\}$,其中 u 为 SAR 图像中像素点的灰度值。则 mn $= k_1$,sigma $= \sqrt{k_2}$,其中,mn、sigma 为对数正态分布参数。

　　依据求出的对数正态分布参数计算 SAR 图像阈值,根据阈值对 SAR 图像内所有像素点逐点判断是否为强散射目标点。如果为强散射目标点,则将该像素点的灰度值置为 1;否则置为 0。得到的图像为 I,同时记下强散射目标点个数。根据求出的对数正态分布参数计算 SAR 图像阈值的过程:根据下式

$$p_{fa} = \int_T^\infty f(x)\,\mathrm{d}x$$

采用数值分析法求得 SAR 图像阈值 T :

　　式中: x 为图像的灰度分布,其范围在 0 到灰度级之间,其中,8 位的 SAR 图像的灰度级是 256,16 位的 SAR 图像的灰度级为 65536; $f(x)$ 为 SAR 图像所服从的对数正态分布; p_{fa} 为恒虚警率(根据经验给定,通常设定为 10^{-3})。

　　接下来去除上面求出的强散射目标点,把图像 I 对应的像素矩阵取反,从而将矩阵元素 0 变 1、1 变 0,之后,与原 SAR 图像对应的像素矩阵逐像素相乘,则去除了 SAR 图像中的强散射目标点。对原始 SAR 图像重复上面过程直到 SAR 图像中去除的强散射点数目不再变化,得到二值化图像 M 。二值化图像即为初步处理结果图。

6.2.3.3　虚警目标的滤除

　　虽然经过多层 CFAR 算法检测后得到了较好的结果,但是由于超高分辨力 SAR 图像的特点,图像中可能由于地形、目标本身特性等原因出现复杂的虚警目标。虽然超高分辨力 SAR 图像带来了目标检测的新问题,图像中的目标不再是几个强散射点,而是具有了一定的形态和细节等特征,但同时也带来了新的检

测思路。可以依据先验知识，如目标尺寸、长宽比等信息进一步对目标判断。对于中低分辨力的 SAR 图像，图像中目标没有这些特征。这里用目标的尺寸大小来筛选，即通过对检测后的可能是目标的各种强散射点进行尺寸测量，然后与先验知识中的目标尺寸信息进行对比，从而初步地剔除虚警点。

首先依据舰船尺寸的先验知识，依次用一定尺寸的滑窗（滑窗大小通常为舰船尺寸的 1/4）在图像 I_new 上滑动，把另一个尺寸相同的 SAR 图像的矩阵 I_panduan1（表示图像像素点是否为某虚假目标组成部分）中所有元素全置为 0。然后计算 I_panduan1 矩阵中与 SAR 图像滑窗相对应的那一部分矩阵元素的和，如果不为 0，则计算由所得 I_new 图像中滑窗边缘像素点灰度值之和，如果为 0，则计算 I_new 图像中滑窗内部像素点灰度之和，如果不为 0，则把 I_new 图像中滑窗内部像素点赋给 I_panduan1 相对应的点，并把 I_new 图像中该滑窗内所有的像素点的灰度全部置 0。

如果 I_panduan1 矩阵中与 SAR 图像滑窗相对应的那一部分矩阵元素的和不为 0，则跳过 I_new 图像中对该像素点的判断；如果 I_new 图像中滑窗边缘像素点灰度值之和不为 0，则跳过 I_new 图像中的该像素点的判断；如果 I_new 图像中滑窗内部像素点之和为 0，则跳过对该像素点的判断。

采用上面算法计算后，初步可以滤除大部分虚假目标，为后续的目标识别任务提供方便。

6.2.3.4　SAR 图像目标轮廓提取及填充

虽然经过了虚警目标的滤除，但是对于超高分辨力 SAR 图像，目标已经具有一定的细节，得到的目标舰船会出现各种漏洞与残缺，会影响进一步的鉴定与识别。为了保持舰船的完整性，对目标的轮廓进行了提取和填充，即首先根据水平集方法提取目标的轮廓，对提取后的轮廓进行填充，可以消除由于超高分辨力 SAR 图像中目标的细节所造成的缺失。

算法步骤如下：

（1）依据舰船尺寸的先验知识，选择一定尺寸的滑窗寻找舰船坐标，即当以 SAR 某一像素点为中心作滑窗时，能把该舰船包括时该像素点的横纵坐标。

① 依据舰船尺寸的先验知识，用比舰船尺寸稍大的滑窗在图像 I_new 中寻找舰船目标，把与图像尺寸相同的矩阵 I_panduan2 中的值置为 0。

② 将滑窗在图像上逐点滑动，计算 I_panduan2 中滑窗位置内部像素点和，如果为 0，则计算 I_new 图像中相对应的滑窗边缘像素点的和，如果为 0，则计算 I_new 图像中相对应的滑窗内部像素点灰度值的和，如果不为 0，记下该滑窗中心点的坐标，同时把图像上该滑窗中的所有像素点值赋给 I_panduan2 上相应的点。其目的是为了防止以某像素点为中心检测到舰船后，再以该点的下一点重

复检测该舰船。

③ 如果 I_panduan2 不为 0，则跳过对 I_new 图像中该像素点的判断；如果滑窗内所有边缘像素点的灰度值之和不为 0，则跳过 I_new 图像中对该像素点的判断；如果滑窗内部像素点的灰度值之和为 0，则跳过 I_new 图像中对该像素点的判断。

（2）根据上面寻找到的舰船坐标和滑窗大小，画出舰船轮廓图。

① 依据上面得到的舰船坐标和滑窗大小，确定滑窗在 I_new 中的位置，在滑窗中从上向下沿着纵轴寻找像素值不为 0 的点，如果像素值为 1，则纵坐标加 1，储存像素坐标，继续寻找下一个纵坐标，最后得到一组坐标为 I_up(x, y)。

② 依次从下、左和右重复以上步骤得到坐标 I_down(x,y)、I_right(x,y)、I_left(x,y)。

③ 根据步骤①与步骤②所得的坐标画出轮廓图。

（3）把与 I_new 图像尺寸相同的矩阵 I_jieguo 中所有元素全部置 0，根据得到的滑窗坐标点和步骤（2）得到的轮廓图坐标 I_right(x,y)、I_left(x,y)、I_down(x,y)、I_up(x,y)，在 I_jieguo 矩阵中对这个坐标范围内的点置 1，得到填充后的二值化图像，图像中像素值为 1 的点所构成的图形即为目标舰船。

6.2.3.5　实验结果

本节用两幅真实的 SAR 图像数据来证明我们的算法的有效性，并且与传统的 CFAR 算法进行了比较。多层 CFAR 算法和传统的 CFAR 算法均采用对数正态分布作为统计模型。用检测正确率和虚检率作为评判标准。检测正确率为：

$$P_D = S_D/S_T \times 100$$

式中：S_D 为检测出的属于目标舰船的像素点个数；S_T 为舰船目标的全部像素点个数。

虚检率为

$$P_F = S_F/S_C \times 100$$

式中：S_F 为虚检的像素点的个数；S_C 为检测出所有的像素点的个数。

图 6.24（a）是 TerraSAR-X 图像中的一部分，分辨力为 1m，位于中国台湾高雄市。从 SAR 图像中看到舰船已经不再是几个像素点，而是具有一定的细节，甚至还有一些漏洞。参数虚警率设置为 0.01。图 6.24（b）是标准图，对图 6.24（a）进行人工解译得到图 6.24（b）。图 6.24（c）和（d）是通过多层 CFAR 算法得到的轮廓图以及填充图。图 6.24（e）和（f）是传统 CFAR 算法的结果图。图 6.24（g）是文献[51]中的方法。从图 6.24（d）可以看出，我们的算法能够很好

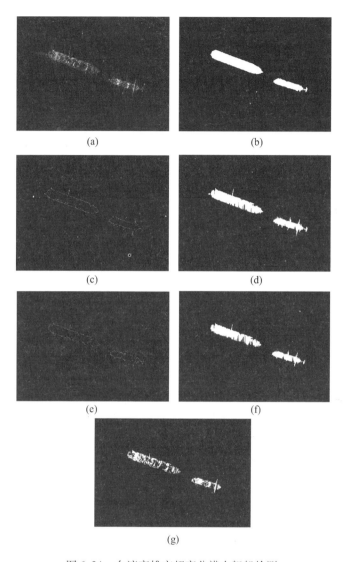

图 6.24　台湾高雄市超高分辨力舰船检测

地提取轮廓。多层 CFAR 算法能够比传统的 CFAR 算法能够提取出更多的信息。图 6.24(f)的视觉效果和图 6.24(d)的很相似,但是在图 6.24(f)中能够看到一些残缺。同样能够看出文献[52]中的方法和我们的算法相比较,检测出的目标有较大的残缺。

　　图 6.25(a)是 TerraSAR-X 中的一幅图像,分辨力为 1m,位于英格兰的直布罗陀海峡。图像中有 7 只舰船。虚警率设置为 0.0005。图 6.25(b)是标准图,图 6.25(c)和(d)是通过多层 CFAR 算法得到的轮廓图以及填充图。图 6.25

（e）和（f）是传统 CFAR 方法的结果。图 6.25（g）是文献［13］中的方法。从图 6.25（d）可以看到，我们的算法能够很好地提取轮廓。

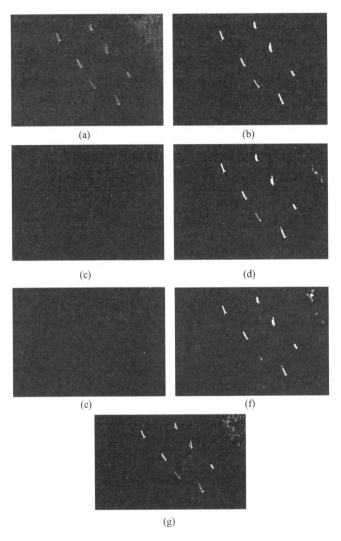

图 6.25　直布罗陀海峡超高分辨力舰船检测

图 6.26 和图 6.27 是图 6.25（a）中用白色方框圈出的舰船的放大图，可以清晰地看出我们算法的优越性。由图 6.26（d）可以看出传统的 CFAR 算法检测结果缺了一半，但是我们算法得到的结果相对完整。由图 6.27（d）可以看出，左上角的舰船检测结果中少了一块，但是我们算法检测的结果较完整。

从以上结果可以看出，我们算法具有较好的性能，同时解决了随着分辨力提高，SAR 图像数据越来越大，传统 CFAR 算法时间复杂度越来越高的问题。

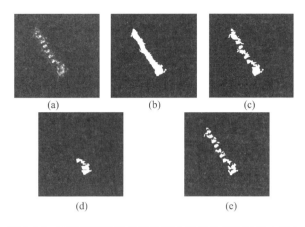

图 6.26 直布罗陀海峡超高分辨力舰船检测舰船放大图 1

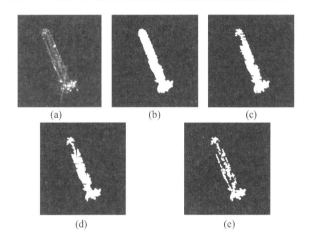

图 6.27 直布罗陀海峡超高分辨力舰船检测舰船放大图 2

▓ 6.3 基于压缩感知的 SAR 成像和检测一体化舰船目标检测

SAR 成像一直是研究的重点问题,近年来高分辨力 SAR 稀疏成像更是备受关注。稀疏主要是指成像场景中包含少量且很强的散射点,这就是后面要讨论的高分辨力 SAR 稀疏目标成像。基于奈奎斯特采样定理的传统回波数据采样方法通常获得全采样的数据,导致高分辨力 SAR 的采样率过高,数据量剧增,给数据的存储、传输和实时处理带来了很大困难。压缩感知(CS)理论的出现,为降低雷达数据采样率、减小雷达平台硬件端的压力、改善雷达成像质量开辟了新的思路。不同于压缩感知,低秩矩阵重建理论根据成像场景的低秩特性,从矩阵秩的角度对受噪声干扰和缺损的数据进行恢复。本节对这两种方法在高分辨力SAR稀疏目标成像中的应用进行了系统研究。

6.3.1　基于压缩感知的高分辨力SAR稀疏目标成像

传统的SAR成像系统的距离向与方位向分辨力分别受发射信号带宽和合成孔径长度的限制,即距离向分辨力随着发射信号带宽的增大而提高,方位向分辨力随着合成孔径长度增大而提高,而带宽的增大会显著升高系统的采样率,合成孔径长度的增大会使相干积累时间延长,这些都会显著增加系统采集的数据量,给SAR系统造成很大负担。近年来,压缩感知理论的出现给这些问题的解决开辟了新的思路,使得人们从新角度审视传统的雷达系统的采样方法和成像思路,提出新的可行的解决方案。本节将压缩感知与SAR一维距离向或方位向成像以及二维SAR成像相结合,对这两种方法展开讨论。

6.3.1.1　压缩感知理论概述

压缩感知(CS)与一般采样方法有很大的不同:一般,采样是先得到信号的离散采样,再进行压缩;而CS是采样和压缩同时完成,但它有一个前提条件,即原始信号必须是稀疏信号,这里的信号是指一维信号。稀疏性就是这个矢量信号中的非零系数比较少,但这样的条件一般信号很难满足,因此,放宽一些,可以说较大的系数很少。若 $x \in \mathbf{R}^n$ 是有限长的实信号,由基矩阵 $\boldsymbol{\Psi}_{n \times n}$ 线性表示,即

$$x = \sum_{i=1}^{n} \boldsymbol{\Psi}_i s_i = \boldsymbol{\Psi} \cdot s \tag{6.69}$$

式中:s 为 $n \times 1$ 的矢量,如果 s 中只有 k ($k \ll n$)个非零元素,则 s 是 k 稀疏的,可以作为信号 x 的稀疏表示;$\boldsymbol{\Psi}_{n \times n}$ 为 x 的稀疏基,如图6.28所示。

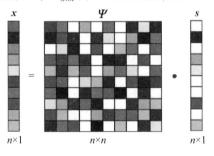

图6.28　基于稀疏基 $\boldsymbol{\Psi}$ 的稀疏表示

稀疏表示是CS的第一个步骤,是首先考虑解决的问题,然后设计合适的观测矩阵 $\boldsymbol{\Phi}_{m \times n}$ ($m < n$),完成系数 s 的降采样。因为 $m < n$,所以从测量信号重构出稀疏系数是一个欠定问题,没有确定性的解,也就是无法恢复出原始信号。

但是,在信号的稀疏系数 s 是 k 稀疏和这 k 个非零系数位置已知的条件下,这个问题在 $m \geqslant k$ 时是可以求解的。由观测矩阵与稀疏基矩阵构成的感知矩阵 $\boldsymbol{\Theta}_{m \times n} = \boldsymbol{\Phi}_{m \times n} \boldsymbol{\Psi}_{n \times n}$ 必须满足一定的条件,即有限等距性质(RIP)条件,该条件可以由式(6.70)来表示,即如果可以找到常数 $\delta_s \in (0,1)$,使式(6.70)成立,根据观测矢量 y 就可以重构出系数 s,也就可以说感知矩阵 $\boldsymbol{\Theta}$ 满足 RIP 条件[55],即

$$(1 - \delta_s) \parallel s \parallel_2^2 \leqslant \parallel \boldsymbol{\Theta}s \parallel_2^2 \leqslant (1 + \delta_s) \parallel s \parallel_2^2 \tag{6.70}$$

RIP 的等价条件是观测矩阵 $\boldsymbol{\Phi}$ 和稀疏变换基 $\boldsymbol{\Psi}$ 线性不相关[53]。由于高斯随机矩阵与多数正交基线性无关,当选择高斯随机矩阵作为观测矩阵时,感知矩阵 $\boldsymbol{\Theta}$ 以极大的概率满足 RIP 条件[53,54],常用的压缩感知测量矩阵除高斯随机矩阵外,还有伯努利矩阵、傅里叶随机矩阵[55]。

根据 CS 的基本原理,将非稀疏信号 x 利用稀疏基 $\boldsymbol{\Psi}$ 进行稀疏表示,再利用 $\boldsymbol{\Phi}$ 对稀疏系数 s 进行随机投影,获得观测矢量 y,即得到了 x 的低维表示形式,实现了降采样处理。上面过程可以写为

$$y = \boldsymbol{\Phi}\boldsymbol{\Psi}s = \boldsymbol{\Theta}s \tag{6.71}$$

压缩感知原理如图 6.29 所示。

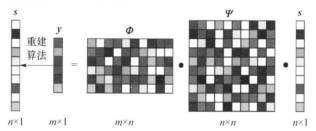

图 6.29 压缩感知原理

完成了前面两步,接下来重构 s,如式(6.71)所示。这是欠定方程问题,即含有 m 个方程 n 个未知数($m < n$)的方程求解问题,所以无法从测量信号 y 中直接求解出信号 x。但是,当感知矩阵 $\boldsymbol{\Theta} = \boldsymbol{\Phi}\boldsymbol{\Psi}$ 满足 RIP 条件时,可以通过求解下面的优化问题得到 s 的解:

$$\min \parallel s \parallel_0$$
$$\text{s. t. } y = \boldsymbol{\Phi}\boldsymbol{\Psi}s \tag{6.72}$$

式中:$\parallel \cdot \parallel_0$ 为 l_0 范数,即矢量中大于零的元素的个数。

式(6.72)的求解问题是 NP-hard 问题,不能直接求解,但在一定条件下,可以将式(6.72)转化为求解下面所示的 l_1 范数问题来获得相同的解:

$$\min \parallel s \parallel_1$$

$$\text{s. t. } \boldsymbol{y} = \boldsymbol{\Phi\Psi s} \tag{6.73}$$

式中：$\| \cdot \|_1$ 为 l_1 范数。

在允许误差范围内，采用凸松弛解法将 NP-hard 问题转化为凸优化问题，并且这两个问题的等价性已经被证明：

$$\hat{\boldsymbol{s}} = \arg\min \| \boldsymbol{s} \|_1$$

$$\text{s. t. } \| \boldsymbol{y} - \boldsymbol{\Theta s} \|_2 \leqslant \varepsilon \tag{6.74}$$

式中：$\| \cdot \|_2$ 为 l_2 范数。

目前，CS 重构算法主要有匹配追踪系列算法和凸松弛系列算法，常用的匹配系列算法有匹配追踪（Matching Pursuit，MP）算法[56]、正交匹配追踪算法[57]。常用的凸松弛系列算法有基追踪（Basis Pursuit，BP）算法[58]、梯度投影法[59]。

6.3.1.2　传统的压缩感知 SAR 成像方法

小节 6.3.1.1 主要介绍了压缩感知的基本原理和步骤，本小节主要讨论压缩感知与 SAR 成像结合的传统思路，即 SAR 的方位向成像与压缩感知相结合以及将观测场景转换为一维矢量再进行观测和重建的思路。由于 SAR 场景一般很大，转换为一维矢量后，观测矩阵的维数急剧上升，需要占用很大的存储空间。另外，重构时，花费的时间也很长。因此，这里主要讨论前一种思路，即对距离压缩后的 SAR 信号在方位向进行随机降采样，再利用压缩感知重建算法重建方位向信号，得到最终的聚焦图像[60]。

以条带正侧视为例，假设 SAR 的发射信号为线性调频信号（Linear Frequency Modulated，LFM），其表达式为

$$s(\tau) = \text{rect}\left(\frac{\tau}{T_\text{p}}\right) \times \exp(\text{j}2\pi f_\text{c}\tau + \text{j}\pi K_\text{r}\tau^2) \tag{6.75}$$

式中：$\text{rect}\left(\dfrac{\tau}{T_\text{p}}\right)$ 为矩形窗函数。

解调后基带的单个散射点的回波信号为

$$s_\text{r}(\tau, \eta) = \sigma \cdot \text{rect}\left(\frac{t_\text{r} - 2R(\eta)/c}{T_\text{p}}\right) \times \exp\left[\text{j}\pi K_\text{r}\left(\tau - \frac{2R(\eta)}{c}\right)^2 - \text{j}\frac{4\pi R(\eta)}{\lambda}\right] \tag{6.76}$$

如果观测场景是稀疏的，即目标很少，仅占观测场景很小的一部分，则式（6.76）中的散射系数绝大部分很小或为零，此时目标反射的回波信号将由稀疏表示。假设观测场景的回波矩阵大小为 $N_\text{a} \times N_\text{r}$，其中，$N_\text{a}$ 为方位向脉冲数，N_r 为距离向采样点数，则式（6.76）离散化的表达式为

$$s_r(n_r, n_a) = \sigma(n_r, n_a) \cdot \text{rect}\left[\frac{\tau(n_r) - 2R(n_a)/c}{T_p}\right]$$

$$\times \exp\left[j\pi K_r\left(\tau(n_r) - \frac{2R(n_a)}{c}\right)^2\right] \times \exp\left[-j4\pi\frac{R(n_a)}{\lambda}\right] \quad (6.77)$$

$$(n_r = 1, 2, \cdots, N_r; n_a = 1, 2, \cdots, N_a)$$

获得回波信号之后,首先将回波信号变换到距离频域方位时域,对回波信号做距离脉压和距离徙动校正(Range Cell Migration Correction,RCMC),再将回波信号变换到二维时域,此时某个距离单元的回波信号为

$$s_r(n_r, n_a) = \sigma_r(n_r) \times \exp\left[-j4\pi\frac{R(n_a)}{\lambda}\right] \quad (6.78)$$

接着,构造方位向的成像矩阵,根据点目标到雷达的瞬时斜距公式以及(6.78),成像矩阵 $\boldsymbol{A}_a$ 中对应的第 n_1 行 n_2 列可以表示为

$$\boldsymbol{A}_a(n_1) = \exp\left[-j4\pi\frac{R(n_1)}{\lambda}\right] \quad (6.79)$$

式中:$R(n_1)$ 为离散化的斜距,$R(n_1) = \sqrt{R_0^2 + (v_a\eta(n_1) - x)^2}$,$n_1 = 1, 2, \cdots, N_a$。

再对某个距离单元的信号进行距离脉压并作 RCMC,并对其进行观测,将其投影到低维空间,可以写为

$$s_r(n_r)_{M_a \times 1} = \boldsymbol{\Phi}_{a(M_a \times N_a)}\boldsymbol{A}_{a(N_a \times N_a)}\boldsymbol{\Psi}_{N_a \times N_a}\sigma_{N_a \times 1} \quad (6.80)$$

前面已经叙述了研究的成像场景为稀疏目标场景,所以稀疏基 $\boldsymbol{\Psi}$ 为 $N_a \times N_a$ 的单位矩阵,根据式(6.72)利用 OMP 算法就可以重建目标在方位向的散射系数。方位向压缩感知成像流程如图 6.30 所示。

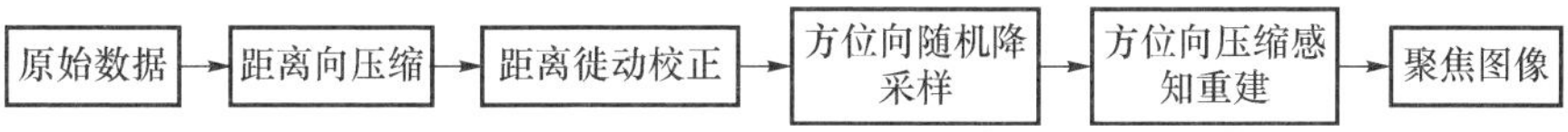

原始数据 → 距离向压缩 → 距离徙动校正 → 方位向随机降采样 → 方位向压缩感知重建 → 聚焦图像

图 6.30　方位向压缩感知成像流程

接下来利用仿真数据检验上面方法的可行性和效果。仿真场景含有 9 个点目标,表 6.2 列出了所需的各项仿真参数,距离多普勒(Range Doppler,RD)方法在采样率为 100% 时的成像结果和 CS 方法在采样率为 50% 时的成像结果如图 6.31(a)和(b)所示。从两幅图中可以看出,RD 方法的结果的距离向和方位向旁瓣都比较高,而 CS 算法的成像结果的方位向旁瓣很小,这正是 CS 方法的优势所在,即 CS 方法对于稀疏场景,在降低原始回波数据的采样率,减少数据量的同时,也可以获得旁瓣很低的聚焦图像,提高分辨力。尽管散射点的分辨力在方位向有了一些提高,但是距离向依然受到旁瓣的严重影响,分辨力也并未提

高。为获得二维高分辨力稀疏目标图像,下面将讨论基于压缩感知的二维 SAR 成像有关内容。

表 6.2　点目标仿真雷达系统参数

参数名称	参数值
场景中心斜距/km	20
距离向采样频率/MHz	64
载机速度/(m/s)	175
距离向调频率/(MHz/μs)	20
雷达中心频率/GHz	5.3
脉冲持续时间/μs	2
脉冲重复频率/Hz	100
波束斜视角/rad	0

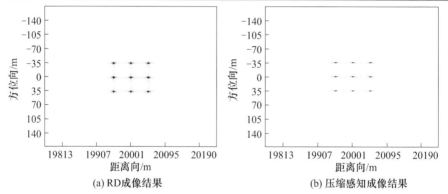

(a) RD 成像结果　　　　　　　(b) 压缩感知成像结果

图 6.31　RD 成像结果与传统压缩感知成像结果

6.3.1.3　基于压缩感知的二维高分辨力 SAR 成像

6.3.1.2 主要讨论了压缩感知在方位向和距离向的运用,这样可以相应地获得方位向和距离向的一维高分辨力。为了获得二维高分辨力的 SAR 聚焦图像,本小节将讨论压缩感知在二维高分辨力 SAR 成像中的应用。众所周知,压缩感知针对矢量可以直接进行降采样,而对于矩阵则需要将矩阵转换成矢量进行降维,重建完成后,再将矢量转化为原来的形式。因此,为了获得二维 SAR 高分辨力成像结果,第一种思路是先将原始回波数据拉成一个矢量,再利用随机降采样矩阵对其进行观测,获得观测回波数据。但是,存在观测矩阵的存储问题。例如,原始回波矩阵的大小为 256×256 ,拉成一个列矢量的大小为 65536×1 ,如果采样率为 25% ,则观测矩阵的大小为 16384×65536 ,这需要很大的存储量。第二种思路是首先进行预处理,即距离徙动校正,消除二维耦合,接着对原始回波的距离向和方位向分别进行观测,距离向的观测矩阵只与距离线数有关,方位向的观测矩阵只与方位脉冲数有关,则观测矩阵的存储将大大减小。但是,根据以往的正交匹配追踪(OMP)、平滑 l_0 范数(SL$_0$)等方法,需要分别重建距离像和方位像,才能得到最终的聚焦图像。但是,这种二维分离的重建思路受限于距离向脉压结果的稀疏性。如果考虑直接进行二维重建,则可以避免第二种思路的问题。前两种思路在很多文献中已有研究和介绍,不再加以讨论,这里对第三种思路展开详细的推导和讨论。

1)成像模型的建立

为便于说明,假设成像为条带式斜视模式,发射信号为线性调频信号,因此经过去载频后的点目标的原始回波信号为

$$s_r(\tau,\eta) = \sigma \cdot \text{rect}\left[\frac{\tau - 2R(\eta)/c}{T_p}\right] \times \exp\left[j\pi K_r\left(\tau - \frac{2R(\eta)}{c}\right)^2 - j\frac{4\pi R(\eta)}{\lambda}\right]$$

$$(6.81)$$

首先对式(6.81)进行二维傅里叶变换,得到二维频谱相位[64],即

$$\theta_a(f_r,f_a) = -\frac{4\pi R_0 f_0}{c}\sqrt{D^2(f_a,V_r) + \frac{2f_r}{f_0} + \frac{f_r^2}{f_0^2}} - \frac{\pi f_r^2}{K_r} \qquad (6.82)$$

式中: $D(f_a,V_r)$ 为 RCM 因子,且有

$$D(f_a V_r) = \sqrt{1 - \frac{c^2 f_a^2}{4V_r^2 f_0^2}} \qquad (6.83)$$

将 $\theta_a(f_r,f_a)$ 按 f_r 泰勒级数展开并保留至 f_r^2 项,得到二维频谱相位的近似表示[65],即。

$$\theta'_a(f_r,f_a) = -\frac{4\pi R_0 f_0}{c}\left[D(f_a,V_r) + \frac{f_r}{f_0 D(f_a,V_r)}\right]$$

$$-\frac{4\pi R_0 f_0}{c}\left[-\frac{f_r^2}{2f_0^2 D^3(f_a,V_r)}\frac{c^2 f_r^2}{4V_r^2 f_0^2}\right] - \frac{\pi f_r^2}{K_r} \qquad (6.84)$$

上式括号中的第一项决定方位向调制,第二项由距离徙动产生,第三项为方位向和距离向的交叉耦合项。

由式(6.84)可以得到进行 RCMC 和 SRC 的滤波函数,即

$$H_f = \exp\left\{j\frac{4\pi R_0 f_0}{c}\left[\frac{f_r}{f_0 D(f_a,V_r)} - \frac{f_r^2}{2f_0^2 D^3(f_a,V_r)}\frac{c^2 f_r^2}{4V_r^2 f_0^2}\right]\right\} \qquad (6.85)$$

经过 RCMC 和 SRC 预处理后,解除了二维耦合,补偿了距离压缩后会出现的差值,此时,回波信号依然是二维频域信号 S_r,对 S_r 的距离向和方位向分别随

机抽取 M_r 和 M_a 个单元数,则可以得到二维下采样的频域回波信号。此时,S_r 的相位变为

$$\theta_{\text{arc}}(f_r, f_a) = -\frac{4\pi R_0 D(f_a, V_r) f_0}{c} - \frac{\pi f_r^2}{K_r} \tag{6.86}$$

式中,前一项是方位向的匹配滤波函数相位,后一项是距离脉压函数相位。

接着,构造方位向和距离向的观测矩阵,其中方位向和距离向的成像矩阵 A_a 和 A_r 的相位分别为式(6.86)中的第一项和第二项,即

$$A_a = \exp\left[-j \frac{4\pi R_0 D(f_a, V_r) f_0}{c} \right] \tag{6.87}$$

$$A_r = \exp\left(-j \frac{f_r^2}{K_r} \right) \tag{6.88}$$

假设观测矩阵分别为 $\boldsymbol{\Phi}_r$(距离向)和 $\boldsymbol{\Phi}_a$(方位向),则感知矩阵 $\boldsymbol{\Theta}_r$ 和 $\boldsymbol{\Theta}_a$ 分别为

$$\boldsymbol{\Theta}_r = A_r \boldsymbol{\Phi}_r \tag{6.89}$$

$$\boldsymbol{\Theta}_a = \boldsymbol{\Phi}_a A_a \tag{6.90}$$

根据压缩感知的数学模型和上述的分析,可以得到压缩感知 SAR 成像的优化目标表达式为

$$\min\{ \| Y_s - \boldsymbol{\Theta}_a \cdot X \cdot \boldsymbol{\Theta}_r \|_F^2 + \lambda \| X \|_p^p \} \tag{6.91}$$

式中:$\| \cdot \|_F$ 为 Frobenius 范数;$\| \cdot \|_p$ 为 l_p 范数;λ 为正则化参数;X 为成像场景。

2)基于改进的迭代阈值算法的 SAR 成像场景重建

对式(6.91)的优化问题,由于迭代硬阈值(Iterative Hard Thresholding,IHT)算法[61]的求解思路简单,易于编程,用该方法来求解下式。根据 IHT 算法,式(6.91)的迭代式子为

$$X_n = S_{p,\beta}(X_{n-1} + \mu \Delta X_{n-1}) \tag{6.92}$$

式中:$S_{p,\beta}(\cdot)$ 为迭代阈值算子;β 为阈值参数;μ 为梯度参数,为常数。

根据 IHT 算法的求解过程,式(6.92)的求解步骤如下:

(1)由逆推的 SAR 数据 Y_r 和下采样后的数据 Y_s,计算残差 $\boldsymbol{\Omega}_s$,即

$$Y_r = \boldsymbol{\Theta}_a X \boldsymbol{\Theta}_r \tag{6.93}$$

$$\boldsymbol{\Omega}_s = Y_s - Y_r \tag{6.94}$$

(2)利用 RD 方法对 $\boldsymbol{\Omega}_s$ 处理,可以计算得到残差 ΔX,即

$$\Delta X = \boldsymbol{\Theta}_a^\dagger \boldsymbol{\Omega}_s \boldsymbol{\Theta}_r^\dagger \tag{6.95}$$

式中:$\boldsymbol{\Theta}_a^\dagger$ 和 $\boldsymbol{\Theta}_r^\dagger$ 分别为 $\boldsymbol{\Theta}_a$、$\boldsymbol{\Theta}_r$ 的伪逆。

(3)代入梯度参数 μ,可以得到经过 n 次迭代后的初始场景,即

$$B_{x_n} = X_n + \mu \Delta X_n \tag{6.96}$$

（4）计算 $|B_{x_n}|$ 中各元素的所占比例，即

$$p_n = \frac{|B_{x_n}|}{\sum\limits_{n=1}^{m} |B_{x_n}|}$$

式中：$|\cdot|$ 为幅度值。

（5）根据期望的定义，$|B_{x_n}|$ 经过 n 次迭代后的期望为

$$E_{x_n} = p_n |B_{x_n}| \tag{6.97}$$

（6）由于 SAR 图像包含的噪声为乘性噪声[67]，因此 $|B_{x_n}|$ 中的噪声可以根据 $Z = |B_{x_n}|/E_{x_n}$ 来计算。

（7）由于已知 SAR 图像服从伽马分布，根据这个特性就可以计算 B_{x_n} 中的噪声 Z 的统计分布概率为

$$p_z(Z) = \frac{2L^L}{\Gamma(L)}\exp(-LZ^2)Z^{2L-1} \tag{6.98}$$

式中：L 为成像视数。

（8）设 k 为 $p_z(Z)$ 中最大值的下标，将 $|B_{x_n}|$ 中 k 对应的值设置为 IHT 中参数 β 的值，即 $\beta = |B_{x_k}|$。

（9）由 IHT 的公式可得，X 经过 n 次迭代后的结果为

$$X_n = \begin{cases} B_{x_n}(\,|B_{x_n}| > \beta) \\ 0(\text{其他}) \end{cases} \tag{6.99}$$

（10）计算 X_n 与 X_{n-1} 的误差，即

$$\delta_n = \frac{\|\,|X_n| - |X_{n-1}|\,\|_2^2}{\|\,|X_{n-1}|\,\|_2^2} \tag{6.100}$$

（11）将 δ_n 与设置的误差 ε 进行比较，若 $\delta_n \geq \varepsilon$，则返回步骤（1）；否则，终止迭代，并将 X_n 作为最终迭代结果。

6.3.1.4　实验设计

1）点目标仿真实验

下面对仿真数据进行实验，检验本节方法的可行性和效果。仿真场景分布有 5 个点目标。成像结果的评价指标为峰值旁瓣比（Peak Side Lobe Ratio，PSLR），单位为 dB、主瓣宽度（IRW，单位为采样数）和积分旁瓣比（Integral Side Lobe Ratio，ISLR），单位为 dB。计算 IRW 时，选取成像结果中的一块 16×16 大

小的切片,并采用 16 倍的插值。为直观起见,基于方位向压缩感知的成像方法简称为 ACS,本节方法简称为 FCS。采用三种成像方法进行实验,分别为 RDA、ACS 和 FCS。点目标仿真成像实验中,RD 成像方法采用全采样原始回波数据,ACS 方法和 FCS 方法均采用全采样和采样率分别为 50%、25% 和 6% 的原始回波数据,三种方法的成像结果如图 6.32 和图 6.33 所示。仿真实验参数如表 6.2 所列。

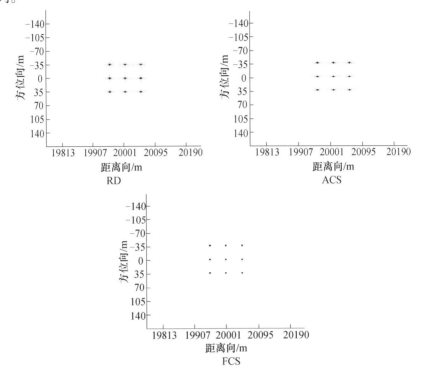

图 6.32　全采样数据成像结果

表 6.3　点目标成像结果评价指标

采样率 /%	成像方法	PSLR		IRW		ISLR	
		距离	方位	距离	方位	距离	方位
100	RD(100%)	−12.0	−15.1	28	23	−10.5	−12.8
	ACS	−12.2	−21.7	28	22	−10.7	−22.4
	FCS	−20.6	−21.1	22	22	−21.8	−22.1
50	RD(100%)	−12.0	−15.1	28	23	−10.5	−12.8
	ACS	−12.2	−21.8	28	22	−10.7	−21.6
	FCS	−19.3	−22.9	22	22	−20.6	−22.9

（续）

采样率/%	成像方法	PSLR		IRW		ISLR	
		距离	方位	距离	方位	距离	方位
25	RD(100%)	−12.0	−15.1	28	23	−10.5	−12.8
	ACS	−12.3	−22.6	28	22	−10.7	−22.7
	FCS	−19.3	−22.9	22	22	−20.6	−22.9
6	RD(100%)	−12.0	−15.1	28	23	−10.5	−12.8
	ACS	—	—	—	—	—	—
	FCS	−18.9	−20.4	22	21	−19.9	−22.2

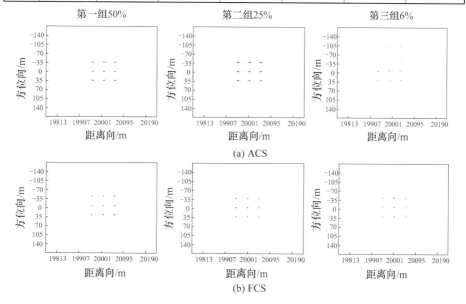

图 6.33　欠采样点目标仿真成像结果

图 6.32 从左到右依次是全采样的 RD、ACS 和 FCS 的成像结果。图 6.33（a）是 ACS 的成像结果，图 6.33（b）是 FCS 的成像结果，从左到右采样率依次是 50%、25% 和 6%，它们评价指标如表 6.3 所列。从图 6.32、图 6.33 和表 6.3 可以看出，这三种方法全采样时，都可以重建完整的观测场景。RD 结果的距离向和方位向都具有很高的旁瓣，且分辨力较差。ACS 结果的方位向旁瓣明显降低，分辨力也改善不少，但是距离向仍然有很高的旁瓣干扰，分辨力也未改善。FCS 由于采用了二维压缩感知，结果的距离向和方位向的旁瓣都得到了很好抑制，且二维分辨力均等于或优于 ACS 和 RD 的结果。同时，从图 6.33 还可以看出，随着采样率的降低，ACS 在采样率为 6% 时不能重建完整的观测场景，无法计算评价指标，表 6.3 中用横线"—"代替，而 FCS 仍然可以得到比较好的完整

的场景成像,这说明 FCS 所需采样数据更少。

综上所述,FCS 方法可以更好地抑制目标的旁瓣和背景杂波及噪声,改善目标的分辨力,需要的采样数据更少。相比之下,RD 成像结果在加窗后仍然存在较高旁瓣,分辨力较低,并且需要全采样的数据。ACS 的结果在距离向旁瓣仍然比较明显,分辨力也没有改善。与传统的将回波数据拉成一个列矢量的二维成像方法相比,本节方法的观测矩阵的存储量不仅明显降低,而且重建成像场景的时间复杂度显著减小。同时,根据 SAR 观测场景服从特定分布的先验,改进了迭代硬阈值中的阈值求取方法。运用新的自适应的阈值求取方法,在成像场景稀疏度未知的情况下,仍然可以得到比较好的重建效果。

2)实测数据实验

为了验证 FCS 方法在实测数据成像中的效果,设计如下实验。实测数据来自 2002 年 6 月 16 日的 RADARSAT – 1 精细模式 2,成像场景为加拿大温哥华地区,场景中包含 6 艘船。RD 成像的采样率设为全采样和 25% ,ACS 和 FCS 成像的采样率均设为 25% 和 6% 。三种方法的结果如图 6.34 所示,成像参数如表 6.4所列。

表 6.4　实测数据雷达系统参数

参数名称	参数值	参数名称	参数值
场景中心斜距/km	1016.7	雷达中心频率/GHz	5.3
距离向采样频率/MHz	32.317	脉冲持续时间/μs	41.75
雷达有效速度/(m/s)	7062	脉冲重复频率/Hz	1256.98
距离向调频率/(MHz/μs)	0.72135	波束斜视角/rad	0.0279

图 6.34(a)是 RD 全采样时的结果,图 6.34(b)、(c)和(d)分别是 ACS、FCS 和 RD 在 25% 采样率时的成像结果。图 6.34(e)和(f)分别是 ACS 和 FCS 在采样率 6% 时的成像结果。从图 6.34 可以看出,RD 方法在全采样时可以重建完整的场景,但是由于背景杂波和噪声的干扰,导致结果比较模糊,在 25% 采样时,出现了很大的旁瓣,对目标分辨造成干扰。ACS 在 25% 采样时,也可以重建完整的场景,杂波和噪声减少了一些,但是仍然存在,目标较 RD 的结果更清晰。FCS 在 25% 时,也可以得到场景的完整成像结果,而且杂波和噪声已经很小,背景比较干净,目标结构和形状清晰可见,如图 6.34 (g)~(i)所示。

当采样率降低到 6% 时,ACS 和 FCS 仍然可以重建观测场景,但是与 ACS 的结果相比,FCS 的结果背景噪声仍然很小。综上所述,FCS 方法的优势在于成像的同时,能有效地消除目标背景的杂波和噪声,为目标检测和识别提供了有利的条件,并且需要的采样数据很少。

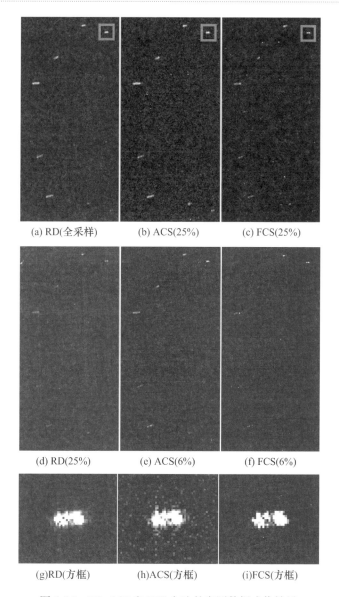

(a) RD(全采样)　　　(b) ACS(25%)　　　(c) FCS(25%)

(d) RD(25%)　　　(e) ACS(6%)　　　(f) FCS(6%)

(g)RD(方框)　　　(h)ACS(方框)　　　(i)FCS(方框)

图 6.34　RD、ACS 和 FCS 方法的实测数据成像结果

6.3.1.5　小结

本节首先概述了 CS 的三个组成部分,接着又回顾了传统的 CS 成像方法,主要是方位向 CS 成像方法。同时,也包括根据 SAR 图像服从特定分布的先验所提出的基于 CS 二维 SAR 成像方法。重构时,利用成像场景的先验知识改进的迭代硬阈值的阈值求取方法,在稀疏度未知的情况下也可以得到比较好的重

建结果。压缩感知虽然可以实现低采样率情况下信号的重建,但是压缩感知是针对一维矢量的处理方法,对于 SAR 二维观测场景的处理不够直接,下一节将结合低秩矩阵重建理论推导直接对于二维观测场景的处理方法。

6.3.2 基于低秩矩阵重建的高分辨力 SAR 稀疏目标成像

6.3.2.1 矩阵重建理论概述

矩阵补全(Matrix Completion,MC)和鲁棒主成分分析(Robust Principal Component Analysis,Robust PCA)是低秩矩阵重建理论的两个组成部分,主要解决不完备或欠采样的低秩矩阵元素的恢复问题,同时,在视频和图像处理[62,63]、SAR 信号处理等很多领域表现出广阔的应用前景。本节在之前研究的基础上进一步将传统的成像算法与低秩矩阵重建理论相结合,探索低秩矩阵重建理论在 SAR 成像中应用的条件和方法以及未来的发展趋势。

1) MC 理论

现实生活中存在大量的低秩场景,然而由于欠采样或噪声污染等因素时常导致这些低秩场景缺损一些元素。MC 理论需要解决的问题是从存在缺损元素的低秩矩阵中通过求解最小化秩约束的优化问题恢复原始低秩场景。但这是 NP-hard 问题,没有有效的解法。一个比较流行的选择凸松弛方法[64]是,用矩阵奇异值的和即核范数来近似矩阵的秩,这个方法为此类问题的快速求解提供了思路。

假设 $A = A_{ij},(i,j) \in \Omega$ 是只有部分观测数据的低秩矩阵,其中 Ω 为部分系数的索引集合,则可以通过求解如下的优化问题恢复 A 的低秩特性,得到 A 的原始矩阵:

$$
\begin{aligned}
&\min \ \mathrm{rank}(X)\\
&\mathrm{s.\,t.} \quad \| P_\Omega(X - A) \|_F < \delta
\end{aligned} \tag{6.101}
$$

式中:X 为未知矩阵;P_Ω 为投影算子;δ 为与噪声有关的常数;$\| \cdot \|_F$ 为 Frobenius 范数。

然而,这是 NP – hard 问题,考虑凸松弛算法与上述算法可以得到类似的结果,因此有如下的优化问题:

$$
\begin{aligned}
&\min \ \| X \|_*\\
&\mathrm{s.\,t.} \quad \| P_\Omega(X - A) \|_F < \delta
\end{aligned} \tag{6.102}
$$

式中:$\| \cdot \|_*$ 为核范数,即矩阵的所有奇异值之和。

针对上述问题,国内外学者提出了许多解决方法,例如奇异值阈值(Singular Value Thresholding,SVT)算法[65],加速近似梯度(Accelerate Proximal Gradient,APG)算法[66]、增广拉格朗日乘子(Augmen\ted Lagrange Multiplier,ALM)法[67]。现有的求解上述凸优化问题的方法需要通过奇异值分解(Singular Value Decomposition,SVD)计算原始低秩矩阵 X 的奇异值,而对于较大的矩阵,计算奇异值则要花费大量的时间。为了加速上述问题在大量数据中的求解应用速度,Z. Wen 等[68]提出了 LMaFit 方法,该方法基于低秩分解理论,每次迭代中只需要求解最小二乘问题,而最小二乘问题的求解是非常省时的。该方法优化模型为

$$\min \; \| UR - X \|_\mathrm{F}^2$$
$$\text{s. t.} \; \| P_\Omega(X - A) \|_\mathrm{F} < \delta \tag{6.103}$$

式中: $A = U_{m \times r} \times R_{r \times n}$ 。

LMaFit 方法可以显著降低 MC 问题求解的时间复杂度,而且比现有的方法要快好多倍。因此,这个方法非常适合处理 SAR 采集的大量原始回波数据。

2) RPCA 理论

在实际中存在着大量的低秩场景,欠采样或噪声污染情况下,低秩场景的观测数据是不完备的。然而,在噪声或者缺损的元素是稀疏的情况下,可以通过 RPCA 理论把不完备的场景矩阵 $D_{m \times n}$ 分解为低秩和稀疏的两部分,其中低秩部分 L 是原始低秩场景矩阵,稀疏部分 E 为其中包含的噪声。为了解决上述问题,传统的主成分分析(PCA)方法寻找如下约束问题的最优解:

$$\underset{L,E}{\text{minimize}} \; \| E \|_\mathrm{F}$$
$$\text{s. t. rank}(L) \leqslant r, D = L + E \tag{6.104}$$

PCA 理论是近年来在数据分析和维数约减方面应用最广泛的工具。然而,对于严重损坏的观测数据,PCA 理论不能得到有效的解,也就是说,一个任意的严重损坏的元素都可能使 PCA 理论的解与真实解存在很大的差距。然而,在很多领域如图像处理领域和生物信息学等,现存的数据采集设备不可避免地会带来一些错误的数据。因此,对具有良好的健壮性的 PCA 方法的探索一直没有停止过。基于 PCA 理论的 RPCA 成为国内外研究的热点[69]。RPCA 理论指出,对于严重损坏的不完备原始低秩矩阵,可以通过将观测数据矩阵分解为低秩和稀疏的两部分,并求解如下凸优化问题得到该问题的解:

$$\underset{L,E}{\text{minimize}} \; \| L \|_* + \lambda \| E \|_1$$
$$\text{s. t.} \; D = L + E \tag{6.105}$$

式中: $\| \cdot \|_1$ 为各元素绝对值之和; λ 为加权参数。

E. J. Candès 等[69]指出, λ 可以通过式计算:

$$\lambda = \frac{C}{\sqrt{\max(m,n)}} \tag{6.106}$$

式中: C 为常数。

近年来,对于上述优化问题的求解也是一个研究的热点问题,先后出现了多种解法,如奇异值阈值算法、加速近似梯度算法、增广拉格朗日乘子法。由于

APG 在收敛速度方面很有优势,后面也将选择 APG 作为模型的求解算法。

6.3.2.2　低秩矩阵重建理论在高分辨力 SAR 稀疏目标成像中的应用

1) 基于 MC 理论的 SAR 数据恢复和压缩

在高分辨力条件下,SAR 采样率的升高导致原始回波数据的采样量显著增大,给数据的存储、传输和处理带来很大困难。对于稀疏信号,压缩感知通过随机降采样大大降低了信号的采样率,并通过求解稀疏约束优化问题实现稀疏信号的精确重建。但是,CS 不能直接用到二维矩阵的处理中,需要将矩阵变为矢量。MC 理论可以直接应用于低秩矩阵的恢复,对于缺损的元素,利用矩阵秩最小化约束可以恢复原始低秩信号矩阵。然而,根据前面的可以知道,在 SAR 信号模型中无法找到直接利用的有关回波或观测场景矩阵的低秩信息,所以,MC 和 RPCA 理论不能直接应用于 SAR 成像处理。因此,先做一些预处理,即 RC-MC。根据 SAR 信号模型,经过 RCMC 之后的回波数据不存在距离向和方位向的二维耦合,因此可以分成两个一维的操作。矩阵形式为

$$S_{rd} = A_a \cdot X \cdot A_r \tag{6.107}$$

式中:X 为成像场景;A_a 和 A_r 分别为

$$A_a = F_a^H \cdot \boldsymbol{\Phi}_a \cdot F_a \tag{6.108}$$

$$A_r = F_r \cdot \boldsymbol{\Phi}_r \cdot F_r^H \tag{6.109}$$

式中:i 是距离单元的标示,范围为 $1 \sim m$;j 为方位单元的标示,范围为 $1 \sim n$;F_a、F_r 分别为方位向和距离向的傅里叶算子;F_a^H、F_r^H 分别为方位向和距离向的逆傅里叶算子;$\boldsymbol{\Phi}_a$、$\boldsymbol{\Phi}_r$ 分别为频域的方位向和距离向的逆匹配滤波算子;且有

$$\boldsymbol{\Phi}_a = \mathrm{diag}(e^{j\pi f_{a_1}^2/K_a}, e^{j\pi f_{a_2}^2/K_a}, \cdots, e^{j\pi f_{a_i}^2/K_a}, \cdots, e^{j\pi f_{a_m}^2/K_a}) \tag{6.110}$$

$$\boldsymbol{\Phi}_r = \mathrm{diag}(e^{j\pi f_{r_1}^2/K_r}, e^{j\pi f_{r_2}^2/K_r}, \cdots, e^{j\pi f_{r_j}^2/K_r}, \cdots, e^{j\pi f_{r_n}^2/K_r}) \tag{6.111}$$

在斜视情况下,采用改进的方位向匹配滤波器可以得到如下改进的逆匹配滤波算子,并增加二次距离压缩操作,以改善图像的聚焦效果[65]:

$$\boldsymbol{\Phi}_a = \mathrm{diag}(e^{-j\frac{4\pi R_0}{\lambda}D_1}, e^{-j\frac{4\pi R_0}{\lambda}D_2}, \cdots, e^{-j\frac{4\pi R_0}{\lambda}D_i}, \cdots, e^{-j\frac{4\pi R_0}{\lambda}D_m}) \tag{6.112}$$

式中

$$D_i = \sqrt{1 - \frac{\lambda^2 f_{a_i}^2}{4 V_r^2}}$$

经过对成像过程的分析,可以得到下面的结论(以定理的形式给出):

假设 S_{rd} 是经过距离徙动校正的回波数据,成像场景的秩为 r,则回波数据矩阵 S_{rd} 的秩等于成像场景的秩 r。

证明:由于 F_a^H 和 F_a 均是可逆的,所以 A_a 和 $\boldsymbol{\Phi}_a$ 的秩相等。同时,不难发现矩阵 $\boldsymbol{\Phi}_a$ 是满秩的。假设方位脉冲数和距离单元数分别为 N_a、N_r,则在方位

向有

$$\mathrm{rank}(\boldsymbol{A}_{\mathrm{a}}) = \mathrm{rank}(\boldsymbol{\varPhi}_{\mathrm{a}}) = N_{\mathrm{a}} \tag{6.113}$$

式中：$\mathrm{rank}(\cdot)$ 为矩阵的秩。

类似地，距离向有

$$\mathrm{rank}(\boldsymbol{A}_{\mathrm{r}}) = \mathrm{rank}(\boldsymbol{\varPhi}_{\mathrm{r}}) = N_{\mathrm{r}} \tag{6.114}$$

由式(6.113)和式(6.114)可知，A_{a}、A_{r} 也是满秩的。根据矩阵秩的有关知识，可以看出 A_{a} 和 A_{r} 均为可逆的。由此可知，S_{rd} 的秩与 X 的秩是相同的，即 $\mathrm{rank}(S_{\mathrm{rd}}) = \mathrm{rank}(X)$。

根据上述定理可知，当观测场景为低秩时，经过距离徙动校正的回波数据也是低秩的。由此可以根据观测场景秩的情况来判断本节的框架是否适用于 SAR 回波数据的处理。本节的主题是关于 SAR 稀疏目标高分辨力成像，其中的目标一般是指稀疏且具有强散射特性的舰船、车辆等物体。这些目标的后向散射系数的幅值一般比较大，而背景的幅值很小。因此，奇异值中较大的部分主要包含的是强散射点目标的信息。由此可知，成像场景的秩主要由稀疏目标部分决定。在成像场景稀疏的情况下，就可以认为该场景是低秩的。根据上述分析可知，对于稀疏目标的观测场景，其回波数据经过随机下采样之后，可以利用矩阵填充(MC)方法进行恢复。

综上所述，回波数据和观测场景矩阵中都包含秩的信息，这些信息可以应用在 SAR 数据处理的很多方面。下面着重讨论基于 SAR 数据中所包含的秩的信息，MC 理论在 SAR 数据恢复中的应用，即 SAR 数据中包含大量噪声和 SAR 回波数据经过下采样后缺失元素的恢复。假设对 S_{rd} 进行奇异值分解(SVD)分解：

$$S_{\mathrm{rd}(m \times n)} = U_{m \times r} S_{r \times r} V_{r \times n}$$

式中：$U_{m \times r}$、$V_{r \times n}$ 分别为 S_{rd} 的左奇异值矩阵和右奇异值矩阵；$S_{r \times r}$ 的对角元素为 S_{rd} 的奇异值；r 为 S_{rd} 的秩($r \ll \min(m,n)$)。

对于低秩观测场景，比较大的奇异值只占奇异值总数的很少一部分，换句话说，包含信号主要信息的较大奇异值是稀疏的。因此，假如只留下前 k ($k \leqslant r$) 个最大的，剩下的设为 0。接下来，可以认为不含噪声时的 SAR 数据的秩为 k，应用 MC 方法对真实的 SAR 数据进行恢复，得到具有低秩特性的 SAR 数据。在低信噪比时，可以将 k 值取小一些，保证对噪声的抑制效果会好一些。而高信噪比时，可以将 k 值取大一些，以保留稀疏目标的信息。回波数据是经过 RCMC 操作的，结合 MC 和 RPCA 理论，基于 MC 理论的 SAR 稀疏目标场景的回波数据恢复模型为

$$\begin{aligned} &\min \ \| UR - M \|_{\mathrm{F}}^{2} \\ &\mathrm{s.t.} \ \| P_{\varOmega}(M - S_{\mathrm{rd}}) \|_{\mathrm{F}} < \delta \end{aligned} \tag{6.115}$$

式中：S_{rd} 为经过 RCMC 的 SAR 数据；$P_{\varOmega}(\cdot)$ 为投影算子。

由于 S_{rd} 经过随机下采样并且是低秩的,所以经过矩阵填充后,可以补全缺失的元素。因此,M 可以很好地近似 S_{rd}。根据 MC 理论,LMaFit 算法求解的时间复杂度很低,适合处理大量的回波数据,因此后面将利用该方法求解上式。

由于 $\boldsymbol{M}$ 是低秩矩阵,可以写为 $\boldsymbol{U}_{m \times r}$ 和 $\boldsymbol{R}_{r \times n}$ 两个低秩矩阵的乘积。如果只存储和传输这两个低秩矩阵,则只需很小的存储空间。将 U 和 R 所占的存储空间和 S_{rd} 所占的存储空间的比值定义为压缩率(或称采样率),即

$$\rho = \frac{k \times (m + n)}{m \times n} \tag{6.116}$$

将回波数据传输到处理端之后,只需要将两个低秩矩阵相乘就可以恢复出回波数据。而压缩感知是采用将回波数据与一个观测矩阵相乘的形式来实现降维压缩,其中,观测矩阵的设计比较复杂,不容易实现。

2)基于 RPCA 的高分辨力 SAR 成像

根据上一小节的分析,MC 方法可以补全确实的回波元素,然而,利用传统的成像算法如 RD 算法所得的成像结果具有很高的旁瓣,同时具有很强的背景杂波和噪声,分辨力的改善也受到限制。因此,考虑在已有的传统成像算法的基础上,建立新的成像模型,提出新的求解算法。

根据本小节的主题,对于稀疏目标场景,由于其背景低秩的特性,目标稀疏的特性符合 RPCA 问题的条件。所以,在成像过程中,基于 RD 方法的模型和 RPCA 的数学模型建立了 SAR 稀疏目标高分辨力成像的数学模型:

$$\underset{L, E}{\text{mini mize}} \ \| \boldsymbol{L} \|_* + \lambda \ \| \boldsymbol{E} \|_1$$
$$\text{s. t.} \ \boldsymbol{M} = \boldsymbol{A}_a \cdot (\boldsymbol{L} + \boldsymbol{E}) \cdot \boldsymbol{A}_r \tag{6.117}$$

根据 RPCA 理论,这个问题的解法有很多种,然而总的来说求解速度是比较慢的。由于 APG 算法在收敛速度方面很有优势,因此采用 APG 算法求解上述问题。通过求解式(6.117)的凸优化问题,可以将成像场景分解成低秩和稀疏的两部分。其中,低秩分量主要为背景杂波和噪声,稀疏分量主要为场景中分布的强散射点目标。在式(6.117)的求解过程中,给予参数 λ 合适的取值非常重要。首先,参数设置的过大会导致稀疏部分的幅值过小。设置过小,稀疏部分的幅值虽然会保持得比较好,但是会引入大量的背景杂波和噪声,因此,参数的设置很重要;其次,参数可以按照式(6.106)来设置,但是要注意常数 C 的取值。由于主要关注的是稀疏分量,即强散射点目标的效果,对低秩分量也就是背景部分的效果没有要求。换句话说,背景部分成像结果不理想反而会凸显出目标,其幅值越小越好,这样就可以达到类似于目标检测的效果。

总的来说,基于低秩矩阵重建的高分辨力 SAR 稀疏目标成像主要包括 RC-MC,通过 MC 方法进行回波数据去噪和压缩以及基于 RPCA 方法的稀疏目标成像,具体过程如图 6.35 所示。

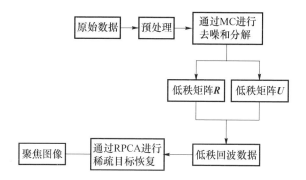

图 6.35　基于低秩矩阵重建的高分辨力 SAR 稀疏目标成像流程

6.3.2.3　实验设计

1）仿真数据实验

为了检验本节方法的可行性和效果,利用仿真数据进行了实验,其中仿真场景包含 9 个点目标。仿真参数如表 6.2 所列。首先对回波数据的秩进行说明。给回波数据加入信噪比为 10dB、5dB、0dB、−5dB、−10dB 的高斯白噪声,观察回波矩阵中奇异值数量的变化情况,变化曲线如图 6.36 所示。从图 6.36 可以看出,回波矩阵中较大的奇异值数量随着信噪比下降逐渐上升,即较大的奇异值个数由稀疏变得稠密,回波矩阵的秩也逐渐上升。因此,可以利用 MC 方法恢复原始回波数据的低秩特性并对其进行压缩。

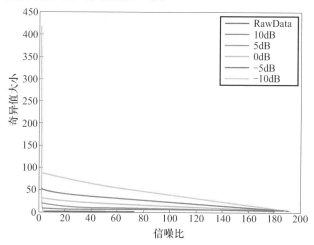

图 6.36　各信噪比下点目标回波数据奇异值变化曲线

对 5dB、0dB、−5dB 信噪比下的回波数据进行压缩,分别保留前 50 个、25 个和 1 个最大的奇异值,即 k 为 50、25、1,压缩后的数据率 ρ 分别为 0.5、0.25、0.01。回波矩阵奇异值的幅度图和对应的 RD 成像结果如图 6.37 所示。从左到右依次是信噪比为 5dB、0dB 和 −5dB 时的回波数据以及 RD 成像结果。从图 6.37可以看出,加噪的回波数据保留全部奇异值时,回波数据中的噪声随着信噪比的降低而增多。当对加噪的回波数据只保留部分即 k 个奇异值时,k 为 50、25、1,可以发现,随着 k 的减小,回波数据和成像结果中的噪声均有所降低。这说明,被噪声污染的低秩观测场景的回波数据,可以通过 MC 方法恢复。同时,随着 k 的减小,压缩后的数据率也逐渐降低。这说明,干净的无噪声的低秩场景回波数据通常只占有很少的存储空间,而被噪声影响之后,回波数据的秩升高,导致压缩率下降,存储空间消耗增大。因此,在噪声较大的情况下,可以保留较少的奇异值;反之,则可以增加保留奇异值的数量。如前面所述,虽然噪声得到了抑制,但是可以看出 RD 的成像结果仍然具有很高的旁瓣。对于稀疏目标而言,当目标分布的比较密集时,由于旁瓣的遮挡,将对目标的分辨造成很大的影响,甚至一些弱目标不能分辨。

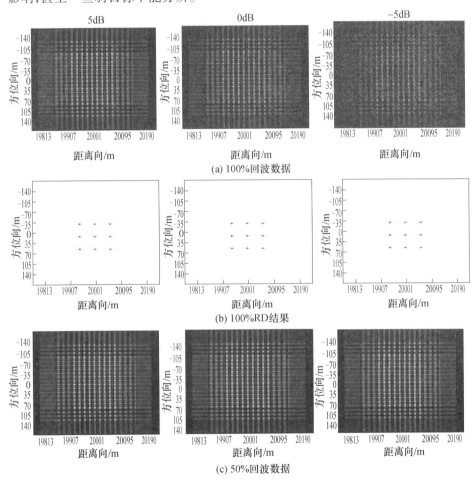

(a) 100%回波数据

(b) 100%RD结果

(c) 50%回波数据

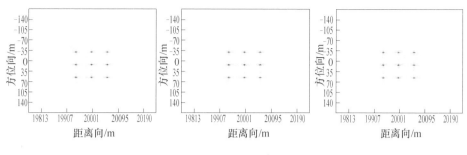

(d) 50%RD结果

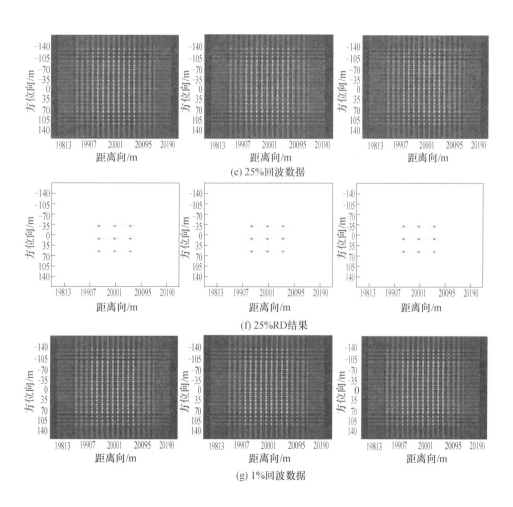

(e) 25%回波数据

(f) 25%RD结果

(g) 1%回波数据

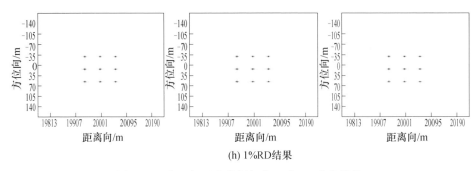

(h) 1%RD结果

图 6.37　点目标回波数据幅度以及 RD 成像结果

　　下面给出从上到下依次对回波数据加入信噪比为 10dB、5dB、0dB、-5dB 和 -10dB 的高斯白噪声,如图 6.38 所示,从左到右每一列分别是压缩率后数据率为 50%、25% 和 1% 时的本节方法的成像结果。从图 6.38 可以看出,本节方法的成像结果中各个点目标的比较清晰,几乎看不到噪声和旁瓣,这说明本节的方法对噪声和旁瓣有比较好的抑制作用。这主要是由于 RPCA 方法对这种低秩加稀疏的场景有很好的分解能力。图 6.37 中 RD 方法的成像结果则由于噪声和旁瓣的干扰比较模糊。

　　2）实测数据实验

　　上面利用仿真数据做了实验,说明了本节方法的可行性和效果。下面将此方法应用于真实 SAR 录取的数据,验证它在实际应用中的效果。成像场景为 RADARSAT-1 所拍摄的加拿大温哥华地区,场景中分布有 6 艘船。

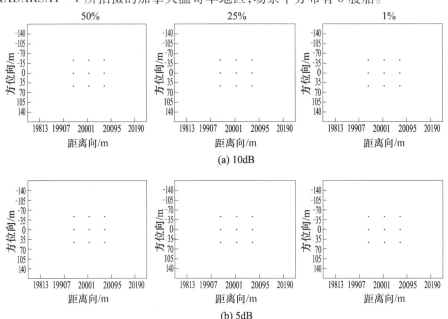

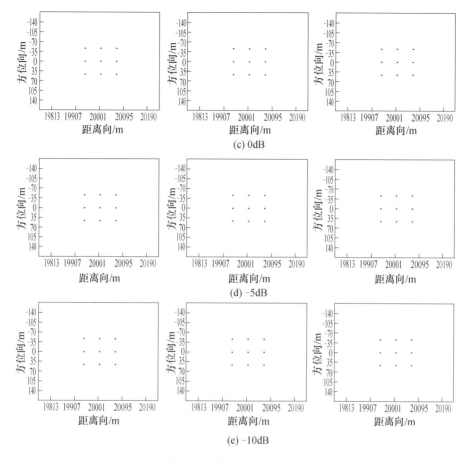

(c) 0dB

(d) −5dB

(e) −10dB

图 6.38　本节方法成像结果

　　图 6.39 为回波数据奇异值幅度的变化曲线。其中实线代表原始回波数据矩阵的奇异值幅度变化趋势,虚线代表经过 RCMC 的回波数据的奇异值幅度变化趋势。从图可以看出,经过 RCMC 之后的回波数据,奇异值中较大值的数目更加稀少,意味着起支配作用的奇异值数目变得稀疏。因此,经过 RCMC 的回波数据的秩低于原始回波数据矩阵的秩。这给 MC 方法在 SAR 数据处理中的应用具备了条件。图 6.40(a)为未经压缩的回波数据以及数据率为 50%、25% 和 6% 时的 RD 成像结果。图 6.40(b)分别为数据率为 50%、25% 和 6% 时的本节方法的成像结果。图 6.40(c)、(d)分别为图 6.40(a)、(b)线框标示的部分。从整体上来看,两种方法对于大部分目标都可以比较好地恢复出原始场景的稀疏目标。然而,从图 6.40(a)可以看出,RD 的成像结果伴有比较强的背景杂波和噪声,使得目标比较模糊,导致有些目标的分辨力较差,目标的轮廓不清晰。而且随着数据率的降低,RD 的成像结果中的旁瓣越来越强,对目标的分辨造成

了严重影响。接下来分析本节方法的结果。从图6.40(b)可以看出,本节方法的成像结果中,旁瓣明显减小,背景杂波和噪声得到了显著的抑制。如果以 RD 方法对未经压缩的回波数据的成像结果的结构和形状作为参考,则从图6.40(c)、(d)可以清楚地看到,本节方法对压缩后的回波数据的成像结果,对目标的结构和形状依然保持比较好,目标特征比较清晰,而且旁瓣和杂波已经很好的去除,达到了类似于目标检测的效果,为场景的后处理提供方便。

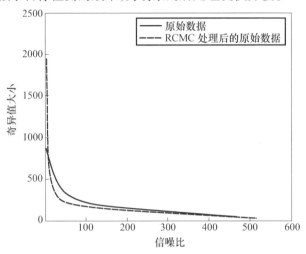

图6.39　实测回波数据奇异值幅度曲线

6.3.2.4　小结

本节主要结合传统的 RD 成像算法,提出了低秩矩阵重建在 SAR 稀疏目标成像中的应用,主要包括 MC 方法在欠采样回波数据全采样恢复中的应用和 RPCA 方法在高分辨力稀疏目标成像中的应用。这两种方法构成了低秩矩阵重

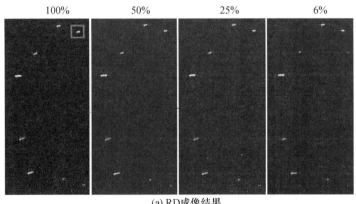

(a) RD成像结果

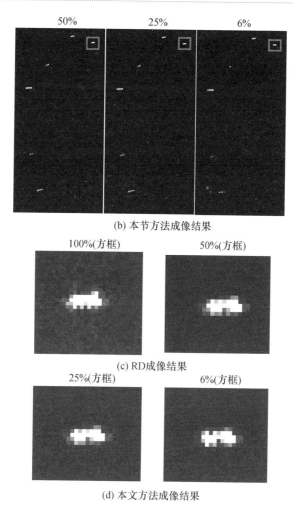

(b) 本节方法成像结果

(c) RD成像结果

(d) 本文方法成像结果

图 6.40 实测数据 RD 和本节方法成像结果

建理论成像框架,成为不可分割的两部分。低秩矩阵重建理论在 SAR 成像中的应用仍然是一个很新的课题,还有很多问题需要深入研究。

6.4 基于疏散度的高分辨力 SAR 图像桥梁目标检测

桥梁是重要的人工建筑,既是交通要道也是军事目标,对桥梁进行自动检测的研究具有重要的意义。SAR 图像具有全天时、全天候的优点,因此 SAR 图像的桥梁目标检测是桥梁目标检测研究的重点。然而 SAR 图像中通常存在斑噪,桥梁周围背景复杂又与环境紧密结合,这使 SAR 图像桥梁检测存在许多困难。现有的许多 SAR 图像桥梁检测方法处理的图像尺寸较小,这样目标在图像中所占的比例相对较大,背景相对简单。这些方法对于尺寸较大、背景复杂的 SAR 图像桥梁检测能力较差。

针对上述问题,本节提出了一种检测高分辨力 SAR 图像中水上桥梁的方法。该方法首先采用基于疏散度的方法结合 Canny 边缘修正提取水域,然后根据桥梁与水域的位置关系确定感兴趣区域,最后根据桥梁的几何特性利用 Radon 变换进行直线检测去除伪桥梁区并对桥梁进行定位。通过在分辨力为 1m 的 SAR 图像进行实验,证明本节方法能有效地检测桥梁,正检率高且虚警率低。

6.4.1 基于疏散度的水域提取

本节方法从对水域的提取入手,将检测桥梁的范围大大缩小,然后进行桥梁检测。这样不仅提高了检测效率,而且减少了大范围检测带来的误检率。

基于疏散度的水域提取方法首先采用改进的迭代阈值对原始高分辨力 SAR 图像进行二值化,得到初始水域分割结果图,计算其中的水域像素点 7×7 邻域的疏散度,采用模糊 C 均值方法进行分类,去除分类结果图中的小面积水块,填充剩余水块中的孔洞,得到分类分割图;将初始分割图分块,计算各块的疏散度,采用贝叶斯阈值将图像分为建筑物区和非建筑物区两类,得到分块分类结果。根据分块分类结果,去除分类分割图中完全位于建筑物区的水域区块,得到去噪后的水域提取结果,对去噪后的水域提取结果图采用 Canny 边缘修正水域边缘,得到最终的水域提取结果。具体流程如图 6.41 所示。

6.4.1.1 疏散度的定义

由于水在微波波段的反射率很低,所以雷达接收的回波信号强度非常弱,使得 SAR 图像中水域像素点的灰度值一般比其他物体低,呈现出较暗的匀质区域。本算法如图 6.41 所示,首先采用改进的迭代阈值将图像分为水域和非水域两类,水域像素值为 1(或 255),非水域像素值为 0,得到初始分割图。改进的迭代阈值为

$$T_0 = T - K \tag{6.118}$$

式中:T 为迭代阈值,K 为阈值平移参数,$K = 0.15$。

这样可以使初始分割图保持水域效果较好且杂点较少。

由于建筑物阴影的灰度值与水域灰度值相当,故依据灰度阈值分割方法建筑物阴影也会错分为水域,导致初始水域提取结果中存在很多噪声。噪声在二值图像上表现为许多杂乱无章的块,而水域则表现为较大面积的白块。为了解决这一问题,提出了一种衡量二值图像或其局部区域灰度值相同的像素点聚集程度的特征——疏散度,即二值图像各个行和列像素值的变化次数之和,假设二值图像的灰度值为 0 或 1。疏散度的定义考虑了像素点的空间位置关系,可以

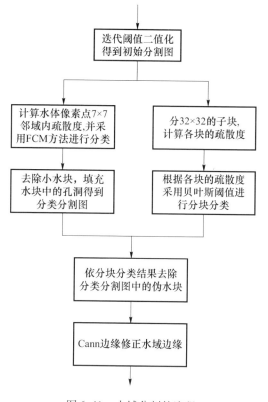

图 6.41　水域分割的流程

很好地反映二值图像疏散(粗糙)程度。对于像素大小为 $M \times N$ 的二值区块 B,其疏散度为

$$\mathrm{SP}(B) = \sum_{i=1}^{M} s(B(i)) + \sum_{j=1}^{N} s(B(j)) \tag{6.119}$$

式中:$B(i)$、$B(j)$ 分别为 B 的第 i 行和第 j 列像素点的灰度值组成的序列;$s(x)$ 为二值序列 x 中 0 和 1 之间跃变的次数。

由式(6.119)可知,疏散度小意味着二值区块中灰度值相同的像素点相互聚集,则该图像区块存在较少孔洞,整体较平滑;反之,疏散度大意味着灰度值相同的像素点相互交隔,则该图像区块存在较多孔洞,整体较粗糙。当图像区块的像素值全为 0 或全为 1 时,疏散度取得极小值 0;当图像区块的像素值为 0 和 1 像素点交替出现时,疏散度取得极大值 $(N-1) \times M + (M-1) \times N$。

6.4.1.2　基于疏散度的水域分割

首先对初始分割图中的水域像素点进行分类,选取的特征为像素点 7×7 邻域内的疏散度,由于真实水域像素点邻域内的疏散度相对伪水域较小,故采用FCM可将其分为水域和伪水域两类;然后采用阈值去除小面积的伪水块,设面积阈值为T_a,若取T_a值过大,将造成真实水块丢失;取值过小,则会保留一些伪水块;最后填充水块中的孔洞,得到分类分割图。

由于此时的二值图像中仍可能存在一部分伪水块,这些伪水块绝大部分是建筑物的阴影。为了去除这些伪水块,将初始分割图分成大小为$d \times d$的子块,计算各块的疏散度。假设建筑物区和非建筑物区的疏散度均满足高斯分布,即各块的疏散度满足混合高斯分布。采用期望最大化算法估计两者的概率密度函数。假设各块的疏散度相互独立,首先根据贝叶斯最小误差理论得到最优阈值,将图像分为建筑物区和非建筑物区两类;然后去除分类分割图中完全位于建筑物区的伪水块,即逐个考虑分类分割图中的水块,若水块所有像素点均位于建筑物区,则认为此水块是伪水块,将其去除得到去噪后的水域分割结果图。

6.4.1.3 Canny 边缘修正水域边缘

去噪后水域分割结果能够较准确地分割水域和非水域,但是水域边缘效果较差,为了改善边缘效果,提出了两种Canny边缘修正方法。

方法一,处理步骤如下:

(1) 对初始分割图提取 Canny 边缘。

(2) 将去噪后的水域分割结果与得到的 Canny 边缘叠加(两者进行或操作)。

(3) 去除与去噪后的水域分割结果图中的水域不连通的 Canny 边缘。

(4) 填充剩余水块中的孔洞。

方法二,处理步骤如下:

(1) 保留初始分割图中与去噪后的水域分割结果图有公共部分的水块,去除其他水块得到公共水域图。

(2) 对公共水域图提取 Canny 边缘。

(3) 将去噪后的水域分割结果图与得到的 Canny 边缘叠加(两者进行或操作)。

(4) 填充剩余水块中的孔洞。

实验表明,仅采用一种修正方法可能导致去噪后水域分割结果图中本来不连通的水块连通,影响后续的桥梁检测。本节综合了两种修正方法的结果(与操作),即如果两种修正方法均认为是水域的像素点才判断为水域。

此时得到的二值图像可能包含一些伪水块和与水域连通的单线边缘,其中伪水块是由于与去噪后水域分割结果图中的水域连通的闭合 Canny 边缘经过填充孔洞后造成。这些伪水块及与水域连通的单线边缘对桥梁的检测造成干扰,所以先采用中值滤波去除单线边缘,再去除与去噪后水域分割结果图中的水块无公共点的水块,得到水域提取的最终结果。经过 Canny 边缘修正法的修正,水域边缘效果得到明显改善,大大降低了水域提取的漏检率,有利于后续的桥梁检测。

6.4.2　桥梁检测

桥梁检测流程如图 6.42 所示,首先根据桥梁与水域的位置关系检测包含桥梁的感兴趣区域,然后对感兴趣区域进行直线检测去除伪桥梁区,最后在剩下的桥梁区对桥梁进行定位,包括粗定位和精确定位。

图 6.42　桥梁检测流程

6.4.2.1　兴趣区的检测

兴趣区的成功提取可以简化特征抽取、目标识别等后续处理,进而提高自动目标识别系统的整体性能。因此,对自动目标识别任务而言,兴趣区检测是否有效极为关键。对飞机、坦克、舰船等易于与环境相分离的团块状军事目标,目前已提出许多比较成熟的感兴趣区域(Regions of Interest,ROI)检测算法,但对桥梁、军港、机场跑道等人工工程目标,由于目标周围背景复杂且目标通常又与环境紧密结合、融为一体,所以很难将其从背景中完整地分割出来,迄今还没有一种普遍适用的 ROI 检测算法[70]。本节提出了一种根据桥梁与水域的位置关系确定 ROI 的方法。其步骤如下:

(1)对提取的水域进行连通区域标记并标记每个水块的边缘。这里水域采用八连通区域标记,对属于相同连通区域的水域像素点给予相同的标号,属于不同连通区域的水域像素点给予不同的标号,假设连通区域(水块)的数量为 N,

则水块分别被标记为$1,2,\cdots,N$;然后提取每个水块的边缘,边缘像素点的标号与其所属的水块的标号相同。

（2）按标号顺序依次记录每个水块的相邻水块。假设当前水块标号为i,若其边缘点$n\times n$像素的邻域内存在其他水块的边缘点(标号不为i的边缘点),则将这些水块(与当前水块相邻的水块可能有多个)的标号记录下来,执行步骤（3）和（4）;若此水块的所有边缘点的$n\times n$像素的邻域内都不存在其他水块的边缘点,则进行下一水块直至对所有水块执行完毕。

（3）假设步骤（2）中当前水块记录的相邻水块标号为$l_1,l_2,\cdots,l_k(1\leqslant k\leqslant N-1)$,考虑标号为$i$的所有边缘点,若其$n\times n$像素的邻域内存在标号为$l_1$的边缘点,则将这些标号为$i$和标号为$l_1$的边缘点坐标分别存入两个数组,形成具有可能桥梁关系的边缘点对,然后对$l_2,l_3,\cdots,l_k$执行类似的操作。

（4）根据记录的边缘点对的坐标最大值和最小值确定矩形 ROI。一个边缘点对对应一个 ROI。这里的 ROI 是二值图像,其中具有可能桥梁关系的边缘点对的灰度值为1(或255),其他像素点的灰度值为0。

由上述可知,与一个水块关联的有多少座桥梁,则通过这个水块检测出的 ROI 就有多少个,一个感兴趣区域与一座可能的桥梁相对应。图 6.43 显示了从检测出的所有感兴趣区域中任意选取三个感兴趣的区域。其中,图 6.43(a)、(b)为真实桥梁区域,图 6.43(c)为伪桥梁区。

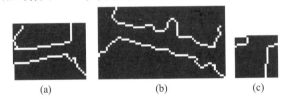

（a）　　　　　　　　　（b）　　　　　　　　　（c）

图 6.43　本节 ROI 方法检测出的三个 ROI 实例

6.4.2.2　伪桥梁区的去除

检测出的感兴趣区域除包含桥梁区外,还可能包含伪桥梁区,必须利用桥梁的特征对感兴趣区域做进一步分析,验证其是否确实含有与桥梁特征相匹配的目标。本算法根据桥梁的几何特性,即桥梁是窄的、边缘近似为直线的物体,利用 Radon 变换在感兴趣区域内进行直线检测去除伪桥梁区。

由于每个 ROI 都包含属于两个不同水块的边缘点,根据此特性首先将每个 ROI 分为只包含属于同一水块的边缘点的两个感兴趣区域 ROI_1 和 ROI_2。图 6.44 是对图 6.43(a)ROI 分解的示意。

对分解得到的 ROI_1 和 ROI_2 分别采用 Radon 变换检测是否存在直线。具体步骤:首先进行 Radon 变换,角度变化范围是 $0\sim2\pi$,得到变换矩阵 $\boldsymbol{R}$;然后判断

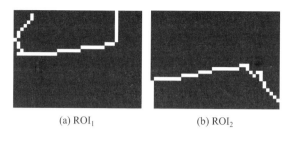

(a) ROI$_1$ (b) ROI$_2$

图 6.44　ROI 分解示意

R 中的最大值是否大于一定的阈值 RTH(此阈值与图像的分辨力和桥梁的长度有关)。若大于阈值,则存在直线;否则,不存在直线。若检测出 ROI$_1$ 和 ROI$_2$ 中均存在直线,则认为感兴趣区域为桥梁区;否则,认为是伪桥梁区,将其去除。

6.4.2.3　桥梁的定位

去除感兴趣区域中的伪桥梁区以后,对剩下的桥梁区中的桥梁进行定位,分为粗定位和精确定位。与上节的 ROI 分解类似,每个桥梁区的分解结果也分为两个,分别为 BR$_1$ 和 BR$_2$。

首先对 BR$_1$ 和 BR$_2$ 分别再次进行直线检测。再次利用 Radon 变换,角度变化范围为 $0 \sim 2\pi$,得到变换矩阵 R;找出 R 中的最大值(其值大于阈值 RTH,因为 BR$_1$ 和 BR$_2$ 中均至少存在一条直线)。根据最大值的坐标,可得到直线 L_1 的中心和斜率。

当两座(或多座)桥梁位置接近时,BR$_1$ 或 BR$_2$ 中可能存在两条(或多条)直线,因此将 R 中最大值的 5×5 邻域置零,然后找出置零后的 R 中的最大值。如果新的最大值小于阈值 RTH,则 BR$_1$ 或 BR$_2$ 中只存在一条直线;否则,BR$_1$ 或 BR$_2$ 中存在两条直线。根据新的最大值的坐标,可得到第二条直线 L_2 的各种参数。在这种情况下,选择分别位于 BR$_1$、BR$_2$ 中且相互距离最近的两条直线 L_1、L_2。

在桥梁区对两水块的边缘点分别找出位于直线 L_1 和上的水块边缘点(允许点和直线之间有一定的偏差 Δt),记录这些边缘点中距离最大的两点。对于直线 L_1 所记录的两点是 P_1 和 P_2,对于直线 L_2 所记录的两点是 Q_1 和 Q_2。

由记录的四个角点 P_1、P_2 和 Q_1、Q_2 的几何位置关系得到一个不规则的凸四边形区域,完成对桥梁的粗定位。规则:如果四个角点间的距离满足式 (6.120)则分别将 P_1 和 Q_1 连接,将 P_2 和 Q_2 连接;否则将 P_1 和 Q_2 连接,将 P_2 和 Q_1 连接,得到不规则桥梁区域 $P_1P_2Q_2Q_1$ 或 $P_1P_2Q_1Q_2$。

$$d(P_1,Q_1) + d(P_2,Q_2) < d(P_1,Q_2) + d(P_2,Q_2) \tag{6.120}$$

式中:$d(P_1,Q_1)$ 为点 P_1 和 Q_1 之间的欧氏距离;其他三个距离类同。

不规则桥梁区域的连接粗定位示意如图 6.45 所示。其中,蓝色细直线 L_1 和 L_2 是检测到的两条直线,黄色三角符号标记的是直线的中心,$P_1P_2Q_2Q_1$ 是连接得到的不规则桥梁区域,即桥梁的粗定位结果。

得到的不规则的凸四边形区域包含桥梁像素点和少量的水域像素点。根据水域分割结果在此不规则的凸四边形区域内标记非水域点,则得到桥梁像素点,完成桥梁的精确定位。

图 6.45　桥梁粗定位示意

完成桥梁的精确定位后计算桥梁的参数如中心、方向、长度和宽度。桥梁的中心是检测出的两直线中心的中点。根据直线 L_1 和 L_2 的斜率求出这两条直线的方向,规定直线的方向在 0°～180°之间,水平左方向为 0°,垂直方向为 90°,水平右方向为 180°,桥梁的方向是检测出的两条直线方向的平均值。桥梁的宽度是检测出的两直线中心之间的欧氏距离。桥梁的长度是 P_1 和 P_2 之间的欧氏距离 $d(P_1,P_2)$、Q_1 和 Q_2 之间的欧氏距离 $d(Q_1,Q_2)$ 的平均值。

6.4.3　实验及分析

为了验证本节方法的有效性,对 Washington D. C 分辨力为 1m 的 SAR 图像进行了实验。图源来自美国 http://www.sandia.gov/radar/images/网站中的 SAR 图像,并采用文献[71]的方法处理后得到的 256 级灰度图作为原始 SAR 图像。实验数据为水域和桥梁情况相对简单的两幅小尺寸 SAR 图像和一幅桥梁情况复杂且尺寸较大的 SAR 图像。图 6.46 和图 6.47 是尺寸较小的 SAR 图像,图像大小分别为 352×416 像素和 480×480 像素。其中图 6.46(a)和图 6.47(a)是原始图像,图中的桥梁已用数字标记上了桥号。图 6.46(b)和图 4.47(b)是水域提取参考图,是由智能感知与图像理解教育部重点实验室的三位研究者分别进行手动水域提取并将结果进行综合得到的。图 6.48 是大尺寸(800×1984 像素)的原始 SAR 图像,图 6.49 是图 6.48 的水域提取参考图。

(a) 第一幅小尺寸SAR图像
(标记1~4号为真实桥梁)

(b) 水域提取参考图

图 6.46　第一幅小尺寸 SAR 图像及其水域提取参考图

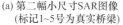

(a) 第二幅小尺寸SAR图像　　　　　　(b) 水域提取参考图
　　(标记1~5号为真实桥梁)

图 6.47　第二幅小尺寸 SAR 图像及其水域提取参考图

图 6.48　大尺寸原始 SAR 图像(1 ~ 17 号为真实桥梁)

图 6.49　大尺寸原始 SAR 图像的水域提取参考图

对第二幅小尺寸的 SAR 图像(图 6.47(a))进行基于疏散度的水域提取和基于兴趣区桥梁知识的检测的各步实验结果如图 6.50 所示。首先采用改进迭代阈值对其进行分割,得到初始水域分割图;随后计算初始的分割结果图中的水域像素点 7×7 邻域的疏散度,用模糊 C 均值进行分类,去除分类结果图中的小面积水块(考虑到图像的分辨力,这里面积阈值设为 200),填充剩余水块中的孔洞,得到分类分割图,如图 6.50(a)所示;将初始分割图分块计算各块的疏散度,分块大小 d 设置为 32,然后采用贝叶斯阈值将图像分为建筑物区和非建筑物区

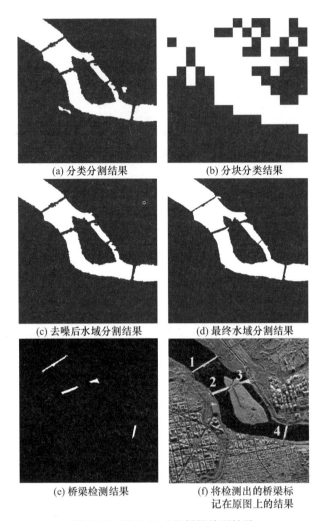

(a) 分类分割结果　　　　(b) 分块分类结果

(c) 去噪后水域分割结果　　　(d) 最终水域分割结果

(e) 桥梁检测结果　　　(f) 将检测出的桥梁标记在原图上的结果

图 6.50　图 6.7(a)的桥梁检测结果

两类,得到分块分类结果,如图 6.50(b)所示;根据分块分类结果,去除填充孔洞后的结果图中完全位于建筑物区的水域区块,得到去噪后水域分割结果图,如图 6.50(c)所示;对去噪后的水域分割结果图采用 Canny 边缘修正水域边缘,得到最终的水域提取结果,如图 6.50(d)所示。得到最终的水域提取结果后,先根据桥梁与水域的位置关系确定感兴趣区域,在确定感兴趣区域时,若邻域尺寸 n 取值太小,则不能检测较宽的桥梁,考虑到图像的分辨力和桥梁的宽度,n 取值为 15。然后根据桥梁的几何特性利用 Radon 变换进行直线检测去除伪桥梁区,Radon 变换中的阈值 RTH 设为 3000。最后对桥梁进行定位,点和直线之间允许的偏差 Δt 设置为 4,并标记出检测到的桥梁。图 6.50(e)为本节方法对图 6.47(a)的桥梁检测结果。在原图上将检测出的桥梁用黄色标记,桥梁中心用红色三角符号标记,如图 6.50(f)所示。

为了验证本节方法对水域提取的性能,首先将本节方法与文献[72]中提出的基于灰度统计和区域编码的方法进行了水域提取结果的对比实验。对两幅小尺寸的 SAR 图像,基于灰度统计和区域编码的方法和本节方法的水域提取结果对比分别如图 6.51 和图 6.52 所示。其中,图 6.51(a)和图 6.52(a)是基于灰度统计和区域编码的方法的水域提取结果,图 6.51(b)和图 6.52(b)是本方法的水域提取结果。对原始大尺寸的 SAR 图像(图 6.48)采用基于灰度统计和区域编码的方法提取水域的结果如图 6.53 所示,采用本节方法提取水域的结果如图 6.54所示。

(a) 基于灰度统计和区域编码　　　　(b) 本节方法水域提取结果
　　的方法水域提取结果

图 6.51　对图 6.46(a)的水域提取结果对比

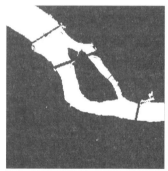 

(a) 基于灰度统计和区域编码　　　　(b) 本节方法水域提取结果
　　的方法水域提取结果

图 6.52　对图 6.47(a)的水域提取结果对比

从两幅小图和一幅大图的不同方法水域提取结果中可以看出,本节方法的图像内部区域一致性比基于灰度统计和区域编码的方法好,杂散的边缘噪声少,水域提取结果更接近于人眼视觉的提取结果。本节方法的主观评价好于基于灰度统计和区域编码的方法。而且对于大尺寸图像,本节方法的水域提取直观效果也好于基于灰度统计和区域编码的方法,特别是对于桥群中的

图 6.53 基于灰度统计和区域编码的方法对图 6.48 的水域提取结果

图 6.54 本节方法对图 6.48 的水域提取结果

小水块,本节方法提取结果丢失较少。存在桥梁的边缘处,本节方法的水域边缘效果较好。为了客观地评价本节方法的结果,将文献[72]基于灰度统计和区域编码的方法和本节方法的水域提取结果与人工提取的水域参考图进行了比较,计算了正确率、错误率、漏检率、Kappa 系数、距离分布 $D_{E_1}^{E_2}$ 的均值和中值,如表 6.5 所列。

表 6.5 水域提取的性能指标对比

图像尺寸	方法	正确率 /%	错误率 /%	漏检 /%	Kappa 系数	$D_{E_1}^{E_2}$ 均值	$D_{E_1}^{E_2}$ 中值
352×416	文献[77]方法	94.75	2.19	5.13	0.957	4.51	1.00
	本节方法	97.70	4.01	2.21	0.964	0.66	0
480×480	文献[77]方法	98.68	4.56	1.26	0.965	1.76	1.00
	本节方法	99.45	4.72	0.53	0.968	0.93	1.00
800×1984	文献[77]方法	97.53	4.35	2.37	0.961	4.39	1.00
	本节方法	98.83	7.39	1.09	0.952	8.05	1.00

从表 6.5 可以看出,对于小尺寸的 SAR 图像而言,本节方法较文献[72]基于灰度统计和区域编码的方法水域提取结果的正确率和 Kappa 系数高,而漏检率、$D_{E_1}^{E_2}$ 的均值、$D_{E_1}^{E_2}$ 的中值较低,但是错误率较大。对于大尺寸的 SAR 图像,因为本节方法有一定的虚警(由去除小面积水块的过程中面积阈值设置的较小造成),所以导致错误率变大,Kappa 系数降低。但是此虚警对后续的桥梁检测影响不大。

　　为了验证本节方法对桥梁检测的性能,将本节方法与文献[77]中提出的基于先验知识及双向搜索的桥梁检测方法进行了桥梁检测结果的对比实验。对两幅小尺寸的 SAR 图像,基于先验知识及双向搜索的桥梁检测方法和本节方法的桥梁检测结果分别如图 6.55 和图 6.56 所示。其中,图 6.55(a) 和图 6.56(a) 分别是两幅小尺寸 SAR 图像采用基于先验知识及双向搜索的方法桥梁检测的结果,图 6.55(b) 和图 6.56(b) 是本节方法桥梁检测结果。对原始大尺寸的 SAR 图像,采用基于先验知识及双向搜索的方法桥梁检测的结果如图 6.57 所示,采用本节方法的桥梁检测结果如图 6.58 所示。从图 6.55～图 6.58 可以看出,本节方法较文献[72]的基于先验知识及双向搜索的方法桥梁检测效果好,虚警数较少,桥梁中心定位较准确,特别是对于桥群的检测效果很好。当两桥梁距离很近甚至连人眼都很难区分时,两种方法都不能正确检出。文献[3]中基于先验知识及双向搜索的方法桥梁检测将整个桥梁组群中的三座桥梁检出为一座桥梁,本节方法由于水域分割算法不能将桥梁之间的细而窄的水块分割出来,导致两座桥梁被检测成一座桥梁。另外,对于宽为 2 像素的细小的桥梁,本节方法存在一定的漏检,这是由于 Radon 变换中的阈值 RTH 设置过大造成的。

(a) 基于先验知识及双向搜索的方法桥梁检测结果	(b) 本节方法桥梁检测结果

图 6.55　图 6.46(a) 的桥梁检测结果对比

表 6.6　对图 6.46(a) 采用基于先验知识及双向搜索的方法和本节方法的桥梁检测结果

参考图中桥梁标号	文献[72]方法		本节方法				
	检测出的桥梁标号	粗方向/(°)	检测出的桥梁标号	中心坐标	长度/像素点	宽度/像素点	方向/(°)
1	1	0～180	1	(67,284)	55	3	154
2	漏检	不确定	2	(149,212)	37	8	22
3	135～315	135～315	3	(313,102)	34	7	42
4	3	135～315	4	(328,87)	40	7	41

(a) 基于先验知识及双向搜索
　　的方法桥梁检测结果

(b) 本节方法桥梁检测结果

图 6.56　图 6.47(a) 的桥梁检测结果对比

图 6.57　基于先验知识及双向搜索的方法对图 6.48 的桥梁检测结果

图 6.58　本节方法对图 6.48 的桥梁检测结果(见彩图)

表 6.7　对图 6.47(a)采用基于先验知识及双向搜索的
方法和本节方法的桥梁检测结果

参考图中桥梁标号	文献[72]方法		本节方法				
	检测出的桥梁标号	粗方向/(°)	检测出的桥梁标号	中心坐标	长度/像素点	宽度/像素点	方向/(°)
1	1	45 ~ 225	1	(124,86)	102	6	150
2	2	0 ~ 180	2	(175,174)	58	8	160
3	3	0 ~ 180	3	(256,145)	29	6	85
4	4	45 ~ 225	漏检	未计算	未计算	未计算	未计算
5	5	90 ~ 270	4	(398,313)	40	7	102

表 6.8　对图 6.48 采用基于先验知识及双向搜索的方法和
本节方法的部分桥梁检测结果

参考图中桥梁标号	文献[72]方法		本节方法				
	检测出的桥梁标号	粗方向/(°)	检测出的桥梁标号	中心坐标	长度/像素点	宽度/像素点	方向/(°)
1	1	0 ~ 180	1	(22,659)	37	6	170
2	2	45 ~ 225	2	(67,483)	55	3	154
3	3	0 ~ 180	3	(151,412)	49	9	19
4	4	135 ~ 315	4	(311,298)	36	7	44
5	5	135 ~ 315	5	(327,285)	35	7	42
6	6	0 ~ 180	6	(554,207)	57	8	15
7	7	45 ~ 225	7	(987,356)	38	7	140
11	18	45 ~ 225	11	(1144,252)	101	11	121
12	9	0 ~ 180	9	(1150,439)	49	4	172
13	11	45 ~ 225	12	(1398,408)	101	6	150
14	13	0 ~ 180	14	(1456,492)	69	9	161
15	14	0 ~ 180	15	(1533,464)	29	6	85
16	15	45 ~ 225	漏检	未计算	未计算	未计算	未计算
17	16	90 - 270	16	(1675,632)	46	7	101
伪目标	8,12,19,20,21	不确定	13	(1214,483)	53	15	170

　　基于先验知识及双向搜索的桥梁检测方法和本节方法的实验结果按图像数据顺序分别列于表 6.6 ~ 表 6.8。其中，表 6.6 是对第一幅小尺寸 SAR 图像(图 6.46(a))采用文献[72]基于先验知识及双向搜索的方法和本节方法的桥梁检测结果。表 6.7 是对第二幅小尺寸 SAR 图像(图 6.47(a))采用文献[72]基于先验知识及双向搜索的方法和本节方法的桥梁检测结果。表 6.8 是对大尺寸 SAR 图像(图 6.48)采用基于先验知识及双向搜索的方法和本节方法的桥梁检测结果。

由表 6.6～表 6.8 可以看出,本节方法不仅给出了桥梁的中心,还计算了桥梁的长度、宽度和更精确的方向,量化指标也好于文献[72]的方法。另外,对于大尺寸 SAR 图像中位于图中上部的桥梁组群,文献[72]对标出的桥梁组群 8、9、10 号只检测出了一座 10 号桥梁,给出的粗方向为 45°～225°,误差过大;本节方法对标出的桥梁组群 8、9、10 号则检测出了 8 号和 10 号两座桥梁,并且给出了更精确的桥梁长度、宽度和方向,如表 6.9 所列。本方法检测效果明显好于文献[72]的方法。

表 6.9　采用本节方法对图 6.48 中桥梁组群的桥梁检测结果

参考图中 桥梁标号	检测出的 桥梁标号	中心坐标	长度/ 像素	宽度/ 像素	方向/(°)
8,9	8	(1100,226)	109	16	118
10	10	(1118,237)	108	5	122

经实验证实,戴光照等[73]提出的高分辨力 SAR 图像的桥梁目标自动分割方法和 Zhang 等[74]提出的基于 Beamlet 变换 SAR 图像桥梁的快速检测算法对图 6.48 不能有效地检测桥梁。

6.4.4　小结

本节提出了一种高分辨力 SAR 图像中水上桥梁的自动检测方法。首先提出了一种新的特征——疏散度,根据疏散度将图像分为水域和非水域,再采用 Canny 边缘对得到的二值图边缘进行修正。随后根据桥梁与水域的位置关系确定感兴趣区域,根据桥梁的几何特性利用 Radon 进行直线检测去除伪桥梁区并对桥梁进行定位。通过在分辨力为 1m 的 SAR 图像上进行实验,验证了本节方法的有效性。本节方法能够检测尺寸较大、背景复杂的 SAR 图像中的桥梁,且计算出桥梁的中心、方向、长度和宽度。本节方法的缺点是当两座或多座桥梁距离很近,甚至人眼都很难分辨时,本节方法将这几座桥梁视为一座较宽的桥梁。而且本节桥梁检测算法对桥梁知识的建模比较简单,存在一些虚警。另外,本节方法存在一些经验设置的参数,这些参数与能够检测出的桥梁尺寸有关,当图像的分辨力等发生改变时也需要做出调整,才能较好地检测桥梁。

◼ 6.5　基于模板匹配的 SAR 图像飞机目标检测

本节主要讨论 SAR 图像飞机目标的检测方法,主要包括机场分割、飞机目标检测两个部分。机场分割是实现飞机目标检测的前提,可以有效降低虚警现象。考虑到实时性需求,目标检测技术应具有简单、快速、有效的特点。针对 SAR 图像照度不均的特点,采用局部阈值分割的思路,具有分割正确率高、健壮性好的优点。飞机目标检测采用传统的模板匹配技术[75]，利用已知的图像模板库，依照某种图像匹配准则进行目标图像块的匹配。由于 SAR 图像的电磁波入射角、成像参数变化、目标位置、姿态遮挡等情况，目标的反射强度也无法完全相同，呈现的图像灰度不一，因此传统的模板匹配策略很难在低信噪比图像中取得理想效果。为了提高检测率，在模板设计中应该依据机场跑道、停机位、飞机型号等先验知识，充分考虑成像参数与成像质量对目标检测的影响。

6.5.1　基于机场特征的局部阈值分割

6.5.1.1　算法原理

阈值分割是获得二值分割的一种广泛而有效算法。在利用阈值方法分割灰度图像时一般对图像有一定的假设。换句话说，是基于一定的图像模型的。常用的模型描述：假设图像由单峰分布的目标和背景组成，处于目标或背景内部相邻像素间的灰度值是高度相关的，但处于目标和背景交叉处两边的像素在灰度值上有很大差别。如果一幅图像满足上述条件，则它的灰度直方图基本上可以看作由对应目标和背景的两个单峰直方图混合构成的。进一步，如果这两个分布大小（数量）接近且均值相距足够远，而且两部分的均方差也足够小，则直方图应具有明显的双峰。

对一幅图像 $f(x,y)$ 取阈值 T 分割后的图像定义如下：

$$g(x,y) = \begin{cases} 1 & (f(x,y) < T) \\ 0 & (f(x,y) \geq T) \end{cases} \tag{6.121}$$

式中：$g(x,y)$ 为分割后得到的二值图像。

实际的 SAR 图像不一定满足以上假设，用全局的阈值就无法获得正确的二值分割。我们的算法思想：首先将一副图像分成合理的多个子图像块，这些子图像块可以分为两类（第一类包含目标和背景区域，第二类只包含背景区域），然后计算每个子图像块的阈值。在第一类图像块中，有些满足假设条件，由这些子图像块算得的阈值（按我们的图像分块方法，这些阈值偏小）是合理的，用这些子图像块的阈值和这些子图像块的位置估算出其他子图像块的阈值，考虑受空间照度不均的影响，在估算其他子图像块的阈值时加入光补偿。最后分别对各个子图像块用对应的阈值分割，合并得到全图的二值分割图像。

6.5.1.2　算法步骤

1）预处理

预处理的目的是为了增强目标和背景区域内部像素的相关性。为了降低 SAR 图像中的相干斑噪声的影响，对原图像做中值滤波。

2）局部阈值分割

跑道的真实宽度一般为 40～80m，根据 SAR 图像的分辨力可以估算图像中跑道的宽度（沿宽度方向所占的像素数），即

$$w = w_0 / \lambda \qquad (6.122)$$

式中：w_0 为跑道的真实宽度；λ 为分辨力。

（1）对图像分块：

① 将图像从左到右分块，每个子图像块的行数和原图相同，列数为跑道宽度 w 的 2 倍（最后一个子图像块可以不同）。

根据估算的跑道宽度将图像分为 n 块 $\{A_1, A_2, \cdots, A_n\}$。

② 将之前的每个块 A_i 平分为两个半块 B_{2i-1} 和 B_{2i}，就可以得到 $2n$ 个半块 $\{B_1, B_2, \cdots, B_{2n-1}, B_{2n}\}$。第一次分块将 B_{2i} 和 B_{2i-1} 组合成第 i 个块 A_{1i}（这个子图像块序列同第一步得到的子图像块序列），第二次分块将 B_{2i} 和 B_{2i+1} 组合成第 i 个块 A_{2i}（B_{2n} 和 B_{2n} 组成最后一个块 A_{2n}）。

（2）计算子图像块的阈值。对每个子图像块，用最大类间方差法（OTSU）计算其最优阈值。

由 A_{1i}、A_{2i} 两个子图像块可以计算得两个阈值 T_{1i}、T_{2i}，其中一个子图像块中可能不含机场跑道，计算得到的阈值偏大，不能用于表示该子图像块的真实阈值。取 T_{1i}、T_{2i} 中较小的值作为 A_i 的阈值 T_i，阈值的计算公式为

$$T = \min(T_1(A_1), T_2(A_2)) \qquad (6.123)$$

分块后可以得到两类图像块，第一类只有跑道区域（灰度值大），第二类既有机场跑道区域（灰度值小）也有非机场跑道区域（灰度值大）。第一类计算得到的阈值较大，不是真正的阈值，第二类计算得到的阈值较为接近真实阈值。

（3）阈值修正。有些子图像块中没有机场目标，这些子图像块计算得到的阈值是不合理的，需要用这些子图像块相邻的子图像块的阈值估计出这些子图像块合理的阈值。而且受照度分布不均的影响，同一机场区域的灰度值在不同位置的变化比较大，机场区域的有些位置的灰度值甚至大于草坪等非机场区域，所以在估计阈值的时候需要进行光补偿。

用 T 表示修正前的阈值，T^* 表示修正后的阈值，则 T^* 可以表示为 T、d 的函数，即

$$T^* = f(T, d) \qquad (6.124)$$

式中：d 为光补偿函数（最简单的情况下假设为一常数）。

把各个块的阈值 $T_1, T_2, \cdots, T_n$ 从左到右对应排成行，找到所有子图像块中阈值最小的位置 Ind。由之前的分析可以推断这个位置的阈值作为该子图像块

的真实阈值,以这个阈值为基准修正其他子图像块的阈值。

从这个位置开始,先向左比较,位于其左边的阈值依次减 d ,再向右比较,右边的阈值大于其左边阈值,且差值小于 $2d$,保持其值不变,否则 $T_i^* = T_{i-1}^* + d$, $\text{Ind} = \arg\min_i T_i$, $T_{\text{Ind}}^* = T_{\text{Ind}}$ 。对于 $i < \text{Ind}_i$ 的块,有

$$T_i^* = T_{i-1}^* - d \tag{6.125}$$

对于 $i > \text{Ind}_i$ 的子图像块,有

$$T_i^* = \begin{cases} T_i^* & (T_i^* - T_{i-1}^* \leqslant 2d) \\ T_{i-1}^* + d & (T_i^* - T_{i-1}^* > 2d) \end{cases} \tag{6.126}$$

式中: T_i^* 为修正后第 i 个子图像块的阈值; T_i 为修正前第 i 个子图像块的阈值; d 为常数。

(4) 应用阈值分割图像。应用上一步得到的阈值 T^* 将滤波后的图像分割为二值图像,白色为机场目标区域,黑色为背景区域。分割的公式如下:

$$g(x,y,i) = \begin{cases} 1 & (f(x,y,i) < T_i^*) \\ 0 & (其他) \end{cases} \tag{6.127}$$

式中: $g(x,y,i)$ 为分割后的图像; $f(x,y,i)$ 为滤波后的图像, i 为分块后 (x,y) 所在的图像块的编号; T_i 表示第 i 个子图像块的阈值。

3) 后期处理

提取到的区域闭运算,去除区域边缘的毛刺,得到更平滑的边缘。

由于机场中有飞机、执勤车辆、停机坪等高亮部分,所以分割到的机场区域中有大量的空洞,简单地将轮廓小于沿宽度所占像素数 2 倍的空洞填充,得到完整的机场区域。

6.5.2　飞机模板设计

6.5.2.1　飞机模板的提取

模板匹配的目标识别方法最早是由 Ross 等[75] 提出,此方法易于操作,基于大量样本数据,健壮性较强,在图像成像质量较差的情况下若有充足的样本仍可以有较好的效果。

在已有的大量 SAR 图像中将飞机目标区域事先分割出来作为已知的训练样本,每个样本区域经过简单的去噪、填充、平滑等预处理后进行局部分割生成二值模板 $\mathbf{am}_i$ 。停机位大小限制了进入飞机的大小,停入停机位的飞机成像面积一定相对较小,所以可按照成像面积大小分为两个子模板,所有飞机目标的二值模板集合记为

$$\mathbf{AM} = \{(\mathbf{am}_{B1}, \mathbf{am}_{B2}, \cdots, \mathbf{am}_{Bn}), (\mathbf{am}_{L1}, \mathbf{a}\,\mathbf{m}_{L2}, \cdots, \mathbf{am}_{Ln})\}$$

式中:下标 B 和 L 分别表示大小。图 6.59 展示了部分飞机二值模板。

图 6.59　部分飞机二值模板

同样,为了节省后续步骤运算时间,采取直接加载模板库中任何后续可用到的参数,如长宽参数:

$$\left[\boldsymbol{m}^{a}, \boldsymbol{n}^{a}\right] = \left\{ \begin{array}{l} ((m_{B1}^{a}, n_{B1}^{a}), (m_{B2}^{a}, n_{B2}^{a}), \cdots, (m_{Bn}^{a}, n_{Bn}^{a})) \\ ((m_{L1}^{a}, n_{L1}^{a}), (m_{L2}^{a}, n_{L2}^{a}), \cdots, (m_{Ln}^{a}, n_{Ln}^{a})) \end{array} \right\}$$

式中:上标 a 表示飞机。停机位前景像素总数(图 6.60 中灰色区域像素总个数):

$$\boldsymbol{N}_{f}^{a} = \{(N_{Bf1}^{a}, N_{Bf2}^{a}, \cdots, N_{Bfn}^{a}), (N_{Lf1}^{a}, N_{Lf2}^{a}, \cdots, N_{Lfn}^{a})\}$$

背景像素总数(图 6.60 中黑色区域像素总个数):

$$\boldsymbol{N}_{b}^{a} = \{(N_{Bb1}^{a}, N_{Bb2}^{a}, \cdots, N_{Bbn}^{a}), (N_{Lb1}^{a}, N_{Lb2}^{a}, \cdots, N_{Lbn}^{a})\}$$

无飞机区域像素总数:

$$\boldsymbol{N}_{n}^{a} = \boldsymbol{N}_{f}^{a} + \boldsymbol{N}_{b}^{a}$$

停机位模板的像素总个数:

$$\boldsymbol{N}_{a}^{a} = \{(N_{Ba1}^{a}, N_{Ba2}^{a}, \cdots, N_{Ban}^{a}), (N_{La1}^{a}, N_{La2}^{a}, \cdots, N_{Lan}^{a})\}$$

图 6.60　停机位模板

注:黑色区域为背景区域,灰色区域为停机位区域,白色区域为可能的飞机目标区域

6.5.2.2　飞机模板的匹配

设小 T_{b2} 将原图 x 阈值分割为小阈值前景图 $x_{T_{b2}}$，其按下式进行：

$$x_{T_{b2}}(i,j) = \begin{cases} 1 & (x(i,j) > T_{b2}, x(i,j) \in y, x(i,j) \notin x_L) \\ 0 & （其他） \end{cases} \tag{6.128}$$

将 $x_{T_i}(i = b_1, b_2, l)$ 中 p 亮点位置作为背景考虑。提取 $x_{T_{b1}}$ 的连通区域，删除面积过小和过大的连通区域（$N_{max} < Area < N_{min}$）得到面积满足大小的连通图像 $\hat{x}_{T_{b1}}$。对 $\hat{x}_{T_1}$ 用 $S \times S$ 的结构膨胀一次以获得搜索区域图像 x_s。以 x_s 为搜索区域，根据是否存在停机位，每个位置选择不同的模板集合进行匹配，逐点对 **AM** 中的相应模板集合进行相似性度量。度量方法与停机位模板计算类似：

$$L = \left(\frac{N_{fkin}^a}{N_{fk}^a} \right)^{r_2} \times \left(\frac{N_{bkin}^a}{N_{bk}^a} \right) \tag{6.129}$$

并定义 L'_{min}，若

$$L = \left(\frac{N_{fkin}^a}{N_{fk}^a} \right) r_2 \times \left(\frac{N_{bkin}^a}{N_{bk}^a} \right) > L'_{min}$$

则认为有飞机目标，选择不重叠的最大相似度飞机模板进行标记。

需要注意，$x_{T_{b1}}$、$x_{T_{b2}}$ 分别为阈值 T_{b1}、T_{b2} 对原图 x 在 y 范围内的二值分割结果。原理启发于 Canny 边缘检测[76]，大阈值分割找寻可靠的亮点，停机位处图像反射强度较强，所以可以使用 $x_{T_{b1}}$ 直接计算相似度。而飞机的反射强度受噪声影响较大，所以利用 $x_{T_{b1}}$ 作为初始的可靠搜索范围大幅度地减小搜索范围快速定位。利用 $x_{T_{b2}}$ 进行相似度的计算，更大程度上提取飞机机体区域的较弱反射强度却明显区别于背景的像素。

基于模板匹配的机场飞机目标识别算法步骤如下：

（1）建立飞机模板库。

（2）在机场跑道标记图像 y 的范围内对原图 x 进行预处理。

（3）分别采用横向和纵向分量的比值边缘检测对图像梯度实施运算，确定输入图像的主方向。

（4）使用主分量方向的亮线检测模板，在使用高斯金字塔方法在大尺度下对图像进行宽亮线预选取，得到宽亮线位置图 x_{L1}。

（5）排除 x_{L1} 所标示位置位置，以 y 为搜索区域来得到停机位位置 p。

（6）排除 p 中停机位和宽线 x_{L1}，找到细线图 x_L，确定飞机目标搜索区域图像 x_s。

（7）排除细线图 x_L 所标示位置，并以 x_s 为搜索区域，利用不同的飞机模板及相似度度量公式确定飞机目标的位置。

输入原图 x 和跑道位置标记图像 y 和亮线位置 x_L，设前景阈值 T_{b1} 和背景阈值 T_l 将原图二值分割为亮点图 $x_{T_{b1}}$ 和背景图 x_{T_l}，即

$$x_{T_{b1}}(i,j) = \begin{cases} 1 & (x(i,j) > T_{b1}, x \in y, x \notin x_L) \\ 0 & （其他） \end{cases}$$

$$\hspace{6cm} (6.130)$$

$$x_{T_l}(i,j) = \begin{cases} 1 & (x(i,j) < T_l, x \in y, x \notin x_s) \\ 0 & （其他） \end{cases}$$

以 y 为搜索区域，根据检测到的梯度主方向确定停机位模板集合，逐点利用 **PM** 中相应集合中的模板 k 对 x 进行检测。其中，$\mathbf{PM} = [(\mathbf{pm}_{H1}, \mathbf{pm}_{H2}, \cdots, \mathbf{pm}_{Hn_{PM}}), (\mathbf{pm}_{V1}, \mathbf{pm}_{V2}, \cdots, \mathbf{pm}_{Vn_{PM}})]$，下标 H 和 V 分别表示横向和纵向停机位模板。若模板范围内跑道点（ $x(i,j) \in x_{T_l}(i,j)$ ）个数相对于整个模板像素个数达到一定比例，则对这个位置进行相似度度量。

相似度定义如下：

$$L = \left(\frac{N_{\text{fkin}}^{\text{p}}}{N_{\text{fk}}^{\text{p}}}\right)^{r_1} \times \left(\frac{N_{\text{bkin}}^{\text{p}}}{N_{\text{bk}}^{\text{p}}}\right) \hspace{3cm} (6.131)$$

式中：$N_{\text{fkin}}^{\text{p}}$、$N_{\text{bkin}}^{\text{p}}$ 为在模板所圈范围内，亮点落在前景区域中的点数和背景落在背景区域的点数；r_1 为比率权值。

6.5.3　实验结果及分析

检测率和虚警率是一对测量目标识别方法有效性指标。本节利用这两个指标评价对机场停机位和飞机的识别有效性。检测率 p_d 由目标实际个数和检测个数度量，即检测出的单位数量与实际存在单位数量的比值。虚警率 p_a 是虚警个数与实际存在单位数量的比值。这两个指标的组合可以很好地将检测算法的有效性进行表征。通常来说二者无法达到最优情况，并且随着检测率的提升，虚警率往往也会增高，若降低虚警概率，则应以牺牲检测率为代价。由于需要实现最好的检测率，所以我们的实验结果指标是在本算法检测个数最多的情况下使虚警率达到最低的指标。

根据基于模板匹配的飞机目标识别算法对真实机场 SAR 图像检测。通过在实验中不断调整各个参数的值得到大量实验结果，再通过对比这些结果最终确定一组参数，其中 $T_1 = 200, T_2 = 50, T_3 = 80, r_1 = 2, r_2 = 1.3, N_{\min} = 5$。

飞机目标的检测结果如图 6.61 ~ 图 6.64 所示，在实验中将本节方法与传统模板匹配法进行对比。

(a) 飞机标记的原图和机场分割图

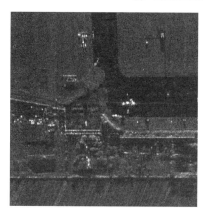

(b) 传统模板区配法标记图和结果图

(c) 飞机检测标记图和模板匹配结果图

图 6.61 飞机目标检测结果

(a) 飞机标记的原图和机场分割图

(b) 传统模板匹配法标记图和结果图

(c) 飞机检测标记图和模板匹配结果图

图 6.62　飞机目标检测结果

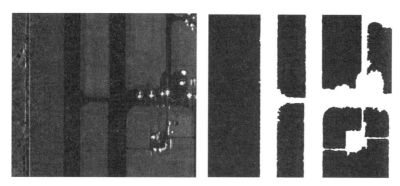

(a) 飞机标记的原图和机场分割图

(b) 传统模板区配法标记图和结果图

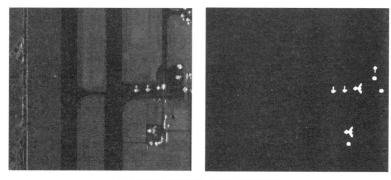

(c) 飞机检测标记图和模板匹配结果图

图 6.63　飞机目标检测结果(见彩图)

(a) 飞机标记的原图和机场分割图

(b) 本节方法所得的飞机检测标记图和模板匹配结果图

图 6.64　飞机目标检测结果

飞机目标检测结果的评价指标如表 6.10 所列：

表 6.10　飞机检测结果的评价指标(传统模板匹配法/本方法)

测试图像	实际个数	正确检测个数		检测率/%		虚警个数		虚警率/%	
图 6.61	1	1	1	100	100	4	1	400	100
图 6.62	5	3	5	60	100	49	7	980	140
图 6.63	8	6	8	75	100	3	1	37.5	12.5
图 6.64	16	7	16	43.8	100	59	34	368.8	212.5
总计	30	17	30	56.7	100	115	43	383.3	143.3

由表 6.10 可知,传统模板匹配方法在低信噪比图像中所得到的结果非常不理想,不仅检测率较低,而且虚警率过高,无法满足工程要求。本节方法充分利用先验知识,充分降低了虚警率,并采用了健壮性较高的度量手段,得到了较好的检测结果。

6.5.4 小结

本节介绍了基于模板匹配的机场飞机目标识别算法,算法中涉及飞机模板的提取与匹配。首先建立了机场的飞机模板库,并计算相应后续用到的参数,执行检测前直接载入程序快速使用各参数。使用了前景亮点和背景暗点击中模板区域作为相似性度量,而并非简单地依靠灰度欧氏距离等度量,可以有效回避图像中成像质量、成像参数、成像散射强度不均匀和斑点噪声等造成的影响,提高健壮性,充分利用机场内部的先验知识使得该算法可以更好地应用于信噪比较低的图像。给出了整个算法的流程,并以六幅真实机场 SAR 图像进行有目标检测实验。最终以检测率和虚警率指标检验该算法适用性。结果证明,该算法在模板样本充足的情况下可达 95% 以上的检测率,满足检测率要求。缺点是虚警率略高,这是由于图像成像质量差、信噪比较低造成的。

参考文献

[1] DI GESU V, VALENTI C, STRINATI L. Local Operators to Detect Regions of Interest [J]. Pattern Recognition Letters, 1997, 18(11): 1077 – 1081.

[2] DIMAI A. Assessment of Effectiveness of Content Based Image Retrieval Systems[C]. Visual Information and Information Systems. Springer Berlin/Heidelberg, 1999: 658 – 658.

[3] WAI W Y K, TSOTSOS J K. Directing Attention to Onset and Offset of Image Events for Eye-Head Movement Control[C]. Pattern Recognition, 1994. 12th IEEE International Conference on Computer Vision and Image Processing, 1994, 1: 274 – 279.

[4] BOURQUE E, DUDEK G, CIARAVOLA P. Robotic Sightseeing-A Method for Automatically Creating Virtual Environments[C]. IEEE International Conference on Robotics and Automation, 1998, 4: 3186 – 3191.

[5] PRIVITERA C M, STARK L W. Algorithms for Defining Visual Regions-of-Interest: Comparison with Eye Fixations[J]. IEEE Transactions on Pattern Analysis and Machine Intelligence, 2000, 22(9): 970 – 982.

[6] BOLLMANN M, JUSTKOWSKI C, MERTSCHING B. Utilizing Color Information for the Gaze Control of an Active Vision System[J]. Workshop Farbbildverarbeitung, 1998: 73 – 79.

[7] ITTI L, KOCH C. A Saliency-Based Search Mechanism for Overt and Covert Shifts of Visual Attention[J]. Vision Research, 2000, 40(10): 1489 – 1506.

[8] 王润生. 图像理解[M]. 长沙:国防科学技术大学出版社,1995.

［9］ SOHN H G, SONG Y S, KIM G H. Detecting Water Area During Flood Event from SAR Image ［C］. International Conference on Computational Science and Its Applications, 2005: 771 － 780.

［10］ MARTIN-PUIG C, RUFFINI G, MARQUEZ J, et al. Theoretical Model of SAR Altimeter over Water Surfaces［C］. IEEE International Geoscience and Remote Sensing Symposium, 2008, 3: III － 242 － III － 245.

［11］ WANG M, ZHOU S, BAI H, et al. SAR Water Image Segmentation Based on GLCM and Wavelet Textures［C］. 6th IEEE International Conference on Wireless Communications Networking and Mobile Computing (WiCOM) ,2010: 1 － 4.

［12］ NATH R K, DEB S K. Water-Body Area Extraction from High Resolution Satellite Images-An Introduction, Review, and Comparison［J］. International Journal of Image Processing, 2010, 3(6): 353 － 372.

［13］ HARALICK R M, SHANMUGAM K. Textural Features for Image Classification［J］. IEEE Transactions on Systems, Man, and Cybernetics, 1973 (6): 610 － 621.

［14］ CROSS G R, JAIN A K. Markov Random Field Texture Models［J］. IEEE Transactions on Pattern Analysis and Machine Intelligence, 1983 (1): 25 － 39.

［15］ DAVIS L S. POLAROGRAMS: A New Tool for Image Texture Analysis［J］. Pattern Recognition, 1981, 13(3): 219 － 223.

［16］ SARKAR A, SHARMA K M S, SONAK R V. A New Approach for Subset 2 － D AR Model Identification for Describing Textures［J］. IEEE Transactions on Image Processing, 1997, 6 (3): 407 － 413.

［17］ BOVIK A C, CLARK M, GEISLER W S. Multichannel Texture Analysis Using Localized Spatial Filters［J］. IEEE Transactions on Pattern Analysis and Machine Intelligence, 1990, 12(1): 55 － 73.

［18］ PENTLAND A P. Fractal-Based Description of Natural Scenes［J］. IEEE Transactions on Pattern Analysis and Machine Intelligence, 1984 (6): 661 － 674.

［19］ WANG L, HE D C. Texture Classification Using Texture Spectrum［J］. Pattern Recognition, 1990, 23(8): 905 － 910.

［20］ HE D C, WANG L. Texture Features Based on Texture Spectrum［J］. Pattern Recognition, 1991, 24(5): 391 － 399.

［21］ YU H, LI M, ZHANG H J, et al. Color Texture Moments for Content-Based Image Retrieval ［C］. IEEE International Conference on Image Processing,2002, 3: 929 － 932.

［22］ ZHOU F, FENG J, SHI Q. Image Segmentation Based on Local Fourier Coefficients Histogram［C］. The International Society for Optical Engineering (SPIE), 2001, 4550: 41.

［23］ 张志龙,李吉成,沈振康. 基于局部沃尔什变换的纹理特征提取方法研究［J］. 信号处理, 2005, 21(6): 589 － 596.

［24］ WANG M, ZHOU S, BAI H, et al. SAR Water Image Segmentation Based on GLCM and Wavelet Textures［C］. 6th IEEE International Conference on Wireless Communications Networking and Mobile Computing（WiCOM）,2010：1 – 4.

[25] ELDHUSET K. An Automatic Ship and Ship Wake Detection System for Spaceborne SAR Ima-ges in Coastal Regions[J]. IEEE Transactions on Geoscience and Remote Sensing, 1996, 34 (4): 1010 – 1019.

[26] ZHOU H, et al. Detect Ship Targets from Satellite SAR Imagery[J]. Journal of National Uni-versity of Defense Technology, 1999.

[27] LIAO M, WANG C, WANG Y, et al. Using SAR Images to Detect Ships from Sea Clutter [J]. IEEE Geoscience and Remote Sensing Letters, 2008, 5(2): 194 – 198.

[28] NOVAK L M, HALVERSEN S D, OWIRKA G, et al. Effects of Polarization and Resolution on SAR ATR[J]. IEEE Transactions on Aerospace and Electronic Systems, 1997, 33(1): 102 – 116.

[29] AI J, QI X, YU W, et al. A New CFAR Ship Detection Algorithm Based on 2 – D Joint Log-Normal Distribution in SAR Images[J]. IEEE Geoscience and Remote Sensing Letters, 2010, 7(4): 806 – 810.

[30] TOUZI R. Calibrated Polarimetric SAR Data for Ship Detection[C]. IEEE International Geo-science and Remote Sensing Symposium,2000, 1: 144 – 146.

[31] TOUZI R. On the Use of Polarimetric SAR Data for Ship Detection[C]. IEEE International Geoscience and Remote Sensing Symposium,1999, 2: 812 – 814.

[32] TELLO M, LÓPEZ-MARTÍNEZ C, MALLORQUI J J. A Novel Algorithm for Ship Detection in SAR Imagery Based on the Wavelet Transform[J]. IEEE Geoscience and Remote Sensing Letters, 2005, 2(2): 201 – 205.

[33] TELLO M, MALLORQUI J, AGUASCA A, et al. Use of the Multiresolution Capability of Wavelets for Ship Detection in SAR Imagery[C]. IEEE International Geoscience and Remote Sensing Symposium, IGARSS'04. 2004, 6: 4247 – 4250.

[34] ELDHUSET K. An Automatic Ship and Ship Wake Detection System for Spaceborne SAR Ima-ges in Coastal Regions[J]. IEEE transactions on Geoscience and Remote Sensing, 1996, 34 (4): 1010 – 1019.

[35] WACKERMAN C, FRIEDMAN K S, PICHEL W G, et al. Automatic Detection of Ships in RADARSAT-1 SAR Imagery[J]. Canadian Journal of Remote Sensing, 2001, 27(5): 568 – 577.

[36] KADIR T, BRADY M. Scale Saliency: A Novel Approach to Salient Feature and Scale Selec-tion[C]. International Conference on Visual Information Engineering, 2004:25 – 28.

[37] WANG Y, LIU H. A Hierarchical Ship Detection Scheme for High-Resolution SAR Images [J]. IEEE Transactions on Geoscience and Remote Sensing, 2012, 50(10): 4173 – 4184.

[38] AI J, QI X, YU W, et al. A New CFAR Ship Detection Algorithm Based on 2 – D Joint Log-Normal Distribution in SAR Images[J]. IEEE Geoscience and Remote Sensing Letters, 2010, 7(4): 806 – 810.

[39] AN W, XIE C, YUAN X. An Improved Iterative Censoring Scheme for CFAR Ship Detection

with SAR Imagery[J]. IEEE Transactions on Geoscience and Remote Sensing, 2014, 52 (8): 4585 – 4595.

[40] WANG C, JIANG S, ZHANG H, et al. Ship Detection for High-Resolution SAR Images Based on Feature Analysis[J]. IEEE Geoscience and Remote Sensing Letters, 2014, 11(1): 119 – 123.

[41] GEORGE S F. The Detection of Non-Fluctuating Targets in Log-Normal Clutter[R]. Naval Research Lab Washington DC, 1968.

[42] LI H C, HONG W, WU Y R. Generalized Gamma Distribution with MOLC Estimation for Statistical Modeling of SAR Images[C]. 1st IEEE Conference on Synthetic Aperture Radar, AP-SAR 2007, 2007: 525 – 528.

[43] BANERJEE A, BURLINA P, CHELLAPPA R. Adaptive Target Detection in Foliage-Penetrating SAR Images Using Alpha-Stable Models[J]. IEEE Transactions on Image Processing, 1999, 8(12): 1823 – 1831.

[44] 胡睿, 孙进平, 王文光. 基于 α 稳定分布的 SAR 图像目标检测算法[J]. 中国图像图形学报, 2009, 14(1): 25 – 29.

[45] MALLADI R, SETHIAN J A, VEMURI B C. Shape Modeling with Front Propagation: A Level Set Approach[J]. IEEE Transactions on Pattern Analysis and Machine Intelligence, 1995, 17(2): 158 – 175.

[46] 张军, 高贵, 周蝶飞, 等. SAR 图像机动目标检测的两种 CFAR 算法对比研究[J]. 信号处理, 2008, 24(1): 78 – 82.

[47] GAO G, LIU L, ZHAO L, et al. An Adaptive and Fast CFAR Algorithm Based on Automatic Censoring for Target Detection in High-Resolution SAR Images[J]. IEEE Transactions on Geoscience and Remote Sensing, 2009, 47(6): 1685 – 1697.

[48] VACHON P W, CAMPBELL J W M, BJERKELUND C A, et al. Ship Detection by the RADARSAT SAR: Validation of Detection Model Predictions[J]. Canadian Journal of Remote Sensing, 1997, 23(1): 48 – 59.

[49] BRUSCH S, LEHNER S, FRITZ T, et al. Ship Surveillance with TerraSAR-X[J]. IEEE Transactions on Geoscience and Remote Sensing, 2011, 49(3): 1092 – 1103.

[50] WEISS M. Analysis of Some Modified Cell-Averaging CFAR Processors in Multiple-Target Situations[J]. IEEE Transactions on Aerospace and Electronic Systems, 1982 (1): 102 – 114.

[51] WANG Y, CHELLAPPA R, ZHENG Q. Detection of Point Targets in High Resolution Synthetic Aperture Radar Images[C]. IEEE International Conference on Acoustics, Speech, and Signal Processing, 1994, 5: V/9 – V12.

[52] CANDES E J. The Restricted Isometry Property and Its Implications for Compressed Sensing [J]. Comptes Rendus Mathematique, 2008, 346(9,10): 589 – 592.

[53] BARANIUK R G. A Lecture on Compressive Sensing[J]. IEEE Signal Processing Magazine, 2007, 24(4): 118 – 121.

[54] BARANIUK R, DAVENPORT M, DEVORE R, et al. A Simple Proof of the Restricted Isom-

etry Property for Random Matrices [J]. Constructive Approximation, 2008, 28 (3): 253 – 263.

[55] FIGUEIREDO M A T, NOWAK R D, WRIGHT S J. Gradient Projection for Sparse Reconstruction: Application to Compressed Sensing and Other Inverse Problems[J]. IEEE Journal of Selected Topics in Signal Processing, 2008, 1(4):586 – 597.

[56] MALLAT S G, ZHANG Z. Matching Pursuits with Time-Frequency Dictionaries[J]. IEEE Transactions on Signal Processing, 1993, 41(12):3397 – 3415.

[57] PATI Y C, REZAIIFAR R, KRISHNAPRASAD P S. Orthogonal Matching Pursuit: Recursive Function Approximation with Applications to Wavelet Decomposition [C]. Twenty-Seventh Asilomar Conference on Signals, Systems and Computers, 1994, 1: 40 – 44.

[58] CHEN S, DONOHO D. Basis Pursuit[C]. Twenty-Eighth Asilomar Conference on Signals, Systems and Computers, 1994, 1: 41 – 44.

[59] FIGUEIREDO M A T, NOWAK R D, WRIGHT S J. Gradient Projection for Sparse Reconstruction: Application to Compressed Sensing and Other Inverse Problems[J]. IEEE Journal of Selected Topics in Signal Processing, 2008, 1(4):586 – 597.

[60] ALONSO MT, LOPEZ-DEKKER P, MALLORQUI J. A Novel Strategy for Radar Imaging Based on Compressive Sensing[J]. IEEE Transactions on Geoscience and Remote Sensing, 2010, 48(12):4285 – 4295.

[61] DAUBECHIES I, DEFRISE M, DE MOL C. An Iterative Thresholding Algorithm for Linear Inverse Problems with a Sparsity Constraint[J]. Communications on Pure and Applied Mathematics, 2004, 57(11):1413 – 1457.

[62] JI H, LIU C, SHEN Z, et al. Robust video Denoising Using Low Rank Matrix Completion [C]. IEEE Conference on Computer Vision and Pattern Recognition, 2010:1791 – 1798.

[63] PENG Y, GANESH A, WRIGHT J, et al. RASL: Robust Alignment by Sparse and Low-Rank Decomposition for Linearly Correlated Images[J]. IEEE Transactions on Pattern Analysis and Machine Intelligence, 2012, 34(11):2233 – 2246.

[64] FAZEL M, HINDI H, BOYD S P. Log-det Heuristic for Matrix Rank Minimization with Applications to Hankel and Euclidean Distance Matrices[C]. IEEE American Control Conference 2003, 3: 2156 – 2162.

[65] CAI J F, CAND,E J S, et al. A Singular Value Thresholding Algorithm for Matrix Completion [M]. Society for Industrial and Applied Mathematics, 2010.

[66] CHEN M, GANESH A, LIN Z, et al. Fast Convex Optimization Algorithms for Exact Recovery of a Corrupted Low-Rank Matrix[J]. Journal of the Marine Biological Association of the UK, 2009, 56(3):707 – 722.

[67] ZHANG H, CAI J F, CHENG L, et al. Strongly Convex Programming for Exact Matrix Completion and Robust Principal Component Analysis[J]. Inverse Problems and Imaging, 2017, 6(2):357 – 372.

[68] WEN Z. Solving a Low-Rank Factorization Model for Matrix Completion by a Nonlinear Suc-

cessive Over-Relaxation Algorithm［J］. Mathematical Programming Computation, 2012, 4 (4):333 – 361.

［69］CANDÈS E J, RECHT B. Exact Matrix Completion via Convex Optimization［J］. Foundations of Computational Mathematics, 2009, 9(6):717 – 772.

［70］袁晓辉, 金立左, 李久贤, 等. 基于兴趣区检测与分析的水上桥梁识别［J］. 红外与毫米波学报, 2003, 22(5): 331 – 336.

［71］侯彪, 刘芳, 焦李成. 基于脊波变换的直线特征检测［J］. 中国科学, 2003, 33(1): 65 – 73.

［72］黄姗. 遥感图像目标检测［D］. 西安:西安电子科技大学, 2010.

［73］戴光照, 张荣. 高分辨率 SAR 图像中的桥梁识别方法研究［J］. 遥感学报, 2007, 11 (2):177 – 184.

［74］ZHANG, L, ZHANG Y, et al. Fast Detection of Bridges in SAR Images［J］. 电子学报:英文版, 2007(3):481 – 484.

［75］ROSS T D, VELTEN V J, MOSSING J C. Standard SAR ATR Evaluation Experiments Using the MSTAR Public Release Data Set［R］. Research Report, Wright State University, 1998.

［76］刘煜, 李言俊, 张科. 飞行器下视景像边缘提取和定位方法研究［J］. 中国图像图形学报, 2008, 13(11):2170 – 2175.

第 7 章

高分辨力 SAR 图像目标识别与分类

7.1 基于压缩感知与流形学习的 SAR 目标识别

7.1.1 基于随机观测矢量与混合因子分析的 SAR 目标识别

压缩感知理论试图从低采样率得到的观测矢量中重构出原始信号,而在对信号处理之前,除低维观测矢量以外,不知道信号一切信息。因此,严格来说,现有的大部分文章,应该都不算是真正从压缩感知角度出发对信号进行处理,而是已知信号的完整数字存储形式,在此基础上对信号进行一系列特征提取。因此,要换一种思路考虑压缩感知的应用问题,即在不了解信号的情况下,直接对信号的观测矢量进行一系列的处理。这也适应了压缩感知雷达系统的需求。下面首先介绍压缩感知雷达的概念及进展情况。

7.1.1.1 压缩感知雷达背景介绍

Donoho、Tao 等提出的压缩感知理论是信息获取与信号处理领域近年来发展起来的有重大应用前景的研究方向,有望解决高分辨力雷达系统中超大数据量的采集、存储与传输问题。在压缩感知理论中,对信号的采样、压缩编码发生在同一个步骤,即利用信号的稀疏性,以远低于奈奎斯特采样率的速率对信号进行非相关测量。所得到的测量值并非信号本身,而是信号从高维数据空间到低维数据空间的投影值。从数学角度看,每个测量值是传统理论下的样本信号的组合函数,即一个测量值已经包含了所有样本信号的少量信息。然后通过求解最优化问题,可以根据以低采样率的方式采集到的观测值实现信号的精确或者近似重构。雷达成像是利用雷达系统接收的目标回波信号获得目标反射特性的空间分布,因此雷达成像过程本质上是利用回波信号重建目标表示的过程。对雷达目标电磁散射特性的研究结果表明,在高频区雷达目标回波可看作多个散射中心回波的合成[1-3]。因此雷达目标回波信号的这种构成特点能够满足压缩感知理论对信号稀疏性的要求,压缩感知理论是能够应用于雷达成像中的。

由于压缩感知理论能够有效地降低雷达成像系统的数据率,国内外学者和科研机构陆续展开了压缩感知理论应用于雷达成像的研究工作,首先将压缩感知理论应用于雷达成像的是 R. Baraniuk 等[4],他们通过理论分析和数值仿真证明了压缩感知雷达成像的可行性。M. Herman 等[5]采用特定的雷达波形构造了压缩感知雷达,并且通过矩阵稀疏分解,分析了在小场景实现压缩感知雷达成像的可行性,得到了对雷达场景稀疏度的上限要求。K. R. Varshney[6] 和 L. C. Potter[7] 等分别分析了利用稀疏约束的小场景雷达成像的可行性,并用仿真实验验证了他们的结论。Yeo-Sun Yoon[8] 通过仿真实验实现了逆合成孔径雷达、穿墙雷达等小场景目标的雷达成像。在此基础上,A. C. Gurbuz 等[9]领导的研究组对压缩感知理论在探地雷达中的应用展开了研究,Yeo-Sun Yoon 等[10]领导的研究组则关注于压缩感知理论在穿墙雷达的应用。

基于压缩感知原理的雷达成像过程如图 7.1 所示:

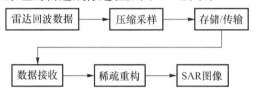

图 7.1　基于压缩感知原理的雷达成像过程

压缩感知雷达的发展虽然大大减少了数据采集量,但付出的代价是信号处理及重建时软件算法方面的成本,之前针对完整信号的各种处理方法已经不再适用。因此,要从信号的观测矢量入手来解决各种信号处理问题。

7.1.1.2　基于观测矢量和稀疏表示的 SAR 目标识别

压缩感知雷达系统得到的目标信息是观测矢量形式,直接采用观测矢量来对目标进行识别是适用于压缩感知雷达系统的目标识别方式。压缩感知理论表明,如果被探测信号 $x \in \mathbf{R}^N$ 具备稀疏特性,则获取信号必须满足测量数据的次数与其稀疏度 K 量级相当,并且远远小于信号本身的维数。这里的测量数据方法也不再是奈奎斯特采样定理中的矩形脉冲均匀采样,而是信号在特定矩阵上的投影,即

$$y = \boldsymbol{\Phi} x \tag{7.1}$$

式中:$y \in \mathbf{R}^M$ 为观测数据;$\boldsymbol{\Phi} \in \mathbf{R}^{M \times N}$ 为观测矩阵。

在压缩感知理论中,当 $\boldsymbol{\Phi}$ 为高斯或伯努利随机矩阵时,获取信号 x 所需要的观测次数 $M = O(K\lg(N/K))$。此时,观测矢量保持了信号大部分的重要信息,确保可以以较高概率重构原信号。因此,本节从观测矢量的角度出发,采用稀疏表示的框架对目标进行识别。

1）基于压缩感知的 SAR 目标识别方法

首先对原始图像数据进行随机降维观测,得到目标相应的观测矢量形式 $\boldsymbol{y} = \boldsymbol{\Phi x}$,以此模拟压缩感知雷达系统得到的观测矢量,然后根据观测矢量以稀疏表示的方式进行目标识别。稀疏表示问题旨在使用集合中原子信号的线性组合逼近一个目标信号,在信号所在的高维空间中寻找一个字典 D,即归一化的原子信号的集合,如果在这个字典中的原子线性相关,则此字典是冗余或过完备的。这也意味着,对任意目标信号可以产生多种原子信号的线性组合形式:

$$y = D\alpha \tag{7.2}$$

而只需要最稀疏的那种表示,即需要增加一个稀疏约束条件如系数的 l^0 范数,则通过求解以下优化问题即可得到稀疏系数:

$$\min \ \| \alpha \|_0$$
$$\text{s. t.} \ \ \| y - D\alpha \|_2 \leqslant \varepsilon \tag{7.3}$$

这一问题是 NP-hard 问题,不能在多项式时间内直接求解,一般采用贪婪算法求得近似解或者松弛为 l^1 凸优化问题:

$$\min \ \| \alpha \|_1$$
$$\text{s. t.} \ \ \| y - D\alpha \|_2 \leqslant \varepsilon \tag{7.4}$$

本算法的具体过程如下:

(1)对于所有原始图像数据,首先将它们拉成列矢量组 $x_1, x_2, \cdots, x_n \in \mathbf{R}^N$,对其进行高斯随机观测,即分别乘以随机高斯矩阵 $\boldsymbol{\Phi} \in \mathbf{R}^{M \times N}$,得到每幅图像的观测矢量 $\boldsymbol{y}_i = \boldsymbol{\Phi x}_i (i = 1, \cdots, n)$,然后统一进行归一化处理,令这些观测矢量替代原始图像数据作为新的训练测试集。

取训练集中第 i 类的观测矢量组成字典 $\boldsymbol{D}_i = [v_{i,1}, v_{i,2}, \cdots, v_{i,n_i}]$,假设这些矢量的线性表示能够逼近该类目标所在的部分流形区域,正如局部线性嵌入(LLE)算法用来学习流形一样,则同一类的任一观测矢量 $\boldsymbol{y}$ 可为这些训练样本的线性叠加:

$$\boldsymbol{y} = \alpha_{i,1} v_{i,1} + \alpha_{i,2} v_{i,2} + \cdots + \alpha_{i,n_i} v_{i,n_i} \tag{7.5}$$

对任意标量 $\alpha_{i,j} \in \mathbf{R}(j = 1, 2, \cdots, n_i)$。将所有类的 $n = n_1 + n_2 + \cdots + n_k$ 个观测数据排成一个矩阵 $\boldsymbol{D} = [D_1, D_2, \cdots, D_C]$

则第 i 类的观测矢量 $\boldsymbol{y}$ 可以理想地由训练集中所有观测矢量表示:

$$\boldsymbol{y} = \boldsymbol{D\alpha} \tag{7.6}$$

式中:$\boldsymbol{\alpha}$ 为系数矢量,$\boldsymbol{\alpha} = [0, \cdots, 0, \alpha_{i,1}, \alpha_{i,2}, \cdots, \alpha_{i,n_i}, 0, \cdots, 0]^{\mathrm{T}} \in \mathbf{R}^n$,除与第 i 类有关的项外,其他几乎都为 0。

（2）求解以下优化问题即可得到稀疏系数：

$$\min \ \|\boldsymbol{\alpha}\|_0$$
$$\text{s.\,t.} \quad \|\boldsymbol{y} - \boldsymbol{D}\boldsymbol{\alpha}\|_2 \leqslant \varepsilon \qquad (7.7)$$

（3）根据稀疏系数来分类。

对每一类别 i，定义它的特征函数 $\delta_i : \mathbf{R}^n \to \mathbf{R}^n$，它只选取与第 i 类有关的系数，对 $\boldsymbol{\alpha} \in \mathbf{R}^n$，$\delta_i(x) \in \mathbf{R}^n$ 是一个新矢量，其非零项为系数 $\boldsymbol{\alpha}$ 中与第 i 类有关的项，而与其他类有关的项则置为 0。然后计算真实值 $\boldsymbol{y}$ 与每一类的重构值 $\boldsymbol{D}\delta_i(\boldsymbol{\alpha})$ 之间的差值，并将使差值最小的一类判定为测试观测矢量 $\boldsymbol{y}$ 的类别，即

$$\text{identity}(\boldsymbol{y}) = \arg \min_i r_i(\boldsymbol{y})$$

式中

$$r_i(\boldsymbol{y}) = \|\boldsymbol{y} - \boldsymbol{D}\delta_i(\boldsymbol{\alpha})\|_2 \qquad (7.8)$$

2）实验与参数设置

对 MSTAR 数据库采用本节算法进行实验，首先在每幅 SAR 图像中取大小为 60×60 的中心区域，然后对裁剪过的图像数据拉成列矢量 $x \in \mathbf{R}^{3600}$，选不同维度的随机高斯矩阵 $\boldsymbol{\Phi} \in \mathbf{R}^{d \times 3600}$ 来进行降维观测，采样率 $d/3600$ 范围为（10% ~100%）。由于高斯矩阵具有随机不确定性，因此对每个采样率做 10 次随机采样，将得到的 10 次识别结果取平均值。在采样率为 10% ~100% 下 10 次平均识别结果如图 7.2 ~ 图 7.4 所示。

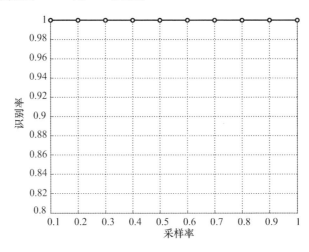

图 7.2　基于观测矢量和稀疏表示的算法在不同采样率下对 BMP2 型号目标的识别率

从图 7.2 ~ 图 7.4 可以看出，原图像的观测矢量仍然保留了图像的重要信息，从而保持了较高的识别率，且在采样率仅为 10% 时也影响不大。由于

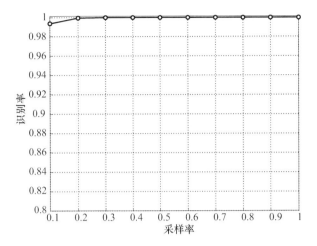

图 7.3　基于观测矢量和稀疏表示的算法在不同采样率下对 BTR70 型号目标的识别率

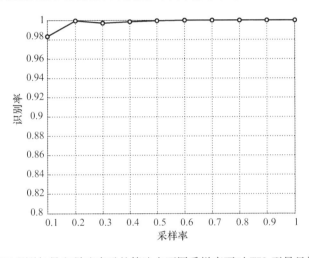

图 7.4　基于观测矢量和稀疏表示的算法在不同采样率下对 T72 型号目标的识别率

MSTAR 数据库中的图像存在大量冗余,使得即使数据集存在方向角变化,对于未知角度的测试图像,在训练数据中仍然可能有与其相同的训练数据可以将其线性表示。但在理论上并不合理,如果数据集没有很多冗余,那么直接将训练数据作为字典,并不能很好地表示出整个流形上的数据特点,因此又结合流形学习的方法针对压缩感知雷达系统的识别问题介绍下一节的算法。

7.1.1.3　基于观测矢量和混合因子分析的 SAR 目标识别算法

流形学习的方法对 MSTAR 目标建模效果非常良好,那么对于压缩感知雷达是否可以应用此方法? 在一般流形学习方法中的训练过程是针对图像原数据,要想应用于压缩感知雷达上,必须全部换成图像的观测矢量,再进行一系列操作。因此,首先解决图像的观测矢量是否能够继续在高维样本空间中保持低维流形结构。

文献[11]中给出了以下定理保证了这个性质。

7.1 令 M 为 N 维空间内一个紧致的 K 维黎曼子流形,条件数为 $1/\tau$,体积为 V,测地距离归一化为 R。令 $0 < \varepsilon < 1$,$0 < \rho < 1$,如果令 $\boldsymbol{\Phi} \in \mathbf{R}^{M \times N}$,$M < N$ 为一个随机观测,其中满足

$$M = O\left(\frac{K\lg(NVR\tau^{-1})\lg(1/\rho)}{\varepsilon^2}\right)$$

则以至少 $1 - \rho$ 的概率满足

$$(1 - \varepsilon)\sqrt{\frac{M}{N}} \leqslant \frac{\|\boldsymbol{\Phi}x - \boldsymbol{\Phi}y\|_2}{\|x - y\|_2} \leqslant (1 + \varepsilon)\sqrt{\frac{M}{N}} \tag{7.9}$$

上式充分说明,对于一个流形数据进行随机投影降维,选取合适的 M,能够保持降维后的数据保持原来的距离(欧氏距离)。同时,式

$$(1 - \varepsilon)\sqrt{\frac{M}{N}} \leqslant \frac{\|d_{\Phi,M}(x,y)\|_2}{\|x - y\|_2} \leqslant (1 + \varepsilon)\sqrt{\frac{M}{N}} \tag{7.10}$$

也保证数据降维后能保持(流形距离),即投影后的数据仍然位于同一个流形。这样就可以对数据首先进行随机投影降维,降维满足上式(这样做来模拟压缩感知雷达直接得到的观测矢量);然后对这些观测矢量利用 MFA 模型进行建模;最后根据稀疏表示的分类器(SRC)进行分类。

1)基于压缩感知和流形学习的 SAR 目标识别算法

根据压缩感知雷达的成像原理将 MSTAR 原图像进行随机高斯观测,得到的观测矢量用来模拟由压缩感知雷达得到的目标数据,由定理 7.1 可知,经过合适的随机降维观测后,MSTAR 目标的观测矢量仍然保留原来的流形结构,这仍然可以使用流形学习的方法描述各类目标的观测矢量的特性,达到识别的目的。因此,首先对目标数据的观测矢量进行流形建模,采用混合因子分析模型逼近目标观测矢量所在流形,其中每个因子模型可以将观测矢量 $y \in \mathbf{R}^M$ 表示为服从高斯分布的低维变量 w 经过线性变换 A 加上均值 μ 与扰动误差 ν 之和,即

$$y = Aw + \boldsymbol{\mu} + \nu, w \sim N(0, \boldsymbol{I}_J), v \sim N(0, \boldsymbol{\Psi}) \tag{7.11}$$

式中:$A \in \mathbf{R}^{M \times J}$ 为因子载荷矩阵;$\boldsymbol{\mu} \in \mathbf{R}^M$ 为均值矢量,$\nu \in \mathbf{R}^M$ 为高斯噪声;$\boldsymbol{I}_J$ 为 $J \times J$ 单位矩阵,$J < M$;$\boldsymbol{\Psi}$ 为对角阵。

低维变量 w 即为隐含变量,服从零均值的高斯分布 $N(0, \boldsymbol{I}_J)$,且各分量之间相互独立,并称各分量 $w_1, w_2, \cdots, w_J$ 为主因子或公共因子。则在此模型上的

数据 y 服从高斯分布：

$$y \sim N(\boldsymbol{\mu}, \boldsymbol{A}\boldsymbol{A}^{\mathrm{T}} + \boldsymbol{\varPsi}) \tag{7.12}$$

而 MFA 模型将整个目标数据所在的非线性流形看作 T 个线性子空间的覆盖，每个线性子空间可以用 FA 模型来建模。对于该流形上的数据变量 y，其概率密度函数为

$$p(\boldsymbol{y}) = \sum_{t=1}^{T} P_t N(\boldsymbol{\mu}_t, \boldsymbol{A}_t \boldsymbol{A}_t^{\mathrm{T}} + \boldsymbol{\varPsi}_t) \tag{7.13}$$

式中：P_t 为各个线性子空间的权重，$P_t \geqslant 0$，且 $\sum_{t=1}^{T} P_t = 1$；$N(\boldsymbol{\mu}_t, \boldsymbol{A}_t \boldsymbol{A}_t^{\mathrm{T}} + \boldsymbol{\varPsi}_t)$ 为流形上第 t 个线性子空间的 FA 模型，是服从均值为 $\boldsymbol{\mu}_t$、协方差矩阵为 $\boldsymbol{A}_t \boldsymbol{A}_t^{\mathrm{T}} + \boldsymbol{\varPsi}_t$ 的高斯分布；T 为线性子空间的个数。

在忽略噪声的情况下，式(7.11)表示的因子模型可以改写为

$$\boldsymbol{y} = \boldsymbol{A}w + \boldsymbol{\mu} = \begin{bmatrix} \boldsymbol{A}, \boldsymbol{\mu} \end{bmatrix} \begin{bmatrix} w \\ 1 \end{bmatrix} \tag{7.14}$$

因而，对属于整个非线性流形上的任意数据 y，可以表示为

$$\boldsymbol{y} = \sum_{t=1}^{T} P_t(\boldsymbol{A}_t w_t + \boldsymbol{\mu}_t) = \begin{bmatrix} P_1 A_1, P_1 \mu_1, \cdots, P_T A_T, P_T \mu_T \end{bmatrix} \begin{bmatrix} w_1 \\ 1 \\ \vdots \\ w_T \\ 1 \end{bmatrix} = \boldsymbol{D}\boldsymbol{\alpha} \tag{7.15}$$

因此，整个流形上的数据可以表示为字典 $\boldsymbol{D}$ 中原子的线性叠加形式，叠加系数为 $\boldsymbol{\alpha}$。对于每一类目标数据，都可以得到一个形同式(7.15)的模型，第 i 类中的字典记为 D_i（$i = 1, \cdots, C$，C 为目标类别数），这些字典可以理解为所属类上所有数据的特征表达。然后将所有类上的字典组合到一起，构建成一个全局字典，即：

$$\boldsymbol{\varPhi} = \begin{bmatrix} D_1 & \cdots & D_C \end{bmatrix} \tag{7.16}$$

对于一个新的测试矢量 y，如果属于第 i 类目标，则理论上它在 $\boldsymbol{\varPhi}$ 上的表示系数只与 D_i 中的原子有关，因此系数呈现块稀疏性，且表示如下：

$$\boldsymbol{y} = \begin{bmatrix} D_1 & D_2 & \cdots & D_C \end{bmatrix} \boldsymbol{\alpha} = \boldsymbol{\varPhi}\boldsymbol{\alpha} \tag{7.17}$$

式中：$\boldsymbol{\alpha} = \begin{bmatrix} 0 & \cdots & 0 & \alpha_{i1} & \cdots & \alpha_{in_i} & 0 & \cdots & 0 \end{bmatrix}$。

根据系数的稀疏特性,本算法通过求解以下优化问题得到系数 α :

$$\min \| \alpha \|_0$$
$$s.t.\ y = \Phi\alpha \tag{7.18}$$

最后,根据稀疏系数来分类。

对每一类别 i ,定义它的特征函数 $\delta_i : \mathbf{R}^n \to \mathbf{R}^n$,它只选取与第 i 类有关的系数,对 $\alpha \in \mathbf{R}^n$, $\delta_i(x) \in \mathbf{R}^n$ 是一个新矢量,其非零项为系数 α 中与第 i 类有关的项,而与其他类有关的项则置为 0。然后计算真实值 y 与每一类的重构值 $\Phi\delta_i(\alpha)$ 之间的差值,并将使差值最小的一类判定为测试观测矢量 y 的类别,即:

$$\text{identity}(y) = \arg \min_i r_i(y)$$

式中

$$r_i(y) = \| y - \Phi\delta_i(\alpha) \|_2 \tag{7.19}$$

2)本节算法步骤

基于压缩感知和流形学习的 SAR 目标识别算法步骤如下:

(1)输入第 i ($i \in 1,2,\cdots,C$, C 为目标类别个数)类观测数据训练集,排列组成矩阵 M ,确定聚类最大个数 T 和各因子模型的主因子个数 K ,用混合因子分析模型对它们所在流形进行建模。

(2)根据 M 、 T 和 K ,通过无参数贝叶斯估计方法学习得到该类数据模型聚成的 T 个因子分析模型的均值参数 $\{\mu_t\}_{t=1,2,\cdots,T}$ 和变换矩阵参数 $\{A_t\}_{t=1,2,\cdots,T}$ 以及各个因子模型的权重 $\{P_t\}_{t=1,2,\cdots,T}$ 。

(3)取权重 $P_t > \varepsilon$ 的因子模型,并将它们的均值参数 $\{\mu_t\}_{t=1,2,\cdots,T}$ 和变换矩阵参数 $\{A_t\}_{t=1,2,\cdots,T}$ 按列排成矩阵,即为第 i 类目标的字典 $D_i (i \in 1,2,\cdots,C)$ 。

(4)将各类目标的字典 D_i 排列组成全局大字典 $\Phi = [D_1,2,\cdots,D_C]$ 。

(5)对测试图像的观测矢量 y ,利用 OMP 算法求解 l^0 最小化问题,即:

$$\min \| \alpha \|_0$$
$$s.t.\ y = \Phi\alpha$$

(6)令 $\delta_i(\alpha) (i = 1,2,\cdots,C)$ 为仅保留 α 中与第 i 类相对应的系数、其余系数置零的矢量,计算残差函数 $r_i(y) = \| y - \Phi\delta_i(\alpha) \|_2$ ($i = 1,2,\cdots,C$)。

(7)根据误差函数 $r_i(y)$,求解测试样本 y 的类别标签,即:

$$i*(y) = \arg\min r_i(y) (i = 1,2,\cdots,C)$$

7.1.1.4 实验结果分析

对 MSTAR 数据库采用本节算法进行实验,本实验是在 Inter(R)Core(TM)2

Duo CPU E6550、2.33GHz、1.99GB 内存的计算机 MATLAB7.9.0（R2009b）的平台下完成的。首先在每幅 SAR 图像中取大小为 60×60 的中心区域，然后对裁剪过的图像数据拉成列矢量 $x \in \mathbf{R}^{3600}$ 进行随机投影，这里选取不同维度的随机高斯矩阵 $\boldsymbol{\Phi} \in \mathbf{R}^{d \times 3600}$ 来进行降维观测，采样率 $d/3600$ 取值范围为 10% ~ 100%，间隔为 10%，由于高斯矩阵具有随机不确定性，因此对每个采样率做 10 次随机采样，将得到的 10 次识别结果取平均值。对每一类目标进行 MFA 建模训练时，混合因子最大个数和各个因子模型的主因子的最大个数取 $T = K = 13$。求解稀疏系数时，OMP 算法迭代终止次数设为 50 次，识别结果与计算所需时间如图 7.5 ~ 图 7.8 所示。

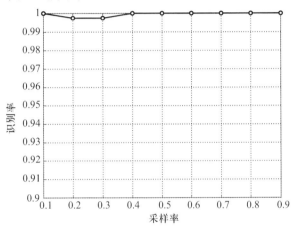

图 7.5　基于观测矢量与 MFA 的识别算法在不同采样率下对 BMP2 型号目标的识别率

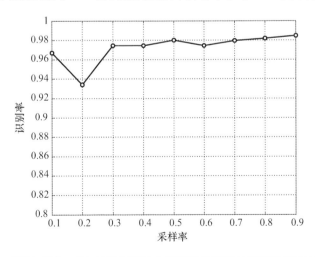

图 7.6　基于观测矢量与 MFA 的识别算法在不同采样率下对 BTR70 型号目标的识别率

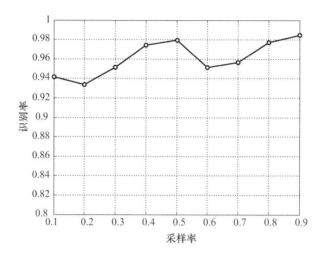

图 7.7　基于观测矢量与 MFA 的识别算法在不同采样率下对 T72 型号目标的识别率

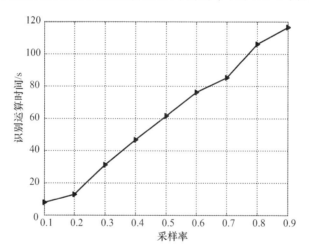

图 7.8　基于观测矢量与 MFA 的识别算法在不同采样率下对所有测试目标识别所需时间

　　由图 7.5 ~ 图 7.8 可以看出,本节算法在较低采样率下三类目标识别率仍保持在 90% 以上,且随着采样率的提高,整体趋势在提高,中间稍微振荡,是由于在流形建模参数学习过程中参数的初始值是随机选取产生,再加上观测矩阵的随机性,虽然取 10 次结果的平均,仍可能产生不稳定性随着采样率的提高而增加,对所有测试目标观测数据的识别所需的运算时间也在大幅增加,这使得在军事战争中对目标识别时间过长,容易错失打击良机。由于 SAR 目标识别是针对军事需求,因此提高识别运算时间是关键。下一节将介绍一种基于压缩感知的快速识别算法。

7.1.2　基于观测矢量与正交三角分解的快速目标识别

7.1.1 节中提出 SAR 目标识别的算法是基于压缩感知雷达的观测矢量出发进行建模,得到了很好的分类结果。接下来考虑该算法的实时性。

真正作为一个能应用在军事场合的 SAR 目标识别算法,它必须具有一定的实时性。作为前面提到的几种算法来讲,对于有监督的目标分类问题,对训练数据进行建模,然后构造字典都可以作为预处理在线下完成,所以算法在这部分的消耗时间不应该考虑,主要考虑在算法进行识别过程中所消耗的时间。

从理论上分析,无论是针对原始数据进行建模,还是针对降维后的观测矢量进行建模,在稀疏表示问题求解的过程中总要面临一个优化问题,无论是采用贪婪算法,还是 l^1 凸优化的算法,都是一个迭代优化的过程,所以在迭代过程中势必造成时间的大量消耗。所以就考虑不通过求解重构系数或者不用迭代优化的过程来求解重构系数,而得到快速分类的算法。

7.1.2.1　图像数据的稀疏性分析

在稀疏表示识别算法[12]中,一般通过利用训练数据构造字典 D,假设测试图像位于由同一类训练图像张成的子空间上,对于任一测试图像 y,假设存在一个稀疏系数 α 使得

$$y = D\alpha \tag{7.20}$$

因此人们致力于求解此稀疏系数 α,使得测试数据 y 可以由字典稀疏表示,从而根据稀疏系数得到待测目标类别。通过求解以下问题得到稀疏解:

$$\min \ \| \alpha \|_1$$
$$\text{s. t.} \ y = D\alpha \tag{7.21}$$

或

$$\min \ \| \alpha \|_0$$
$$\text{s. t.} \ y = D\alpha \tag{7.22}$$

但是,由于图像肯定存在噪声干扰,对于有不同旋转角度和俯视角的图像数据来说,更是不确定字典中的训练数据是否可以真正实现对测试数据的稀疏表示。对于 MSTAR 图像数据集,包括了俯视角为 15°、17°时的三类目标数据,这些数据带有不同的方向角和轮廓,每幅图像大小为 128 × 128。在 15°俯视角下,三类数据分别为 195 个、197 个和 196 个,共 588 幅图像。在 17°俯视角下,各类目标数据分别为 234 个、233 个和 232 个,共 699 幅图像。数据库中 17°俯视角下第三类目标数据作为训练数据集,15°俯视角时的数据作为测试数据集,

将所有图像数据裁切出 60×60 的中心区域,并拉成列矢量组成矩阵 $\boldsymbol{D}$,其行数为 3600,列数为 1287,绘制矩阵的奇异值取对数如图 7.9 所示。MSTAR 数据库分为 17°数据集训练、15°数据集测试,如果前面提到的假设条件成立,则 17°时的数据集应该足以张成同一类目标所在的子空间,而 15°时的测试集应该是训练集合的线性组合,这将导致矩阵 $\boldsymbol{D}$ 中线性无关的矢量数应该在 699 个(17°训练集中数据个数)左右,也就是说矩阵 $\boldsymbol{D}$ 的秩应在 699 附近。然而,图 7.9 并不支持这一结论,在 699 附近,矩阵 $\boldsymbol{D}$ 的奇异值并没有明显下降。图 7.9 中显示的是整个 MSTAR 数据集构成的矩阵的奇异值,而不是某一类目标数据矩阵的奇异值,因此这进一步说明了不仅在同一类中的数据有很小的冗余性,而且在所有类的图像数据中存在非常少的冗余性。

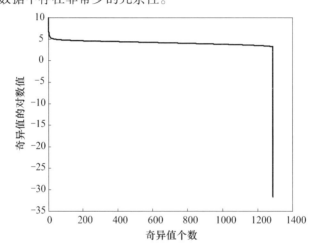

图 7.9　MSTAR 数据矩阵 $\boldsymbol{D}$ 的对数奇异值曲线变化

矩阵 $\boldsymbol{D}$ 的奇异值没有明显下降的事实并不能完全否定稀疏性质,由于数据中存在不可忽略的噪声所致;但同时也给出了一种说明,即在数据集中的数据并不是一个简单的线性相关的关系。

在稀疏表示的识别算法中的稀疏性并不是问题的特征,而是解的特征,是求解方法使得问题的解变得稀疏[13]。因此,接下来并不再用简单的线性相关关系描述数据,也不再对解的稀疏性做硬性要求,而是采用一种 l^2 范数的求解方法得到稀疏系数 α,同时也大大提高了识别运算速度。

7.1.2.2　基于观测矢量与 QR 分解的快速目标识别算法

首先对目标数据的观测矢量进行流形建模,仍然采用混合因子分析模型逼近目标观测矢量所在流形,每个因子模型可以将观测矢量 $y \in \mathbf{R}^M$ 表示为服从高斯分布的低维变量 w 经过线性变换 A 加上均值 μ 与扰动误差 ν 之和,即

$$y = Aw + \boldsymbol{\mu} + \boldsymbol{\nu} , w \sim N(0, \boldsymbol{I}_J), v \sim N(0, \boldsymbol{\Psi}) \tag{7.23}$$

式中：$A \in \mathbf{R}^{M \times J}$ 为因子载荷矩阵；$\boldsymbol{\mu} \in \mathbf{R}^M$ 为均值矢量；$\boldsymbol{\nu} \in \mathbf{R}^M$ 为高斯噪声；$\boldsymbol{I}_J$ 为 $J \times J$ 单位矩阵，$J < M$；$\boldsymbol{\Psi}$ 为角阵。

低维变量 w 即为隐含变量，服从零均值的高斯分布 $N(0, \boldsymbol{I}_J)$，且各分量之间相互独立，并称各分量 $w_1, w_2, \cdots, w_J$ 为主因子或公共因子。则在此模型上的数据 y 服从高斯分布：

$$y \sim N(\boldsymbol{\mu}, AA^{\mathrm{T}} + \boldsymbol{\Psi}) \tag{7.24}$$

而 MFA 模型将整个目标数据所在的非线性流形看作 T 个线性子空间的覆盖，每个线性子空间可以用 FA 模型来建模，对于该流形上的数据变量 y，其概率密度函数为

$$p(y) = \sum_{t=1}^{T} P_t N(\boldsymbol{\mu}_t, A_t A_t^{\mathrm{T}} + \boldsymbol{\Psi}_t) \tag{7.25}$$

式中：P_t 为各个线性子空间的权重，$P_t \geqslant 0$，且 $\sum_{t=1}^{T} P_t = 1$；$N(\boldsymbol{\mu}_t, A_t A_t^{\mathrm{T}} + \boldsymbol{\Psi}_t)$ 为流形上第 t 个线性子空间的 FA 模型，是服从均值为 $\boldsymbol{\mu}_t$、协方差矩阵为 $A_t A_t^{\mathrm{T}} + \boldsymbol{\Psi}_t$ 的高斯分布；T 为线性子空间的个数。

在忽略噪声的情况下，式(7.23)表示的因子模型可以改写为

$$y = Aw + \boldsymbol{\mu} = \begin{bmatrix} A, \boldsymbol{\mu} \end{bmatrix} \begin{bmatrix} w \\ 1 \end{bmatrix} \tag{7.26}$$

因而，对属于整个非线性流形上的任意数据 y 可以表示为

$$y = \sum_{t=1}^{T} P_t (A_t w_t + \boldsymbol{\mu}_t) = \begin{bmatrix} P_1 A_1, P_1 \boldsymbol{\mu}_1, \cdots, P_T A_T, P_T \boldsymbol{\mu}_T \end{bmatrix} \begin{bmatrix} w_1 \\ 1 \\ \vdots \\ w_T \\ 1 \end{bmatrix} = \boldsymbol{D}\boldsymbol{\alpha}$$

$$\tag{7.27}$$

因此，整个流形上的数据可以表示为字典 $\boldsymbol{D}$ 中原子的线性叠加形式，叠加系数记为 $\boldsymbol{\alpha}$。对于每一类目标数据，都可以得到一个形同式(7.27)的模型，第 i 类中的字典记为 D_i（$i = 1, \cdots, C$，C 为目标类别数），这些字典可以理解为所属类上所有数据的特征表达。然后将所有类上的字典组合到一起，构建成一个全局字典的形式，即

$$\boldsymbol{\Phi} = \begin{bmatrix} D_1 & \cdots & D_C \end{bmatrix} \tag{7.28}$$

测试数据 y 由全局字典表示为

$$y = \boldsymbol{\Phi}\boldsymbol{\alpha} \tag{7.29}$$

接下来不再求稀疏解,而是避开冗长的迭代优化过程,在求解式(7.29)时,为了提高健壮性,采用l^1回归方法[14]进行,即

$$\min_{\alpha \in \mathbf{R}^n} \| \boldsymbol{y} - \boldsymbol{\Phi}\boldsymbol{\alpha} \|_1 \tag{7.30}$$

这一线性问题的求解随着数据维数的增加变得非常耗时,然而通过l^2范数求解和对异常值显式建模,可以达到更快的速度而且具有很高的精确度和健壮性。

因此,通过使用l^2范数来解下面问题来估计系数α:

$$\underset{\alpha \in \mathbf{R}^N}{\operatorname{argmin}} \| \boldsymbol{y} - \boldsymbol{\Phi}\boldsymbol{\alpha} \|_2^2 \tag{7.31}$$

只要矩阵$\boldsymbol{\Phi}$满足行满秩或列满秩特性,即使系统是超定的,即$M > N$,最优解仍然可以由$\boldsymbol{\alpha} = (\boldsymbol{\Phi}^{\mathrm{T}}\boldsymbol{\Phi})^{-1}\boldsymbol{\Phi}^{\mathrm{T}}\boldsymbol{y}$得到。

为避免直接求广义逆,通过对矩阵$\boldsymbol{\Phi}$进行QR分解,最优解α则有更简洁的表达[13]:

$$\boldsymbol{\alpha} = (\boldsymbol{\Phi}^{\mathrm{T}}\boldsymbol{\Phi})^{-1}\boldsymbol{\Phi}^{\mathrm{T}}\boldsymbol{y} = \boldsymbol{R}^{-1}\boldsymbol{Q}^{\mathrm{T}}\boldsymbol{y} \tag{7.32}$$

式中:$QR = \boldsymbol{\Phi}$;$Q \in \mathbf{R}^{M \times n}$为正交矩阵;$R \in \mathbf{R}^{n \times n}$为上三角矩阵。

由于Q和R已定,对于任意的y,都可以由一次矩阵计算得到相应的系数$\boldsymbol{\alpha}$。因此大大提高了运算速度。

最后,根据系数来分类。

对每一类别i,定义它的特征函数$\boldsymbol{\delta}_i : \mathbf{R}^n \to \mathbf{R}^n$,它只选取与第$i$类有关的系数,对$\boldsymbol{\alpha} \in \mathbf{R}^n$,$\boldsymbol{\delta}_i(x) \in \mathbf{R}^n$是一个新矢量,其非零项为系数$\alpha$中与第$i$类有关的项,而与其他类有关的项则置为$0$。然后计算真实值$y$与每一类的重构值$\boldsymbol{\Phi}\boldsymbol{\delta}_i(\boldsymbol{\alpha})$之间的差值,并将使差值最小的一类判定为测试观测矢量y的类别,即

$$\text{identity}(\boldsymbol{y}) = \arg \min_i r_i(\boldsymbol{y})$$

式中

$$r_i(\boldsymbol{y}) = \| \boldsymbol{y} - \boldsymbol{\Phi}\boldsymbol{\delta}_i(\boldsymbol{\alpha}) \|_2 \tag{7.33}$$

本节算法步骤如下:

(1)输入第i($i \in 1,2,\cdots,C$,C为目标类别个数)类观测数据训练集,排列组成矩阵$\boldsymbol{M}$,确定聚类最大个数T和各因子模型的主因子个数K,用混合因子分析模型对它们所在流形进行建模。

(2)根据$\boldsymbol{M}$、T和K,通过无参数贝叶斯估计的方法学习得到该类数据模型聚成的T个因子分析模型的均值参数$\{\mu_t\}_{t=1,2,\cdots,T}$和变换矩阵参数$\{A_t\}_{t=1,2,\cdots,T}$以及各个因子模型的权重$\{P_t\}_{t=1,2,\cdots,T}$。

(3)取权重$P_t > \varepsilon$的因子模型,并将它们的均值参数$\{\mu_t\}_{t=1,2,\cdots,T}$和变换矩

阵参数 $\{A_t\}_{t=1,2,\cdots,T}$ 按列排成矩阵,即为第 i 类目标的字典 $D_i(i\in 1,2,\cdots,C)$。

（4）将各类目标的字典 D_i 排列组成全局大字典 $\boldsymbol{\Phi}=\begin{bmatrix} D_1 & \cdots & D_C \end{bmatrix}$。

（5）对全局字典 $\boldsymbol{\Phi}$ 进行 QR 分解:$QR=\boldsymbol{\Phi}$。

（6）对测试图像的观测矢量 $\boldsymbol{y}$,计算系数 $\boldsymbol{\alpha}=(\boldsymbol{\Phi}^{\mathrm{T}}\boldsymbol{\Phi})-1\boldsymbol{\Phi}^{\mathrm{T}}\boldsymbol{y}=\boldsymbol{R}^{-1}\boldsymbol{Q}^{\mathrm{T}}\boldsymbol{y}$。

（7）令 $\delta_i(\boldsymbol{\alpha})(i=1,2,\cdots,C)$ 为仅保留 α 中与第 i 类相对应的系数、其余系数置零的矢量,计算残差函数 $r_i(\boldsymbol{y})=\parallel\boldsymbol{y}-\boldsymbol{\Phi}\delta_i(\boldsymbol{\alpha})\parallel_2$ ($i=1,2,\cdots,C$)。

（8）根据误差函数 $r_i(\boldsymbol{y})$,求解测试样本 $\boldsymbol{y}$ 的类别标签,即

$$i*(\boldsymbol{y})=\mathrm{argmin}r_i(\boldsymbol{y})(i=1,2,\cdots,C)$$

7.1.2.3　实验结果分析

对 MSTAR 数据库采用本节算法进行实验,实验是在 Inter(R)Core(TM)2 Duo CPU E6550、2.33GHz、1.99GB 内存的计算机 MATLAB7.9.0(R2009b)的平台下完成的。

首先在每幅 MSTAR 图像中取大小为 60×60 的中心区域,然后对裁剪过的图像数据拉成列矢量 $x\in\mathbf{R}^{3600}$ 进行随机投影,这里选取不同维度的随机高斯矩阵 $\boldsymbol{\Phi}\in\mathbf{R}^{d\times3600}$ 进行降维观测,采样率 $d/3600$ 取值范围为 $10\%\sim100\%$,间隔为 10% 。由于高斯矩阵具有随机不确定性,因此对每个采样率做 10 次随机采样,将得到的识别结果取 10 次平均值。对每一类目标进行 MFA 建模训练时,混合因子最大个数和各个因子模型的主因子的最大个数取 $T=K=13$ 。权重阈值 $\varepsilon=0.05$ 。不同采样率下识别结果如图 7.10 ~ 图 7.12 所示,识别所需时间与 7.1.1 节时间对比结果如图 7.13 所示。

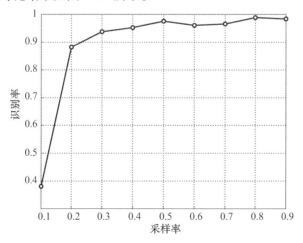

图 7.10　基于观测矢量与 QR 分解的快速识别算法在
不同采样率下对 BMP2 型号目标的识别率

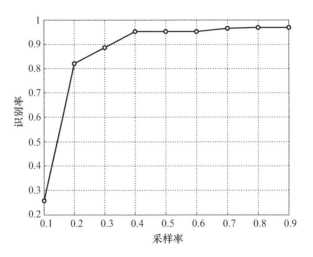

图 7.11　基于观测矢量与 *QR* 分解的快速识别算法在
不同采样率下对 BTR70 型号目标的识别率

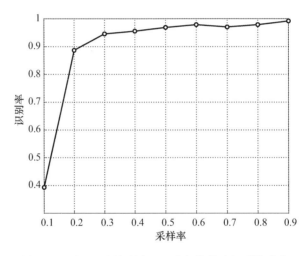

图 7.12　基于观测矢量与 *QR* 分解的快速识别算法在
不同采样率下对 BMP2 型号目标的识别率

　　从图 7.10～图 7.12 可以看出,随着采样率的增加,各类目标识别率也随之提高,
与 7.1.1.3 节算法相比在采样率较低(10%～20%)时,识别率很低,而从 30% 开始,
识别率都在 90% 以上且相差不大。结合图 7.13 的运算时间对比图,本节算法在达到
几乎同样的识别率时,所需的运算时间大大减少,几乎能够做到实时识别。

　　本节算法的运算时间在低采样率(20% 以内)时用 0.3s 左右即可识别所有
类别的测试数据,7.1.1.3 节中基于观测矢量与 MFA 的识别方法在相应采样率
下的运算时间已经达到 7s。且随采样率每次升高 10%,运算时间平均增幅在

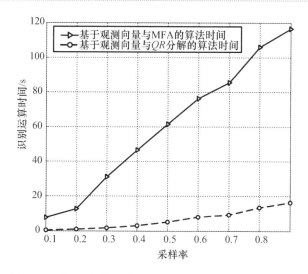

图 7.13　基于观测矢量与 QR 分解的快速识别算法和基于
观测矢量与 MFA 的识别方法在不同采样率下运算时间对比结果

1.7s 左右,而 7.1.1.3 节的算法运算时间平均增幅则在 13s 左右。可以看出,本节算法大大降低了识别运算时间。

7.2　基于协同神经网络的 SAR 图像识别

7.2.1　协同神经网络

一般来说,神经网络方法是与传统的人工智能方法相联系的。神经网络结构及性能特点使其对问题的处理更富有弹性,更加稳健。神经网络的基本特点是采用自下而上的设计思路,使其容易确定具体的目标分割或识别算法,在增加了不确定因素的同时,也产生了网络最优化的问题,这就是伪状态[15]。

人工智能一般采用自上而下的方法,偏重于用逻辑推理建立系统模型。因此,将神经网络与人工智能相结合,相当于赋予神经网络高层指导的知识及逻辑推理的能力,具有潜在的优势。基于此本节将讨论将人工智能中的进化算法引入神经网络,从而弥补神经网络的一些不足。进化算法是一种全局随机搜索算法,因此进化协同神经网络能够有效地克服神经网络这种本质上基于梯度下降算法的缺陷,如易陷入局部最小值、对大的多峰空间搜索效率差等[16,17]。神经网络的进化学习正日益成为智能计算领域中研究的热点,并已经在某些领域中得到成功的应用[18,20]。

协同学方法是把高维的非线性问题归结为用一组维数很低的非线性方程描

述。其研究焦点是复杂系统宏观特征的质变，它引入了支配原理和序参量来描述系统宏观演化中的宏观有序行为。20 世纪 80 年代，Haken 利用自发模式形成和模式识别之间存在深刻的相似性，将协同学原理扩展到认知科学和计算机科学，提出了将协同理论运用于模式识别的新概念[21,22]。他从自上而下的角度出发，描述了协同模式识别基本方程的构造原理，并提出了一个重要的观点：模式识别的过程即为模式形成的过程。他根据序参量的演化方程提出了一类全新的人工神经网络——协同神经网络（Synergetic Neural Networks，SNN）。

协同神经网络是通过自上而下的方式来构造网络，其最大的特点是没有伪状态出现，而伪状态出现一直是传统神经网络遇到的最大困难。这是因为协同神经网络的构造方法是自上而下的，人们首先辨认出所期望的性质，然后建立算法，这种算法最终导致技术上的实现，避免了自下而上方法带来的动力学行为的不唯一性和不可控性。

因此，它能够在数学意义上严格处理网络的行为，能够准确知道它们的特性。在真实图像的识别方面协同神经网络引起了广大研究者的兴趣[23-25]。无论是传统神经网络还是协同神经网络，学习是中心问题。学习是指在给定训练样本集条件下对权值矩阵的学习，对协同神经网络来讲，网络连接权值的学习就是原型矢量和伴随矢量的学习。本节提出采用免疫克隆规划算法对原型矢量进行学习，并将其用于图像识别。

本节首先介绍协同神经网络模式识别的基本原理和基本动力学方程，其次介绍图像的不同特征提取方法，提出免疫克隆规划与协同神经网络的图像识别方法以及基于协同神经网络的免疫集成方法。此外，分别对 SAR 图像、1000 多幅遥感图像、雷达一维目标图像以及国际标准纹理 Brodatz 纹理库中给出的 112 类（$D_1 \sim D_{112}$）中 16 种不同的纹理图像样本进行了仿真实验。实验结果证明本节算法可以显著提高网络的识别性能。

20 世纪 80 年代，Haken 根据"协同形成结构，竞争促进发展"这一相变过程中的普遍规律，把协同学原理推广到模式识别领域，提出了一种新的用于模式识别的神经网络理论，即协同神经网络理论[26,27]，近年来，人们对协同神经网络进行了广泛研究。

根据协同学的基本思想[15,22,26]，模式识别过程可以理解为若干序参量竞争的过程。在模式识别中，具有各种特征的集合一旦给出，某一个序参量和其他序参量竞争，最终具有最强初始支撑的序参量赢得胜利，强制系统出现原来所缺少的特征，这一过程相当于实验样本到基本模式的转变。

设 M 个原型模式矢量和状态矢量的维数都是 N，为了满足原型模式矢量之间线性无关的条件，要求 $M \leqslant N$。Haken 指出，可满足模式识别的动力学方程为

$$\dot{\boldsymbol{q}} = \sum_{k=1}^{M} \lambda_k (\boldsymbol{\nu}_k^+ q) \boldsymbol{\nu}_k - B \sum_{k \neq k'} \boldsymbol{\nu}_k (\boldsymbol{\nu}_{k'}^+ q)^2 (\boldsymbol{\nu}_k^+ q) - Cq(\boldsymbol{q}^+ \boldsymbol{q}) + F(t) \quad (7.34)$$

式中:q 是以输入模式 $\boldsymbol{q}_0$ 为初始值的状态矢量;λ_k 为注意参数,只有当它为正时,模式才能识别;$\boldsymbol{\nu}_k$ 为原型模式矢量,$\boldsymbol{\nu}_k = (\nu_{k1}, \nu_{k2}, \cdots, \nu_{kN})'\, k = 1, 2, \cdots, M$;$\boldsymbol{\nu}_k^+$ 为 $\boldsymbol{\nu}_k$ 的伴随矢量;第一项当 $\lambda_k > 0$ 时导致 q 的指数增长,第二项用来进行多个模式识别,第三项用来限制第一项的增长,最后一项 $F(t)$ 为涨落力;B、C 为指定系数。

$\boldsymbol{v}_k$ 必须满足归一化和零均值条件:

$$\sum_{l=1}^{N} \boldsymbol{v}_{kl} = 0 \quad (7.35)$$

$$\| \boldsymbol{v}_k \|_2 = (\sum_{l=1}^{N} \boldsymbol{v}_{kl}^2)^{1/2} = 1 \quad (7.36)$$

初始输入矢量 $\boldsymbol{q}_0$ 应满足相同的条件。伴随矢量必须满足

$$(\boldsymbol{v}_k^+, \boldsymbol{v}_{k'}) = \boldsymbol{v}_k^+ \boldsymbol{v}_{k'} = \boldsymbol{\delta}_{kk'} \quad (7.37)$$

把矢量 $\boldsymbol{q}$ 分解为原型模式矢量 $\boldsymbol{v}_k$ 和剩余矢量 $\boldsymbol{w}$:

$$\boldsymbol{q} = \sum_{k=1}^{M} \boldsymbol{\xi}_k \boldsymbol{v}_k + \boldsymbol{w}((v_k^+ w) = 0; k = 1, 2, \cdots, M) \quad (7.38)$$

定义其伴随矢量为

$$\boldsymbol{q}^+ = \sum_{k=1}^{M} \boldsymbol{\xi}_k \boldsymbol{v}_k^+ + \boldsymbol{w}^+ ((w^+ v_k) = 0; k = 1, 2, \cdots, M) \quad (7.39)$$

显然有 $(\boldsymbol{v}_k^+ \boldsymbol{q}) = (\boldsymbol{q}^+ \boldsymbol{v}_k)$。

由协同学建模的原理可知,序参量方程控制着系统在临界点附近的动力学行为。任取 $\boldsymbol{v}_k^+$ 左乘式(7.38)的两端,并利用式(7.37)的正交关系,可得到序参量方程:

$$\boldsymbol{\xi}_k = (\boldsymbol{v}_k^+, \boldsymbol{q}) = \boldsymbol{v}_k^+ \boldsymbol{q} \quad (7.40)$$

式(7.33)可描述为一个求势函数极值的过程,忽略 $F(t)$ 和暂态量,得到协同势函数方程:

$$V = -\frac{1}{2} \sum_{k=1}^{M} \lambda_k (\boldsymbol{v}_k^+ \boldsymbol{q})^2 + \frac{1}{4} B \sum_{k \neq k'} (\boldsymbol{v}_{k'}^+ \boldsymbol{q})^2 (\boldsymbol{v}_k^+ \boldsymbol{q})^2 + \frac{1}{4} C (\boldsymbol{q}^+ \boldsymbol{q})^2$$

$$(7.41)$$

其相应的动力学方程为

$$\dot{\boldsymbol{q}} = -\frac{\partial \boldsymbol{V}}{\partial \boldsymbol{q}^+}, \; \dot{\boldsymbol{q}}^+ = -\frac{\partial \boldsymbol{V}}{\partial \boldsymbol{q}} \quad (7.42)$$

相应的序参量动力学方程和势函数方程分别为

$$\dot{\boldsymbol{\xi}}_k = \boldsymbol{\lambda}_k \boldsymbol{\xi}_k - B \sum_{k' \neq k} \boldsymbol{\xi}_{k'}^2 \boldsymbol{\xi}_k - C \left(\sum_{k'=1}^{M} \boldsymbol{\xi}_{k'}^2 \right) \boldsymbol{\xi}_k = \boldsymbol{\xi}_k (\boldsymbol{\lambda}_k - D + B\boldsymbol{\xi}_k^2) \quad (7.43)$$

$$\tilde{\boldsymbol{V}} = -\frac{1}{2} \sum_{k=1}^{M} \boldsymbol{\lambda}_k \boldsymbol{\xi}_k^2 + \frac{1}{4} B \sum_{k' \neq k} \boldsymbol{\xi}_{k'}^2 \boldsymbol{\xi}_k^2 + \frac{1}{4} C \left(\sum_{k'=1}^{M} \boldsymbol{\xi}_{k'}^2 \right)^2 \quad (7.44)$$

式中：$D = (B + C) \sum_{j=1}^{M} \boldsymbol{\xi}_j^2$。

则系统的定态由下式决定：

$$\dot{\boldsymbol{\xi}}_k = 0 \, (\, 1 \leqslant k \leqslant M) \quad (7.45)$$

即

$$\boldsymbol{\lambda}_k \boldsymbol{\xi}_k - B \sum_{k' \neq k} \boldsymbol{\xi}_{k'}^2 \boldsymbol{\xi}_k - C \left(\sum_{k'=1}^{M} \boldsymbol{\xi}_{k'}^2 \right) \boldsymbol{\xi}_k = \boldsymbol{\xi}_k (\boldsymbol{\lambda}_k - D + B\boldsymbol{\xi}_k^2) = 0 \quad (7.46)$$

Haken 证明[21]，当 $\boldsymbol{\lambda}_k = C > 0$，即注意参数相等时，系统的终态取决于输入矢量的初始序参量值，即具有最大初始序参量绝对值的对应模式将会在竞争中获胜。

当注意参数互不相等时，注意参数的选取决定着系统的行为。根据式(7.40)～式(7.43)可以构造模式识别的协同神经网络，如图 7.14 所示。

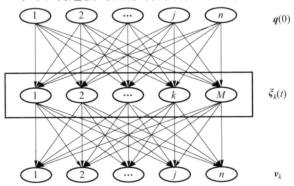

图 7.14　协同神经网络模式识别结构

7.2.2　免疫克隆规划协同神经网络

7.2.2.1　免疫克隆规划

生物体是一个复杂的大系统，其信息处理功能是由时间和空间尺寸相异的三个子系统，即脑神经系统、免疫系统和内分泌系统完成的。

人工智能对神经系统的借鉴和模拟的成果很丰富，有比较成熟的方法和模型可以利用。相比较而言,对免疫系统和内分泌系统的相应研究还处于初级阶段。进化算法(遗传算法、进化规划和进化策略)对生物繁殖机理的模仿集中在有性繁殖(主要是交叉和变异)[15,16],这是因为有性繁殖实现代与代之间的信息交换,强调新信息的产生。然而,当抗原侵入生物机体时,其免疫系统在机体内选择出能识别和消灭相应抗原的抗体,主要借助克隆(无性繁殖)使之激活、分化和增殖,以增加该抗体的数量,进行免疫应答以最终清除抗原[28,29]。

克隆这一概念已经广泛用于计算机编程[30,31]、系统控制[32]、交互式并行仿真等领域[33]。在人工免疫系统中,克隆机理已经引起了人工智能研究者的兴趣[34,35],他们从各自不同的角度对克隆进行模仿,相继提出了一些基于克隆选择学说的克隆算法和适用于人工智能的克隆算子。基于抗体克隆选择学说和生物免疫学的分类,将克隆算子用于改进标准进化规划算法,以增加标准进化规划(Standard Evolutionary Programming,SEP)种群的多样性,避免早熟现象,相应的算法称为免疫克隆规划(Immunity Clonal Programming,ICP)算法[36]。

ICP 算法与 SEP 算法相比,ICP 算法在记忆单元基础上运行,确保了快速收敛于全局最优解,而 SEP 算法则是基于父代群体;其次,ICP 算法通过促进或抑制抗体的产生,体现了免疫反应的自我调节功能,保证了个体的多样性,而 SEP 算法只是根据适应度选择父代个体,并没有对个体多样性进行调节。此外,虽然交叉、变异等固有的遗传操作在免疫算法中广泛应用,但是 ICP 算法新抗体的产生借助了克隆选择等传统进化算法中没有的机理。因此,在人工智能中为了借鉴这一机理,需要对克隆后的子代进行进一步处理。免疫克隆规划算法步骤如下:

(1) $k = 0$,初始化抗体群落 $A(0)$,设定算法参数,计算初始种群的亲和度;

(2) 依据亲和度和设定的抗体克隆规模,进行克隆操作 $\boldsymbol{T}_c^C$、免疫基因操作 $\boldsymbol{T}_m^C$ 和免疫选择操作 $\boldsymbol{T}_s^C$,获得新的抗体群落 $A(k)$。

(3) 计算当前种群的亲和度。

(4) $k = k + 1$;若满足终止条件,终止计算;否则,回到步骤(2)。

7.2.2.2　ICP 协同神经网络

在协同神经网络中原型矢量代表不同的模式,网络的学习问题可以归结为如何求解原型矢量 $\boldsymbol{v}_k^+$ 和伴随矢量 $\boldsymbol{v}_k^{[37]}$,Haken 最先提出从每一类训练样本中随机选择一个样本作为原型模式矢量[15,21],该方法存在泛化能力差等问题。基于此 T. Wagner 等[38]提出了一种基于使用伴随原型的协同计算(Synergetic Computer using Adjoint Prototypes,SCAP)算法的原型模式矢量求解方法,将每类样本的数学平均值作为该类的原型模式矢量。文献[39,40]研究了 k 均值聚类算法在原型模式矢量选取中的应用,将聚类中心或与聚类中心最为接近(空间矢量的欧氏距离最小)的实际样本作为原型模式矢量。王海龙等[41]提出了基于信息叠加的学习算法(Learning Algorithm of Information Superposition,LAIS),该算法在 SCAP 算法的基础上,将学习样本中误识别率最高的模式作为反馈量来修正原型模式矢量。该算法不仅克服了 SCAP 算法的缺点,而且能在较短的时间内进行迭代计算;但是算法性能受强度参数的影响较大。针对 LAIS 算法存在的问题,方秀端等[42,43]对其进行了改进,分别提出了基于遗传算法的力度参数训练算法和基于遗传算法的信息叠加自学习算法。SCAPAL 算法[38,44]是在 SCAP 算法的基础上改进的,将每类模式的误识样本的数学平均作为反馈量来修正该类模式的原型模式矢量。考虑到遗传算法的全局搜索能力,王海龙[45]等提出了基于遗传算法(Genetic Algorithm,GA)的原型模式选择算法,通过使用遗传算法,在原型模式矢量空间搜索最优原型模式矢量的集合。

免疫克隆规划算法是一种新兴的人工免疫学习方法,它借助生物免疫系统中的抗体克隆选择机理,构造了适用于人工智能的克隆算子。在人工智能计算中[36],抗原、抗体一般分别对应于求解问题及其约束条件和优化解。因此,抗原与抗体的亲和度(匹配程度)描述解和问题的适应程度,而抗体与抗体间的亲和度反映了不同解在解空间中的距离。亲和力就是匹配程度。克隆算子就是依据抗体与抗原的亲和度函数 $f(\cdot)$,将解空间中的一个点 $a_i(k) \in A(k)$ 分裂成了 q_i 个相同的点 $a'_i(k) \in A'(k)$,经过克隆变异和克隆选择变换后获得新的抗体群。因此,对于协同神经网络的免疫学习算法来说,只要能建立起正确的亲和度函数,就可对各种结构的网络实施有效的学习,从而打破网络结构和神经元类型对学习算法的限制。在此,克隆算子可以具体描述为免疫克隆、克隆变异和克隆选择[46]。具体的算法优化过程如图 7.15 所示。

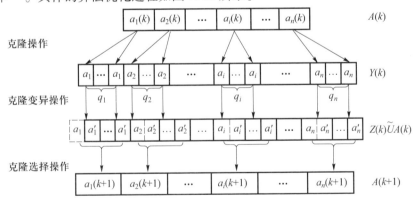

图 7.15　免疫克隆的主要操作过程

对协同神经网络来讲,网络连接权值的进化就是原型矢量和伴随矢量的进化,为了进化学习,首先要对原型矢量或者伴随矢量进行编码,在此对原型矢量采用实数编码,随机产生 $v_i(i=1,2,\cdots,N)$ 对其求伪逆得到相应的抗体群 A,即伴随矢量种群,其规模为 N。

（1）免疫克隆算子：

$$\boldsymbol{T}_c^C(A) = \begin{bmatrix} T_c^C(a_1) & T_c^C(a_2) & \cdots & T_c^C(a_N) \end{bmatrix} \qquad (7.47)$$

式中：$\boldsymbol{T}_c^C(a_i) = \boldsymbol{I}_i \times \boldsymbol{a}_i(i=1,2,\cdots,N)$，$\boldsymbol{I}_i$ 为元素值为 1 的 p_i 维行矢量,p_i 为抗体 p_i 克隆后的规模,一般取

$$p_i(k) = \mathrm{Int}\left[N_c \times \frac{f(a_i(t))}{\sum\limits_{j=1}^{N} f(a_j(t))}\right] \quad (i=1,2,\cdots,N) \qquad (7.48)$$

其中：$\mathrm{Int}(x)$ 表示大于或等于 x 的最小整数;N_c 为与克隆后的规模有关的设定值,且满足 $N_c > N$。

克隆规模是依据抗体亲和度 $f(a_i(t))$ 的大小自适应地调整,克隆过后,种群变为

$$A' = \{A, A'_1, A'_2, \cdots, A'_N\} \qquad (7.49)$$

式中

$$A'_i = \{a_{i1}, a_{i2}, \cdots, a_{iq_i-1}\} \quad (a_{ij} = a_i; j = 1, 2, \cdots, p_i - 1) \qquad (7.50)$$

（2）克隆变异算子 $\boldsymbol{T}_m^C$：主要是利用变异操作 $\boldsymbol{T}_g^C$,在单一抗体周围产生一个变异解的群体,利用局部搜索增加了提高抗体与抗原亲和度的可能性。为了保留父代种群信息不作用于 $A \in A'$。采用高斯变异方法,该操作并不作用到保留的原始种群上。

（3）克隆选择算子 $\boldsymbol{T}_s^C$：从经免疫克隆、变异操作后的各自子代和相应父代中选择优秀的抗体,从而形成新的种群,实现信息交换。为了评估解群中各个解的质量,必须建立一个亲和度函数。

由于优化的目的是针对给定的训练样本集 $\boldsymbol{x}_j(j=1,2,\cdots,P)$ 获得最佳的原型模式矢量集合 $\boldsymbol{v}_k(k=1,2,\cdots,M)$,所以,对协同神经网络来说可以使用网络正确识别训练样本集中样本的个数（或对训练样本的正确识别率）作为亲和度函数 f,免疫选择 $\boldsymbol{T}_s^C$ 是从经克隆、克隆变异操作后的各自子代和相应父代中选择亲和度较大的抗体,从而形成新的种群,即 $A(t+1) = \boldsymbol{T}_s^C(A(t) \cup A''(t))$,其中 $A''(t)$ 为经过克隆变异操作后的抗体种群。免疫克隆规划协同神经网络算法（ICP-SNN）步骤如下：

（1）设定协同神经网络待识别的原型矢量 $\boldsymbol{q}(0)$。

（2）随机产生初始种群 $\boldsymbol{V}_k(k=1,2\cdots,25)$,并求出所有原型矢量个体对应的伴随矢量 $\boldsymbol{V}_k^+(0)$。

（3）采用式（7.36）进行识别,根据亲和度函数选择出新一代的较优个体,

形成新的种群 $V_k^+(1)$，对该群体进行免疫克隆操作，$V_k^+{}' = \mathrm{TcC}(V_k^+(1))$。

（4）进行免疫基因操作，$V_k^+{}'' = \mathrm{TmC}(V_k^+{}')$。

（5）计算 $V_k^+{}''$ 的亲和度，免疫选择，根据亲和度的大小，去除抗体群中与抗原亲和度小的抗体，从而更新抗体群，实现信息交换。

（6）若迭代误差已到设定值或者亲和度已达到满意值，算法结束；否则，返回步骤（3）。

7.2.3 基于免疫克隆规划与协同神经网络的 SAR 图像识别

7.2.3.1 图像的特征提取

特征提取是模式识别过程中的一个关键处理步骤，大多数识别都是基于特征信息的分类，若仅利用图像的原始数据进行分类识别，冗余特征会使运算量增大。因此，若要想更好地对图像进行识别，必须首先对图像进行特征提取。而现阶段特征提取的研究还没有形成完整的理论体系，只能在现有理论指导下，根据识别效果对目标提取方法进行取舍。希望提取的目标特征不受平移、旋转变换的影响，即不变性特征。引入目标区域 Radon 变换的奇异值作为目标的不变性特征，并作为基于矩不变量的形状特征提取方法，进而给出相应的提取方法。

在实际应用中，图像进行的是离散 Radon 变换。常用的是基于投影切片定理的 Radon 变换[47]，其基本思想是，设图像为 $f(x,y)(1 \leqslant x \leqslant p, 1 \leqslant y \leqslant p)$：

（1）对图像 $f(x,y)$ 计算其二维傅里叶变换，记为 $\hat{f}(k,l)$。

（2）以 $\hat{f}(k,l)$ 的中心为原点，把矩形阵列变换到径向阵列，共 q 个方向角度，每个角度对应一个径向数组，每个径向数组包含 p 个点。

（3）对每个径向数组做一维快速傅里叶变换（1D – IFFT），结果记为 $f'(x,y)$，投影切片定理表明，$f'(x,y)$ 即是 $f(x,y)$ 的 q 方向上的 Radon 变换。

对于矩阵 $A \in C_r^{m \times n}$，AA^{H} 为半正定 Hermite 矩阵，它的特征值为 $\lambda_i(i = 1, 2, \cdots, r)$ 则 $\alpha_i = \sqrt{\lambda_i}$ 称为矩阵 A 的奇异值。对于矩阵 $A \in C_r^{m \times n}$，$\alpha_1 \geqslant \alpha_2 \geqslant \cdots \geqslant \alpha_r$ 是 A 的 r 个正奇异值，则存在 m 阶酉矩阵 U 和 n 阶酉矩阵 V，使得

$$A = UDV^{\mathrm{H}} \tag{7.51}$$

式中：

$$D = \begin{bmatrix} \Delta & 0 \\ 0 & 0 \end{bmatrix}, \quad \Delta = \mathrm{diag}\{\alpha_1, \alpha_2, \cdots, \alpha_r\}$$

称之为奇异值分解。可以证明，对一个矩阵进行初等变换，它的奇异值是不变的。因此可以利用目标区域 Radon 变换的奇异值 $\Delta = \mathrm{diag}\{\alpha_1, \alpha_2, \cdots, \alpha_r\}$ 作

为目标的不变性特征。此外,在识别前需要对所获得的特征进行归一化处理。

设共有 n 个图像样本,每个样本有 m 个特征,记为 $X_i = (x_{i1}, x_{i2}, \cdots, x_{im})$ ($\forall 1 \leqslant i \leqslant n$),需要对 m 个特征值分别进行归一化处理,常用的归一化方法有

$$\tilde{x}_{ij} = \frac{x_{ij}}{x_{j\max}} \tag{7.52}$$

$$\tilde{x}_{ij} = \frac{x_{ij} - x_{j\min}}{x_{j\max} - x_{j\min}} \tag{7.53}$$

$$\tilde{x}_{ij} = 1 - \frac{|x_{ij} - \bar{x}_i|}{x_{j\max} - x_{j\min}} \tag{7.54}$$

式中:x_{ij} 表示第 i 个样本的第 j 个特征;$\tilde{x}_{ij}$ 为 x_{ij} 的归一化值;$x_{j\max} = \max\limits_{j}(x_{ij})$;$x_{j\min} = \min\limits_{j}(x_{ij})$;$\bar{x}_i = \dfrac{1}{m} \sum\limits_{j=1}^{m} x_{ij}$ ($\forall 1 \leqslant i \leqslant n$;$1 \leqslant j \leqslant m$)。本节采用式(7.52)进行特征的归一化。目前在图像分类与识别处理的许多方面得到广泛使用的是矩特征。矩特征,是建立在对一个区域内部灰度分布的统计分析基础上的,是一种统计平均的描述,可以从全局观点描述对象的整体特征。它不仅满足不变性等特征,而且计算简单,能够准确反映目标的形状特性。这里采用 M. K. Hu 提出的 7 个不变矩提取目标的形状特征[48]。

图像 $f(x,y)$ 在点 (x,y) 处的 $(p+q)$ 阶矩 m_{pq} 及 $(p+q)$ 阶中心矩 μ_{pq} 分别为

$$m_{pq} = \sum_{x=0}^{M-1} \sum_{y=0}^{N-1} x^p y^q f(x,y) \tag{7.55}$$

$$\mu_{pq} = \sum_{x=0}^{M-1} \sum_{y=0}^{N-1} (x - x_c)^p (y - y_c)^q f(x,y) \tag{7.56}$$

式中:(x_c, y_c) 为图像的的重心坐标,可用物体的零阶矩和一阶矩表示,且满足

$$\begin{aligned} x_c &= m_{10}/m_{00} \\ y_c &= m_{01}/m_{00} \end{aligned} \tag{7.57}$$

中心矩 μ_{pq} 描述的是区域相对于重心的分布情况。归一化的中心矩为

$$\eta_{pq} = \mu_{pq}/\mu_{oo}^r, \quad \gamma = (p+q)/2 + 1 \tag{7.58}$$

相应的满足旋转、平移、尺度不变性的特征量为

$$\Phi = \{\varphi_i \mid i = 1, 2, \cdots, 7\}$$

式中

$$\varphi_1 = \eta_{20} + \eta_{02} \tag{7.59}$$

$$\varphi_2 = (\eta_{20} - \eta_{02})^2 + 4\eta_{11}^2 \tag{7.60}$$

$$\varphi_3 = (\eta_{30} - 3\eta_{12})^2 + (3\eta_{21} - \eta_{03})^2 \tag{7.61}$$

$$\varphi_4 = (\eta_{30} + \eta_{12})^2 + (\eta_{21} + \eta_{03})^2 \tag{7.62}$$

$$\varphi_5 = (\eta_{30} - 3\eta_{12})(\eta_{30} + \eta_{12})\varphi_x + (\eta_{03} - 3\eta_{21})(\eta_{21} + \eta_{03})\varphi_y \tag{7.63}$$

$$\varphi_6 = (\eta_{20} - \eta_{02})\left[(\eta_{30} + \eta_{12})^2 - (\eta_{03} + \eta_{21})^2\right] + 4\eta_{11}(\eta_{30} + \eta_{12})(\eta_{03} + \eta_{21}) \tag{7.64}$$

$$\varphi_7 = (3\eta_{21} - \eta_{03})(\eta_{30} + \eta_{12})\varphi_x + (\eta_{30} - 3\eta_{12})(\eta_{03} + \eta_{21})\varphi_y \tag{7.65}$$

其中

$$\varphi_x = (\eta_{30} + \eta_{12})^2 - 3(\eta_{03} - 3\eta_{21})^2$$
$$\varphi_y = (\eta_{03} + \eta_{21})^2 - 3(\eta_{30} - \eta_{12})^2 \tag{7.66}$$

在提取图像目标的形状特征之前,首先应该对其进行归一化处理,分别除以255,使得图像数据矢量幅值在$[0,1]$之间。然后根据式(7.59)~式(7.65)提取图像的 7 个矩特征得到描述图像目标形状的特征矢量。

7.2.3.2　基于免疫克隆规划协同神经网络的图像识别

为了充分挖掘协同神经网络模式识别潜能,本节提出一种基于免疫克隆规划的协同神经网络连接权值改进算法。对协同神经网络来讲,网络连接权值的进化就是原型矢量和伴随矢量的进化。为了进化学习,首先对原型矢量进行编码,即按一定的顺序将所有的原型模式矢量 $v_i(i = 1,2,\cdots,M)$ 排列成串,从而构成解群中的一个个体(或称抗体)。为了评估解群中各个解的质量,必须建立一个适应度函数。由于优化的目的是针对给定的训练样本集 $x_j(j = 1,2,\cdots,P)$ 获得最佳的原型模式矢量集合 $v_k(k = 1,2,\cdots,M)$,所以,对协同神经网络来说可以使用网络正确识别的训练样本集中样本的个数(或对训练样本的正确识别率)作为适应度函数。

特征提取可以从图像中获得有助于分类识别的特征矢量,将提取的图像特征作为协同神经网络的原型矢量,优化过程是基于免疫克隆规划的,其中对原型矢量采用实数编码,网络对训练样本的正确识别率作为亲和度函数 f。其中对原型矢量采用实数编码。ICP-SNN 图像识别步骤如下:

(1) 对原始图像进行特征提取,获得特征矢量。

(2) 随机初始化原型矢量 $\boldsymbol{V}_k$,得到初始种群 $\boldsymbol{V}_k(k = 1,2,\cdots,25)$,并求出对应的所有伴随矢量。

(3) 对特征矢量进行图像识别,通过顺序选择出新一代的较优个体,形成新

的种群对该群体进行克隆操作,即

$$V'(K) = \boldsymbol{\Theta}(V(K)) = \begin{bmatrix} \boldsymbol{\Theta}(v_1(k)) & \boldsymbol{\Theta}(v_2(k)) & \cdots & \boldsymbol{\Theta}(v_n(k)) \end{bmatrix}^\mathrm{T}$$

(4)进行克隆变异操作,得到 $V''(k)$。

(5)计算 $V''(k)$ 的亲和度,$\{f(V''(k))\}$。

(6)克隆选择,根据亲和度的大小,去除抗体群中与抗原亲和度小的抗体,从而更新抗体群,实现信息交换。

(7)如果迭代代数已到设定值或者亲和度已达到满意,算法结束;否则,返回步骤(3)。

7.2.3.3　对比实验结果分析

实验一:遥感图像识别。

采用的样本是经过图像分割,将图像目标和其余景物分离而得到的 128 × 128 的飞机和舰船二值遥感图像,包含目标的各种姿态以及残缺情况下的样本,共 1064 幅,其中飞机 608 幅、舰船 456 幅,如图 7.16 所示。各取其中的 1/10 作为训练样本,其余的作为测试样本。在此对所有图像进行基于 Hu 矩不变量的形状特征提取,每幅图像可得到 7 维特征矢量。

(a) 舰船　　　　　　　　　　　　　　(b) 飞机

图 7.16　含有舰船与飞机的遥感图像

实验中免疫克隆规划算法的抗体群规模设为 25,克隆规模为种群规模的 2 倍,克隆变异概率为 0.9,然后同文献[49]中的 SVM 分类方法进行比较。为了测试本节算法性能,独立运行 20 次,表 7.1 给出了对测试集的平均正确识别率和相应算法的时间,其中"GA-SNN"指的是基于遗传算法优化的协同神经网络,利用 GA 进行优化时,交叉概率取为 0.7,变异概率取为 0.01;终止条件取为迭代误差为 0.001。

表7.1   不同分类方法识别结果比较

	SVM[49]	GA-SNN	ICP-SNN
训练样本比例	1/3	1/10	1/10
训练时间/s	296.5	87.63	46.14
测试时间/s	11.21	0.0321	0.0316
测试识别率/%	94.5	93.76	99.0

表7.1的实验结果表明,协同网络识别方法较SVM识别方法(专门针对有限样本分类方法)训练时间短,识别速度快,同时训练样本数需求更少,识别精度依然有较大提高。这是因为在协同神经网络中原型矢量代表不同的模式,当输入的模式类数小于表征原型模式的特征维数时(本实验中模式类数是2类,原型模式特征维数是7维),模式间相关性很小,在协同方法中可以通过求状态矢量 q 和伴随矢量的内积(序参量)来避免对原型矢量正交化去除的模式间的相关性,因此可以缩短算法的运行时间,同时,可以构造出更合理的分类空间,从而大大提高识别精度。此外,与遗传优化协同神经网络权值相比,由于遗传进化算法是在无限迭代下能够找到全局最优解,然而在有限次数的迭代中未必能找到全局最优解,而免疫克隆规划算法将全局及局部搜索能力相结合,因此能够在有限的迭代情况下最大可能地找到最优解。从表7.1可以看出ICP-SNN方法无论是在时间还是识别精度上都优于GA-SNN方法。

实验二   SAR图像识别。

数据来自桑迪亚国家实验室的华盛顿地区的SAR图像,如图7.17所示。为补充样本不足,对切割下来的桥梁子图进行了旋转、伸缩和偏心处理,从而每座桥梁可以得到60幅子图,12座桥梁子图像如图7.18所示。然后对这些图像进行Radon变换获得其不变性特征,特征矢量维数为25。该实验中选取同样的训练比例,在这720幅中将 12×20 幅作为训练样本,其余的作为测试样本。ICP-SNN算法的参数设置:抗体群规模设为30,克隆规模为抗体群规模的3倍,克隆变异概率为0.95,其中利用GA进行优化时,交叉概率取为0.8,变异概率为0.01;终止条件取为迭代误差0.001。在此采用了多分类问题常用的一种方法One-Against-One[50](OAO),并同文献[51]中的SVM分类方法进行比较,20次独立实验测试集的平均正确识别率如表7.2所列。

从表7.2可以看出,针对多类识别问题协同神经网络的识别率还是不能令人满意的。因为协同神经网络中一类原型矢量代表一类的模式,当输入的模式类数较大时,模式间相关性就会减小。而协同方法是通过求状态矢量 q 和伴随矢量的内积来进行模式识别的,为此采用了OAO策略将一个多分类问题变换为多个二分类问题,得到的识别结果有了显著提高。但相比SVM分类方法,ICP-

图 7.17　华盛顿地区的 SAR 图像

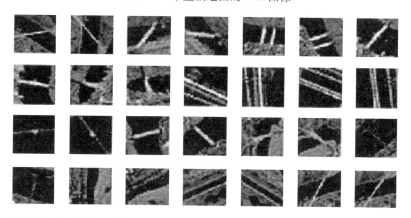

图 7.18　华盛顿地区的 SAR 图像经过分割旋转得到的 12 座桥梁子图部分样本

SNN 识别率略有降低,这是因为本实验的目标图像灰度分布层次多、没有明确的形状,而 SNN 对这样的目标识别本身存在的缺陷,因此可以考虑采用更新的特征提取方法将灰度空间转换为适合协同识别的特征空间来进行分类识别。

表 7.2　不同分类方法识别结果比较

	SVM(OAO)[51]	GA-SNN	ICP-SNN	SNN(ICP + OAO)
训练时间/s	751.37	110.23	131.75	379.46
测试时间/s	86.83	1.187	1.187	1.187
平均识别率/%	93.65	71.85	75.17	91.08

实验三:雷达一维距离像识别数据测试。

雷达目标识别主要包括目标回波一维像识别和目标形状、尺寸二维像识别两个方面。二维像识别比较简单,但要得到好的二维像是十分困难的,雷达一维像反映的是在距离(径向)方向上各个反射信号的强度,一般具有较长的数据长度[30];并且雷达一维像随目标与雷达径向的夹角不同变化剧烈,再加上背景噪声和各种干扰,使得目标识别十分困难。待识别的飞机目标共有 B-52、歼-6 和歼-7 三类,在微波暗室实验中天线主瓣扫描目标得到各类目标的不同角度的距离像共 1084 个,各距离像均为 64 维。将不同角度的距离像作为训练样本,图 7.19 绘出了 B-52、歼-6 和歼-7 飞机各个角度的一维像。从各种飞机的像中可以看出,歼-6 和歼-7 飞机的一维像是非常接近且不容易识别的。

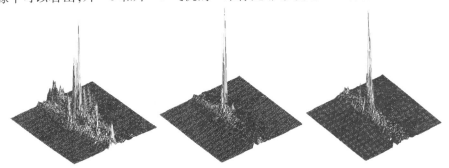

(a) B-52飞机各个角度的距离像　(b) 歼-6飞机各个角度的距离像　(c) 歼-7飞机各个角度的距离像

图 7.19　雷达一维像的微波暗室仿真数据

每一类取 1/3 数目作为训练样本,将其余样本用来测试,ICP-SNN 参数设置抗体群规模设为 20,克隆规模为抗体群规模的 20 倍,克隆变异概率为 0.95,其中利用 GA 进行优化时,交叉概率取为 0.9,变异概率为 0.01;终止条件取为迭代误差为0.001 或者迭代次数达到 200 代。三种方法的测试识别率如表 7.3 所列。

表 7.3　不同方法雷达目标识别结果比较

识别率/%		SVM	GA-SNN	ICP-SNN
测试时间/s		8.33	0.016	0.015
飞机类别	B-52	97.5	93.86	98.91
	歼-6	84.38	81.34	86.58
	歼-7	92.41	90.30	93.64
平均识别率/%		91.25	88.50	93.04

雷达目标一维像的维数较高,本节提出的分类算法对高维数据不需要进行降维处理,算法本身的机制当输入的模式类数小于表征原型模式的特征维数时,模式间相关性很小,因此可以构造出更合理的分类空间,从而大大提高识别精度。而且没有复杂的运算,算法测试样本识别的时间也将大幅度的缩短。

7.2.3.4　小结

本节将免疫克隆规划算法和协同神经网络结合,实现了对 SAR 图像、二值遥感图像和雷达一维目标的识别,在此过程中采用了免疫克隆规划算法对协同神经网络中的原型矢量进行优化,同时对协同神经网络关于多类识别问题也进行了研究,识别结果是令人满意的。但是,关于伴随矢量求解方面的研究还不够深入,在下节中还要进一步讨论。

7.2.4　基于协同神经网络的免疫克隆集成算法

神经网络集成是一种工程化的神经网络技术,其主要思想是通过训练多个网络并对每个个体网络的结果进行组合,从而提高网络的整体泛化能力。已经证明神经网络泛化集成的能力随着单个网络泛化误差的减小以及各个网络间的差异度的增大而提高。换句话说,神经网络集成系统的泛化能力的提高要么通过增加网络的个体规模,要么通过提高个体网络之间的差异来完成[52]。

但是对于协同神经网络来讲,网络结构相对稳定,因此每个网络在训练学习前后的泛化误差的减小一般是通过对网络权值进行训练学习,在此通过 ICP-SNN 算法多次训练,利用免疫克隆规划方法训练网络权值时的克隆操作算子和免疫基因操作算子产生的多样性实现各个网络权值间的差异,同时利用免疫克隆的局部搜索特性减小网络集成系统的个体训练误差,在此基础上,本节设计了基于免疫克隆集成的协同神经网络(Synergetic Neural Networks based on Immunity Clonal Programming Ensemble,ICPE-SNN)算法,并将其用于 UCI 数据和纹理图像的识别。实验结果表明,该算法能够改善识别效果。

7.2.4.1　免疫克隆规划构造网络集成的个体

A. Krogh 等[53]通过理论研究发现,一个有效的集成系统不仅包含一组精度较高的分类器,而且这些分类器的差异要尽可能大。换句话说,一个理想的集成系统包含一组精确且尽可能不同的分类器。

由于集成强调个体分类器的差异性,因此,在学习的各个阶段通过不同的方式扰动构造不同的个体分类器。基于相同训练集采用不同重抽样技术得到学习机器的不同输入,继而得到对同种学习机器不同角度的表示(可以认为是新的学习机器),组合这些学习机器得到一个集成学习系统,如基于 Bagging[54] 和 Boosting[55] 的集成学习系统。

另一种方式是将给定的学习对象分成若干个组,对每个组分别进行训练,得到若干个学习机器,然后通过组合这些学习机器得到一个集成学习系统。间隔采样、交叉验证等可归结为这类构造方式。

对协同神经网络来讲,在网络结构确定的情况下,网络连接权值的训练就是原型矢量或伴随矢量的训练,本节采用免疫克隆的方法来对数据集扰动产生多个原型矢量,然后使用这些原型矢量构造不同的 SNN 作为个体分类器,按照网络的实际输出与期望输出间的误差最小原则,使用各个网络个体间的差异度来选择出部分训练得到的原型矢量,组成子分类器的集成学习系统,从而用其来进一步提高协同神经网络的泛化能力。ICPE-SNN 算法流程如图 7.20 所示。

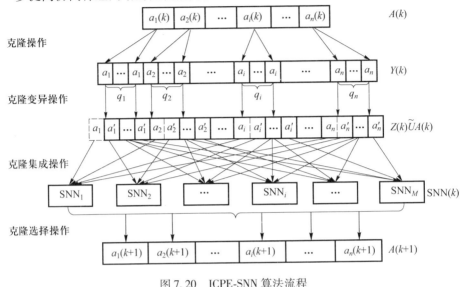

图 7.20　ICPE-SNN 算法流程

7.2.4.2　基于免疫克隆集成的协同神经网络图像识别算法

采用免疫克隆算法进行协同神经网络集成问题可描述为:输入 N 个不同的原型矢量组成一个 SNN 分类器,对其进行克隆、变异后得到了 N' 个原型矢量,在每类中抽取 l(l 大小根据训练规模选择)个矢量形成 h 个 SNN 分类器,从中求解出具有较大差异度的 n 个个体分类器,使得亲和度最大,即依据各个网络个体间的差异度以及该抗体所表示的网络权值使各类样本尽可能的互相分开。输入 m 个样本,期望输出 $\boldsymbol{D} = \begin{bmatrix} d_1 & d_2 & \cdots & d_m \end{bmatrix}^{\mathrm{T}}$,其中 d_j 表示第 j 个样本的期望输出,假设通过这种方式已得到 n 个由原型矢量表示的 SNN 分类器的集成系统 $\{f_1, f_2, \cdots, f_n\}$,令 f_i 表示第 i 个分类器的实际输出,$\boldsymbol{f}_i = \begin{bmatrix} f_{i1} & f_{i2} & \cdots & f_{im} \end{bmatrix}^{\mathrm{T}}$,其中 f_{ij} 表示第 i 个分类器在第 j 个样本上的实际输出。第 j 个分类器在 m 个样本上的误差为

$$E(j) = \sum_{i=1}^{m} (f_i^r - d_i) \tag{7.67}$$

根据各个分类器实际输出与期望输出间的误差最小原则,亲和度定义为

$$\text{fitness} = 0.001 \Big/ \left(0.001 + \sum_{j=1}^{n} E(j)^2 \right) \tag{7.68}$$

此外,抗体的编码、克隆算子的选择与参数设置是应用免疫克隆算法时需要

解决的重要问题,在下面的算法步骤中将进行论述。

基于免疫克隆集成 SNN 的图像识别算法步骤如下:

(1) 产生初始群体。随机产生 N 个抗体作为初始抗体群 $A(0)$,每个抗体表示一个包含所有类原型矢量的组合,采用实数编码方式,编码为 $(a_1, a_2, \cdots, a_M)$。

(2) 计算亲和度。将每个抗体解码为对应的协同神经网络分类器,用式 (7.68) 求解出对应抗体的亲和度。

(3) 判断迭代终止条件。终止条件可设定为亲和度所能达到的阈值或迭代次数,若满足,则终止迭代。从当前抗体群中的组成集成系统所用的分类器个体,然后采用多数投票方法进行识别;否则,继续。

(4) 克隆操作。对当前的第 k 代父本种群 $A(k)$ 进行克隆操作,得到 $Y(k) = \{A(k), A'_1(k), A'_2(k), \cdots, A'_n(k)\}$。每个抗体的克隆规模设定依据抗体亲和度的大小自适应地调整。

(5) 克隆变异操作。对 $Y(k)$ 中克隆的部分以变异概率 p_m 进行变异操作,得到 $Z(k)$。

(6) 免疫集成。对变异后抗体进行组合得到 h 个原型矢量矩阵,每个原型矢量矩阵代表一个分类器,根据式 (7-68) 计算抗体群的亲和度。

(7) 克隆选择。根据亲和度选取 n 个个体 SNN 分类器,并将对应的原型矢量个体进入新的父代群体,即以一定的比例选择亲和度较大的个体作为下一代种群 $A(k+1)$。

(8) $k = k+1$,返回步骤(3)。

7.2.4.3 对比实验结果分析

实验一:UCI 数据测试。

首先选取公共数据集 UCI 机器学习库中的 Iris 数据和 waveform 数据集进行测试。Iris 数据集由 4 个属性组成,是一个 3 类问题,每类有 50 个数据。共有 150 个数据。waveform 数据集由 21 个特征属性构成,它也是一个 3 类问题,共计 5000 个作为实验样本。

实验中不同方法选取的训练规模不同,为了区别 ICP 表示的是 7.4 节的方法,ICPE-SNN 代表本节免疫集成方法、Bagging-SNN 代表使用 Bagging 抽样集成方法,ICP 的抗体群规模取 20,克隆变异概率为 0.9,克隆规模为 15,Bagging 算法每次迭代 20 轮。50 次独立实验结果如表 7.4 所列。

从表 7.4 可以看出,集成后的方法中的两个数据集的分类正确率都有所提高,同时训练规模也相对减少。但由于 Iris 数据集本身规模较小,所以在使用 Bagging 方法时不能抽取的比例太小;否则,会大大影响正确识别率。

此外,ICPE-SNN 方法相对传统集成方法训练规模也减小了,同时本节算法充分利用免疫克隆规划方法较强的局部搜索能力,以及有效利用 ICP 的多样性结果产生大量原型矢量,通过集成减少了原来算法的多次选择,因此训练时间能节约 30%。该实验结果表明,本节集成算法能提高分类器集成系统的泛化能力。

表 7.4　三种方法识别结果比较

数据集	Iris			waveform		
	SNN	Bagging-SNN	ICPE-SNN	SNN	Bagging-SNN	ICPE-SNN
训练规模	1/3	1/2	1/4	1/10	1/12	1/15
训练时间/s	12.969	6.14	3.765	311.906	190.391	134.953
识别率/%	92.518	92.67	96.32	86.94	88.23	90.65

实验二:Brodatz 纹理数据识别。

本实验的数据集是 Brodatz 纹理图像库,它包含 112 个自然纹理图像,大小均为 640×640,256 级灰度。本实验仅使用了其中的 16 种类似纹理数据,分别是 D006、D009、D019、D020、D021、D024、D029、D053、D055、D057、D078、D080、D083、D084、D085、D092,按顺序如图 7.21 所示。将每一个纹理图像分割为互不重叠的 25 个子图,大小为 128×128,每类取其中的一部分作为训练样本,其余的作为测试样本。在此采用 Brushlet[56] 分解进行纹理特征提取,采用了 Brushlet 三层分解,提取纹理特征 32 维。

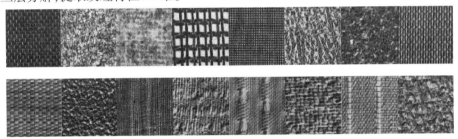

图 7.21　16 种 Brodatz 纹理

实验中不同方法选取的训练规模不同,ICP 的抗体群规模取 10,克隆变异概率为 0.95,克隆规模为 5,Bagging 算法每次迭代 20 轮。50 次独立实验结果如表 7.5 所列。

表 7.5　三种方法纹理图像识别结果比较

	SNN	Bagging-SNN	ICPE-SNN
训练规模	1/3	1/2	1/4
训练时间/s	74.204	87.630	66.352
测试时间/s	0.0630	0.0321	0.0570
测试识别率/%	96.15	97.46	98.90

从表 7.8 的结果看出,引进免疫克隆规划算法进行集成后,相比传统集成 SNN 正确识别率有所提高,但测试时间上改善不是很大,这是由于训练样本规模较小而且类别数目较多的缘故(每类的训练样本 6 个),为了保证一定的正确识别率选择集成无法在时间上表现出明显的优势,其他实验结论类似实验一。

7.2.4.4　小结

本节利用免疫克隆规划算法的全局优化和高效的局部搜索能力,针对协同神经网络大规模样本学习时泛化能力差的问题,使用免疫克隆操作算子和克隆变异操作算子训练网络权值产生的多样性实现各个网络间的差异,同时充分利用免疫克隆的局部搜索特性,可以有效减小网络集成系统的个体训练误差。在此基础上,设计了基于协同神经网络的免疫克隆集成算法,并将其用于 UCI 数据和纹理图像的分类识别。实验结果表明,该算法能够明显改善识别效果。

7.2.5　小结

本节将免疫克隆规划算法和协同神经网络结合,实现了对 SAR 图像、二值遥感图像和雷达一维距离像的识别,在此过程中采用了免疫克隆规划算法对协同神经网络中的原型矢量进行优化,同时对协同神经网络关于多类识别问题进行了研究,识别结果是令人满意的;但是关于伴随矢量求解方面的研究还不够深入,在以后的学习中还需要在这些方面更加努力。此外,针对协同神经网络大规模样本学习时泛化能力差的问题,使用免疫克隆操作算子和克隆变异操作算子训练网络权值产生的多样性实现各个网络间的差异,同时充分利用免疫克隆的局部搜索特性,可以有效减小网络集成系统的个体训练误差。最后通过实验证明了基于免疫克隆集成的协同神经网络算法的有效性。

7.3　基于核匹配追踪的 SAR 图像识别

7.3.1　追踪算法

图像识别是模式识别的一个重要分支,图像识别需要综合运用计算机视觉、模式识别、图像理解等学科的知识,它随着这几个学科的发展而发展。本节采用核匹配追踪算法作为分类器来进行图像识别。

1993 年,S. Z. Mallat 等[57] 提出了匹配追踪(Matching Pursuit, MP) 算法,MP 算法将信号分解为最好匹配于信号结构的时频原子的线性张成,因此匹配追踪算法能够最好地反映信号的内在特征,实现信号的"最佳"分解。基于此,1994 年 Mallat 等[58] 将信号的"最佳"分解从一维推广到二维图像的研究上,并给出图像的匹配追踪算法。受具有良好推广性能的核方法——支持矢量机[59]的启发,2002 年 V. Pascal 等[60] 提出了一种新颖的核机器学习方法——核匹配追踪学习机(Kernel Matching Pursuit Learning Machine, KM-PLM)。其基本思想是利用核函数将输入矢量从低维空间映射到高维希尔伯特空间中,通过计算样本间的 Mercer 核函数值来代替样本在高维空间中的矢量内积,并由相应的核函数值生成基函数字典,最后采用贪婪算法求解。

核匹配追踪分类器的分类性能几乎可以达到支持矢量机的分类性能,同时较支持矢量机具有更为稀疏的解[60]。核匹配追踪分类器在处理模式识别问题时,函数的稀疏度可以预先设定,但当样本数据规模较大时,分类器通常只是随机选取部分样本作为工作集进行训练,同时由于贪婪算法及在优化过程中使用停机条件,使得分类器的识别性能下降。为了对图像进行更为准确的描述,开展了多种特征的融合方法的研究工作。本节提出了一种结合 Contourlet 和 Brushlet 两种不同变换所提取的能量特征的方法[61]。利用图像多尺度几何分析中的 Contourlet 变换表示图像的丰富轮廓和纹理特征信息,利用 Brushlet 变换表示图像的纹理和平滑特征信息;对图像分别进行分解提取能量,将此两部分能量信息融合组成特征矩阵;选择模糊 C 均值聚类算法对特征矩阵进行聚类分析,获得其数据分布信息;再采用核匹配追踪分类器进行目标识别。该方法对图像中不同种类信息采用不同的表示工具,达到有效保持原始图像中有用信息的目的。对纹理图像和遥感图像进行了仿真实验,与单独的 Contourlet 和基于 Brushlet 方法进行了比较,实验结果表明本节方法的识别率较高、训练时间缩短。

理论上匹配追踪算法是一种优秀的算法,但它在实现上是贪婪算法,为了寻找最优时频原子,迭代分解的每一步都要对时频原子字典进行全局搜索,因而引入惊人的计算量。在给定条件下,图像实现信号的"最佳"分解是一个 NP 问题,计算复杂度非常高,随着搜索空间的增大,计算量会迅速提高。如果字典中有两个或多个函数,这一问题会更加严重。高强等[62] 提出了采用 GA,范虹等[63] 采用混合编码的遗传算法,李恒建等[64] 采用量子遗传优化来降低匹配追踪算法的计算量。此外,2003 年 A. R. F. D. Silva 将遗传算法用于匹配追踪,提出了"进化追踪原子分解",并提出一种多字典原子分解实现方法[65]。这些方法的应用使得匹配追踪算法有了更加广泛的应用价值。另一方面,为了增强经典的遗传算法的种群多样性同时避免早熟现象,一种新的人工免疫方法——免疫克隆算法(Immune Clonal Algorithm, ICA) 由杜海峰等[66] 提出。该方法引入了抗体、克隆和记忆单元机制并采用相应的算子,使得该算法兼顾全局最优和局部快速搜索。基于该方法,我们提出了基于免疫克隆选择方法(Immune Clonal Selection Algorithm, ICSA) 的核匹配追踪的快速图像识别(ICSA-KMP)算法[67],充分利用免疫克隆的全局高效寻优能力来克服核匹配追踪算法的计算量大、耗时长的缺陷,并利用该算法对 UCI 数据、Brodatz 纹理图像和遥感图像目标进行识别。实验结果表明:相比基本核匹配追踪算法,该算法可以显著降低算法的计算量;相比基于遗传算法的核匹配追踪算法,该方法的识别速度快,精度高,尤其对于大规模数据效果更为明显。此外,还可以根据实际需要,自适应地达到时间和分类精度的折中。

7.3.2　核匹配追踪

7.3.2.1　基本匹配追踪算法

给定 l 个观测点 $\{x_1, x_2, \cdots, x_l\}$,相应的观测值为 $\{y_1, y_2, \cdots, y_l\}$。匹配追踪的基本思想:在一个高度冗余的字典空间 D 中将观测值 $\{y_1, y_2, \cdots, y_l\}$ 分解为一组基函数的线性组合,其中字典 D 是定义在希尔伯特空间中的一组基函数[57,68,69]。假定字典包含 M 个基函数:

$$D = \{g_m\} (m = 1, 2, \cdots, M) \tag{7.69}$$

同时,定义损失函数(也称为重构误差):

$$\| R_N \|^2 = \| y - f_N \|^2 \tag{7.70}$$

式中: R_N 为残差; $f_N = [f_N(x_1) \quad f_N(x_2) \quad \cdots \quad f_N(x_l)]$ 为对观测值 $y = [y_1 \quad y_2 \quad \cdots \quad y_l]$ 的匹配追踪逼近。

匹配追踪的分解迭代过程如下:

设置初始输入观测值 $y = [y_1 \quad y_2 \quad \cdots \quad y_l]$ 为当前残差,即令 $R_0 = y$。在第 $k(k \geqslant 0)$ 步迭代中,查找第 k 个基函数的下标 m_k,使该基函数 g_{m_k} 与当前残差 R_k 的相关系数最大。此时,更新的残差为

$$R_k = \langle R_k, g_{m_k} \rangle g_{m_k} + R_{k+1} \tag{7.71}$$

式中: $\langle R_k, g_{m_k} \rangle$ 为两个矢量的内积; R_{k+1} 为新的残差,且有

$$m_k = \underset{m}{\arg\max}(\langle \langle R_k, g_{m_k} \rangle \rangle)(\forall m) \tag{7.72}$$

由于采用了正交投影,故

$$\| R_k \|^2 = \| \langle R_k, g_{m_k} \rangle \|^2 + \| R_{k+1} \|^2 \tag{7.73}$$

继续这种分解直到第 N 步,并令 $\alpha_k = \langle R_k, g_{m_k} \rangle$,将得到观测值 $\{y_1, y_2, \cdots, y_l\}$ 的匹配追踪逼近:

$$f_N = \sum_{k=1}^{N} \alpha_k g_{m_k} \tag{7.74}$$

由此可见,匹配追踪实际上采用了贪婪算法,每次迭代都是从字典中查找与

当前残差相关系数最大的基函数分量,随着分解次数的增加,式(7.74)右端基函数的线性组合理论上可以任意地逼近原始观测值;但是通常在满足某种精度条件时就终止了,如残差能量低于某一阈值。

7.3.2.2　后拟合匹配追踪算法

基本匹配追踪算法在每一步的优化迭代中,针对当前残差寻找与之相关系数最大的基函数 $\boldsymbol{g}_{m_i}$ 及其系数 α_i,这样,观测值在第 i 代的逼近为

$$f_i = \sum_{k=1}^{i-1} \alpha_k \boldsymbol{g}_{m_k} + \alpha_i \boldsymbol{g}_{m_i} \tag{7.75}$$

然而,当增加 $\alpha_i \boldsymbol{g}_{m_i}$ 后,匹配追踪在第 i 代对观测值的逼近并不一定是最优的;可以通过后拟合的方法修正 f_i,使其进一步逼近观测值[68]。后拟合是增加 $\alpha_i \boldsymbol{g}_{m_i}$ 项后,重新调整系数 $\alpha_1, \alpha_2, \cdots, \alpha_i$,使得当前的残差能量最小,即

$$\alpha_1, \cdots, \alpha_i = \underset{\alpha_1, \cdots, \alpha_i}{\operatorname{argmin}} \parallel f_i - \boldsymbol{y} \parallel^2 = \underset{\alpha_1, \cdots, \alpha_i}{\operatorname{argmin}} \parallel \sum_{k=1}^{i} \alpha_k \boldsymbol{g}_k - \boldsymbol{y} \parallel^2 \tag{7.76}$$

上式的优化过程是一个非常耗时的计算,通常采用折中的方法:匹配追踪算法在迭代运算数步后进行一次性拟合[70]。

7.3.2.3　核匹配追踪分类器

核匹配追踪(Kernel Matching Pursuit,KMP)实际上是将匹配追踪应用于机器学习问题中的一个非常简单的思想:采用核函数方法生成函数字典。核匹配追踪分类算法是一种利用核函数集进行寻优的匹配追踪方法,通过核映射将训练样本映射成为一组基原子字典,它是在基本匹配追踪算法的基础上,给定具体的核函数来代替函数 g,进而利用 BMP 的思想来寻找权系数 ω_i 和基函数数据 x_i,从而得到有效的分类器,再利用训练得到的分类器对目标进行分类识别。

给定核函数 $K: R^d \times R^d \to R$,利用观测点 $\{\boldsymbol{x}_1, \cdots, \boldsymbol{x}_l\}$ 处的核函数值生成函数字典 $D = \{\boldsymbol{g}_i = \boldsymbol{k}(\cdot, \boldsymbol{x}_i) \mid i = 1, \cdots, l\}$。

核机器的成功受启发于机器学习方法中的支持矢量机。在支持矢量机中,应用的核函数要满足 Mercer 条件[57-59,71-72],然而在匹配追踪中,核函数不必满足此条件,并且同时可以采用多个核函数生成函数字典;但是通常为了计算需要,核匹配追踪中的核函数常选取为 Mercer 允许核(由于 Mercer 核正定对称)[73]。

7.3.2.4　损失函数的拓展

基本的匹配追踪算法采用的损失函数是能量损失函数,可以通过梯度下降

法将匹配追踪的损失函数进行拓展,使学习机能够对任意给定的损失函数进行学习。

假设损失函数 $L(y_i, f_n(\boldsymbol{x}_i))$,当观测值为 y_i 时计算预测值 $f_n(\boldsymbol{x}_i)$ 的残差 $\tilde{\boldsymbol{R}}_n$ 定义如下[74]:

$$\tilde{\boldsymbol{R}}_n = \left(-\frac{\partial L(y_1, f_n(\boldsymbol{x}_1))}{\partial f_n(\boldsymbol{x}_1)}, \cdots, -\frac{\partial L(y_l, f_n(\boldsymbol{x}_l))}{\partial f_n(\boldsymbol{x}_l)} \right) \tag{7.77}$$

那么,由匹配追踪算法,在每一次迭代中所要寻求的最优基函数为

$$\boldsymbol{g}_{i+1} = \underset{g \in D}{\mathrm{argmax}} \left| \frac{\langle \boldsymbol{g}_{i+1}, \tilde{\boldsymbol{R}}_i \rangle}{\| \boldsymbol{g}_{i+1} \|} \right| \tag{7.78}$$

对应该最优基函数的系数为

$$\alpha_{i+1} = \underset{\alpha \in R}{\mathrm{argmin}} \sum_{k=1}^{l} L(y_k, f_i(\boldsymbol{x}_k) + \alpha g_{i+1}(\boldsymbol{x}_k)) \tag{7.79}$$

此时,后拟合即是进行如下的优化过程:

$$\alpha_{1,\cdots,i+1}^{(i+1)} = \underset{(\alpha_1,\cdots,i+1) \in R^{i+1}}{\mathrm{argmin}} \sum_{k=1}^{l} L\left(y_k, \sum_{m=1}^{i+1} \alpha_m g_m(\boldsymbol{x}_k) \right) \tag{7.80}$$

通常在神经网络中所采用的损失函数均可以应用于核匹配追踪学习机中,例如:

平方损失: $$L(y, f_n(\boldsymbol{x})) = (\hat{f}(\boldsymbol{x}) - y)^2 \tag{7.81}$$

修正双曲正切损失:

$$L(y, f_n(\boldsymbol{x})) = (\tanh\hat{f}(\boldsymbol{x}) - 0.65y)^2 \tag{7.82}$$

由于在分类问题中,观测值 $y \in \{-1, +1\}$,故而,将核匹配追踪方法应用于分类领域中可以采用间隔损失函数,假定分类器输出为 $f(\boldsymbol{x})$,则间隔损失损失函数如下[70,71,73]

平方间隔损失: $$(f(\boldsymbol{x}) - y)^2 = (1 - m)^2 \tag{7.83}$$

修正双曲正切间隔损失:

$$(\tanh f(\boldsymbol{x}) - 0.65y)^2 = (0.65 - \tanh(m))^2 \tag{7.84}$$

其中,$m = yf(\boldsymbol{x})$,为分类间隔。

最终,由核匹配追踪学习机训练所得应用于回归估计的决策函数为

$$f_N(\boldsymbol{x}) = \sum_{i=1}^{N} \alpha_i g_i(\boldsymbol{x}) = \sum_{i \in |sp|} \alpha_i K(\boldsymbol{x}, \boldsymbol{x}_i) \tag{7.85}$$

应用于模式识别的判决函数为

$$f_N(\boldsymbol{x}) = \mathrm{sgn}\left(\sum_{i=1}^{N} \alpha_i g_i(\boldsymbol{x})\right) = \mathrm{sgn}\left(\sum_{i \in |sp|} \alpha_i K(\boldsymbol{x}, \boldsymbol{x}_i)\right) \qquad (7.86)$$

根据以上描述,KMP 算法计算代价主要花费在寻找基函数 g_{m_i} 及其系数 α_i,然而每次寻找都是在所有基函数字典集 D 中递推式搜索,所以 KMP 的计算时间主要取决于字典规模和达到拟合精度所需的迭代次数。这样一来,如果字典规模较大时在一次匹配追踪中做一次全局搜索,数次迭代后就会引入惊人的计算量。

7.3.3　基于多尺度几何分析与核匹配追踪的图像识别

7.3.3.1　图像纹理特征提取

在图像的实际应用中,特征提取可以加快处理速度。通过提取和加强感兴趣的类别的特征,避免被高维数据或无关紧要的环境变化所掩盖。在图像识别中,特征提取的目的是从图像中获得有助于分类识别的特征矢量。

小波具有良好的时频分析特性,它可以最优地表示点目标,所以它是图像特征提取的一种有效工具;但是小波在表示二维线奇异性时不具有空间各向异性的要求,从而它并不是最优的或者说"最稀疏"的函数表示方法。因此,许多学者提出了多尺度几何分析理论来克服小波的不足,如脊波(Ridgelet)[75]、Brushlet[76]、曲线波(Curvelet)[74]、Contourlet[77]等方法。多尺度几何分析旨在构建最优逼近意义下的高维函数表示方法,从而成为图像处理领域新的研究热点[78]。

Contourlet 变换是多分辨的、局域的、方向的图像表示方法,可以有效地表示包含丰富轮廓和纹理的图像。此外,Contourlet 变换使用了迭代滤波器组,提高了计算效率,并且可以容易地实现连续域和离散域间的转换[79]。

Brushlet 是一种图像方向分析的新工具[71,76],其思想是在基于构造光滑的局部化标准正交的幂基和一维 Brushlet 基的构造这两个方面来构造具有时频局部化的标准正交基,基于标准正交二维 Brushlet 基的图像分解可以充分检测图像方向信息并具有多尺度特性。

本节利用 Brushlet 良好的方向分辨力特性与 Contourlet 分解一起来刻画图像中的边缘和纹理特征。因为理论上特征数目越多,则更有利于目标的分类识别,而在众多的特征中,尽管包含着目标的大量有用信息,但对特定的识别任务来说,有一些是冗余的。

这些特征的存在会使算法得出不正确的决策,从而导致对待识别样本的错误分类。因而通过特征降维剔除冗余特征,提高分类精度同时减少计算量。传统的特征降维方法有主分量分析(PCA)法、独立分量分析(Independent Component Analysis,ICA)法和特征矢量法等,这些方法的结果物理意义不明确,而且信息丢失严重。而聚类方法作为一种数据分析的手段,已广泛应用在数据压缩及模型构造等方面。

考虑到模糊 C 均值聚类算法是一种局部最优的动态聚类方法[72],选用其对数据集进行特征降维,可以得到良好的简洁数据样本。

1)基于 Contourlet 变换特征提取

M. N. Do 和 M. Vetterli 在 2002 年提出了一种新的多尺度几何分析工具 Contourlet。Contourlet 变换也称塔形方向滤波器组(PDFB)分解,Contourlet 基的支撑区间具有随尺度长宽比而变化的"长条形结构",它将多尺度分析和方向分析分开进行。Contourlet 变换对图像应用双重滤波结构,首先由拉普拉斯塔形分解(Laplacian Pgramid,LP)对图像进行多尺度分解以捕获点状奇异性,然后由方向滤波器组(DFB)将分布在同方向上的奇异点连接成周线结构。Contourlet 变换最终以类似于周线结构来逼近原图像,这也称为 Contourlet 的原因[78]。Contourlet 变换是多分辨的、局域的、方向的图像表示方法,可以有效地表示包含丰富轮廓和纹理的图像。

Contourlet 使用了一种结合拉普拉斯金字塔和方向滤波器组的双滤波器组(PDFB)结构来得到典型的具有光滑轮廓的图像的稀疏展开。PDFB 可以在多尺度上将图像分解为各个方向子带。图 7.22 显示了拉普拉斯金字塔和方向滤波器组在每一尺度上的迭代方式。由于这种迭代结构,Contourlet 变换中的多尺度和方向分解是彼此独立的。每一个尺度都可以分解成 2 的任意幂次个方向,不同的尺度可以分解成不同数量的方向。

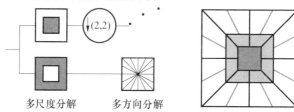

多尺度分解　　多方向分解

图 7.22　Contourlet 变换

Contourlet 的具体构造:首先由迭代滤波器组中的拉普拉斯滤波器组的低通合成滤波器唯一的确定了一个尺度函数 $\phi(t) \in L^2(\mathbf{R}^2)$,它满足二尺度方程:

$$\phi(t) = 2 \sum_{n \in \mathbf{Z}^2} g[n]\phi(2t - n) \tag{7.87}$$

记 $\phi_{j,n} = 2^{-j}\phi\left(\dfrac{t - 2^j n}{2^j}\right)$,$j \in \mathbf{Z}, n \in \mathbf{Z}^2$,则函数集 $\{\phi_{j,n}\}_{n \in \mathbf{Z}^2}$ 是间隔为 $2^j \times 2^j$ 的标准网格子空间 V_j 下的一个正交基,这组正交基实现了对图像的多尺度分解。在文献[60]中定义了方向子空间上的正交基:

$$\rho_{j,k,n}^{(l)}(t) = \sum_{m \in \mathbf{Z}^2} d_k^{(l)}[m - S_k^{(l)}n]\phi_{j,m}(t) \tag{7.88}$$

集合 $\{\rho_{j,k,n}^{(l)}\}_{n \in Z^2}$ 是方向子空间 $V_{j,k}^{(l)}$（$k = 0, \cdots, 2^l - 1$）上的正交基,这组正交基则实现了对图像高频信息的多方向分解。

$$V_{j,k}^{(l)} = V_{j,2k}^{(l+1)} \oplus V_{j,2k+1}^{(l+1)} \tag{7.89}$$

$$V_{j,k}^{(l)} \perp V_{j,k'}^{(l)} \quad (k \neq k') \tag{7.90}$$

$$V_j = \bigoplus_{k=0}^{2^l - 1} V_{j,k}^{(l)} \tag{7.91}$$

能量测度在纹理分析中已经广泛使用[80]。图像的分解子带所携带的能量信息可以很好地描述子带特征,并且比其他子带系数统计特征更加稳定,因此多采用提取子带能量测度的方法。特征提取的目的是从图像中获得有助于分类识别的特征矢量,在此分别求出子带的 L_1 范数,计算公式为

$$E = \frac{1}{MN} \sum_{i=1}^{M} \sum_{j=1}^{N} |\mathrm{coef}(i,j)| \tag{7.92}$$

式中: $M \times N$ 为子带大小; i, j 为子带中系数的索引; $\mathrm{coef}(i,j)$ 为子带中第 i 行第 j 列的系数值。

本节的策略是计算 Contourlet 每个子带的 L_1 范数,特征维数的多少取决于分解的层数和每层方向分解的个数。

2）基于 Brushlet 变换特征提取

Brushlet 是一种图像方向分析的新工具。图像中的边缘和纹理可能存在于任何位置、方向和尺度上,因此有效地分析和描述纹理结构是图像分析的重要部分。

Brushlet 的思想是基于光滑的局部化标准正交的幂基和一维 Brushlet 基这两方面来构造具有时频局部化的标准正交基,详细的二维 Brushlet 基构造可参见文献[72]。为了得到较好的角度分辨力,F. G. Meyer 和 R. R. Coifman 构造了频率域中仅仅局部化在一个峰值周围的自适应函数基,这样就可以将傅里叶平面扩展成加窗的傅里叶基,称为 Brushlet。

Brushlet 是一个具有复值相位的函数,二维 Brushlet 的相位提供了图像各个方向上的有用信息,而且为了获得最精确和最简洁的图像表示形式,依据各个可能的方向、频率和位置的方向性纹理,还可以自适应地选择 Brushlet 的大小和方向。

图 7.22 为 Brushlet 分解。一层 Brushlet 分解是将傅里叶平面分成 4 个象限,对应的 4 个方向分别是 $\pi/4 + k\pi/2$（$k = 0,1,2,3$）,如图 7.23(a)所示。二层 Brushlet 分解是将傅里叶平面分成 16 个象限,如图 7.23(b)所示。注意,在

Brushlet 二层分解示意图中,其中环绕着原点的四个子带为低频分量,其余为高频分量。

因此,二层 Brushlet 分解得到的 16 个象限中含有 12 个不同的方向信息,近似为 $\pi/12 + k\pi/6$ ($k = 0,1,2,\cdots,15$) 。Brushlet 分解的系数是关于原点反对称的。

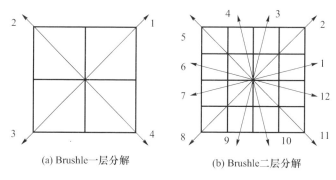

(a) Brushle一层分解　　　　(b) Brushle二层分解

图 7.23　Brushlet 分解

为了提取 Brushlet 变换得到的图像纹理信息,按式(7.92)分别求出子带的 L_1 范数能量测度。计算 Brushlet 变换后每个象限的能量测度,并由它们构成特征矢量。需要指出的是,由于 Brushlet 分解的系数是关于原点反对称的,所以只需取其上半部分。因此,一层 Brushlet 分解得到 2 维能量特征,两层分解时得到 8 维能量特征。分解 l 层时,能量特征的维数等于 $2 \times 4^{l-1}$。

7.3.3.2　基于 Contourlet 和 Brushlet 特征聚类的核匹配追踪图像分类

核匹配追踪分类方法是近年来新提出的一种模式识别方法,核匹配追踪分类器通过使用输入空间的一对矢量的一个确定核函数来替换特征空间矢量的内积,这样可以避免对矢量正交化以去除矢量间的相关性,从而可以构造出更合理的分类空间。

因此,当输入的表征样本的特征维数越大于分类类别数时,样本矢量间相关性越小。加之,不同特征对不同图像属性的刻画能力并不一致,利用不同特征对图像分类的贡献不同,通过结合能够获得比只用单个某种特征更好的分类效果。

近年来,为了对图像进行更准确的描述,对多种特征的融合方法的研究工作正在展开。鉴于在多尺度几何分析工具中 Contourlet[81,82] 和 Brushlet[83] 在纹理分析方面都有不错的表现,本节提出了一种结合 Contourlet 和 Brushlet 两种不同变换所提取的能量特征的方法。

此外,考虑模糊 C 均值聚类算法是一种局部最优的动态聚类方法,选用其对数据集进行浓缩,得到良好的简洁数据样本,通过特征降维可以剔除冗余特征,提高分类精度同时减少计算量,而聚类方法作为一种数据分析的手段已广泛应用于数据压缩及模型构造方面。在此基础上,利用核匹配追踪法实现待分类图像的目标识别。从而可以减少核匹配追踪分类器的训练时间,加快该分类器的识别速度和提高识别性能。所以选择模糊 C 均值聚类算法对特征矩阵进行聚类分析,获得其数据分布信息。具体地讲,分别采用 Contourlet 变换和 Brushlet 变换提取特征矢量作为 FCM 算法中的样本,聚类后得到的 C 个聚类中心作为核匹配追踪的基函数数据样本。

然后采用核匹配追踪分类方法对 Brodatzs 纹理图像和遥感图像进行识别。仿真实验结果表明,与单独 Contourlet 和 Brushlet 特征提取方法进行比较,本节方法的识别率高,相比主分量分析的特征聚类本节方法运行时间缩短。图 7.24 给出了基于 Contourlet 和 Brushlet 特征聚类实现核匹配追踪图像分类流程。

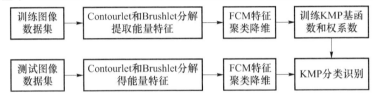

图 7.24　基于 Contourlet 和 Brushlet 特征聚类实现核匹配追踪图像分类流程

算法具体步骤如下:

(1) 对输入的图像进行归一化处理,再进行 Contourlet 和 Brushlet 分解。

(2) 对分解得到的各 Contourlet 系数矩阵和 Brushlet 系数矩阵计算特征。

(3) 将所有图像的特征应用 FCM 对训练数据集进行聚类,以聚类中心作为分类器基函数数据样本集 X。

(4) 设最大迭代代数 N 和很小的正数 ε,确定用来训练分类识别的数据集 $L = \{(x_1, y_1), (x_2, y_2), \cdots, (x_l, y_l)\}$,$x_i \in X$,$y_i \in \{-1, +1\}$ 以及核函数 K(此处用高斯核函数),利用给定的矢量 x_i 和 y_i 求最优的权系数和基函数数据,即从训练数据集中任选 $x_i = x_1$,求出 $y_{(i)}(x) = K(x, x_i)$,利用 $\min_{\omega_i} \| y - \omega_i y_{(i)}(x) \|$ 准则求出 $\omega_i = y_{(i)}^{\mathrm{T}}(x) \cdot y / \| y_{(i)}(x) \|^2$,再求出 $\Delta y_i = \| y - \omega_i y_{(i)}(x) \|$,从中取出最小的 Δy_i 对应的 x_i 和 ω_i 分别作为第一个基函数数据和第一个权系数。

(5) 假设已求出 L 个权系数和基函数数据,利用 KMP 思想,采用后拟合方法,求出全部 $L+1$ 个权系数。这是一个非常耗时的计算过程,所以通常采用匹配追踪算法在迭代运算数步后进行一次后拟合。

(6) 令 $L = L+1$;如果权系数个数 L 大于或等于最大迭代代数 N 或 $\| y_{L+1} - y_L \| < \varepsilon$,算法停止;否则重复步骤(5)。

7.3.3.3　对比实验结果分析

1）Brodatz 纹理数据测试实验

本实验用来检测 Contourlet 和 Brushlet 的能量测度对纹理分类的性能。为了验证算法的有效性采用 Hu 不变矩[84]特征做比较,实验的数据集是 Brodatzs 纹理[85]图像库,它包含 112 个自然纹理图像,大小均为 640×640,256 级灰度。由于 Brodatzs 纹理库中有一些纹理不具有均一性质,从某种程度上来说,它们与本节实验比较不同特征提取算法没有很大关系,所以将它们去除[83],如图 7.25 所示。

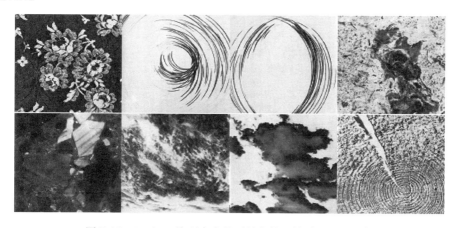

图 7.25　Brodatzs 纹理库中的不具有均一性质的纹理示例

共有 34 个非均一纹理图像,于是得到一个包含 78 种纹理的测试集,其中包括视觉上较相似的纹理。将每一个纹理图像分割为互不重叠的 25 个子图,大小为 128×128,取其中的 10 个作为训练样本,其余 15 个作为测试样本。则整个训练样本集有 780 个样本,测试集有 1170 个样本。实验中去除的 34 个纹理图像如 D005、D007、D043、D044、D106、D108、D110 等。

为了便于比较,实验中 Contourlet 和 Brushlet 均分解 3 层。Contourlet 的分解方向数由粗尺度到细尺度得到 17 维特征;Brushlet 共 32 维特征。KMP 中采用 RBF 核函数。为了更准确地测试算法性能,对每类数据均独立运行 20 次,表 7.6 给出了对测试集的平均正确识别率及算法运行时间。

由表 7.6 可以看出,对图像进行 Hu 不变矩、Brushlet、Contourlet 变换后提取特征,采用单一特征进行 KMP 识别效果都不是很好,Hu 不变矩识别精度最低;首先,由于 Hu 不变矩特征主要描述的是图像的形状特征,并非这些纹理图像的最有效表示,Contourlet 变换可以有效表示图像的轮廓信息,Brushlet 则能较好的表示图像的方向信息。因此,采用单一特征进行分类所能获得的图像信息非常有限,而 Brushlet 和 Contourlet 结合后分类精度可以得到很大提高。

表 7.6 不同特征提取方法对 Brodatzs 图像 KMP 分类正确识别率比较

方法	参数 σ	迭代次数	特征维数	时间/s	识别率/%
Hu	0.01	60	7	56.687	77.86
Contourlet	0.045	15	17	39.968	83.49
Brushlet	0.039	15	32	41.062	86.65
C&Hu	0.06	20	24	40.109	85.98
B&Hu	0.084	15	39	43.297	86.91
B&C	0.045	25	49	46.313	93.45
B&C + PCA	0.020	25	14	46.043	85.90
B&C + FCM	0.045	15	16	41.984	93.56

注:C&Hu 表示 Hu 不变矩和 Contourlet 结合,B&Hu 表示 Hu 不变矩和 Brushlet 结合,B&C 表示 Brushlet 和 Contourlet 结合

其次,由于 KMP 采用式(7.86)进行分类识别时,特征矢量的相关性越小分类效果越好,因此在本实验中随着矢量特征维数增加,直到 49 维之后,识别结果也有了很大提高。当然对图像而言,要想获得更多的特征矢量,并不容易,一般需要有更有效的特征提取方法,或者进行特征融合,我们采用后一种方法增加表征样本的特征维数,即基于特征融合的方法得到的正确识别率高于单一特征的方法。

但并不是任意方法相结合都可以得到最高的分类精度,而是要将可以相互弥补的特征结合才能取到更好的效果。该实验中 Brushlet 和 Contourlet 提特征结合识别结果就优于其他两种特征结合。然而,矢量特征维数增加后计算量也会随之提高,所以采用 FCM、PCA 对图像特征维数进行压缩。但 PCA 是一种线性映射,特征压缩后物理意义不明确。实验结果发现,使用 PCA 后正确识别率降低,同时算法运行时间缩短不够明显;而 FCM 在正确识别率略有提高的情况下,缩短了训练时间和识别时间。

2)遥感图像数据测试实验

本实验旨在考察 Brushlet 和 Contourlet 结合方法在遥感目标识别方面的性能,因此在子带特征提取阶段依然选择能量测度方法。实验中我们对一组同类型但不同型号的飞机目标进行分类识别。遥感目标库中包含不同旋转角度的完全和残缺的二值化飞机目标图像共计 606 幅,其中包含 6 类飞机目标,部分待分类图像如图 7.26 所示。

实验中每一类随机选择 1/4 的样本作为训练样本,其余作为测试样本,分别用 Contourlet、Brushlet 和本节方法对其进行识别。实验中提取各分解子带的特征,独立运行 20 次实验平均结果如表 7.7 所列。

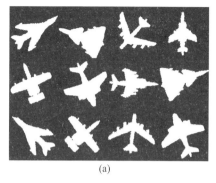
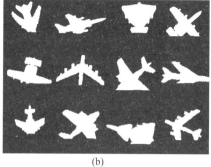

| (a) | (b) |

图 7.26　六类不同的飞机目标示例

从表 7.7 可以看出所要的结论,基于特征融合的方法得到的正确识别率高于单一特征的方法;引进 FCM 聚类方法后,训练时间、分类识别时间大大缩短。这说明本节方法对实测遥感图像也是有效的。

表 7.7　不同方法对飞机目标识别率比较

方法	参数 σ	迭代次数	特征维数	时间/s	识别率/%
Hu	0.5	25	7	1.406	67.55
Contourlet	0.61	60	17	1.188	79.93
Brushlet	0.98	30	32	2.062	80.85
C&Hu	0.61	40	24	1.468	80.04
B&Hu	0.98	60	39	1.470	81.19
B&C	1.28	40	49	4.53	83.449
B&C + PCA	0.72	30	14	3.472	73.08
B&C + FCM	0.5	25	16	2.562	84.16

7.3.4　基于免疫克隆与核匹配追踪的快速图像目标识别

1994 年,S. Mallat 等[58]将信号的"最佳"分解从一维推广到二维图像的研究,并给出图像的匹配追踪算法。理论上匹配追踪算法是一种优秀的算法,但它在实现上是贪婪算法,为了寻找最优时频原子,迭代分解的每一步都要对时频原子字典进行全局搜索,因而引入惊人的计算量。近年来,许多学者提出了采用 GA、混合编码的遗传算法降低 MP 算法的计算量[62,63],但 GA 存在早熟的问题。李恒建等[64]采用量子遗传优化来降低匹配追踪算法的计算量。A. R. F. D Silva 将遗传算法用于匹配追踪,提出了"进化追踪原子分解",并提出一种多字典原子分解的实现方法[65],该方法存在字典存储量大的问题。

以上方法的应用有效降低了 MP 算法的计算量,但仍无法避免稀疏分解过程中所需的巨大计算量和存储量的问题。因此,采用一种新的进化算法——免疫克隆选择方法(ICSA)[66]来优化 KMP 算法以降低其计算量。该算法引入了抗体、克隆和记忆单元机制并采用相应的算子,使得该算法兼顾全局最优和局部快速搜索。基于此,我们提出了免疫克隆核匹配追踪(ICSA-KMP)算法,为了寻找最优时频原子,在迭代分解的每一步,该算法通过使用免疫克隆选择机制代替贪婪搜索对时频原子字典进行全局寻优,从而克服核匹配追踪算法的计算量大、耗时长的缺陷,并利用该算法对 UCI 数据、Brodatz 纹理图像和遥感图像目标进行识别。

7.3.4.1 免疫克隆算法

人工免疫系统(AIS)是继进化计算后人工智能的又一新成果。免疫系统的克隆选择函数能通过达尔文的进化论解释为三个主要特征:多样性、变异性和自然选择。1958 年,F. M. Burnet 等[86]提出了著名的克隆选择学说,这一学说把机体的免疫现象建立在生物学的基础上,认为机体内存在识别多种抗原的细胞系,在其细胞表面有识别抗原的受体;抗原进入体内后,选择相应受体的免疫细胞使之活化、增殖,最后成为抗体产生细胞及免疫记忆细胞;胎生期免疫细胞与自身抗原相接触则可被破坏、排除或处于抑制状态;免疫细胞系可突变产生与自身抗原发生反应的细胞系,形成自身免疫反应。生物学抗体克隆选择过程所体现出来的学习、记忆、抗体多样性等生物特征,正是人工免疫系统所借鉴的,而克隆选择算法也正是基于抗体克隆选择这一生物特性而形成的一种新的人工免疫系统方法。克隆选择学说中的免疫细胞体现出自学习、免疫记忆、抗体多样性保持等免疫功能。

免疫克隆选择算法是一类基于抗体种群迭代的进化类随机搜索算法。和进化算法一样,克隆选择算法也是通过编码来实现与问题无关的搜索。问题解的编码称为抗体,问题解的优劣用抗体的亲和度来描述。免疫克隆选择算法的流程是从一个初始的抗体种群出发,通过克隆操作和免疫基因操作,并以亲和度的高低为标准对种群进行迭代进化,直到找到满意的解为止。免疫克隆选择算法兼顾了全局搜索和局部搜索,有效保持了种群多样性,表现出比进化算法更好的解决问题的潜力。在免疫克隆选择学说的启发下,人工智能领域出现了基于抗体种群进化的克隆选择算法。L. N. DeCastro 等[87]构造了第一个克隆选择算法,并成功地用于解决模式识别、数值优化和组合优化问题。焦李成等对免疫克隆作了更多的研究[88],并于 2004 提出了基于柯西变异的免疫单克隆策略,并证明了其收敛性。定理如下:

定理 7.2:基于免疫单克隆策略算法的种群序列 $\{A(n), n \geq 0\}$ 是有限齐次马尔可夫链。

定理 7.2 表明,基本免疫克隆算法的数学模型可以描述为在编码方式确定后,克隆选择过程是从一个状态到另一个状态的有记忆随机游动,这一过程可以描述为马尔可夫链。

定义 7.1:(抗原):在人工免疫系统中,一般指问题及其约束,与进化算法中的适应度函数类似。具体地,它是问题目标函数 $f(x)$ 的函数,记为 $g[f(x)]$,是人工免疫系统算法的始动因子,是算法性能的重要度量标准。但是,抗原 g 的确定一般需要考虑问题本身的特点,即需要结合问题的先验知识。一般情况下,为处理问题简单,在未指明的情况下,取 $g(x) = f(x)$。

定义 7.2:(抗体):与进化算法中的个体相似,抗体在人工免疫系统中一般指问题的候选解。

定义 7.3:抗原 – 抗体亲和力(Antigen Antibody Affinity,AAA):反映分子抗体与抗原之间的总的结合力。在人工免疫系统中,一般指候选解所对应的目标函数值或候选解对问题的适应性度量。

单克隆选择算子(MonoClonal Selection Algorithm,MCSA)包括三个步骤,即克隆、克隆变异和克隆选择,是由亲和度诱导的抗体随机映射,抗体群在克隆选择算子(CSO)的作用下,其状态转移情况可以表示为如下的随机过程:

$$C_s : A(k) \xrightarrow{\text{clone}} A'(k) \xrightarrow{\text{mutation}} A''(k) \xrightarrow{\text{compress}} A(k+1)$$

(1)克隆操作 T_c^C。克隆算子的实质是,在一代进化中,在候选解的附近,根据亲和度的大小产生一个新的子群体,从而扩大了搜索范围。定义如下:

$$\begin{aligned}
A'(k) &= \begin{bmatrix} A'_1(k) & A'_2(k) & \cdots & A'_n(k) \end{bmatrix} \\
&= T_c^C[A(k)] \\
&= \begin{bmatrix} T_c^C(A_1(k)) & T_c^C(A_2(k)) & \cdots & T_c^C(A_n(k)) \end{bmatrix}^{\mathrm{T}}
\end{aligned} \quad (7.93)$$

式中:$A'_i(k) = T_c^C(A_i(k)) = I_i \times A_i(k)$($i = 1,2,\cdots,n$),$I_i$ 为元素为 I 的行矢量,称为抗体 A_i 的克隆,即抗体在抗原的刺激下实现了生物的倍增。

(2)免疫基因操作 T_m^C。免疫基因操作包括交叉和变异,根据生物学单、多克隆抗体对信息交换多样性特点的描述,定义仅采用变异的克隆选择算法称为单克隆算法;交叉和变异都采用多克隆选择算法(PCSA)。免疫学认为,亲和度成熟和抗体多样性的产生主要依靠抗体的高频变异,而非交叉或重组,因此,在克隆算法中更强调变异的作用。这里采用仅包含变异操作的单克隆选择算法,称为免疫克隆算法。变异后的个体为 $A''(k) = T_m^C[A'(k)]$。

(3)克隆选择操作 T_s^C。免疫选择是从抗体各自克隆后的子群体中选择最优的个体,从而形成新的种群,即 $A(k+1) = T_s^C[A''(k) \cup A(k)]$。

因此,免疫克隆选择过程描述如下:

$$C_s : A(k) \xrightarrow{T_c^C} A'(k) \xrightarrow{T_m^C} A''(k) \xrightarrow{T_s^C} A(k+1)$$

免疫克隆的实质是,在一代进化中,在候选解的附近,根据亲和度的大小产生一个变异解的群体,从而扩大了搜索范围,有助于防止进化早熟和搜索陷于局部极小值。也可以认为,克隆是将一个低维空间的问题转化到更高维空间中求解,然后将结果投影到低维空间中。这些特点保证了免疫克隆选择算法能够更快地收敛于全局最优解[66]。

ICSA 是一种新兴的人工免疫系统方法,它借助生物免疫系统中的抗体克隆选择机理构造了适用于人工智能的克隆算子。在人工智能计算中,抗原、抗体分别对应于求解问题及其约束条件和优化解。

因此,抗原与抗体的亲和度(匹配程度)描述解和问题的适应程度,而抗体与抗体间的亲和度反映了不同解在解空间中的距离。亲和度就是匹配程度。免疫克隆算法的核心在于克隆算子的构造,在实际的操作过程中,即用克隆算子代替原进化算法中的变异和选择算子,以增加种群的多样性。基于以上的克隆算子,免疫克隆算法步骤如下:

(1) $k = 0$,初始化抗体群落 $A(0)$,设定算法参数,计算初始种群的亲和度。

(2) 依据亲和度和设定的抗体克隆规模,进行克隆操作 T_c^C、免疫基因操作 T_m^C、克隆选择操作 T_s^C,获得新的抗体群落 $A(k+1)$。

(3) 计算当前种群的亲和度。

(4) $k = k + 1$;若满足终止条件,则终止计算;否则,回到步骤(2)。

7.3.4.2 免疫克隆选择核匹配追踪算法

根据 KMP 算法,计算代价主要花费在寻找基函数 g_{m_i} 及其系数 w_i 上,然而每次寻找都是在所有基函数字典集 D 中递推式搜索,所以 KMP 的计算时间主要取决于字典规模和达到拟合精度所需的迭代次数。这样一来,如果字典规模较大时在一次匹配追踪中要做一次全局搜索,数次迭代后将会引入惊人的计算量。

免疫克隆选择算法与遗传算法比较,免疫克隆算法在记忆单元基础上运行,确保了快速收敛于全局最优解,而遗传算法则是基于父代群体;其次,免疫算法通过促进或抑制抗体的产生,体现了免疫反应的自我调节功能,保证了个体的多样性,而遗传算法只是根据适应度选择父代个体,并没有对个体多样性进行调节,这也是免疫策略用于改进传统进化算法的切入点;这些特点保证了免疫克隆算法能够更快地收敛于全局最优解[66]。

标准核匹配追踪算法要求分解过程的每一步都要在函数字典中做全局搜索,以寻找最好的匹配于信号结构的原子,作为一种智能优化搜索策略,免疫克隆算法在众多领域都得到了广泛应用并取得了很好效果[89-91]。因此,采用免疫克隆算法在迭代分解的每一步,通过使用免疫克隆选择机制代替贪婪搜索对时频原子字典进行全局寻优,时频原子字典即由 KMP 的权值系数产生的抗体群,求出最优的权系数,ICSA 亲和度函数即为 KMP 中搜索到的权系数和基函数的线性组合,值最大即可使得分类器最有效,如式(7.85)的形式。在实际操作过程中,即用克隆算子代替原进化算法中的变异和选择算子,以增加种群的多样性[66]。克隆算子就是依据抗体与抗原的亲和度函数 $f(*)$,将解空间中的一个点 $a_i(k) \in A(k)$ 分裂成了 q_i 个相同的点 $a'_i(k) \in A'(k)$,经过相应的克隆变换后获得新的抗体群。具体权系数编码以及免疫匹配追踪更新过程如下:

1)抗体编码

通过核映射将训练样本映射成为一组基函数字典 D,确定用来训练分类识别的数据集 $S = \{(\boldsymbol{x}_1, \boldsymbol{y}_1), \cdots, (\boldsymbol{x}_l, \boldsymbol{y}_l)\}$($\boldsymbol{x}_i \in D$,$y_i \in \{-1, +1\}$($i = 1, 2, \cdots, l$)),以及核函数 K,利用给定的矢量 $\boldsymbol{y}_i$ 和训练数据集中任选的 $\boldsymbol{x}_i$ 求出所有 $\boldsymbol{y}_{(i)}(\boldsymbol{x}) = K(\boldsymbol{x}, \boldsymbol{x}_i)$。利用 $\min\limits_{\omega_i} \|\boldsymbol{y} - \omega_i \boldsymbol{y}_{(i)}(\boldsymbol{x})\|$ 准则求出 $\omega_i = \boldsymbol{y}_{(i)}^{\mathrm{T}}(\boldsymbol{x}) \cdot \boldsymbol{y} / \|\boldsymbol{y}_{(i)}(\boldsymbol{x})\|^2$,再从中随机取出 N 个 w_j,采用实数编码,作为初始抗体群 $\boldsymbol{W}$,$\boldsymbol{W} = \{\omega_1, \omega_2, \cdots, \omega_N\}$,抗体群为抗体 $\boldsymbol{W}$ 的 N 元组。

2)ICSA - 匹配追踪迭代更新

(1)克隆算子设计 T_c^C。对每个抗体进行克隆:

$$\boldsymbol{\Theta}(\boldsymbol{W}) = [\boldsymbol{\Theta}(\omega_1) \quad \boldsymbol{\Theta}(\omega_2) \quad \cdots \quad \boldsymbol{\Theta}(\omega_n)]^{\mathrm{T}} \tag{7.94}$$

式中:$\boldsymbol{\Theta}(\omega_i) = \boldsymbol{I}_i \times \omega_i$($i = 1, 2, \cdots, N$),$\boldsymbol{I}_i$ 为元素值为 1 的 q_i 维行矢量,q_i 为抗体 ω_i 克隆后的规模,一般取

$$q_i = \mathrm{Int}\left[N_c \times \frac{f(\omega_i)}{\sum\limits_{j=1}^N f(\omega_j)}\right] (i = 1, 2, \cdots, N) \tag{7.95}$$

式中:$\mathrm{Int}(x)$ 表示大于或等于 x 的最小整数;N_c 为与克隆后的规模有关的设定值且满足 $N_c > N$。

克隆规模依据抗体亲和度 $f(\omega_i)$ 的大小自适应地调整,亲和度定义为

$$f(\omega_i) = \sum_{i=1}^N \omega_i K(x, x_i) \tag{7.96}$$

克隆过后,种群变为

$$\boldsymbol{W}' = \{\boldsymbol{W}, \boldsymbol{W}'_1, \boldsymbol{W}'_2, \cdots, \boldsymbol{W}'_N\} \tag{7.97}$$

式中

$$A'_i = \{a_{i1}, a_{i2}, \cdots, a_{iq_i-1}\} (a_{ij} = a_i, j = 1, 2, \cdots, p_i - 1) \tag{7.98}$$

(2)克隆变异算子的设计 T_m^C。与一般变异不同的是,克隆变异为了保留抗

体原始种群的信息,并不作用到 $W \in W'$,即

$$p(T_m^C(\boldsymbol{\omega}_i)) = \begin{cases} p_{ij} > 0 & (\boldsymbol{\omega}_i \in W'_i) \\ 0 & (\boldsymbol{\omega}_i \in W) \end{cases} \tag{7.99}$$

依据变异概率 p_{ij} 对克隆后的抗体群 W'_j 进行变异操作,$W''_i = T_m(W'_i)$,$(i = 1,2,\cdots,N_c)$,本节采用高斯变异方法,变异后的种群为:

$$\boldsymbol{W''} = \{W, W''_1, W''_2, \cdots, W''_N\} \tag{7.100}$$

(3) 免疫选择 T_s^C。$\forall i = 1, 2, \cdots N$ 若存在变异后抗体 $a = \max\{f(\boldsymbol{\omega}_{ij}) \mid j = 2, 3, \cdots, q_i - 1\}$,使得

$$f(\boldsymbol{\omega}_i) < f(a) \quad (\boldsymbol{\omega}_i \in W) \tag{7.101}$$

则 a 为匹配寻找到的第一个权系数,对应的 x_i 为第一个基函数 g,更新亲和度函数,则用 a 取代原抗体 $\boldsymbol{\omega}_i$,从而更新抗体群,实现信息交换。

7.3.4.3 ICSA-KMP 图像目标识别算法流程图

标准核匹配追踪是在一个有限的核函数集 D 中不断搜索最优的权系数和基函数数据,然后通过贪婪算法在基函数字典中寻找一组基原子的线性组合来最小化目标函数 f,该线性组合即为所要求解的判别函数 f_n。本节首先通过核映射将训练样本映射成为一组基函数字典,根据字典规模设置初始种群,进而采用免疫克隆选择算法来匹配寻优,求出最优的权系数,在 KMP 中搜索到的权系数和基函数的线性组合值最大即可使得分类器最有效。因此,ICSA 亲和度函数采用式(7.85)的形式,即使用权系数和基函数的线性组合描述亲和度函数,进行免疫克隆操作,重复以上做法直到算法收敛。图 7.27 为免疫克隆实现核匹配追踪图像分类流程。

ICA-KMP 算法步骤如下:

(1) 图像归一化,特征提取,对分解得到的各系数矩阵计算能量特征得到新的数据样本 E。

(2) 设算法最大迭代代数 L 和迭代误差阈值 ε,初始种群规模 N,最大进化代数为 maxgen,初始值 $t = 1$。

(3) 确定用来训练分类识别的数据集 $S = \{(x_1, y_1), (x_2, y_2), \cdots, (x_l, y_l)\}$ ($\boldsymbol{x}_i \in E$,$y_i \in \{-1, +1\}$,$i = 1, 2, \cdots, l$),以及核函数 K,利用给定的矢量 $\boldsymbol{y}_i$ 和训练数据集中任选 $\boldsymbol{x}_i$,求出所有 $\boldsymbol{y}_{(i)}(\boldsymbol{x}) = K(\boldsymbol{x}, \boldsymbol{x}_i)$。

(4) 利用 $\min\limits_{\omega_i} \|\boldsymbol{y} - \boldsymbol{\omega}_i \boldsymbol{y}_{(i)}(\boldsymbol{x})\|$ 准则求出 $\omega_i = \boldsymbol{y}_{(i)}^{\mathrm{T}}(\boldsymbol{x}) \cdot y / \|\boldsymbol{y}_{(i)}(\boldsymbol{x})\|^2$,再从中随机取出 N 个 w_j,分别为初始权系数个体;计算初始种群的亲和度

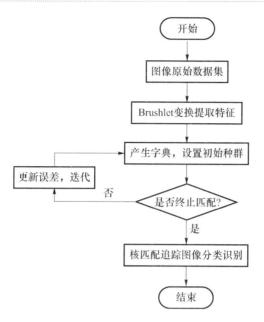

图 7.27　免疫克隆实现核匹配追踪图像分类流程

$f_t((\omega_j^t)'',\bar{x}_j) = w_j^t K^t(x,\bar{x}_j)$ 。

（5）免疫克隆操作：

① 克隆权系数：

$$(\omega_j^t)' = \Theta(\omega_j^t) = [\begin{array}{cccc} \Theta(\omega_{j1}^t) & \Theta(\omega_{j2}^t) & \cdots & \Theta(\omega_{jN}^t) \end{array}]^\mathrm{T}$$

式中：$j = 1,2,\cdots,N_c$，其中克隆规模 N_c 一般可取 N 的 1.5~2 倍。

② 免疫基因操作：

$$(\omega_j^t)'' = T_m^x(\omega_j') \ (j = 1,2,\cdots,N_c)$$

③ 计算种群亲和度：

$$f_t((\omega_j^t)'',\bar{x}_j) = \sum_{t=1}^L w_{jk}^t K^t(x,\bar{x}_j) \ , \ (k = 1,2,\cdots,N ; j = 1,2,\cdots,N_c)$$

④ 克隆选择：

$$w_j^t = \max(f_t(w_j^t)'',\bar{x}_j) \ (j = 1,2,\cdots,N_c)$$

$t = t + 1$，如果 $t < \mathrm{maxgen}$，返回步骤①，否则转到步骤（6）。

（6）假设已求出 L 个权系数，令 $y = y - f_t$，如果 $y \geqslant \varepsilon$ 或 $L < n$，那么转到步骤（7）；对每一个个体求解下一个基函数和权系数，否则选出最好的权系数和对应的基函数以及它们的线性组合得到的分类函数 f_t，然后进行图像分类识别，算法结束。

（7）利用步骤（6）更新的 y 返回到步骤（4）重新确定第 $L+1$ 个基函数，然后利用已知的 $L+1$ 个基函数采用后拟合方法，求出全部 $L+1$ 个权系数。

7.3.4.4　ICSA – KMP 算法时间复杂度分析

KMP 算法利用核函数将输入矢量从低维空间映射到高维希尔伯特空间，通过计算样本间的 Mercer 核函数值代替样本在高维空间中的矢量内积，并由相应的核函数值生成基函数字典。为了寻找最优时频原子，在迭代分解的每一步都要对时频原子字典进行全局搜索，因而本节主要通过算法在一次匹配中执行的次数来计算算法运行所需计算量（其正比于每代运行的最大次数）。

如果字典大小为 n，迭代次数为 L，则 KMP 算法的时间复杂度为 $O(L \times n)$；标准遗传算法中种群规模设为 $N(N<n)$，即可以表示为 $N=\alpha n, \alpha \in [0.01, 0.2]$，GA-KMP 算法的时间复杂度为 $O(L \times N \times logN)$；免疫克隆算法中克隆规模为 N_c，因此 ICSA-KMP 算法的时间复杂度为 $O(L \times N_c)$，本节算法的克隆规模设置的与 GA-KMP 的种群大体相同[91]，即 $N_c \approx N$。

由以上时间复杂度分析可知，当字典规模较小时三种算法的计算量大致相当，当字典规模很大时，GA-KMP 与 ICSA-KMP 的计算时间小于标准 KMP 算法，尤其是字典规模越大，前两者算法的优越性越明显，GA-KMP 和 ICSA-KMP 两者的时间复杂度在同等函数计算次数的情况下，ICSA-KMP 具有较快的收敛速度。

7.3.4.5　对比实验结果分析

本节核匹配追踪算法采用径向基核 $K(\boldsymbol{x}, \boldsymbol{x}_i) = \exp(-\parallel x - x_i \parallel^2 / 2p)$ 作为核函数，为了验证算法的有效性，将基于免疫克隆的核匹配追踪（ICSA-KMP）算法、基于遗传算法的优化 KMP 算法（GA-KMP）和标准的 KMP 算法进行了比较。其中，GA 和 ICSA 均采用实数编码，为了验证本节算法的性能，选择不同的训练样本集合进行实验，为了避免随机干扰，每个实验独立运行 20 次，所有实验的运行环境为 PentiumⅣ 3.0GHz、1GB RAM 以及 Matlab 7.01。

1）UCI 数据识别实验

选取公共数据集 UCI 机器学习库中的 waveform、Musk 和 sat 数据集进行测试。其中：Waveform 数据集由 21 个特征属性构成，它是三类问题，在此取原样本的 0 类和 2 类共计 3353 个作为实验样本；Musk 数据集由 166 个属性构成，共有 6598 个样本；Sat 数据集由 35 个属性构成，共 6000 个样本。

实验参数：为了便于比较，该实验分别使用了同文献[92]一样的核函数参数 σ^2 取值，Waveform 取 128，Musk 取 350，sat 取 8。利用 ICSA 进行优化时，克隆规模取为初始种群规模的 1.5 倍，变异概率为 0.9；利用 GA 进行优化时，交叉概率取为 0.67，变异概率为 0.1。终止条件取为迭代拟合误差 R = 0.01。UCI 数据三种方法识别结果如表 7.8 所列。

表 7.8　UCI 数据三种方法识别结果

数据集	KMP			GA-KMP			ICSA-KMP		
	规模	时间/s	识别率/%	规模	时间/s	识别率/%	规模	时间/s	识别率/%
waveform	1000	0.094	92.56	300	0.047	92.99	300	0.015	91.59
Musk	1700	0.328	88.77	300	0.062	88.16	300	0.031	88.43
sat	2000	0.64	93.1	600	0.25	93.02	600	0.156	93.13

由表 7.8 可以看出,在正确识别率相当情况下,引入了进化计算后匹配追踪算法的一次搜索时间明显降低,GA-KMP 时间缩短 1/5 ~ 1/2,ICSA-KMP 算法时间缩短 1/10 ~ 1/4。这说明本节算法在克服匹配追踪算法的全局搜索计算量大的问题上是有效的。另外,在搜索时间相当情况下,ICSA-KMP 算法比 GA-KMP 算法正确识别率略有提高。这是因为遗传算法是在无限迭代下能够找到全局最优解,然而在有限次数的迭代中未必能找到全局最优解,而免疫克隆算法将全局寻优与快速局部搜索能力相结合,能够在有限的迭代情况下最大可能地找到最优解。

2）大规模含噪数据测试实验

双螺旋线的平面坐标形式可以用如下参数方程表示:

spiral – 1:

$$\begin{cases} x_1 = (k_1\theta + e_1)\cos\theta \\ y_1 = (k_1\theta + e_1)\sin\theta \end{cases} \tag{7.102}$$

spiral – 2:

$$\begin{cases} x_2 = (k_2\theta + e_2)\cos\theta \\ y_2 = (k_2\theta + e_2)\sin\theta \end{cases} \tag{7.103}$$

式中: k_1、k_2、e_1 和 e_2 为待定的参数。

在本实验中,$k_1 = k_2 = 4$,$e_1 = 1$,$e_2 = 10$。共产生样本 12000 个。同时采用三维空间中线性不可分大规模数据同心球进行测试,产生两类样本:

$$\begin{cases} x = \rho \cdot \sin\varphi \cdot \cos\theta \\ y = \rho \cdot \sin\varphi \cdot \sin\theta \quad (\theta \in U[0,2\pi]\ \varphi \in U[0,\pi]) \\ z = \rho \cdot \cos\varphi \end{cases} \tag{7.104}$$

其中第一类样本的参数 ρ 服从均匀分布 $U[0,50]$,第二类样本的参数 ρ 服从均匀分布 $U[50,100]$,随机产生 20000 个样本数据。采用径向基核函数 $p =$

8，ICSA-KMP、GA-KMP 取与 UCI 数据识别实验一样的参数，训练前，对样本进行加噪处理——随机选取 20% 的训练样本，改变它们的类别属性——然后进行训练。50 次独立实验结果如表 7.9 所列。

表 7.9　含噪数据三种方法识别结果

数据集	算法	训练规模	基函数个数	一次匹配时间/s	平均识别率/%	识别率偏差/%
双螺旋线	KMP[13]	200	56	—	94.87	2.17
	GA-KMP	200	42	0.0377	99.3	2.77
	ICSA-KMP	200	36	0.0367	99.95	1.10
同心球	KMP[13]	500	149	—	91.81	1.19
	GA-KMP	500	141	0.2766	95.76	1.08
	ICSA-KMP	500	141	0.2110	96.03	1.05

由表 7.9 可以看出，同等训练规模条件下，KMP 算法随机选取部分样本进行训练，性能将会大幅度下降；其他两种算法在不丢失 KMP 稀疏性的前提下，仍能保持较高的正确识别率。

3）遥感图像数据测试实验

核匹配追踪已成功应用于图像处理的多个方面[93-95]，本实验旨在考察本节方法在遥感目标识别方面的性能，样本集为遥感目标库中包含不同旋转角度的完全和残缺的二值化飞机目标图像共计 606 幅，其中包含 6 类型号飞机目标，舰船 456 幅，部分待分类图像如图 7.28 所示。

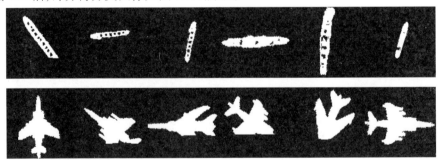

图 7.28　飞机以及舰船目标部分示例

实验参数：实验中每一类随机选择 1/3 的样本作为训练样本，其余作为测试样本，采用 Brushlet 进行特征提取，核函数参数 $\sigma^2 = 0.605$，依然采用三种方法对其进行识别。利用 ICA 进行优化时，克隆规模取为初始种群规模的 2 倍，变异概率为 0.9；利用 GA 进行优化时，交叉概率取为 0.9，变异概率为 0.1；终止条件取为迭代拟合误差 $R = 0.01$，20 次实验平均结果如表 7.10 所列。

表 7.10 不同方法对飞机、舰船目标识别结果

算法	规模	基个数	一次匹配时间/s	平均识别率/%
KMP	354	81	0.031	94.84
GA-KMP	100	43	0.016	93.66
ICSA-KMP	100	39	0.008	94.15
注:"规模"对于 KMP 指的是训练字典大小,其他两种方法则是种群大小。ICSA-KMP、GA-KMP 取同上面实验一样的参数				

由表 7.10 看出,KMP 算法当基函数取到 81 个时可达到较高的识别率,而 ICSA-KMP 算法只有 39 个,这说明后者具有较快的局部搜索能力,三种算法在保持相当识别精度下,ICSA-KMP 时间大大缩短。

4)Brodatz 纹理数据识别实验

本实验的数据集是 Brodatz 纹理图像库,它包含 112 个自然纹理图像,大小均为 640×640,256 级灰度。样本 1 是其中的 16 种类似纹理数据,分别是 D006、D009、D019、D020、D021、D024、D029、D053、D055、D057、D078、D080、D083、D084、D085、D092,按顺序如图 7.29(a)所示。由于 Brodatz 纹理库中有一些纹理不具有均一性质,从某种程度上来说,它们与本节实验比较不同特征提取算法没有很大关系,所以将它们去除。实验中去除的 34 个纹理图像 D005、D007、D043、D044、D106、D108、D110 等,如图 7.29(b)所示。于是得到一个包含 78 种纹理的样本集 2,其中包括了视觉上较相似的纹理。将每一个纹理图像分割为互不重叠的 25 个子图,大小为 128×128,每类取其中的 10 个作为训练样本,其余 15 个作为测试样本。则训练样本集 1 有 160 个样本,测试集有 240 个样本。训练样本集 2 有 780 个样本,测试集有 1170 个样本。在此采用 Brushlet 分解进行纹理特征提取,采用了 Brushlet 三层分解,提取 32 维的纹理特征。

实验参数:核函数参数 $\sigma^2 = 0.39$,依然采用三种方法对其进行识别。利用 ICA 进行优化时,克隆规模取为 10,变异概率为 0.7;利用 GA 进行优化时,种群规模为 12,交叉概率为 0.67,变异概率为 0.1;终止条件取为迭代拟合误差 $R = 0.01$,最后将 16 类和 78 类目标图像分别进行识别,20 次实验平均结果如表 7.11 所列。

表 7.11 Brodatz 纹理数据识别结果

数据集	算法	规模	时间/s	正确识别率/%
16 类	KMP	20	2.735	97.10
	GA-KMP	12	2.674	90.91
	ICA-KMP	15	2.497	96.86
78 类	KMP	20	64.203	82.31
	GA-KMP	15	63.328	80.54
	ICA-KMP	15	62.126	81.79
注:"规模"对于 KMP 指的是训练字典大小,其他两种方法则是种群大小				

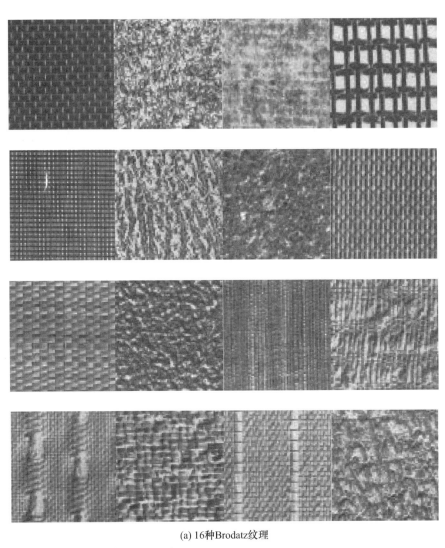

(a) 16种Brodatz纹理

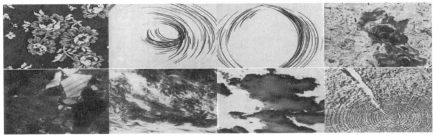

(b) Brodatz纹理库中的不具有均一性质的纹理部分示例

图 7.29　Brodatz 纹理及纹理部分示例

　　由表 7.11 可以得出和 7.3.4.5 节实验相似的结论,首先说明对同类型目标识别时由于训练样本字典规模太小,一次匹配搜索时间已经无法统计。

　　所以表 7.9 给出了整个算法运行时间,但 GA-KMP、ICA-KMP 时间的降低不如前面两个实验结果明显,因此进一步证明只有当训练样本字典规模很大时使用它们比较合适;其次验证了本节算法对多类数据样本(16 类、78 类)和高维(本实验 32,实验 1 Musk 数据集为 166)分类识别依然有效。

　　5）ICSA-KMP 算法性能代价测试实验

　　在实验中发现引进 GA、ICSA 算法进行一次匹配追踪寻优后,不仅在时间上有明显的优势,还可得到比标准 KMP 算法更好的解,为此选取公共数据集 UCI 机器学习库中的 Waveform 和 Musk 数据集进行测试说明。实验参数取与 7.3.4.5 节实验一样的值。终止条件取为迭代拟合误差 $R = 0.001$。20 次实验结果如表 7.12 所列。图 7.30 给出了两个数据集一次匹配时间随字典规模变化曲线。

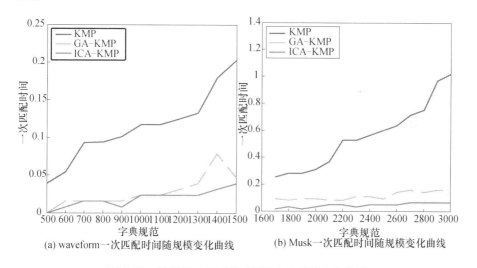

(a) waveform一次匹配时间随规模变化曲线　　(b) Musk一次匹配时间随规模变化曲线

图 7.30　数据集一次匹配时间随字典规模变化曲线

　　由表 7.12 可以看出,在基函数个数相当情况下引入遗传算法、免疫克隆算法后,能够在有限的迭代情况下找到比 KMP 算法更优的解,我们分析这是由于标准 KMP 贪婪搜索时会出现过拟合,即每次迭代所得到的基函数之间存在相关性,而引入进化机制后,通过变异可避免过拟合。

　　但是由于进化算法的种群规模远小于字典规模,所以不能保证每次进化都能找到全部独立的基函数。因此,在实际应用中可以取时间和识别精度的折中。

表 7.12 UCI 数据三种方法识别结果

数据集	算法	训练规模	种群	基函数个数	一次匹配时间/s	正确识别率/%	最高识别率/%
waveform	KMP	500	—	17	0.047	90.85	90.85
		1000	—	11	0.094	92.56	92.56
		1500	—	12	0.203	92.72	92.72
	GA-KMP	500	100	12	0.016	89.92	91.65
		1000	200	20	0.031	91.89	92.29
		1500	300	23	0.078	91.9	92.58
	ICA-KMP	500	60	14	0.003	89.99	91.87
		1000	150	10	0.015	91.59	92.61
		1500	200	13	0.032	92.15	92.75
Musk	KMP	1700	—	39	0.234	89.54	89.54
		2400	—	61	0.422	87.21	87.21
		3000	—	86	1.036	88.67	88.67
	GA-KMP	1700	200	38	0.0571	88.39	89.35
		2400	250	43	0.052	87.13	87.18
		3000	300	53	0.130	88.21	88.43
	ICA-KMP	1700	200	38	0.032	88.43	89.46
		2400	200	41	0.031	87.17	87.29
		3000	300	53	0.063	88.24	88.72

由图 7.29 可以看出,引入了进化计算后,匹配追踪算法的一次搜索时间明显降低,随着字典规模的增大时间缩短的倍数更加明显,如当字典从 500(1700)增加到 1500(3000)时,GA-KMP 算法时间缩短 1/4 ~ 1/3,ICA-KMP 算法时间缩短 1/15 ~ 1/7,三条曲线之间的间隔明显增大。

7.3.4.6 小结

为了避免核匹配追踪通过贪婪算法在基函数字典中寻找一组基函数的线性组合来逼近目标函数的计算量大的缺陷,本节利用免疫克隆算法全局最优和局部快速收敛的特性对核匹配追踪算法每次的匹配过程进行优化,提出了一种免疫克隆核匹配追踪图像目标识别算法,该算法有效降低了核匹配追踪算法的计算量。对 UCI 数据集和遥感图像进行的仿真实验结果表明,相比标准核匹配追踪,该算法保持相当识别率情况下可以明显缩短一次匹配追踪的时间,尤其当字典规模较大时效果更为明显;与基于遗传算法优化相比,本节方法目标识别速度快,精度高。

7.3.5　小结

核匹配追踪分类器在处理模式识别问题时,函数的稀疏度可以预先设定,但当样本数据规模较大时,该分类器通常只是随机选取部分样本作为工作集进行训练,同时由于贪婪算法及在优化过程中使用停机条件,使得分类器的识别性能下降。利用 Contourlet 变换具有良好的方向分辨力,进行纹理信息描述,并结合 Brushlet 变换,提出了一种有效的图像特征提取方法,采用 FCM 聚类方法进行特征降维;并采用核匹配追踪分类器对 Brodatz 纹理图像和遥感图像的分类识别,体现了本节方法的有效性;核匹配追踪算法通过核映射将输入样本映射到高维特征空间实现了非线性问题的处理,然而仍旧存在一个问题,训练阶段贪婪求解引入了大量计算,这将大大影响它的实际应用。理论上核匹配追踪算法是一种稀疏的学习机,但是采用贪婪算法搜索最优解,当数据规模很大时算法很难实现最优。因此本节将免疫克隆算法引入核匹配追踪算法对其搜索过程进行优化,实现了对 UCI 数据、遥感图像和纹理图像的识别。实验结果表明,相比标准核匹配追踪,该算法可以明显缩短一次匹配追踪的时间,从而缩短样本的训练和测试时间,尤其对于大规模数据字典效果更为明显。此外,还可以根据实际需要,自适应地达到时间和分类精度的折中。

▣ 7.4　基于半监督学习的图像分类与分割

7.4.1　学习方法简介

7.4.1.1　机器学习的发展

我们在日常生活中不断学习,通过学习对世界进行认识和改造。但是在很长一段时间,人们并没有注意到学习是如何进行的。随着 20 世纪 40 年代计算机的出现,人们对人工智能问题开始感兴趣。人们企图用计算机实现人或动物所具备的学习能力,这时才发现对于学习的本质还缺乏了解。同时也逐步认识到学习问题的难度。通过对学习过程的研究发现,人的智慧中一个很重要的方面就是从实例中学习的能力。通过对已知事实的分析后总结规律,预测不能直接观测的事实。在这种学习过程中,重要的是要能够举一反三,即利用学习得到的规律,不仅可以较好地解释已知的实例,而且能够对未来的现象或无法观测的现象做出正确的预测和判断。

人们在对机器智能的研究中,希望能够用机器(计算机)来模拟人的这种学习能力,这就是基于数据(样本)的机器学习问题。目的是设计某种(某些)方法,使之能够通过对已知数据的学习找到数据内在的相互依赖关系,从而对未知数据进行预测或对其性质进行判断。同时,还希望这种方法能有很好的适应性。

基于样本的机器学习是智能技术中十分重要的一个方面。它主要研究如何从一些观测数据(样本)出发得出尚不能通过原理分析得到的规律,利用这些规律去分析客观对象,对未来数据或无法观测的数据进行预测。现实世界中存在大量尚不能准确认识却可以进行观测的事物。基于数据的机器学习从现代科学技术到社会、经济等各领域中都有着十分重要的应用。基于数据(样本)的机器学习问题简称机器学习问题。

机器学习问题的研究历史大约分为四个阶段,它们分别以下面四个重要事件为标志:

(1) 第一个学习机器模型的创立。

(2) 学习理论基础的创立。

(3) 神经网络的创立。

(4) 神经网络替代方法的创立。

在不同的历史阶段有不同的研究主题和重点,这些研究共同勾画出了人们对机器学习进行探索的一幅复杂的和充满矛盾的图画。

1962 年,F. Rosenblatt 提出了第一个学习机器的模型,称为感知器。这标志着人们对学习过程进行数学研究的真正开始。从概念上讲,感知器的思想并不是新的,但 Rosenblatt 把这个模型表现为一个计算机程序,并通过简单的实验说明这个模型能够推广。感知器模型在用来解决模式识别问题时,最简单情况下就是用给定的样本构造把两类数据分开的规则。

1964 年,A. B. J. Novikoff 证明了感知器能够将训练样本集分开的定理。这一定理的证明标志着人们对学习过程进行理论研究的开始,它在创建机器学习理论中起到十分重要的作用。

关于感知器的实验广为流传后,人们很快又提出了一些其他类型的学习机器,如 B. Widrow 构造的 Madaline 自适应学习机器,K. Steinbuch 提出的学习矩阵等。与感知器不同的是,这些学习机器从一开始就是作为解决现实问题的工具来研究的。

传统的科学哲学有一个很宏伟的目标是发现普遍的自然规律。这在一个简单世界中是可行的。简单世界是指可以用几个变量来描述的世界,然而,这一目标在一个需要用很多变量来描述的复杂世界中不一定可行,在这样的世界中寻找规律可能是一个不适定问题。因此,在这种情况下需要放弃寻找一般的规律的目标,转而考虑其他的方法。

　　随着 20 世纪 50 年代计算机的出现,关于推理的方法可以用计算机来验证,以评估其推广能力。对最简单的推理模型的数学分析支持了这一结论[96]:

　　(1) 辨别事件模型作为推理的一般方法是有局限性的。

　　(2) 认识到有多种特殊类型的推理(预测推理、转导推理和选择推理,可能还有其他多种推理)是很重要的,在这些推理中,由于采用简化的问题设置和放弃对一般性问题的求解,得到了更好的推理准确度。

　　(3) 新类型的推理没有直接的客观验证。

　　统计学习理论是 V. N. Vapnik 等[97]早在 20 世纪 60 年代就开始研究的有限样本下的机器学习问题,而直到 90 年代中期才形成的机器学习领域中一个较为完善的理论体系。统计学习理论是主要针对小样本统计估计和预测学习的理论,它从理论上较系统地研究了经验风险最小化(ERM)原则成立的条件,有限样本下经验风险与期望风险的关系及如何利用这些理论找到新的学习原则和方法等问题。其主要内容包括以下四个方面:

　　(1) 经验风险最小化原则下统计学习一致性的条件。

　　(2) 在这些条件下关于统计学习方法推广性的界的结论。

　　(3) 在这些界的基础上建立的小样本归纳推理原则。

　　(4) 实现这些新的原则的实际方法(算法)。

　　从训练样本的歧义性可以将学习问题分为监督学习、非监督学习和半监督学习。

　　① 监督学习:通过对具有标记的训练例进行学习,以尽可能正确地对训练集之外的示例的标记进行预测。这里所有训练例的标记都是已知的,因此训练样本的歧义性最低。

　　② 非监督学习:通过对没有标记的训练例进行学习,以发现训练例中隐藏的结构性知识。这里的训练例的标记是不知道的,因此训练样本的歧义性最高。

　　③ 半监督学习:近年来,随着机器学习在数据分析和数据挖掘中的广泛应用,利用少量已标记和大量未标记样本训练分类器的半监督学习算法提高了部分分类器的精度,相关研究逐渐引起了人们的关注[98],其理论研究成果已经部分应用于实际问题的解决。本节主要研究半监督学习的构造及其应用。

7.4.1.2　半监督学习

1) 半监督学习的意义

　　利用机器学习的监督分类是在预先给定的类别(标签)集合下,通过对已标记样本内容特征的学习判定测试样本的类别,其在自然语言处理与理解、信息过滤与文本挖掘、基于内容的信息安全等领域都有广泛而深刻的背景,是各类监督学习算法如 KNN、神经网络及支持矢量机等研究和应用的经典范例[99-100]。好的分类器需要大量标记样本进行训练,但给出的已标记样本所能提供的信息可能主观而有限。另外有大量更接近样本空间上未知数据分布的未标记样本含有丰富的分布信息。无监督学习方法虽然可以在无训练样本的情况下针对样本分布特征进行样本标记;但准确性较差,样本的人工标记需要艰苦而缓慢的劳动,同样制约了整个系统的构建,这就产生了标记瓶颈问题。近年来,随着机器学习在数据分析和数据挖掘中的广泛应用,利用少量已标记和大量未标记样本训练分类器的半监督学习算法提高了部分分类器的精度,相关研究逐渐引起人们的关注。图 7.31 给出了基于监督学习、半监督学习及无监督学习的分类器训练的描述。

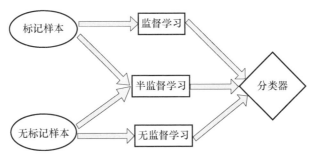

图 7.31　学习方式与数据集的关系

传统的机器学习在训练过程中,训练样本要么是有标记的,要么是没有标记的,但在很多实际问题中往往有大量的未标记样本,也存在少量的标记样本,如何在训练过程中利用这些无标签样本的信息是目前机器学习领域的一个研究热点。通常把在训练过程中包含无标签样本的学习称为半监督学习。半监督学习算法利用这些未标记样本来提高学习算法的性能,它分为半监督分类和半监督聚类。半监督分类是在分类问题中引入无标签样本的信息来使训练得到的分类函数更加准确,半监督聚类是在聚类问题中利用样本的先验信息来改善无监督聚类算法的性能。下面用图 7.32 来说明半监督学习中未标记样本是如何为学习过程带来帮助的。

从图 7.32(a) 可以看到,未标记样本对学习问题是有很大帮助的。在图 7.32(a)中,如果仅根据两个标记样本构造最优超平面,那么很自然会选择一个如图所示的线性分割平面;如果结合考虑图 7.33(b)中未标记样本的分布,那么可以对构造出的最优超平面加以修正。也就是说,当利用少量的标记样本不足以学习到数据的内在结构时,无标签样本就会辅助挖掘数据的内在结构,得到更为准确的分类超平面。

在半监督学习中,如果知道联合概率分布 $P(x,y)$,则能够得到理想的分类,而输入 $x \in X$ 和输出 $y \in Y$ 的关系可以由 $x \times y$ 上的联合分布密度 $P(x,y) =$

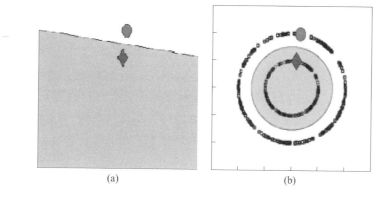

图 7.32　无标记样本的先验信息

$P(x)P(y/x)$ 来描述。半监督学习的过程分为两步:首先根据已知标记和未知标记样本得到边缘分布 $P(x)$ 的经验估计,并根据其包含的信息进一步估计条件概率 $\hat{P}(y/x)$;然后利用少量的已知标记样本对条件概率的估计 $\hat{P}(y/x)$ 进行调整,使其逼近 $P(y/x)$,这样根据 $P(x,y)=P(x)P(y/x)$ 就可以得到 $P(x,y)$。

　　2)半监督学习的研究内容

　　由于半监督学习受到了广泛关注,其研究内容也非常丰富。目前主要的半监督学习方法有生成模型方法、自训练方法、互训练方法、基于图的正则化方法和半监督 SVM 方法等。

　　(1)生成模型方法:是贝叶斯学习方法向半监督领域的一个发展。概率框架中,半监督学习可以由缺失数据问题模拟,所以可以采用生成模型方法,如高斯混合模型。模型根据大量的未知标记样本确定各个混合成分,然后根据每个成分中的已知标记样本确定混合分布。K. Nigam 等[101]在学习中使用 EM 算法和朴素贝叶斯分类器,并应用于文节分类,获得的结果表明他们的算法比仅采用标记数据的传统算法获得了更好的识别性能。Cozman 等研究了混合模型中半监督学习的偏差方差渐进特性,认为如果参数模型正确或者有较小的偏差,则未知标记样本有助于学习到正确的参数;而如果模型不正确,则未知标记样本还有可能降低分类性能[102]。生成模型的估计要比判别模型要求更为苛刻,要估计的参数更多,所以结果也更不确定。

　　(2)自训练方法:顾名思义就是自己给自己提供训练,相当于自学。在半监督算法中这一思想体现为学习机首先采用已标记样本进行训练,然后对未标记样本进行检验,从检验样本获取高置信样本(具有较高置信概率输出的样本),再对学习机进行训练,如此训练直到算法稳定。

　　(3)互训练方法:指的是多个学习机互相提供训练,即互相学习。在半监督学习中,互训练的思想体现为(以两个学习为例):首先将特征集分成两个尽可能相对平衡的特征集,然后对每一个学习机采用已标记的样本进行训练,训练完毕后采用另一学习机为本学习机对未标记样本集中具有较高置信概率的样本标记,然后进行再训练,如此循环直至算法稳定[103],即每一个分类器对未知标记样本的预测用来扩大另外一个分类器的训练集。文献[104]在大量实验的基础上指出,如果未标记样本采用概率标记,互训练将获得更好的性能。另外,当没有独立的特征集时,随机分割特征同样可以改善互训练的性能,只是改善的幅度没有独立特征集大。周志华等[105]提出使用三个分类器的 Tri-training 算法,如果其中两个对一个未知标记样本的分类相同,则此类别信息用于指导第三个分类器。

(4) 基于图的正则化方法:由于受谱图聚类和图结构化核迅速发展的促进,基于图的方法是目前半监督学习方法中发展最为迅速且获得成果最多的领域,已经提出了众多的基于图的半监督学习算法。基于图的半监督学习算法首先在数据点和图 G 的顶点之间建立一一对应关系,并定义成对数据点的相似度为图中的边,这样就根据样本数据建立了一个与之对应的图。然后计算图上满足一定条件的光滑函数 f,其中在已知标记顶点上 f 该与标记充分接近。满足的条件可以表示为正则化的形式,其中第一项为损失函数,第二项为正则化项。这样基于图的半监督学习方法就可以由正则框架来描述,即对已标记样本的损失函数加上光滑正则项,一般对于已标记样本的损失函数采用二次损失,光滑正则项有多种选择,不同的选择形成了不同基于图的半监督学习方法。

文献[106]将谱图聚类中的最小切思想推广到半监督学习,采用对已标记样本的损失函数加上最小切正则项作为目标函数: $\sum\limits_{i \in L}^{\infty} (y_i + y_{i/L})^2 +$ $\frac{1}{2} \sum\limits_{i,j \in L \cup U} \omega_{ij}(y_i - y_j)^2$,其中 L 表示已标记样本集,U 表示未标记样本集,待学习的样本标记 $y_i \in \{0,1\}$ 分别表示正类和负类,w_{ij} 是根据样本给定的图的边,表示两样本之间的相似度,给损失函数加权是为了钳制对已标记样本的标记必须正确。文献[107]采用白化的拉普拉斯算子作正则项提出了局部和全局一致性算法。文献[108]采用 Tikhonov 正则 $f^T S f$,其中 $S = \Delta$ 或 Δ^p 作为正则项,而文献[109]采用两个正则项生成流形正则框架,其中 $K:XXX \to R$ 为"基本核",可选用线性核或者 RBF 核,$\|f\|_i^2$ 为由已标记样本和未标记样本诱导的正则项,如可以取 $\|f\|_i^2 = \frac{1}{(1+u)^2} \hat{f}^T \Delta \hat{f}$,$\hat{f}$ 为 f 在 $L \cup U$ 上的估计矢量。基于拉普拉斯算子谱的图核方法采用 RKHS 中的范数 $\|f\|_i^2$ 作为正则项,其中核 K 可以根据图得到。文献[110]证明了拉普拉斯算子的谱变换可以得到适合半监督学习的核,如扩散核[111]和正则高斯过程核[112]。文献[113]采用谱变换后的拉普拉斯算子生成正则项提出了谱图转导学习机。大部分基于图的半监督学习算法复杂度都为

$O(n^3)$,而半监督学习方法考虑的是大规模的非标记样本,此时立方复杂度就显得太大了。于是,从 2005 年起有多位学者研究了快速算法问题[114,115]。

(5) 半监督 SVM 方法:标准的 SVM 只使用已知标记样本进行训练,在再生核希尔伯特空间寻求最大线性分界面。半监督 SVM 又称 TSVM、S^3VM[116],是 SVM 的扩展,不仅利用已标记样本获取再生核希尔伯特空间中的最大边界判决面,而且利用未标记样本进一步引导最大边界判决面实现对未标记样本的最大边界,也就是说引导判决面远离样本稠密区域。S^3VM 最终归结为如下的最优化问题:

$$\min_{f \in Hk} \| h \|_{H_k}^2 + C \left[\sum_{i=1}^{l} (1 - y_i f(x_i)) \right]_+ + \sum_{i=l+1}^{n} \left[1 - | f(x_i) |_+ \right]$$

其中:判决函数 $f(x) = h(x) + bh(x) \in H_k, (x)_+ = \max(x, 0)$。

相比于标准 SVM,损失函数中的第二项是由未标记样本引起的。然而由于上述最优化问题的损失函数存在绝对值,不能通过对偶问题求解,求解过程一般在原空间中进行。该最优化问题等价于一个整数混合规划,是一个 NP 问题,而且存在局部极小。大部分研究工作集中在寻找一种有效的近似算法。早期的研究结果基本上不能处理上百个样本的训练集[117],SVM-light 实现的 TSVM[116] 是最早被广泛使用的软件。文献[118]把寻找未标记样本的一个好的标记归结成求解一个半正定矩阵 yy^T 的连续放松,从而目标函数变为一个半定规划。该半定规划的 S^3VM 不仅适用于多类的半监督学习,而且适用于无监督学习。文献[119]提出通过采用高斯函数替代关于未标记样本的三角帽损失函数,然后采用梯度下降法在原空间中进行优化。文献[120]采用确定性退化方法,从一个简单问题逐步退化成 S^3VM 的目标函数。文献[121]采用凹凸过程直接优化 S^3VM 目标函数,其思想是将三角帽损失函数分解成 10 个凹函数和 1 个凸函数的和,然后用一个线性上界替换凹函数,通过执行一个凸最小化来产生损失函数的一个上界,重复上述过程来获得一个局部最优解。同时报道了该方法在速度方面获得了很大提升。其他采用未标记样本来规避在样本稠密区域出现标记变化(分布在同一稠密区域的样本应为同一类)的方法有:空类噪声高斯过程模型[122];对于回归估计采用了类似的模型[123];最小化互信息熵技术作为标记的正则控制技术来规避标记在高 $p(x)$ 区域出现变化[124,125]。

7.4.2　基于拉普拉斯正则化最小二乘的半监督 SAR 目标识别

7.4.2.1　半监督学习算法简介

SAR 在对地面目标探测方面的独特优势,以及其在现代战场感知、对地打击等领域的良好应用前景,使得基于 SAR 图像的自动目标识别技术受到越来越多的重视。SAR 图像不同于光学图像,它通常表现为稀疏的散射中心分布,并对成像的方位非常敏感,在不同的视角目标呈现很大的差异。实现 SAR 图像的自动目标记别是 SAR 图像解译系统的最终目的。

高分辨力雷达识别技术通常分为基于一维高分辨力距离像和二维 SAR 图像的目标记别。一维高分辨力距离像的数据获取比较容易,不存在运动补偿问题;但缺点是对目标的方位非常敏感,目标姿态的微小变化会引起目标距离像的极大变化,从而影响目标正确率的提高。与一维成像不同,SAR 二维成像是在目标的方位向和距离向实现高分辨力成像,比一维成像能够描述更多的目标结构信息,同时相对于一维距离像对方位的敏感性要小一些,相比之下容易获得更高的识别率。

基于二维 SAR 图像的自动目标记别主要从特征提取方法和识别方法两方面开展研究。前者如基于 Radon 变换、主成分分析等,后者如模板匹配方法[126]、基于贝叶斯网络的方法、基于隐马尔可夫模型的识别方法[127]、神经网络[128]以及支持矢量机[129,130]等,这些方法都存在一定的不足和缺陷。

T. Ross 等[131]提出一种基于模板匹配的 SAR 自动目标记别方法,并以此结果作为标准,向该领域征集更优的 ATR(Automatic Target Recognition)方法。该方法是在图像域内将样本按 10°方位间隔分组,在每一个方位单元内利用样本均值作为模板,用最小距离分类法进行分类。由于模板匹配法是利用样本的均值作为模板,其与样本图像的几何形状有直接关系,同时 SAR 目标图像对方位比较敏感,所以方位间隔越小,形成的模板质量越高,匹配效果越好;但是需要对方位有较好的估计,并且随着模板数量的增加,所需存储空间增大。

N. Theera-Umpon 提出利用形态学权值共享神经网络来解决 SAR 图像中军用车辆的检测和识别问题。这种处理方法基于如下事实:异类神经网络能够同时学习特征提取和分类。权值共享神经网络和形态学权值共享神经网络是异类神经网络的一种。这些神经网络由特征提取阶段和分类阶段组成。此方法只能对两类目标进行分类识别,由于神经网络的输入是一块图像,因此网络的训练计算量较大。在目标类较多的情况下,可能导致网络训练无法收敛。

2001 年,Qun Zhao 对样本不做任何特征提取,将样本按 30°方位分组,在每一个方位单元内建立 SVM 分类器,识别时利用目标的方位信息选出相应方位单元的分类器进行分类。虽然 SVM 适合解决小样本高维模式分类问题,但在按 10°方位间隔分组时,样本数目过于少,每类目标在每个方位单元内只有 6 ~ 7 个训练样本,训练性能较差,在此情况下达不到较高的识别率。另外,该方法没有经过特征提取的预处理,一方面会因为噪声的存在降低识别率,另一方面达不到降维的目的,给计算带来负担。

目前,已经有学者将核主成分分析(KPCA)的特征提取方法对 SAR 目标进行预处理,然后用 SVM 进行目标记别[133]。与上述方法相比,该方法的识别率有一定提高;但当对包含 0° ~ 360°方位角的所有数据同时进行识别时,由于方位角的变化范围大使得目标图像结构变化也较大,识别率不够理想。

以上方法都是基于监督学习的算法。但是,半监督学习在近年来已成为机器学习领域的一个研究热点,在众多领域得到了广泛应用。半监督学习的出现基于这样一个事实:传统的监督学习算法依赖于有标记的训练样本集,忽略了未标记样本的作用。但是,在实际应用中通常会获得大量未知标记的样本,如果对这些样本进行标记,可能要花费大量的人力和物力。例如,获得成千上万的网页非常容易,而要对这些网页标记类别则非常烦琐和复杂。传统网页分类方法是通过大量已知类别标号的训练样本对其他网页的类别进行预测,但实际中不可能对大量的 Web 数据信息进行类别标记,这就需要根据少量已知类别标记的网页与大量未知标记网页来推测其类别标记。半监督学习正是由于能够利用大量未知标记样本和少量已知标记样本进行学习,近年来引起研究者的广泛关注。

半监督学习问题的数学描述:l 个已知标记样本 $M = \{x_i, y_i\}_{i=1}^{l}$,来自未知概率分布 $P_{X \times Y}$,u 个未知标记样本 $\{x_i\}_{j=l+1}^{l+u}$,来自 $P_{X \times Y}$ 的边缘分布 P_X,目标是要寻求一种算法学习得到 $P_{X \times Y}$,并且希望在学习 $P_{X \times Y}$ 时能够充分利用边缘分布密度 P_X。

由于在半监督学习框架中边缘分布 P_X 未知,所以必须利用大量的未知标记样本得到 P_X 的经验估计,然后利用少量已知标记样本对条件分布密度 $P(y \backslash x)$ 进行约束。但是在边缘分布 P_X 和条件概率 $P(y \backslash x)$ 之间并没有确定的关系,所以一般要做某种假设。假设流形正则化[134]在输入空间较近的点有相同的标记,换句话说,条件概率 $P(y \backslash x)$ 沿着边缘分布 P_X 的固有几何结构的测地线光滑变化。

由于半监督学习在训练过程中同时包含标记样本和未标记样本,那么,训练得到的判决函数含有未标记样本的信息,用该函数对这些未标记样本进行判断,得到的正确识别率比仅仅利用标记样本来训练再判决所得到的正确识别率要高。

本节主要研究基于图的正则化半监督学习算法的 SAR 目标识别,在训练学习过程中引入测试样本,将训练集作为有标记样本,测试集作为无标记样本,拓展了先验知识的获取渠道,共同构造判决函数,使用该含有测试样本信息的判决函数实现对测试样本的识别。

正则化最小二乘分类(Regularized Least Squares Classification,RLSC)实现简单,仅需要求解一个线性方程的系统,而在性能上与 SVM 相当[135,136],在其基础上引入一个关于图的拉普拉斯的正则化项,称为拉普拉斯正则化最小二乘分类(LapRLSC),形成半监督学习框架,此框架下的半监督方法可以通过"转导推理"[113]将无标记样本以较高的精度赋予标记。

本节首先基于 KPCA 对 SAR 目标图像进行非线性特征提取,然后用半监督的方法构造分类器,在学习过程中纳入测试集样本,通过"转导推理"使测试样本获得标记。实验中采用美国国防部高级研究计划局和空间实验室提供的实测MSTAR-SAR 地面目标数据对该方法进行验证,与原有的 SAR 目标记别方法相比,拉普拉斯正则化最小二乘分类具有较高的识别率,并且对方位具有较好的健壮性。

7.4.2.2　SAR 图像特征提取——核主成分分析

PCA 是一种常用的特征提取方法,它能较好地克服由于图像尺寸、方向、部分场景内容变化以及噪声干扰等影响。但是,PCA 只考虑了图像数据中的二阶统计信息,未能利用数据中的高阶统计信息,忽略了多个像素间的非线性相关性。研究表明,一幅图像的高阶统计往往包含了图像边缘或曲线多个像素间的非线性关系。而 KPCA 基于数据的高阶统计,描述了多个像素间的相关性,能够捕捉这些重要的信息,对噪声具有健壮性,所以本节采用 KPCA 对 SAR 图像进行特征提取。一方面可以提取图像的主要特征,减少噪声干扰,提高识别率;另一方面可以降低特征维数,加快识别速度。

KPCA[137] 是一种非线性特征提取方法,它通过映射函数 Φ 把原始矢量映射到高维特征空间 F 上,在 F 上进行 PCA。其基本原理:假设 x 是原始空间中的样本,通过映射函数 $x \to \Phi(x) \in F$,F 是矢量空间或称为特征空间。假设训练集合中有 m 个样本点,原始空间中的两个样本点 x_i, x_j 在 F 空间的距离用它们的内积 $(\Phi(x_i) \cdot \Phi(x_j))$ 表示,定义核函数 $K(x_i, x_j) = (\Phi(x_i) \cdot \Phi(x_j))$。在特征空间 F 上映射数据的协方差矩阵为

$$C \equiv \frac{1}{m} \sum_{i=1}^{m} (\Phi_i - u)(\Phi_i - u)^{\mathrm{T}} \qquad (7.105)$$

式中

$$\Phi_i = \Phi(x_i), u = \frac{1}{m} \sum_i \Phi_i$$

对于矩阵 C 的特征矢量 v 和对应的特征值 λ,$C_v = \lambda_v$,因为 v 是在 $\{\Phi_i - u\}$ 生成的空间中,所以 v 可以表示成

$$v = \sum_{i=1} \alpha_i (\Phi_i - u) \cdot v \qquad (7.106)$$

式(7.106)两边都是在 $\{\Phi_i - u\}$ 生成的空间中,所以上式可以用 m 个方程表示为:

$$(\Phi_i - u) \cdot Cv = \lambda[(\Phi_i - u) \cdot v] \qquad (7.107)$$

令核矩阵为 K,$K_{ij} = (\Phi_i \cdot \Phi_j)(i, j = 1, 2, \cdots, m)$,则在 F 空间中的点积可以

用 $(\boldsymbol{\Phi}_i \cdot \boldsymbol{\Phi}_j) = K(x_i \cdot x_j)$ 给定的核函数计算。

但是在主成分分析中需要中心化的核矩阵 $\boldsymbol{K}^c$，$\boldsymbol{K}^c_{ij} = ((\boldsymbol{\Phi}_i - u) \cdot (\boldsymbol{\Phi}_j - u))$，则式(7.107)可写为

$$\boldsymbol{K}^c \boldsymbol{K}^c \boldsymbol{\alpha} = \bar{\lambda} \boldsymbol{K}^c \boldsymbol{\alpha} \tag{7.108}$$

式中：$\bar{\lambda} = m\lambda$，$\alpha = \mathbf{R}^m$。

$$\boldsymbol{K}^c \boldsymbol{\alpha} = \bar{\lambda} \boldsymbol{\alpha} \tag{7.109}$$

为了满足 $v \times v = 1 = \bar{\lambda} \alpha \cdot \alpha$，取 α 的模为 $\sqrt{\bar{\lambda}}$。对于训练矢量 $\boldsymbol{x}_k$ 的主成分为 $(\boldsymbol{\Phi}(x_k) - u) \cdot v = \bar{\lambda} \alpha_k$

对于测试矢量的主成分为 $(\boldsymbol{\Phi}(x) - u) \cdot v = \sum_i \alpha_i K(x, x_i) - \frac{1}{m} \sum_{ij} \alpha_j K(x_i,$ $x_j) + \frac{1}{m} \sum_{ij} \alpha_i K(x_i, x_j) + \frac{1}{m^2} \sum_{i,j,n} \alpha_i K(x_j, x_n)$ 得到的主成分就是 $\boldsymbol{\Phi}$ 空间中的一个坐标值，把主成分矢量作为新点的矢量表示。应用 KPCA 的结果，分类算法只依赖于数据的点积 $\boldsymbol{\Phi}(x_i) \cdot \boldsymbol{\Phi}(x_j)$，这样可以用核函数 $K(x_i, x_j)$ 来计算，而不用显式地计算 $\boldsymbol{\Phi}(x)$。

KPCA 主元分量能够表示样本数据的最大方差，用主元分量进行样本数据重构具有均方误差最小的优点，而且可以比线性 PCA 提取出更多的样本信息，将许多在原样本空间用线性方法难以解决的问题转换为在高维空间用线性的方法来解决的问题，而且它只涉及矩阵的特征值分解计算，不需要解决非线性优化问题。

7.4.2.3　基于拉普拉斯正则化最小二乘的 SAR 自动目标记别

SAR 自动目标记别在军事领域的应用，获得高的识别率无疑是至关重要的。由于正则化最小二乘分类只需要求解一个线性方程系统，实现简单，而且对其扩展的半监督方法—拉普拉斯正则化最小二乘分类可以通过"转导推理"[113] 将无标记样本以较高的精度赋予标记，所以本节采用半监督学习算法的拉普拉斯正则化最小二乘分类进行 SAR 目标记别。

1）流形结构与半监督学习

本节讨论在假设样本数据集散布在光滑流形上，或在光滑流形附近的条件下，如何利用数据的流形结构提高分类器的性能，并对理论基础进行分析。

对于两类分类问题，类别为 $Y = \{C_1, C_2\}$，样本空间 X，问题的概率模型包括 X 的概率分布 P_x，以及类别密度 $\rho(C_1 | x \in X)$、$\rho(C_2 | x \in X)$。通常情况下，未知标记样本包含有概率分布 P_x 的信息，而已知标记样本则表现的是条件分布。虽然未知标记样本不能直接用于得到条件概率分布，但可以利用它提高对概率分

布 P_x 的估计。

考虑 P_x 的测度分布在紧致低维流形上,而恢复流形需要利用所有的未知标记样本,已知标记的样本则用于发现定义在流形上的类别。对于给定的已知标记样本集对 $M = \{x_i, y_i\}_{i=1}^{l}$($x_i \in \mathbf{R}^D, y_i \in Y$),和未知标记样本集 $\{x_i\}_{j=l+1}^{l+u}$($x_i \in \mathbf{R}^D$)目标要寻找一个分类器,使得 $f: \mathbf{R}^D \to Y$,当维数 D 非常大,常常会遭遇维数灾难问题,通常利用数据散布在低维流形 M 上($x_i \in M$),构建分类器,使得 $f: M \to Y$,这就是利用流形结构提高分类器性能的基本思想[138]。

2)图的拉普拉斯及其与流形上拉普拉斯

对于给定的离散数据,要利用流形结构提高分类器的性能,首先根据样本数据建立一个逼近流形的模型,而根据数据建立的图模型是常见的一种方法。谱图理论的发展为逼近流形提供了数学基础,如任意两点之间的距离在图上可以定义为连接两点最短路径的长度,而流形上两点之间最短距离定义为测地线距离。根据谱图理论,当样本点个数趋于无穷多时,取样自支撑为整个流形的图上任意两点之间的最短距离收敛于流形上相同两点之间的测地线距离。

在提出的几个半监督学习算法中,图的拉普拉斯[139]都起到关键性的作用,这是由于其能够逼近数据的自然拓扑结构,并且在基于可数性质的分类器中易于计算。

考虑邻接图 $G = (V, E)$,其顶点为已知标记和未知标记样本点,$V = \{x_1, x_2, \cdots, x_{l+u}\}$,其边的权值 $W = \{W_{ij}\}_{i,j=1}^{l+u}$ 表示样本之间一种合适的成对的相似度关系。由 k 近邻或 ε 邻域方法定义近邻。图的拉普拉斯矩阵 $L = D - W$,其中 D 为对角化矩阵,定义为 $\boldsymbol{D}_{ii} = \sum_{j=1}^{l+u} W_{ij}$。$L$ 可以看作定义在图的边上函数的算子,不难发现,L 也是半正定自伴随算子。根据谱理论,图 G 上任意函数可以分解为 L 的特征函数的线性组合。

对谱图理论[140]的研究发现,图和流形有很多相近的性质。如果样本数据集足够大,噪声较小,那么合理定义图上边的权值可以充分逼近与之对应的流形,定义在图上的拉普拉斯算子可以充分逼近作用在流形函数上的拉普拉斯-贝尔特拉米算子。如果使用图 G 作为流形 M 的逼近模型,需要假设图 G 上的函数是光滑的,即在邻近点之间函数值不应该变化太大。要保证定义在图上的函数 f 是光滑的,使用已知标记和未知标记样本获得经验估计 $I(G)$ 的一个自然选择是[40]

$$I(G) = \frac{1}{2 \sum_{i,j} W_{ij}} \sum_{i,j=1}^{l+u} [f(x_i) - f(x_j)]^2 W_{ij} \qquad (7.110)$$

这里 $2\sum\limits_{i,j} W_{ij}$ 为归一化因子,所以有 $0 \leqslant I(G) \leqslant 1$。

3）流形正则化

建立流形的一个逼近图模型之后,还需要根据图的结构找到一个分类器,Belkin 等[109] 提出流形正则化的半监督学习算法。算法能够使用不同的正则化项,得到不同损失函数的最优解。算法假设在输入空间距离较近的点应该有相同的标记,通过并入边缘分布 P_x 的几何结构信息,得到流形正则化学习框架。流形正则化扩展了再生核希尔伯特空间(RKHS)中经典的正则化框架,反映固有几何结构的信息经由附加的正则化项表现出来,这样对于给定的图 G,在 RKHS 中就可以学习到沿着潜在的结构光滑变化的函数。

根据半监督学习中数据的一致性先验假设[141]:

（1）局部一致性:指在空间位置上相邻的数据点具有较高的相似性。

（2）全局一致性:指位于同一流形上的数据点具有较高的相似性。

由以上两个假设可知:如果两点 $x_1,x_2 \in X$ 在 $P(x)$ 的内在几何中是靠近的,那么条件分布 $P(y|x)$ 在 $P(x)$ 的内在几何中沿着测地线的距离变化很小。

根据图和流形的关系,对于样本数据集 X,将数据点看作一个无向加权图 $G = (V,E)$ 的顶点 V,并定义成对数据点的相似度为图中的边,这样就根据数据点建立了一个与之对应的图。在图上定义一个近似函数,要求它尽可能光滑恰好可以满足一致性先验假设。

那么给定一个有 l 个有标记样本的集合 $\{(x_i,y_i)\}\vert_{i=1}^{l}$ 和一个有 u 个无标记本的集合 $\{(x_j)\}\vert_{j=l+1}^{j=l+u}$,无标记样本通过一个正则项加入进来,其作用是惩罚在一个聚类中变化太大的函数,在 RKHS 中解带有核函数 $K(x,y)$ 和损失函数 V 的最优化问题:

$$f^* = \underset{f \in \mathcal{H}_k}{\mathrm{argmin}} \frac{1}{l} \sum_{i=1}^{l} [y_i + f(x_i)]^2 + \gamma_{\mathrm{A}} \|f\|_K^2 + \frac{\gamma_{\mathrm{I}}}{(l+u)^2} \sum_{i,j=1}^{l+u} [f(x_i) - f(x_j)]^2 W_{ij}$$

$$(7.111)$$

式中:γ_{A}、γ_{I} 为正则化参数,分别控制 RKHS 范数和固有范数,W_{ij} 是根据两点距离确定的权值。这个框架把正则化、谱图理论和流形学习结合在一起。

可以证明:

$$\sum_{i,j} (f_i - f_j)^2 W_{ij} = \sum_{i,j} (f_i^2 + f_j^2 - 2f_i f_j) W_{ij}$$

$$= \sum_i f_i^2 D_{ii} + \sum_j f_j^2 D_{jj} - 2\sum_{i,j} f_i f_j W_{ij}$$

$$= 2f^{\mathrm{T}} L f \qquad (7.112)$$

式中：$D_{ii} = \sum\limits_{j=1}^{l+u} W_{ij}$；$\boldsymbol{L} = \boldsymbol{D} - \boldsymbol{W}$，$\boldsymbol{L}$ 为正定矩阵，可以看成定义在图上的算子。L 就相当于流形学习中的拉普拉斯－贝尔特拉米算子，其最前面的几个特征矢量就是流形上的拉普拉斯－贝尔特拉米算子特征函数的离散逼近[130]。

为了将半监督方法的拉普拉斯正则化最小二乘分类和监督方法的正则化最小二乘分类相比较，下面首先介绍正则化最小二乘分类，然后介绍拉普拉斯正则化最小二乘分类。

4）正则化最小二乘分类

RLSC 是由 R. M. Rifkin 等[141]提出的一种基于二次损失函数的正则化网络。RLSC 和 SVM 都建立在核函数基础上，在实现上，SVM 通常需要求解凸的二次规划问题，而 RLSC 直接在由核定义的 RKHS 上最小化一个线性正则化函数，因而 RLSC 计算简捷；在性能上，RLSC 完全可以与 SVM 不相上下。

对于给定的训练集 $D = (x_i; y_i)_{i=1}^l$，其中 $x_i \in X$，为第 i 个样本，用一个矢量表示，$y_i \in Y$ 为该样本所属的类别标号，X 为 $\mathbf{R}^n$ 的闭子集，$Y \subset \mathbf{R}$，RLSC 算法选择 RKHS 作为假设空间 $\mathcal{H}_K$，最小化正则化风险泛函：

$$f^* = \underset{f \in \mathcal{H}_K}{\mathrm{argmin}} \; \frac{1}{l} \sum_{i=1}^l \left[y_i - f(x_i) \right]^2 + \gamma \| f \|_K^2 \tag{7.113}$$

式中：$\| f \|_K^2$ 为正定核 K 诱导的 $\mathcal{H}_K$ 中函数 f 的范数；γ 为固定参数。

在分类情况下，取 $y_i \in \{1, -1\}$，对于多类情况，本节采用一对多的策略。RKHS 有两个重要结论：

（1）该最小化问题的解存在且唯一[135]，并由表示理论[143]给出解的表达形式：

$$f^*(x) = \sum_{i=1}^l \alpha_i^* K(x_i, x) \tag{7.114}$$

（2）$\| f \|_K^2$ 可以表示成

$$\| f \|_K^2 = \boldsymbol{\alpha}^{\mathrm{T}} \boldsymbol{K} \boldsymbol{\alpha} \tag{7.115}$$

式中：$\boldsymbol{\alpha}$ 为待优化的列矢量；$\boldsymbol{K}$ 为 $l \times l$ 的格拉姆（Gram）矩阵，$K_{ij} = K(x_i, x_j)$。

将式（7.114）和式（7.115）代入式（7.113），可得

$$\boldsymbol{\alpha}^* = \mathrm{argmin} \; \frac{1}{l} (\boldsymbol{Y} - \boldsymbol{K}\boldsymbol{\alpha})^{\mathrm{T}} (\boldsymbol{Y} - \boldsymbol{K}\boldsymbol{\alpha}) + \gamma \boldsymbol{\alpha}^{\mathrm{T}} \boldsymbol{K} \boldsymbol{\alpha} \tag{7.116}$$

式中：Y 为标记矢量，$\boldsymbol{Y} = [y_1 \cdots y_l]^{\mathrm{T}}$。

通过式（7.116）可得到解的表达式，即

$$\boldsymbol{\alpha}^* = (K + \gamma l \boldsymbol{I})^{-1} \boldsymbol{Y} \tag{7.117}$$

5）拉普拉斯正则化最小二乘分类

LapRLSC 是在 RLSC 基础上引入另外一个正则化项,形成的半监督学习框架,结合式(7.112),则 LapRLSC 需要解决下式所表达的问题:

$$\min_{f \in H_K} \frac{1}{l} \sum_{i=1}^{l} \left[y_i - f(x_i) \right]^2 + \gamma_A \| f \|_K^2 + \frac{\gamma_I}{(l+u)^2} f^{\mathrm{T}} L f$$
(7.118)
$$= \min_{f \in H_K} \frac{1}{l} \sum_{i=1}^{l} \left[y_i - f(x_i) \right]^2 + \gamma_A \| f \|_K^2 + \gamma_I \| f \|_I^2$$

式中:$f = [f(x_1) \quad f(x_2) \quad \cdots \quad f(x_{l+u})]^{\mathrm{T}}$。对于第二个正则项,核 K 是约束在流形 $\mathcal{M}$ 上的,记为 $K_\mathcal{M}$,RKHS 也是在流形 $\mathcal{M}$ 上的,即 $\mathcal{H}_\mathcal{M}$,这表明 $\| f \|_I = \| f_\mathcal{M} \|_{K_\mathcal{M}}$。文献[119]已证明关于得到最优化问题的最优 f^*,有 $\| f^* \|_I = \| f^* \|_K$,并证明对于求解式(7.118)的最优化问题与求解通常的式(7.113)所表达的正则化问题是相同的,尽管它们的正则化参数 γ 不同。根据表示理论[143]

$$f^*(x) = \sum_{i=1}^{l+u} \alpha_i^* K(x_i, x)$$
(7.119)

将式(7.115)和式(7.119)代入式(7.118),可得

$$\boldsymbol{\alpha}^* = \underset{\alpha \in R^{l+u}}{\mathrm{argmin}} \frac{1}{l} (\boldsymbol{Y} - \boldsymbol{J} \boldsymbol{K} \boldsymbol{\alpha})^{\mathrm{T}} (\boldsymbol{Y} - \boldsymbol{J} \boldsymbol{K} \boldsymbol{\alpha}) + \gamma_A \boldsymbol{\alpha}^{\mathrm{T}} \boldsymbol{K} \boldsymbol{\alpha} + \frac{\gamma_I}{(l+u)^2} \boldsymbol{\alpha}^{\mathrm{T}} \boldsymbol{K} \boldsymbol{L} \boldsymbol{K} \boldsymbol{\alpha}$$
(7.120)

通过式(2.120)可得 $\boldsymbol{\alpha}^* = (\alpha_1^*, \alpha_2^*, \cdots, \alpha_{l+u}^*)$。先对上式求关于 α 的偏导数再令该偏导数等于 0,即求解

$$\frac{1}{l} (\boldsymbol{Y} - \boldsymbol{J} \boldsymbol{K} \boldsymbol{\alpha})^{\mathrm{T}} (-\boldsymbol{J} \boldsymbol{K}) + \left[\gamma_A \boldsymbol{K} + \frac{\gamma_I l}{(l+u)^2} \boldsymbol{K} \boldsymbol{L} \boldsymbol{K} \right] \alpha = 0$$

则得到解的表达式为

$$\boldsymbol{\alpha}^* = \left[\boldsymbol{J} \boldsymbol{K} + \gamma_A l \boldsymbol{I} + \frac{\gamma_I l}{(l+u)^2} \boldsymbol{L} \boldsymbol{K} \right]^{-1} \boldsymbol{Y}$$
(7.121)

式中:$\boldsymbol{K}$ 为 $(l+u) \times (l+u)$ 的格拉姆矩阵;$\boldsymbol{Y}$ 为关于有标记和无标记样本点的 $(l+u)$ 维标记矢量,$Y = [y_1 \quad \cdots \quad y_l \quad 0 \quad \cdots \quad 0]$;$\boldsymbol{J}$ 为 $(l+u) \times (l+u)$ 的对角矩阵 $J = \mathrm{diag}(1, \cdots, 1, 0, \cdots, 0)$;$L$ 为对图求拉普拉斯得到的 $(l+u) \times (l+u)$ 的矩阵。

针对多类情况,本节采用一对多的策略。当 $\gamma_1 = 0$ 时,就成为标准的 RLSC。

LapRLSC 算法流程如下:

输入:l 个有标记样本 $\{(x_i, y_i)\}_{i=1}^{l}$,u 个无标记样本 $\{x_j\}_{j=l+1}^{l+u}$。

（1）用 $l+u$ 个节点建立一个数据邻接图,如果节点 i 在节点 j 的 n 近邻中

或者 j 在 i 的 n 近邻中,那么将连接 i 和 j 的边的权值赋为 1,即 $W_{ij} = 1$;否则,$W_{ij} = 0$。

（2）计算图的拉普拉斯矩阵:$\boldsymbol{L} = \boldsymbol{D} - \boldsymbol{W}$,$\boldsymbol{D}$ 为对角矩阵,$\boldsymbol{D}_{ij} = \sum\limits_{j=1}^{l+u} W_{ij}$。

（3）选择核函数 $K(x_i, x_j) = \exp\left\{\dfrac{\| x_i - x_j \|^2}{2\sigma}\right\}$,计算格拉姆矩阵 $\boldsymbol{K}_{ij} = K(x_i, x_j)$。

（4）选择正则化参数 γ_A 和 γ_I。

（5）用式(7.121)计算 α^*。

（6）输出函数 $f^*(x) = \sum\limits_{i=1}^{l+u} \alpha_i^* K(x_i, x)$。

输出:通过 $f^*(x) = \sum\limits_{i=1}^{l+u} \alpha_i^* K(x_i, x)$ 判断无标记样本 $\{x_j\}_{j=l+1}^{l+u}$ 的类别。

上述算法通过对训练集的有标记和无标记样本的学习得到判决函数,依此对测试集样本进行判决,同时通过"转导推理"[113]将训练集中无标记样本以最高的精度赋予标记。也就是说,在上述算法的步骤（1）～（3）中,未标记数据训练集参与图的建立、图的拉普拉斯矩阵的求解以及格拉姆矩阵的计算,在得到判决函数后,分别对未标记数据及测试样本进行分类。未标记样本的作用是与有标记样本一起建立图,进而用图来逼近流形。由于流形假设高维的数据位于低维的流形上,利用流形可以帮助人们挖掘数据的内在结构,那么数据越充分,对于流形的逼近越有利,所以本节将测试集样本引入学习训练中作为无标记样本,训练集作为有标记样本,两者共同参与图的建立、图的拉普拉斯矩阵的求解以及格拉姆矩阵的计算,使判决函数更加精确,最终通过决策函数对测试集样本进行决策。我们通过实验分析了有标记样本个数对于算法性能的影响。

7.4.2.4　SAR 图像识别实验

1）实验测试数据——MSTAR 数据

本实验所用的 MSTAR 数据集由聚束式 SAR 采集而成,分辨力为 0.3m,包括 BMP2 装甲车、BTR70 装甲车和 T72 坦克三类目标,每类样本的方位覆盖范围为 $0° \sim 360°$。在 SAR 图像中,目标是散射中心电磁散射的合成结果,对于同一目标,当它与雷达的相对位置变化时,其散射中心也会发生变化,导致不同方位角下的目标有明显的区别。实验中,先从原始 128×128 的图像中心截取 60×60 的区域,该区域包含整个目标,而去除多余的背景区域。在此基础上利用 KPCA 提取各自目标图像 35 维特征,并归一化到 $[-1, 1]$。图 7.33 给出了部分不同方位角的 SAR 图像。表 7.13 列出了训练集和测试集样本的个数。

(a) BMP2装甲车

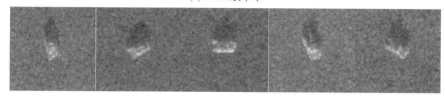

(b) BTR70装甲车

(c) T72坦克

图 7.33　不同方位角的部分 SAR 图像(见彩图)

表 7.13　SAR 目标记别训练集和测试集数据

训练样本集	样本数	测试样本集	样本数
BMP2(sn-c9563)	233	BMP2(Sn-c9563)	195
		BMP2(Sn-c9566)	196
		BMP2(Sn-c21)	196
BTR70(sn-c71)	233	BTR70(Sn-c71)	196
T72(sn-132)	232	T72(Sn-132)	196
		T72(Sn-812)	195
		T72(Sn-s7)	191

2)实验参数设置

关于 SAR 目标识别的拉普拉斯正则化最小二乘方法邻接图的近邻个数 n、高斯核函数 $K(x_i, x_j) = \exp(-\parallel x_i - x_j \parallel^2 / 2\sigma^2)$ 的宽度 σ^2、控制周围空间中函数复杂性的参数 γ_A 以及控制分布的内在几何结构函数复杂性的参数 $\dfrac{\gamma_I}{(l+u)^2}$ 有四个需要设定的参数。其中,邻接图的近邻个数 n 在此算法中不敏感,因此设为经验值 6,实验中主要考虑核函数的宽度 σ^2 以及 γ_A 和 $\dfrac{\gamma_I}{(l+u)^2}$ 对识别结果的影响。

(1) 核参数的确定。实验采用高斯核函数,其宽度 σ^2 过大或者过小都会使识别率下降。如果能建立起目标与核函数之间的匹配程度的一种度量,则可为确定最优核参数提供依据。文献[144]提出了一种将核参数与超参数分开优化的方法,最大化核 – 目标配准来选择最优核参数。首先为每一个 σ^2 计算格拉姆矩阵 $\boldsymbol{K}$,然后根据 $\hat{A}(\boldsymbol{K}', \boldsymbol{yy}^{\mathrm{T}}) = \dfrac{\langle \boldsymbol{K}', \boldsymbol{yy}^{\mathrm{T}} \rangle}{\langle \boldsymbol{K}', \boldsymbol{K}' \rangle \langle \boldsymbol{yy}^{\mathrm{T}}, \boldsymbol{yy}^{\mathrm{T}} \rangle}$

计算 $\hat{A}(\boldsymbol{K}', \boldsymbol{yy}^{\mathrm{T}})$,使 $\hat{A}$ 最大的 σ^2 即为最优的核参数。式中:$\boldsymbol{K}'$ 是关于有标记样本的格拉姆矩阵;y 为有标记样本的标签列矢量。

实验中,σ^2 在 $\ln\sigma^2 = \{-10:1:10\}$ 上搜索,得到在 $10°$ 和 $30°$ 的方位间隔分组实验中的 σ^2 为 e^2,在 $90°$、$180°$ 和 $360°$ 的方位间隔分组实验中的 $\sigma^2 = 1$。

(2) γ_A 和 $\dfrac{\gamma_I}{(l+u)^2}$ 的确定。γ_A 和 $\dfrac{\gamma_I}{(l+u)^2}$ 分别控制周围空间中函数的复杂性和控制分布的内在几何结构函数的复杂性,对于不同比例的有标记样本和无标记样本,其设置随之不同,本节采用简单的网格搜索找到识别率最高的参数格点为最优的参数对,其取值在下面的实验中给出。

3) 实验结果及分析

实验一:本节方法与其他文献方法的比较。

为了评价本节提出的基于拉普拉斯正则化最小二乘 SAR 目标记别方法的性能,将该方法与模板匹配法[144]、SVM[129]、线性 PCA + SVM、KPCA + SVM[133] 和 KPCA + RLSC 进行比较。分别对不同方位角度间隔的 SAR 目标数据进行了对比实验,将每一类训练样本和测试样本在 $0° \sim 360°$ 方位范围内,按等方位间隔分为 P 组(如方位间隔为 $10°$,则分为 36 组),在每一组中将训练集全部作为有标记样本,测试集作为无标记样本进行测试,最后将 P 组的结果求平均记录在表 7.15 中。

实验中,参数 γ_A 和 $\dfrac{\gamma_I}{(l+u)^2}$ 的选择采用在参数范围 $\mathrm{In}\gamma_A = \{-10:1:10\}$ 和 $\mathrm{In}\dfrac{\gamma_I}{(l+u)^2} = \{-10:1:10\}$ 的网格中搜索得到,表 7.14 为各个方位间隔分组实验中的参数设置,以 $180°$ 为例,$-9 \sim -4$ 表示 $\mathrm{In}\gamma_A$ 可以取到 $[-9, -8, -7, -6, -5, -4]$ 中的任意一个值,同样,$-2 \sim -1$ 表示 $\mathrm{In}\dfrac{\gamma_I}{(l+u)^2}$ 可以取到 $[-2, -1]$ 中的任意一个值,两者自由组合。

表 7.14　参数设置

参数 方位间隔/(°)	近邻个数 n	核函数参数 σ^2	$\ln\gamma_A$	$\ln\dfrac{\gamma_I}{(l+u)^2}$
10	6	e^2	-4	-4
30	6	e^2	$-9 \sim -7$	-4
90	6	1	$-9 \sim -3$	$-2 \sim -1$
180	6	1	$-9 \sim -4$	$-2 \sim -1$
360	6	1	$-9 \sim -3$	$1 \sim 2$

表 7.15　6 种方法的识别率

（单位:%）

方位 间隔/(°)	模板匹配[141]	SVM[129]	线性 PCA + SVM[142]	KPCA + SVM[142]	KPCA + RLSC	KPCA + LapRLSC
10	88.88	87.58	93.63	93.85	90.94	94.81
30	70.55	90.70	94.73	95.16	94.91	97.53
90	–	–	95.02	95.46	94.43	98.48
180	–	–	88.79	92.38	95.85	98.45
360	–	–	84.54	91.50	95.38	98.63

文献[145]采用模板匹配法,在图像域内分别将样本按 10°、30°方位间隔分组,在每一方位组内利用样本均值作为模板,用最小距离分类法进行识别。文献[129]没有做任何特征提取,将样本分别按 10°、30°方位间隔分组,在每一个方位单元内利用 SVM 进行识别。KPCA + RLSC 是对应于式(7.113)的监督学习方法,对训练样本集进行学习,对测试样本集进行识别,由于不需要求式(7.118)的第三项,其参数与 KPCA + LapRLSC 相比少了 $\dfrac{\gamma_I}{(l+u)^2}$ 和近邻个数 n; n;σ 的设置与 KPCA + LapRLSC 相同;对于 γ_A,在 $\ln\gamma_A = \{-10{:}1{:}10\}$ 范围内进行实验,记录最好的结果及其所对应的参数,对应于 10°、30°、90°、180°和 360°方位间隔的分组实验中该参数分别为 e^{-3}、e^{-6}、1、e^{-3} 和 e^{-3}。

从表 7.15 可以看出,在各个方位间隔分组实验中,KPCA + LapRLSC 的识别率比文献[129][133][145]中的方法都要高。尽管在 10°方位间隔分组时,每组样本数过少,每类目标在每个方位单元内只有六七个样本,但该方法此时识别率仍然较高,说明了该方法在小样本情况下的有效性。在按 30°、90°、180°和 360°等方位间隔分组时也都取得了较好结果,说明尽管方位角的变化范围大,目标图像的结构变化也较大,相似性变差,本节的方法仍然能够获得高识别率,进而说明该方法对方位具有较好的健壮性,降低了对目标方位信息估计的精度要求。同时,从表7.15中可以看到,在各方位间隔下,KPCA + LapRLSC 的识别率均高于 KPCA + RLSC 的识别率,从而验证了将测试集样本加入到训练集中作为无标记样本的 LapRLSC 方法能有效提高目标识别率。

实验二:测试样本不作为无标记样本,有标记样本的数量对识别率的影响。

本实验分析在测试集样本不参与训练的情况下,有标记样本的数目对识别率的影响。在 360°方位范围内,从训练集的每类中随机取出相同数目的有标记样本,依次为 20 ~ 100 个,训练过程只包含训练集中的有标记和无标记样本,测试集不参与训练,做 10 次实验取平均。图 7.34 给出了样本集。

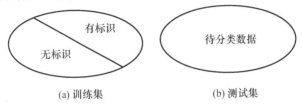

(a) 训练集   (b) 测试集

图 7.34 样本集(测试集样本不作为无标记样本)

本实验的参数 n 和 σ^2 的设置与实验一相同,由于 γ_A 和 $\dfrac{\gamma_I}{(l+u)^2}$ 的选取与有标记和无标记样本的比例有关,简单起见,γ_A 和 $\dfrac{\gamma_I}{(l+u)^2}$ 分别取经验值 0.005 和 0.045。实验结果如图 7.35 所示,其中,LapRLSC-U(transductive)表示训练集中无标记样本的识别错误率,LapRLSC-T(out-of-sample)表示测试集样本的识别错误率。随着训练集有标记样本数目的增加,识别错误率有所下降,说明增加有标记样本的个数有利于提高识别率,但是,下降到一定程度时曲线有所浮动,原因是随着无标记样本和有标记样本的比例不同,正则化参数的组合也要有细微的调整。本实验中 γ_A 和 $\dfrac{\gamma_I}{(l+u)^2}$ 取固定值,这也说明正则化参数的选取与有标记和无标记样本的比例有关系。还可以看到,对无标记样本的错误率要低于对测试集的错误率,说明参与训练的无标记样本的识别率比不参与训练的测试集样本的识别率高。需要指出,LapRLSC 对测试集样本的识别率能达到 96%,表明它具有对新样本良好的判决性能,这得益于 RKHS 中的函数 $\|f\|_K^2$ 的平滑性和约束在流形上的 RKHS 中的函数 $\|f\|_K^2$ 平滑性有不同的测度,而其他基于图的半监督算法,必须用所有的样本(训练集和测试集)来建立图,然后用类似 Dijkstra 算法找邻接图上两点的最短距离等操作来判断测试集样本类别,不具备对新样本的判决能力。这也是半监督学习中 LapRLSC 方法的一个优势。

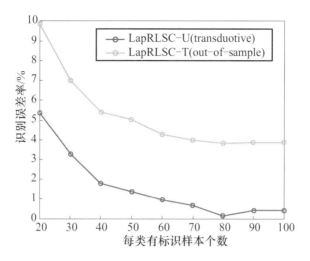

图 7.35　随训练集中有标记样本数目变化的识别错误率(测试集样本不作为无标记样本)

实验三:测试样本作为无标记样本,有标记样本的数量对识别率的影响。

本实验分析当测试集样本作为无标记样本参与训练的情况下,不同数量的有标记样本对识别率的影响。在 360°方位范围内,从训练集的每类中随机取出个数相同的样本,依次为 20 ~ 100 个,训练集剩余无标记样本和测试集样本全部作为无标记样本,做 10 次实验取平均。样本集如图 7.36 所示。

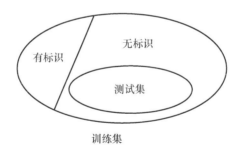

图 7.36　样本集(测试集样本作为无标记数据)

实验中参数设置与实验二相同,实验结果如图 7.37 所示,其中,LapRLSC-U(transductive)表示训练集中无标记样本的错误率,LapRLSC-T(transductive)表示将测试集样本作为无标记样本后得到的测试样本识别错误率。从图 7.37 可以看到,随着有标记样本数目的增加,LapRLSC-U(transductive)和 LapRLSC-T(transductive)的识别错误率都会下降,虽然下降到一定程度趋于平稳,但可以说明只要找到合适的正则化参数组合,使用较多的有标记样本得到的结果比使用较少的有标记样本的结果好。此外,还可看到,图 7.37 中的 LapRLSC-T(transductive)比图 7. 35 中 LapRLSC-T(out-of-sample)的识别错误率要低,从而证实了将测试样本作为无标记样本参与训练可以获得更高的识别率。同时,图 7. 37 中 LapRLSC-U(transductive)比图 7. 35 中 LapRLSC-U(transductive)的识别错误率要低,这是因为实验三中测试样本参与了建立图和求图的拉普拉斯,训练样本多,而实验二在这一过程中不包含测试集样本。

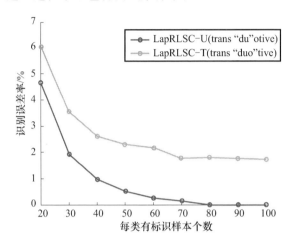

图 7.37 训练集中不同数目有标记样本的识别误差率(测试集样本作为无标记数据)

综合上述三个实验,在 KPCA 提取特征的基础上,用 LapRLSC 算法将全部训练集作为有标记样本,测试集作为无标记样本,具有识别率高的优势,并且对目标方位间隔具有较好的健壮性。由于这个过程中需要对训练集和测试集样本建立图以及求图的拉普拉斯,而 RLSC 不需要求解这一步,所以时间复杂度比 RLSC 大,但是在本节的实际应用中,由于目标的成像数目有限,所以识别效率并没有明显降低。

7. 4. 2. 5　结论

本节提出了一种基于 KPCA 和拉普拉斯正则化最小二乘的 SAR 图像半监督目标识别方法。基于 KPCA 特征提取方法不仅能提取目标主要特征,而且有效地降低了特征维数。在此特征矢量基础上,采用拉普拉斯正则化最小二乘进行 SAR 图像目标记别,将训练集样本全部作为有标记样本,将测试集样本作为无标记样本参与到学习过程中以获得更高的识别率,实验结果验证了该方法较模板匹配法、SVM 以及正则化最小二乘监督学习方法,具有更高的 SAR 图像目标识别正确率,并对目标角度间隔具有较好的健壮性。此外,还对不同情况下有标记样本的个数对识别率的影响进行了实验分析。

7.4.3　结合 Nyström 的图半监督纹理图像分割

7.4.3.1　背景介绍

图像分割是指根据灰度、色彩、空间纹理、几何形状等特征将图像划分成若干个互不相交的区域,使得这些特征在同一区域内表现出一致性或相似性,而在不同区域表现出明显的不同。图像分割是图像处理和计算机视觉等领域中最经典的研究课题之一,是模式识别和图像理解的基本前提步骤,分割质量的好坏直接影响后续图像处理的效果,具有重要的研究价值。

图像分割主要分为两个步骤:第一步是图像的特征提取;第二步是用分割方法实现图像分割。对于纹理图像,纹理信息不仅反映了图像的灰度统计信息,还反映了图像的空间分布信息和结构信息,对图像的特征提取格外重要。由于基于灰度共生矩阵的统计量和基于非下采样小波分解的能量在纹理分析中表现出良好的特性,所以本节首先构造灰度共生矩阵,在此基础上提取角二阶矩、对比度、相关性和熵在四个方向上的统计量;然后提取基于 3 层非下采样小波能量的10 维特征;最后结合像素的空间位置信息共同构成特征矢量。

提取出图像的特征之后,下一步工作是图像分割。经典的图像分割方法有阈值分割法、统计学分割法、区域增长法和分开合并法以及聚类分割法。其中,一个重要的研究部分就是基于像素水平上的聚类实现图像分割,其目的是根据给定图像中像素的自身属性以及它与邻域的相关特性赋予每个像素一个类标,为后续的分类、识别和检索提供依据。聚类分割算法主要有 k 均值、高斯混合模型、谱聚类等,它们属于无监督的方法,这些方法存在一定的不足和缺陷,k 均值和高斯混合模型对初始化比较敏感,谱聚类方法尽管取得了较好的效果,但是该方法目前仍处在发展阶段,存在许多值得研究的问题,尤其对于大规模的问题,该算法面临着巨大的计算量与存储量的问题。此外,有监督的分类方法也可以实现图像的分割,但绝大多数的有监督学习方法依赖于有标记的训练样本集,忽略了未标记样本的作用,利用大规模的标记过的训练数据固然可以提高学习算法结果的准确度,但是标记必须由人手工完成,这是一项费时费力的工作。当问题中同时存在大量未标记数据时,将它与有标记样本结合起来进行学习,将在一定程度上提高学习算法的性能。

近年来,半监督学习方法在图像分类、语音识别以及文本分类中表现出了良好的应用前景。其研究内容也很广泛,基于图的半监督学习方法是目前半监督学习方法中发展最为迅速且获得成果最多的领域。但是,大多数基于图的半监督学习算法复杂度都为 $O(n^3)$(n 为总的样本个数),对于一幅图像来说,像素一般在几万、几十万个左右,可称得上大规模问题,用这种具有立方复杂度的方法实现起来是困难的,会出现存储量和计算量的问题,所以很多基于图的半监督学习在图像分割的应用中会受到限制。

本节提出了一种新的图像分割的方法——基于稀疏图的半监督图像分割。该方法首先将数据点作为图的顶点,数据点与数据点之间的成对相似性作为图的边,建立 k 近邻稀疏邻接图;其次求图的拉普拉斯,在此基础上求特征值和特征矢量,实现将所有的数据点映射到一个新的空间上;然后在原图像中取出小块图像的像素,人工指定其类别标签,作为有标签数据,通过对这些有标签样本和无标签样本在新的空间上的学习,得到分类函数;最后对图像中剩下的无标签样本进行类别判定,实现图像分割。基于像素水平上的图像分割,数据量大,该方法主要利用了大规模的稀疏矩阵可以求解特征值和特征矢量的优势[146]。另外,针对建立邻接图时运算时间过长的问题,本节提出在基于图的半监督学习中利用 Nyström 逼近技术[147],在保持原始方法的分割效果上,大幅度减少运算时间。

本节首先介绍图像分割所采用的特征提取方法;其次阐述基于流形插值的半监督学习原理,结合稀疏图的建立将该方法应用到图像分割上;然后针对存储量和计算量大的问题提出结合 Nyström 逼近的方法;最后给出实验结果。

7.4.3.2　特征提取

1) 灰度共生矩阵

在许多图像分割、图像分类的实际应用中,都要在特征提取的基础上进行。纹理信息包含图像大量的重要信息。测度纹理有很多数学方法,其中比较有效的一种方法是灰度共生矩阵。灰度共生矩阵是由 Haralick 在 1973 年首次提出的,它反映了图像灰度关于方向、相邻间隔、变化幅度的综合信息,可作为分析图像基元和排列结构的信息,并已广泛地应用到图像的分割过程中。

任何图像都可以看作三维空间中的一个曲面,直方图是研究单个像素在这个三维空间中的统计分布规律。在三维空间中,相邻某一间隔长度的两个像素,它们具有相同的或不同的灰度级。若能找出这样的两个像素的联合分布的统计形式,对于图像的纹理分析将是很有意义的。

Haralick 等于 1973 年提出用灰度共生矩阵法来描述这样的一类纹理统计特征,这种方法能很好地表征图像表面灰度分布的周期规律,因此得到了广泛应用。

从灰度为 i 的像素点出发,距离为 (D_x, D_y) 的另一个像素点的同时发生的灰度为 j,定义这两个灰度在整个图像中发生的概率(或称频度)为

$$P(i,j,\delta,\theta) = \{(x,y) \mid f(x,y) = i, f(x + D_x, y + D_y)$$
$$= j, x, y = 0, 1, 2, \cdots, N - 1\} \tag{7.122}$$

式中:$i, j = 0, 1, 2, \cdots, L - 1$;$x, y$ 为图像中像素坐标;L 为灰度级的数目。

这样,两个像素灰度级同时发生的概率就是将(x,y)的空间坐标转换为了(i,j)的"灰度对"的描述,也就形成了灰度共生矩阵。这里所说的像素对和灰度级是有特殊意义的,一是像素对的距离不变,二是像素对灰度差不变。距离δ由(D_x, D_y)构成,如图 7.38 所示。

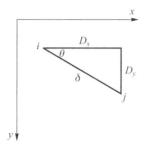

图 7.38　共生矩阵像素对

作为纹理分析的特征矢量,往往不是直接应用计算出的灰度共生矩阵,而是在灰度共生矩阵的基础上再提取纹理特征量,称为二次统计量。通常,可以从图像的灰度共生矩阵中抽取一下这些二次统计量作为分类识别的特征系数。

角二阶矩:

$$f_1 = \sum_{i=1}^{L-1} \sum_{j=1}^{L-1} \hat{p}^2(i,j) \tag{7.123}$$

角二阶矩是图像灰度分布均匀性的度量。当灰度共生矩阵中的非零元素分布较集中于主对角线时,说明从局部区域观察图像的灰度分布是较均匀的。从图像整体来观察,图像纹理较粗,此时角二阶矩f_1值较大,反之,f_1值较小。由于角二阶矩是共生矩阵元素的平方和,所以也称为能量。粗纹理角二阶矩f_1的值较大,可以理解为粗纹理含有较多的能量,细纹理f_1较小,即它所含能量较少。

对比度:

$$f_2 = \sum_{n=1}^{L-1} n^2 \left(\sum_{i=1}^{L-1} \sum_{j=1}^{L-1} \hat{p}^2(i,j) \right) \tag{7.124}$$

式中:$|i-j| = n$。

图像的对比度可以理解为图像的清晰度,即纹理的清晰程度。在图像中,纹理的沟纹越深,其对比度f_2越大,图像的视觉效果越是清晰。

相关性:

$$f_3 = \frac{\sum\limits_{i=1}^{L-1} \sum\limits_{j=1}^{L-1} ij\hat{p} - u_1 u_2}{\sigma_1^2 \sigma_2^2} \tag{7.125}$$

式中

$$u_1 = \sum_{i=1}^{L-1} i \sum_{j=1}^{L-1} ij\hat{p}\hat{p}(i,j), u_2 = \sum_{i=1}^{L-1} i \sum_{j=1}^{L-1} ij\hat{p}\hat{p}(i,j)$$

$$\sigma_1^2 = \sum_{i=1}^{L-1} (i-u_1)^2 \sum_{j=1}^{L-1} \hat{p}(i,j), \sigma_2^2 = \sum_{j=0}^{L-1} (j-u_2)^2 \sum_{j=0}^{L-1} \hat{p}(i,j)$$

相关是为了衡量灰度共生矩阵的元素在行的方向或列的方向的相似程度。例如,某图像具有水平的纹理,则图像在 $\theta = 0°$ 的灰度共生矩阵的相关值 f_3 往往大于 θ 为 45°、90° 或 135° 的灰度共生矩阵的相关值 f_3。

熵:

$$f_4 = -\sum_{i=1}^{L-1} \sum_{j=1}^{L-1} \hat{p}(i,j) \lg \hat{p}(i,j) \tag{7.126}$$

熵是图像信息量的度量,纹理信息也属于图像的信息。若图像没有任何纹理,则灰度共生矩阵几乎为零矩阵,则熵值 f_4 几乎为 0。若图像充满细纹理,则 $\hat{p}(i,j)$ 的数值近似相等,该图像的 f_4 最大。若图像中分布着较少的纹理,$\hat{p}(i,j)$ 的数值差别特别大,则该图像的熵值 f_4 较小。

灰度共生矩阵不仅反映灰度的分布特性,也反映具有同样灰度的像素之间的位置分布特性,是有关图像灰度变换的二阶统计特征,它是分析图像的局部模式和它们排列规则的基础。因此,本节首先把图像量化为 8 个灰度级,并构造灰度共生矩阵,在此基础上提取角二阶矩、对比度、相关性和熵在 0°、45°、90° 和 135° 四个方向上的统计量构成 16 维统计特征。

2) 基于非下采样小波分解的纹理特征

金字塔形小波分解用于纹理分析是由 S. G. Mallat[145] 在其开创性的工作中首次提出的,在此之后,基于小波分解能量的不同纹理测度纷纷提了出来。文献 [148 – 150] 中,分别提出了基于小波分解、树状小波分解以及小波包分解的纹理分析方法,并应用于分类与分割的任务。然而,这类下采样小波分解并不是平移不变的,不利于分类与分割的任务。相反的,非下采样小波变换虽然以冗余为代价(图 7.39),但由于具有平移不变性,因此能够提供稳定的纹理特征。

利用各分解子图像能量特征作为描述其纹理特征的信息测度,能够使分类目标间的差异更明显。以每个像素为中心的一个领域窗的非下采样小波分解的能量值构成了该中心像素的纹理特征矢量。采用 l_1 范数计算其能量测度:

$$E_n = \frac{1}{MN} \sum_{i=1}^{M} \sum_{j=1}^{N} |R(i,j)| \tag{7.127}$$

式中:$M \times N$ 为子图像的大小;i,j 表示子图像中系数的索引;R 为该子图像的小波系数。

显然,采用 2 层或 3 层多分辨分析方法提取特征对局部分析来说比仅使用

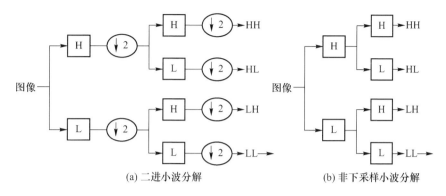

(a) 二进小波分解　　　　　　　　　(b) 非下采样小波分解

图 7.39　图像经小波分解后得到的 HH、HL、LH 和 LL 四个子图像

一层更为可取。因此,进行 3 层小波分解,得到 10 维特征矢量(e_{LL-1}, e_{LH-1}, e_{HL-1}, e_{HH-1}, e_{LH-2}, e_{HL-2}, e_{HH-2}, e_{LH-3}, e_{HL-3}, e_{HH-3}),其中,e_{LL-1} 表示第一层分解的 LL 子图像。LL 子图像通过横向和纵向的低通滤波获得。细节图像 LH、HL、HH 包含了高频分量。

7.4.3.3　基于流形插值的半监督学习

1) 流形结构对于半监督学习的作用

下面用一个简单的例子说明如何利用无标记样本来估计流形,有标记样本确定此流形上的样本类别。图 7.40 (a) 中曲线上包含两个类别的样本,在图 7.40(b) 和(c) 中均有少量的有标签样本和大约 500 个无标签样本。我们的目的是判断出标为"?"的样本所属的类别。从图 7.40(b) 可以看到,仅仅利用有标签的样本是不能判断"?"的类别的。从图 7.40(c) 可以看到,当有无标签样本时,对于判断"?"的类别问题变得可行。由于流形存在一个内在的结构,沿着曲线的测地线距离比欧氏距离要有意义得多,所以依据曲线的内在结构在曲线上建立分类器比在 $\mathbf{R}^2$ 的空间上建立分类器更有效。同时,流形可以有许多不同的表示,用曲线本身来表示是不能令人满意的。理想的,希望有一个数据表示可以捕捉到曲线的内在结构。具体来说,希望得到曲线的一个嵌入,沿着曲线它的坐标变化越小越好,即要求曲线尽可能光滑,这样的曲线可以用图 7.40(d) 表示。应该注意到,图 7.40(d) 和(f) 都表示同一个流形的内在结构,但是具有不同的坐标函数。图 7.40(f) 是经过拉普拉斯特征映射的二维数据表示,是希望得到的曲线的一个理想嵌入。图 7.40(e) 显示了在新的表示空间,有标签样本的位置。可以看到,"?"很明确地落在了"+"的中间,自然它被分为"+"类别。

这个例子说明,恢复流形并在流形上建立分类器,能够在分类问题中带来好处。恢复流形所需要的是无标签样本,有标签样本用来在流形上建立分类器。

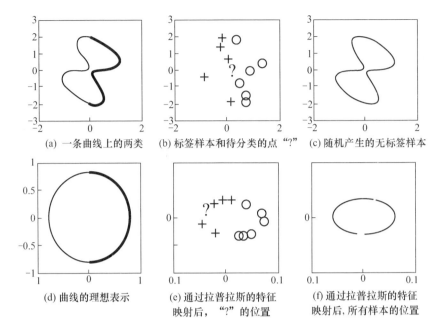

(a) 一条曲线上的两类 　(b) 标签样本和待分类的点"?" 　(c) 随机产生的无标签样本

(d) 曲线的理想表示 　(e) 通过拉普拉斯的特征映射后，"?"的位置 　(f) 通过拉普拉斯的特征映射后，所有样本的位置

图 7.40　利用无标记样本估计流形及有标记样本确定此流形上的样本类别

2）将数据表示为流形

要在流形上建立分类器,首先为流形建立一个逼近模型。由于图和流形有很多相似的性质,重要的一点是都可以嵌入到欧氏空间,所以很多研究人员使用图的方法逼近流形,并利用图的理论求解低维嵌入。建立一个图,图的顶点表示数据点,图的边表示数据点之间的相似性程度,当且仅当两个数据点是近邻时,它们才用一条边连接起来。"近邻"的定义可以是数据点 i 在 j 的 k 个邻域内或者数据点 j 在 i 的 k 个邻域内,也可以是 i 与 j 的距离小于某个预设的阈值 ε。每条边都对应着成对点的距离。两个节点间的"测地线"距离就是连接这两点的沿图上的所有路径中最短的一条。当样本点的个数趋于无穷多时,取样自支撑为整个流形的图上任意两点之间的最短距离收敛于流形上相同两点之间的测地线距离。

在建立流形的逼近模型之后,需要一个方法来挖掘该模型的结构,进而建立分类器。一种简单的方法是"测地线最近邻"。如果一个无标签样本的"测地线最近邻"是一个有标签样本,那么该无标签样本的类别就和这个有标签样本的类别一致,将其归为同一类。然而,这个方法具有潜在的不稳定性,即使是一些很小的噪声或者离群点就可以导致结果显著不同。与此相关的一个较为成熟的方法是基于邻接图的随机游走[151]和文献[106]提出的图的最小切。

3）流形上的拉普拉斯

在流形理论中存在一个拉普拉斯-贝尔特拉米算子,利用拉普拉斯-贝尔特拉米算子可以产生一个希尔伯特空间的基,为了恢复这样一个基,无标记样本就足够了,也就是说并不需要样本具有标记。一旦获得了这个基,训练就可以利用有标记数据集。

一个黎曼流形 M 上可微函数的拉普拉斯算子 $\Delta = -\sum_i \dfrac{\partial^2}{\partial x_i^2}$,有时还称拉普拉斯 - 贝尔特拉米算子,它是一个二次可微函数的半正定自伴随算子。当 M 为紧致流形时,对于希尔伯特空间 $\mathcal{L}^2(M)$,拉普拉斯算子已经被证明有离散的谱和特征函数,而且可以形成希尔伯特空间的一个正交基。所以对于希尔伯特空间 $\mathcal{L}^2(M)$ 上的任意一个函数都可以写成

$$f(x) = \sum_{i=0}^{\infty} \alpha_i e_i(x) \tag{7.128}$$

式中:e_i 为特征函数,$\Delta e_i = \lambda e_i$。

如果样本数据散布在流形 M 上,考虑最简单的模型:类别成员由平方可积函数 $f: M \to \{-1, 1\}$ 表示。换句话说,类别可以表示为两个交集为空的可测集合 S_1、S_2。如果 S_1、S_2 相交,则令 $f(x) = 1 - 2p(x \in S_1)$。这样分类问题可以转化为流形上函数的插值问题。由于函数可以由拉普拉斯算子的特征函数表示,可以调整系数,直至得到数据的最优拟合。拉普拉斯算子的特征函数不仅是自然的基函数,满足某种最优条件,还提供了一个最大光滑逼近,即拉普拉斯的特征函数可以作为一个光滑度的测量。

对于希尔伯特空间上任意的函数 $f = \sum_i \alpha_i e_i$,可以将其光滑性的度量[40]记为

$$S(f) = \langle \Delta f, f \rangle = \langle \sum_i \alpha_i \Delta e_i, \sum_i \alpha_i e_i \rangle = \sum_i \lambda_i \alpha_i^2 \tag{7.129}$$

Δ 的特征函数 e_i 的光滑性可以由下式表示即

$$S(e_i) = \langle \Delta e_i, e_i \rangle_{L^2(M)} = \lambda_i \tag{7.130}$$

可以看到,e_i 的光滑性由相应的特征值 λ_i 控制,所有的特征值都是非负的,越小的特征值对应的特征函数越光滑,最小的特征值 $\lambda_1 = 0$ 对应的特征函数是一个常量,也是最光滑的。

在 RKHS 上,f 的光滑性是有限的,所以用 Δ 的 p 个特征函数来逼近一个函数 $f(x) \approx \sum_{i=1}^{p} \alpha_i e_i(x)$ 是一个控制逼近光滑度的方法。通过最小均方误差来求解最优化问题:

$$\alpha = \underset{\alpha = (\alpha_1, \cdots, \alpha_p)}{\arg\min} \int_M \left[f(x) - \sum_{i=1}^{p} \alpha_i e_i(x) \right]^2 \mathrm{d}\mu \tag{7.131}$$

在我们的问题中,只知道函数 f 在有限个点上的值,因此需要解决上述问题的离散形式:

$$\bar{\boldsymbol{\alpha}} = \underset{\bar{\alpha}=(\bar{\alpha}_1,\cdots,\bar{\alpha}_p)}{\arg\min} \sum_{i=1}^{n} \left[f(x_i) - \sum_{j=1}^{P} \bar{\alpha}_j e_j(x_i) \right]^2 \tag{7.132}$$

这个最小二乘的解通过下式给出:

$$\bar{\boldsymbol{\alpha}}^{\mathrm{T}} = (\boldsymbol{E}_{ij}^{\mathrm{T}} \boldsymbol{E}_{ij})^{-1} \boldsymbol{E}_{ij} y^{\mathrm{T}} \tag{7.133}$$

式中

$$\boldsymbol{E}_{ij} = e_i(x_j), \boldsymbol{y} = \begin{bmatrix} f(x_1) & f(x_2) & \cdots & f(x_n) \end{bmatrix}$$

4) 基于流形插值的半监督学习算法

对于流形来说,一个与之对应的图就是一个拓扑对象,其拓扑性质通过边的权值表现。如果数据集足够大,噪声较小,合理定义图中边的权值可以充分逼近嵌入流形[42]。对于样本数据集 X,将数据点看作一个无向加权图 $G = (V, E)$ 的顶点 V,成对数据点的相似度为图中的边 E,将分类函数定义在图 G 上,该函数的光滑性可以表示为

$$S_G(f) = \sum_{i,j} w_{ij}(f_i - f_j)^2 \tag{7.134}$$

式中:w_{ij} 为边的权值。

如果数据 i 和数据 j 相似性比较大,即 w_{ij} 比较大,那么它们的函数值相差就应该比较小,可以认为式(7.135)是一个能量函数,其值越小,表示该函数越光滑。

$$\sum_{i,j} (f_i - f_j)^2 W_{ij} = \sum_{i,j} (f_i^2 + f_j^2 - 2f_i f_j) W_{ij}$$
$$= \sum_i f_i^2 D_{ii} + \sum_j f_j^2 D_{jj} - 2\sum_{i,j} f_i f_j W_{ij} = 2f^T L f \tag{7.135}$$

式中:$L = D - W, D$ 为对角矩阵,$D_{ii} = \sum_j W_{ij}$;L 为定义在图 G 上的函数的算子,称为拉普拉斯算子。拉普拉斯和流形中的拉普拉斯 – 贝尔特拉米算子具有相同的性质。将拉普拉斯 – 贝尔特拉米算子表示为 L,其特征函数形成希尔伯特空间的一个正交基,所以希尔伯特空间上的任意一个函数都可以写成

$$f(x) = \sum_{i=0}^{\infty} \alpha_i h_j(x) \tag{7.136}$$

式中:h_i 为特征函数,$Lh_i = \lambda_i h_i$。

越小的特征值对应的特征函数越光滑。问题转化为求 L 的特征值和特征矢量。针对一幅 256×256 的图像,其样本个数为 65536,由于本节中图的建立是稀疏的,所以矩阵的存储和特征矢量的计算都可以解决。

基于流形插值的半监督学习算法步骤如下:

输入:$l + u$ 个数据点 $x_1, x_2, \cdots, x_{l+u} \in R^n$,其中 l 个点有标签 $c_i, c_i \in \{-1, 1\}$(针对多类情况,本节采用一对多的策略),其余的 u 个点无标签。

(1) 建立邻接图。对于数据集中的所有 $l + u$ 个数据点,计算它们两两之间

的距离,如果 i 在 j 的 k 近邻中或者 j 在 i 的 k 近邻中,就将 i 和 j 用一条边连接起来。

（2）选择权值。如果节点 i 和节点 j 被一条边连接,则给予权值 $W_{ij=1}$ 或者 $W_{ij} = \exp\left[-\dfrac{1}{t}\sum_{d=1}^{q}(x_{id} - x_{jd})^2) \right]$,其中,$q$ 为样本的维数,t 为函数参数;否则,$W_{ij} = 0$。

（3）求图的拉普拉斯。计算对角权值矩阵 $\boldsymbol{D}$,$D_i = \sum_j W_{ij}$,然后计算图的拉普拉斯矩阵 $\boldsymbol{L} = \boldsymbol{D} - \boldsymbol{W}$,其中 $\boldsymbol{W}$ 是上面定义的邻接图的边的权值。

（4）求特征函数。求 L 的前 p 个最小的特征值对应的特征矢量,得到在图 G 上定义的特征函数,即

$$\boldsymbol{H} = \begin{bmatrix} h_{11} & h_{12} & \cdots & h_{1p} \\ h_{21} & h_{22} & \cdots & h_{2p} \\ \vdots & \vdots & \ddots & \vdots \\ h_{(l+u)p} & h_{(l+u)p} & \cdots & h_{(l+u)p} \end{bmatrix} \tag{7.137}$$

（5）建立分类器。最小化误差函数为

$$\mathrm{Err}(\alpha) = \sum_{i=1}^{\infty}\left(c_i - \sum_{j=1}^{P}\alpha_j h_{ij} \right)^2 \tag{7.138}$$

式中:p 为需要采用的特征函数的个数。

误差之和是针对所有的有标签样本点,最小化在整个系数空间 $\boldsymbol{\alpha} = (\alpha_1, \alpha_2, \cdots, \alpha_p)^{\mathrm{T}}$ 中进行。其解通过对上式求关于 α 的导数并令其为零得到,即

$$\boldsymbol{\alpha} = (\boldsymbol{H}_{\mathrm{lab}}\boldsymbol{H}_{\mathrm{lab}}^{\mathrm{T}})^{-1}\boldsymbol{H}_{\mathrm{lab}}\boldsymbol{c} \tag{7.139}$$

式中:$\boldsymbol{c} = (c_1, c_2, \cdots, c_l)$;$H_{\mathrm{lab}}$ 为有标签样本点上的特征函数值,且有

$$\boldsymbol{H}_{\mathrm{lab}} = \begin{bmatrix} h_{11} & h_{12} & \cdots & h_{1p} \\ h_{21} & h_{22} & \cdots & h_{2p} \\ \vdots & \vdots & \ddots & \vdots \\ h_{l1} & h_{l2} & \cdots & h_{lp} \end{bmatrix} \tag{7.140}$$

（6）对无标签样本进行分类。假设 $x_i(l < i \leqslant l+u)$ 是一个无标签样本,针对两类问题,根据下式得到每个样本所属的类别,即

$$c_i = \begin{cases} 1 & \left(\sum_{j=1}^{p} h_{ij}\alpha_j \geqslant 0 \right) \\ -1 & \left(\sum_{j=1}^{p} h_{ij}\alpha_j < 0 \right) \end{cases} \tag{7.141}$$

针对多类问题(假设为 C 类),采用一对多策略,将当前类作为 +1 类,剩余类作

为 -1 类,得到 C 组 $\boldsymbol{\alpha} = (\alpha_1, \alpha_2, \cdots, \alpha_p)^{\mathrm{T}}$,然后用式(7.141)中的 $\sum\limits_{j=1}^{P} h_{ij}\alpha_j$ 计算每个样本到某个类别的置信度,取置信度大的作为该样本所属的类别。

输出:u 个无标签的样本点的标签。

大部分基于图的半监督学习算法复杂度都为 $O(n^3)$(n 为总的样本个数),而该方法能够应用于图像分割是因为步骤(1)建立了稀疏的邻接图,对稀疏图的特征值和特征矢量的求解复杂度要比 $O(n^3)$ 小得多,解决了矩阵的存储和特征矢量的计算问题。但针对一幅 256×256 的图像,其样本个数为 65536,计算 k 近邻时,需要计算一个数据点到其余各数据点的距离,取 k 个最近邻构造邻接图,这个运算时间比较长,本节进一步在基于图的半监督学习中利用 Nyström 逼近方法来加快运算。

7.4.3.4　基于 Nyström 逼近的图半监督学习

1)与谱聚类的联系

本节首先介绍谱聚类算法,然后阐明本章方法与谱聚类之间的联系,得到采用 Nyström 逼近方法的依据。

谱聚类算法主要依据相似性矩阵的特征值和特征矢量提供了关于数据结构的全局信息,其划分判据有最小切、率切、规范切[151]以及最小最大切等,许多实验表明规范切判据相对于其他判据具有比较好的性能。

对于两类划分问题,V_1 和 V_2 表示无向图 $G = (V, E)$ 的两划分子集,有 $V_1 \cup V_2 = V, V_1 \cap V_2 = \varnothing$。令切 $\mathrm{cut}(V_1, V_2)$ 表示 V_1 和 V_2 之间的连接权值之和:$\mathrm{cut}(V_1, V_2) = \sum\limits_{i \in V_1, j \in V_2} W_{ij}$,定义第 i 个顶点的强度 $d_i = \sum\limits_{j} W_{ij}$,$\mathrm{Vol}(V_1)$ 表示 V_1 到图中所有顶点的权值之和,也就是 V_1 中所有顶点的强度之和:$\mathrm{Vol}(V_1) = \sum\limits_{i \in A, j \in V} W_{ij} = \sum\limits_{i \in V_1} d_i$

则

$$\mathrm{Vol}(V_2) = \sum_{i \in B, j \in V} W_{ij} = \sum_{i \in V_2} d_i$$

那么 V_1 和 V_2 之间的规范切定义为

$$\mathrm{Ncut}(V_1, V_2) = \frac{\mathrm{cut}(V_1, V_2)}{\mathrm{Vol}(V_1)} + \frac{\mathrm{cut}(V_1, V_2)}{\mathrm{Vol}(V_2)} \tag{7.142}$$

需要找到使得规范切 $\mathrm{Ncut}(V_1, V_2)$ 最小的 V_1 和 V_2。借助于谱图理论,一个近似最优解即为规范的拉普拉斯算子 L 的第二最小特征值 λ_2 对应的广义特征矢量 $\boldsymbol{v}_2$,从而找到一个阈值划分 $\boldsymbol{v}_2$。L 定义为

$$L = \boldsymbol{D} - \boldsymbol{W} \tag{7.143}$$

式中：D 为对角矩阵，$D_{ii} = d_i$；L 的规范化形式为

$$\tilde{L} = D^{-1/2}(D - W)D^{1/2} = I - D^{-1/2}WD^{1/2} \tag{7.144}$$

此时，A 和 B 之间的"cut"是最小的，一个好的分割对应着图上一个光滑的函数。

对于多类划分问题，已经证明，多路划分判据的谱放松逼近解位于前 p 个特征矢量张成的子空间。采用多个特征矢量将每个成员嵌入到一个 N_E 维的欧氏空间，使得规范化的相似性之间的显著差异保留下来，而对"噪声"信息进行压缩，在该空间中数据的分布结构更加明显。

为了找到这种嵌入空间，求解系统 $(D^{-1/2}WD^{1/2})V = V\Lambda$ 的前 p 个特征矢量 V 的矩阵 $N \times N_E$ 和特征值 Λ 的对角矩阵 $N_E \times N_E$。第 j 个样本的第 i 个嵌入空间坐标可通过下式给出：

$$E_{ij} = \frac{V_{i+1,j}}{\sqrt{D_{jj}}}, (i = 1,2,\cdots,N_E; j = 1,2,\cdots,N) \tag{7.145}$$

其中：特征矢量已根据特征值降序排列，这样，每个样本与 E 的一列相关联，最终的划分通过对列进行聚类得到。

但是，求解该系统面临大量的计算问题，因为 W 随聚类问题中样本数目的平方递增，对于大规模的问题，典型的如图像分割，计算量和存储量都是不可接受的，更不用说求解特征矢量了。针对该问题，C. Fowlkes 等人[152]提出了一种有效的解决方法——基于 Nyström 逼近的谱聚类。

本节基于流形插值的半监督学习需要建立图并求图的拉普拉斯，这与谱聚类中求图的拉普拉斯的过程相同，不同之处是前者在建立图时将相似性较小的值置为 0，不进行存储，后者则保留了所有两两数据点相似性的值。为了避免本节方法在建立稀疏邻接图时计算时间长的问题，采用 Nyström 逼近方法。

2）结合 Nyström 的图半监督纹理图像分割方法

Nyström 是一种用于求解积分特征函数问题的数字逼近技术[152]。该方法首先从所有样本中随机选择出一小部分样本作为代表点，求解特征问题，然后将其特征矢量扩展为整个样本集合相似性矩阵的特征矢量。谱聚类首先需要构造相似性矩阵，但其构造过程中引入了核函数的计算，基于核的学习方法的复杂度为 $O(n^3)$，而使用 Nyström 方法将复杂度降为 $O(m^2n)$，其中，m 为随机选择的样本个数，n 为全部样本个数。在实际应用中，通常取 $m \ll n$，不会造成性能的显著降低，随机选择大约 100 个样本点就足以捕捉到典型自然图像中的显著划分[152]。

避免建立 k 近邻的稀疏邻接图运行时间过长，将求 k 近邻的邻接图转为求全连接图，进而用 Nyström 逼近方法求解特征函数。求全连接图与求 k 近

邻的近邻图在一定条件下是等效的,如采用高斯核函数 $K(x_i,x_j) = \exp(-\parallel x_i - x_j \parallel^2/2\sigma^2)$ 计算两点之间的相似性,当顶点 i 和顶点 j 的距离比较大,而 σ^2 取值合适时,其相似性 $K_{ij} = 0$,相当于求邻接图时距离较远的两点之间的边赋予为 0 的权值,于是将基于流形插值的半监督学习算法中的 1~3 步直接用 Nyström 逼近取代,得到特征函数。结合 Nyström 方法的基于图的半监督图像分割的算法步骤如下:

输入:从图像的每一类中随机取出少量像素,指定其每个像素的类别作为 l 个有标签样本,剩余像素作为 u 个无标签样本。

(1)用 Nyström 逼近技术将该 $l+u$ 个样本点投射到 p 个特征矢量张成的子空间,p 在实验过程中取经验值,得到式(7.138)。

(2)利用有标签样本的特征函数值以及其类别标签,通过优化式(7.139)得到最优的参数 $\boldsymbol{\alpha} = \begin{bmatrix} \alpha_1 & \alpha_2 & \cdots & \alpha_p \end{bmatrix}^{\mathrm{T}}$ 。

(3)根据式(7.142)对所有无标签样本进行类别判断。

输出:每个无标签样本的类别标签。

7.4.3.5 实验结果与分析

基于稀疏图的半监督方法主要参数是近邻个数和特征矢量的个数,利用 Nyström 逼近的图半监督方法主要参数是高斯核函数宽度 σ 和特征矢量的个数,它们的取值见表 7.16。另外,Nyström 逼近技术需要先从所有样本中随机选择出一小部分样本作为代表点,求解特征问题,实验中随机选取了 200 个点,以上参数均通过实验经验取得。

表 7.16 实验参数

实验	分割方法	近邻个数	高斯核函数参数 σ	特征矢量个数	有标签样本个数	无标签样本个数
实验一	Sparse Graph	20	—	2	512	65024
	Nyström	—	0.4	2		
实验二	Sparse Graph	30	—	4	768	64768
	Nyström	—	0.35	3		
实验三	Sparse Graph	15	—	4	1024	64512
	Nyström	—	0.3	4		
注:实验一、实验二、实验三分别对应于对三幅纹理图像的分割						

图 7.41(a)是两类的纹理图像,其大小为 256×256,首先对图像中的每个像素的 15×15 邻域提取基于灰度共生矩阵的纹理特征 12 维,16×16 邻域提取三级非下采样小波分解纹理特征 10 维,另外加入像素的空间位置信息即横纵坐

标,构成 24 维特征矢量,并将特征矢量归一化到$[-1,1]$。然后从每类中随机取出 16×16 的小块作为有标签样本,剩余的像素作为无标签样本,即两类共 512 个有标签样本,65024 个无标签样本。

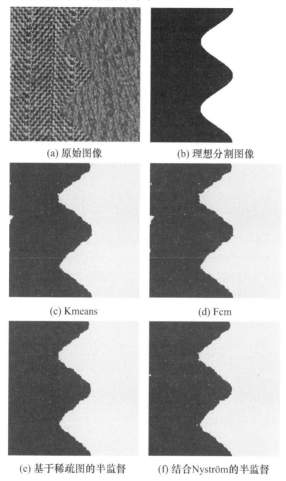

(a) 原始图像　　　　　(b) 理想分割图像

(c) Kmeans　　　　　(d) Fcm

(e) 基于稀疏图的半监督　　(f) 结合Nyström的半监督

图 7.41　两类纹理图像的分割

　　图 7.42(a)是三类的纹理图像,其大小为 256×256,首先对图像中的每个像素的 17×17 邻域提取基于灰度共生矩阵的纹理特征 12 维,16×16 邻域提取三级非下采样小波分解纹理特征 10 维,另外加入像素的空间位置信息即横纵坐标,构成 24 维特征矢量,并将特征矢量归一化到$[-1,1]$。然后从每类中随机取出 16×16 的小块作为有标签样本,剩余的像素作为无标签样本,即两类共 768 个有标签样本,64768 个无标签样本。

　　图 7.43(a)是四类的纹理图像,其大小为 256×256,首先对图像中的每个像素的 17×17 邻域提取基于灰度共生矩阵的纹理特征 12 维, 16×16 邻域提取三

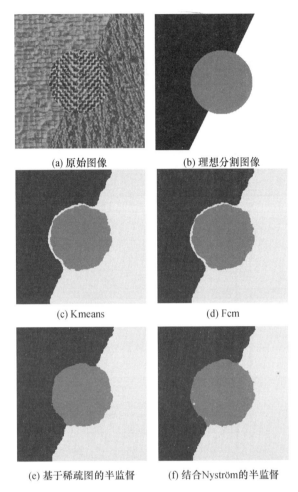

(a) 原始图像　　　　　　(b) 理想分割图像

(c) Kmeans　　　　　　　(d) Fcm

(e) 基于稀疏图的半监督　　(f) 结合Nyström的半监督

图 7.42　三类纹理图像的分割

级非下采样小波分解纹理特征 10 维,另外加入像素的空间位置信息即横纵坐标,构成 24 维特征矢量,并将特征矢量归一化到 $[-1,1]$。然后从每类中随机取出 16×16 的小块作为有标签样本,剩余的像素作为无标签样本,即两类共 1024 个有标签样本,64512 个无标签样本。

为了比较,本节用 k 均值和模糊 C 均值进行了对比实验。图 7.41(b)、图 7.42(b) 和图 7.43(b) 是用于计算分割准确率的理想分割图像,图 7.41(c)、图 7.42(c) 和图 7.43(c) 是用 k 均值得到的分割结果,图 7.41(d)、图 7.42(d) 和图 7.43(d) 是用模糊 C 均值得到的分割结果,图 7.41(e)、图 7.42(e) 和图 7.43(e) 基于稀疏图的半监督方法得到的分割结果,图 7.41(f)、图 7.42(f) 和图 7.43(f) 利用 Nyström 逼近的半监督方法得到的分割结果。

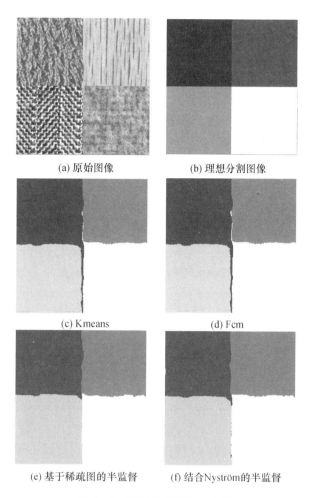

(a) 原始图像　　　　　　(b) 理想分割图像

(c) Kmeans　　　　　　　(d) Fcm

(e) 基于稀疏图的半监督　　(f) 结合Nyström的半监督

图 7.43　四类纹理图像的分割

从图 7.41～图 7.43 的分割结果可以看到，在基于图的半监督算法中利用邻接图的稀疏性得到的分割结果和利用 Nyström 逼近的半监督学习的分割结果都比较理想，区域一致性非常好。表 7.17 给出了在内存为 1GB、MATLAB7.0 环境下，各种方法得到分割结果所用的运行时间和误差率，k 均值和模糊 C 均值虽然比较快，但是其分割效果无论是从主观视觉上还是正确率上都要比本节的半监督方法差一些。利用 Nyström 逼近的半监督学习方法在时间上要远远优于邻接图的稀疏性的方法，很大程度上减少了运行时间，并且保证了分割质量。与无监督的 k 均值和模糊 C 均值相比，本节的半监督图像分割利用了少量的标签信息，但是实验过程中有标签的样本数量最多也只占总样本数的 1.56%，在实际应用中很容易获取到这少量的标签。

表 7.17　运行时间及误差率

实验	分割方法	运行时间/s	误差率/%
实验一	Kmeans	12.032	1.38
	Fcm	16.719	1.36
	Sparse Graph	16333.266	1.13
	Nyström	52.078	1.07
实验二	Kmeans	71.937	2.37
	Fcm	50.391	2.44
	Sparse Graph	21344.86	2.10
	Nyström	136.094	1.85
实验三	Kmeans	83.078	2.80
	Fcm	53.734	2.80
	Sparse Graph	17384.75	2.78
	Nyström	532.141	2.44

7.4.3.6　小结

本节提出了一种基于稀疏图的半监督图像分割方法,该方法将分类问题看作一个流形上的函数的插值问题,通过优化某些系数来更好地拟合数据。针对图像像素数据这样的大规模问题,利用了邻接图是非常稀疏的矩阵来求解特征矢量,并在此基础上提出采用 Nyström 逼近方法来降低计算复杂度。在合成纹理图像上进行实验,结果表明,本节的图像分割方法可获得良好的分割质量,同时结合 Nyström 逼近方法在保证分割质量的前提下很大程度上提高了计算效率。与经典的 k 均值和模糊 C 均值相比,本节的方法分割正确率较高,视觉效果较好。

7.4.4　自调节参数的半监督谱聚类

7.4.4.1　背景介绍

作为一种有效的数据分析方法,聚类算法已经广泛应用于计算机视觉、信息检索、数据挖掘等领域。在已有的聚类算法中,k 均值聚类作为一种基于中心的聚类方法,是最简单、使用最普遍的方法之一。k 均值方法是基于划分的聚类方法,其基本思想:对于给定的聚类数目 K,首先随机创建一个初始划分,然后采用迭代方法通过将聚类中心不断移动来尝试着改进划分。传统的 k 均值聚类算法存在着一些固有的缺点:对于随机的初始值选取可能会导致不同的聚类结果,甚至存在着无解的情况;算法很容易陷入局部极值,而且对于孤立点是敏感的;它在紧凑的超球形分布的数据集合上有很好的性能,然而当数据结构是非凸的或数据点彼此交叠严重时,算法往往会失效。

近年来,谱聚类算法的出现克服了 k 均值算法的缺点,具有识别非凸分布聚类的能力,非常适合于许多实际应用问题,而且实现简单,不会陷入局部最优解,避免数据的过高维数造成的奇异性问题。这使得谱聚类更适合解决实际应用问题,如语音识别[153]、图像分割[152,153]和超大规模集成电路[154]等。

但是,以上聚类算法在执行过程中不能获得任何关于预先定义的数据项的类属信息,因而通常看作一种无监督学习方法。尽管对于现实世界问题要获得大量数据的类属信息需要付出相当大的代价,然而忽视那些很容易获得的少量样本类属信息将是很大的浪费。人们已经开始尝试在一些实际问题中利用可获得的先验信息,例如:在图像分割中可以获得一些区域的部分划分信息,用来辅助整个图像的聚类;在视频检索中不同用户可以对数据库中小子集中的图像提供注释,利用这些划分信息来对整个数据库进行聚类以改善聚类效果[145]。

利用样本先验信息来改善无监督聚类算法的性能已成为机器学习领域的研究热点,所提出的算法统称为半监督聚类。根据使用先验信息的方法不同,已有的半监督聚类算法分成两大类:一类是基于限制的方法,这类方法修改聚类算法本身,利用成对限制先验信息来指导聚类算法向一个较好的数据划分进行[156];另一类是基于测度的方法,这类方法首先训练相似性测度用以满足类属或限制信息,然后使用基于测度的聚类算法进行聚类[157,158]。

谱聚类作为一种新颖的聚类方法,是一种配对聚类算法,这使得在聚类过程中利用成对限制先验信息变得非常容易。本节尝试利用成对限制信息来改善经典谱聚类算法的聚类性能,它属于半监督谱聚类的一种。但是,这种半监督谱聚类和谱聚类存在同样的问题,即在建立相似性矩阵时,使用的径向基核函数参数 σ 很难确定,而且通常是手工设置的。Ng 等[159]提出针对一系列参数 σ 反复运行聚类算法,选择得到最好结果对应的参数 σ 的方法。显然,这种方法非常费时,而且当聚类具有不同局部统计特性时,一个单独的 σ 值就会变得不合适了。Zelnik-Manor 等[160]提出了自调节谱聚类来解决这个问题,使用局部尺度参数计算成对点的相似性,这种局部尺度参数可以得到较好的聚类结果,尤其是当数据包含多尺度聚类或者数据的聚类存在于一个混乱的背景中时。受到这个思想的启发,本节在所提出的半监督谱聚类算法中使用局部尺度参数:首先根据点与其周围点之间的距离来计算局部参数 σ;其次用得到的参数 σ 计算相似性矩阵;然后根据成对约束信息,即加入某两个样本必须属于一类和某两个样本必须属于不同类两种形式的样本约束,来更改相似性矩阵中相似性的值;最后用谱聚类算法来将数据进行聚类。

本节首先回顾了经典的谱聚类算法;然后将成对约束的先验信息引入到谱聚类算法中,提出半监督谱聚类算法,并且针对该半监督谱聚类算法中存在的参数选择困难的问题提出采用自调节参数的方法,称为自调节半监督谱聚类(STS^3C);最后对自调节半监督谱聚类算法在 UCI 的四类数据分类和图像分割上进行了实验。实验结果显示,自调节半监督谱聚类与固定参数半监督谱聚类(FS^3C)相比,具有更高的分类正确率,并且有效地避免了为确定参数而耗费大量时间的问题,对于图像的分割也有更好的分割效果。

7.4.4.2　谱聚类

谱聚类算法的思想来源于谱图划分理论,它将聚类问题看成一个无向图的多路划分问题。首先定义一个图划分判据,如 Shi 和 Malik 提出的一个有效的图划分判据——规范切判据,然后最优化这一判据,使得同一类内的点具有较高的相似性,而不同类之间的点具有较低的相似性。由于图划分问题的组合本质,求图划分判据的最优解是一个 NP 难问题。一个很好的求解方法是考虑问题的连续放松形式,这样便可将原问题转换成求图的拉普拉斯矩阵的谱分解。先求成对数据点的相似性,将相似性图表示为一个矩阵,矩阵的特征值和特征矢量提供了关于数据结构的全局信息,这样可以将原问题转换为求解矩阵的特征值和特征矢量问题,这类算法统称为谱聚类算法。根据使用特征矢量的方式不同,出现了多种谱聚类算法。

最早提出的谱图划分判据是最小切,由于最小切判据仅考虑外部连接而没有考虑每个聚类内部的连接,容易产生歪斜划分,不适于聚类问题。为了解决这一问题,后来提出的判据都是通过引入不同的平衡条件来获得性能更优的聚类判据,如率切、规范切以及最小最大切等。许多实验表明,规范切判据相对于其他判据具有更好的性能,因此我们关注的是规范切谱聚类算法。

谱聚类也可以利用类似于 PCA 子空间方法中的嵌入思想来解释。该方法同时使用矩阵的多个特征矢量,利用这些特征矢量构造一个简化了的数据空间,在该空间中数据的分布结构更加明显。代表性算法有 Ng 等[159]提出的 SC 算法。Meila 和 Xu 指出,SC 算法和一种基于图划分判据的方法——多路规范切算法(MNCut)[161]的差异之处仅在于所使用的谱映射不同,并且当相似性矩阵是理想矩阵[161]时,它们是等价的。

谱聚类算法如下:

输入:数据集合 $S = \{s_1, s_2, \cdots, s_n\} \in \mathbf{R}^d$,聚类个数 c。

(1)构造相似性矩阵 $\boldsymbol{A} \in \mathbf{R}^{m \times n}$,$A_{ij} = \exp(-\|s_i - s_j\|^2)/2\sigma^2$,如果 $i \neq j$,否则 $A_{ii} = 0$。

（2）定义 D 为对角矩阵，$D_{ii} = \sum_j A_{ij}$。

（3）规范化相似性矩阵，$L = D^{-1/2}AD^{1/2}$。

（4）求矩阵 L 的 c 个最大特征矢量 $X = \begin{bmatrix} x_1 & x_2 & \cdots & x_c \end{bmatrix} \in \mathbf{R}^{n \times c}$。

（5）将矩阵 L 的行矢量规范化为单位长度 $Y_{ij} = X_{ij} / \left(\sum_j X_{ij}^2 \right) 1/2$。

（6）将每一行 $y_i \in \mathbf{R}^c$ 作为一个数据点，用 k 均值将它们聚类分成 c 类。

输出：S 的 c 个聚类。

步骤（1）中，核函数的参数 σ 是通过具体的问题来选择的。

谱聚类是数据分析的无监督方法。然而在实际的应用中，像成对约束这样的先验信息很容易获得。有研究表明，在聚类中增加约束信息可以提高聚类的性能。在谱聚类算法的步骤（1）中需要计算点之间的相似性，这很容易将用户提供的成对约束信息增加进来。所以在本节提出结合约束信息的谱聚类方法来进行数据分析。

7.4.4.3　半监督谱聚类

手工标记大量的数据费时费力，然而得到大量的无标签数据比较容易。可以获得少量的先验信息如成对的约束来表明哪些点属于同一类，哪些点属于不同类。对于许多聚类应用领域，如交谈中的讲话人的识别，GPS 数据中的道路检测问题[156]，考虑以成对点限制形式出现的监督信息而不是样本类属信息会比较实际一些。这是由于对用户来说要确定样本类属会比较困难，而获得一些关于样本点是否可以位于同一类的限制信息将会比较容易。另外，基于限制的先验信息比类属信息更一般，可以从类属信息获得等价的成对限制信息；反之，则不然。K. Wagstaff 等人最早在文献[162]中引入两种类型的成对点限制，即 must-link 和 cannot-link 来辅助聚类搜索。must-link 限制规定两个样本必须在同一聚类中；cannot-link 限制规定两个样本不能在同一聚类中。本节采用两种形式的约束：Must-link，两个样本必须属于同一类；Cannot-link，两个样本必须属于不同类。

实际上，可以通过少量的这种约束关系推出更多的约束关系，它们的传递方式可以表示为：

$$(x_i, x_j) \in \text{must} - \text{link} \&\& (x_j, x_k) \in \text{must} - \text{link} \Rightarrow (x_i, x_k) \in \text{must} - \text{link}$$

$$(x_i, x_j) \in \text{must} - \text{link} \&\& (x_j, x_k) \in \text{cannot} - \text{link} \Rightarrow (x_i, x_k) \in \text{cannot} - \text{link}$$

简单起见，仅利用了所给的成对约束信息，而没有通过成对约束进行传导。本节对于这两种形式的约束关系用下面的方式来实现：在得到相似性矩阵后，将必须属于同类的两个样本的相似性值设为 1，必须属于不同类的两个样本的相似性值设为 0。

7.4.4.4 自调节参数的半监督谱聚类

谱聚类有很多明显的优势而且已经应用于很多领域。然而,谱聚类对于径向基核函数的参数 σ 的选择非常敏感,不同的 σ 值会得到完全不同的聚类结果,不正确的取值将会极大影响谱聚类的性能。

Ng 等[159]提出,在一系列的 σ 上反复执行算法,选择获得最好结果对应的 σ 值。这显然会大幅度增加计算量。另外,被测试的 σ 值的区间需要自己设定,这也是一个难题,最重要的是,当数据的输入空间包含的聚类具有不同的局部统计时,一个单独的 σ 值并不适合一个数据集中所有的数据。

为了避免选择 σ 所带来的问题,采用每个数据点 s_i 的局部参数 σ_i。平方距离 d^2 为

$$d(s_i,s_j)d(s_j,s_i)/\sigma_i\sigma_j = d^2(s_i,s_j)/\sigma_i\sigma_j$$

成对点的相似性矩阵为

$$\hat{A}_{ij} = \exp\left[-\frac{d^2(s_i,s_j)}{\sigma_i\sigma_j} \right] \tag{7.146}$$

根据数据点 i 周围的局部统计特性选择 i 的邻近点 j,用两者之间的距离关系计算参数 σ_i。局部核参数 σ_i 通过学习 s_i 的局部统计特性得到。简单起见,σ_i 用下式计算得到:

$$\sigma_i = \sqrt{d(s_i,s_K)} \tag{7.147}$$

式中:$d(s_i,s_K)$ 为欧几里得距离,$\sqrt{d(s_i,s_K)}$ 为开四次方距离;s_K 为数据点 s_i 的第 K 个近邻点,在我们的实验中,设置 $K=7$ 就可以得到较好的结果。

自调节半监督谱聚类算法的具体实现步骤如下:

输入:数据集 $S = \{s_1,s_2,\cdots,s_n\} \in \mathbf{R}^d$,样本成对约束集 Cons,聚类数 c。

(1) 用式(7.147)为每个数据点 $s_i \in S$ 计算其局部核参数 σ_i。

(2) 根据得到的参数 σ_i 和式(7.147)来计算相似性矩阵 $\hat{A} \in \mathbf{R}^{n \times n}$。对于 $i \neq j$,$\hat{A}_{ii} = 1$;否则,$\hat{A}_{ii} = 0$。

(3) 添加成对的约束信息:

$$\begin{cases} \hat{A}_{ij}=1 \ \hat{A}_{ji}=1((x_i,x_j) \in \text{must-link}) \\ \hat{A}_{ij}=0, \hat{A}_{ji}=0((x_i,x_j) \in \text{cannot-link}) \end{cases}$$

(4) 建立拉普拉斯矩阵 $\mathbf{P} = \mathbf{L}^{-1/2}\hat{A}\mathbf{L}^{-1/2}$,其中,$\mathbf{L}$ 为对角矩阵 $L_{ii} = \sum_{j=1}^{n} \hat{A}_{ij}$。

(5) 计算 $\mathbf{P}$ 的前 c 个最大的特征矢量 $\mathbf{v}_1,\mathbf{v}_2,\cdots,\mathbf{v}_c$,得到矩阵 $\mathbf{V} = [\mathbf{v}_1 \quad \mathbf{v}_2$

$\cdots\ v_c\big]\in\mathbf{R}^{n\times c}$ 。

（6）将 V 的每一行归一化到单位长度 $Z_{ij}=V_{ij}\big/\big(\sum_j V_{ij}\big)^{1/2}$ ，得到 $Z\in\mathbf{R}^{n\times c}$ 。

（7）将 $Z_i\in\mathbf{R}^c$ 的每一行作为一个样本点，用 k 均值将它们分成 c 类。

输出：S 的 c 个聚类。

7.4.4.5　实验结果与分析

1）在 UCI 数据集上实验

在 UCI 的四类数据集上进行实验，比较自调节参数的半监督谱聚类和固定参数的半监督谱聚类算法的性能。表 7.18 列出了实验所用 VCI 数据集的属性。

表 7.18　实验所用 UCI 数据集的属性

数据集	类别数	特征维数	样本个数	是否归一化
WDBC	2	30	569	是
Glass	6	9	214	否
Sonar	2	60	208	否
Wine	3	12	178	是

固定参数的半监督谱聚类性能取决于参数 σ 。在以上数据集中，σ 以步长 0.1 在区间 $[0,2]$ 上通过多次实验选择得到。在每个参数上运行谱聚类算法，对于数据集 WDBC、Glass、Sonar 和 Wine 得到的最优参数分别为 1.2、0.4、0.9 和 1.4 。分别对自调节参数的半监督谱聚类和固定参数的半监督谱聚类运行 50 次，每次随机产生成一定数量的成对约束。评价标准是它们的误差率。图 7.44 显示了它们的平均误差率比较。

从图 7.44 可以发现，自调节参数的半监督谱聚类的平均误差率比固定参数的半监督谱聚类的平均误差率小。需要指出，当成对约束的个数为 0 时，表示无监督聚类，即谱聚类。从图 7.44 还可以看到，少量的成对约束就可以给聚类带来帮助。从上面的实验结果可以得出结论：在有相同数量的成对约束的情况下，本节方法与固定参数的半监督谱聚类相比可以较大程度地降低误差率。当然，当约束的数量增加到足以使 FS^{3}C 达到零误差的时候，STS^{3}C 也更早地达到了零误差。更重要的是，STS^{3}C 不需要通过反复进行实验来选择核参数。

2）在纹理图像和 SAR 图像上进行实验

图 7.45 是一幅包含五类的纹理图。首先对图像中的每个像素的 11×11 邻域提取基于灰度共生矩阵的纹理特征 16 维，16×16 邻域提取三级非下采样小波分解纹理特征 10 维，另外加入像素的空间位置信息即横纵坐标，构成 28 维特征矢量。图 7.45（b）是无监督的谱聚类得到的分割结果，RBF 参数也是用自调节方法得到的。图 7.45（c）和（d）是半监督谱聚类得到的分割结果，其

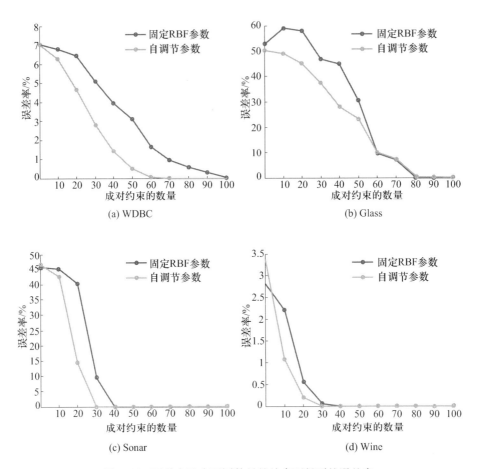

图 7.44　两种方法在不同数量的约束下得到的误差率

半监督的成对约束个数为 320 个,即从每类中取出 8 × 8 的小块,确定每个小块中的像素与块内的像素必须属于同一类或者与其他小块中像素必须属于不同类,图 7.45(c)中 RBF 参数为固定值 0.5,图 7.45(d)中 RBF 参数为自调节参数。

　　图 7.46 一幅包含两类的 SAR 图像。首先对图像中的每个像素的 9 × 9 邻域提取基于灰度共生矩阵的纹理特征 12 维,16 × 16 邻域提取三级非下采样小波分解纹理特征 10 维,另外加入像素的空间位置信息即横纵坐标,构成 24 维特征矢量。图 7.46(b)是无监督的谱聚类得到的分割结果,RBF 参数也是用自调节方法得到的。图 7.46(c)和(d)是半监督谱聚类得到的分割结果,其半监督的成对约束个数为 512 个,即从每类中取出 16 × 16 的小块,确定每个小块中的像素与块内的像素必须属于同一类或者与其他小块中像素必须属于不同类,图 7.46(c)中 RBF 参数为固定值 1.0,图 7.46(d)中 RBF 参数为自调

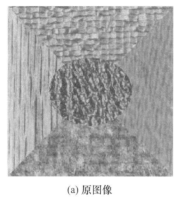

(a) 原图像

(b) 无监督谱聚类分割结果

(c) 固定参数半监督谱聚类

(d) 自调节参数的半监督谱聚类

图 7.45　包含五类的纹理图

节参数。

　　从图 7.45 和图 7.46 可以看到,自调节参数的半监督谱聚类的效果比固定参数的半监督谱聚类效果好,最重要的是固定参数的半监督谱聚类需要反复进行实验确定参数,自调节参数的半监督谱聚类则不需要。同时,为了说明半监督谱聚类比无监督谱聚类的效果好,与无监督的谱聚类也进行了比较,证实了结合先验信息的半监督聚类比无监督聚类分割正确率高。

7.4.4.6　小结

　　本节将成对约束的先验信息引入谱聚类算法中,提出半监督谱聚类算法,并且针对半监督谱聚类算法中存在的参数选择困难的问题提出采用自调节参数的方法,在 UCI 的四类数据上进行了实验。实验结果表明,本节提出的自调节参数的半监督谱聚类比固定参数的半监督谱聚类具有更好的性能,更重要的是该方法可以针对不同的问题设定局部的参数,克服了谱聚类中需要通过反复实验来设定参数所带来的时间耗费问题,对于图像的分割也有更好的分

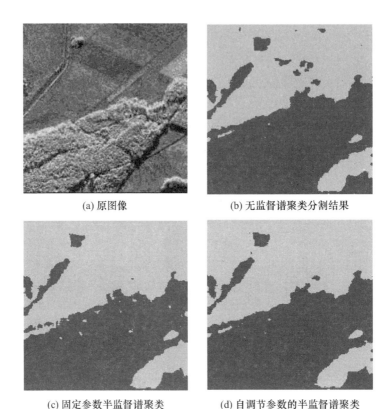

(a) 原图像	(b) 无监督谱聚类分割结果
(c) 固定参数半监督谱聚类	(d) 自调节参数的半监督谱聚类

图 7.46　包含两类的 SAR 图像

割效果。

7.4.5　总结与展望

　　半监督学习的一个重要方面就是对流形结构的研究,尽管在过去的几年中对高维数据的低维流形结构的研究已经取得了丰硕的成果,但是仍有许多亟需解决的问题,尤其在下述几个方面:

　　(1) 流形学习理论。目前关于学习问题的数学基础研究已经取得一定的成果,流形学习问题同样也是基于实例的学习,所以学习理论的很多成果也适用于流形学习问题。与传统的学习问题不同的是,流形学习是一种基于几何和拓扑的方法,其理论基础方面要涉及微分几何、图论、代数、拓扑等多个数学分支,若要更好地利用流形的特性和优点,首先需进一步完善其理论基础。

　　(2) 流形学习方法、逆问题与人类感知。流形原型在描述概念结构时具有更丰富的几何信息,而在描述数据集的几何特性时可以借助微分几何中的一个基本概念——流形。越来越多的研究表明,感知可能以流形方式存在,视觉记忆也可能是以稳态的流形存储,在理解人脑感知如何从神经网络动力学产生的问题上,流形可能是至关重要的。

（3）流形学习方法。学习算法受到较多的关注,也取得了较多的成果,但依然有很多需要研究与解决的问题,如算法中几何不变量的选择问题、算法对于大规模问题的扩展、提高学习算法的健壮性及泛化能力问题以及不同算法之间"好"与"坏"的比较等。

（4）流形学习方法已经应用于解决实际问题,如图像处理、模式识别、文本分类、自然语言处理、生物信息处理等,可以预见还会有很多新的应用出现。但是还有一些问题直接影响流形学习方法更成熟、更广泛的应用,需要得到进一步的研究,如流形学习方法适于解决什么类型的问题,应用时需要什么样的条件限制等。

本节在半监督学习图像的分类与分割的研究上取得了一些有意义的研究成果,这些成果为进一步深入的研究、广泛的应用奠定了基础,我们也将继续探索新的问题。相信,随着广大研究者的不断努力,流形学习方法的理论体系将更加完善,在实际中的应用也将更为广泛。

7.5　谱聚类维数约简算法研究与应用

7.5.1　背景介绍

7.5.1.1　研究背景和意义

1）研究背景

目前,众多领域的数据获取具有如下特点:一是对于一些领域一次实验的费用十分昂贵,而对大量观察数据无法直接判断其价值;二是两次观察之间不独立或属性之间不独立;三是噪声数据不一定独立于问题世界;四是相对而言,数据的存储比较便宜,所以人们不得不被动地记录所有的观察数据,这样的后果就是数据的维数巨大[163]。

如果将这些高维数据直接作为输入进行分类器训练,可能会带来两个棘手的问题:一是计算复杂度高,很多在低维空间具有良好性能的分类算法在计算上变得不可行,此外一些分类算法的复杂度与数据特征维数相关[164];二是分类器的泛化能力低,在训练样本容量一定的前提下,特征维数的增加将使得样本统计特性的估计变得更加困难,从而降低了分类器的推广能力或泛化能力。所以数据的特征维数不是越多越好。一些特征之间会存在一定的相关性,这种相关性可能会降低最终的分类精度,而且冗余的特征会增加运算量。此外,样本的本征维数很可能远小于特征维数。因此有必要对特征矢量进行维数约简[164,165]。

近年来,谱聚类方法[166-169]得到了突飞猛进的发展,并且较现存方法表现出明显的优势。该类方法将聚类问题转化为谱图划分问题,进而再转化为特征求解问题,所以实现简单,也不会陷入局部最优解。而且谱聚类算法能识别非凸分布聚类,迎合实际应用,已成功应用于图像分割[169]、计算机视觉[166]和文本挖掘[169]等领域。谱聚类算法只涉及数据点的数目,因而避免了维数过高所造成的奇异性问题。从谱聚类算法的实现过程可以看出,谱聚类和PCA[170]有着相同的地方,两者均要进行特征分解,在特征分解后,均得到包含原始数据最大特征信息的主分量。因此,可以从PCA的角度来理解谱聚类[171]。谱聚类分解成两个步骤:一是通过使用某个相似性矩阵的特征矢量来得到数据点在低维空间的嵌入,从而获得更加紧致的聚类;二是使用经典的聚类算法将谱嵌入后的数据点进行分组。谱聚类中的第一步和其他谱嵌入方法,如多维尺度分析(Multidimensional Scaling, MDS)[172]、局部线性嵌入(Locally Linear Embedding, LLE)[173]、等度规映射(ISOMAP)[174]、核主分量分析(KPCA)[175]一样都是建立在特征分解基础上的,这个特征分解过程最终得到一个更能表示原始数据的低维空间[176-178]。

本节的工作正是基于上述背景展开的,主要研究了几种基于谱聚类的维数约简算法,并对其在SAR图像目标识别、手写体数字识别、人脸识别和高光谱遥感图像分类等方面的应用进行了研究。

2) 研究意义

模式识别自诞生以来,在多方面的应用获得大量的研究成果。但是由于模式识别涉及很多复杂的问题,因此仍有许多问题有待深入研究。

模式识别的基本框架[179,180]如图7.47所示。从图7.47可以看出,模式识别过程主要分为预处理、特征提取和选择及分类器的设计三部分。每一步的目的都是为了提高最终的识别精度,而且每一步对结果的影响都非常大。

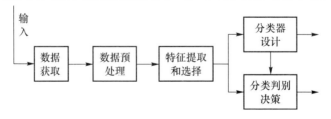

图7.47 模式识别基本框架

预处理的目的是为了减少噪声,提取有用信息,并消除目标的方位变化对结果的影响等,预处理方法包括去噪、分割、复原和归一化等。

特征提取和选择[179]的目的是用某种方法把预处理后得到庞大的原始数据

从模式空间转换到特征子空间,使得在特征子空间中,数据具有很好的区分能力。特征提取和选择对识别精度及稳定性的影响至关重要。特征提取(或特征变换)是指针对数量可能很大的原始特征,通过映射或变换的方法抽取出能表示样本的少数维特征。特征选择是指从一组特征中挑选出一些最有效的特征以达到降低特征空间维数,提高特征辨别力的目的。特征选择所选择出来的特征通常是原始特征集合的一个子集,这些特征都有明确的物理意义。常见的特征选择方法有基于遗传算法的特征选择[181]、基于粗糙集理论的特征选择[182]、基于神经网络的特征选择[183]和基于关联规则的特征选择[184]。虽然特征选择方法能提取出具有明确物理意义的特征子集,但是基于某种规则去掉的那些特征多数情况下也不是对结果毫无贡献,所以特征选择之后的最优特征子集往往不能得到最佳识别精度。而特征变换之后的特征通常是原始特征的某种组合,一个好的特征变换规则能得到使得识别结果最佳的特征子集。本节的重心在于特征变换方法的研究,目的是构造基于谱聚类的特征变换方法,以提高后续分类识别精度。

分类器的设计是模式识别系统中继特征提取和选择之后的核心任务。虽然特征提取和选择对分类结果影响较大,好的分类器设计和方法也会提高系统分类性能。目前,比较流行的分类识别方法包括最近邻和 k 近邻[185]、决策树[186]、贝叶斯分类器[187]、神经网络[188]和支持矢量机[189]等。其中 k 近邻和支持矢量机是本节后续实验中用到的分类器。

k 近邻方法是 T. M. Cover 和等[189]于 1967 年提出的一个非常简单直观的分类方法。如果一个样本在特征空间中的 k 个最相似的样本中的大多数属于某一个类别,则该样本也属于这个类别。最近邻方法为 k 近邻方法的特例。该类方法在分类决策上依据最邻近的一个或者几个样本的类别来决定待分样本所属的类别。

支持矢量机是由 V. N. Vapnik[189,190]提出的一种机器学习方法。它以统计学习理论为基础,最基本思想之一结构化风险最小化(Structural Risk Minimization,SRM)原则要优于传统经验风险最小化(ERM)原则。SVM 有很好的泛化和推广能力,因此广泛应用于各个领域。

7.5.1.2　维数约简国内外研究现状

2003 年 NIPS 的一个 workshop 以特征提取与特征选择为主题做了广泛而深入的讨论,汇聚了该领域的最新研究成果[191]。目前,已经有许多种维数约简方法,分类有很多种:按照实现的具体途径分为特征选择和特征变换;根据变换函数的形式分为线性方法和非线性方法;根据获得低维表示的方法不同分为投影方法和流形方法[192];根据是否考虑了已知样本的类别信息分为有监督维数约简方法[193]、无监督维数约简方法和半监督维数约简方法[194-196]。

在这些已有的降维方法中,PCA 和 Fisher 线性判别分析(LDA)[197]是最著名,也是应用最广的线性降维方法[184]。PCA 是基于 K-L 变换(也称 Hotelling 变换)的,其主要目标是寻找在最小均方意义下最能代表原始数据的投影方向,该投影方向是通过线性变换得到的一组最优的单位正交矢量基,这些矢量的线性组合可以重构原始样本,并且重构后的样本和原样本之间的误差最小。PCA 在许多模式识别应用中取得了较好的效果;但由于它是一种无监督的降维方法,不适用于反映样本之间的差异。相对于 PCA 方法,LDA 是一种有监督的降维方法,主要目标就是寻找在最小均方意义下,最能够分开各类数据的投影方向,实现上是通过寻找一组线性变换以达到类内散度最小且类间散度最大的目的。目前,LDA 是最基本也是应用最广的降维方法。但是 LDA 的定义决定了它的不足——存在"奇异值"问题:若原始高维空间中的样本维数远大于样本数,则 LDA 中散度矩阵会出现奇异性。为了有效地解决 LDA 的奇异性问题,学者们提出了多种解决方法,如 PCA + LDA 法[198,199]和零空间法 LDA[200]等。

线性的维数约简方法因为具有实现简单、计算效率高,并且能够保证发现嵌入在高维输入空间中的线性子空间上的数据集的真实几何结构[174]等优点,而广泛应用于各个领域。但是由于真实世界中多数数据都是非线性分布的,这使得以上线性维数约简方法不能处理很复杂的真实数据,因而有必要展开对非线性维数约简方法的研究。

对线性维数约简方法进行改进,使其能用于处理非线性数据,有多种方法,常用的有[201]:混合局部线性的方法,将全局非线性转换为局部线性,然后通过组合局部线性来描述全局信息,这类方法的假设前提是非线性高维数据是局部线性的;核方法,用一个非线性核函数将原始数据映射到一个更高维的线性特征空间,然后在特征空间中执行相应的线性维数约简算法,从而得到数据的低维表示。除了对已有线性算法进行改进和补充得到非线性维数约简算法,近年来发展起来的基于流形学习的降维方法是一种从全新角度来解决高维数据的降维问题的方法。

混合局部线性方法的思想接近于逼近算法,计算效率不高,而且多数方法都使用 EM 算法进行学习,容易陷入局部极小。此外,更重要的是,如何将局部线性模型中获得的低维坐标组合在一个全局的低维坐标系统中是该类方法必须面对的问题[201]。基于以上原因,混合局部线性方法的研究没有像核方法那样成为研究的热点。

首先使用核方法解决非线性维数约简的研究是 B. Schölkopf 等[175]于 1999年提出的核主分量分析方法(Kernel PCA,KPCA),KPCA 首先使用一个非线性函数将原始数据映射到一个更高维的线性特征空间,然后在这个特征空间中执行 PCA。在算法的实现中,原始数据映射到更高维特征空间的过程只需通过计算核函数的点积就可实现,不仅方便而且计算量小。核 Fisher 判别分析方法

(Kernel Fisher Discrimination Analysis,KFDA)借鉴 KPCA 的思想,用核方法成功地将 Fisher 判别分析方法推广到了非线性领域。常用的核函数有线性核函数、多项式函数、径向基函数、动态核函数等。选择不同的核函数可构成不同的 KP-CA 或 KFDA 方法。面对不同的问题选择合适的核函数是一个难题,核函数中核参数的设置也是一个需要考虑的问题。

基于流形学习的降维方法起源于 2000 年 Science 上面的两篇文章所提出的 LLE 和 ISOMAP 两种降维方法,分别由 S. T. Roweis[177] 和 J. B. Tenebaum 等[178] 提出。此外还有拉普拉斯特征映射[202]、Hessian 局部线性嵌入(HLLE)[203] 和保角映射[204] 等算法。谱聚类算法作为流形学习的一种,也可在此基础上构造基于谱聚类的维数约简算法,如谱特征分析[205]。

基于流形学习的降维方法的一个难点是如何实现超越样本的扩展,在已有的框架下,以上提及的基于流形学习的降维方法只能通过 Nyström 公式来计算测试样本的低维嵌套[206]。C. Alzate 等[207] 提出可用加权核主分量分析(WKP-CA)框架来计算测试样本的低维嵌套。在 WKPCA 框架下,可以通过直接计算新的样本点在特征矢量上的投影得到。

这些基于流形学习的维数约简算法都是通过求解一个特征值问题来获得原始高维数据的低维表示,算法实现简单,而且能够发现隐含的非线性流形,同时也可避免局部极值问题[201]。基于流形学习的维数约简方法仍然处于发展阶段,很多理论还不成熟,已有的算法也存在诸多问题,而且该类方法主要还集中在非监督学习,在监督学习研究中,该类方法目前并不占明显优势。这些问题并未妨碍许多学者对流形学习维数约简法的兴趣,他们从不同的角度对已有算法进行分析和总结,并提出改进。

随着维数约简方法理论研究的深入,其广泛应用于图像处理、手写体数据处理[208]、话音信号处理[209]、文本数据处理[210]、医学[211]、天文数据处理[212] 以及金融数据处理[213] 等领域。其中图像处理方面的应用还可分为 SAR 图像目标识别[214]、高光谱图像处理[215,216]、人脸识别[200,217]、人脸表示[218]、图像检索[219]、三维动画处理[220] 等方面。

7.5.1.3　本节的主要工作

本节在模式识别基本框架下,以识别精度的提高为主要目的,针对维数灾难问题,研究基于谱聚类维数约简算法,并结合国家自然科学基金项目和"十五"国防预研项目,将所提出的方法应用于 SAR 图像目标识别、手写体数字识别、人脸识别和高光谱遥感图像分类中。

本节的主要创新点如下:

(1)基于经典 NJW 谱聚类算法构造了一种谱特征分析方法,在此基础上对尺度参数进行研究,提出了一种基于多参数自调节谱聚类维数约简算法,并将其应用于手写体数字识别和 SAR 图像目标识别。多参数自调节谱特征与传统特征变换方法得到的特征相比,提高了后续识别精度。此外,自调节参数避免了手动调节全局尺度参数的麻烦,由于自调节尺度参数考虑了各个样本点自身的邻域统计信息,比给所有的样本点赋予相同的全局尺度参数更合理。

(2)在构造谱聚类图切判据的过程中加入已知类别样本点的类别信息,提出了一种基于新的谱聚类图切判据——标度切判据的监督维数约简算法。同时,为了降低计算复杂度,提高算法的推广性能,在构造切判据的过程中只考虑 k 近邻之间的类间和类内不相似性,这样能放松数据的类内方差,增大数据的类间边缘,从而获得更合理的投影矩阵。从人脸识别及高光谱遥感图像分类实验结果可以看出,基于局部标度切判据监督维数约简法提取的特征能得到更好、更稳定的识别结果。在局部标度切判据监督维数约简法基础上,借鉴最优维数判别分析方法思想,提出了最优维数标度切判据分析方法。实验表明,最优维数判别分析方法能够获得满意的结果。

(3)基于标度切判据监督维数约简法,使用核技术提出了一种核标度切判据监督维数约简法,从而扩大了其应用范围。当原始特征维数大于样本数时,线性标度切判据监督维数约简方法会出现奇异问题,而该方法避免此问题,对原始数据的原始特征维数没有限制。将基于核标度切判据的监督维数约简方法用于 SAR 图像目标识别,实验结果验证了该方法在 SAR 图像目标识别领域应用潜力。

7.5.2 维数约简算法的研究

7.5.2.1 维数约简基本概念

维数约简是指将样本从原始输入空间通过线性或者非线性映射到一个低维空间,从而获得一个原数据集有效的低维表示[165,192]。获得的低维表示要尽量保留分类信息和不损失后续分类性能。

维数约简问题可描述为[164,165]:输入高维空间 $\mathbf{R}^K$ 中的一个 K 维样本集 $\boldsymbol{K} = \{\boldsymbol{x}_1, \boldsymbol{x}_2, \cdots, \boldsymbol{x}_N\}$,找到一个映射函数 $\boldsymbol{\Phi}: \boldsymbol{x} \to \boldsymbol{y}$,其中 $\boldsymbol{y} \in \mathbf{R}^d, d = K$,得到该样本集在低维空间 $\mathbf{R}^d$ 中的表示 $\boldsymbol{Y} = \{\boldsymbol{y}_1, \boldsymbol{y}_2, \cdots, \boldsymbol{y}_N\}$,与此同时尽可能地保持原高维数据的几何结构信息。

按照具体实现途径,维数约简分为线性和非线性维数约简方法。常用的线性维数约简方法有 PCA、LDA、SVD[221]等。这类变换方法对提取的高维特征矢量进行正交变换,可以证明正交变换能消除原始矢量各分量之间的相关性,并进行降维。以上几种方法属于线性变换方法,只能提取数据的线性成分。而实际上,真实世界中的数据大部分是非线性分布的,这使得以上方法不再适用。非线性维数约简方法有 KPCA、KFDA、LLE[173]、IOSMAP[174] 等。

7.5.2.2　PCA 和 KPCA 算法

PCA[169,180] 的目标是在低维子空间表示高维数据,使得在误差平方和最小的意义下低维表示能够更好地描述原始数据。它是在数据空间中找出一组矢量来解释数据的方差,将数据从原来的 K 维降到 d 维($K > d$)。它是根据 K-L 变换从最大信息压缩方向获得模式在低维空间的信息表达,所以用 PCA 方法所获得的特征空间就是原模式空间的一个最优低维逼近。

PCA 的基本原理:根据 K-L 变换在测量空间中找到一组正交矢量,这组数据能最大化表示出数据的方差,将原样本矢量从 K 维空间投影到这组正交矢量张成的 d 维子空间上,其投影系数构成样本的特征矢量,从而完成了维数的降维。

PCA 算法主要步骤如下:

输入:原始数据样本集 $\{x_1, x_2, \cdots, x_N\}_{N \times K}$, N 为样本数, K 为原始特征维数。

(1)建立相关矩阵,根据 K-L 变换求矩阵的特征值和特征矢量。利用标准化值计算变量之间的相关系数,可建立 K 阶相关矩阵,由该矩阵可获得特征值 $\lambda_i (i = 1, 2, \cdots, K)$, K 个特征值对应 K 个特征矢量,每个特征矢量包括 K 个分量。

(2)选取主分量。计算第 i 个主分量对总方差的贡献率,按贡献率由大到小的顺序对 K 个主分量进行排序,贡献率最大的主分量称为第一主分量,其次的分量称为第二主分量,依此类推。选取主分量的个数 d 取决于主分量的累计方差贡献率,通常使累计方差贡献率大于 85%。所需的主分量数能够代表 K 个原始变量所能提供的绝大部分信息。

(3)建立主分量方程,计算主分量值。各主分量值方程为 $c_i = \sum_{j=1}^{N} a_j x_j$,其中 $a_j (j = 1, 2, \cdots, K)$ 为对应于特征值 λ_j 的特征矢量的分量, x_j 为各分量的标准化数值。计算出所需要的各主分量值,形成新的样本集。

输出:新的样本集 $\{y_1, y_2, \cdots, y_N\}_{N \times d}$, d 为输出的特征维数。

KPCA 是 B. Schölkopf 等[175]于 1999 年提出的,是在 PCA 的基础上加入核方法来提取数据的非线性成分。KPCA 方法在特征空间内具有与 PCA 相同的数学和统计特性,如提取的各主分量互不相关;主分量都能够表示原始数据的最大方差;用主分量进行样本数量重构时均方误差最小等。此外,KPCA 提取的特征具有比 PCA 提取的特征更好的稀疏性[222]。

KPCA 算法具体推导[175]如下：

设输入的数据集为 $\{x_i\}_{i=1}^N \in \mathbf{R}^K$，用某种核函数映射到高维特征空间，即

$$\{x_i\}_{i=1}^N \in \mathbf{R}^K \to \{\boldsymbol{\Phi}(x_i)\}_{i=1}^N \in F \tag{7.148}$$

且假设 $\sum\limits_{i=1}^N \boldsymbol{\Phi}(x_i) = 0$。

定义该数据集在高维特征空间中的协方差矩阵为

$$C = \frac{1}{N} \sum_{i=1}^N \boldsymbol{\Phi}(x_i)\boldsymbol{\Phi}(x_i)^T \tag{7.149}$$

对其进行特征值分解，可得

$$Cv = \lambda v = \frac{1}{N} \sum_{i=1}^N [\boldsymbol{\Phi}(x_i)^T v]\boldsymbol{\Phi}(x_i) \tag{7.150}$$

则 $v \in \mathrm{Span}\{\boldsymbol{\Phi}(x_i), \boldsymbol{\Phi}(x_2), \cdots, \boldsymbol{\Phi}(x_N)\}$ 就是需要的非线性主方向。

令 $v = \sum\limits_{i=1}^N \alpha_i \boldsymbol{\Phi}(x_i)$，则可得

$$\lambda \sum_{i=1}^N \alpha_i [\boldsymbol{\Phi}(x_k) \cdot \boldsymbol{\Phi}(x_i)] = \frac{1}{N} \sum_{j=1}^N \sum_{i=1}^N \alpha_j [\boldsymbol{\Phi}(x_k) \cdot \boldsymbol{\Phi}(x_i)][\boldsymbol{\Phi}(x_i) \cdot \boldsymbol{\Phi}(x_j)]$$

$$\tag{7.151}$$

其中，点积就是核矩阵元素 $(K)_{ij} = [\boldsymbol{\Phi}(x_i) \cdot \boldsymbol{\Phi}(x_j)]$，代入式（7.151）得到 $N\lambda K\alpha = K^2\alpha$。由于 K 是对称矩阵，且有可以张成整个空间的一系列特征矢量，因此上式可以简化为 $N\lambda\alpha = K\alpha$。由此，可以得到第 i 个数据点 $\boldsymbol{\Phi}(x_i)$ 在第 k 个主分量上的投影：

$$\boldsymbol{\Phi}(x_i) \cdot v^k = \boldsymbol{\Phi}(x_i) \cdot \sum_{j=1}^N \alpha_j^k \boldsymbol{\Phi}(x_j) = \sum_{j=1}^N \alpha_j^k [\boldsymbol{\Phi}(x_i) \cdot \boldsymbol{\Phi}(x_j)] = \sum_{j=1}^N \alpha_j^k (K)_{ij}$$

$$\tag{7.152}$$

由式（7.153）可以看出，只要核函数 $(K)_{ij} = [\boldsymbol{\Phi}(x_i) \cdot \boldsymbol{\Phi}(x_j)]$ 定义恰当，就可以得到所有数据点的各个核主分量。

7.5.2.3　LDA 和 KFDA 算法

LDA[180,197]是在 Fisher 判别准则函数取极值的条件下，求得一个最佳鉴别方法，然后将数据从高维特征矢量投影到该最佳鉴别方向上，构成一维的鉴别特征空间，于是数据分类可在一维空间中进行。对于 c 类问题，就需要 $c-1$ 维矢量张成的最佳鉴别空间。

对于一个 c 类问题，输入 N 个 K 维样本 $X = \{x_1, x_2, \cdots, x_N\}_{N \times K}$，其中 n_i 为样本子集 X_i 的样本个数。

类内散度矩阵为

$$S_w = \sum_{i=1}^{c} S_i \tag{7.153}$$

式中: $S_i = \sum_{x \in X_i} (x - m_i)(x - m_i)^T Si$ 为第 i 类样本的类内散度矩阵,且有

类间散度矩阵为

$$S_b = \sum_{i=1}^{c} n_i (m_i - m)(m_i - m)^T \tag{7.154}$$

式中: $m_i = \frac{1}{n_i} \sum_{x \in X_i} x$ 为第 i 类样本的均值矢量; $m = \frac{1}{N} \sum_{i=1}^{N} x_i$ 为所有样本的均值矢量。

将 K 维样本投影到 $c - 1$ 维子空间的过程为

$$y = W^T x \tag{7.155}$$

式中: W 为投影矩阵; y 为投影之后新的样本。

这些新的样本在 $c - 1$ 维子空间均值矢量和散度矩阵分别为

$$\tilde{m}_i = \frac{1}{n_i} \sum_{y \in Y_i} y \tag{7.156}$$

$$\tilde{m} = \frac{1}{N} \sum_{i=1}^{c} \tilde{m}_i \tag{7.157}$$

$$\tilde{S}_w = \sum_{i=1}^{c} \sum_{y \in Y_i} (y - \tilde{m}_i)(y - \tilde{m}_i)^T \tag{7.158}$$

$$\tilde{S}_b = \sum_{i=1}^{c} n_i (\tilde{m}_i - \tilde{m})(\tilde{m}_i - \tilde{m})^T \tag{7.159}$$

式(7.153)和式(7.158)及式(7.154)和式(7.159)之间的关系为

$$\tilde{S}_w = W^T S_w W \tag{7.160}$$

$$\tilde{S}_b = W^T S_b W \tag{7.161}$$

LDA 的目的为寻找一个最优的投影矩阵,使得类间散度尽可能大,同时类内散度尽可能小,即类间散度和类内散度比值最大。由此用如下准则函数来判定:

$$J(W) = \frac{|\tilde{S}_b|}{|\tilde{S}_w|} = \frac{|W^T S_b W|}{|W^T S_w W|} \tag{7.162}$$

该式为广义的瑞利商,可用广义的特征值问题来求解,即转化为

$$S_b W = \lambda S_w W \tag{7.163}$$

由此解得由特征矢量构成最优投影矩阵 W 即为最能区分样本特征子空间。

KFDA[223,224] 本质同 KPCA 一样,在 LDA 基础上引入核函数,是核学习方法

的思想与 LDA 算法相结合的产物。该方法由 Mika 等于 1999 年提出,首先把数据非线性地映射到某个特征空间,然后在这个特征空间中进行 Fisher 线性判别,这样就隐含地实现了对原输入空间的非线性判别。

7.5.2.4　MDS 和 ISOMAP 算法

MDS[172] 是指一系列应用于维数约简、数据分析和可视化领域的算法。MDS 算法的目的在于所得到的低维空间表示是能够保留原始空间中样本点结构。该类算法以两两数据点之间的相似矩阵(又称为距离矩阵)作为输入,根据这个输入矩阵的不同,可分为度量 MDS(Metric MDS)[225] 和非度量 MDS(Non-Metric MDS)[226]。这两种算法的最主要区别就是输入是否可度量。Metric MDS 算法由 Torgeson 于 1965 年提出,通过一定变换函数得到数据之间相似性,能够精确重构样本点之间的结构。Non-Metric MDS 算法由 Shepard 于 1962 年提出,由于输入是不可度量的,所以不要求知道变换函数的具体形式,只需知道样本点之间距离的排序情况。由于 Non-Metric MDS 算法有明显的优势,所以较 Metric MDS 更为常用。

ISOMAP[174] 算法是 MDS 算法的一种变形,其目的是得到低维表示能够最大限度保留两两原始样本点之间距离。ISOMAP 与 MDS 最大区别是 ISOMAP 用子流形上测地线距离代替欧氏距离。ISOMAP 算法具体实现步骤:①构建原始输入样本集的 k 近邻图;②用 Dijkstra 最短路径算法求图上两两样本点之间的近似测地线距离;③执行 MDS 算法,获得嵌入在高维空间中的低维表示。由于 ISO-MAP 算法考虑的是最短路径,并且综合考虑各个区域,所以寻优过程不会陷入局部极值,得到的是一个全局最优的结果。ISOMAP 算法的不足很明显:如果原始数据集包含的噪声过大,算法将很难有效恢复嵌入在高维数据集的内在结构[227];如果要为步骤①中近邻图创建足够多连接,可能会出现"短路"现象,导致该算法拓扑稳定性差[222]。此外,ISOMAP 算法对原始数据的流形结构有要求,限制了其应用范围[174]。一些学者针对 ISOMAP 算法的不足提出了不少改进算法,如 C-ISOMAP 算法[204]、S-ISOMAP 算法[193]、P-ISOMAP 算法[228] 等。

7.5.2.5　LLE 算法

LLE 算法由 S. T. Roweis 等[173] 于 2000 年提出,是一种通过局部线性关系的联合来揭示全局非线性结构的基于流形的非线性降维方法。LLE 与 ISOMAP 的共同点在于都是需要构造数据点的 k 近邻图的非线性降维方法,不同点在于 ISOMAP 是一种全局的方法,而 LLE 是一种保留数据局部性质的局部方法。LLE 算法能保留数据流形的局部性质,主要是因为用某数据点的近邻点的线性组合来表示该数据点。

LLE 算法实现步骤:①找到每个样本点 k 个近邻点;②由每个样本点的近邻

点计算出该样本点的局部重构权值矩阵;③计算由重构权重描述的局部几何的低维表示。其中,步骤②有意义的前提是该流形具有局部线性,即每个数据点与其 k 近邻域在流形上是局部线性的或者能在近似的局部线性片段上展开。

学者们对 LLE 算法提出很多改进算法,比较典型的改进算法有 HLLE[203],SLLE[229]、PLLE[230]、WLLE[231]等。LLE 算法及其改进算法已经广泛应用于图像数据的分类与聚类[230]、人脸识别[231]以及多维数据的可视化[232]等领域中。

7.5.2.6 小结

本节首先对维数约简基本概念进行阐述,然后从线性、非线性以及流形的角度分别阐述了几种经典的维数约简算法,如 PCA、KPCA、LDA、KFDA、MDS、ISO-MAP 和 LLE 算法。其中,PCA 和 LDA 属于线性维数约简算法,KPCA 和 KFDA 属于用核方法由线性维数约简方法推广而来的非线性维数约简算法,MDS、ISO-MAP 和 LLE 算法属于基于流形学习的非线性维数约简算法。从这些经典的维数约简方法已经衍生出许多相应的改进算法,广泛应用于众多领域。

7.5.3 基于多参数自调节谱聚类维数约简的图像目标识别

7.5.3.1 背景介绍

谱聚类算法[233,234]是近些年发展起来的一种高性能计算方法。该类方法思想源于谱图划分,首先将聚类问题转化为一个无向图的多路划分问题,继而用一种有效的连续放松形式将图划分问题转化为特征分解问题,即求解包含了待聚类数据所有信息的矩阵的特征值和特征矢量,然后用经典聚类算法对选取出来的特定的特征矢量进行聚类,得到聚类结果。

从谱聚类的实现过程来看,谱聚类算法已经将维数约简过程隐含其中。在最终用经典聚类算法进行聚类之前,谱聚类算法已经完成了维数约简过程。由此可见,用谱聚类算法构造维数约简算法是可行的。目前已经有学者构造出谱特征分析等基于谱聚类的维数约简算法。

谱聚类算法取得了很好的效果,但是仍然有很多不足,其中尺度参数的选择就是一个尚未有公认解决办法的,却严重影响谱聚类效果的问题。因此,基于谱聚类的维数约简算法也存在这个问题。目前常用的方法是人工手动给定一系列的尺度参数进行聚类,分析得到的所有结果,从中选择一个相对优的结果。这样处理明显存在不足,不仅费时,而且可能得不到合适的结果。

在已有的谱聚类算法中,NJW 算法是比较常用的。本节在 NJW 谱聚类算法的基础上提出了一种基于多参数自调节谱聚类的维数约简算法。在已有的基于谱聚类维数约简方法中,多数是使用 Nyström 逼近方式来解决测试样本的扩展问题,而本节提出的方法是在 WKPCA 框架下,用简单投影来解决该问题的。此外,用多参数自调节的相似度代替原来的相似度,即根据不同样本点自身的邻域信息,自动赋予每个样本点局部尺度参数,这样不仅避免了尺度参数的选择,而且局部尺度参数的使用考虑了数据的局部统计特性,比全局尺度参数更加合理。

7.5.3.2 谱聚类算法简介

谱聚类算法是建立在谱图理论基础之上的一种高性能计算方法,它将聚类问题看成一个无向图的多路划分问题,其本质是利用数据相似矩阵的特征矢量将数据点聚类成不同的类。

首先将数据点看成一个无向图 $G(V,E)$ 的顶点 V,边 E 表示基于某一相似性度量得到的两点间的相似性,边的集合构成待聚类数据点间的相似性矩阵 A,它包含聚类所需的所有信息;然后定义一个划分准则,在映射空间中最优化这一准则使得同一类内的点具有较高的相似性,而不同类之间的点具有较低的相似性。

谱聚类算法具体实现一般包括三个部分:①预处理,也就是拉普拉斯矩阵的构造,不同的谱聚类算法构造拉普拉斯矩阵的方法不同,但不同拉普拉斯矩阵所代表的意义是相同的,也就是衡量样本点之间的相似程度;②谱映射,通过特征分解和规范化处理来实现,不同的谱聚类算法在特征分解之后所取的特征矢量会有所不同[234],规范化处理也会有差异,但是这两个步骤合起来就是将高维数据嵌入到低维空间的过程;③后处理,将聚类结果重新映射到原始空间,得到原始样本的聚类结果,不同的谱聚类算法用不同的经典聚类算法对谱映射后的数据进行简单的聚类。

较流行的谱聚类算法有 SM 算法[166]、MS 算法[167]、KVV 算法[168] 和 NJW 算法[169] 等。其中,NJW 算法使用最为广泛,具体算法流程如下:

输入:输入一个 R^K 中的样本集 $X = \{x_1, x_2, \cdots, x_N\}$,类别数为 c。

步骤:(1) 构造该样本集的亲和度矩阵 $A \in \mathbf{R}^{N \times N}$,定义当 $i \neq j$ 时,有 $(A)_{ij} = \exp(-\parallel x_i - x_j \parallel^2/2\sigma^2)$,$(A)_{ii} = 0$

(2) 定义对角矩阵 D,其第 (i,i) 个元素为矩阵 A 的第 i 行的元素之和,并构造拉普拉斯矩阵,即

$$L = D^{-1/2}AD^{-1/2}$$

(3) 找到矩阵 L 的前 c 个最大的特征值对应的特征矢量 $w_1, w_2, \cdots, w_c$(如果特征值相等,取两两正交的矢量),并按列映射到矩阵,即

$$W = \{w_1, w_2, \cdots, w_c\} \in \mathbf{R}^{N \times c}$$

(4) 重新按行归一化 W 到单位长度,构成矩阵 Y,即

$$(Y)_{ij} = (W)_{ij} / (\sum_j (W)_{ij}^2)^{1/2}$$

（5）将 **Y** 中的每一行看成 **R**^{c} 中的一个点，通过 k 均值或者其他算法将它们聚到 c 类中。

（6）如果矩阵 **Y** 的第 i 行被归到第 j 类，则将数据点 x_i 归到第 j 类。

输出：输入样本集 X 中所有样本点对应的类标 $\{l_1, l_2, \cdots, l_N\}$。

7.5.3.3　多参数自调节谱聚类

尽管谱聚类方法取得了很好效果，该类方法目前仍处于发展阶段，有很多待研究的问题。其中如何选择合适的尺度参数 σ 是一个亟待解决的问题，目前没有普遍公认的解决方法。而谱聚类算法对 σ 的选择非常敏感，不同的 σ 会得到完全不同的聚类结果。

上面描述的谱聚类算法都是使用一个全局尺度参数来构造相似性矩阵，这样处理的缺陷在于，当不同类数据的局部统计特性相差很远时，单一的尺度参数将不适用于所有的数据，针对这一问题，Zelnik-Manor 等[235] 提出了一种基于局部尺度参数的自调节谱聚类算法。

类似于多参数支持矢量机[236]，采用局部尺度参数的谱聚类就是对每一个数据点 x_i 都计算一个尺度参数 σ_i，定义为

$$\sigma_i = \| x_i - x_P \| \tag{7.164}$$

式中：x_P 为 x_i 的第 P 个邻域点。

局部尺度参数考虑了每个数据点邻域的统计特性，比给所有数据点一个相同的全局尺度参数更合理。当 $i \neq j$ 时，两两数据点之间的相似度重新定义为

$$(A)_{ij} = \exp\left(- \| x_i - x_j \|^2 / 2\sigma_i \sigma_j \right) \tag{7.165}$$

这样就可通过点 x_i 和 x_j 邻域的统计特性来自动调节点与点之间的相似性。

用多参数自调节的相似度代替原来的相似度就可以得到多参数的谱聚类，该方法不仅避免了尺度参数的选择，而且局部尺度参数的使用考虑了数据的局部统计特性。

7.5.3.4　基于多参数自调节谱聚类的维数约简算法的构造

1）训练样本的维数约简

从谱聚类算法的实现过程可以看出，谱聚类和 PCA 有着相同的地方，两者均要进行特征分解，在特征分解后，均得到包含原始数据最大特征信息的主分量。因此，可以从 PCA 的角度来理解谱聚类[169]。

Y. Bengio 等[176-178] 指出，谱聚类和 KPCA 之间的共同点在于需要学习特征函数。首先将谱聚类分解成两个步骤：一是通过使用某个相似性矩阵的特征矢量来得到数据点在低维空间的嵌入，而这个低维空间能使聚类更加明显；二是用经典的聚类算法将谱嵌入以后的数据点进行分组。谱聚类中的第一步和其他谱

嵌入方法,如 MDS、LLE、ISOMAP、KPCA 一样都是谱维数约简方法,都是建立在特征分解基础上的,这个特征分解的过程最终得到一个更能表示原始数据的低维空间。其中,KPCA 是通过加法的规范化来实现低维嵌入的,而谱聚类则是通过除法的规范化来实现。

C. Alzate 等[169,237,238]进一步证明了谱聚类和 WKPCA 之间联系,指出不同形式的谱聚类都是特殊形式的 WKPCA 算法。在 KPCA 中,假设每个数据对协方差矩阵的贡献是相等的,即每个样本同等重要,而更一般的情况下,各数据点对协方差矩阵的贡献是不同的,可以用 0 ~ 1 之间的一个数表示,由此可得到 WK-PCA 算法。

设 KPCA 中核函数的定义为

$$(K)_{ij} = [\Phi(x_i) \cdot \Phi(x_j)]$$

式中:$\Phi(\boldsymbol{x}_i)$ 是第 i 个样本点 x_i 所对应的一个非线性映射 $\boldsymbol{\Phi}: \{x_i\}_{i=1}^N \in \mathbf{R}^K \rightarrow \{\Phi(x_i)\}_{i=1}^N \in F$,且假设样本是零均值的,即 $\sum_{k=1}^N \Phi(x_k) = 0$。考虑不同样本点不同的重要性,WKPCA 中的核函数可定义为

$$(\tilde{K})_{ij} = [\omega_i \Phi(x_i) \cdot \omega_j \Phi(x_j)]$$

式中:ω_i 为每个样本的权重。

代入原来的特征方程得到 WKPCA 中特征方程为

$$\tilde{K} \tilde{\alpha} = \tilde{\lambda} \tilde{\alpha}$$

式中:核函数 $\tilde{K}$ 与传统 KPCA 中的核函数 K 之间的关系为 $\tilde{K} = WKW$,其中,W 为以每个样本点的权重作为对角元素的对角矩阵 $W = \mathrm{diag}(\omega_1, \omega_2, \cdots, \omega_N)$。比较 NJW 算法中的拉普拉斯矩阵 $L = D^{-1/2} A D^{-1/2}$ 和 WKPCA 中的核函数,将每个数据点的权重设为

$$\omega_i = \sqrt{\frac{1/(D)_{ii}}{\sum_i 1/(D)_{ii}}} = \sqrt{\frac{1/(D)_{ii}}{Z}}$$

就可以把两者统一起来,其中 $(D)_{ii}$ 是对角矩阵 D 的对角元素。如果把相似矩阵 A 看成一种核函数,则加权核函数为

$$\tilde{K} = WAW = ZD^{-1/2} A D^{-1/2} = ZL \tag{7.166}$$

因为 $Z = \sum_i 1/(D)_{ii}$ 是一个常数,所以拉普拉斯矩阵 L 和加权核矩阵 $\tilde{K}$ 有着相同的特征矢量。文献[237]同样指出,也可以让矩阵 $W = D^{-1}$,这时 WK-PCA 和 MS 算法[167]是相对应的。

本节使用多参数自调节 NJW 谱聚类算法,此时训练样本在主分量上投影为

$$\Phi(x_i) \cdot \tilde{v}^k = \sum_{j=1}^{N} \hat{\alpha}_j^k (\Phi(x_i) \cdot \omega_k \Phi(x_k))$$

$$= \omega_i^{-1} (\tilde{K} \hat{\alpha}^k)_i \tag{7.167}$$

式中: $\hat{\alpha}^k = \tilde{\alpha}^k / \sqrt{\tilde{\lambda}_k}$, $\tilde{\lambda}_k$ 为 $\tilde{K}$ 相应于特征矢量 $\tilde{\alpha}^k$ 的特征值, 这样处理是由对协方差矩阵进行归一化处理得到的[175]。

综上, 基于多参数自调节谱聚类的维数约简算法中训练样本的降维通过如下步骤完成。

对于输入的训练样本集 $\{x_i\}_{i=1}^{N} \in \mathbf{R}^K$, 通过式 (7.164) 计算每个样本点的局部尺度参数 $\sigma_i (i=1, 2, \cdots, N)$; 然后构造训练样本集多参数的亲和度矩阵, 即

$$(A)_{ij} = \begin{cases} \exp(-\|x_i - x_j\|^2 / 2\sigma_i\sigma_j) & (i \neq j) \\ 1 & (i = j) \end{cases} \tag{7.168}$$

由亲和度矩阵 A 构造相应的对角矩阵 D, 其第 (i, i) 个元素为矩阵 A 的第 i 行所有元素的和。训练样本集的多参数拉普拉斯矩阵定义为 $L = D^{-1/2} A D^{-1/2}$, 其中, L 对应于 WKPCA 算法训练样本集的核函数 $\tilde{K}$。

对多参数拉普拉斯矩阵 L 进行特征分解, 取前 d 个最大的特征值 $\{\tilde{\lambda}_k\}_{k=1}^{d}$ 所对应的 d 个特征矢量 $\{\tilde{\alpha}^k\}_{k=1}^{d}$, 可以张成一个 d 维子空间。将第 i 训练样本投影到这个子空间, 得到该训练样本新的特征:

$$x_i' = \omega_i^{-1} (L\hat{\alpha}^k)_i \tag{7.169}$$

式中: $\hat{\alpha}^k = \tilde{\alpha}^k / \sqrt{\tilde{\lambda}_k}$。

2) 测试样本的维数约简

解决了训练样本的维数约简问题, 测试样本的维数约简求解是一个关键问题。文献 [206] 介绍了几种经典的谱方法是如何实现超越样本的扩展, 文献 [169, 237] 则指出在一般谱聚类的框架下, 没有直接的扩展方式的, 需要用 Nyström 逼近, 但是在 WKPCA 的框架下, 可以通过直接计算新的样本点在特征矢量上的投影得到。

对于在 $\mathbf{R}^K$ 空间的测试样本集 $Y = \{y_1, y_2, \cdots, y_M\}$, 先将它们用同一个非线性函数映射到一个高维的特征空间: $\{y_j\}_{j=1}^{M} \in \mathbf{R}^K \rightarrow \{\Phi(y_j)\}_{j=1}^{M} \in F$。这样它们在主分量上的投影为

$$[\Phi(y_j) \cdot \tilde{v}^k] = \sum_{i=1}^{N} \hat{\alpha}_i^k [\Phi(y_j) \cdot \omega_i \Phi(x_i)] \tag{7.170}$$

如果定义测试样本和训练样本之间的核函数为

$$(\tilde{K}')_{ji} = [\Phi(y_j) \cdot \omega_i \Phi(x_i)] \in \mathbf{R}^{M \times N} \tag{7.171}$$

则式(7.171)可以简化为

$$[\Phi(y_j) \cdot \tilde{v}^k] = \sum_{i=1}^{N} \hat{\alpha}_i^k [\Phi(y_j) \cdot \omega_i \Phi(x_i)] = (\tilde{K}' \hat{\alpha}^k)_j \tag{7.172}$$

多参数自调节谱聚类维数约简算法中测试样本维数约简通过如下步骤完成:

首先计算所有测试样本的局部尺度参数 $\sigma_j (j=1,2,\cdots,M)$,此时式(7.164)中 x_p 属于训练样本集。测试样本集多参数亲和度矩阵 A^{test} 中每个元素定义为:

$$(A^{\text{test}})_{ji} = \exp(-\|y_j - x_i\|^2 / 2\sigma_j\sigma_i) \tag{7.173}$$

相应地,可以得到测试样本集的对角矩阵 D^{test},其第 (j,j) 个元素为矩阵 A^{test} 的第 j 行所有元素的和。

根据式(7.171)定义测试样本集多参数拉普拉斯矩阵 $L^{\text{test}} = (D^{\text{test}})^{-1/2} A^{\text{test}}$。将测试样本也投影到分解训练样本集多参数拉普拉斯矩阵得到的 d 个特征矢量 $\{\tilde{\alpha}^k\}_{k=1}^{d}$ 所张成的子空间上,就完成了测试样本的维数约简。投影方法为

$$y_j' = (L^{\text{test}} \hat{\alpha}^k)_j \tag{7.174}$$

式中: $\hat{\alpha}^k = \tilde{\alpha}^k / \sqrt{\tilde{\lambda}_k}$。

3)算法步骤

基于多参数自调节谱聚类的维数约简算法流程如下:

输入:训练样本集 $\{x_i\}_{i=1}^{N} \in \mathbf{R}^K$;测试样本集 $\{y_i\}_{i=1}^{M} \in \mathbf{R}^K$;约简后的维数 d。

步骤:(1)计算每个样本点的局部尺度参数 $\sigma_i (i=1,2,\cdots,N)$ 和 $\sigma_j (j=1,2,\cdots,M)$。

(2)根据式(7.169)构造训练样本集多参数亲和度矩阵 $A \in \mathbf{R}^{N \times N}$。

(3)定义对角矩阵 D,它的第 (i,i) 个元素为矩阵 A 的第 i 行所有元素的和,并构造多参数拉普拉斯矩阵 $L = D^{-1/2} A D^{-1/2}$。

(4)根据式(7.173)构造测试样本集多参数亲和度矩阵 $A^{\text{test}} \in \mathbf{R}^{M \times N}$。

(5)定义对角矩阵 D^{test},其第 (j,j) 个元素为矩阵 A^{test} 的第 j 行所有元素的和,并构造测试样本多参数拉普拉斯矩阵 $L^{\text{test}} = (D^{\text{test}})^{-1/2} A^{\text{test}}$。

(6)对训练样本集的多参数拉普拉斯矩阵 L 进行特征分解,取前 d 个最大的特征值所对应的特征矢量来张成低维空间。

(7)分别用式(7.169)和式(7.174)计算训练样本和测试样本在由步骤(6)得到的特征矢量上的投影。

输出:训练样本和测试样本的投影 $\{x_i'\}_{i=1}^{N} \in \mathbf{R}^d$ 和 $\{y_i'\}_{i=1}^{M} \in \mathbf{R}^d$。

7.5.3.5　基于多参数自调节谱聚类维数约简的图像目标识别

为了验证本节算法的有效性,先在 UCI 数据集上进行实验,再分别应用于手写体数字识别和 SAR 图像目标识别。

1) UCI 数据分类

选择 UCI 数据集中维数较高的 4 个数据对算法性能进行评价。

表 7.19 列出了实验所用数据集的属性。实验采用 k 近邻方法的分类正确率作为评价标准。图 7.48 给出了实验结果,五角星"★"形是 KNN 方法的结果,其中图 7.48(a)中是对 500 维原始特征进行分类的结果,标记在最右边(50 维处),星形"∗"连线为本节方法 MPSFA 得到的结果,叉形"×"连线是文献[209]方法(SFA)的结果,三角形"△"连线是 KPCA 的结果。Madelon 和 Air 数据是一次运行的结果,其他两个数据集是采用 5 倍交叉验证的结果。

表 7.19　实验所用 UCI 数据集的属性

数据集	类别数	特征维数	样本数	是否归一化
Madelon	2	500	2000(Training) 600(Testing)	是
Air	3	64	359(Training) 719(Testing)	是
Sonar	2	60	208	是
Ionosphere	2	34	351	否

表 7.20 列出了部分 UCI 数据的正确率对比。其中本节提出的方法对 Madelon 数据有明显的改善,从图 7.47(a)可以看出在特征维数为 8 时取得最优解,因而表 7.20 中 Madelon 数据 KPCA、SFA 和 MPSFA 方法提取的特征为 8 维。其他三组数据的结果都是选取了和原始维数相同的特征。从表 7.20 可以看出,本节方法较其他算法能得到较高的识别正确率。

表 7.20　部分 UCI 数据的识别正确率对比　　　　　　　　　(单位:%)

数据集	KNN	KPCA	SFA	MPSFA
Madelon	49.17	52.17	82.17	83.00
Air	91.66	91.79	96.25	98.61
Sonar	83.20	82.64	78.32	86.51
Ionosphere	83.49	86.33	78.95	92.05

Madelon 数据原始维数比较高,从结果看只取变换后前 8 个特征,本节方法就能得到最优的结果,当加进后续的特征,识别率反而降低,这说明冗余特征的加入会降低识别精度,也说明了特征维数并不是越高越好。而其他三个数据集的结果都是在某个特征维数以后,增加更多的特征对结果的影响不是很大。

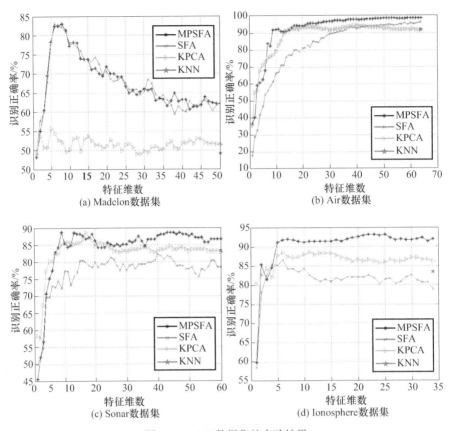

图 7.48 UCI 数据集的实验结果

比较本节方法和 SFA 可以看出,本节方法稳定性比 SFA 更强,在 Sonar 和 I-onosphere 数据集上,SFA 的结果大多数情况下都没有 KPCA 好。由于 SFA 使用的是全局参数,当类内散度和类间距离比较接近时,这个全局参数将不能很好地起作用。当不同类分得较开,而类内散度又比较小时,一个全局参数得到的结果有可能会优于多参数的情况,如 Madelon 数据的结果。其次,SFA 的结果是多次调节径向基函数中的尺度参数得到的相对较好的结果,多次运行所花费时间远远大于本节方法运行一次时间,且得到结果不一定保证优于 KPCA。

比较本节方法和 KPCA 方法,可以看出本节方法在低维时能得到与 KPCA 相当的识别精度,而在高维时能得到具有明显优势的结果。

综上,本节所提出的方法不仅避免了参数选择的问题,还提高了后续的识别精度,是一种有效的非线性维数约简方法。

2)手写体数字识别

USPS 是常用的手写体数字识别验证数据集,该数据集由 9298 个 16×16 大小的灰度图像组成,其中包括 7291 个训练样本和 2007 个测试样本,示例图像如

图 7.49 所示。为减小训练样本集的规模,从所有样本中随机抽取部分样本(20、40、60 和 80)做训练,剩余样本做测试,20 次随机试验的平均结果作为最终结果。实验按四组进行,分别是对数字 {2,7}、{7,9}、{3,5,8} 和 {1,2,3,4},其中前三组相对较难区分,而最后一组较容易区分。

图 7.49　USPS 数据集中不同数字示例

实验结果分别如图 7.50 ~ 图 7.53 所示,其中相应子图(a)、(b)、(c)和(d)分别表示每类训练样本数为 20、40、60 和 80。图 7.50 和图 7.51 是对 {2,7} 和 {7,9} 两类数字识别实验,在每类训练样本为 20 的情况下,总的训练样本为 40,故最后只给出了降维后特征维数为 1 ~ 40 的结果,其余所有情况都是给出降维后特征维数为 1 ~ 50 的结果。

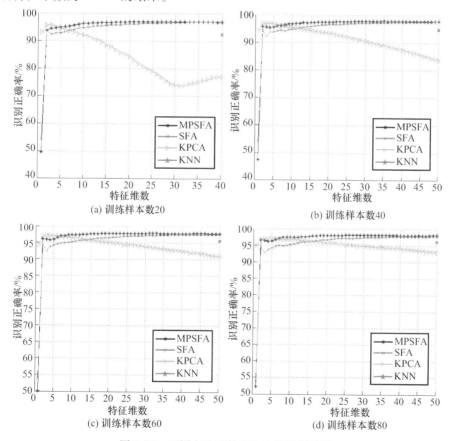

图 7.50　不同方法对数字 2、7 的识别结果

注:图(a)~(d)分别为从每类样本中选取 20、40、60、80 个进行训练,其余样本做测试的识别结果。

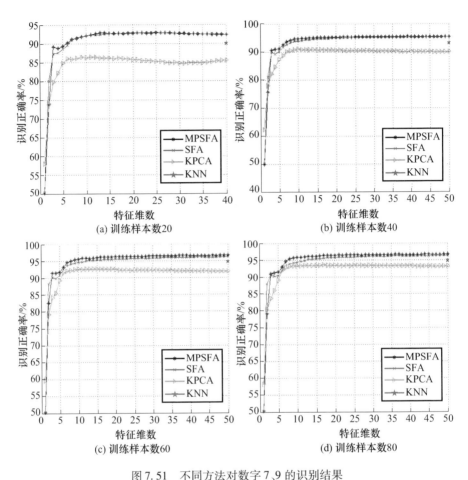

图 7.51　不同方法对数字 7、9 的识别结果

注:图(a)～(d)分别为从每类样本中选取 20、40、60、80 个进行训练,其余样本做测试的识别结果。

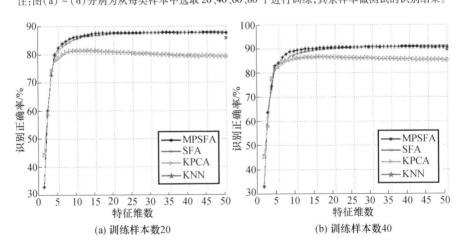

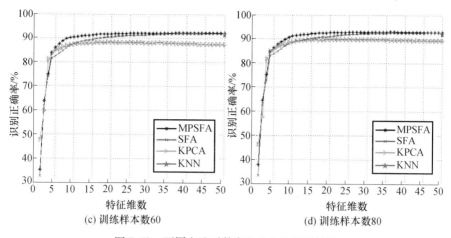

图 7.52 不同方法对数字 3、5、8 的识别结果

注:图(a)~(d)分别为从每类样本中选取 20、40、60、80 个进行训练,其余样本做测试的识别结果。

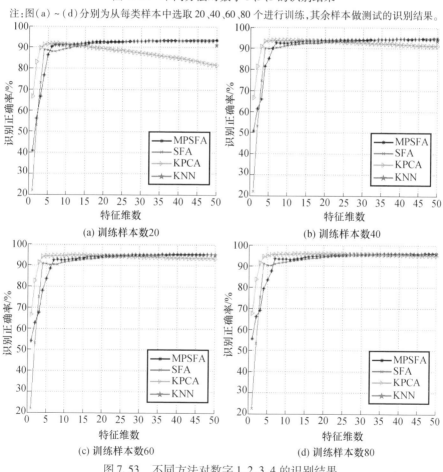

图 7.53 不同方法对数字 1、2、3、4 的识别结果

注:图(a)~(d)分别为从每类样本中选取 20、40、60、80 个进行训练,其余样本做测试的识别结果。

表 7.21 所列的是不同方法在固定维数的正确识别率和标准方差,从图 7.54~图 7.57 可以看出,本节提出的算法多数情况下在选取 10 维特征时就达到稳定,少数情况下在选取 15 维特征时达到稳定,这里统一地固定维数为 15 维。

从实验结果可以看出,在较难区分的数字实验中,本节方法能得到比 KPCA 和利用所有像素更优的识别结果。而在 {1、2、3、4} 的识别实验中,本节方法能得到和已有方法相当的识别率。从表 7.21 可以看到,本节方法多次平均的结果方差在多数情况下是最小的。

表 7.21 不同方法在固定维数(15 维)正确识别率和方差的比较

数字	方法	20 个训练样本		40 个训练样本		60 个训练样本		80 个训练样本	
		识别正确率/%	方差/%	识别正确率/%	方差/%	识别正确率/%	方差/%	识别正确率/%	方差/%
2,7	KNN	92.30	1.44	94.70	1.31	95.59	0.76	96.14	0.56
	KPCA	88.38	3.62	94.23	2.05	95.64	1.42	96.24	1.14
	SFA	95.46	1.24	95.66	1.41	95.81	1.27	96.12	1.32
	MPSFA	96.65	1.16	97.04	1.04	97.60	0.67	97.67	0.48
7,9	KNN	89.88	1.93	3.03	1.07	65	0.82	94.87	0.83
	KPCA	86.09	2.33	0.66	1.29	2.59	1.13	93.47	0.95
	SFA	92.66	2.44	4.69	0.82	5.18	0.82	95.38	0.74
	MPSFA	92.73	2.37	5.09	0.89	6.00	0.50	96.16	0.64
3,5,8	KNN	85.72	1.78	89.65	0.85	1.24	0.90	91.90	0.75
	KPCA	81.32	1.42	86.70	1.30	8.06	1.41	89.73	1.01
	SFA	86.71	2.26	89.60	1.15	9.54	1.22	90.26	0.96
	MPSFA	87.44	1.91	90.34	1.08	1.29	0.98	92.26	0.84
1,2,3,4	KNN	91.09	0.89	93.55	0.81	94.92	0.69	95.90	0.31
	KPCA	90.49	0.94	93.49	0.93	94.88	0.66	95.96	0.42
	SFA	90.85	2.06	92.29	1.23	92.87	1.02	93.39	0.90
	MPSFA	91.87	1.49	93.51	0.94	93.65	1.32	94.33	0.68

相对 SFA 而言,本节方法在识别率上有提高,尤其是在维数相对较低(小于 30 维)的时候,同时免除了参数选择所带来的麻烦。

3）SAR 图像目标识别

来自美国国防部的 MSTAR[239] 是一组公认的、普遍使用的 SAR 图像目标识别数据。该数据集包含：T72 坦克、BTR70 装甲车和 BMP2 装甲车三类军事目标，图 5.57 每类样本的方位覆盖范围为 0°～360°。每幅 SAR 图像的分辨率为 1 英尺 × 1 英尺（1 英尺 = 0.304m），图像大小为 128 × 128，其中目标在图像中心，其余为背景和阴影。

表 7.22 列出了 MSTAR 数据集属性。训练样本集和测试样本集的规模分别是 698 和 1365，其中训练样本集中图像是在俯仰角为 17°时对地面目标的成像数据，测试样本集中图像是在俯仰角为 15°时对地面目标的成像数据，所以训练样本集和测试样本集中相同方位角的图像是有差别的。而且 BMP2 装甲车和 T72 坦克的测试样本集包含几个不同的型号，但都属于同一类。

实验中，对 SAR 图像的预处理包括：从原始 128 × 128 的图像中心截取 60 × 60 的子区域，该子区域包括了整个目标，而去除了多余的背景；用标准差归一化对每幅图像进行处理；由于本节算法的推导基于的前提是数据在原始空间中集中在原点附近，所以对归一化之后的数据进行了按特征中心化处理。

表 7.22　MSTAR 数据集属性

训练样本集	样本数	测试样本集	样本数
BMP2（Sn_c9563）	233	BMP2（Sn_c9563）	195
		BMP2（Sn_c9566）	196
BTR70（Sn_c71）	233	BMP2（Sn_c21）	196
		BTR70（Sn_c71）	196
T72（Sn_132）	232	T72（Sn_132）	196
		T72（Sn_812）	195
		T72（Sn_s7）	191
总训练样本数	698	总测试样本数	1365

SVM 是由 Vapnik 等提出的一种以统计学习理论为基础的机器学习方法。统计学习理论是一种针对小样本的机器学习理论，其核心问题是寻找一种归纳原则以实现最小化风险泛函。SVM 是基于结构风险最小化原则的思想，因此能有效地避免经典学习方法中过学习、维数灾难、局部极小等传统分类存在的问题，拥有很好的泛化和推广能力，广泛应用于数据挖掘、信息检索、生物信息处理、人脸识别、语音识别、计算机视觉等众多领域。MSTAR 数据库训练样本规模

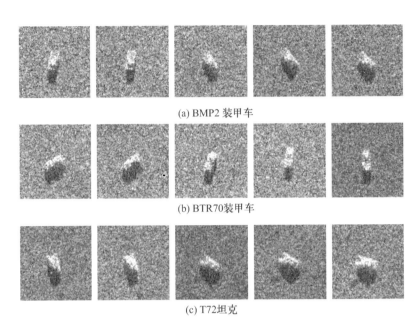

(a) BMP2 装甲车

(b) BTR70装甲车

(c) T72坦克

图 7.54　不同方位角的 MSTAR 数据库 SAR 图像

不是很大,这里选用 SVM 作为 SAR 图像目标识别实验的分类器。

为验证本章算法的性能,给出了 KPCA 进行特征提取结合 SVM 的识别结果[214]和基于谱特征分析(SFA)[205]所提特征结合 SVM 的识别结果。此外,还比较了文献[240]中的基于所有像素灰度值结合 SVM 的识别结果。

图 7.55 是前三种方法在维数 1 ~ 50 的对比结果。从图 7.55 可以看出,基于 MPSFA 和 SFA 特征提取方法的识别结果在大部分的维数上明显优于基于 KPCA 特征提取方法的结果。而比较 MPSFA 和 SFA 的结果可以看出,前者在低维更有优势,而在高维两者效果相当。MPSFA 另一个优势是最终的识别率在 10 维左右就稳定了,而 SFA 需要在 12 维,KPCA 在 15 维。恰恰满足了维数约简的目的,即使用更低的维数得到更高的识别率。

表 7.23　SAR 图像目标识别结果比较　　　　　　　　　　　　(单位:%)

特征维数	SVM	KPCA + SVM	SFA + SVM	MPSFA + SVM
5	93.48	67.62	72.67	89.74
10	93.48	84.91	96.19	99.27
15	93.48	93.77	98.83	99.41
20	93.48	94.58	98.83	99.05

表 7.23 列出了 SAR 图像目标识别结果比较,是不同方法在特定几个维数上的识别率。

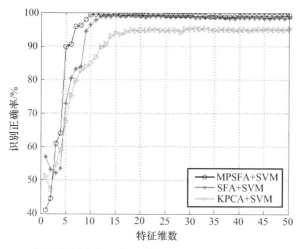

图 7.55　不同特征提取方法的识别结果在特征维数 1~50 维时的曲线

表 7.24 列出了这四种方法的混淆矩阵(其中 SVM 指使用所有像素灰度值利用 SVM 的识别结果,其他三种方法提取的特征维数都是 15 维)。从第一种方法的混淆矩阵可以看出,BMP2 和 T72 较容易被错分成其他目标,KPCA 提取的特征能够降低这两种目标错分成 BTR70 的错分率,但是仍不能很好地区分 BMP2 和 T72 这两种目标。而 MPSFA 则能很好的区分这两者。

表 7.24　四种方法结果的混淆矩阵(后三种方法提取特征维数固定 15 维)

方法	目标	BMP2	BTR70	T72	正确识别率/%
SVM	BMP2	525	16	46	89.44
	BTR70	0	195	1	99.49
	T72	15	11	556	95.53
KPCA + SVM	BMP2	546	3	38	93.02
	BTR70	1	195	0	99.49
	T72	39	4	539	92.91
SFA + SVM	BMP2	575	6	6	97.96
	BTR70	2	194	0	98.98
	T72	0	2	580	99.66
MPSFA + SVM	BMP2	582	4	1	99.15
	BTR70	1	195	0	99.49
	T72	0	2	580	99.66

文献[240]指出,SAR 图像目标识别性能很大程度上受限于训练样本的方位角范围。图 7.55 是方位间隔为 360°的结果,图 7.56 则是方位间隔分别为

10°、30°、90°和180°的结果,此时基于所有像素灰度值结合 SVM 的识别结果分别为87.11%、94.44%、93.38% 和92.81%。从图7.55 和图7.56 可以看出,本节方法较其他方法对方位角有更好的健壮性。图7.56(a)中整体的识别率都低于其他情况,这是因为方位间隔为10°时每一类的训练样本太少,以至于降低了后续识别率。

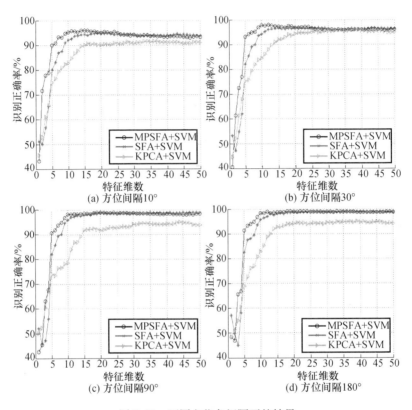

图 7.56　不同方位角间隔下的结果

在上述实验中,SFA 方法中的尺度参数 σ 设置为 2^6,是从参数分别设置为 2^{-2},2^{-1},$\cdots$,2^{17} 中选择最优结果得到的参数。针对每个参数,分别计算了特征维数从 $1 \sim 50$ 的正确识别率,并独立运行 20 次,平均结果如图7.57 所示。从图7.57 可以看出,在不同的尺度参数下,正确识别率的浮动范围大致为 $15\% \sim 98\%$。由此可见,尺度参数对结果的影响非常大,所以,使用 SFA 进行特征提取时,针对不同的数据集选择一个合适的尺度参数是非常重要的。但显然,上述方法寻找合适的尺度参数是一个很耗时的过程。而本节提出的方法克服了这一问题,MPSFA 算法中尺度参数是在构造亲和度矩阵过程中自动获得的。

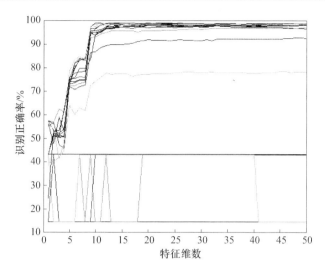

图 7.57　不同尺度参数下基于 SFA 特征提取的 SAR 图像目标识别结果

在本节算法 MPSFA 中,也有一个手动给定的参数 P,即当前样本点的第 P 个近邻。文献[235]建议可以将 P 设置成 7。在此我们对该参数用实验进行讨论。首先固定特征维数,这里取 10 维特征,然后分别设置 $P = 1 \sim 10$,结果如图 7.58 所示。从图 7.58 可以看出,不同 P 所得到的结果略有差异,最优值在 $P = 1$ 时取到,故图 7.58 和表 7.23 SAR 图像目标识别结果比较中的实验结果都是 $P = 1$ 时得到的。

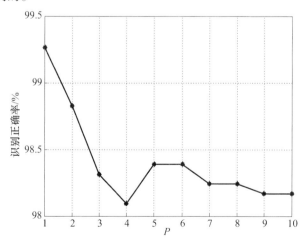

图 7.58　在不同 P 值下基于 MPSFA 方法提取 10 维特征的
SAR 图像目标识别结果

7.5.3.6　小结

本节从 PCA 的角度来分析谱聚类,用特征函数将谱聚类和 KPCA 联系起来,将谱聚类中的谱映射过程视为一次维数约简,并在 WKPCA 的框架下直接计算测试样本在所得到的特征矢量上的投影来解决超越样本的扩展问题;在此基础上引入局部尺度参数来构造多参数自调节谱聚类,不仅提高了算法的性能和健壮性,而且节约了选择参数的时间。在 UCI 数据集分类、手写体数字识别以及 SAR 图像目标识别中的实验结果表明,基于多参数自调节谱聚类的维数约简方法是一种可行、有效的维数约简方法,后续识别率和健壮性都优于 SFA 和 KP-CA。此外,如何确定最优特征维数是维数约简的另一个重要问题,这将作为我们下一步的研究方向。

7.5.4　基于局部标度切的监督维数约简及其应用

7.5.4.1　背景介绍

根据是否考虑了有标签样本的类别信息来指导降维过程,维数约简可以分为无监督维数约简(如 PCA[169]、LLE[173])、有监督维数约简(如 LDA[197])和局部保留投影(Locality Preserving Projections,LPP)[241]、半监督维数约简(如 SS-DR[195])三种。

PCA 是一种能从高维数据中提取出数据结构的强大技术,反映了数据的内部结构并从某种程度上最好地解释了数据的变化。PCA 很容易通过求解一个特征值问题或使用评价主分量的迭代算法来实现。多数情况下,少数几个主分量就足以描述数据的大致结构。

PCA 提取出来的低维特征是能最有效地描述数据的特征,而 LDA 寻找的是最能区分不同类别的投影矢量。类间散度矩阵描述的是不同类之间的分离程度,类内散度矩阵描述的是每一类中的数据到该类类中心的偏差。最大化类间散度并同时最小化类内散度,由此得到的子空间,能使得投影到这个子空间中的不同类的数据点尽可能分开[180]。这是达到一个好的判据准则的目的,也是有监督维数约简算法的关键。

在聚类问题中已证明图切判据是一个健壮的、适应性强的可分性判据[166,241,242],本节将图切判据引入到有监督维数约简中。现有的图切判据有最小切判据[243]、率切判据[241]、规范切判据[166]和最小最大切判据[242]。最小切判据最早是由 M. Fiedler 于 1973 年提出来的,但其仅仅考虑类间的连接而没有考虑每个类内样本点之间的关系,容易产生歪斜划分,不适用于聚类问题。后三种判据都是通过引入不同的平衡条件获得的,其中率切引入的平衡条件是类的规模,规范切引入的是该类中样本点与图中所有顶点权值之和,最小最大切引入的是该类类内权值之和。许多应用实验表明,在这些切判据中规范切具有较好的性能。规范切判据度量的是总的类间不相似性和总的类内相似性[166]。

然而,规范切是投影矩阵的非线性函数,算法可能存在局部极小。为此,在规范切基础上引入一个新的图切——标度切,标度切的求解同样是一个广义瑞利商问题。

7.5.4.2　规范切与 Fisher 准则

标度切是从规范切得来的,它的定义与 Fisher 准则相似。本节先介绍规范切和 Fisher 准则。

1）规范切

首先考虑两类划分问题。假设图 $G = (V, E)$ 分成两个不相交的子集 V_1 和 V_2,$V_1 \cup V_2 = V, V_1 \cap V_2 = \varnothing$。用 $\omega(i, j)$ 表示点 i 和点 j 间的不相似性,则这两个子集间的不相似性度在图论中定义为

$$\mathrm{cut}(V_1, V_2) = \sum_{i \in V_1, j \in V_2} \omega(i, j)$$

它度量了在这两个子集之间没有连接的样本点之间的权值之和。

在规范切判据中,用子集中点到图中所有点之间的总连接作为规范因子[168]:

$$\mathrm{Ncut}(V_1, V_2) = \frac{\mathrm{cut}(V_1, V_2)}{\mathrm{assoc}(V_1, V)} + \frac{\mathrm{cut}(V_1, V_2)}{\mathrm{assoc}(V_2, V)} \tag{7.175}$$

式中:$\mathrm{assoc}(V_i, V) = \sum_{u \in V_i, t \in V} \omega(u, t)$ $\mathrm{assoc}(V_i, V)$ 为规范因子,且有最大化 Ncut 的值将会获得图的最优二划分。

将两类规范切判据推广到 c 类规范切判据,则 c 类规范切判据定义为

$$\mathrm{Nkcut}(G) = \sum_{i=1}^{c} \frac{\mathrm{cut}(V_i, \overline{V_i})}{\mathrm{assoc}(V_i, V)} \tag{7.176}$$

式中:$\mathrm{cut}(V_i, \overline{V_i})$ 为从子集 V_i 中的点到其补集中的点的权值之和,$\mathrm{assoc}(V_i, V)$ 为 V_i 中的点到图中所有点的权值之和。

J. Shi 等[166,167] 已经证明规范切最大化问题能放松到谱分解问题:

$$(D - A)y = \lambda D y \tag{7.177}$$

式中:D 为 $N \times N$ 的对角矩阵(N 是 V 包含的点的个数),$d(i) = \sum_j \omega(i, j)$ 为第 i 行第 i 列对角元素;A 为对称矩阵,$a(i, j)$ 为其第 i 行第 j 列元素。

这是一个广义特征值问题,转换成标准特征值问题为

$$D^{-1/2}(D - A)D^{-1/2}x = lx \tag{7.178}$$

式中:$x = D^{1/2}y$。

2）Fisher 准则

Fisher 线性判别分析目的在于利用 Fisher 准则学习一个最佳的变换 $\boldsymbol{W}$：$\mathbf{R}^K \rightarrow \mathbf{R}^d (K > d)$，然后把原始高维数据投影到由 $\boldsymbol{W}$ 所张成的低维空间。投影矩阵 $\boldsymbol{W}$ 可以通过最优化下式得到：

$$J(\boldsymbol{W}) = \lim_{x \to \infty} \frac{|\boldsymbol{W}^{\mathrm{T}} \boldsymbol{S}_{\mathrm{b}} \boldsymbol{W}|}{|\boldsymbol{W}^{\mathrm{T}} \boldsymbol{S}_{\mathrm{w}} \boldsymbol{W}|} \qquad (7.179)$$

式中：$\boldsymbol{S}_{\mathrm{b}}$、$\boldsymbol{S}_w$ 分别为类间散度矩阵和类内散度矩阵，且有

$$\boldsymbol{S}_{\mathrm{b}} = \sum_{i=1}^{c} n_i (\boldsymbol{m}_i - \boldsymbol{m})(\boldsymbol{m}_i - \boldsymbol{m})^{\mathrm{T}} \qquad (7.180)$$

$$\boldsymbol{S}_{\mathrm{w}} = \sum_{i=1}^{c} \sum_{\boldsymbol{x}_j \in X_i} (\boldsymbol{x}_j - \boldsymbol{m}_i)(\boldsymbol{x}_j - \boldsymbol{m}_i)^{\mathrm{T}} \qquad (7.181)$$

式中：c 为类别数；n_i 为第 i 类的样本数；$\boldsymbol{m}_i$ 为第 i 类样本的均值，$\boldsymbol{m}_i = 1/n_i \sum_{\boldsymbol{x}_j \in X_i} \boldsymbol{x}_j$；$\boldsymbol{m}$ 为所有样本的均值，$\boldsymbol{m} = 1/N \sum_{i=1}^{N} \boldsymbol{x}_i$。

最大化 Fisher 准则也可转换成一个广义特征值求解问题，最大化这个准则也就是最大化类间散度且最小化类内散度。

7.5.4.3　基于局部标度切的监督维数约简

1）标度切的构造

由于 LDA 中散度定义了样本点和质心之间的不相似性，因此采用 LDA 算法的前提是每类数据点都服从同方差高斯分布，这使得 LDA 方法的应用受到了很大限制。真实世界中数据的分布大部分都比高斯复杂得多，在数据是异方差数据和多峰数据情况下，LDA 将会失效。在所要构造的标度切判据中，将考虑样本点与样本点之间的不相似性，从而消除类中心的影响。因此，标度切判据的适用范围将更广。

给定一数据集 $X = \{x_1, x_2, \cdots, x_N\} \subset \mathbf{R}^K$，目的是把这 K 维的数据映射到 d 维 $(d < K)$ 空间中，如何找到一个基于标度切判据的合理并可行的投影矩阵将是接下来的任务。下面用多路切来描述多类问题。

首先定义两个样本间的不相似性：

$$\mathrm{dis}_{ij} = \frac{1}{n_{c(i)} n_{c(j)}} (\boldsymbol{x}_i - \boldsymbol{x}_j)(\boldsymbol{x}_i - \boldsymbol{x}_j)^{\mathrm{T}} \qquad (7.182)$$

式中：$n_{c(i)}$ 为第 i 个样本所属类的样本数。

第 p 类的类间不相似性和类内不相似性：

$$C_p = \sum_{i \in V_p} \sum_{j \in V_p} \frac{1}{n_p n_{c(j)}} (\boldsymbol{x}_i - \boldsymbol{x}_j)(\boldsymbol{x}_i - \boldsymbol{x}_j)^{\mathrm{T}} \qquad (7.183)$$

$$A_p = \sum_{i \in V_p} \sum_{j \in V_p} \frac{1}{n_p n_p} (x_i - x_j)(x_i - x_j)^{\mathrm{T}} \tag{7.184}$$

这两个不相似度矩阵的定义确保考虑所有样本间的关系,而且类别属性体现在类的规模上。

对于一个两类问题,用一维特征就足够区分,那么可以假设在两类问题中数据的投影是一条线。根据 C_p 与 A_p 的定义,两类规范切可改写为

$$\mathrm{Ncuts}(W) = \sum_{p=1}^{2} \frac{W^{\mathrm{T}} C_p W}{W^{\mathrm{T}} A_p W + W^{\mathrm{T}} C_p W} \tag{7.185}$$

在多类问题中,输入数据集的投影则是一个子空间。通过使用行列式,式(7.185)可以推广到多类切的情况:

$$\mathrm{Ncuts}(W) = \sum_{p=1}^{c} \frac{|W^{\mathrm{T}} C_p W|}{|W^{\mathrm{T}} A_p W + W^{\mathrm{T}} C_p W|} \tag{7.186}$$

式(7.186)中规范切是投影矩阵 W 的非线性函数,这将使得算法陷入局部极小。把该切判据扩展成投影矩阵的线性函数,就得到了一个新的图切判据:

$$\begin{aligned}
\mathrm{Scuts}(W) &= \frac{\left| \sum_{p=1}^{c} W^{\mathrm{T}} C_p W \right|}{\left| \sum_{p=1}^{c} (W^{\mathrm{T}} A_p W + W^{\mathrm{T}} C_p W) \right|} \\
&= \frac{\left| W^{\mathrm{T}} \sum_{p=1}^{c} C_p W \right|}{\left| W^{\mathrm{T}} \sum_{p=1}^{c} (A_p + C_p) W \right|} \\
&= \frac{|W^{\mathrm{T}} C W|}{|W^{\mathrm{T}} (A + C) W|} \\
&= \frac{|W^{\mathrm{T}} C W|}{|W^{\mathrm{T}} T W|}
\end{aligned} \tag{7.187}$$

式中:C、A 分别为整个输入数据集相应的总的类间和类内不相似性矩阵,$C = \sum_{p=1}^{c} C_p$,$A = \sum_{p=1}^{c} A_p$;T 为总不相似性矩阵,$T = A + C$。

由于不相似性的定义中类别信息是由每一类的大小所平衡的,所以新的图切判据称为标度切判据。

2) 局部标度切

在 Fisher 准则中,主要的计算复杂度是由构造类内散度矩阵所产生的,整体复杂度为 $O(K^2 N)$。在标度切判据中,类间不相似性矩阵和类内不相似性矩阵的构造计算复杂度都很高,使得标度切准则总的计算复杂度为 $O(K^2 N^2)$。

为了降低计算复杂度,可以使用局部 Fisher 判别分析(Local Fisher Discriminant Analysis, LFDA)[244,245]的局部化策略。首先,构造一个局部化 k – 近邻图来表征近邻点的关系,然后只计算相邻元素间的不相似性。

$N_b(\boldsymbol{x}_i)$ 和 $N_w(\boldsymbol{x}_i)$ 分别为数据点 $\boldsymbol{x}_i$ 的类内 q_b 近邻域和类间 q_w 近邻域,由此可定义局部类间不相似性矩阵 $\tilde{\boldsymbol{C}}$ 和局部类内不相似性矩阵 $\tilde{\boldsymbol{A}}$ 如下:

$$\tilde{\boldsymbol{C}} = \sum_{p=1}^{c} \sum_{i=1}^{n_p} \sum_{j=1}^{N} N_{ij}^b (\boldsymbol{x}_i - \boldsymbol{x}_j)(\boldsymbol{x}_i - \boldsymbol{x}_j)^{\mathrm{T}} \tag{7.188}$$

$$\tilde{\boldsymbol{A}} = \sum_{p=1}^{c} \sum_{i=1}^{n_p} \sum_{j=1}^{N} N_{ij}^w (\boldsymbol{x}_i - \boldsymbol{x}_j)(\boldsymbol{x}_i - \boldsymbol{x}_j)^{\mathrm{T}} \tag{7.189}$$

式中

$$N_{ij}^b = \begin{cases} 1/n_p q_b & (\boldsymbol{x}_j \in N_b(\boldsymbol{x}_i)) \\ 0 & (其他) \end{cases}, N_{ij}^w = \begin{cases} 1/n_p q_w & (\boldsymbol{x}_j \in N_w(\boldsymbol{x}_i)) \\ 0 & (其他) \end{cases}$$

根据式(7.188)和式(7.189),局部标度切准则为

$$\tilde{\mathrm{Scuts}}(\boldsymbol{W}) = \frac{|\boldsymbol{W}^{\mathrm{T}} \tilde{\boldsymbol{C}} \boldsymbol{W}|}{|\boldsymbol{W}^{\mathrm{T}}(\tilde{\boldsymbol{A}} + \tilde{\boldsymbol{C}})\boldsymbol{W}|} = \frac{|\boldsymbol{W}^{\mathrm{T}} \tilde{\boldsymbol{C}} \boldsymbol{W}|}{|\boldsymbol{W}^{\mathrm{T}} \tilde{\boldsymbol{T}} \boldsymbol{W}|} \tag{7.190}$$

使用局部化 k 近邻图,能减小数据的类内方差,增大数据的类间边缘,从而获得更合理的投影矩阵。与此同时,算法计算复杂度降低为 $O(K^2 N(q_b + q_w))$。

结果表明,用局部化 k 近邻图逼近方法能获得比原始方法更好的分类结果。

3) 基于局部标度切的监督维数约简

对所构造的判据进行优化,由此便可得到最优的投影矩阵。式(7.187)和式(7.190)的最优化都是一个广义特征值问题,局部标度切相应的广义特征方程为

$$\tilde{\boldsymbol{C}} w = \lambda \tilde{\boldsymbol{T}} w \tag{7.191}$$

对上式进行特征分解,选择前 d 个最大的特征值对应的特征矢量构成投影矩阵 $\boldsymbol{W} = \begin{bmatrix} w_1 & w_2 & \cdots & w_d \end{bmatrix}$,将原始的高维数据投影到由 $\boldsymbol{W}$ 所张成的低维空间,便得到了原始数据新的特征。

基于局部标度切监督维数约简算法流程如下:

输入:训练集 $\boldsymbol{X} = \{x_i, l_i\}_{i=1}^{N} \in \mathbf{R}^K$;测试集 $\boldsymbol{X}^{\mathrm{test}} = \{x_j^{\mathrm{test}}\}_{j=1}^{M} \in \mathbf{R}^K$,其中,$l_i$ 为每个训练样本点的标签,d 为期望的维数。

步骤:(1)通过式(7.189)和式(7.190)构造局部类间不相似性矩阵 $\tilde{\boldsymbol{C}}$ 和局部类内不相似性矩阵 $\tilde{\boldsymbol{A}}$。

(2) 由 $\tilde{\boldsymbol{T}} = \tilde{\boldsymbol{C}} + \tilde{\boldsymbol{A}}$ 形成总局部不相似性矩阵。

（3）求解广义特征值方程式（7.191），得到前 d 最大特征值 $[\lambda_1 \quad \lambda_2 \quad \cdots$ $\lambda_d]$ 所对应的前 d 个特征矢量 $[w_1 \quad w_2 \quad \cdots \quad w_d]$，由此构造最优的投影矩阵 $W = [w_1 \quad w_2 \quad \cdots \quad w_d]$。

（4）把原始数据投影到由 W 所张成的低维空间：$Y = W^{\mathrm{T}} X$ 和 $Y^{\mathrm{test}} = W^{\mathrm{T}} X^{\mathrm{test}}$。

输出：训练数据集映射 $Y = \{y_i\}_{i=1}^{N} \in \mathbf{R}^d$，测试数据集映射 $Y^{\mathrm{test}} = \{y_j^{\mathrm{test}}\}_{j=1}^{M}$ $\in \mathbf{R}^d$

7.5.4.4　最优维数标度切判据分析方法

在维数约简中，约简之后的特征维数的选择是一个重要却经常忽略的问题。如何选择约简之后的特征维数目前没有公认方法。在 PCA 和 KPCA 中较为常见的是用累计方差贡献率来确定维数，这样处理的不足在于不能很好地控制维数，有时候得到的维数并没有比原始维数低多少，起不到降维作用。在 LDA 和 KFDA 中一般都是降到 $c-1$ 维（c 为类别数），由于不同数据本征维数是不一样，$c-1$ 维特征不一定能带来最优性能。因此，有必要对约简之后维数个数进行研究。

人们可获取的数据是有限的，并且是有噪声的，数据特征之间存在冗余。由此可以假定如果没有维数约简，识别性能将是最差的。在这个假定下，用加权差分形式来表示没有维数约简时的性能为 0，当执行了维数约简后，加权差分形式得到一个正值。用不同维数特征得到的值将不一样，取最大值时对应特征组合就是最优结果。

文献[244]提出将该思想用于构造最优维数判别的分析方法，本节用该思想构造最优维数标度切判据分析方法。

局部标度切判据公式为

$$\tilde{\mathrm{S}}\mathrm{cuts}(W) = \frac{|W^{\mathrm{T}} \tilde{C} W|}{|W^{\mathrm{T}}(\tilde{A} + \tilde{C}) W|} = \frac{|W^{\mathrm{T}} \tilde{C} W|}{|W^{\mathrm{T}} \tilde{T} W|} \tag{7.192}$$

在此基础上用加权差分形式定义另一个判据为

$$\tilde{\mathrm{S}}\mathrm{cuts} = \mathrm{tr}(\tilde{C} - \gamma \tilde{T}) \tag{7.193}$$

式中：γ 为加权系数，$\gamma = \dfrac{\mathrm{tr}\tilde{C}}{\mathrm{tr}\tilde{T}}$。

由于目的是通过学习得到一个最优的投影矩阵 $W \in \mathbf{R}^{K \times d}$，则式（7.193）重新定义为

$$\tilde{\mathrm{S}}\mathrm{cuts}(W) = \mathrm{tr}(W^{\mathrm{T}}(\tilde{C} - \gamma \tilde{T}) W) \tag{7.194}$$

为避免奇异解，在这里附加一个约束条件 $W^{\mathrm{T}} W = I$，其中，I 为 $d \times d$ 单位

矩阵。

定义矩阵 S 为

$$S = \tilde{C} - \frac{\mathrm{tr}\,\tilde{C}}{\mathrm{tr}\,\tilde{T}}\tilde{T} \tag{7.195}$$

则投影矩阵的最优解为

$$W^* = \arg\max_{\substack{W \in \mathbf{R}^{K \times d} \\ W^T W = I \\ d \in \{1, \cdots, K\}}} \mathrm{tr}(W^T S W) \tag{7.196}$$

矩阵 S 具有平移、尺度不变性,即用 $\tilde{A}$ 代替 $\tilde{T}$ 或者将 $\tilde{T}$ 倍乘,S 都不会变。

对 S 进行特征分解,得到前 d 个最大的特征值对应的特征矢量就是需要的投影矩阵 $W = [w_1, w_2, \cdots, w_d]$。$d$ 个特征值之和就是上述最优化问题的一个解,故当 d 个特征值都为正数时达到最大值。因此 d 的值等于 S 矩阵正的特征值数。

最优维数标度切判据监督维数约简算法步骤如下:

输入:训练集 $X = \{x_i, l_i\}_{i=1}^N \in \mathbf{R}^K$;测试集 $X^{\text{test}} = \{x_j^{\text{test}}\}_{j=1}^M \in \mathbf{R}^K$,其中,$l_i$ 为每个训练样本点的标签。

步骤:(1)通过式(7.188)和式(7.189)构造局部类间不相似性矩阵 $\tilde{C}$ 和局部类内不相似性矩阵 $\tilde{A}$。

(2)用式(7.196)构造矩阵 S。

(3)对矩阵 S 进行特征分解,得到与 d 最大特征值 $[\lambda_1 \quad \lambda_2 \quad \cdots \quad \lambda_d]$ 相对应的前 d 个特征矢量 $[w_1 \quad w_2 \quad \cdots \quad w_d]$,然后得到投影矩阵 $W = [w_1 \quad w_2 \quad \cdots \quad w_d]$,其中 d 等于所有正的特征值数。

(4)把原始数据投影到由 W 所张成的低维空间:$Y = W^T X$ 和 $Y^{\text{test}} = W^T X^{\text{test}}$。

输出:训练数据集的映射 $Y = \{y_i\}_{i=1}^N \in \mathbf{R}^d$,以及测试数据集 $Y^{\text{test}} = \{y_j^{\text{test}}\}_{j=1}^M \in \mathbf{R}^d$。

7.5.4.5 实验及结果分析

1)UCI 数据分类

为了验证本节方法的有效性,选择了几个具有高维特征的 UCI 数据集进行实验分析,采用 k 近邻作为分类器。对比方法包括线性判别分析(Linear Discriminant Analysis,LDA)、最优维数判别分析(Optimal Dimensionality Discriminant Analysis,ODDA)、基于标度切(GC)判据的有监督维数约简算法、基于局部标度切(LGC)判据的有监督维数约简算法和最优维数标度切(ODGC)判据分析。此外,还包括没有进行维数约简的结果(KNN)。

采用的 UCI 数据特征属性如表 7.25 所列。

表 7.25　UCI 数据集特征属性

数据集	类别数	特征维数	样本数	是否归一化
Splice	3	240	3175	否
Musk	2	166	6598	是
Air	3	64	359（训练样本） 719（测试样本）	是
Optdigits	10	64	3823（训练样本） 1797（测试样本）	否
Chess_RK	2	36	3196	否
Segment	7	18	2310	否

对 Air 和 Optdigits 数据集，已有的训练集用来训练，测试集用来测试；对其余数据集采用 5 倍交叉验证方法进行评价。LGC、ODDA 和 ODGC 算法中类内近邻数和类间近邻数一律取 10。在大多数文献中 LDA 降维后的维数为 $c-1$，本节 LDA 降维后特征维数从 1～K 的结果都用来比较。不同维数下识别正确率的曲线如图 7.62 所示。

LDA、GC 和 LGC 方法结果在图 7.59 中是一条曲线，选取曲线上最佳识别率及相应的维数列在表 7.26 中，KNN、ODDA 和 ODGC 方法结果是一个点，也列在表中进行比较。

表 7.26　识别正确率和相对应维数

数据集		KNN	LDA	GC	LGC	ODDA	ODGC
Splice	精度/%	80.95	95.72	95.62	95.84	91.21	89.20
	维数	240	64	4	3	69.6	75.6
Musk	精度/%	96.14	96.36	97.38	97.53	97.51	97.80
	维数	166	12	73	28	37.8	40.6
Air	精度/%	91.66	94.72	95.55	96.11	95.55	96.80
	维数	64	19	8	11	12	14
Optdigits	精度/%	97.83	98.11	97.61	98.22	97.11	97.00
	维数	64	52	17	21	12	12
Chess_R_K	精度/%	92.55	98.03	96.21	98.06	98.40	98.31
	维数	36	23	4	8	8.6	9
Segment	精度/%	95.28	95.28	96.41	97.01	95.71	96.19
	维数	18	14	11	5	5	5.2

从表 7.26 可见，本节所提出的监督维数约简方法比 LDA 能获得更高的识

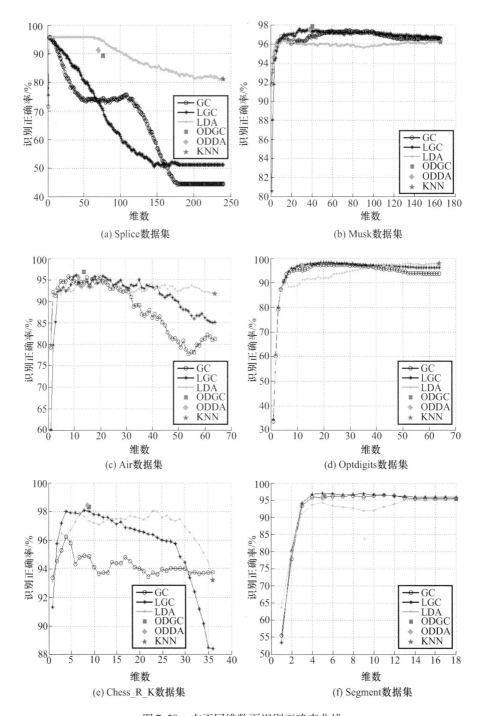

(a) Splice数据集

(b) Musk数据集

(c) Air数据集

(d) Optdigits数据集

(e) Chess_R_K数据集

(f) Segment数据集

图7.59　在不同维数下识别正确率曲线

别正确率和更低的特征维数。从图 7.59 可以看出,基于局部标度切判据的监督维数约简与基于标度切判据的监督维数约简相比,在大多数情况下获得相当或更好的结果,但在原始维数不是很高的数据集(如 Splice 数据集)则没有这一优势。

表 7.26 还揭示出 ODGC 算法在多数数据集上能得到比 ODDA 更好的结果,但是相应的维数要稍微高一点。从 Splice 和 Musk 数据集的实验结果可以看出,当在数据原始维数较高的情况下,提取的最优维数也相对较高,而这并不是我们希望看到的。提取的最优维数较高,说明对 S 矩阵进行分解得到的值为正的特征值偏多,如果舍弃一些约等于零的正值,对识别结果影响不大,而提取的维数将会低一些。对于 Splice 数据集,该数据集原始维数为 240 维,用 ODGC 算法提取的维数为 75.6 维,其识别率为 89.20%;如果舍弃小于最大特征值 10% 的那些特征,提取的特征维数为 8.4 维,识别率为 94.87%;如果舍弃小于最大特征值 15% 的特征,提取的特征维数为 2 维,识别率为 94.74%。对于 Musk 数据集,该数据集原始维数为 166 维,用 ODGC 算法提取的维数为 40.6 维,其识别率为 97.80%;如果舍弃小于最大特征值 10% 的特征,提取的特征维数 12.4,其识别率为 97.41%;舍弃小于最大特征值 15% 的特征,提取的维数为 9.8 维,其识别率为 96.73%。由此可见,表 7.26 中 Splice 和 Musk 数据集 ODGC 算法的结果并不是最优的,舍弃一些约等于 0 的正特征值不仅未影响其识别精度,而且大幅度降低了特征维数,是一个可以考虑的改进措施。综合考虑所有的数据集维数情况,本节在进行 ODGC 和 ODDA 算法实验时,一律舍弃小于最大特征值 0.0001% 的特征值。

2)人脸识别

在人脸识别应用方面,我们所使用的数据是 ORL 人脸库,如图 7.60 所示。该数据库共包含 400 个样本,分别是 40 个不同个体的人脸,每人有 10 幅不同角度拍摄人脸图像。原始图像大小为 112×92,为降低计算时间,且不影响识别精度,先将每幅图像进行下采样,采样之后图像大小 28×23。图 7.59 为其中两类样本的图像。

在本实验中,随机抽取每类 2、3、4 和 6 个样本作为训练样本,剩余作测试样本,取 20 次独立运行结果的平均值作为最终的识别结果。

实验结果如表 7.27。

表中 LDA、GC 和 LGC 方法的结果都是 39 维。每类 6 个训练样本实验中,LGC、ODDA 和 ODGC 算法类内和类间近邻数为 3,而其他三组实验中,类内近邻数为 1,类间近邻数为 3。从表 7.27 可以看出,本节提出的 GC、LGC 方法较 LDA 及无维数约简在后续的识别率上有很大改善,且算法相对稳定,ODGC 方法能得到与 ODDA 方法相当的识别率和更低的最优维数。

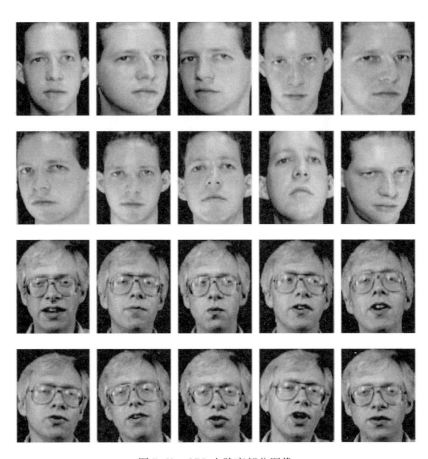

图 7.60 ORL 人脸库部分图像

表 7.27 人脸识别结果

方法	2 个训练样本		3 个训练样本		4 个训练样本		6 个训练样本	
	Acc/%	Dev/%	Acc/%	Dev/%	Acc/%	Dev/%	Acc/%	Dev/%
KNN	62. 66	3. 11	74. 05	2. 54	81. 48	2. 31	91. 06	2. 93
LDA	71. 34	3. 75	77. 23	2. 26	80. 79	3. 14	85. 78	2. 53
GC	80. 31	2. 56	86. 34	1. 63	90. 40	1. 51	95. 06	1. 84
LGC	85. 69	1. 82	90. 38	1. 64	92. 65	2. 24	97. 06	0. 93
ODDA	84. 08	1. 99	89. 93	1. 60	92. 71	2. 10	96. 59	1. 64
（维数）	39	0	50. 7	1. 9	72. 1	1. 6	69. 3	1. 3
ODGC	84. 28	2. 15	89. 36	1. 77	92. 50	1. 97	96. 53	1. 64
（维数）	39	0	49. 0	1. 4	62. 6	1. 7	57. 2	1. 2

注：Acc 为 20 次平均识别正确率；Dev 为相应的标准方差；KNN 为对原始图像进行分类的结果；LDA 为先对原始图像进行 LDA 变换，再进行分类的结果；GC 为基于标度切判据维数约简的结果；LGC 为基于局部化标度切判据维数约简的结果；ODDA 为文献[244]中最优维数判别分析方法的结果；ODGC 为最优维数标度切判据分析方法的结果

　　3）高光谱遥感图像分类

　　高光谱遥感是高光谱分辨率遥感的简称,它是遥感领域在 20 世纪 80 年代起最重要的发展之一,也是目前及今后几十年内遥感的前沿技术。高光谱遥感技术利用成像光谱仪以纳米级的光谱分辨率,以几十或几百个波段同时对地表物成像,能够获得地物的连续光谱信息,实现地物空间信息、辐射信息、光谱信息的同步获取,具有"图谱合一"的特性[246]。

　　遥感图像分类就是将遥感图像中的每个像元划归到相应类别中的过程。高光谱遥感图像分类是建立在遥感图像分类的基础上,结合高光谱遥感图像特点,对高光谱图像数据进行像元的识别和分类。由于高光谱遥感技术获取的图像包含了丰富的空间、辐射和光谱三重信息,因此这些信息特别适合分类。但是,仍存在如下巨大的挑战[247]:

　　(1) 数据量大,至少几十个波段,冗余数据的存在,会降低分类精度,而且这些高维数据的存储和显示也是对现有技术的一大挑战,因此降低高光谱遥感图像数据的有效维数是极其必要的。

　　(2) 波段多,且波段间相关性高,导致所需训练样本数目增多,如果训练样本不足,将导致从训练样本得到的参数不可靠。

　　这两大困难都要求对高光谱遥感图像原始的多个波段进行处理,主要分为波段选择和波段变换。波段选择就是在较多波段中选出其中几个波段来处理或分类。由于波段选择的方法是用少数原始高光谱遥感图像的波段来进行降维,必然会损失一些波段的有效信息,使得高光谱数据的原有信息不能得到充分的利用。因此,仅靠波段选择是不能解决问题的,还要考虑特征变换。遥感图像处理领域常用的特征提取和数据压缩方法是 PCA[220,221]。

　　节中用基于标度切判据的监督维数约简算法和基于局部标度切判据的监督维数约简算法对高光谱遥感图像进行降维,并完成分类。

　　我们采用的高光谱遥感图像是由美国国家航空航天局(NASA)的机载课件/红外成像光谱仪(AVIRIS)获取的佛罗里达州肯尼迪空间中心(KSC)1996 年 3 月 23 日的影像[248]。AVIRIS 将 0.4～2.45μm 波段范围内划分出 224 个区段,10nm 的光谱分辨率,从海拔 20km 左右获得,地面分辨率为 18m,去除空气水分吸收及低信噪比波段后共 176 波段。图 7.61(a)为原始图像,大小是 512×614,由于我们获得的数据有标签样本没有考虑最左边的城区部分,故将原图裁剪为 512×455。如图 7.61(b)所示,并标出了 13 类地物,每类样本采集情况如表 7.28 所列。

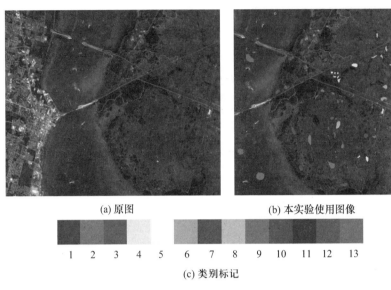

(a) 原图   (b) 本实验使用图像

1   2   3   4   5   6   7   8   9   10   11   12   13

(c) 类别标记

图 7.61 原始图像及所采集的样本

表 7.28 每类样本采集情况

	类别	样本数
1	Scrub	761（14.6%）
2	Willow swamp	243（4.66%）
3	Cabbage palm hammock	256（4.92%）
4	Cabbage palm/oak hammock	252（4.84%）
5	Slash pine	161（3.07%）
6	Oak/broadleaf hammock	229（4.38%）
7	Hardwood swamp	105（2.0%）
8	Graminoid marsh	431（8.27%）
9	Spartina marsh	520（9.99%）
10	Cattail marsh	404（7.76%）
11	Salt marsh	419（8.04%）
12	Mud flats	503（9.66%）
13	Water	927（17.8%）

对比实验包括不进行特征变换、LDA、ODDA、GC、LGC 和 ODGC，分类器统一使用 SVM。实验结果如图 7.62 所示。其中 LDA、GC 和 LGC 的最终特征维数均为 12，ODDA 和 ODGC 方法所提取的最优特征维数分别为 28 和 42。LGC、ODDA 和 ODGC 算法中类内和类间近邻数一律为 10。

从实验结果可以看出：①进行降维之后的识别结果远好于不进行降维；

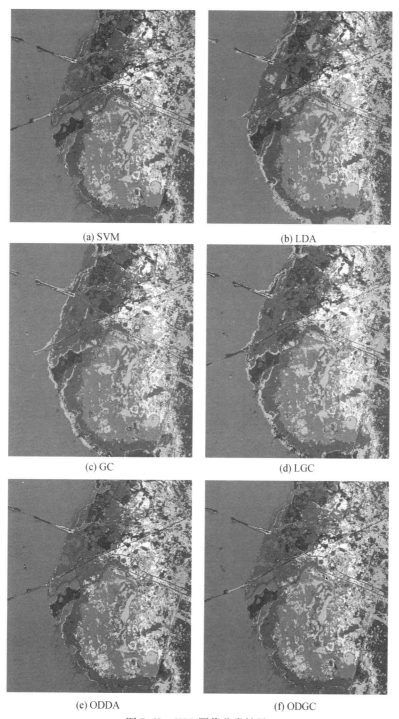

图 7.62 KSC 图像分类结果

②GC和LGC的结果与LDA方法结果相比,区域一致性要稍差,但是整体识别结果有所提高,如岸边是没有第6类的,但LDA将岸边不少区域分成了第6类,而LGC方法将那部分分成了第11类,从原图看,LGC方法得到的结果更合理;③对比ODDA和ODGC方法,前者得到的特征维数较后者更低。由此可见,本节提出的方法在高光谱遥感图像分类上的应用还有待改进,主要是区域一致性的提高。

6)小结

本节对谱聚类算法中的切判据进行研究,提出了一种基于局部标度切判据的监督维数约简算法,并将其有效地应用于人脸识别和高光谱遥感图像分类。本节所提出的标度切是从规范切推导而来,是投影矩阵的线性函数。标度切的解可以通过推广的特征问题获得,因而不存在局部最优。该算法能克服线性判别分析不能很好地处理异方差数据和多峰数据的缺点。通过构造局部化的k近邻图,能放松数据的类内方差,增大数据的类间边缘,从而获得更合理的训练误差,分类的边缘得到增加,提高算法的推广性能。从UCI数据分类及人脸识别实验结果可以看出,本节提出的方法较传统的监督维数约简方法能得到更高的识别率;但是由于过分考虑点与点之间的关系,在高光谱遥感图像分类实验中,得到的分类结果区域一致性不如传统的LDA方法。在局部标度切判据监督维数约简算法基础上,借鉴最优维数判别分析方法思想提出了最优维数标度切判据分析方法。实验结果表明,多数情况下最优维数判别分析方法能够提取比最优维数判别分析方法更低的维数,且后续识别率没有降低。

7.5.5 基于核标度切监督维数约简的图像目标识别

7.5.5.1 背景介绍

真实世界中多数情况属于非线性领域,这使得一般的线性维数约简方法不再适用,因此有必要研究非线性维数约简方法从而扩大应用范围。对线性方法进行改进和补充,就能得到相应的非线性维数约简方法。核方法是常用的一种将线性方法转换为非线性方法的策略[201]。

核方法是一系列以统计学习理论为基础的先进非线性数据处理技术的总称,其共同特征是这些数据处理方法应用了核映射。由于运用了非线性映射,且这种非线性映射往往是非常复杂的,从而大大增强了非线性数据处理能力,广泛应用于特征提取、模式识别和数据挖掘等领域[222]。在特征提取方面,已有的成功典型算法是用于无监督非线性特征提取的KPCA、用于有监督非线性特征提取和识别的KFDA及用于聚类的核k均值聚类。

基于核方法的特征提取本质上都是基于样本的,它不仅适合于解决非线性特征提取问题,而且能比线性特征提取方法提供更多的可选择的特征数目和更好的特征质量。这是因为基于核方法的非线性特征提取可提供的特征数目与输入样本的数目相等,而线性特征提取方法提取的特征数目仅为输入样本的维数。

设 $\pmb{x}_i$ 和 $\pmb{x}_j$ 为数据空间中的样本点,数据空间到特征空间的映射函数为 $\pmb{\Phi}$,核方法的基础是实现矢量的内积变换 $(\pmb{x}_i, \pmb{x}_j) \rightarrow K(\pmb{x}_i, \pmb{x}_j) = (\pmb{\Phi}(\pmb{x}_i) \cdot \pmb{\Phi}(\pmb{x}_j))$。其中的核函数必须满足 Mercer 条件:对于任意给定的对称函数 $K(x, y)$,该对称函数是某个特征空间中的内积运算的充分必要条件是,对于任意不恒为 0 的函数 $g(x)$,且 $g(x)$ 满足 $\int g(x)^2 \mathrm{d}x < \infty$,有 $\int K(x, g)g(x)g(y)\mathrm{d}x\mathrm{d}y \geq 0$。

常用且效果比较理想的核函数主要有:

(1) 线性核函数

$$K(\pmb{x}_i, \pmb{x}_j) = \pmb{x}_i \cdot \pmb{x}_j \tag{7.197}$$

(2) p 阶多项式核函数

$$K(\pmb{x}_i, \pmb{x}_j) = [(\pmb{x}_i \cdot \pmb{x}_j) + 1]^p \tag{7.198}$$

(3) 高斯径向基函数(RBF)核函数

$$K(\pmb{x}_i, \pmb{x}_j) = \exp\left(-\frac{\|\pmb{x}_i - \pmb{x}_j\|^2}{\sigma^2}\right) \tag{7.199}$$

(4) Sigmoid 核函数、多层感知器(Multilayer Perceptron, MLP)核函数、指数径向基函数(ERBF)核函数、线性样条核函数、傅里叶核函数等。

从具体操作过程上看,核方法首先采用非线性映射将原始数据由数据空间映射到特征空间(在此特征空间中的计算与样本维数无关,只与样本数有关);然后在特征空间进行对应的线性操作。

7.5.5.2 基于核标度切判据的监督维数约简算法

使用核方法可以将基于标度切判据监督维数约简算法进行推广,得到核标度切判据的监督维数约简算法。算法具体推导如下:

首先,先把原始输入数据集 $\{\pmb{x}_i\}_{i=1}^N \in \mathbf{R}^K$ 通过一个非线性函数 $\pmb{\Phi}: X = \{\pmb{x}_i\}_{i=1}^N \in \mathbf{R}^K \rightarrow \pmb{\Phi}(\pmb{X}) = \{\pmb{\phi}(\pmb{x}_i)\}_{i=1}^N \in F$ 映射到一个高维的特征空间,在特征空间定义两两样本点之间的不相似性:

$$\phi\mathrm{dis}_{ij} = \frac{1}{n_{c(i)}n_{c(j)}}[\phi(\pmb{x}_i) - \phi(\pmb{x}_j)][\phi(\pmb{x}_i) - \phi(\pmb{x}_j)]^\mathrm{T} \tag{7.200}$$

式中:$n_{c(i)}$ 为第 i 类的样本数。

第 p 类的核类间不相似性矩阵和核类内不相似性矩阵分别定义为

$$\phi\pmb{C}_p = \sum_{i \in V_p}\sum_{j \in V_p}\frac{1}{n_p n_{c(j)}}[\phi(\pmb{x}_i) - \phi(\pmb{x}_j)][\phi(\pmb{x}_i) - \phi(\pmb{x}_j)]^\mathrm{T} \tag{7.201}$$

$$\phi A_p = \sum_{i \in V_p} \sum_{j \in V_p} \frac{1}{n_p n_p} \left[\phi(x_i) - \phi(x_j) \right] \left[\phi(x_i) - \phi(x_j) \right]^{\mathrm{T}} \quad (7.202)$$

这两个不相似性矩阵的定义考虑了类的规模,隐含了类别信息。

将式(7.201)和式(7.202)代入式(7.187),可以得到相应的核标度切:

$$\phi \mathrm{Scuts}(W) = \frac{\left| W^{\mathrm{T}} \sum_{p=1}^{c} \phi C_p W \right|}{\left| W^{\mathrm{T}} \sum_{p=1}^{c} (\phi A_p + \phi C_p) W \right|} = \frac{\left| W^{\mathrm{T}} \phi C W \right|}{\left| W^{\mathrm{T}} (\phi A + \phi C) W \right|}$$

$$= \frac{\left| W^{\mathrm{T}} \phi C W \right|}{\left| W^{\mathrm{T}} \phi T W \right|} \quad (7.203)$$

式中:ϕC 为总的核类间不相似性 $\phi C = \sum_{p=1}^{c} \phi C_p$;$\phi A_p$ 为总的核类内不相似性 $\phi A = \sum_{p=1}^{c} \phi A_p$;$\phi T$ 为总的核不相似性 $\phi T = \phi A + \phi C$。

对式(7.203)的求解也是一个广义瑞利商问题,可相应转化成特征求解问题:

$$\phi C w = \lambda \phi T w \quad (7.204)$$

对上式进行特征分解,选择前 d 个最大的特征值对应的特征矢量构成投影矩阵 $W = [w_1, w_2, \cdots, w_d]$。将原始的高维数据投影到由 W 所张成的低维空间,便得到了原始数据新的特征。

基于核标度切判据监督维数约简算法流程如下:

输入:训练集 $X = \{x_i, l_i\}_{i=1}^{N} \in \mathbf{R}^K$;测试集 $X^{\mathrm{test}} = \{x_j^{\mathrm{test}}\}_{j=1}^{M} \in \mathbf{R}^K$,其中,$l_i$ 为每个训练样本点的标签,d 为期望的维数。

步骤:(1)用一个核函数将原始数据映射到一个高维空间:$X = \{x_i\}_{i=1}^{N} \rightarrow \Phi(X) = \{\phi(x_i)\}_{i=1}^{N}$,$X^{\mathrm{test}} = \{x_j^{\mathrm{test}}\}_{j=1}^{M} \rightarrow \Phi(X^{\mathrm{test}}) = \{\phi(x_j^{\mathrm{test}})\}_{j=1}^{M}$

本算法使用高斯径向基核函数。

(2)通过式(7.201)和式(7.202)来构造核类间不相似性矩阵 $\phi \widetilde{C}$ 和核类内不相似性矩阵 $\phi \widetilde{A}$。

(3)由 $\phi \widetilde{T} = \phi \widetilde{C} + \phi \widetilde{A}$ 形成总核不相似性矩阵。

(4)求解广义特征值方程式(7.204),得到与 d 最大特征值 $[\lambda_1 \quad \lambda_2 \quad \cdots \quad \lambda_d]$ 相对应的前 d 个特征矢量 $[w_1 \quad w_2 \quad \cdots \quad w_d]$,然后得到投影矩阵 $W = [w_1 \quad w_2 \quad \cdots \quad w_d]$。

(5)把原始数据投影到由矢量 W 张成的低维空间:$Y = W^{\mathrm{T}} \Phi(X)$ 和 $Y^{\mathrm{test}} = W^{\mathrm{T}} \Phi(X^{\mathrm{test}})$。

输出:训练数据集的映射 $Y = \{y_i\}_{i=1}^{N} \in \mathbf{R}^d$,以及测试数据集 $Y^{\text{test}} = \{y_j^{\text{test}}\}_{j=1}^{M}$ $\in \mathbf{R}^d$。

7.5.5.3　实验结果及分析

1) UCI 数据分类

下面同样先在部分 UCI 数据集上进行实验,以验证算法的性能。在这部分实验中用到的 UCI 数据集属性如表 7.29 所列。

表 7.29　实验所用 UCI 数据集属性

数据集	类别数	特征维数	样本数	是否归一化	训练样本比例
Splice	3	240	3175	否	1/5
Ionosphere	2	34	351	否	1/3
Wdbc	2	30	569	否	1/3
German	2	24	1000	是	1/3
Segment	7	18	2310	是	1/5
Vote	2	16	435	否	1/3
Wbcd	2	9	699	否	1/3

由于算法的复杂度是和训练样本集规模相关的,这里使用的方法是随机划分原始数据集,选取一部分作为训练样本,剩余作测试样本,并进行多次实验(这部分实验全部使用 20 次),将平均结果作为最终的识别结果。对比实验方法包括基于所有原始特征的识别结果、基于 KFDA 的识别结果、基于核标度切判据的监督维数约简(KGC)的识别结果和基于核局部标度切监督维数约简(KLGC)的识别结果。最终结果如表 7.30 所列。

表 7.30　实验结果　　　　　　　　　　　　　　　　　　　　(单位:%)

数据集	特征维数	类别数	KNN	KFDA	KGC	KLGC
Splice	240	3	76.57	89.83	91.14(4)	93.82(3)
Ionosphere	34	2	81.99	91.15	93.21(13)	84.96(1)
Wdbc	30	2	92.34	90.11	92.30(9)	86.15(7)
German	24	2	68.59	68.46	71.57(1)	66.98(2)
Segment	18	7	88.19	81.95	94.10(6)	94.36(7)
Vote	16	2	91.45	89.45	90.91(1)	92.35(4)
Wbcd	9	2	96.48	96.50	96.19(4)	96.82(3)
注:括号里面为相应的特征维数						

表 7.31 列出了各方法在进行非线性映射时使用的高斯核函数中的核参数。LGC、ODDA 和 ODGC 算法中类内近邻数和类间近邻数一律为 10。

表 7.31　参数设置

数据集	KFDA	KGC	KLGC
Splice	2^3	2^8	2^8
Ionosphere	2^3	$2^{0.5}$	$2^{1.5}$
Wdbc	2^{10}	2^{12}	2^6
German	2^{-6}	2^{-3}	2^{-4}
Segment	2^{11}	2^6	2^7
Vote	2^{10}	2^0	2^1
Wbcd	2^{10}	2^4	2^6

　　从这 7 个数据集的实验结果可以看出,本节算法能在大部分情况下得到比基于 KFDA 和基于所有原始特征较好的结果,在个别数据集上,如 Wbcd 数据集,KF-DA 算法结果也不差(原因为 KFDA 本身就是一个非常有效的非线性降维方法,在该算法能处理的情况下能得到较好结果)。因此,在这些 KFDA 能很好处理的数据集上,本节算法没有特别的优势,只能得到与 KFDA 相当的识别结果。

　　比较 KGC 和 KLGC 算法的识别结果可以看出,作为 KGC 的逼近算法,KLGC 在多数情况下能得到与 KGC 相当的结果。

　　2) SAR 图像目标识别

　　SAR 图像目标识别仍使用 MSTAR 数据[239],对原始图像的预处理同第 3 章中的方法:从原始 128×128 的图像中心截取 60×60 的区域,该区域包括了整个目标,而去除了多余的背景;用标准差归一化对每幅图像进行处理;由于本节算法推导也是基于数据在空间中集中在原点附近这个前提,所以先对归一化之后的数据进行中心化处理。

表 7.32　不同方法在固定几个维数上的识别结果对比

及相应的分类器核参数设置

方位间隔/(°)	维数	KPCA 10^{-9}	KGC 2^{12}	KLGC 2^{15}	KFDA	SV 2^{-11}
360	5	67.62	92.31	93.11	96.85	93.48
	10	84.91	99.27	99.12		
	15	93.77	99.41	99.05		
	20	94.58	99.34	98.97		
		KPCA 10^{-9}	KGC 2^{12}	KLGC 2^{15}	KFDA1	SVM 2^{-11}
180	5	68.80	92.87	94.64	96.83	92.81
	10	82.78	99.44	99.72		
	15	92.78	99.71	99.51		
	20	94.06	99.78	99.58		

（续）

方位间隔/(°)	维数	KPCA 10^{-9}	KGC 2^{12}	KLGC 2^{15}	KFDA	SV 2^{-11}
		KPCA 10^{-10}	KGC 2^{12}	KLGC 2^{13}	KFDA1	SVM 2^{-17}
90	5	73.97	94.05	94.09	96.96	93.38
	10	78.43	99.59	99.55		
	15	91.91	99.58	99.07		
	20	91.68	99.48	99.39		
		KPCA 10^{-10}	KGC 2^{11}	KLGC 2^{13}	KFDA1	SVM 2^{-17}
30	5	75.44	94.53	96.55	96.85	94.44
	10	84.41	98.58	99.15		
	15	91.99	98.30	98.86		
	20	94.26	98.42	98.58		
		KPCA 10^{-10}	KGC 2^{10}	KLGC 2^{13}	KFDA1	SVM 2^{-17}
10	5	74.89	89.65	95.39	96.91	87.11
	10	82.82	93.98	98.76		
	15	89.90	94.96	98.67		
	20	90.08	94.97	98.54		

为验证所提出方法的有效性,对比实验结果包括基于所有像素灰度值结合 SVM 识别的结果[240]、基于 KPCA 与 SVM 的识别结果[214]和基于 KFDA 与 SVM 的识别结果(KFDA 提取的特征维数是 2 维,即 $c-1$ 维)。进行实验时,KFDA 也使用高斯径向基核,核参数设置为 0.0002,KGC 和 KLGC 核参数设置为 10-6。KLGC 中类内和类间近邻数为 10。实验结果如图 7.63 和图 7.64 所示。图 7.66 是用所有数据进行实验的结果,即方位角间隔为 360°。图 7.64 为分组实验的结果,即方位角间隔分别为 180°、90°、30° 和 10° 时的平均结果。

表 7.32 给出的是不同分组情况,KPCA、KGC 和 KLGC 在 5、10、15、20 维上,KFDA 在 2 维及基于所有像素灰度值的识别结果和相应的核参数设置。

从图 7.63 可看出,有监督的维数约简方法(KFDA、KGC 和 KLGC)效果明显优于无监督的维数约简方法(KPCA)。图 7.64 表明,本节算法的健壮性也是最优的,而且 KLGC 算法的健壮性优于 KGC 算法。综合实验结果,本节方法 KGC 和 KLGC 能提取 SAR 图像较好的特征,用大约 8 维谱特征就可以很好地表示原始图像,获得较高、较稳定的识别正确率,并且健壮性也较好。

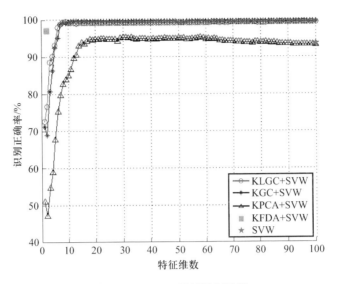

图 7.63 MSTAR 目标识别结果

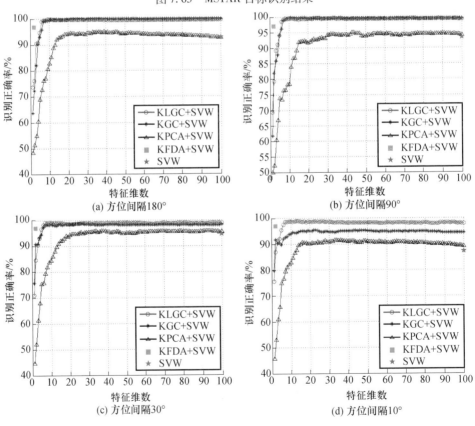

(a) 方位间隔180°

(b) 方位间隔90°

(c) 方位间隔30°

(d) 方位间隔10°

图 7.64 不同方位角间隔实验结果

7.5.5.4　小结

本节在基于标度切判据监督维数约简算法的基础上,采用核方法策略提出了一种基于核标度切判据监督维数约简算法,并成功应用于 UCI 数据分类和 SAR 图像目标识别。同时,也构造了基于核局部标度切判据的监督维数约简算法,并验证了其在 SAR 图像目标识别中的有效性。实验结果表明,基于核局部标度切判据的非线性监督维数约简算法能得到与核标度切判据监督维数约简算法基本相同的识别率,这两种方法的识别结果都比 KPCA 和 KFDA 好。

参考文献

[1] WEHNER D R. High Resolution Radar[M]. Boston:Artech House,1995.

[2] 保铮,邢孟道,王彤. 雷达成像技术[M]. 北京:电子工业出版社,2005.

[3] 黄培康,殷红成,许小剑. 雷达目标特性[M]. 北京:电子工业出版社,2005.

[4] BARANIUK R,STEEGHS P. Compressive Radar Imaging[C]. Radar Conference. IEEE,2007: 128 – 133.

[5] HERMAN M,STROHMER T. Compressed Sensing Radar[C]. IEEE International Conference on Acoustics,Speech and Signal Processing. IEEE,2008:1 – 6.

[6] VARSHNEY K R,CETIN M,FISHER J W,et al. Sparse Representation in Structured Dictionaries With Application to Synthetic Aperture Radar[J]. IEEE Transactions on Signal Processing,2008,56(8):3548 – 3561.

[7] POTTER L C. Sparse Reconstruction for Radar[J]. Proceedings of SPIE-The International Society for Optical Engineering,2008,52:697003 – 697003 – 15.

[8] YOON Y,AMIN M G. Compressed Sensing Technique for High-resolution Radar Imaging [J]. Proceedings of SPIE-Signal Processing Sensor Fusion and Target Recognition XVII, 2008, 6968:A968.

[9] GURBUZ A C,MCCLELLAN J H,JR W R S. Compressive Sensing for Subsurface Imaging Using Ground Penetrating Radar[J]. Signal Processing,2009,89(10):1959 – 1972.

[10] YOON Y S,AMIN M G. Imaging of Behind the Wall Targets Using Wideband Beamforming with Compressive Sensing[C]. Statistical Signal Processing,2009. Ssp'09. Ieee/sp,Workshop on. IEEE,2009:93 – 96.

[11] BARANIUK R G,WAKIN M B. Random Projections of Smooth Manifolds[J]. Foundations of Computational Mathematics,2009,9(1):51 – 77.

[12] WRIGHT J,YANG A Y,GANESH A,et al. Robust Face Recognition via Sparse Representation[J]. IEEE Transactions on Pattern Analysis and Machine Intelligence,2009,31(2):210.

[13] SHI Q,ERIKSSON A,HENGEL A V D,et al. Is Face Recognition Really a Compressive Sensing problem? [C]. Computer Vision and Pattern Recognition. IEEE,2011:553 – 560.

[14] VANDERBEI R J. Linear Programming:Foundations and Extensions[J]. Journal of the Opera-

tional Research Society,1998,49(1):94 – 94.

[15] HAKEN H C H. Synergetic Computers and Cognition:a Top-down Approach to Neural Nets [M]. Springer-Verlag,Berlin,1991.

[16] SUTTON R S. Two Problems with Backpropagation and Other Steepest-descent Learning Procedures for Networks[J]. Proc Cognitive Sci Soc,1986.

[17] YAO X,LIU Y. A New Evolutionary System for Evolving Artificial Neural Networks[J]. IEEE Trans Neural Netw,1997,8(3):694 – 713.

[18] YAO,XIN,LIU,et al. Evolving Neural Network Ensembles by Minimization of Mutual Information[J]. International Journal of Hybrid Intelligent Systems,2004,1(1):12 – 21.

[19] 方秀端,刘秉瀚,王伟智. 协同模式识别的原理及其应用[C]. In Proceedings of the 4th World Congress on Intelligent Control and Automation,2002:3122 – 3126.

[20] XUE Y,LIU S,HU Y,et al. Genetic Algorithm based Adaptive Neural Network Ensemble and Its Application in Predicting Carbon Flux[C]. International Conference on Natural Computation. IEEE Computer Society,2007:183 – 187.

[21] HAKEN H. Synergetic Information Versus Shannon Information in Self-organizing Systems [J]. Zeitschrift Für Physik B Condensed Matter,1987,65(4):503 – 504.

[22] HAKEN H. 协同计算机和认知—神经网络的自上而下方法[M]. 杨家本,译. 北京:清华大学出版社,1994.

[23] 胡栋梁,戚飞虎. 模式识别协同方法中的序参量重构[J]. 红外与毫米波学报,1998,17 (3):177 – 181.

[24] 王海龙,戚飞虎. 一种有效的最优序参量重构方法[J]. 中国图像图形学报,2001,6 (1):56 – 60.

[25] HOGG T,TALHAMI H,REES D. An Improved Synergetic Algorithm for Image Classification [J]. Pattern Recognition,1998,31(12):1893 – 1903.

[26] SCHNEIDER K R,HAKEN H. Advanced Synergetics. [J]. Biometrical Journal,1985,27(4): 384 – 384.

[27] HAKEN H. Information and Self-Organization[M]. Springer Berlin Heidelberg,2006.

[28] 林学颜,张玲. 现代细胞与分子免疫学[M]. 北京:科学出版社,1999.

[29] 陆德源,马宝骊. 现代免疫学[M]. 上海:上海科技教育出版社,1998.

[30] COOPER K D,HALL M W,KENNEDY K. Procedure Cloning[C]. International Conference on Computer Languages. IEEE,1992:96 – 105.

[31] BALAZINSKA M,MERLO E,DAGENAIS M,et al. Advanced Clone-analysis to Support Object-Oriented System Refactoring[C]. Working Conference on Reverse Engineering. IEEE Computer Society,2000:98.

[32] ESMAILI N,SAMMUT C,SHIRAZI G M. Behavioural Cloning in Control of a Dynamic System [C]. IEEE International Conference on Systems,Man and Cybernetics,1995. Intelligent Systems for the,Century. IEEE,1995:2904 – 2909.

[33] HYBINETTE M,FUJIMOTO R. Cloning:A Novel Method For Interactive Parallel Simulation

［C］．Simulation Conference,1997. Proceedings of the. IEEE,1997:444－451.

［34］CASTRO L N D,ZUBEN F J V. The Clonal Selection Algorithm with Engineering Applications ［C］．GECCO 2002－Workshop Proceedings. 2000:36－37.

［35］KIM J,BENTLEY P J. Towards an Artificial Immune System for Network Intrusion Detection: an Investigation of Clonal Selection with a Negative Selection Operator［J］. Proceedings of the 2001 Congress on Evolutionary Computation,2001,2:1244－1252.

［36］杜海峰:免疫克隆计算与人工免疫网络研究与应用［R］．西安电子科技大学博士后研究工作报告,2003.

［37］王海龙,戚飞虎．一种不平衡注意参数条件下的遗传协同学习算法［J］．电子学报,2000,28(11):25－28.

［38］Wagner T,Boebel F G. Testing Synergetic Algorithms with Industrial Classification Problems ［J］. Neural Networks,1994,7(8):1313－1321.

［39］王海龙,戚飞虎．基于聚类法的协同神经网络学习算法［J］．上海交通大学学报,1998,32(10):39－41.

［40］董火明,高隽,陈定国,等．协同神经网络聚类型学习算法［J］．合肥工业大学学报,2002,25(4):492－495.

［41］王海龙,戚飞虎．基于信息叠加的学习算法［J］．红外与毫米波学报,2000,19(3):205－208.

［42］方秀端．协同模式识别算法的研究与应用［D］．福州:福州大学,2002.

［43］方秀端,刘秉瀚,王伟智．协同模式识别的原理及其应用［C］. In Proceedings of the 4th World Congress on Intelligent Control and Automation,2002:3122－3126.

［44］王海龙．协同神经网络在图像识别中的应用研究［D］．上海:上海交通大学,2000.

［45］王海龙,戚飞虎,詹劲峰．基于遗传算法的原型模式选取算法［J］．计算机工程,2000,26(9):19－20.

［46］焦李成,杜海峰．人工免疫系统进展与展望［J］．电子学报,2003,31(9):73~80.

［47］侯彪,刘芳,焦李成．基于脊波变换的直线特征检测［J］．中国科学,2003,33(1):65－73.

［48］HU M. Visual Pattern Recognition by Moment Invariants［J］. Information Theory Ire Transactions on,1962,8(2):179－187.

［49］张艳宁．基于支撑矢量机的智能目标识别［M］．西安:西北工业大学出版社,2002.

［50］WESTON J,WATKINS C. Multi-class Support Vector Machines in ESANN′99［C］. Proc. Europ. Symp. Artificial Neural Networks. CiteSeer,1999:83－128.

［51］张向荣．遥感图像的特征提取与目标识别方法研究［D］．西安:西安电子科技大学,2003.

［52］周志华,陈世福．神经网络集成［J］．计算机学报,2002,25(1):1－8.

［53］KROGH A,VEDELSBY J. Neural Network Ensembles,Cross Validation and Active Learning ［C］. International Conference on Neural Information Processing Systems. MIT Press,1994:231－238.

［54］BREIMAN L. Bagging Predictors［J］. Machine Learning,1996,24(2):123 – 140.

［55］FREUND Y. Boosting a Weak Learning Algorithm by Majority［J］. Information and Computation,1995,121(2):256 – 285.

［56］MEYER F G,COIFMAN R R. Brushlets:A Tool for Directional Image Analysis and Image Compression［J］. Applied and Computational Harmonic Analysis,1997,4(2):147 – 187.

［57］MALLAT S,ZHANG Z. Matching Pursuit with Time-frequency Dictionaries ［J］. IEEE Trans. On Signal Processing. 1993,41(12),3397 – 3415.

［58］BERGEAUD F,MALLAT S. Matching Pursuit of Images［C］. International Conference on Image Processing,1995. Proceedings. IEEE,1995:53 – 56.

［59］VAPNIK V N,VAPNIK V. Statistical Learning Theory［M］. New York:Wiley,1998.

［60］VINCENT P,BENGIO Y. Kernel Matching Pursuit［J］. Machine Learning,2002,48(1 – 3):165 – 187.

［61］缑水平,焦李成. 基于多尺度几何分析与核匹配追踪的图像识别［J］. 模式识别与人工智能,2007,20(6):776 – 781.

［62］高强,张发启,孙德明,等. 遗传算法降低匹配追踪算法计算量的研究［J］. 振动、测试与诊断,2003,23(3):165 – 167.

［63］范虹,孟庆丰,张优云. 用混合编码遗传算法实现匹配追踪算法［J］. 西安交通大学学报,2005,39(3):295 – 299.

［64］李恒建,尹忠科,王建英. 基于量子遗传优化算法的图像稀疏分解［J］. 西南交通大学学报,2007,42(1):19 – 23.

［65］Silva A R F D. Atomic Decomposition with Evolutionary Pursuit［J］. Digital Signal Processing,2003,13(2):317 – 337.

［66］焦李成,杜海峰,人工免疫系统进展与展望［J］. 电子学报. 2003,31(9):73 – 80.

［67］缑水平,焦李成,张向荣,等. 基于免疫克隆与核匹配追踪的快速图像目标识别［J］. 电子与信息学报,2008(5).

［68］DAVIS A G M,MALLAT S G,ZHANG Z. Adaptive Time-frequency Decompositions［J］. Proceedings of SPIE-The International Society for Optical Engineering,1994,33(7):7 – 10.

［69］SCHOLKOPF B,SMOLA A J. Learning with Kernels:Support Vector Machines, Regularization,Optimization,and Beyond［M］. MIT Press,2001.

［70］MALLAT S G. A Theory for Multiresolution Signal Decomposition:the Wavelet Representation ［J］. IEEE Transactions on Pattern Analysis and Machine Intelligence, 1989, 11 (7):674 – 693.

［71］MEYER F G,COIFMAN R R. Brushlets:A Tool for Directional Image Analysis and Image Compression［J］. Applied and Computational Harmonic Analysis,1997,5:147 – 187.

［72］KOSKO B. Fuzzy Engineering［M］. Prentice-Hall,Inc. 1996.

［73］RATSCH G,MIKA S,SCHOLKOPF B,et al. Constructing Boosting Algorithms From SVMs:an Application to One-class Classification［J］. IEEE Transactions on Pattern Analysis and Machine Intelligence,2002,24(9):1184 – 1199.

[74] EMMANUEL J C,DONOHO D L. Curvelets——A Surprisingly Effective Nonadaptive Representation For Objects with Edges[J]. Astronomy and Astrophysics,2000,283(3): 1051 – 1057.

[75] CANDES E J. Ridgelets :Theory and Applications[J]. Icase/larc,1998.

[76] MEYER F G,COIFMAN R R. Directional Image Compression with Brushlets[C]. Ieee-Sp International Symposium on Time-Frequency and Time-Scale Analysis. IEEE,1996:189 – 192.

[77] DO M N,VETTERLI M. Contourlets. J Stoeckler,GV Welland. Beyond Wavelets[M]. Academic Press,2002.

[78] 焦李成,谭山. 图像的多尺度几何分析:回顾和展望[J]. 电子学报,2003,12A: 1975 – 1981.

[79] DO M N,VETTERLI M. Contourlets:a Directional Multiresolution Image Representation[C]. In International Conference on Image Processing,Rochester,NY. 2002,1:357 – 360.

[80] CHANG T,KUO C C J. Texture Analysis and Classification with Tree-structured Wavelet Transform[J]. IEEE Trans Image Process,1993,2(4):429 – 41.

[81] PO D D Y,DO M N. Directional Multiscale Modeling of Images Using the Contourlet Transform[J]. IEEE Transactions on Image Processing,2004.

[82] LI S,SHAWETAYLOR J. Texture Classification by Combining Wavelet and Contourlet Features[J]. Lecture Notes in Computer Science,2004,3138:1126 – 1134.

[83] SHAN T,ZHANG X,JIAO L. A Brushlet-based Feature Set Applied to Texture Classification [C]. International Conference on Computational and Information Science. Springer-Verlag, 2004:1175 – 1180.

[84] HU M K. Visual Pattern Recognition by Moment Invariants[J]. IEEE Transactions on Information Theory,1962,8(2):179 – 187.

[85] BRODATZ P. Land,Sea,and Sky :a Photographic Album for Artists and Designers[M]. Dover Publications,1976.

[86] BURNET F M. Clonal Selection and After[J]. Theoretical Immunology,1978,63:85.

[87] CASTRO L D,ZUBEN F J Y. Learning and Optimization Using the Clonal Selection Principle [J]. IEEE Transactions on Evolutionary Computation,2002,6(3):239 – 251.

[88] 刘若辰,杜海峰,焦李成. 一种免疫单克隆策略算法[J]. 电子学报,2004,32(11): 1880 – 1884.

[89] 刘芳,杨海潮:参数可调的克隆多播路由算法[J]. 软件学报,2005,16(1):145 – 150.

[90] 李阳阳,焦李成. 求解 SAT 问题的量子免疫克隆算法[J]. 计算机学报,2007,30(2): 176 – 183.

[91] LIU R C,JIAO L C,DU H F. Clonal Strategy Algorithm Based on the Immune Memory[J]. Journal of Computer Science and Technology,2005,20(5):728 – 734.

[92] JIAO L C AND LI Q. Kernel Matching Pursuit Classifier Ensemble[J]. Pattern Recognition. 2006,39(4):587 – 594.

[93] 廖斌,许刚,王裕国. 基于非抽样小波字典的低速率视频编码[J]. 软件学报. 2004,15

（2）:221－228.

[94] 刘利雄,贾云得,廖斌,等. 一种改进的最佳时频原子搜索策略[J]. 中国图像图形学报,2004,9(7):873－877.

[95] CHANG S,CARIN L. Kernel Matching Pursuits Prioritization of Wavelet Coefficients for SPIHT Image Coding[C]. Acoustics,Speech,and Signal Processing,2004. Proceedings. (IC-ASSP'04). IEEE International Conference on. IEEE,2004(3).

[96] VLADIMIRN V,V. 统计学习理论的本质[M]. 张学工,译. 北京,清华大学出版社,2000.

[97] VAPNIK V N,VAPNIK V. Statistical Learning Theory[M]. New York:Wiley,1998.

[98] ZHU X. Semi-Supervised Learning Literature Survey[J]. Computer Science,2008,37(1): 63－77.

[99] SEBASTIANI F. Machine Learning in Automated Text Categorization[J]. ACM computing surveys(CSUR),2002,34(1):1－47.

[100] 苏金树,张博锋,徐昕. 基于机器学习的文本分类技术进展[J]. 软件学报,2006,17 (9):1848－1859

[101] NIGAM K,MCCALLUM A K,THRUN S,et al. Text Classification from Labeled and Unlabeled Documents Using EM[J]. Machine Learning,2000,39,103－134.

[102] COX T F,COX M A A. Multidimensional Scaling[M]. CRC press,2000.

[103] BLUM A,MITCHELL T. Combining Labeled and Unlabeled Data with Co-training[C]. Proceedings of the eleventh annual conference on Computational learning theory. ACM,1998: 92－100.

[104] NIGAM K,GHANI R. Analyzing the Effectiveness and Applicability of Co-training[C]. Ninth International Conference on Information and Knowledge Management,2000:86－93.

[105] ZHOU Z H,LI M. Tri-training:Exploiting Unlabeled Data Using Three Classifiers[J]. IEEE Transactions on knowledge and Data Engineering,2005,17(11):1529－1541.

[106] BLUM A,CHAWLA S. Learning from Labeled and Unlabeled Data Using Graph Mincuts [C]. Proc. 18th International Conf. on Machine Learning,2001.

[107] ZHOU D,BOUSQUET O,LAL T N,et al. Learning with Local and Global Consistency[C]. International Conference on Neural Information Processing Systems. MIT Press, 2003: 321－328.

[108] BELKIN M, MATVEEVA I, NIYOGI P. Regularization and Semi-supervised Learning on Large Graphs[C]. COLT. 2004,3120:624－638.

[109] BELKIN M,NIYOGI P,SINDHWANI V. Manifold Regularization:A Geometric Framework for Learning From Examples(Technical Report TR－2004－06)[R]. University of Chicago, 2004.

[110] CHAPELLE O, WESTON J, SCHÖLKOPF B. Cluster Kernels for Semisupervised Learning [J]. Advances in Neural Information Processing Systems,2002,15.

[111] KONDOR R I,LAFFERTY J. Diffusion Kernels on Graphs and Other Discrete Input Spaces

[C]. Proc. 19th International Conf. on Machine Learning, 2002.

[112] ZHU X, GHAHRAMANI Z, LAFFERTY J D. Semi-supervised Learning Using Gaussian Fields and Harmonic Functions[C]. Proceedings of the 20th International conference on Machine learning(ICML − 03), 2003:912 − 919.

[113] JOACHIMS T. Transductive Learning via Spectral Graph Partitioning [C]. Proceedings of ICML − 03, 20th International Conference on Machine Learning, 2003.

[114] ARGYRIOU A. Efficient Approximation Methods for Harmonic Semisupervised Learning [D]. Master's thesis, University College London, 2004.

[115] GARCKE J, GRIEBEL M. Semi-supervised Learning with Sparse Grids [C]. Proc. of the 22nd ICMLWorkshop on Learning with Partially Classified Training Data. Bonn, Germany, 2005.

[116] JOACHIMS T. Transductive Inference for Text Classification Using Support Vector Machines [C]. ICML. 1999, 99:200 − 209.

[117] BENNETT K, DEMIRIZ A. Semi-supervised Support Vector Machines [J]. Advances in Neural Information Processing Systems, 1999, 11, 368 − 374.

[118] XU L, SCHUURMANS D. Unsupervised and Semi-supervised Multi-class Support Vector Machines[C]. AAAI − 05, The Twentieth National Conference on Artificial Intelligence, 2005.

[119] CHAPELLE O, ZIEN A. Semi-Supervised Classification by Low Density Separation [C]. AISTATS, 2005:57 − 64.

[120] SINDHWANI V, KEERTHI S, CHAPELLE O. Deterministic Annealing for Semi-supervised Kernel Machines[C]. ICML06, 23rd International Conference on Machine Learning, 2006.

[121] COLLOBERT R, WESTON J, BOTTOU L. Trading Convexity for Scalability[C]. ICML06, 23rd International Conference onMachine Learning, 2006.

[122] LAWRENCE N D, JORDAN M I. Semi-supervised Learning via Gaussian Processes[C]. Advances in Neural Information Processing Systems, 2005:753 − 760.

[123] CHU W, GHAHRAMANI Z. Gaussian Processes for Ordinal Regression(Technical Report) [R]. University College London, 2004.

[124] SZUMMER M, JAAKKOLA T S. Information Regularization with Partially Labeled Data[C]. Advances in Neural Information Processing Systems, 2003:1049 − 1056.

[125] CORDUNEANU A, JAAKKOLA T S. Distributed Information Regularization on Graphs[C]. Advances in Neural Information Processing Systems, 2005:297 − 304.

[126] 张翠, 郦苏丹, 邹涛, 等. 一种应用峰值特征匹配的 SAR 图像自动目标记别方法[J]. 中国图像图形学报, 2002, 7(A):729 − 734.

[127] KOTTKE D P, FIORE P D, BROWN K L, et al. Design for HMM-based SAR ATR[C]. Algorithms for Synthetic Aperture Radar Imagery V. International Society for Optics and Photonics, 1998, 3370:541 − 552.

[128] PERLOVSKY, LEONID I, SVHOENDORF, WILLIAM H. Model Based Neural Network for Target Detection in SAR Images [J]. IEEE Trans. On Image Processing, 1996, 6(1):

203 - 215.

[129] ZHAO Q,PRINCIPE J C. Support Vector Machines for SAR Automatic Target Recognition [J]. IEEE Transactions on Aerospace and Electronic Systems,2001,37(2):643 - 654.

[130] ZHAO Q,PRINCIPE J C,BRENNAN V I. Synthetic Aperture Radar Automatic Target Recognition with Three Strategies of Learning and Representation [J]. Optical Engineering, 2000,39(5):1230 - 1244.

[131] ROSS T D,WORRELL S W,VELTEN V J,et al. Standard SAR ATR Evaluation Experiments Using the MSTAR Public Release Data Set[C]. Algorithms for Synthetic Aperture Radar Imagery V. International Society for Optics and Photonics,1998,3370:566 - 574.

[132] THEERA-UMPON N,KHABOU M A,GADER P D,et al. Detection and Classification of MSTAR Objects via Morphological Shared-weight Neural Networks[C]. Algorithms for Synthetic Aperture Radar Imagery V. International Society for Optics and Photonics,1998,3370: 530 - 541.

[133] 韩萍,吴仁彪,等. 基于 KPCA 准则的 SAR 目标特征提取与识别[J]. 电子与信息学报,2003,25(10):1297 - 1301.

[134] BELKIN M, NIYOGI P, SINDHWANI V. On Manifold Regularization [C]. AISTATS, 2005:1.

[135] POGGIO T,SMALE S. The Mathematics of Learning:Dealing with Data [J]. Notices of the AMS,2003,50(5):537 - 544.

[136] FUNG G,MANGASARIAN O L. Proximal Support Vector Machine Classifiers[J]. Machine Learning,2005,5:77 - 97.

[137] SCHÖLKOPF B,SMOLA A,MüLLER K R. Nonlinear Component Analysis as a Kernel Eigenvalue Problem[J]. Neural Computation,1998,10(5):1299 - 1319.

[138] BELKIN M AND NIYOGI P. Semi-supervised Learning on Riemannian Manifolds[J]. Machine Learning,2004,56(13):209 - 239.

[139] BELKIN M,NIYOGI P. Laplacian Eigenmaps for Dimensionality Reduction and Data Representation[J]. Neural Computation,2003,15(6):1373 - 1396.

[140] CHUNG F R K. Spectral Graph Theory American Mathematical Society [J]. Providence,RI, 1997.

[141] ZHOU D,BOUSQUET O,LAL T N,et al. Learning with Local and Global Consistency [C]. Advances in Neural Information Processing Systems (NIPS16). Cambridge,MA:MIT Press, 2004:321 - 328.

[142] RIFKIN R M,YEO G,POGGIO T. Regularized Least Squares Classification. Advances in Learning Theory:Methods,Model and Applications [J]. NATO Science Series III :Computer and Systems Sciences,Amsterdam:DS Press,2003:131 - 153.

[143] SCHÖLKOPF B,HERBRICH R,SMOLA A. A Generalized Representer Theorem[C]. Computational learning theory,2001:416 - 426.

[144] 杨辉华,王行愚,王勇,等. 正则化最小二乘分类的 AlignLoo 模型选择方法[J]. 控制

与决策,2006,21(1):7 - 12.

[145] ROSS T,WORRELL S,VELTEN V,et al. Standard SAR ATR Evaluation Experiment Using the MSTAR Public Release Data Set[J]. SPIE,1998,3370(4),556 - 573.

[146] GOLUB G H,VAN L C F. Matrix Computations[M]. JHU Press,2012.

[147] FOWLKES C,BELONGIE S,CHUNG F,et al. Spectral Grouping Using the Nyström Method [J]. IEEE Trans on Pattern Analysis and Machine Intelligence,2004,26(2):214 - 225.

[148] LU C S,CHUNG P C,CHEN C F. Unsupervised Texture Segmentation via Wavelet Transform [J]. Pattern Recognition,1997,30(5):729 - 742.

[149] CHANG T,KUO C C J. Texture Analysis and Classification With Tree-structured Wavelet Transform[J]. IEEE Trans. Image Processing,1993,2:429 - 441.

[150] LAINE A, FAN F. Texture Classification by Wavelet Packet Signatures [J]. IEEE Trans. Pattern Analysis and Machine Intelligence,1993,15:1186 - 1191.

[151] SZUMMER M,JAAKKOLA T. Partially Labeled Classification with Markov Random Walks [C]. Advances in Neural Information Processing Systems,2002:945 - 952.

[152] FOWLKES C,BELONGIE S,CHUNG F,et al. Spectral Grouping Using the Nystrom Method [J]. IEEE Transactions on Pattern Analysis and Machine Intelligence, 2004, 26 (2): 214 - 225.

[153] BACH F R,JORDAN M I. Blind One-microphone Speech Separation:A Spectral Learning Approach[C]. Advances in Neural Information Processing Systems,2005:65 - 72.

[154] CHAN P K,SCHLAG M D F,ZIEN J Y. Spectral K-way Ratio-cut Partitioning and Clustering [J]. IEEE Transactions on Computer-Aided Design of Integrated Circuits and Systems, 1994,13(9):1088 - 1096.

[155] BAR-HILLEL A,HERTZ T,SHENTAL N,et al. Learning via Equivalence Constraints,with Applications to the Enhancement of Image and Video Retrieval[C]. In:Proc. IEEE Confernce on Computer Vision and Pattern Recognition,2002.

[156] WAGSTAFF K,CARDIE C,ROGERS S,et al. Constrained K-means Clustering with Background Knowledge[C]. Proceedings of 18th International Conference on Machine Learning, 2001:577 - 584.

[157] KLEIN D,KAMVAR S D,MANNING C D. From Instance-level Constraints to Space-level Constraints:Making the Most of Prior Knowledge in Data Clustering[C]. In Proceedings of the 19 th International Conference on Machine Learning,2002:307 - 314.

[158] E P XING,JORDAN M I,RUSSELL S J,et al. Distance Metric Learning with Application to Clustering with Side-information[C]. Advances in Neural Information Processing Systems, 2003:521 - 528.

[159] NG A Y,JORDAN M I,WEISS Y. On Spectral Clustering:Analysis and an Algorithm[C]. Advances in Neural Information Processing Systems,2002:849 - 856.

[160] ZELNIK-MANOR L,PERONA P. Self-tuning Spectral Clustering[C]. Advances in Neural Information Processing Systems,2005:1601 - 1608.

[161] BOLLA M. Spectral Culstering and Biclustering:Learning Large Graphs and Contingency Tables[M]. New York:Wiley,2013.

[162] WAGSTAFF K,CARDIE C. Clustering with Instance-level Constraints [C]. In Proceedings of the 17th International Conference on Machine Learning,2000:1103－1110.

[163] 王珏,杨剑,李伏欣,等. 机器学习的难题与分析[R/OL]. available:http://lamda. nju. edu. cn/conf/MLA05/reports/,2005.

[164] 谭璐. 高维数据的降维理论及应用[D]. 杭州:浙江大学,2005.

[165] RAVISEKAR B. A Comparative Analysis of Dimensionality Reduction Techniques[J]. Georgia:College of Computing Georgia Institute of Technology,2006.

[166] SHI J,MALIK J. Normalized Cuts and Image Segmentation[J]. IEEE Transactions on Pattern Analysis and Machine Intelligence,2000,22(8):888－905.

[167] MALIK J,SHI J. A Random Walks View of Spectral Segmentation[C]. In Proceedings of International Conference on AI and Statistics(AISTAT),Key West,FL,2001:4－7.

[168] KANNAN R,VEMPALA S,VETTA A. On Clusterings:Good,Bad and Spectral[J]. Journal of the ACM(JACM),2004,51(3):497－515.

[169] NG A Y,JORDAN M I,WEISS Y. On Spectral Clustering:Analysis and An Algorithm[C]. Advances in Neural Information Processing Systems,2002:849－856.

[170] SMITH L I. A Tutorial on Principal Components Analysis[J]. Cornell University, USA, 2002,51(52):65.

[171] BENGIO Y,DELALLEAU O,LE ROUX N,et al. Spectral Dimensionality Reduction[J]. Feature Extraction,2006:519－550.

[172] STEYVERS M. Multidimensional Scaling[J]. Encyclopedia of Cognitive Science,2002.

[173] ROWEIS S T,SAUL L K. Nonlinear Dimensionality Reduction by Locally Linear Embedding [J]. Science,2000,290(5500):2323－2326.

[174] TENENBAUM J B,DE S V,LANGFORD J C. A Global Geometric Framework for Nonlinear Dimensionality Reduction[J]. Science,2000,290(5500):2319－2323.

[175] SCHÖLKOPF B,SMOLA A,MÜLLER K R. Kernel Principal Component Analysis[C]. International Conference on Artificial Neural Networks. Springer, Berlin, Heidelberg, 1997: 583－588.

[176] BENGIO Y,DELALLEAU O,LE ROUX N,et al. Learning Eigenfunctions Links Spectral Embedding and Kernel PCA[J]. Learning,2006,16(10).

[177] SAUL L K,WEINBERGER K Q,HAM J H,et al. Spectral Methods for Dimensionality Reduction[J]. Semisupervised Learning,2006:293－308.

[178] MEMISEVIC R,HINTON G. Embedding via Clustering:Using Spectral Information to Guide Dimensionality Reduction[C]. IEEE International Joint Conference on Neural Networks, 2005. IJCNN'05. Proceedings. IEEE,2005,5:3198－3203.

[179] 边肇祺,张学工,等. 模式识别:第2版[M]. 北京:清华大学出版社,2000.

[180] RICHARD O D,PETER E H,DAVID G S,模式分类[M]. 李宏东,姚天翔等,译. 北京:

机械工业出版社,2003.

[181] ZHANG X,JIAO L,GOU S. SVMs Ensemble for Radar Target Recognition Based on Evolutionary Feature Selection[C]. Evolutionary Computation,2007. CEC 2007. IEEE Congress on. IEEE,2007:2804 – 2808.

[182] LI F,GUAN T,ZHANG X,et al. An Aggressive Feature Selection Method Based on Rough Set Theory[C]. Innovative Computing,Information and Control,2007. ICICIC'07. Second International Conference on. IEEE,2007:176.

[183] HUANG R,HE M. Feature Selection Using Double Parallel Feedforward Neural Networks and Particle Swarm Optimization[C]. Evolutionary Computation,2007. CEC 2007. IEEE Congress on. IEEE,2007:692 – 696.

[184] XIE J,WU J,QIAN Q. Feature Selection Algorithm Based on Association Rules Mining Method[C]. Computer and Information Science,2009. ICIS 2009. Eighth IEEE/ACIS International Conference on. IEEE,2009:357 – 362.

[185] COVER T,HART P. Nearest Neighbor Pattern Classification[J]. IEEE Transactions on Information Theory,1967,13(1):21 – 27.

[186] SUAREZ A,LUTSKO J F. Globally Optimal Fuzzy Decision Trees for Classification and Regression[J]. IEEE Transactions on Pattern Analysis and Machine Intelligence,1999,21(12):1297 – 1311.

[187] BRUZZONE L. An Approach to Feature Selection and Classification of Remote Sensing Images Based on the Bayes Rule for Minimum Cost[J]. IEEE Transactions on Geoscience and remote sensing,2000,38(1):429 – 438.

[188] ZHU D,WU R. A Multi-layer Quantum Neural Networks Recognition System for Handwritten Digital Recognition[C]. Natural Computation,2007. ICNC 2007. Third International Conference on. IEEE,2007,1:718 – 722.

[189] BURGES C J C. A Tutorial on Support Vector Machine for Pattern Recognition[J]. Data Mining and Knowledge Discovery,1998,2(2):955 – 974.

[190] VAPNIK V N. 统计学习理论的本质[M]. 张学工,译. 北京:清华大学出版社,2000.

[191] ISABELLE G. Nips 2003 Workshop on Feature Extration and Feature Selection Challenge[OL]. http://www. clopinet. com/isabelle/Projects/NIPS2003/,Dec 2003 13(11).

[192] 黄启宏,刘钊. 流形学习中非线性维数约简方法概述[J]. 计算机应用研究. 2007,24(11):19 – 25.

[193] GENG X,ZHAN D C,ZHOU Z. H. Supervised Nonlinear Dimensionality Reduction for Visualization and Classification[J]. IEEE Transactions on Systems,Man,and Cybernetics,Part B(Cybernetics),2005,35(6):1098 – 1107.

[194] BELKIN M,NIYOGI P. Semi-supervised Learning on Riemannian Manifolds[J]. Machine Learning,2004,56(1 – 3):209 – 239.

[195] WANG Y,WANG Y. Semi-supervised Dimensionality Reduction[C]. The Third International Symposium Computer Science and Computational Technology(ISCSCT 2010),2010:506.

［196］ YANG X, FU H, ZHA H, et al. Semi-supervised Nonlinear Dimensionality Reduction［C］. Proceedings of the 23rd International Conference on Machine Learning. ACM, 2006: 1065 – 1072.

［197］ FISHER R A. The use of Multiple Measurements in Taxonomic Problems［J］. Annals of Human Genetics, 1936, 7(2): 179 – 188.

［198］ YANG J, FRANGI A F, YANG J, et al. KPCA plus LDA: A Complete Kernel Fisher Discriminant Framework for Feature Extraction and Recognition［J］. IEEE Transactions on Pattern Analysis and Machine Intelligence, Feb. 2005, 27(2): 230 – 244.

［199］ 何国辉, 甘俊英. PCA-LDA 算法在性别鉴别中的应用［J］. 计算机工程, 2006(10).

［200］ 王增锋, 王汇源, 冷严. 结合零空间法和 F-LDA 的人脸识别算法［J］. 计算机应用, 2005(11).

［201］ 石陆魁. 非线性维数约减算法中若干关键问题的研究［D］. 天津: 天津大学, 2005.

［202］ BELKIN M, NIYOGI P. Laplacian Eigenmaps for Dimensionality Reduction and Data Representation［J］. Neural Computation, 2003, 15(6): 1373 – 1396.

［203］ DONOHO D L, Grimes C. Hessian Eigenmaps: Locally Linear Embedding Techniques for High-dimensional Data［J］. Proceedings of the National Academy of Sciences, 2003, 100 (10): 5591 – 5596.

［204］ SILVA V D, TENENBAUM J B. Global Versus Local Methods in Nonlinear Dimensionality Reduction［C］. Advances in Neural Information Processing Systems, 2003: 721 – 728.

［205］ WANG F, WANG J, ZHANG C. Spectral Feature Analysis［C］. Neural Networks, 2005. IJCNN'05. Proceedings. 2005 IEEE International Joint Conference on. IEEE, 2005, 3: 1971 – 1976.

［206］ BENGIO Y, PAIEMENT J, VINCENT P, et al. Out-of-sample Extensions for LLE, ISOMAP, MDS, Eigenmaps, and Spectral Clustering［C］. Advances in Neural Information Processing Systems, 2004: 177 – 184.

［207］ ALZATE C, SUYKENS J A K. Image Segmentation Using a Weighted Kernel PCA Approach to Spectral Clustering［C］. Computational Intelligence in Image and Signal Processing, 2007. CIISP 2007. IEEE Symposium on. IEEE, 2007: 208 – 213.

［208］ KAWATANI T, SHIMIZU H, MCEACHERN M. Handwritten Numeral Recognition with the Improved LDA Method［C］. Pattern Recognition, 1996, Proceedings of the 13th International Conference on. IEEE, 1996, 4: 441 – 446.

［209］ LIMA A, ZEN H, NANKAKU Y, et al. Sparse KPCA for Feature Extraction in Speech Recognition［C］. Acoustics, Speech, and Signal Processing, 2005. Proceedings. (ICASSP'05). IEEE International Conference on. IEEE, 2005, 1(1): I/353 – I/356.

［210］ HE X, CAI D, LIU H, et al. Locality Preserving Indexing for Document Representation［C］. Proceedings of the 27th Annual International ACM SIGIR Conference on Research and Development in Information Retrieval. ACM, 2004: 96 – 103.

［211］ 翁时锋, 张长水, 张学工. 非线性降维在高维医学数据处理中的应用［J］. 清华大学学

报(自然科学版),2004,44(4):485 – 488.

[212] 许馨,吴福朝,胡占义,等. 一种基于非线性降维求正常星系红移的新方法[J]. 光谱学与光谱分析,2006,26(1):182 – 186.

[213] Liou C Y,Kuo Y T. Economic States on Neuronic Maps[C]. Neural Information Processing,2002. ICONIP'02. Proceedings of the 9th International Conference on. IEEE,2002,2:787 – 791.

[214] 韩萍,吴仁彪,王兆华,等. 基于 KPCA 的 SAR 目标特征提取与识别[J]. 电子与信息学报,2003,25(10):1297 – 1301.

[215] 杨诸胜,郭雷,罗欣,等. 一种基于主成分分析的高光谱图像波段选择算法[J]. 微电子学与计算机,2006,23(12):72 – 74.

[216] AGARWAL A,EL-GHAZAWI T,EL-ASKARY H,et al. Efficient Hierarchical-PCA Dimension Reduction for Hyperspectral Imagery[C]. Signal Processing and Information Technology,2007 IEEE International Symposium on. IEEE,2007:353 – 356.

[217] MA W,ZHANG Y,GUO X. Face Recognition Based on WKPCA [C]. Intelligent Systems and Applications,2009. ISA 2009. International Workshop on. IEEE,2009:1 – 5.

[218] CHANG Y,HU C,FERIS R,et al. Manifold based Analysis of Facial Expression[J]. Image and Vision Computing,2006,24(6):605 – 614.

[219] CHANG H,YEUNG D. Locally Linear Metric Adaptation with Application to Semi-Supervised Clustering and Image Retrieval [J]. Pattern Recognition, July 2006, 39 (7):1253 – 1264.

[220] SEWARD A E,BODENHEIMER B. Using Nonlinear Dimensionality Reduction in 3D Figure Animation[C]. Proceedings of the 43rd Annual Southeast Regional Conference-Volume 2. ACM,2005:388 – 392.

[221] BALL J E,BRUCE L M,YOUNAN N H. Hyperspectral Pixel Unmixing via Spectral Band Selection and DC-insensitive Singular Value Decomposition [J]. IEEE Geoscience and Remote Sensing Letters,2007,4(3):382 – 386.

[222] 焦李成,公茂果,王爽,等. 自然计算、机器学习与图像理解前沿[M]. 西安:西安电子科技大学出版社,2008.

[223] 王思臣,倪友平,辛玉林,等. 核 Fisher 判别方法在低分辨雷达目标识别中的应用[J]. 军事通信,2006(7).

[224] 范玉刚,李平,宋执环. 基于非线性映射的 Fisher 判别分析[J]. 控制与决策,2007(4).

[225] TORGERSON W S. Multidimensional Scaling of Similarity[J]. Psychometrika,1965,30(4):379 – 393.

[226] SHEPARD R N. The Analysis of Proximities:Multidimensional Scaling with an Unknown Distance Function[J]. Psychometrika,1962,27(2):125 – 140.

[227] 王珏,周志华,周傲英. 机器学习及其应用[M]. 北京:清华大学出版社,2006.

[228] 邵超,黄厚宽,赵连伟. 一种更具拓扑稳定性的 ISOMAP 算法[J]. 软件学报,2007,

(4):869 – 877.

[229] KOUROPTEVA O, OKUN O, PIETIKAINEN M. Supervised Locally Linear Embedding Algorithm for Pattern Recognition[C]. IbPRIA, 2003:386 – 394.

[230] ZHANG Z, ZHAO L. Probability-based Locally Linear Embedding for Classification[C]. Fuzzy Systems and Knowledge Discovery, 2007. FSKD 2007. Fourth International Conference on. IEEE, 2007, 3:243 – 247.

[231] MEKUZ N, BAUCKHAGE C, TSOTSOS J K. Face Recognition with Weighted Locally Linear Embedding[C]. Computer and Robot Vision, 2005. Proceedings. The 2nd Canadian Conference on. IEEE, 2005:290 – 296.

[232] XU W, LIFANG X, DAN Y, et al. Speech Visualization Based on Locally Linear Embedding (LLE) for the Hearing Impaired[C]. BioMedical Engineering and Informatics, 2008. BMEI 2008. International Conference on. IEEE, 2008, 2:502 – 505.

[233] VON LUXBURG U. A Tutorial on Spectral Clustering[J]. Statistics and Computing, 2007, 17 (4):395 – 416.

[234] XIANG T, GONG S. Spectral Clustering with Eigenvector Selection[J]. Pattern Recognition, 2008, 41(3):1012 – 1029.

[235] ZELNIK-MANOR L, PERONA P. Self-tuning Spectral Clustering[C]. Advances in Neural Information Processing Systems, 2005:1601 – 1608.

[236] CHAPELLE O, VAPNIK V, BOUSQUET O, et al. Choosing Multiple Parameters for Support Vector Machines[J]. Machine Learning, 2002, 46(1):131 – 159.

[237] ALZATE C, SUYKENS J A K. A Weighted Kernel PCA Formulation with Out-of-sample Extensions for Spectral Clustering Methods[C]. Neural Networks, 2006. IJCNN'06. International Joint Conference on. IEEE, 2006:138 – 144.

[238] ALZATE C, SUYKENS J A K. Multiway Spectral Clustering with Out-of-sample Extensions Through Weighted Kernel PCA[J]. IEEE Transactions on Pattern Analysis and Machine Intelligence, 2010, 32(2):335 – 347.

[239] BURNS T. Moving and Stationary Target Acquisition and Recognition [J]. DARPA Image Understanding Technology Program Reviews, Ft. Belvoir, VA, 1996.

[240] ZHAO Q, PRINCIPE J C. Support Vector Machines for SAR Automatic Target Recognition [J]. IEEE Transactions on Aerospace and Electronic Systems, 2001, 37(2):643 – 654.

[241] HE X, NIYOGI P. Locality Preserving Projections[J], Advances in Neural Information Processing Systems, 2004, 16(1):186 – 197.

[242] DING C, HE X, ZHA H, et al. A Min-Max Cut Algorithm for Graph Partitioning and Data Clustering [C]. Proceedings IEEE International Conference on Data Mining, 2001:107 – 114.

[243] FIEDLER M. Algebraic Connectivity of Graphs[J]. Czechoslovak Mathematical Journal, 1973, 23:298 – 305.

[244] NIE F, XIANG S, SONG Y, et al. Optimal Dimensionality Discriminant Analysis and Its Ap-

plication to Image Recognition[C]. IEEE Conference on Computer Vision and Pattern Rec-ognition,2007:1 – 8.

[245] SUGIYAMA M. Local Fisher Discriminant Analysis for Supervised Dimensionality Reduction [C]. Proceedings of the 23rd International Conference on Machine Learning. ACM,2006: 905 – 912.

[246] 吴昊. 高光谱遥感图像数据分类技术研究[D]. 长沙:国防科学技术大学,2004.

[247] 刘春红. 超光谱遥感图像降维及分类方法研究[D]. 哈尔滨:哈尔滨工程大学,2005.

[248] HAM J,CHEN Y,CRAWFORD M M,et al. Investigation of the Random Forest Framework for Classification of Hyperspectral Data[J]. IEEE Transactions on Geoscience and Remote Sensing,2005,43(3):492 – 501.

主要符号表

A	后向散射元的幅度
$\boldsymbol{A}_{ij}$	矩阵 $\boldsymbol{A}$ 的第 i 行第 j 列元素
$\mathrm{argmax}(f(x))$	函数取值最大时的自变量取值
$\mathrm{argmin}(f(x))$	函数取值最小时的自变量取值
$\langle \boldsymbol{a}, \boldsymbol{b} \rangle$	表示 $\boldsymbol{a}$ 矢量与 $\boldsymbol{b}$ 矢量之间的夹角
$|\boldsymbol{B}|$	矩阵 $\boldsymbol{B}$ 的行列式
$\boldsymbol{C}$	极化协方差矩阵
$C_i(l)$	标记 i 的特征函数
$\mathrm{Dif}(C_1, C_2)$	类间差异
$\mathrm{diag}(\cdot)$	对角矩阵的对角元素
$d(x, y)$	x 和 y 的相似度函数
$\boldsymbol{E}(A)$	A 的期望
E_n	能量
E_s	目标的反射波
E_t	目标的入射波
E_x	沿 x 方向的电场分量
$F(L)$	标记集 L 上的一个模糊集
$\hat{f}(k, l)$	对 f 计算二维傅里叶变换
G_{T}	发射天线的增益
$G = (V, E)$	无向图
$g(\cdot)$	核函数
H	Hessian 算子
$\boldsymbol{H}^{-1}$	矩阵 $\boldsymbol{H}$ 的逆
$\mathrm{Int}(C)$	类内差异
$\boldsymbol{K}$	散射目标的 Kennaugh 矩阵
$\boldsymbol{K}(\cdot)$	核函数
$\boldsymbol{k}^{\mathrm{H}}$	矢量 $\boldsymbol{k}$ 的复共轭转置
$L^2(M)$	Hilbert 空间

$\mathrm{MInt}(C_1, C_2)$	最小类内差异
P_R	接收功率
P_T	发送功率
$p(y\|x)$	计算条件概率估计
$\boldsymbol{Q}^\mathrm{T}$	矩阵 $\boldsymbol{Q}$ 的转置
R	真实雷达反射系数
$R\langle\,\cdot\,\rangle$	空间集合平均
$\mathrm{rect}(\,\cdot\,)$	矩形函数
r_R	发射系统与目标之间的距离
r_T	接收系统与目标之间的距离
$\boldsymbol{S}$	Sinclair 散射矩阵
S/i	表示网格 S 中位置 i 以外的所有位置
$S_\mathrm{HH}, S_\mathrm{HV}, S_\mathrm{VH}, S_\mathrm{VV}$	水平(H)、垂直(V)线极化基下散射矩阵中的复元素
Span	极化总功率
$\mathrm{sign}(\,\cdot\,)$	符号函数
$\boldsymbol{T}$	极化相干矩阵
$\mathrm{tr}(:)$	矩阵的迹
$\tilde{\boldsymbol{V}}$	矩阵 $\boldsymbol{V}$ 的增广矩阵
$\mathrm{var}(n)$	n 的方差
$\boldsymbol{v}_k^+$	$\boldsymbol{v}_k$ 的伴随矢量
$(\boldsymbol{v}_k^+, \boldsymbol{v}_k)$	矢量 $\boldsymbol{v}_k^+$ 与矢量 $\boldsymbol{v}_k$ 的内积
$\mathrm{Wal}(\,\cdot\,)$	沃尔什函数
$\overline{\boldsymbol{X}}$	矢量 $\boldsymbol{X}$ 的共轭矢量
$\{x_i\}_{i=1}^N$	含有 N 个元素的数据集
$\boldsymbol{Z}$	多视协方差矩阵
ε_m	混合参数(也称为加权系数)
(θ, φ)	入射波相对于天线的方位角和仰角
σ^0	散射系数;单位面积上的雷达散射截面
ϕ	后向散射元的相位
χ_n	n 视情况下的数据分布特征参数
Ω	离散集
(Ω, F, P)	概率测度空间
$\|\boldsymbol{x}\|_0$	ℓ_0-范数;矢量 $\boldsymbol{x}$ 非零项的个数
$\|\boldsymbol{x}\|_1$	ℓ_1-范数;矢量 $\boldsymbol{x}$ 各项的绝对值累加和

$\|\boldsymbol{x}_i\|_2^2$ 矢量 $\boldsymbol{x}$ 各项的平方和

$\|\cdot\|$ 距离范数

$\|\cdot\|_F$ Frobenius 范数

$\|\cdot\|_p$ l_p 范数

$\|\cdot\|_\phi$ 核范数

$\|f\|_k^2$ l^k 范数的平方

缩略语

AAA	Antigen Antibody Affinity	抗原-抗体系和力
ADTS	Advanced Detection Technology Sensor	先进检测技术传感器
ALM	Augmented Lagrange Multiplier	增广拉格朗日乘子法
APG	Accelerate Proximal Gradient	加速近似梯度
BF	Bilateral Filter	双边滤波器
BM3D	Block-matching and 3D	3D块匹配
BP	Basis Pursuit	基追踪
BRISQUE	Blind/ Reference-less Image Spatial Quality Evaluator	无参考图像空域质量评价
CA-CFAR	Cell Average Constant False Alarm Rate	单元平均恒虚警率
CFAR	Constant False Alarm Rate	恒虚警率
CS	Compressive Sampling/Compressed Sensing	压缩采样/压缩感知
DBE	Dark Block Extraction	黑框识别算法
DCCF	Distance Classification Correlation Filter	距离分类相关滤波器
DDWT	Double Density Wavelet Transform	双密度小波变换
DFB	Directional Filter Bank	方向滤波器组
DT-CWT	Dual-tree Complex Wavelet	双树复小波变换
EF	Expectation Filter	期望滤波器
EM	Expectation Maximum	期望最大化
EMD	Earth Mover's Distance	地球移动距离
ENL	Equivalent Number of Looks	等效视数
EPD-ROA	Edge-preservation Degree based on Ratio of Average	平均比率的边缘保持度量
ERBF	Exponential Radial Basis Function	指数径向基函数
FCM	Fuzzy C-mean	模糊 C 均值

FOA	Focus of Attention	显著区域/注意焦点
GA	Genetic Algorithm	遗传算法
GO-CFAR	Greatest of CFAR	最大选择恒虚警率
HD	Horizontal Direction	水平方向
HMT	Hidden Markov Tree	隐马尔可夫树
ICA	Immune Clonal Algorithm /Independent Component Analysis	免疫克隆算法/独立分量分析法
ICP	Immunity Clonal Programming	免疫克隆规划
ICPE-SNN	Synergetic Neural Networks based on Immunity Clonal Programming Ensemble	协同神经网络
ICSA	Immune Clonal Selection Algorithm	免疫克隆选择方法
IDAN	Intensity-driven Adaptive-neighborhood	基于强度的自适应邻域
IHT	Iterative Hard Thresholding	迭代硬阈值
IRGS	Iterative Region Growing with Semantics	语义迭代区域生长
ISKR	Iteration Steering Kernel Regression	迭代控制核回归
ISLR	Integral Side Lobe Ratio	积分旁瓣比
ISODATA	Iterative Self-organizing Data Analysis	迭代自组织数据分析
KFDA	Kernel Fisher Discrimination Analysis	核 Fisher 判别分析
KMP	Kernel Matching Pursuit	核匹配追踪
KMPLM	Kernel Matching Pursuit Learning Machine	核匹配追踪学习机
KNN	K-nearest Neighbor	K 近邻
LAIS	Learning Algorithm of Information Superposition	信息叠加的学习算法
LDA	Linear Discrimination Analysis	线性判别方法
LFDA	Local Fisher Discriminant Analysis	局部 Fisher 判别分析
LHRS-PRM	Local Homogeneous Region Segmentation with Pixel Relativity Measurement	基于像素相关性度量的局部均匀区域分割
LLE	Locally Linear Embedding	局部线性嵌入
LFM	Linear Frequency Modulated	线性调频信号
LP	Laplacian Pyramid	拉普拉斯塔形分解
LPP	Locality Preserving Projections	局部保持投影

MACH	Maximum Average Correlation Height	最大平均相关
MAP	Maximum a Posteriori	最大后验概率
MAP-UWD-S	MAP filter based on Undecimated Wavelet Decomposition and Image Segmentation	基于非下采样小波域分割的最大后验滤波器
MC	Matrix Completion	矩阵补全
MCSA	Mono Clonal Selection Algorithm	单克隆选择算子
MDS	Multidimensional Scaling	多维尺度分析
MGA	Multiscale Geometric Analysis	多尺度几何分析
ML	Maximum Likelihood	最大似然
MLP	Multilayer Perceptron	多层感知器
MMSE	Minimum Mean Square Error	线性最小均方误差
MoLC	Method of Log Cumulants	对数累积法
MP	Matching Pursuit	匹配追踪
MRF	Markov Random Field	马尔科夫随机场
MSE	Mean Square Error	均方误差
MSTAR	Moving and Stationary Target Acquisition and Recognition	移动与静止目标的获取与识别
NL	Non-local	非局部
NN	Neural Networks	神经网络
ODDA	Optimal Dimensionality Discriminant Analysis	最优维数判别分析
OS-CFAR	Ordered Statistic CFAR	有序统计恒虚警率
OWT	Orthogonal Wavelet Transform	正交小波变换
PCA	Principal Component Analysis	主成分分析
PDF	Probability Density Function	概率密度函数
PPB	Probabilistic Patch Based	基于概率块
PSLR	Peak Side Lobe Ratio	峰值旁瓣比
PSNR	Peak Signal to Noise Ratio	峰值信噪比
RAG	Region Adjacency Graph	区域邻接图
RCMC	Range Cell Migration Correction	距离徙动校正
RCS	Radar Cross Section	雷达横截面积
RD	Range Doppler	距离多普勒

RLSC	Regularized Least Squares Classification	正则化最小二乘分类
ROA	Ratio of Average	平均比率
ROI	Regions of Interest	感兴趣区域
RPCA	Robust Principal Component Analysis	鲁棒主成分分析
RS	Radial Sector	扇形区间估计
SAIP	Semi-automated IMINT Processing	半自动图像情报处理
SAR	Synthetic Aperture Radar	合成孔径雷达
SCAP	Synergetic Computer Using Adjoint Prototypes	使用伴随原型的协同计算
SEP	Standard Evolutionary Programming	标准进化规划
SLC	Single Look Complex	单视复
SNN	Synergetic Neural Networks	协同神经网络
SO-CFAR	Smallest of CFAR	最小选择恒虚警率
SRC	Radar Cross Section/Sparse Representation Classifier	雷达横截面积/稀疏表示分类器
SRM	Structural Risk Minimization	结构化风险最小化
SURE	Stein's Unbiased Risk Estimate	Stein 无偏风险估计
SVD	Singular Value Decomposition	奇异值分解
SVM	Support Vector Machine	支持矢量机
SVT	Singular Value Thresholding	奇异值阈值
TMRF	Triple Markov Random Field	三马尔可夫随机场
TV	Total Variation	全变差
UWT	Undecimated Wavelet Transform	非下采样小波变换
VD	Vertical Direction	垂直方向
VLSI	Very Large Scale Integration	超大规模集成电路

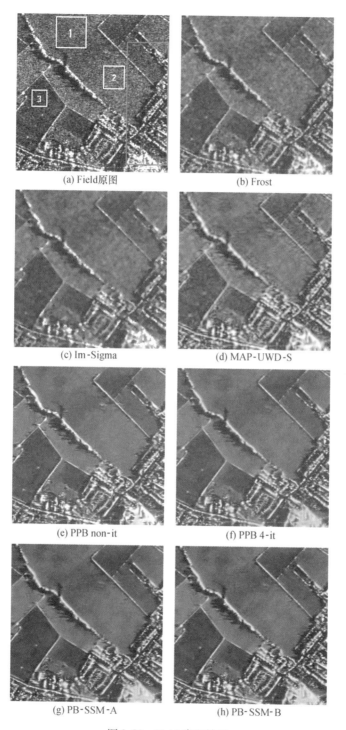

(a) Field原图

(b) Frost

(c) Im-Sigma

(d) MAP-UWD-S

(e) PPB non-it

(f) PPB 4-it

(g) PB-SSM-A

(h) PB-SSM-B

图 2.38　Field 降斑结果

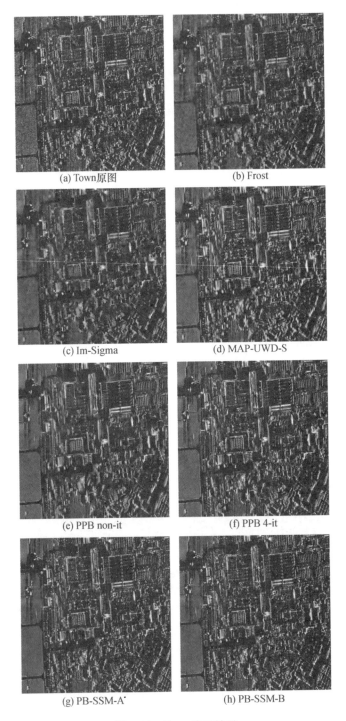

(a) Town原图　　　　　　　(b) Frost

(c) Im-Sigma　　　　　　　(d) MAP-UWD-S

(e) PPB non-it　　　　　　　(f) PPB 4-it

(g) PB-SSM-A˙　　　　　　　(h) PB-SSM-B

图 2. 39　Town 降斑结果

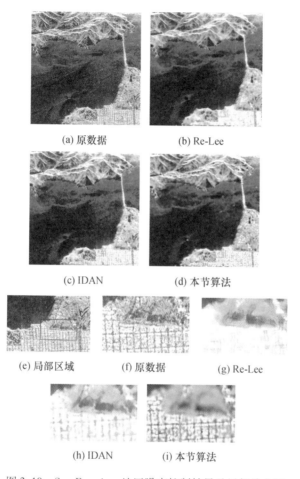

(a) 原数据   (b) Re-Lee

(c) IDAN   (d) 本节算法

(e) 局部区域   (f) 原数据   (g) Re-Lee

(h) IDAN   (i) 本节算法

图 3.10   San Francisco 地区噪声抑制结果及局部放大图

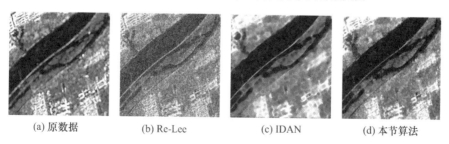

(a) 原数据   (b) Re-Lee   (c) IDAN   (d) 本节算法

图 3.11   中国西安地区噪声抑制结果

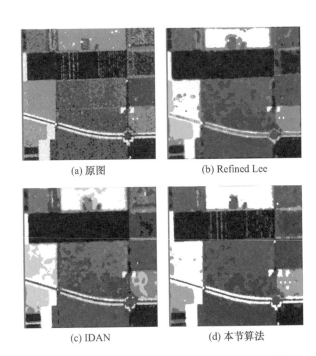

(a) 原图

(b) Refined Lee

(c) IDAN

(d) 本节算法

图 3.14　Flevoland 地区滤波后 $H/a/A$-Wishart 分类

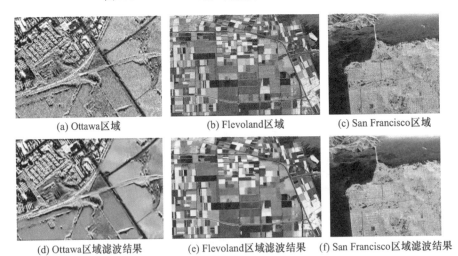

(a) Ottawa区域

(b) Flevoland区域

(c) San Francisco区域

(d) Ottawa区域滤波结果

(e) Flevoland区域滤波结果

(f) San Francisco区域滤波结果

图 3.17　三组极化 SAR 原始数据伪彩图及滤波结果

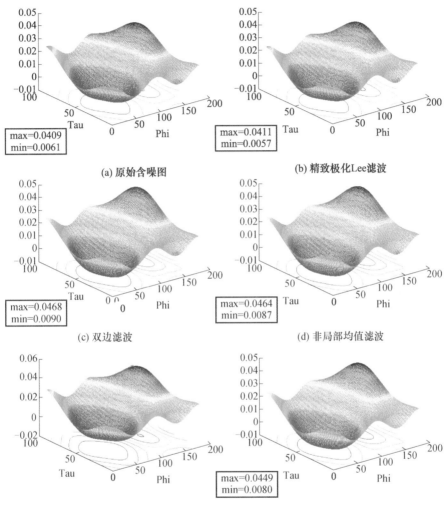

(a) 原始含噪图   (b) 精致极化Lee滤波

max=0.0409
min=0.0061

max=0.0411
min=0.0057

(c) 双边滤波   (d) 非局部均值滤波

max=0.0468
min=0.0090

max=0.0464
min=0.0087

(e) 基于局部策略的算法   (f) 本节算法

max=0.0449
min=0.0080

图 3.29　基于非局部双边滤波与其他方法对比的 San Francisco
海洋区域的共极化特征

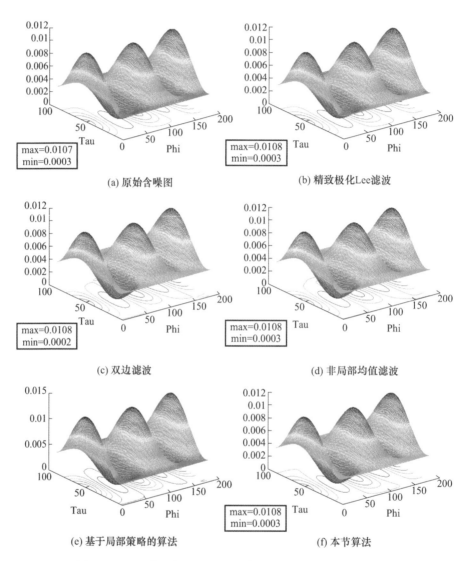

(a) 原始含噪图

(b) 精致极化Lee滤波

(c) 双边滤波

(d) 非局部均值滤波

(e) 基于局部策略的算法

(f) 本节算法

图 3.30　基于非局部双边滤波与其他方法对比的 San Francisco
海洋区域的交叉极化特征

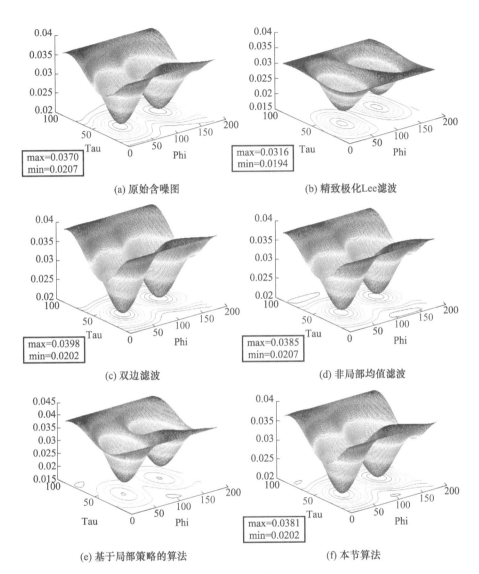

(a) 原始含噪图

(b) 精致极化Lee滤波

(c) 双边滤波

(d) 非局部均值滤波

(e) 基于局部策略的算法

(f) 本节算法

图 3.32   基于非局部双边滤波与其他方法对比的 San Francisco
森林区域的交叉极化特征

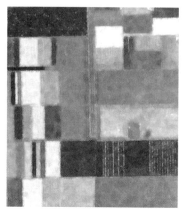
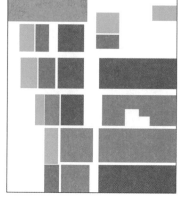

(a) Flevoland地区原始数据   (b) 实际地物

■ 马铃薯 ■ 甜菜 ■ 裸地   ■ 大麦 ■ 小麦 ■ 豌豆

(c) Flevoland地区的本节算法   (d) Flevoland地区的H/α-Wishart分类

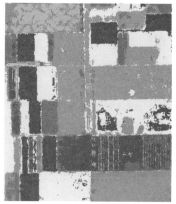

(e)Flevoland地区传统基于   (f) Flevoland地区基于Freeman
　　Freeman的分解   　　的分解和散射熵

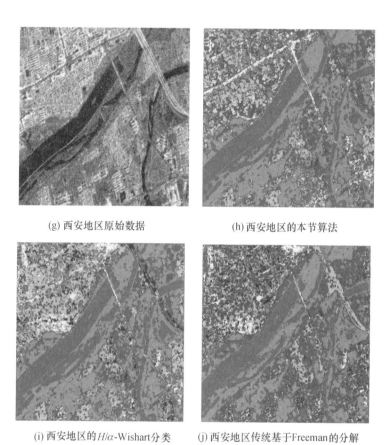

(g) 西安地区原始数据　　　　(h) 西安地区的本节算法

(i) 西安地区的 H/α-Wishart分类　　(j) 西安地区传统基于Freeman的分解

图 5.16　两个不同数据使用不同算法的分类结果

(a) 旧金山地区Pauli RGB合成图　　　　(b) G_1=0.01,G_2=0.5

(c) G_1=0.1,G_2=0.5　　　　(d) 本节算法

图 5.23　极化 SAR 图像分类结果

(a) 实际地图

(b) 原始数据　　　　　　　　　(c) 本节算法

(d) H/α-Wishart分类　　　　　(e) 传统基于Freeman分解

图 5.33　西安地区数据不同方法分类结果

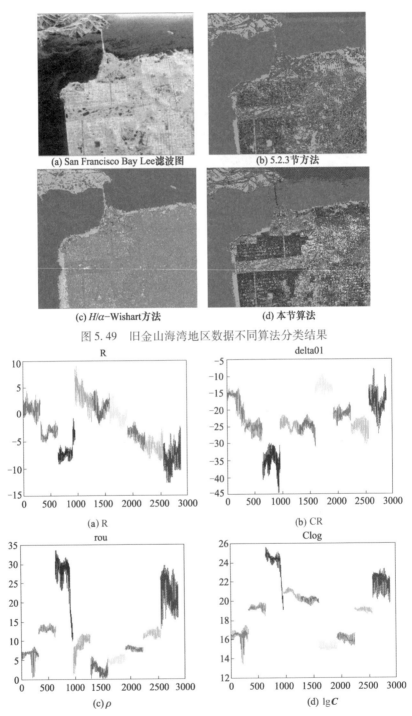

彩
／
12

(a) San Francisco Bay Lee滤波图　　　　(b) 5.2.3节方法

(c) *H/α*–Wishart方法　　　　(d) **本节算法**

图 5.49　旧金山海湾地区数据不同算法分类结果

(a) R

(b) CR

(c) *ρ*

(d) lg*C*

图 5.53　9 种不同区域的 R、CR、*ρ* 和 lg*C* 分布值

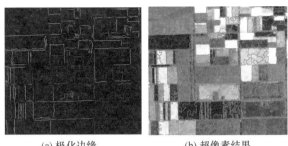

(a) 极化边缘　　　　　　(b) 超像素结果

图 5.55　CFAR 求极化边缘结果和超像素结果

(a) EMISA极化SAR数据　　　　　(b) 分类结果

图 5.61　EMISAR 极化 SAR 数据分类结果

(a) Flevoland伪彩图　　　　　　(b) 地物参考图

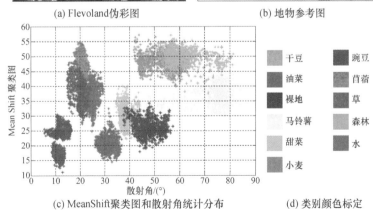

(c) MeanShift聚类图和散射角统计分布　　　　(d) 类别颜色标定

图 5.63　区域的初始标记统计分布

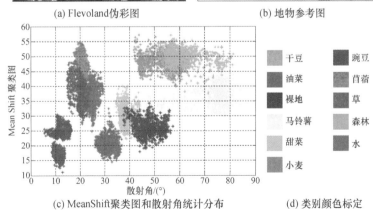

干豆　　　　豌豆
油菜　　　　苜蓿
裸地　　　　草
马铃薯　　　森林
甜菜　　　　水
小麦

图 6.18 1994 年 10 月 10 日 2 时 19 分我国香港沿岸海区 SAR 图像

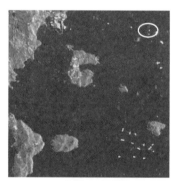 

(a) 极化SAR图像　　　　　　　　　　(b) 舰船检测结果

图 6.19 基于选择性注意机制的 SAR 图像舰船检测结果

图 6.58 本节方法对图 6.48 的桥梁检测结果

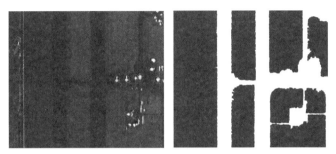

(a) 飞机标记的原图和机场分割图

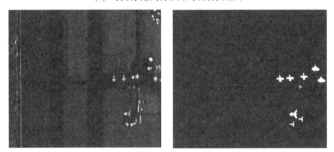

(b) 传统模板区配法标记图和结果图

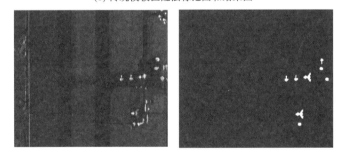

(c) 飞机检测标记图和模板匹配结果图

图 6.63　飞机目标检测结果

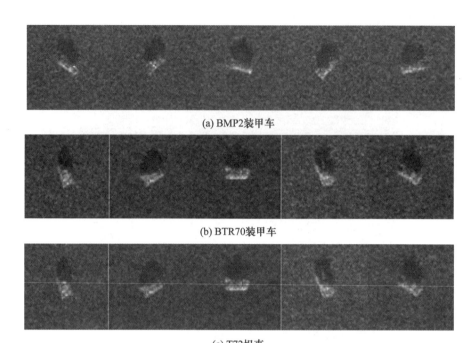

(a) BMP2装甲车

(b) BTR70装甲车

(c) T72坦克

图 7.33　不同方位角的部分 SAR 图像